AF337294

LES
COURANTS ALTERNATIFS
DE
HAUTE FRÉQUENCE

THÉORIE — PRODUCTION — APPLICATIONS

PAR

A. CHARBONNEAU

Ingénieur civil
Professeur à l'Association Philotechnique
Ancien Astronome-Assistant
à l'Observatoire d'Astronomie Physique de Paris.

PARIS

LIBRAIRIE DES SCIENCES ET DE L'INDUSTRIE

Louis GEISLER, Imprimeur-Editeur

1, Rue de Médicis, 1

1911

LES COURANTS ALTERNATIFS

DE

HAUTE FRÉQUENCE

Papier et Impression L. GEISLER

AUX CHATELLES

PAR RAON-L'ÉTAPE (VOSGES)

LES
COURANTS ALTERNATIFS
DE
HAUTE FRÉQUENCE

THÉORIE — PRODUCTION — APPLICATIONS

PAR

A. CHARBONNEAU

INGÉNIEUR-CIVIL
PROFESSEUR A L'ASSOCIATION PHILOTECHNIQUE, ANCIEN ASTRONOME
ASSISTANT A L'OBSERVATOIRE D'ASTRONOMIE PHYSIQUE DE PARIS

LIBRAIRIE DES SCIENCES ET DE L'INDUSTRIE
Louis GEISLER, Imprimeur-Éditeur
1, Rue de Médicis, 1
PARIS
— 1911 —

HERTZ (Heinrich Rudolf)
Ingénieur Electricien Allemand. Né à Hambourg en 1857 — Mort à Bonn en 1894

A découvert les ondes électromagnétiques et a établi l'identité de l'électricité, de la lumière et de la chaleur, confirmant ainsi expérimentalement la théorie de Maxwell.

A découvert l'action exercée par la lumière ultra-violette sur les décharges électriques.

TESLA (Nicolas)
Physicien Autrichien. Né à Smiljan (Croatie) en 1856

A découvert les courants de haute fréquence en créant le transformateur à haute fréquence.

A jeté les bases de l'éclairage par les courants de haute fréquence.

D'ARSONVAL (Arsène)
Biologiste et Physicien Français. Né à Laborie (Haute-Vienne) en 1851

A découvert l'action physiologique des courants de haute fréquence, et créé l'application médicale de ces courants et le matériel nécessaire à leur production.

Etat chronologique des travaux des Savants
qui ont contribué à l'étude des Courants de Haute Fréquence

FEDDERSEN

Découvre que la décharge de la bouteille de Leyde est oscillante, en 1847.

HELMOLZ et THOMSON

Déterminent les lois qui régissent la décharge, en 1853.

D'ARSONVAL

Découvre l'action physiologique des courants de grande fréquence, en 1881.

HERTZ

Découvre les ondes électromagnétiques et l'oscillateur, en 1888.

TESLA

Découvre les courants de haute fréquence en créant le transformateur, en 1889.

OUDIN

Découvre le résonateur de haute fréquence, en 1899.

LES COURANTS ALTERNATIFS
DE HAUTE FRÉQUENCE

CHAPITRE PREMIER

MATIÈRE. — ENERGIE. — VIBRATION

Le monde extérieur se manifeste à nous, sous deux formes bien distinctes qui sont : la matière et l'énergie.

La matière. — La matière constitue la partie pondérable des choses sur la constitution de laquelle nous ne connaissons rien de positif. Pour expliquer un grand nombre de phénomènes physiques, nous sommes obligés d'avoir recours à une hypothèse, c'est celle des molécules et des atomes. On admet que les molécules se présentent dans la matière sous des dimensions extrêmement faibles puisque les plus grosses ont un diamètre de moins de un millionième de millimètre. Les intervalles qui séparent deux molécules voisines sont relativement très grands, de sorte que les mouvements de ces molécules peuvent atteindre des vitesses considérables. Afin d'expliquer les propriétés diverses que présente la matière, on est convenu d'admettre l'atome qui est une subdivision de la molécule. La molécule est donc formée d'une réunion d'atomes dont la quantité est proportionnelle à l'état chimique de cette molécule.

Il semble exister une limite dans l'écartement moléculaire qui représenterait l'état gazeux extrême.

On admet que l'éther remplissant les espaces interplanétaires correspond à cette limite de la division moléculaire.

L'énergie. — L'énergie est la source du mouvement qui anime la matière, elle se manifeste sur celle-ci sous la forme vibratoire ou oscillante.

Ou bien la vitesse vibratoire est relativement lente et les intervalles vibratoires suffisamment étendus, et alors la matière semble vibrer en masse, elle se révèle alors à nos sens, ou bien la vitesse vibratoire devient rapide et les intervalles vibratoires sont très petits, et alors la vibration n'est plus perceptible pour nos sens.

Cette partie de l'énergie impondérable s'appelle *énergie cinétique*.

Vibrations longitudinales. — Quand la période vibratoire est très lente, les vibrations s'effectuent longitudinalement, c'est-à-dire dans le même sens que la propagation. (Exemple : l'énergie sonore).

Vibrations transversales. — Quand les oscillations sont très rapides, on observe une nouvelle forme de la vibration, où elle s'effectue dans toutes les directions normales à la propagation.

Mouvement vibratoire. — On dit qu'un point déterminé effectue un mouvement vibratoire quand il se déplace sur une courbe ou sur une droite, de part et d'autre d'une position moyenne.

Si on considère une lame plate d'acier (A) raide et fixée à une de ses extrémités (B), lorsqu'on écarte de sa position normale l'autre extrémité (C) de cette lame et qu'on

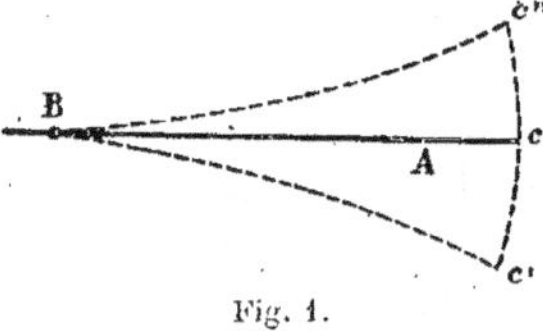

Fig. 1.

l'amène en (C') par exemple, on remarque que, si on l'abandonne brusquement, cette lame se met à vibrer. L'extrémité libre revient à sa position normale (C) qu'elle dépasse pour aller en (C"). A ce point elle s'arrête puis retourne en (C) qu'elle dépasse à nouveau pour reprendre entre c' et c" des positions intermédiaires. Si cette lame mise en mouvement ne rencontrait aucune résistance, les vibrations pourraient s'effectuer indéfiniment. Pratiquement ces vibrations vont en diminuant peu à peu, on dit alors que le mouvement est *amorti*.

Fixons notre attention sur un point de l'extrémité C de la lame pendant les vibrations de celle-ci, ce point est animé d'un mouvement vibratoire et décrit la courbe C' à C" qui pour une longueur suffisante bc de la lame pourrait être assimilée à une droite.

La caractéristique d'un mouvement vibratoire d'un point est donnée par la variation dans la vitesse des déplacements de ce point dans les différentes positions qu'il occupe. En effet la vitesse est nulle en C' et va croissant peu à peu jusqu'en C, au delà de ce point C l'élasticité agit pour ralentir le mouvement de vitesse qui va en diminuant jusqu'au point C" où elle s'annule. A ce moment le mouvement se produit en sens inverse et la vitesse va en croissant jusqu'en C pour décroître à nouveau. On a donné le nom de vibration harmonique à ce genre de mouvement vibratoire pour lequel la vitesse du point qui vibre est maxima au moment du passage à la position moyenne. La phase va en décroissant de part et d'autre de cette position. On appelle fréquence du mouvement vibratoire le nombre de vibrations complètes par seconde. Par vibrations ou oscillations complètes on entend les vibrations totales de part et d'autre de la position

moyenne, et on nomme demi-vibration ou demi-oscillation le mouvement d'aller et retour qu'il y a eu d'un seul côté de la position moyenne.

On appelle période du mouvement vibratoire la durée d'une vibration ou oscillation
complète. Il est facile de voir que le nombre qui exprime la période est l'inverse de
celui qui exprime la fréquence.

On appelle amplitude du mouvement vibratoire la distance d'une position extrême
du point par rapport à la position moyenne ou autrement dit la grandeur d'une demi-
vibration ou demi-oscillation. On voit immédiatement que si le mouvement est amorti
l'amplitude de chaque demi-vibration est plus petite que l'amplitude de la demi-vibration précédente. On dit que l'amplitude du mouvement va décroissant et cette décroissance est déterminée par un certain facteur dit facteur d'amortissement qui dépend du
rapport de l'amplitude d'une demi-oscillation à celle de la demi-oscillation précédente.
Enfin on appelle phase du mouvement vibratoire une grandeur proportionnelle au rapport du temps t écoulé depuis le passage du point par sa position moyenne, à la durée
ou période T des vibrations. On conçoit sans peine que de l'examen des phases, de
la période et de la loi de variation du mouvement, on peut déduire la position du point
à un instant t quelconque.

L'éther. — On appelle éther un élément invisible, impalpable et impondérable répandu partout, aussi bien dans le vide que dans l'intérieur des corps, transparents ou
opaques, et dont l'existence longtemps hypothétique, semble avoir désormais revêtu
tous les caractères de la certitude scientifique. C'est ainsi que sans lui nombre de
phénomènes physiques resteraient inexpliqués. En effet, nous savons par exemple que
le vide laisse passer les rayons du soleil, mais que ce vide n'est pas lumineux. C'est
seulement lorsque les rayons arrivent au contact de la matière pesante que leur action atteint son effet. Et cependant, ce ne sont pas les corpuscules matériels eux-
mêmes qui peuvent être dits lumineux. Il faut donc admettre à l'état de division
et de diffusion extrêmes autour d'eux, l'existence d'un élément auquel le soleil réduit
au rôle de simple moteur imprime une impulsion qui, modifiée par les corpuscules
pesants, devient le théâtre des phénomènes lumineux.

Or, cette explication, nécessaire, suffisante pour la lumière, la plupart des savants
n'hésitent pas à l'étendre à toutes les autres forces : chaleur, électricité, magnétisme, etc.
Dès lors ces dernières ne seraient autre chose que l'éther qui, selon le mode et l'intensité de mouvement auquel se trouvent soumises ses particules, peut donner lieu
successivement à des phénomènes que nous appelons : calorifiques, électriques, magnétiques, etc. On conçoit même dans cet élément unique le principe de la matière elle-
même, sa constitution, dès lors, ne différant de celle de la force que par le nombre
des vibrations et la rapidité de l'éther, et conséquemment par l'impression différente
que les corps dits matériels produisent sur nos organes.

Rayonnement. — Supposons que l'éther soit formé d'un assemblage de particules qui en temps normal se tiennent toutes en équilibre sous l'action de forces mutuelles s'exerçant les unes sur les autres. Si l'une des pariticules que nous appellerons particule initiale est écartée de sa position d'équilibre par l'action d'une force extérieure, l'équilibre est rompu. Les particules voisines de la particule initiale se mettent en mouvement pour chercher une nouvelle position d'équilibre, à leur tour les particules voisines de celles qui se déplacent vont se mettre en mouvement puis il en sera de même des suivantes, et ainsi de suite.

On suppose que le mouvement de chaque particule est de même nature que le mouvement de la particule voisine qui lui a donné naissance. Cette transmission de proche en proche, ou propagation du mouvement imprimé à la particule initiale constitue ce que l'on appelle le rayonnement ou la radiation. Il est évident que cette propagation a lieu dans toutes les directions autour de la particule initiale ; toutes les particules qui entourent celle-ci prennent part au mouvement. Le mouvement vibratoire se propage dans une direction dite sous forme d'une onde qui progresse peu à peu.

C'est l'onde que produit sur une surface liquide la chute d'une pierre tombant dans ce liquide. On appelle longueur d'onde la progression du mouvement vibratoire pendant une période T, ou le chemin parcouru par la tête de l'onde. La longueur d'onde dépend donc de la vitesse de propagation vibratoire dans l'éther. Cette vitesse est d'environ 300 000 kilomètres par seconde dans l'éther libre : il est à remarquer que la vitesse de propagation est indépendante de la cause extérieure qui a provoqué le mouvement vibratoire de l'éther.

Il est même démontré que cette cause est due à un phénomène lumineux ou à des phénomènes électriques. En appelant v la vitesse de propagation, T la période vibratoire d'une particule, λ la longueur d'onde, nous voyons que celle-ci est donnée par la formule : $\lambda = v\mathrm{T}$.

Nous savons que la fréquence F du mouvement vibratoire est égale à l'inverse de la période T. La longueur d'onde λ est donc liée à la fréquence par la formule

$$\lambda = \mathrm{V}\left(\frac{1}{\mathrm{F}}\right).$$

Des différentes périodes de l'énergie. 1° *Energie mécanique*. — Lorsque les vibrations se manifestent par un nombre d'oscillations comprises entre l'unité et 34 à la seconde, l'énergie n'est perceptible qu'au sens du toucher, c'est la période d'énergie simplement mécanique.

2° *Energie sonore*. — Lorsque le nombre de vibrations atteint 30 à la seconde, l'énergie, tout en continuant à être mécanique, commence à être perceptible à notre oreille, elle devient sonore. Cette période s'étend jusqu'à 48 000 vibrations à la seconde et il est vraisemblable que cette limite se trouve encore reculée pour certains animaux très petits tels que les insectes.

L'énergie sonore se manifeste le plus souvent sous la forme vibratoire longitudinale, mais pour les périodes élevées, particulièrement, la forme transversale s'y retrouve également.

3° *Période inconnue.* — Lorsque le nombre des vibrations devient suffisamment élevé pour cesser d'être perceptible à notre oreille, nous ne savons plus sous quelle forme se manifeste l'énergie. Il est probable que la vibration transversale existe alors seule, et certaines expériences de Hertz paraissent indiquer l'existence d'ondes transversales d'origine électrique qui atteindraient jusqu'à 600 mètres d'amplitude. Ces vibrations s'étendent jusqu'à 3 000 000 par seconde.

4° *Oscillations hertziennes.* — Les oscillations qui s'étendent de 3 000 000 à 50 000 000 par seconde se manifestent sous une forme particulière qui fera l'objet d'une étude plus approfondie.

5° *Énergie électrique et magnétique.* — On a pu obtenir des ondulations d'ordre électrique dans les diélectriques ainsi que dans les conducteurs vibratoires dont la longueur d'onde était de quelques millimètres seulement. A l'aide de ces radiations électriques on a pu vérifier toutes les lois qui régissent les radiations calorifiques et lumineuses. Celles-ci se réfléchissent, se réfractent, se polarisent, de la même façon que les autres vibrations. L'induction électrique n'est qu'un phénomène de résonnance correspondant à cette période vibratoire. L'électricité statique et le magnétisme sont deux formes distinctes dans lesquelles se présentent ces vibrations à l'état potentiel.

6° *Deuxième période inconnue.* — Lorsque les longueurs d'onde sont inférieures à quelques millimètres, nous pénétrons dans une nouvelle période vibratoire qui reste encore inconnue. Cette période s'étend de 75 000 000 à 5 billions de vibrations par seconde.

7° *L'énergie calorifique.* — A partir de la longueur d'onde égale à 60$^\mu$, l'énergie devient calorifique et nous pénétrons dans la période infrarouge. Cette période s'étend de 5 billions à 400 billions de vibrations par seconde, cette région très peu connue semble réserver de grandes surprises pour l'avenir car la thermographie fera apparaître le monde extérieur sous un aspect tout différent que celui que nous lui connaissons.

8° *Énergie lumineuse.* — Dès que la longueur d'onde atteint 0$^\mu$,75, l'œil perçoit une couleur rouge foncé.

Nous pénétrons alors dans la période correspondant à la période d'énergie lumineuse. Cette période est comprise entre 400 billions et 750 billions de vibrations par seconde.

Elle s'étend jusqu'à la vibration ultra-violette de l'extrême visibilité dont la longueur d'onde est égale à 0$^\mu$,396.

9° *L'énergie cinétique.* — Cette énergie comprend les radiations qui commencent à l'ultra-violet pour aller jusqu'au rayon de Blondlot et au rayonnement du radium, et

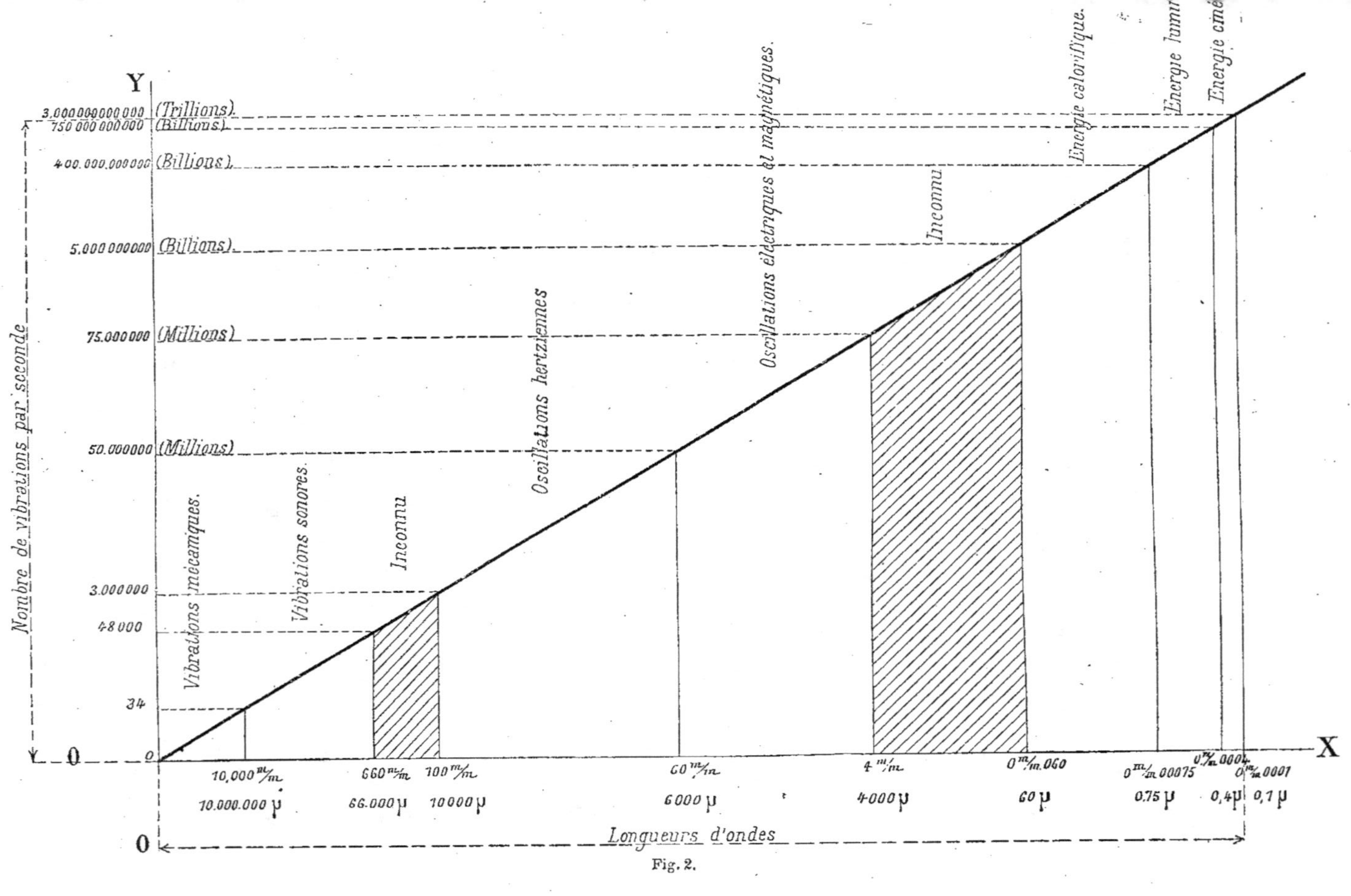

Nombre de vibrations par seconde
Y
X
Longueurs d'ondes
Fig. 2.
Vibrations mécaniques.
Vibrations sonores.
Inconnu
Oscillations hertziennes
Oscillations électriques et magnétiques.
Inconnu
Energie calorifique.
Energie lumi
Energie ciné
3.000000000000 (Trillions)
750 000 000 000 (Billions)
400.000.000000 (Billions)
5.000 000000 (Billions)
75.000000 (Millions)
50.000000 (Millions)
3.000000
48 000
34
0
10.000 m/m.
10.000.000 µ
660 m/m.
66.000 µ
100 m/m.
10000 µ
60 m/m.
6 000 µ
4 m/m.
4000 µ
0 m/m. 060
60 µ
0 m/m. 00075
0.75 µ
0 m/m. 0004
0,4 µ
0 m/m. 0001
0,1 µ

dont le nombre des vibrations va jusqu'à atteindre 3 trillions par seconde, à ce moment la matière s'évanouit.

Longueurs d'onde et vitesse de propagation des phénomènes électriques. — Dans les phénomènes de luminescence provoqués par la décharge électrique à travers les gaz raréfiés, la période de vibration des ions est bien plus courte que la période de vibration des radiations lumineuses. C'est par suite d'un accroissement de la période de vibration que le phénomène devient sensible d'abord à la plaque photographique (ultra-violet) et ensuite à l'œil (violet) comme l'a montré M. Rosset.

Examinons la longueur d'onde du phénomène et sa vitesse de propagation intimement liée à la longueur d'onde λ et à la période de vibration T, par la relation connue en optique

$$\lambda = V \times T.$$

Longueurs d'onde. — Par définition même, on sait que la longueur d'onde est la distance qui sépare deux états semblables voisins de la vibration. Or ici, cette distance λ c'est justement l'écartement des ions ε, car le phénomène vibratoire se reproduit successivement identique à chaque ion.

Application et vérification expérimentale. — Considérons le cas où en raréfiant un gaz, on l'a amené à produire le phénomène de luminescence sous le passage du courant. La longueur d'onde du mouvement vibratoire est alors connue : c'est celle de la radiation lumineuse obtenue, le violet, par exemple.

Or pour le violet on a : $\lambda = 0^{mm},000400$ environ ou $0^{cm},00004$. Cherchons alors quel est le nombre d'ions qu'il y a dans un centimètre cube pour le comparer à celui trouvé précédemment d'après la distance explosive en fonction de la fonction d'auto-décharge. On a :

Nombre d'ions dans 1 centimètre cube = N.

$$N = \frac{n}{V} = \frac{n}{1^{cm3}} = \frac{1}{\varepsilon^3} = \frac{1}{\left(\dfrac{4}{100\,000}\right)^3} = 15\,625\,000\,000\,000$$

soit 16 trillions environ.

D'après M. Rosset, pour une distance explosive et pour une tension d'auto-décharge de 1 volt, on a le nombre de 125 trillions environ d'ions par centimètre.

La concordance de ces nombres, obtenus d'une manière très différente dans deux cas, est absolument remarquable si on considère que pour obtenir le phénomène de luminescence violet, il a fallu raréfier les ions et le chiffre précédent montre que cette raréfaction a été d'environ 87 %.

Vitesse de propagation du phénomène électrique. — Connaissant ainsi la longueur d'onde du mouvement vibratoire électrique ($\lambda = \varepsilon$) d'une part, et d'autre part, l'expression de la période de vibration ionique ou électronique T, on en déduit immédiatement la vitesse de propagation du phénomène électrique V.

$$U = \frac{\lambda}{T} = \frac{\varepsilon}{\frac{\beta}{\alpha} \times 4\pi \times k \times \frac{\sqrt{M}}{S} \times \varepsilon^{\frac{3}{2}}} = \frac{\alpha}{\beta} \times \frac{1}{4\pi} \times \sqrt{K} \times \frac{S}{\sqrt{M}} \times \frac{1}{\varepsilon^{\frac{1}{2}}}$$

$$= \frac{\alpha}{\beta} \times \frac{1}{4\pi} \times \sqrt{K} \times \frac{S}{\sqrt{M}} \times \left(\frac{n}{V}\right)^{\frac{1}{6}}$$

On voit d'après cette relation que la vitesse de propagation du phénomène électrique n'est pas constante, et comme celle de la lumière, qu'elle varie avec le milieu traversé (indice de réfraction).

La vitesse de propagation du phénomène électrique est notamment proportionnelle à la racine carrée du pouvoir inducteur spécifique K du milieu diélectrique, et à la puissance $\frac{1}{6}$ de la concentration en ions ou électrons.

Vérification expérmientale. — En mesurant la vitesse de transmismission télégraphique d'un courant (déduction faite des retards mécaniques d'appareils) dans des fils aériens, dont la capacité est très faible et n'apporte pas de perturbations par trop considérables sur la mesure, et en opérant dans les mêmes conditions, MM. Fizeau et Gonnelle ont trouvé les chiffres suivants :

Fil de fer . . . . 100 000 kilomètres par seconde
Fil de cuivre . . . . 180 000   »   »

Or d'après la résistivité spécifique du fer et du cuivre, M. Rosset a trouvé comme quantité proportionnelle à la concentration $\frac{n}{v}$ du métal en électrons :

Fer recuit . . . . 0,01077 soit 1
Cuivre pour étalon recuit . . . . 0,3921 soit 39

on en déduit :

$$\frac{\text{Vitesse de propagation dans le cuivre}}{\text{Vitesse de propagation dans le fer}} = \frac{\sqrt[6]{39}}{\sqrt[6]{1}} = \frac{1,84}{1}$$

C'est-à-dire que, si la vitesse de propagation du phénomène électrique est de 100 000 kilomètres par seconde dans le fer, elle est de 184 000 kilomètres par seconde environ dans le cuivre. La vérification expérimentale est donc très nette.

En considérant l'expression

$$U = \frac{\alpha}{\beta} \times \frac{1}{4\pi} \times \frac{1}{k} \times \frac{S}{\sqrt{M}} \times \frac{1}{\varepsilon^{\frac{1}{2}}},$$

on voit que k ($k =$ racine carrée de la constante d'attraction k^2 de la loi de Coulomb) et U sont inversement proportionnels, toutes choses égales d'ailleurs. Or il résulte des théories de Maxwell que k est proportionnel à la vitesse de la lumière dans le diélectrique considéré. Il en résulte que la vitesse de propagation U des phénomènes électriques est d'autant plus grande, pour une même concentration en ions ou électrons, que le milieu diélectrique conduit moins bien la lumière.

CHAPITRE II

RECHERCHES DE HERTZ SUR LES ONDULATIONS ÉLECTRIQUES

La publication de la théorie de Maxwel en 1865 sur les phénomènes électro-dynamiques est la base des recherches de Hertz. A ne considérer que les phénomènes électriques, cette théorie ne présentait peut-être pas un avantage essentiel sur celles qui avaient été énoncés auparavant. Sa véritable supériorité consistait en ce qu'elle embrassait d'un même coup l'optique, et que des propriétés d'un seul et même milieu, l'éther, elle déduisait en même temps les lois de la lumière et les lois de l'électricité. Mais cette théorie correspond-elle bien à la réalité ou bien n'est-elle qu'une hypothèse de génie? — Plus on l'approfondissait, plus on contrôlait ses conséquences, plus la première alternative gagnait en vraisemblance. Une preuve directe déduite d'expériences sûres manquait cependant encore.

La cause de ce manque de preuve expérimentale résidait dans l'énorme vitesse que possède la lumière et que tout portait à attribuer aussi à la propagation des actions électriques. Ces actions ne sont appréciables qu'à quelques mètres de distance des conducteurs dont elles émanent. Le temps qu'elles mettent à franchir de pareils intervalles n'est que de quelques cent millionièmes de seconde. Quels que fussent les procédés mécaniques qu'on employât pour fermer et ouvrir des courants, pour aimanter et désaimanter des aimants, pour charger et décharger des bouteilles de Leyde, il paraissait impossible de réaliser ces phénomènes dans des conditions qui permissent de suivre les phases de leur production pendant un temps aussi court que le cent millionième de seconde.

Hertz remarqua qu'il existe un moyen très simple de fermer complètement un circuit ouvert dans un temps plus court même que la millième partie d'un millionième de seconde.

Ce moyen c'est l'étincelle électrique elle-même, produite dans des circonstances spéciales. En l'employant, il put exciter, dans des conducteurs, des vibrations électriques assez rapides pour en tirer une preuve des hypothèses de Maxwell. Ces hypothèses se trouvèrent pleinement confirmées. Nous allons donner ici une description abrégée des expériences de Hertz pour cette étude.

I. — L'ÉTINCELLE EXCITATRICE

Prenons un appareil d'induction capable de donner des étincelles de 8 à 12 centimètres de longueur et faisons jaillir les décharges qui en proviennent entre les pôles d'un excitateur séparés par un intervalle de 1 centimètre environ. Si nous prenons comme pôles deux pointes ou une pointe et une boule, les étincelles auront un éclat mat, bleuâtre ou rougeâtre et leur son sera sourd et faible. Mais si nous prenons comme pôles deux surfaces sphériques bien polies, les étincelles seront d'un éclat blanc éblouissant, produisant un bruit sec, comparable à celui d'une explosion. Si l'on examine l'étincelle dans le miroir tournant, on voit que l'étincelle blanche ne se produit que dans le premier instant de la décharge et ne dure qu'un temps très court. On augmente l'intensité de cette étincelle blanche en mettant en communication avec les pôles de l'excitateur des masses métalliques considérables, bonnes conductrices. En fait cette étincelle blanche provient de la décharge des surfaces métalliques les plus rapprochées des pôles, et pas de la décharge proprement dite de l'appareil. Or cette étincelle blanche se développe dans un temps dont la durée est presque infiniment petite. Pour le prouver, nous établissons un circuit A formé, comme on le voit dans la figure 3, d'un excitateur micrométrique b et d'un fil conducteur circulaire.

Nous relions le point de ce cercle qui est opposé à l'excitateur, soit a, avec l'un des pôles de l'excitateur B. Il ne se produit point alors d'étincelle en b. C'était à prévoir, mais ce qui ne l'était pas, c'est que l'on obtient au contraire des étincelles en b si l'on déplace le point de contact du fil de communication de quelques centimètres de part ou d'autre du point a. Et pourtant c'est ce qui se produit. Ces étincelles secondaires proviennent des différences de temps nécessaires aux ondes électriques partant de a par les deux chemins différents pour arriver en b. Mais on sait que les mouvement électriques dans les fils métalliques arrivent à parcourir 20 à 30 centimètres dans la millième partie d'un millionième de seconde. Ainsi donc la différence de marche doit être de l'ordre d'un intervalle de temps aussi court et les changements que la décharge provoque dans les conditions électriques du système doivent se produire dans un intervalle de temps du même ordre aussi.

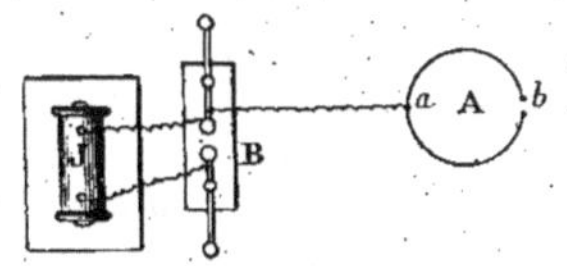

Fig. 3.

On peut répéter ces expériences de différentes manières, en introduisant dans les deux branches que l'angle électrique a à parcourir, des fils conducteurs de différentes épaisseurs, de différents métaux, de différentes formes, en spirales, en zigzags, etc.

Cette disposition, qu'on peut considérer comme une forme nouvelle de balance électrique, permet de comparer la vitesse de ces différents conducteurs et on peut sans peine en déduire une série de résultats intéressants.

On doit remarquer ici que ces phénomènes ont déjà été découverts par M. Von Bezold, qui en a en même temps donné une interprétation absolument juste. M. Von Bezold les à décrits dans le tome CLX des *Annales* de Poggendorff, mais personne ne paraît avoir compris alors l'importance de ces recherches.

Des fils droits de cuivre, de fer, de maillechort, d'épaisseurs les plus différentes, se font équilibre, de même aussi une colonne d'un liquide bon conducteur fait équilibre à un fil métallique. Comme les phénomènes dépendent de la forme spéciale qu'affecte l'étincelle dans le tout premier moment, il n'est pas surprenant que des circonstances accessoires très insignifiantes agissent sur eux. Voici par exemple une action très singulière observée par Hertz : Etant donné une étincelle brillante, accompagnée de décharges secondaires intenses, si l'on allume, dans le voisinage de l'étincelle, un fil de magnésium ou que l'on projette sur elle la lumière d'une lampe électrique, son éclat disparaît, le son qu'elle produit devient sourd, et les décharges secondaires qui l'accompagnaient cessent presque complètement. Il y a là une action très remarquable de la lumière ultra-violette sur la décharge électrique, action qui s'est tout d'abord révélée dans ces conditions et qui a été étudiée depuis lors par divers observateurs, sans que l'on pût dire que la véritable nature de ce phénomène ait été reconnue jusqu'à présent.

II. — PRODUCTION DES OSCILLATIONS RÉGULIÈRES

Prenons maintenant deux sphères métalliques de 30 centimètres de diamètre ou encore deux plaques de métal carrées, de 40 centimètres de côté et relions les par un fil métallique droit d'un mètre de longueur. Supposons qu'une de ces deux sphères soit chargée d'électricité positive, l'autre d'électricité négative et que les forces qui séparent ces deux électricités cessent subitement d'agir. Les deux électricités se combineront, mais le courant ainsi développé se prolongera au delà de cette combinaison même et créera sur les deux sphères des charges inverses de celles qu'elles présentaient d'abord ; celles-ci provoqueront une nouvelle décharge, ainsi de suite, et il se produira de la sorte une série d'oscillations entre les deux sphères. Du reste, nous venons de parler l'ancien langage ; avec Faraday et Maxwell nous dirions plutôt que l'état électrique de l'éther qui enveloppe les conducteurs subit des modifications alternatives. D'ailleurs, de quelque manière qu'on interprète le phénomène, ce qui est certain c'est qu'il se produit un mouvement de va et vient dans les conditions du système et que la disposition envisagée constitue une sorte de diapason électrique.

La théorie conduit d'une manière parfaitement sûre à cette conception et elle permet en outre d'évaluer avec une certaine approximation la durée d'oscillation de ce diapason à un cent millionnième de seconde.

Mais pour qu'un semblable diapason vibre, il faut que l'action excitatrice se produise ou cesse d'une manière suffisamment instantanée, c'est-à-dire dans un temps qui soit du même ordre que la durée d'oscillation. Il n'est pas possible de réaliser des changements aussi brusques par des procédés mécaniques, mais l'étincelle électrique sous la forme spéciale que nous avons décrite nous en donne le moyen. Coupons le fil de communication en son milieu, adaptons à chacun des deux bouts ainsi séparés une boule de métal poli de 4 centimètres de diamètre et relions ces deux boules avec les deux pôles d'une machine d'induction. A chaque décharge se produisent alors les oscillations de notre diapason que nous désignerons dans la suite sous le nom de conducteur primaire. On serait tenté de croire qu'on pourrait employer à la place d'un appareil d'induction une machine électrique ordinaire, mais dans ce cas on n'obtient qu'une action excessivement faible et la machine d'induction paraît indispensable pour ces expériences.

Pour rendre sensibles dans l'espace environnant les oscillations dont nous nous occupons, nous avons recours à l'induction qu'elles produisent dans un autre conducteur. Comme tel nous prenons un fil de cuivre recourbé en un cercle de 75 centimètres de diamètre, lequel présente une interruption qu'on peut réduire, à l'aide d'une vis micrométrique, à un tout petit intervalle. Si nous disposons ce fil, que nous appellerons b conducteur secondaire, dans le voisinage du conducteur primaire, il s'y produira des décharges correspondantes à celles du conducteur primaire. La longueur des étincelles secondaires varie. Dans certaines positions favorables, elle va jusqu'à 7 et 8 millimètres, car, grâce à la promptitude des mouvements électriques, leur force inductrice est très grande. Dans d'autres positions, l'étincelle secondaire disparaît au contraire complètement.

C'est ainsi qu'à un premier essai l'on reconnaît que l'action se produit surtout dans les régions situées latéralement à l'oscillation primaire ; à de grandes distances on ne peut pas obtenir d'étincelles dans le prolongement des oscillations. D'après la loi de Weber, l'action inductrice d'un courant variable devrait se faire sentir surtout dans le prolongement de ce courant. Nous serions donc fondés à douter de l'exactitude de cette loi. On sait en outre que l'intensité de l'induction et l'attraction électro-dynamique sont tellement liées ensemble, que là où l'une de ces actions est nulle, il doit en être de même de l'autre. Un élément de courant rectiligne ne saurait donc point exercer d'attraction électrodynamique dans son propre prolongement.

Les étincelles du conducteur secondaire nous démontrent l'existence, dans le conducteur primaire, de mouvements électriques très intenses. Or nous pouvons donner des preuves que ces mouvements affectent la forme d'ondulations régulières.

Une première preuve réside dans les phénomènes de résonnance qui les accompagnent. Si nous prenons une série de conducteurs secondaires circulaires de grandeur croissante depuis des diamètres très petits jusqu'à des diamètres très grands et que nous les amenions successivement dans une position identique, particulièrement favorable, par rapport au courant primaire, nous ne verrons se produire d'abord que de très petites étincelles. Ce n'est que lorsque nous arriverons à des conducteurs circulaires de 75 centimètres que nous obtiendrons des étincelles de plusieurs millimètres.

Dans des cercles plus grands nous aurons encore des étincelles très petites. Mais si nous réduisons de moitié les dimensions du conducteur primaire, l'action sur des cercles de 75 centimètres devient plus faible et les plus grandes étincelles se produisent alors avec des cercles de 38 centimètres. Nous pouvons changer de diverses manières la durée d'oscillation des deux conducteurs, en variant les dimensions des boules fixées à leurs extrémités, en introduisant des spirales, etc., etc. Il n'en existe pas moins toujours un rapport entre les dimensions des conducteurs primaire et secondaire pour lequel leur action réciproque atteint son maximum. Or il est difficile de ne pas voir là un phénomène analogue aux phénomènes de résonnance. Nous disposons notre conducteur primaire horizontalement comme l'indique la figure 4 en AA'; devant ces deux sphères nous plaçons deux plaques métalliques a a'; desquelles partent normalement deux fils qui se prolongent parallèlement sur une longueur de dix à vingt mètres. Puis nous nous plaçons dans l'intervalle de ces deux fils en tenant notre circuit secondaire B de telle sorte que son plan soit perpendiculaire aux deux fils

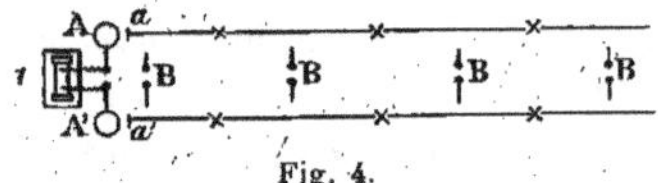

Fig. 4.

et que son interruption se trouve à la partie supérieure. Partant de l'extrémité la plus éloignée des fils, nous observons d'abord les étincelles de quelques millimètres de longueur. En nous rapprochant du conducteur primaire nous voyons ensuite les étincelles diminuer puis disparaître tout à fait à la distance de $1^m,5$ de l'extrémité. Les étincelles reparaissent très vives à une distance de 3 mètres, disparaissent de nouveau à $4^m,5$ et le phénomène se reproduit périodiquement à intervalles égaux. Evidemment les ondes qui naissent dans le conducteur primaire se propagent dans les fils jusqu'à leur extrémité où elles sont réfléchies et les ondes réfléchies produisent par interférence avec les ondes directes un système d'oscillations fixes. Pour que les nœuds, qui dans la figure sont indiqués par de petites croix, soient bien nets, il faut que la longueur des fils soit dans un rapport donné avec la longueur d'onde; par tâtonnements on trouve facilement une longueur convenable.

Dans la disposition que nous avons décrite, l'extrémité libre des fils correspondrait à un ventre de vibrations. Il suffit de réunir ces deux extrémités pour y substituer un nœud; dans ce dernier cas les autres nœuds se trouvent à 3, 6, 9 mètres de distance de l'extrémité des fils. On peut varier beaucoup cette expérience en plaçant différemment le conducteur secondaire, le résultat est toujours le même pour ce qui est de la longueur d'onde. Nous pouvons donc être assurés que notre conducteur primaire est réellement le siège d'oscillations isochrones et émet les ondes régulières.

III. — ACTION ÉLECTRODYNAMIQUE DES CORPS ISOLANTS.

On a cru longtemps que les corps isolants n'exerçaient aucune influence sur la propagation des forces électriques, qu'ils laissaient passer celles-ci sans leur faire subir aucune modification. Faraday a démontré que cette manière de voir est erronée et qu'une force électrique agissant sur un corps isolant produit dans celui-ci une sorte de polarisation qui exerce une influence marquée sur les actions électrostatiques. Maxwell alla plus loin et affirma que cette polarisation peut exercer aussi une action électrodynamique, que chaque changement qu'elle subit est équivalent à un courant et capable de produire une force d'induction. Bien que cette hypothèse constitue une des bases importantes du système de Maxwell, elle n'avait pas encore été confirmée d'une manière certaine par l'expérience et il est permis de douter qu'une pareille confirmation fût possible par les moyens ordinaires.

Nos vibrations électriques procurent en revanche ici un moyen facile de vérification.

La figure 5 donne un diagramme de l'expérience :
AA' est de nouveau le conducteur primaire ; nous plaçons le circuit secondaire B dans la position qu'indique la figure, c'est-à-dire de façon à ce que son interruption se trouve dans le plan des lames AA'. Quand même il se trouve ainsi très près du conducteur primaire, il ne peut point se produire d'étincelle entre ses deux pôles, parce que l'action sur sa moitié supérieure contrebalance exactement l'action sur sa moitié inférieure.

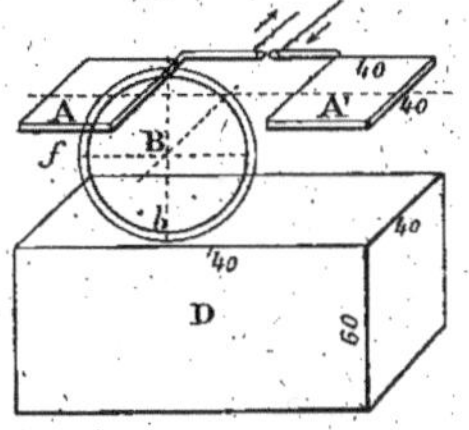

Fig. 5.

Mais ainsi placé il est très sensible au moindre changement dans son voisinage. Si on dispose par terre, sous l'appareil, une tige de fer ou de feuille de zinc, on voit immédiatement apparaître de toutes petites étincelles. Celles-ci sont l'effet des courants que produisent les oscillations du conducteur primaire dans ces deux masses métalliques. Le corps de l'observateur même ne laisse pas d'exercer une certaine influence et il faut à cet égard prendre quelques précautions pour ne pas être induit en erreur.

Mais au lieu de nous borner aux corps conducteurs, nous pouvons étendre nos expériences aux corps isolants. Hertz fit confectionner un gros bloc d'asphalte de $1^m,40$ de longueur, 0,40 d'épaisseur et 0,60 de hauteur qui est représenté dans la figure en D. Il le plaça sous l'appareil, disposé comme il vient d'être dit, et il constata alors l'apparition d'étincelles très nettes. En remplaçant le bloc d'asphalte par un semblable de résine, de papier, etc., le résultat fut le même. On pourrait objecter que la cause des étincelles était de nature électrostatique ; mais cela n'est pas possible, car les lignes de force électrostatique marchent dans l'isolateur de la plaque A à la plaque A' et ne sortent pas de l'isolateur.

D'ailleurs cette objection est contredite par plusieurs particularités du phénomène, d'où il résulte que les mouvements excités dans l'isolateur se comportent exactement comme ceux qui se produiraient dans un conducteur, abstraction faite de la quantité. Du reste il est à noter qu'on peut contrebalancer l'action de l'isolateur en approchant du côté opposé, dans ce cas au-dessus de l'excitateur primaire, un conducteur de dimensions analogues. Si l'on réduit les dimensions de l'appareil de moitié, les étincelles deviennent beaucoup plus petites et ne sont plus si faciles à observer qu'auparavant.

Mais à part cela le résultat reste le même et l'on a l'avantage de pouvoir opérer avec des substances pures dont le prix rendrait la confection de gros blocs trop coûteuse. De cette façon Hertz opéra sur des corps isolants très différents, entre autres le soufre, la paraffine et un corps isolant liquide, le pétrole. Tous donnèrent le même résultat. Tels corps présentant une forte constante de diélectricité donnent un effet plus marqué ; cependant les expériences ne sont pas propres à donner une évaluation quantitative de la constance de diélectricité.

IV. — VITESSE FINIE DE LA PROPAGATION DANS L'AIR

Étant admis que les changements de polarisation diélectrique dans les corps isolants, soufre, etc., produisent l'effet de courants, la théorie à elle seule nous autorise à admettre que l'action d'une vibration électrique se propage dans ces corps avec une vitesse finie sous forme d'une onde. Mais en est-il de même dans l'espace libre ? C'est là une question d'une tout autre importance.

Exposons maintenant quelles furent les premières observations qui amenèrent Hertz à donner à cette question une réponse affirmative.

Nous avons dit que les effets du courant primaire transmis par l'air excitaient encore des étincelles dans le conducteur secondaire à 15 mètres de distance. Nous avons montré

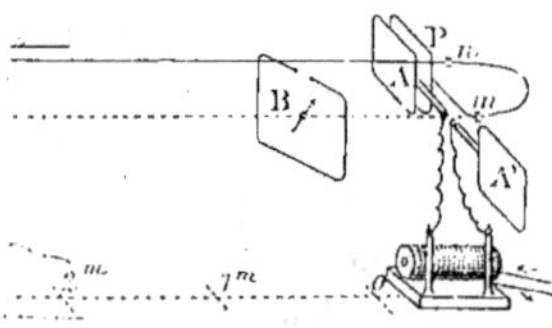

Fig. 6.

de même que les ondes marchant dans un fil agissaient aussi sur le conducteur secondaire. Nous pouvons donc soumettre le conducteur secondaire à ces deux sortes d'actions à la fois et rechercher si celles-ci se renforcent ou s'affaiblissent. On peut réaliser cette expérience de différentes manières. Nous décrirons seulement la méthode que nous avons employée de préférence. Derrière la plaque A du conducteur primaire est fixée une plaque semblable P (fig. 6) ; de cette plaque partait un fil dont la direction était perpendiculaire à la direction des oscillations et qui se prolongeait jusqu'à une grande distance (60 mètres), étant, à son extrémité, mis en communication avec la terre.

Sous ce fil vient alors se placer le conducteur secondaire B, ayant son interruption à sa partie supérieure, son plan vertical, et disposé de manière à pouvoir tourner autour d'un axe vertical. Lorsque son plan est perpendiculaire au fil, celui-ci ne peut exercer aucune action sur lui.

Pourtant il se produisait des étincelles qui résultaient de l'action directe des oscillations primaires. Quand, au contraire, le plan du conducteur secondaire était perpendiculaire à la direction des ondulations primaires, le fil agissait seul. En réglant convenablement sa distance, on pouvait amener son action à être de même ordre que l'action directe. Entre ces deux positions du conducteur secondaire, il en est deux autres dans lesquelles les deux causes agissent ensemble. Si dans l'une de ces deux positions les deux actions se renforçaient mutuellement, elles devaient forcément s'affaiblir dans l'autre. La force des étincelles devait par conséquent être très différente dans les deux positions. C'est, en effet, ce que l'expérience a confirmé.

La différence était tantôt plus, tantôt moins marquée. Mais, en général, il était très facile de reconnaître s'il fallait tourner le cercle à droite ou à gauche pour obtenir les étincelles les plus fortes. Parfois, néanmoins, il n'y avait pas de différence appréciable. Cela devait se produire lorsque les deux actions interférant entre elles présentaient une différence de phase d'un quart de la durée d'oscillation. En effet, lorsque l'interférence ne se produisait pas, on n'avait qu'à allonger ou à raccourcir le bout de fil non intercalé, pour constater immédiatement une différence dans la grandeur des étincelles.

Si l'on fait cette expérience à une seule distance nous n'en pouvons tirer qu'une intéressante confirmation des faits, sans en déduire rien de nouveau. Mais elle devient très instructive si on la répète à différentes distances, en commençant par de très petites distances et la poussant aussi loin que l'espace et la netteté des étincelles nous le permettent. Par là nous pourrons, en effet, obtenir un moyen de comparaison entre la vitesse de propagation dans l'air et la vitesse de propagation dans le fil.

Si ces deux vitesses étaient égales, les deux actions se produiraient à toutes les distances avec la même différence de phase. A toutes distances les étincelles devraient donc être plus fortes pour une rotation à droite ou pour une rotation à gauche, ou égales dans les deux positions. Mais ce n'est pas le cas en réalité, au contraire, l'interférence change de sens, de distance en distance, à mesure qu'on s'éloigne.

Si, au contraire, la propagation dans l'air s'accomplissait avec une vitesse infinie, le sens de l'interférence devrait changer aussi souvent que celui du mouvement dans le fil, par conséquent à chaque demi-longueur d'onde, soit tous les 3 mètres. Mais cela non plus ne correspond pas à la réalité. L'interférence change de signe moins souvent, soit environ tous les 6 mètres. La vitesse dans l'air n'est donc pas infinie et elle n'est pas non plus égale à celle dans le fil. Des observations aussi soigneuses que possible amenèrent à reconnaître que la vitesse dans l'air est la plus grande des deux et que son rapport à la vitesse dans le fil est d'environ de 7 à 4.

Les interférences ne changent pas de signe à intervalles égaux comme si les deux vitesses avaient deux valeurs constantes. Au contraire le changement de sens se produit plus vite dans le voisinage des oscillations primaires qu'à de plus grandes distances. Une étude approfondie des circonstances du phénomène d'après la théorie de Maxwell montre que c'est là une conséquence forcée de cette théorie même.

D'après les expériences de Fizeau et Gonnelle, de Siemens et d'autres, la vitesse des ondes électriques dans les fils est de l'ordre de 180 à 200 mille kilomètres à la seconde, ce qui reviendrait à dire que la vitesse des ondes dans l'air serait du même ordre que la vitesse de la lumière.

V. — RÉFLEXION DES ONDES ÉLECTRIQUES

Si les forces électriques se propagent avec une vitesse finie, l'action d'une oscillation électrique se répand dans l'espace ambiant sous forme d'onde électrique. Nous pouvons considérer cette onde en faisant abstraction de la manière dont elle a été produite, de même que nous envisageons les ondes lumineuses sans nous inquiéter de la source dont elles proviennent. En procédant de la sorte, nous nous plaçons déjà sur le terrain de l'optique ; en réalité nous nous trouvons sur un terrain commun à l'optique et à l'électricité.

Admettons que notre onde électrique vienne frapper contre une paroi solide. Si cette paroi est formée d'un corps isolant, par exemple du bois, l'onde continue sa marche à travers elle, on obtient encore derrière elle des étincelles dans le conducteur secondaire. Mais si la paroi est conductrice, recouverte par exemple d'une feuille de zinc, il n'y a plus aucune action perceptible derrière elle. Qu'est devenue l'onde alors ? Elle a été réfléchie et les ondes réfléchies forment par leur interférence avec les ondes directes des oscillations fixes dont les ventres et les nœuds se suivent alternativement dans l'espace. C'est ce que nous voulons tout d'abord démontrer par l'expérience.

Pour cela plaçons notre conducteur primaire en face de la paroi réfléchissante, à une distance aussi grande que possible de celle-ci et transportons-nous dans le voisinage immédiat de la paroi avec notre conducteur secondaire. Nous plaçons ce dernier dans une position telle que son plan passe par la direction des oscillations primaires et nous tournons son interruption, tantôt du côté de la paroi, tantôt du côté opposé. Nous observons alors que les étincelles sont beaucoup plus fortes du côté de la paroi.

Essayons d'expliquer cette observation. Comme la paroi elle-même est fortement

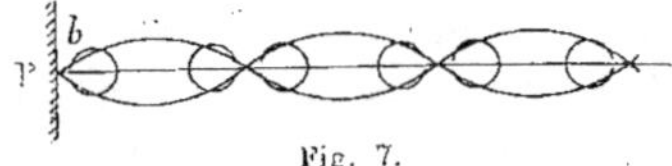

Fig. 7.

conductrice, l'action électrique ne peut être que très faible dans son voisinage immédiat. Si la force n'était pas très faible, elle donnerait lieu à des courants extraordinairement forts. Il doit donc y avoir un nœud en P dans la paroi, comme le montre la figure 7. Mais les vibrations du conducteur secondaire b ne peuvent être produites essentiellement que par des forces agissant sur la partie du cercle opposée à l'interruption.

Un coup d'œil sur la figure nous montre que ces deux remarques ensemble suffisent pour expliquer la marche du phénomène dans le voisinage de la paroi. Mais évidemment le cercle doit se comporter de la même manière dans le voisinage de tout autre nœud que dans le voisinage de la paroi. Les étincelles doivent être plus fortes lorsque l'interruption est tournée vers le nœud que lorsqu'elle est tournée du côté opposé, c'est-à-dire dans les positions qui sont données dans la figure. C'est bien ce que nous voyons se produire dans la réalité. En effet, si nous nous éloignons de la paroi, nous voyons d'abord disparaître la différence d'intensité des étincelles pour les deux positions opposées du cercle. Mais bientôt cette différence reparaît de nouveau, seulement en sens inverse ; les étincelles sont plus faibles du côté de la paroi. Cette différence devient très accentuée pour disparaître ensuite tout à coup et reparaître presque immédiatement après, seulement alors dans le sens primitif. Nous avons passé un nœud. En mesurant la distance qui le sépare de la paroi nous avons la demi-longueur d'onde. Si nous continuons à nous éloigner, nous retrouvons les mêmes effets dans le même ordre.

Avec des ondes courtes de 30 centimètres de longueur environ, on peut constater de cette façon trois nœuds successifs présentant entre eux des intervalles absolument identiques à celui qui sépare le premier nœud de la paroi.

Avec cette méthode pour de grandes ondulations la longueur d'onde a été trouvée plus grande dans l'air que dans les fils conducteurs, tandis que pour des ondulations courtes ces deux longueurs se sont montrées très sensiblement égales. Ce résultat est très extraordinaire ; aussi ne voulons-nous pas l'admettre encore comme bien certain, mais en renvoyons-nous la vérification à des recherches ultérieures.

Aux expériences que nous venons de décrire se rattachent comme suite logique celles dans le détail desquelles nous allons entrer maintenant et qui en sont en quelque sorte la contre-partie. Nous plaçons cette fois le conducteur primaire dans le voisinage immédiat de la paroi et le conducteur secondaire au contraire à une grande distance en avant de celle-ci. Nous laissons ce dernier en place, tandis que nous éloignons graduellement le premier de la paroi. Aussi longtemps que le conducteur primaire se trouve dans le voisinage immédiat de la paroi, le conducteur secondaire ne donne que des étincelles très faibles. Celles-ci augmentent en intensité et deviennent très fortes lorsque le conducteur primaire arrive à être un quart de longueur d'onde de la paroi. Elles diminuent ensuite et disparaissent à peu près complètement, lorsque la distance à la paroi comporte une demi-longueur d'onde, pour croître ensuite de nouveau. Avec des ondulations courtes, elles disparaissent encore une seconde fois à une distance d'une longueur d'onde entière. Nous observons également ici une interférence des ondes directes avec les ondes réfléchies par la paroi. La différence de phase des deux ondes est égale au double de l'intervalle de la source à la paroi, augmenté d'une demi-longueur d'onde qui est perdue à la réflexion. Cela suffit pour expliquer la marche du phénomène dans notre expérience. Celle-ci est assimilable à la disposition spéciale de l'expérience des miroirs de Fresnel qu'a donnée l'anglais Lloyd. Mais si l'on admet la théorie électro-dynamique de la lumière, il ne s'agit plus uniquement ici d'une analogie, mais bien d'un phénomène identique, seulement agrandi plusieurs millions de fois.

VI. — RAYONS ÉLECTRIQUES

Dans les expériences que nous venons de décrire la séparation des ondes réfléchies et des ondes directes n'avait pu encore être réalisée. On doit se demander s'il n'est pas possible de le faire et de produire ce qu'on devrait alors appeler un rayon électrique réfléchi. Hertz l'a longtemps cherché en vain, parce qu'il opérait avec des ondulations qui avaient plusieurs mètres de longueur. Lorsqu'il obtint des ondulations qui n'avaient plus que trente centimètres, il n'éprouva plus de difficulté à obtenir avec les ondulations électriques des phénomènes absolument comparables aux phénomènes lumineux. En ce qui concerne le rapport entre la lumière et l'électricité, les expériences que nous abordons maintenant rendent presque superflues celles que nous avons décrites jusqu'ici. Celles-ci sont presque plus du domaine de l'optique que de celui de l'électricité.

L'excitateur employé ici comme source du mouvement ondulatoire est un tube de laiton de 26 centimètres de longueur et de 3 centimètres de diamètre lequel est partagé en deux pour le passage de l'étincelle excitatrice.

Le courant de décharge d'un petit appareil d'induction aboutit aux deux moitiés de cet excitateur. Pour étudier la propagation des ondes nous employons ou bien un petit cercle comme dans les expériences précédentes, de 7 1/2 centimètres de diamètre, ou plutôt pour les nouvelles expériences un fil droit d'environ un mètre de longueur partagé en deux, présentant en son milieu un excitateur de très petite dimension. Sans disposition spéciale nous ne pouvons, dans ce cas, percevoir l'action des ondulations à plus de 2 mètres de distance. Cela suffit pour déterminer la longueur d'onde d'après le procédé que nous avons décrit. Cette longueur d'onde est de 33 centimètres.

Plaçons maintenant le conducteur primaire dans la ligne focale d'un miroir concave ayant la forme d'un cylindre parabolique de deux mètres de hauteur sur un mètre d'ouverture, et l'on remarque que les ondulations sont concentrées et se propagent sous forme de rayons dans la direction de l'axe du miroir. Sous cette forme on peut percevoir leur action jusqu'à 10 mètres de distance. En plaçant le conducteur secondaire rectiligne dans la ligne focale d'un second miroir identique au premier qui a pour effet de concentrer les ondulations sur ce conducteur, on peut obtenir des étincelles jusqu'à 20 mètres de distance.

Le rayon électrique ainsi obtenu n'est pas arrêté par des corps non conducteurs placés sur sa route, tels qu'une paroi de bois sec par exemple. En revanche, un écran conducteur suspend sa marche et jette une ombre en arrière. Le corps humain se trouvant sur sa route arrête la production des étincelles au delà par contre, des corps conducteurs placés à droite et à gauche du rayon n'exercent pas, d'action sur lui. La propagation est donc rectiligne.

En plaçant sur le trajet du rayon un corps qui soit conducteur dans une direction et pas dans une autre, par exemple un réseau de fils conducteurs tendus parallèlement sur un cadre à de petites distances les uns des autres, l'effet doit être différent suivant que la direction des fils conducteurs coïncide avec celle de la force électrique ou non. L'expérience confirme cette hypothèse, car aussitôt que la direction des fils est perpendiculaire à celle de la force électrique qui coïncide elle-même avec l'axe du conducteur primaire, le rayon passe librement ; il est en revanche complètement arrêté dans le cas opposé. Notre réseau exerce une action analogue à celle d'une plaque de tourmaline.

Cette expérience nous montrerait aussi que les vibrations avec lesquelles nous avons affaire ici sont des vibrations transversales. Nous pouvons avec notre réseau imiter encore une autre expérience intéressante d'optique : l'éclairement du champ obscur de deux Nicols croisés par l'interposition d'une plaque de cristal. Pour cela plaçons la ligne focale du miroir primaire verticale, celle du miroir secondaire horizontale. Les ondulations sont alors sans effet sur le conducteur secondaire qui ne donne point d'étincelle. Il en est de même si nous intercalons le réseau entre les deux miroirs avec ses fils horizontaux ou verticaux. Mais si nous l'intercalons avec ses fils inclinés de 45 degrés sur l'horizon, il décomposera les ondes arrivantes et en laissera passer une composante qui, inclinée de 45 degrés sur le conducteur secondaire, pourra agir sur lui. En effet, on voit alors apparaître les étincelles dans le conducteur secondaire. Comme cette expérience peut se faire en rapprochant beaucoup les deux miroirs l'un de l'autre, elle réussit très facilement avec une parfaite netteté et le résultat en est d'autant plus significatif qu'on est habitué à voir l'interposition d'un filet conducteur gêner ou même suspendre complètement la production d'une étincelle électrique. Comme nous avions déjà réussi précédemment à constater la réflexion des ondulations électriques, il n'y avait plus guère de doute maintenant que nous réussirions également à obtenir une réflexion régulière du rayon électrique. Plaçons pour cela sur le trajet du rayon et dans une inclinaison quelconque avec lui une paroi plane de zinc, de 2 mètres de hauteur et 2 mètres de largeur. Cherchons la direction dans laquelle nous obtenons sur la surface métallique une image optique de l'étincelle primaire. Plaçons maintenant en ce point, au lieu de notre œil, notre second miroir concave, son ouverture tournée contre la surface du miroir. Comme les très courtes ondulations lumineuses qu'excite la lumière de l'étincelle arrivaient à notre œil, de même les ondulations électriques beaucoup plus longues arrivent maintenant à notre conducteur secondaire et y produisent des étincelles très nettes.

Mais on n'observe cette action électrique que dans la direction où se propage aussi la lumière réfléchie. La réflexion du rayon électrique est donc conforme aux lois de la réflexion optique : les angles d'incidence et de réflexion sont égaux.

On peut varier l'expérience en faisant tourner la ligne focale du miroir primaire, et avec elle le plan de vibration du rayon incident, autour de la direction de ce rayon. Le plan de vibration du rayon réfléchi subit une rotation correspondante, mais la réflexion n'en est pas changée.

Si l'on emploie comme paroi réfléchissante le réseau de fils parallèles, on obtient la réflexion de la composante du rayon qui ne peut pas traverser, de celle par conséquent pour laquelle la direction de la force électrique est parallèle à la direction des fils.

Nous avons donné plus haut le réseau de fils comme l'analogue d'une plaque de tourmaline. Cette analogie n'est donc pas complète, car la plaque de tourmaline absorbe la composante qu'elle ne laisse pas passer.

On doit à M. W. König, de Leipzig, la remarque qu'une très mince lame cristalline d'iode présente une analogie optique complète avec le réseau de Hertz.

Hertz confectionna un grand prisme en asphalte, dont l'angle réfringent avait 30 degrés, et dont les faces mesuraient 1^m,5 de hauteur sur 1^m,2 de largeur. En dirigeant le rayon électrique sur l'une des faces de ce prisme, en ayant soin de disposer des écrans de chaque côté du rayon pour empêcher qu'il ne passe à côté du prisme, il ne se produisait plus alors aucune action dans le prolongement rectiligne du rayon incident. Mais en déplaçant graduellement le miroir secondaire du côté de la base du prisme, son ouverture toujours dirigée contre celui-ci, on ne tardait pas à obtenir de nouveau des étincelles.

La déviation du rayon dans le voisinage du minimum fut d'environ 22 degrés. Cela donne pour l'indice de réfraction la valeur de 1,7, un peu supérieure à celle qui résulte des expériences optiques. Cette expérience aussi fut répétée en donnant au plan de vibration des inclinaisons différentes par rapport au plan de réfraction, et cela sans qu'il se produisît aucun changement dans le phénomène même de la réfraction.

VII. — TRANSMISSION DES ONDES PAR DES FILS

Lorsqu'un courant électrique constant passe par un fil cylindrique, il revêt la même intensité en chacun des points de la section de ce fil. Dans le cas d'un courant variable, au contraire, la distribution des forces électriques dans le fil change sous l'action de la self-induction. Les portions centrales du fil étant plus rapprochées de l'ensemble des éléments qui le composent que celles des bords, l'action de l'induction pour réduire les variations d'intensité du courant s'exercera plus sur les parties centrales que sur les couches superficielles et le courant sera plus fort près de la surface que dans le voisinage de l'axe du fil. Lorsque le courant change plusieurs centaines de fois dans la seconde le changement produit dans la distribution du courant dans le fil n'est déjà plus inappréciable. Cette inégalité de distribution croît vite avec le nombre des changements de sens du courant et quand ce nombre atteint plusieurs millions par seconde, la théorie indique que l'intérieur du fil doit être libre de tout courant, celui-ci ne passant plus que dans les couches tout à fait voisines de la surface.

1° Lorsqu'un conducteur primaire agit à travers l'air sur un conducteur secondaire, on ne peut douter que l'action dans ce dernier ne vienne de l'extérieur. Car on peut admettre comme établi que l'action se propage de proche en proche à travers l'air, elle devra donc atteindre les couches externes du conducteur, avant de pouvoir agir sur la portion interne. Or on peut constater qu'une enveloppe métallique fermée ne la laisse absolument pas passer. En effet, si l'on place le conducteur secondaire dans une position favorable en avant du conducteur primaire, et suffisament près pour qu'il donne des étincelles de 5 à 6 millimètres puis qu'on l'enferme complètement dans une caisse en zinc, il ne donne plus la plus petite étincelle. Il en est de même, lorqu'on enferme complètement le conducteur primaire dans une caisse métallique. On sait que pour des courants changeant lentement de sens, la force intégrale de l'induction n'est absolument pas modifiée par l'action d'une enveloppe métallique.

Il y a donc là à première vue une contradiction entre ce fait et nos connaissances nouvelles. Cette contradiction toutefois n'est qu'apparente et elle disparaît en tenant compte de durée relative du phénomène.

De la même manière une enveloppe mauvaise conductrice de la chaleur protège complètement son intérieur contre des variations rapides de la température extérieure, moins contre des variations lentes, pas du tout contre des hausses et des baisses durables de cette même température.

Plus l'enveloppe est mince, plus sont rapides les variations dont elle laisse l'action se transmettre à l'intérieur. Dans le cas que nous envisageons aussi, l'action électrique devra évidemment pénétrer dans l'intérieur, pourvu que l'épaisseur de l'enveloppe métallique soit suffisamment réduite. Toutefois Hertz n'a pu réussir par un procédé simple à réaliser une épaisseur suffisamment petite pour cela. Une caisse recouverte de papier d'étain arrêtait toute action. De même encore une boîte revêtue de papier doré, pourvu qu'on eût soin d'établir un bon contact entre les bords des feuilles de papiers. L'épaisseur de l'enveloppe métallique conductrice pouvait à peine dans ce dernier cas être évaluée à $\frac{1}{20}$ millimètre, en resserrant ensuite l'enveloppe protectrice autant que possible sur le conducteur secondaire. A cet effet, il agrandit son interruption jusqu'à 20 millimètres environ et, pour pouvoir constater des mouvements électriques dans son intérieur il disposa en avant de cette interruption, un petit excitateur identique à celui dont celle-ci était auparavant munie. Les étincelles dans cet excitateur auxiliaire n'étaient pas aussi longues qu'elles l'eussent été dans l'excitateur porté par le cercle secondaire lui-même, car l'action de la résonance ne se faisait plus sentir, mais elles étaient cependant encore très vives. Ainsi disposé le conducteur secondaire fut complètement enfermé dans un étui cylindrique, conducteur, tout à fait mince, qui l'enserrait d'aussi près que possible, sans le toucher, et qui présentait devant l'excitateur auxilliare, pour permettre la vue de celui-ci, une petite ouverture fermée par une toile métallique. Entre les pôles de cet étui on pouvait obtenir des étincelles aussi fortes que celles qui se produisaient auparavant dans le conducteur secondaire lui-même, mais on ne pouvait reconnaître aucune trace du mouvement électrique dans le conducteur secondaire ainsi enfermé. Ce résultat du reste n'est pas modifié lorsqu'il y a contact en certains points entre le conducteur et l'enveloppe. Ce n'est pas pour la réussite de l'expérience qu'il est nécessaire de les isoler l'un de l'autre, mais pour que celle-ci soit vraiment probante.

Par la pensée on peut se représenter l'enveloppe comme enserrant encore le conducteur de plus près qu'on ne peut le réaliser dans la pratique, si bien qu'on peut finir par le confondre avec sa couche superficielle. Ainsi donc, quand bien même l'action excitatrice électrique à la surface de notre conducteur est assez forte pour donner des étincelles de 5 à 6 millimètres il règne déjà à $\frac{1}{20}$ millimètre dans son intérieur un repos si complet, qu'on ne pourrait pas en tirer les plus petites étincelles. On est de la sorte conduit à admettre que ce que l'on appelle courant indirect dans le conducteur secondaire est un phénomène qui s'accomplit dans son entourage, mais affecte à peine son intérieur.

2° On pourrait concéder que les choses se passent bien ainsi lorsque l'excitation électrique arrive à travers un milieu non conducteur, mais on ne peut prétendre qu'il en serait autrement si, comme on a coutume de le dire, elle était transmise par un conducteur. Plaçons en regard des deux plaques de notre excitateur primaire une plaque conductrice et fixons à celle-ci un long fil droit. Nous avons vu dans nos recherches antérieures comment avec l'aide de ce fil on peut transmettre à grande distance l'action des oscilations primaires.

Le point de vue ordinaire consiste à admettre qu'une onde se propage alors dans le fil. Mais nous voulons chercher à montrer que tous les changements qui se produisent sont limités au milieu ambiant et à la surface du fil, tandis qu'il ne se produit rien à l'intérieur sous l'action de l'onde qui passe. Hertz a d'abord disposé ses expériences comme suit. Sur un segment de 4 mètres de longueur, il remplaça son fil droit par deux bandes de zinc de cette même longueur et de 10 centimètres de largeur couchées horizonzalement l'une sur l'autre, leurs deux extrémités en contact et étroitement reliées ensemble. Entre ces bandes, le long de leur ligne médiane, et par conséquent complètement enveloppé par leurs surfaces métalliques, était disposé un fil de cuivre entouré de guttapercha. Il était indifférent pour ces deux expériences que les deux bouts extrêmes de ce fil fussent en contact avec les lames ou en fussent isolés. En général ils étaient soudés à celles-ci. Ce fil était coupé en son milieu et les deux prolongements partant de cette interruption médiane sortaient de l'intervalle des deux lames enroulées l'une autour de l'autre pour aboutir à un petit excitateur très fin, destiné à montrer qu'il se produisait des mouvements électriques dans le fil. Faisait-on passer alors des ondes aussi fortes que possible le long de l'appareil ainsi disposé, on n'observait pas la moindre action dans le petit excitateur. Mais venait-on à tirer sur une longueur de quelques décimètres le fil de cuivre de dessous les lames de zinc, de manière à ce qu'une très faible partie de sa longueur fût à découvert, aussitôt les étincelles apparaissaient. Les étincelles sont d'autant plus fortes que la position du fil qui est ainsi mise à découvert est plus grande. Ce ne sont donc pas des circonstances particulièrement défavorables, de résistance ou autres, inhérentes à la disposition adoptée ici qui auraient été la cause qu'il n'y avait pas d'abord eu d'étincelles, car il n'a rien été changé à ces ciconstances. Seulement le fil était soustrait à l'action venant du dehors par l'enveloppe métallique dans laquelle il se trouvait. Aussi bien, nous n'avons qu'à envelopper le segment du fil émergeant dans une feuille de papier d'étain mise en contact avec les lames de zinc, pour voir immédiatement les étincelles cesser de nouveau. Nous avons par là ramené le fil dans l'intérieur du conducteur. Si nous disposons à côté du segment de fil à découvert et du côté opposé aux bord des lames dont il émerge un autre fil, les étincelles en sont affaiblies ; ce second fil soustrait au premier une partie de l'action qui lui vient du dehors. On peut dire que d'une manière analogue, le bord de chaque lame de zinc va de l'induction à la partie centrale. En effet, éloignons maintenant l'une des bandes, et laissons simplement le fil entouré de gutta-percha couché sur l'autre.

Nous percevons alors les étincelles, qui sont il est vrai très faibles tant que le fil est couché sur la ligne médiane de la bande, mais deviennent beaucoup plus fortes lorsqu'on l'approche des bords. De même que la distribution électrostatique par influence, l'électricité s'accumulerait de préférence sur le bord de la bande. Le courant paraît ici se mouvoir le long du bord. Dans un cas comme dans l'autre on peut dire que les parties extérieures protègent les parties intérieures contre les actions venant du dehors.

Mais voici des expériences tout aussi nettes que celles que nous venons de décrire et plus probantes encore. Dans le fil le long duquel se propage l'onde électrique, en intercalant un fil de cuivre très épais de $1^m,5$ de longueur dont les extrémités portaient deux disques métalliques de 15 centimètres de diamètres, ces deux disques dont les plans étaient perpendiculaires au fil, étaient traversés par lui en leur centre et étaient percés en outre sur leur pourtour de 24 trous équidistants. Le fil présentait en son milieu une interruption. Lorsque les ondes parcouraient le fil, elles produisaient dans cette interruption des étincelles de 6 millimètres. Cela étant on tendit un mince fil de cuivre entre deux trous correspondants des deux disques. Cela fit tomber la longueur de l'étincelle à $3^{mm},2$.

L'effet du reste demeurait le même, si au lieu de ce fil mince on tendait un fil épais, ou encore si entre ces deux mêmes trous à la place d'un fil unique on tendait un faisceau de 24 fils minces serrés ensemble. Mais il n'en était plus de même lorsque les 24 fils étaient distribués dans les trous percés tout autour des disques. Lorsqu'on tendait deux fils des deux paires de trous à 180°, l'étincelle tombait à $1^{mm},2$. Venait-on ensuite à ajouter deux autres fils dans les deux positions intermédiaires, l'étincelle était réduite à $0^{mm},5$. L'addition de quatre nouveaux fils dans les trous intermédiaires ne laissait plus guère substituer que des étincelles de $0^{mm},1$. Lorsque les

24 fils étaient tendus à intervalles égaux entre les deux disques, il n'y avait plus trace d'étincelle dans l'intérieur. La résistance du fil intérieur était pourtant beaucoup plus faible que celle de tous les fils extérieurs pris ensemble. Nous avons d'ailleurs déjà insisté sur ce fait que cette résistance n'est ici pour rien.

Si nous plaçons maintenant à côté du tube de fils ainsi produit un fil de fermeture secondaire identique à celui qui est enfermé dans l'intérieur de ce tube, nous observons dans ce nouveau fil de fortes étincelles, tandis qu'il ne s'en produit toujours pas dans le fil intérieur. Le nouveau fil n'est pas protégé, tandis que l'autre l'est par le tube. Nous avons ici, au point de vue électrodynamique, l'analogue d'une expérience bien connue d'électro statique.

Hertz modifia alors l'expérience de la manière qu'indique la figure 8. Les deux disques furent tellement rapprochés l'un de l'autre qu'avec les fils tendus entre eux ils formaient une sorte de cage A, juste assez grande encore pour enfermer l'excitateur micrométrique. L'un des disques, α, était en contact métallique avec le fil, l'autre, β, en était isolé par l'agrandissement de l'ouverture qui lui donnait passage et portait, soudé

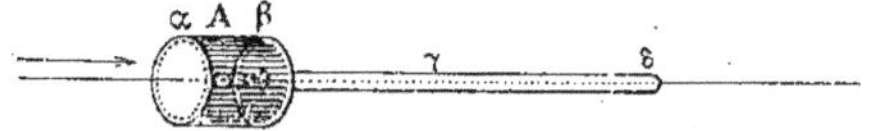

Fig. 8.

au bord de cette ouverture, un tube conducteur γ lequel, isolé du fil, enveloppait complètement celui-ci sur une longueur de $1^m,5$. L'autre extrémité de ce tube, δ, était en contact métallique avec le fil. Dans ces conditions, le fil et son interruption se trouvent de nouveau dans un champ de protection métallique et, d'après ce qui précède, il va de soi qu'aucun mouvement électrique n'est perceptible dans le fil, quel que soit le sens dans lequel les ondes se propagent le long de ce dispositif.

Jusqu'ici donc, cette dernière disposition n'offre rien de nouveau ; elle a cependant sur la précédente l'avantage de permettre le remplacement du tube protecteur γ par des tubes de plus en plus minces, pour rechercher quelle est l'épaisseur minima suffisant encore à arrêter l'action extérieure. Des tubes en laiton très minces, des tubes en papier d'étain ou en feuille de similor se montrèrent encore absolument efficaces. En prenant alors des tubes de verre argentés par voie chimique, Hertz put, de cette façon, réaliser des tubes métalliques suffisament minces pour qu'il se produisît, malgré leur protection de très vives étincelles.

Toutefois, il ne se produisait des étincelles que lorsque la couche d'argent n'était plus tout à fait opaque pour la lumière et présentait une épaisseur certainement moindre que $\frac{1}{100}$ millimètre. En imagination nous pouvons nous représenter l'enveloppe protectrice comme enserrant le fil de plus en plus près et se confondant finalement avec sa couche superficielle. Dans ces conditions, nous pouvons assurer que les autres circonstances du phénomène restaient les mêmes. Quelle que soit donc la vivacité du jeu des ondes autour du fil, son intérieur n'en est pas moins absolument en repos et l'action des ondes pénètre à peine plus profondément dans sa masse que la lumière qui est réfléchie à sa surface. Nous ne devons donc pas chercher le siège des ondes dans le fil, mais plutôt admettre qu'il se trouve dans le milieu ambiant, et au lieu de dire que nos ondes se propagent dans le fil, nous dirons qu'elles glissent le long de ce fil. Au lieu d'intercaler la disposition que nous venons de décrire sur le fil dans lequel nous excitons indirectement des ondulations, nous pouvons la placer sur un des bras de notre conducteur primaire lui-même. Avec cette disposition, Hertz obtint les mêmes résultats que dans le cas précédent. L'oscillation primaire se produit donc aussi, sans mettre du tout à contribution la masse du conducteur autour duquel elle joue, autrement que dans sa couche tout à fait superficielle, son siège ne devra donc pas être cherché dans l'intérieur du conducteur.

Aux renseignements fournis par l'étude des ondulations le long d'un fil, il importe de joindre une remarque concernant la manière de conduire les expériences. Si ces ondulations ont leur siège dans l'espace qui entoure le fil, l'onde courant le long d'un fil donné ne se propagera pas seulement à travers l'air, mais, comme son action s'étend à grande distance, elle se propagera aussi en partie par les parois voisines, par le plancher, etc., et constituera ainsi un phénomène assez compliqué. Mais si nous plaçons en regard des deux pôles de notre conducteur primaire et dans des positions symétriques deux plaques auxiliaires, que nous fixions à chacune d'elles un fil, qu'en outre ces deux fils soient tirés droits, parallèles l'un à l'autre et de même longueur, l'action des ondes ne se fera sentir que dans le voisinage de l'intervalle de ces deux fils. L'onde court donc surtout dans cet intervalle. On peut ainsi faire en sorte que la propagation n'ait lieu qu'à travers l'air ou un autre isolateur, et avec cette disposition les expériences sont plus commodes et plus nettes. D'ailleurs, en procédant ainsi, on obtient les mêmes longueurs d'onde qu'avec un seul fil, ce qui montre que, même dans ce dernier cas, les causes de perturbations ne jouent qu'un rôle très faible.

3° De ce qui précède, nous pouvons conclure que des oscillations électriques rapides sont absolument incapables de traverser des couches métalliques d'une certaine épaisseur et qu'il est par conséquent tout à fait impossible de produire par leur action des étincelles dans l'intérieur d'enveloppes métalliques fermées, s'il nous arrive donc de voir des étincelles résultant d'oscillations électriques dans l'intérieur d'enveloppes conductrices qui ne soient pas tout à fait fermées, nous devrons admettre que l'excitation a pénétré par l'ouverture qu'elles offrent. Cette manière de voir est bien la vraie, mais elle est dans certains cas en contradiction si complète avec les vues jusqu'ici admises, qu'il faut des expériences particulièrement probantes, pour se résoudre à abandonner l'ancien point de vue pour le nouveau. Nous allons dans cet ordre de faits, choisir un exemple bien frappant et une fois que nous aurons, pour ce cas-là, amené notre nouvelle conception au rang de certitude, nous l'étendrons ensuite à tous les autres cas.

Nous reprenons la disposition que nous avons décrite dans le paragraphe précédent et représentée dans la figure 8 ; seulement nous supprimons en δ le contact qui existait entre le tube protecteur et le fil. Nous lançons alors les ondulations dans la direction de A à δ. Nous obtenons ainsi en A de fortes étincelles dont l'intensité est tout à fait analogue à ce qu'elle serait en l'absence de toute enveloppe protectrice. Les étincelles ne diminuent pas non plus sensiblement si, sans rien changer du reste, nous prolongeons notablement le tube γ, par exemple de 4 mètres. Suivant les idées en cours jusqu'ici, on dira que l'onde électrique arrivant en A traverse facilement le disque métallique α qui est mince et bon conducteur, franchit ensuite l'interruption du petit excitateur micrométrique et poursuit sa course dans le fil.

En revanche, d'après notre manière d'envisager les faits, l'interprétation de l'expérience est la suivante : l'onde arrivant en A est impuissante à traverser le disque métallique α, elle glisse sur sa surface et sur la surface externe de l'enveloppe protectrice jusqu'à δ, à 4 mètres de distance.

En ce point elle se partage en deux. Une partie de l'ondulation, dont nous ne nous occuperons plus, poursuit sa course directement dans le fil, tandis qu'une autre partie rétrograde dans l'intérieur du tube, parcourt la colonne d'air de 4 mètres qui s'y trouve entre le fil et les parois du tube et arrive à l'excitateur micrométrique, où elle produit l'étincelle.

Reste à prouver que notre interprétation, quoique la plus compliquée, est cependant la bonne ; c'est ce que nous allons faire par les expériences qui suivent.

On observe tout d'abord que l'étincelle disparaît en A aussitôt qu'on ferme l'ouverture en δ, fût-ce par une capsule en papier d'étain. Nos ondulations n'ont qu'une longueur d'onde de 3 mètres, avant que leur action se soit propagée jusqu'au point δ, elle est déjà revenue à zéro en A et a changé de signe. Quel effet pourrait donc produire une fermeture éloignée en δ sur l'étincelle en A, si cette dernière se produisait tout de suite après le passage de l'onde au travers du disque ?

On observe en second lieu que les étincelles disparaissent si l'on fait terminer le fil déjà dans l'intérieur du tube γ ou à son extrémité δ même, tandis-qu'elles subsistent pour peu que le fil dépasse le tube seulement de 20 ou 30 centimètres. Quelle influence cette prolongation insignifiante du fil pourrait-elle exercer sur l'étincelle en A, si le bout du fil ainsi à découvert n'était pas précisément le moyen par lequel une partie de l'ondulation est captée et introduite par l'ouverture δ dans l'intérieur du tube ?

En troisième lieu, nous intercalons une seconde interruption B sur le fil entre A et δ et l'enfermons dans une cage tout à fait comme A. Si nous écartons alors les deux pôles de ce nouvel excitateur micrométrique B suffisamment pour qu'il n'y passe plus d'étincelles, il ne s'en produira plus non plus en A. Mais si de la même manière on éteint les étincelles en A, cela ne produit presque pas d'effet sur celles en B. Le passage des étincelles en B est donc une condition indispensable à leur production en A, mais le passage en A n'est pas nécessaire à celui en B. La direction de la propagation dans l'intérieur de notre dispositif est donc de B en A, mais pas de A vers B.

Nous pouvons du reste fournir encore d'autres preuves plus convaincantes. Nous voulons empêcher que l'onde rétrogradant de δ vers A épuise son énergie dans la production de l'étincelle : pour cela nous rendons l'interruption ou infiniment petite ou très grande. Dans ce cas l'onde sera réfléchie en A et reviendra de A vers δ. Elle produira ainsi avec les ondes arrivantes un système d'oscillations fixes, avec des ventres et des nœuds. Si nous réussissons à démontrer l'existence de ceux-ci, nous ne douterons plus de l'exactitude de notre interprétation. Pour faire cette preuve, il nous faut, il est vrai, donner à notre appareil d'autres dimensions de façon à pouvoir y introduire des résonateurs électriques. Nous disposerons pour cela le fil principal dans l'axe d'un tube cylindrique de 5 mètres de longueur et 30 centimètres de diamètre, ce tube n'étant pas à parois métalliques pleines, mais formé, comme le montre la figure 9, de 24 fils de cuivre, équidistants, tendus suivant les génératrices de ce cylindre et fixés par 7 anneaux de fil fort équidistants. Construisons comme suit le résonateur qu'il s'agit d'introduire dans ce tube ; enroulons un fil de 1 millimètre en une spirale serrée de 1 cen-

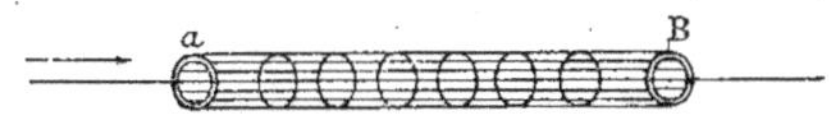

Fig. 9.

limètre de diamètre, composée de 125 spires environ, que nous étirerons ensuite légèrement et que nous infléchirons en un cercle de 12 centimètres de diamètre, dont les deux extrémités aboutissent à un petit excitateur micrométrique : des essais préalables ont montré que le cercle ainsi disposé était à l'unisson avec les ondulations de 3 mètres de longueur d'onde, tout en étant d'assez petites dimensions pour être introduit entre le fil principal et le manteau du tube.

Nous laissons d'abord les extrémités du tube ouvertes et nous introduisons le résonateur entre le fil principal et les parois du tube, de telle sorte que son plan prolongé passe par le fil, et de façon que son interruption ne soit tournée, ni contre le fil, ni contre la paroi, mais contre l'une ou l'autre des extrémités du tube. Dans ces conditions il donne des étincelles très vives de 1/2 à 1 millimètre. Nous fermons ensuite les deux bouts du tube au moyen d'une grille formée de quatre fils croisés en étoile et reliés au fil central. Nous n'observons plus alors la moindre étincelle au résonateur. Preuve que le grillage ainsi complété de notre tube est suffisamment opaque pour nos expériences.

Enlevons la fermeture à grille de l'extrémité β du tube, c'est-à-dire du côté opposé à celui par lequel les ondes arrivent. Tout à côté de la fermeture maintenue, c'est-à-dire en α, qui correspond à la position occupée dans nos précédentes expériences par l'interruption A, le résonateur ne donne pas non plus d'étincelles. Si nous nous éloignons de cette position dans la direction de β, aussitôt nous observons les étincelles qui deviennent très fortes à $1^m,5$ de α, diminuent ensuite, disparaissent presque à 3 mètres de α, pour recommencer ensuite à croître jusqu'à l'extrémité du tube.

Notre présomption se trouve ainsi confirmée. Le fait que nous observons un nœud à l'extrémité fermée se justifie amplement par la raison qu'en ce point le fil central est relié métalliquement avec le manteau du tube et que la force électrique entre eux doit dès lors forcément être nulle. Il en est autrement si l'on coupe en ce point le fil central et qu'on laisse entre lui et la grille de fermeture un intervalle de quelques centimètres. Dans ce cas l'onde est réfléchie avec changement de sens de la phase et l'on doit s'attendre à avoir en α un ventre. En effet nous obtenons alors de fortes étincelles en ce point. Mais celles-ci diminuent rapidement lorsqu'on transporte le résonateur de α vers β, disparaissent presque complètement à $1^m,5$ de distance de α, redeviennent plus fortes à 3 mètres et montrent très clairement un second nœud à $4^m,5$ soit à $0^m,5$ du bout du tube. Les ventres et les nœuds que nous venons d'observer ici, sont à intervalles fixes de l'extrémité fermée et se déplacent avec celle-ci, mais sont en revanche tout à fait indépendants des circonstances à l'extérieur du tube, par exemple des ventres et des nœuds qui peuvent s'y former.

Les phénomènes se reproduisent exactement de la même manière si l'on fait passer l'onde dans le sens opposé soit de l'extrémité ouverte du tube à l'extrémité fermée. Seulement dans ce cas l'expérience présente moins d'intérêt, parce que le mode de propagation de l'onde s'écarte moins alors de celui qu'on se représente avec les idées en cours, que dans les circonstances que nous avons spécialement considérées.

Si on maintient les deux extrémités du tube ouvertes, le fil principal le traversant sans aucune interruption et qu'on excite dans tout le système des oscillations fixes avec ventres et nœuds, on constate qu'à chaque nœud dans l'entourage du tube correspond aussi un nœud dans l'intérieur de celui-ci, preuve que la propagation a lieu à l'extérieur et dans l'intérieur avec une vitesse sensiblement égale.

Vient-on maintenant à jeter un coup d'œil d'ensemble sur les expériences que nous venons de décrire, en les prenant avec la signification spéciale que nous leur avons donnée et en reliant cet ensemble de faits aux vues énoncées par les auteurs que nous avons nommés dans notre introduction, on ne peut qu'être frappé de la différence essentielle qui existe entre l'ancienne et la nouvelle manière de concevoir les phénomènes.

Dans l'ancienne les conducteurs apparaissent comme les seuls corps au travers desquels puisse avoir lieu la propagation de l'électricité, les isolants, comme les corps qui s'opposent à cette propagation. D'après notre manière de voir au contraire la transmission de l'excitation électrique semble se produire uniquement par les isolants, tandis que les conducteurs opposent à cette transmission une résistance qui, dans le cas des changements de sens rapide est insurmontable.

CHAPITRE III

RECHERCHES DE M. DÉCOMBE SUR LA RÉSONANCE MULTIPLE

Résonance multiple des ondulations électriques. — Un excitateur peut actionner un résonateur de dimensions quelconques et, dans les phénomènes d'interférences, la longueur d'onde observée, variable avec le résonateur employé, ne paraît dépendre que de cet appareil.

Ce fait a reçu deux explications.

Dans la première qui est celle des auteurs de la découverte du phénomène, MM. Sarasin et de la Rive, l'appareil producteur d'ondes est assimilé aux appareils producteurs de lumière blanche : on suppose qu'il est le siège d'une infinité d'oscillations de périodes différentes formant une sorte de spectre, comme à tout résonateur, au contraire, correspondrait une vibration de période bien déterminée et un résonateur quelconque ne pourrait entrer en activité que si, dans le spectre émis par l'excitateur se trouve la radiation qui lui correspond.

Dans la deuxième explication, qui fut proposée à peu près simultanément par MM. Poincaré et Bjerknes, on admet que l'excitateur et le résonateur ont chacun une vibration propre de période et d'amortissement bien déterminés qui ne dépendent que des dimensions et de la forme de ces appareils. (Il s'agit ici des dimensions électriques, savoir : la résistance R, la capacité C, et la self-induction L).

Voici comment on explique alors la résonance multiple.

L'équation qui, dans la théorie de Thomson, donne à chaque instant, dans une décharge, la valeur Q de la quantité d'électricité en mouvement, est la suivante :

$$\frac{d^2Q}{dt^2} + \frac{R}{L} \cdot \frac{dQ}{dt} + \frac{Q}{CL} = 0.$$

La condition de la décharge oscillante :

$$\frac{R^2}{L^2} - \frac{4}{CL} < 0$$

permet de poser

$$\frac{R}{L} = 2\beta ; \qquad \frac{1}{CL} = b^2 + \beta^2$$

et d'écrire l'équation précédente sous la forme :

$$\frac{d^2Q}{dt^2} + 2\beta \frac{dQ}{dt} + (b^2 + \beta^2)\, Q = 0.$$

On reconnaît l'équation différentielle d'un mouvement pendulaire simple amorti dont la période τ est égale à $\frac{2\pi}{b}$ et le décrément logarithmique à $\beta\tau$.

Le potentiel $V = \frac{Q}{C}$ satisfait à la même relation.

Appliquons cette dernière propriété au résonateur.

Si l'on suppose, pour un instant, que la cause excitatrice disparaisse très rapidement après avoir écarté l'électricité de sa position d'équilibre, le résonateur sera dans les conditions que suppose la théorie de Thomson et la différence de potentiel φ aux boules du micromètre de cet appareil satisfera à la relation

$$(1) \qquad \frac{d^2\varphi}{dt^2} + 2\beta \frac{d\varphi}{dt} + (b^2 + \beta^2)\, \varphi = 0.$$

Mais, si la cause excitatrice, qui est elle-même une fonction périodique amortie de la forme $Ke^{-\alpha t} \cos \alpha t$, ne disparaît pas dans un temps très court par rapport à la durée d'une vibration du résonateur, celle-ci est altérée et il faut, par analogie avec le problème de mécanique correspondant, compléter la relation (1) en écrivant au second membre l'expression de la force perturbatrice.

Dans ce cas plus général, l'équation du problème doit donc ainsi s'écrire :

$$(2) \qquad \frac{d^2\varphi}{dt^2} + 2\beta \frac{d\varphi}{dt} + (b^2 + \beta^2)\, \varphi = Ke^{-\alpha t} \cos \alpha t$$

son intégrale générale est de la forme :

$$(3) \qquad \varphi = Ae^{-\alpha t} \cos (at + a') + Be^{-\beta t} \cos (bt + b').$$

Le résonateur est donc le siège d'un mouvement qui peut être considéré comme la superposition de deux vibrations pendulaires amorties.

Remarquons que si nous posons

$$T = \frac{2\pi}{a}, \ \delta = \alpha T, \ T' = \frac{2\pi}{b}, \ \delta' = \beta T$$

T et δ sont la période et le décrément de l'excitateur, T' et δ' les mêmes quantités propres au résonateur.

Si δ est considérable par rapport à δ', ce qui est le cas habituel, comme l'a montré M. Bjerknes, la première vibration s'éteint rapidement, le phénomène est régi par la seconde et le résonateur vibre avec sa période propre : la longueur d'onde est variable avec le résonateur.

Si, au contraire, c'est δ' qui est considérable par rapport à δ, au bout d'un temps très petit la première vibration subsiste seule : le résonateur vibre avec la période de l'excitateur ; la longueur d'onde doit donc être, dans ce cas, indépendante du résonateur. Vérifions ce résultat expérimentalement.

Deux choses sont à réaliser : l'augmentation de δ', la diminution de δ.

On peut augmenter le premier décrément en donnant pour self-induction, au résonateur, un fil de grande résistance. La valeur du décrément est, en effet,

$$\pi R \sqrt{\frac{C}{L}}$$

d'après la théorie de Thomson.

La résistance R, quand il s'agit d'oscillations aussi rapides, est liée à la résistance ordinaire ou chimique ρ par la formule de lord Rayleigh.

$$R = \sqrt{\frac{1}{2}\, p l\, \mu \rho}$$

où L désigne la longueur du circuit, μ sa perméabilité magnétique, et où $p = 2\pi n$, n désignant la fréquence.

Il y a donc avantage, à cause du facteur μ, à choisir un circuit formé d'une substance magnétique ; il est vrai que dans ce cas L est aussi plus grand, d'après la seconde formule

$$L = l \left(A + \sqrt{\frac{\mu \rho}{2 p l}} \right).$$

Ce qui diminue d'autre part le décrément ; mais on peut prévoir que cette diminution ne doit avoir qu'un effet assez faible, d'abord parce que, dans l'expression du décrément, L figure sous un radical, et ensuite parce que l'accroissement relatif de R est nécessairement plus grand que celui de L, comme on le voit aisément.

Expérimentalement, MM. Trowbridge et St-John ont montré que le premier des deux effets l'emporte de beaucoup sur le second et que les oscillations électriques s'amortissent dans un circuit de fer beaucoup plus rapidement que ne le comporte la simple résistance de ce métal.

Quant à l'excitateur il faut en affaiblir le plus possible l'amortissement. On y arrive par un dispositif dans lequel l'étincelle explosive, qui représente toujours la partie la plus considérable de la résistance du circuit, est supprimée. Ce circuit étant d'ailleurs constitué par une tige de laiton du diamètre de 7 millimètres, la seule résistance qu entre en jeu est faible et par suite le décrément de l'excitateur se trouve réduit.

Description des appareils (fig. 10). — Un premier oscillateur O_1 est directement actionné par la bobine d'induction B ; l'étincelle éclate en E, dans de l'huile de vaseline, entre deux sphères de laiton de 15 millimètres de diamètre, dont on peut faire varier la distance au moyen d'un pas de vis. Un deuxième oscillateur O_2, en tout semblable au premier, sauf qu'il ne présente pas de solution de continuité analogue à E, est mis en vibration par l'induction électrostatique que le premier exerce sur lui.

Cette induction s'exerce par l'intermédiaire des petites plaques métalliques C_1 et C'_1,

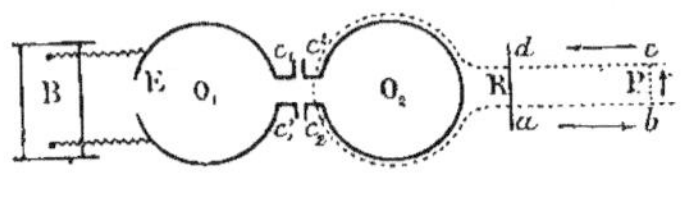

Fig. 10.

qui jouent le rôle de capacités et séparées des plaques semblables C_2 et C'_2 par un diélectrique mince (une lame de verre).

La période d'un excitateur étant indépendante de la résistance de cet appareil, ainsi qu'il résulte de la formule de Thomson

$$T = 2\pi \sqrt{LC}$$

et comme l'a d'ailleurs montré Feddersen, les deux oscillateurs précédents émettent des vibrations de même période, condition nécessaire pour que les oscillations de O^2, ne soient pas troublées par celles de O_1. Le diamètre de chaque oscillateur est de 50 centimètres. Les plaques C_1, C_2, C'_1, C'_2 ont pour dimensions 4 centimètres sur 5 centimètres.

L'oscillateur O_2 agit sur un fil métallique très voisin dont il est seulement séparé par l'épaisseur d'un tube de caoutchouc qui l'enveloppe ; il y induit des oscillations de même période que les siennes et qui se propagent ensuite dans les fils parallèles $f f$. (Ces fils se prolongent sur une longueur d'environ 15 mètres et ont 1 millimètre de diamètre).

Le résonateur R, pour lequel on a employé le dispositif utilisé par M. Nils Strindberg, est placé perpendiculairement à la direction des fils parallèles. Il est muni d'un micromètre qui fonctionne par le moyen d'une vis différentielle dont les pas sont respectivement $1^{mm},25$ et 1 millimètre : comme la tête de vis porte 180 divisions égales, chaque division corespond à $\frac{1}{720}$ de millimètre.

Au lieu de déplacer le résonateur le long des fils, on le laisse au repos et l'on fait mouvoir un pont mobile P placé sur ceux-ci ; on détermine la distance explosive au micromètre pour une série de positions équidistantes du pont et l'on construit une courbe dont les abscisses sont proportionnelles aux chemins $abcd$ parcourus le long des fils et les ordonnées aux distances explosives correspondantes. La distance de deux maxima consécutifs, mesurée à l'échelle de la courbe, donne ensuite la longueur d'onde cherchée.

Résultats. — Les expériences ont été faites avec des résonateurs de même capacité, mais de self-inductions différentes. Celles-ci étaient formées par un fil de fer du diamètre de $\frac{1}{10}$ de millimètre disposé en rectangle. Voici les dimensions de ce rectangle pour chacun des quatre résonateurs employés :

Résonateur		Dimensions
I		60 cent. sur 40 cent.
II		50 » » 38,3 »
III		40 » » 30,7 »
IV		30 » » 23 »

La figure 11 reproduit les courbes correspondantes.

On peut se borner à considérer le premier ventre et à multiplier par deux la distance qui le sépare de l'origine pour obtenir la longueur d'onde correspondante λ.

D'un autre côté, en se basant sur la longueur d'onde donnée par le premier résona-

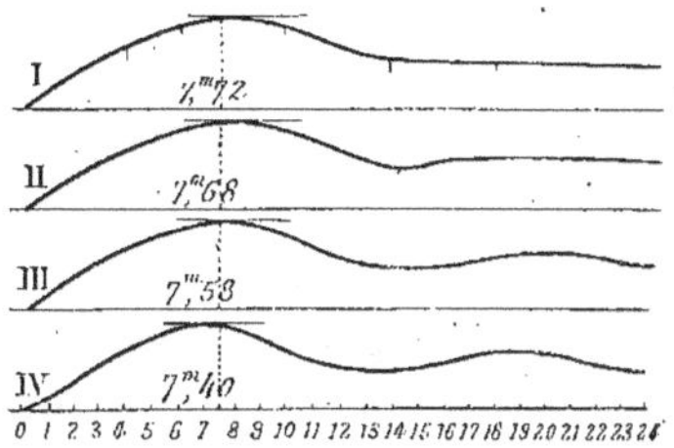

Fig. 11.

teur, on peut calculer ce que seraient celles des autres si elles ne dépendaient que de leurs dimensions. Ces longueurs λ' seraient entre elles comme les racines carrées de self-inductions qui sont elles-mêmes sensiblement proportionnelles aux longueurs des rectangles qui les constituent. On peut ainsi dresser le tableau suivant :

Résonateur		λ	λ'
I.		15,44	15,44
II.		15,36	14,09
III.		15,16	12,60
IV.		14,80	10,91

On voit que λ peut être regardé comme sensiblement constant, c'est-à-dire que dans les conditions des expériences, la longueur d'onde observée est à peu près indépendante du résonateur.

L'excitateur se comporte-t-il comme un appareil producteur de radiations diverses formant une sorte de spectre continu, ce qui est le cas en optique d'une source de lumière blanche, ou bien, au contraire, n'émet-il qu'une radiation déterminée, comme le fait une source de lumière monochromatique ? telle est la question posée. Pour la résoudre, M. Décombe a proposé la méthode absolument directe qui consiste à dilater par la rotation rapide d'un miroir concave l'image de l'étincelle explosive, comme l'a fait Feddersen, en 1863, pour l'étincelle de décharge des bouteilles de Leyde. Il mettait en évidence par ce moyen le caractère oscillatoire de la décharge. Les bords de l'image dilatée présentaient des alternances lumineuses très nettes qui correspondaient aux oscillations du courant.

Le phénomène pouvait être fixé sur une plaque sensible. De l'étendue d'une alternance mesurée avec soin on pouvait alors déduire la période de l'oscillation, une fois connue la vitesse de rotation du miroir et sa distance à la plaque sensible.

Avant d'indiquer les résultats auxquels M. Décombe est parvenu en appliquant cette méthode à l'étude de l'excitateur, il est utile d'entrer dans quelques détails au sujet des appareils et du dispositif de l'expérience.

L'excitateur. — M. Décombe a reconnu la grande utilité de construire l'excitateur en trois parties distinctes et facilement séparables : le condensateur, le circuit de décharge et le micromètre à étincelles.

Le condensateur. — Le condensateur se compose de douze plaques de laiton ayant pour dimensions 157 millimètres sur 289 et distantes de 2 centimètres. Les plaques impaires sont groupées électriquement au moyen d'une barre de laiton carrée dans laquelle sont fixées six lames courtes soudées aux plaques correspondantes. Une deuxième barre relie entre elles les plaques paires.

Le tout est plongé dans un bain d'huile contenu dans une cuve de grès.

Le circuit de décharge. — Le circuit de décharge se compose de deux solénoïdes en fil de laiton épais de 4 millimètres. Ces deux solénoïdes sont disposés parallèlement. Deux de leurs extrémités communiquent avec le micromètre à étincelles ; les deux autres sont reliées avec les barres du condensateur. Le micromètre à étincelles est porté à la partie inférieure d'une plaque d'ébonite qui sert de couvercle à un vase de Bohême contenant de l'huile de vaseline. C'est donc au milieu de ce liquide qu'a lieu l'étincelle explosive. Les deux sphères du micromètre sont en laiton. La sphère inférieure est fixe ; l'autre est portée à l'extrémité d'une vis de laiton dont la tête est en ébonite.

Le micromètre a été construit de telle sorte que l'étincelle éclate le plus près possible de la paroi de verre, afin de diminuer l'épaisseur liquide que la lumière doit traverser.

Dispositif de l'expérience. — Pour que le phénomène oscillatoire dont l'étincelle est le siège, puisse être analysé par la rotation du miroir il faut que l'image de l'étincelle se déplace sur la plaque photographique d'une quantité au moins égale à sa propre largeur ε' pendant la durée d'une demi-oscillation.

La réalisation de cette condition dépend à la fois de la vitesse angulaire u du miroir et du rapport $\frac{\varepsilon'}{f}$, f désignant la distance du miroir à la plaque sensible. Pour de très courtes oscillations il faudra prendre ω très grand et $\frac{\varepsilon'}{f}$ très petit. On ne peut pas augmenter indéfiniment la vitesse du miroir. La plus grande valeur qu'elle puisse atteindre est déterminée par la résistance à la rupture des pièces tournantes. Pratiquement et, par mesure de précaution, on doit donner à ω une valeur ω_1 notablement inférieure à cette valeur critique.

Pour réduire $\frac{\varepsilon'}{f}$ M. Décombe a employé le dispositif suivant : L'étincelle explosive est située dans le plan focal d'une lentille collimatrice de foyer F. Les rayons parallèles qui émanent de cette lentille tombent sur le miroir et viennent former leur image dans le plan focal de celui-ci, en i'.

Si nous désignons par ω la largeur du trait de feu qui constitue l'étincelle explosive, nous avons :

$$(1) \qquad \frac{\varepsilon'}{f} = \frac{\varepsilon}{F}.$$

Ainsi, on peut toujours prendre F assez grand pour que $\frac{\varepsilon'}{f}$ soit aussi petit que l'on veut, et cela, sans affaiblir l'intensité de l'image i' ; car si, d'un côté, la quantité de rayons qui contribuent à la formation de l'image est proportionnelle à $\frac{1}{F^2}$, d'un autre côté, sa surface varie proportionnellement à ε'^2, c'est-à dire à $\frac{1}{F^2}$, puisque l'on a, à cause de (1) :

$$\varepsilon'^2 = \varepsilon^2 f^2 \times \frac{1}{F^2}.$$

L'éclairement de l'image par unité de surface est donc indépendant de F.

On vérifie aussi aisément la proposition suivante : on peut, sans altérer le rapport $\frac{\varepsilon'}{f}$, rendre l'intensité lumineuse de l'image aussi grande qu'on le désire en diminuant suffisamment la distance focale f du miroir.

Ces considérations permettent de fixer les conditions de l'expérience : on prendra une lentille collimatrice d'assez long foyer pour que la dissociation soit possible, en même temps on donnera au miroir une distance focale assez petite pour que l'image de l'étincelle soit capable d'impressionner une plaque sensible.

Le miroir tournant. — L'appareil tournant dont s'est servi M. Décombe a été construit par Froment. Il est essentiellement formé d'une monture d'acier portée par un axe vertical de même métal. La forme extérieure de la monture est celle d'une surface sphérique ou plus exactement d'une portion de surface sphérique comprise entre deux plans sécants parallèles situés de part et d'autre du centre de la sphère. La résistance opposée par l'air à la rotation est ainsi notablement diminuée.

Le miroir est en verre épais de 3 millimètres environ. L'une de ses faces est con-

cave ; l'autre est plane et recouverte d'un vernis noir. L'axe est supporté par une cra-
paudine qui sert en même temps de graisseur ; à sa partie supérieure il est terminé en
pointe ; celle-ci est reçue dans une cavité de forme conique pra-
tiquée à la partie inférieure d'une vis verticale fixée dans le
bâti en fonte.

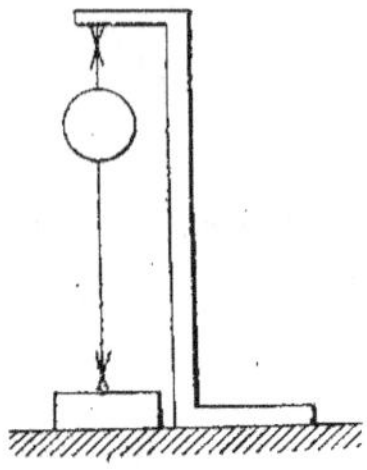

Une petite poulie de laiton, chaussée sur l'axe, transmet à
celui-ci la rotation très rapide qu'elle reçoit.

La multiplication de vitesse, à partir du moteur, est obtenue
par un système convenable d'engrenages et de poulies ; elle est
de 100 environ.

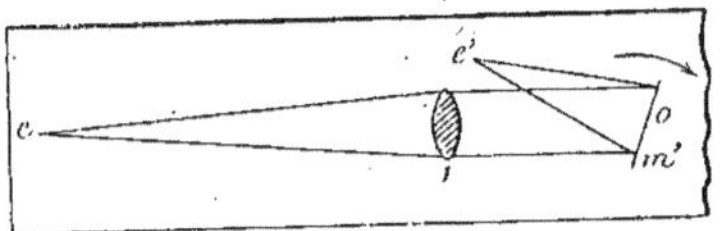

Fig. 12.

Le moteur employé est un moteur électrique Limb, à induit
denté, d'une puissance nominale de 440 watts et excité en dé-
rivation. La vitesse du miroir, déduite de la hauteur du son d'axe, peut atteindre des
valeurs considérables. Elle était généralement comprise entre 400 et 500 tours par
seconde.

Conduite de l'expérience. — Toutes les conditions étant réalisées, on lance le miroir à la vitesse voulue et l'on fait entrer l'excitateur en fonctionnement. La pièce, où
l'on opère n'est éclairée que par une faible lumière rouge. L'observateur se place der-

Fig. 13.

rière la plaque et attend qu'une étincelle éclate dans une position du miroir qui per-
mette aux rayons réfléchis de tomber sur celle-ci ; il voit alors apparaître une traînée
lumineuse ; c'est l'image dilatée de l'étincelle. On développe dans un bain révélateur
puissant.

Résultats. — Si l'épreuve est bonne et si la période n'est pas trop petite, on peut
distinguer très nettement les oscillations à la simple vue. Leur mesure se fait à la machine à diviser. Le nombre d'oscillations que présente une seule étincelle dépend pour
une période donnée de la capacité de l'excitateur. On a pu en compter jusqu'à quatorze
dans la même décharge.

Il n'est pas nécessaire de regarder longtemps une de ces épreuves pour se convaincre
que toutes les oscillations d'une même décharge sont sensiblement égales, et par suite,
qu'il existe une période parfaitement déterminée pour chaque excitateur.

La seule explication de la résonance multiple repose donc seulement sur des considérations d'amortissement.

CHAPITRE IV

TRAVAUX DE M. RIGHI SUR L'OPTIQUE DES OSCILLATIONS ELECTRIQUES

Les oscillations. — Généralement l'oscillateur est constitué simplement par deux sphères métalliques pleines, voisines l'une de l'autre. Une fois chargées à des potentiels différents, elles se déchargent par une petite étincelle, et cette décharge est oscillatoire. Les effets d'un oscillateur de ce genre seraient très faibles, si l'on n'employait l'artifice dû à MM. Sarrasin et de la Rive, qui consiste à faire éclater l'étincelle dans un liquide isolant ; seulement au lieu de l'huile d'olive, M. Righi a adopté l'huile de vaseline.

L'oscillateur ainsi formé présente un avantage important, c'est qu'on peut l'employer indéfiniment avec des effets toujours les mêmes, et sans s'en occuper. Pour fournir aux deux sphères leurs charges, M. Rhigi préfère la machine à influence à la bobine d'induction. La machine qu'il a employée est une Holtz de première espèce à quatre plateaux, capable de donner de vives étincelles de 32 centimètres de longueur, mise en mouvement par un moteur à eau de Schmidt d'un quart de cheval. Les bouteilles de la machine sont supprimées, et les deux conducteurs principaux communiquent, au moyen de fils de cuivre, avec deux boules placées à quelques centimètres de distance des sphères qui constituent l'oscillateur.

Lorsque la machine fonctionne, il se produit trois étincelles : deux généralement dans l'air, entre les boules qui communiquent avec la machine et les sphères de l'oscillateur, et une beaucoup plus petite dans l'huile de vaseline, entre ces deux sphères. Comme le débit de la machine est très grand, ces trois étincelles se renouvellent avec une telle fréquence, qu'elles apparaissent à l'œil comme un phénomène lumineux continu.

Quant à la disposition pratique des oscillations, elle peut varier beaucoup et n'a pas d'influence sensible sur leurs effets ; mais la disposition préférable pour les expériences optiques est la suivante :

Les deux sphères A et B de l'oscillateur (fig. 14) sont fixées au centre de deux disques de bois, de verre, ou mieux encore d'ébonite CD, EF, formant les bases d'un récipient cylindrique, dont les parois latérales sont flexibles. Un trou pratiqué dans un des disques permet de remplir l'intérieur d'huile de vaseline et d'expulser les gaz produits par les décharges ; un dispositif quelconque permet de régler la distance entre les deux disques et partant, entre les deux sphères. La partie interne des disques est convexe afin que le niveau du liquide soit plus haut que le point où se forment les étincelles entre A et B, même lorsque les disques sont horizontaux. La partie flexible est formée par une membrane animale ou par du papier parchemin.

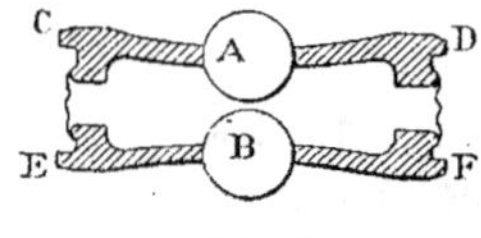

Fig. 14.

La manière dont l'oscillateur est monté est représentée dans la figure 15 dans laquelle on voit aussi le réflecteur cylindro-parabolique SS, dont la ligne focale coïncide avec la ligne des centres des deux sphères. Ce miroir est formé par une lame de cuivre ; il est rigidement fixé par l'arrière, à la hauteur du centre de l'oscillateur, sur un axe de laiton AB qui peut tourner dans un manchon CC qui supporte l'appareil entier.

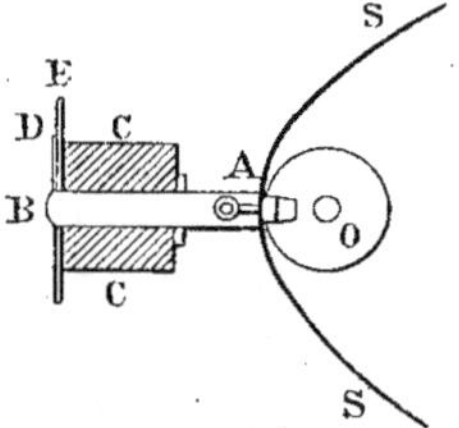

Fig. 15.

Un index D, mobile avec l'axe AB, se déplace devant un cercle gradué EF. Avec cette disposition, les radiations qui émanent du miroir SS restent toujours horizontales, tant que le support CC reste vertical, mais l'azimut des vibrations peut prendre une valeur quelconque, qui est déterminée au moyen du cercle gradué. On peut donc se servir de l'oscillation comme d'un Nicol ou d'un autre appareil semblable de polarisation.

La figure 16 représente l'appareil que M. Righi a le plus fréquemment employé, en particulier pour les ondes de $10^{cm},6$ environ de longueur, qui sont pratiquement les plus commodes dans la majorité des cas ; l'oscillateur est du côté gauche de cette figure. Le miroir a 8 centimètres de distance focale, 40 centimètres de hauteur et 50 centimètres d'ouverture ; les disques qui portent les deux sphères de l'oscillateur proprement dit sont en ébonite et ont environ 15 centimètres de diamètre. On ne peut voir sur cette figure la disposition qui permet de régler la distance entre les deux sphères de l'oscillateur ; elle est néanmoins facile à comprendre ; le disque inférieur est fixé à demeure sur le miroir ou, plus exactement, à une forte nervure de laiton qui réunit, en arrière du miroir, les deux lames épaisses de laiton AB, CD, auxquelles le miroir est soudé. Le disque supérieur est relié à une pièce mobile entre deux guides. Une vis micrométrique qui est située en arrière du miroir permet de commander le mouvement progressif de ce disque, même au cours d'une expérience.

Dans la figure 16, E est une des deux sphères communiquant avec la machine de Holtz, et F une des deux sphères de l'oscillateur, fixée dans son disque d'ébonite. Les deux premières sphères sont réunies à des fils de cuivre se terminant en forme de serre-fils G, H, qui passent dans des tubes de verre convenablement recourbés et soutenus par deux colonnettes d'ébonite dont une I est visible dans la figure. Ces dernières peuvent se fixer à des hauteurs différentes, afin de varier les distances entre les sphères extrêmes et l'oscillateur proprement dit.

Dans l'oscillateur qu'on vient de décrire, les oscillations ont lieu de la manière suivante : à chaque décharge de la machine les deux sphères de l'oscillateur reçoivent des charges de nom contraire, qui se combinent au moyen de l'étincelle dans l'huile. Celle-ci se comporte comme un petit conducteur parcouru par la décharge oscillatoire

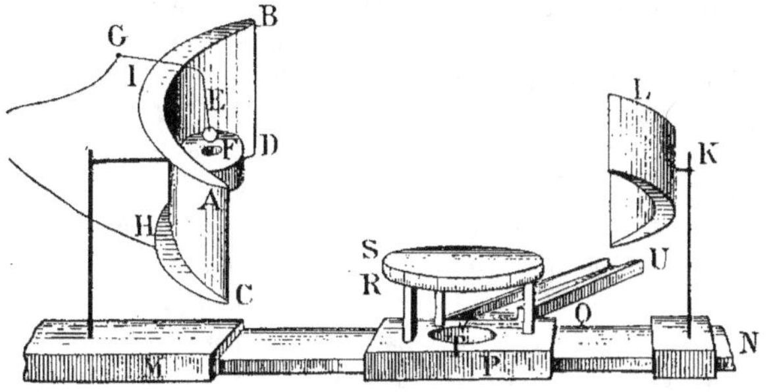

Fig. 16.

du système des deux sphères. La période est très petite, parce qu'évidemment la capacité et la self-induction sont très petites.

Si les sphères de l'oscillateur étaient creuses on aurait le minimum d'effet. Les effets meilleurs s'obtiennent par une certaine longueur de la petite étincelle dans l'huile. Cette longueur se détermine par tâtonnements en observant l'effet produit sur un résonateur.

Les résonateurs. — M. Righi emploie comme résonateur une bande de verre argentée, au milieu de laquelle l'argent a été enlevé suivant un trait transversal très étroit. Ici apparaît l'étincelle de résonance.

Diverses considérations font employer de préférence ce genre de résonateurs, et entre autres les deux suivantes : les ondes électro-magnétiques pénètrent dans les conducteurs à une profondeur d'autant plus petite qu'elles sont plus courtes ; il est donc bon que le résonateur soit en métal très mince. D'un autre côté on sait que, pour une même longueur d'étincelle, il faut une moindre différence de potentiel, si la décharge a lieu à la surface du verre, que lorsqu'elle se forme dans l'air libre.

La sensibilité de ces résonateurs est d'autant plus grande, que l'interruption au milieu de l'argent est plus étroite. Si celle-ci est faite au moyen d'une pointe de diamant très aiguë (un petit diamant à graver), de façon que l'intervalle mis à nu n'ait que deux millièmes de millimètres de largeur, la sensibilité devient réellement extraordinaire. Pour de grands résonateurs, pour ceux par exemple, qu'on emploie pour des longueurs d'onde de 20 centimètres ou plus, la sensibilité est dans la plupart des cas encore suffisante, si l'entaille dans l'argent est faite avec une règle et un canif.

Naturellement la longueur d'onde des oscillations propres à un résonateur dépend de ses dimensions, et nous indiquerons plus loin les dimensions de ceux, généralement utilisés.

D'après quelques physiciens, dans un résonateur rectiligne, chacune des deux moitiés se comporte de la même façon qu'un tube sonore ouvert à ses deux extrémités, les ventres correspondant aux points du conducteur où se produisent les plus grandes variations de potentiel et où le courant est nul. et les nœuds aux points du conducteur où le potentiel ne varie pas et où le courant alternatif a l'intensité maxima. Bien que l'on ait admis que les étincelles qui s'observent au milieu soient dues à ce que les extrémités voisines des deux moitiés du résonateur prennent des potentiels toujours de signe contraire.

D'après la façon dont se comportent les résonateurs, on est conduit à admettre que le résonateur entier en action se comporte comme un seul tube ouvert. Aussi, l'étincelle relie les deux moitiés conductrices du résonateur, de façon à en faire un conducteur unique, dans lequel se produisent des oscillations électriques analogues aux oscillations de l'air dans un tube sonore ouvert. L'autre manière de voir est probablement exacte aussi, mais seulement pour les phases initiales du phénomène.

Quand on expose un nouveau résonateur aux radiations de l'oscillateur, en le tenant d'abord à une très grande distance et en l'approchant ensuite peu à peu, à un certain moment, les étincelles de résonance apparaissent ; elles se suivent avec une très grande rapidité et se déplacent le long de l'entaille faite dans la couche d'argent. On voit ainsi en même temps beaucoup d'étincelles, qui ressemblent à un disquelet d'étoiles verdâtres très brillantes. Peu à peu cependant, le résonateur restant à la même place, les étincelles deviennent plus rares et plus grandes ; elles cessent ensuite complètement. Pour les voir réapparaître, il faut rapprocher davantage le résonateur de l'oscillateur, et ainsi de suite. La sensibilité d'un résonateur diminue donc continuellement, d'abord rapidement et enfin avec une extrême lenteur.

En regardant de temps en temps au microscope l'entaille faite au milieu du résonateur, on reconnaît que, tandis qu'avant l'usage elle était très étroite et à bords parfaitement rectilignes, elle se montre après de plus en plus large et avec des bords très irréguliers. La diminution de sensibilité est donc causée par l'usure de l'argent. Si dans une série d'expériences il est nécessaire que la sensibilité du résonateur soit toujours la même, il faut en employer un peu sensible et qui ait été en usage depuis longtemps ; mais si en outre il est nécessaire que la sensibilité soit très grande, le mieux est d'employer un résonateur neuf et de le changer très souvent. Ce n'est pas un inconvénient grave, vu la facilité avec laquelle on peut préparer, en peu de temps, un grand nombre de résonateurs.

Il arrive quelquefois qu'un résonateur nouveau ne donne pas d'étincelle, même à une distance modérée de l'oscillateur. Alors on le rapproche doucement et s'il est nécessaire, on le porte pour un moment au contact avec l'oscillateur, jusqu'à ce que les étincelles apparaissent. Il faut alors l'éloigner promptement afin de ne pas l'user inutilement, puisque après cette première excitation il se comportera toujours normalement. Il semble que ce curieux phénomène se produit lorsque l'entaille faite dans l'argent n'est pas parfaite mais laisse quelque mince communication, que bientôt de fortes oscillations font disparaître.

On constate aussi qu'un résonateur qu'on éloigne peu à peu de l'oscillateur jusqu'à des distances où d'abord il ne donnait aucun résultat, continue à montrer les étincelles. Cela a pour cause probable la chaleur développée par les étincelles. Enfin, on observe encore que si l'on expose à l'action des ondes un résonateur qu'on a déjà employé auparavant et puis laissé quelque temps en repos, sa sensibilité est moindre qu'elle ne l'était auparavant. On fait disparaître souvent ce manque de sensibilité en le lavant dans l'alcool absolu.

Une fois le miroir choisi, on procède de la manière suivante :

On commence par mettre à nu une partie du verre, par exemple avec un couteau de charpentier guidé par une règle, de telle façon que la portion rectangulaire EFHG (fig. 17) du miroir ABCD reste intacte. La largeur EG = FH doit être égale à la longueur définitive des résonateurs. Cela fait, si le miroir porte un vernis, il faut l'enlever de l'argent, du moins près de la ligne LM parallèle à EF et GH, et équidistante de ces deux lignes. Suivant les cas on y parvient en lavant le miroir avec de l'éther sulfurique, ou de l'alcool absolu bouillant, ou avec l'essence de térébenthine bouillante. On aide le détachement du vernis, s'il est nécessaire, en frottant avec un peu d'ouate.

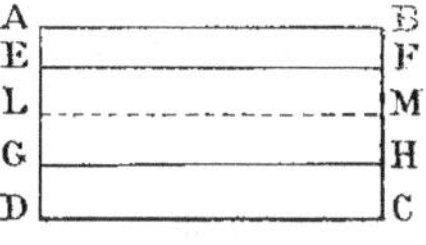

Fig. 17.

Après cela, il faut faire l'entaille dans l'argent suivant la ligne LM. Dans ce but, la plaque est fixée sur un chariot, qui peut glisser entre des guides, en passant au-dessous de la pointe du diamant, dont on a d'abord bien réglé la position, ainsi que la pression qu'il exerce sur l'argent, afin que l'entaille réussisse bien régulière et de la largeur voulue. En général, le diamant fixé à un des bras d'un petit levier horizontal, doit exercer à peine par son propre poids une pression très légère.

Une fois cette opération faite, il ne reste plus qu'à couper le verre en bandes parallèles aux côtés AD, BC, et de la largeur voulue, pour avoir un assez grand nombre de résonateurs prêts à servir. On fait rapidement cette opération au moyen du même chariot glissant, qu'on déplace successivement de quantités égales au moyen d'une vis.

L'épaisseur du verre argenté ne doit pas être trop forte, si non il est difficile de séparer les résonateurs. Si ceux-ci doivent avoir 2 millimètres de largeur, on peut adopter les petits miroirs argentés du commerce, mais pour des résonateurs larges d'un millimètre seulement ou moins, il faut recourir à des lames de verre de moins d'un millimètre d'épaisseur.

Il est bon que par leurs dimensions, les résonateurs soient proportionnés aux oscillateurs; mais il y a beaucoup de latitude en raison du phénomène de la résonance multiple découvert par MM. Sarasin et de la Rive. Ainsi avec un même oscillateur, on peut employer des résonateurs de longueurs très différentes.

Voici un tableau des dimensions des appareils que M. Righi a employés :

Dénomination des appareils	Oscillateurs Diamètre des sphères	Résonateurs		
		Longueur	Largeur	Longueur d'onde
I	0^{cm},8	0^{cm},9	0^{cm},1	2^{cm},6
II	3 .,75	3 ,6	0 ,2	10 ,6
III	8	10	0 ,2	20
—		3 ,6	0 ,6	11 ,8
—		10	0 ,6	21 ,4

Les appareils désignés par II sont ceux qui conviennent le mieux pour la plupart des expériences optiques. Avec ces appareils on peut observer les étincelles du résonateur même lorsque sa distance de l'oscillateur est de plus de 25 mètres, l'une et l'autre étant munies de leurs miroirs paraboliques.

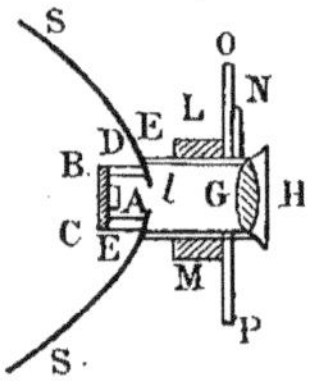

La manière dont on emploie les résonateurs est représentée dans la partie droite de la figure 16 et aussi dans la figure 18, qui est une coupe perpendiculaire au résonateur. Celui-ci est fixé en A au moyen de deux anneaux de caoutchouc contre une tige d'ébonite, dont BC est la section transversale, longue comme le miroir, dont SS est la section. La tige peut être fixée par une vis ; mais on peut aussi facilement l'enlever pour changer le résonateur quand cela est nécessaire.

Fig. 18.

En son milieu et par conséquent, au milieu du résonateur, on adapte un petit cylindre creux en ébonite, DE, qui va jusqu'à la surface du miroir, et constitue, avec le tube de laiton FG qui soutient le miroir, une espèce de chambre obscure, dans laquelle on observe les étincelles du résonateur au moyen d'un oculaire convergent H, à travers un petit trou I pratiqué dans le miroir. Le tube de laiton peut tourner dans le manchon LM, et est muni d'un index N qui se meut devant la graduation d'un disque OP qui, dans la figure 16, est indiqué par K.

Pour les résonateurs II le miroir est haut de 24 centimètres et large de 25 centimètres entre ses bords rectilignes ; sa distance focale est d'environ 2^{cm},6 (un quart d'onde). Les résonateurs ainsi montés s'emploient comme des analyseurs optiques, et, suivant la nature des recherches, ils peuvent fournir les indications suivantes :

a) Détermination de l'azimut des oscillations qui parviennent au résonateur. — On n'a qu'à tourner le résonateur autour de son axe horizontal, jusqu'à ce que les étincelles qu'on y observe acquièrent l'éclat maximum. Mieux encore, on peut éloigner angulairement dans les deux sens le résonateur à partir de l'orientation où les étincelles sont maxima, jusqu'à ce qu'elles s'éteignent, et prendre pour l'orientation cherchée celle qui est médiane aux deux orientations ainsi déterminées. On peut aussi éloigner angulairement dans les deux sens le résonateur à partir de l'orientation où il ne donne pas la moindre étincelle (orientation qui est à angle droit avec celle que l'on cherche), jusqu'à ce que les étincelles commencent à apparaître. L'orientation perpendiculaire à la médiane des deux ainsi déterminées est celle que l'on cherche.

b) Mesure de l'intensité des radiations. — Si l'on connaît l'azimut des oscillations qui parviennent au résonateur on peut en mesurer approximativement l'intensité relative. Cette mesure est nécessaire, par exemple, dans l'étude de l'absorption. Supposons les vibrations verticales. On inclinera le résonateur à partir de la verticale, jusqu'à ce que les étincelles disparaissent, et on répétera l'opération après avoir placé le corps en expérience sur le trajet des ondes. Le rapport inverse des cosinus des deux angles ainsi déterminés sera égal au rapport des amplitudes des oscillations qui, dans les deux cas, parviennent au résonateur. Le carré du dit rapport sera égal au rapport des intensités.

c) Détermination de la direction d'un rayon de force électrique. — Ce cas se présente, par exemple, dans l'étude de la réfraction par les prismes. Le prisme est placé sur le disque gradué mobile S et le résonateur sur le bras mobile TU. On fera tourner ce bras jusqu'à ce que les étincelles de résonance deviennent maxima. Afin de ne pas détériorer trop rapidement l'argent du résonateur on peut le disposer dans une direction, non pas parallèle à la direction des vibrations, mais plus ou moins inclinée, de telle façon que ces vibrations n'agissent sur lui que par une composante, et qu'il ne donne que de faibles étincelles dans la position cherchée.

d) Cas où les vibrations ne sont pas rectilignes. — Au moyen de la double réflexion, ou de la réflexion totale, on obtient des rayons de force électrique à polarisation circulaire ou elliptique, comme nous le verrons plus loin. On reconnaît les vibrations circulaires à ce fait, que les étincelles dans le résonateur conservent un éclat constant lorsqu'on le fait tourner autour de son axe de rotation. Si le résonateur donne des étincelles dans tous les azimuts, mais celles-ci d'intensité variable, présentant un maximum pour un certain azimut et un minimum pour un second azimut perpendiculaire au premier, cela indique que les vibrations sont elliptiques. Les deux azimuts déterminés de cette façon sont ceux des axes de la vibration elliptique.

Si l'ellipse est très allongée ou très peu différente d'un cube, il peut rester des doutes sur la forme de la vibration : mais alors on aura recours à certains artifices.

Dans tous ces cas on trouve tout d'abord quelque difficulté par le fait que les petites étincelles du résonateur diminuent, non seulement en éclat, mais aussi en fréquence, lorsque l'action que les ondes exercent sur le résonateur devient de plus en plus petite. On peut tourner cette difficulté en procédant de la manière suivante :

Lorsque, par le déplacement du résonateur, dans le sens qui tend à le soustraire à l'action des ondes, les étincelles deviennent rares, on continue le déplacement, en les observant attentivement à travers l'oculaire, jusqu'à ce que pendant un certain temps déterminé, par exemple 60 secondes, on n'en voie aucune. On répète l'opération avec un déplacement de sens contraire, et l'on prend la moyenne entre les deux positions ainsi déterminées, comme celle qui correspond à une action nulle sur le résonateur. On obtient ainsi avec un peu d'habitude des mesures satisfaisantes. Par exemple, dans le cas de mesures angulaires, on trouve, en répétant plusieurs fois une même mesure, des différences qui rarement surpassent un degré.

Pour compléter ces instructions sur l'usage des résonateurs, nous ajouterons que pour certaines expériences, par exemple une partie de celles qui ont trait à l'interférence ou à la diffraction, il faut adopter un résonateur sans miroir parabolique. L'appareil reste semblable à celui de la figure 18, moins le miroir. Mais on gagne en sensibilité sans qu'il y ait d'inconvénient, en plaçant derrière le résonateur et à la place du miroir une bande de cuivre très étroite.

Les ondes secondaires. — Les oscillations électriques qui par résonance se produisent dans les résonateurs, font naître, comme celles des oscillateurs, des ondes qui se propagent dans l'espace, et qui peuvent exciter d'autres résonateurs. Nous les appellerons : ondes secondaires.

Les ondes secondaires produites par un résonateur peuvent exciter un autre résonateur même lorsque celui-ci a une période propre, différente de celle du premier résonateur. On a donc ici encore le phénomène de la résonance multiple. Toutes les ondes secondaires de divers résonateurs interfèrent entre elles et avec les ondes principales (celles qui émanent de l'oscillateur) d'où une certaine complication dans les phénomènes.

Mais il y a moyen d'isoler l'effet des ondes secondaires d'un résonateur. Il suffit pour cela de placer deux résonateurs d'une certaine manière.

Parmi les diverses dimensions que l'on peut donner à un résonateur, par rapport à l'oscillateur, il y en a trois qui méritent d'être signalées.

1° La parallèle, où le résonateur est parallèle à la ligne des centres des deux sphères qui constituent l'oscillateur (axe de l'oscillateur) ;

2° La transversale, où le résonateur est perpendiculaire à l'axe de l'oscillateur et en même temps à la direction dans laquelle les ondes se propagent ;

3° La longitudinale où le résonateur est placé suivant la ligne de propagation. Il est bien entendu qu'il s'agit dans ce dernier cas d'un résonateur sans miroir parabolique.

Or il est évident que dans la position parallèle le résonateur ressent tout entière l'action de l'oscillateur, et que dans la position transversale et dans la longitudinale l'action sur le résonateur est nulle.

C'est donc sur un résonateur placé transversalement ou longitudinalement, que l'on observe l'effet des ondes secondaires produites par un autre résonateur, ou par plusieurs autres, qui soient, par exemple, inclinés à 45°, par rapport à l'axe de l'oscillateur. Si ces résonateurs sont deux, on observera de curieux phénomènes d'interférence.

Qu'on place le résonateur, muni de son réflecteur, dans la position transversale. On n'y observera pas d'étincelles ; mais des étincelles pourront apparaître en plaçant entre l'oscillateur et le résonateur un diélectrique qui n'ait pas une forme de révolution autour de la ligne qui joint le centre du résonateur au centre de l'oscillateur. On peut employer, par exemple, un bâton de verre perpendiculaire à la dite ligne des centres. En faisant tourner le bâton de verre dans le plan de l'onde, on verra que lorsque son axe est à 45° avec l'axe de l'oscillateur, les étincelles sont maxima dans le résonateur, et qu'elles n'existent plus, lorsque l'axe du bâton est parallèle à l'axe de l'oscillateur, ou bien au résonateur. Ces phénomènes sont dus aux ondes secondaires émises par le diélectrique, et sont semblables à ceux que produirait l'interposition d'un corps biréfringent entre les deux appareils. On pourrait donc juger comme biréfringents des corps qui ne le sont pas.

Expériences anologues à celle de l'optique. — On peut dire que toutes les principales expériences de l'optique peuvent être reproduites avec les ondes électro-magnétiques, et qu'il n'y a entre les deux classes de phénomènes que les différences qui proviennent des diverses valeurs de la longueur d'onde. Nous donnerons quelques indications sommaires sur les expériences réalisées par M. Righi.

1° L'expérience des ondes stationnaires (analogue à l'expérience optique bien connue de Wiener) réussit particulièrement bien avec les appareils que l'on vient de décrire. Comme surface plane réfléchissante, une lame métallique de quelques décimètres peut suffire, si l'on emploie les appareils II (longueur d'onde $\lambda = 10^{\mathrm{cm}},6$). Avec les appareils I ($\lambda = 2^{\mathrm{cm}},6$), on peut employer tout simplement une pièce de dix centimes.

Une variante de cette expérience est celle qui suit : Un résonateur (sans miroir parabolique) est fixé en position transversale entre l'oscillateur et la surface plane réfléchissante, puis on déplace, suivant la normale à cette surface, un bâton de verre incliné à 45° par rapport à l'axe de l'oscillateur et parallèle à cette même surface. Les ondes secondaires produites par le bâton de verre, font apparaître des étincelles dans le résonateur, qui passent par des maxima et des minima alternativement.

Cette dernière expérience conduit, comme la précédente, à une détermination approchée de la longueur d'onde, qui est égale à deux fois la distance entre deux positions successives du bâton, pour lesquelles les étincelles sont maxima ou minima.

La longueur d'onde mesurée ici, comme avec les autres méthodes qu'on peut adopter dans ce but, est toujours sensiblement celle qui est propre au résonateur employé, quel que soit l'oscillateur.

2° Avec deux miroirs plans de métal inclinés l'un sur l'autre, M. Righi a réalisé une expérience semblable à l'expérience classique des miroirs de Fresnel. En déplaçant un résonateur (sans miroir) dans un certain plan perpendiculaire au plan bissecteur de l'angle des deux miroirs, on peut observer jusqu'à cinq franges d'interférence.

3° On connaît l'expérience décrite par Boltzmann sur l'interférence entre les ondes réfléchies par deux miroirs parallèles, qui permet de faire de bonnes mesures des longueurs d'onde des résonateurs. On peut la modifier de différentes manières, et particulièrement en plaçant les deux miroirs perpendiculairement à la direction de propagation des ondes qui émanent de l'oscillateur. On interpose alors, entre cet appareil et les deux miroirs, une lame de verre inclinée, sur laquelle viennent se réfléchir les ondes déjà réfléchies par les miroirs, pour se diriger sur le résonateur placé latéralement. On obtient, avec cette disposition, d'interférence de bonnes mesures de longueur d'onde.

4° L'expérience d'interférence de Fresnel avec un seul miroir se réalise parfaitement avec les ondes électriques, en employant un long miroir de cuivre. On reconnaît qu'il se produit un système de franges qui est, pour ainsi dire, à centre noir ou à centre blanc, suivant l'incidence et l'azimut des vibrations incidentes, précisément comme dans l'expérience optique correspondante.

5° Un prisme de soufre à angle obtus permet de réaliser une expérience parfaitement semblable à celle optique du biprisme. On le place sur le trajet des ondes et l'on observe l'effet des ondes qui traversent les deux moitiés du prisme sur un résonateur que l'on déplace.

Lorsque celui-ci se trouve à une place où il y a interférence, on peut faire réapparaître ses étincelles, en masquant avec une lame métallique une des moitiés du biprisme.

6° Pour réaliser les phénomènes d'interférence par les lames minces, nous adoptons les résonateurs 11 (longueur d'onde $\lambda = 10^{cm},6$) et des lames à faces parallèles de paraffine et de soufre, sur lesquelles les ondes émanées de l'oscillateur tombent sous l'incidence de 45°. Pour cette incidence, une barre de paraffine de $2^{cm},4$ d'épaisseur et une lame de soufre de $1^{cm},5$, sont des lames demi-onde. Elles réfléchissent énergiquement les ondes, et les transmettent avec une intensité relativement faible.

Si à la lame employée on substitue une autre lame ayant double épaisseur, les phénomènes sont renversés. En effet, l'intensité de l'onde réfléchie devient très faible, pendant que celle de l'onde transmise devient à peu près égale à l'intensité de l'onde incidente.

Avec une épaisseur triple de celle d'une lame demi-onde, on a de nouveau forte réflexion et transmission affaiblie.

Si derrière la lame de paraffine de $2^{cm},4$ d'épaisseur on place une lame de soufre, la radiation réfléchie s'affaiblit beaucoup, et la radiation transmise augmente l'intensité.

L'expérience est alors analogue à l'expérience optique, dans laquelle une lame mince est placée entre deux milieux dont l'un a un indice plus grand et l'autre plus petit que celui de la lame.

7° L'étude des phénomènes de diffraction des ondes électro-magnétiques est naturelle-ment des plus aisées. On réussit à constater l'existence des franges produites par une fente étroite, ou par le bord d'une lame métallique, et l'on reproduit fidèlement l'expé-rience classique du diaphragme de Fresnel.

8° Pour étudier l'absorption il ne suffit pas de placer la lame que l'on étudie entre l'os-cillateur et le résonateur, et puis déterminer dans quel rapport l'intensité est réduite. En effet, il se produit toujours ici le phénomène des lames minces, et l'intensité de la radiation qui arrive au résonateur ne dépend pas seulement du pouvoir absorbant et de l'épaisseur de la lame. Il faut donc disposer l'expérience d'une manière spéciale. Les ondes qui partent de l'oscillateur traversent avant tout une lame de verre à 45°, puis tombent normalement sur une lame métallique plane, sur laquelle elles se réfléchissent. Elles arrivent alors à la lame de verre qui les renvoie au résonateur placé latéralement. Si contre la lame métallique on place une lame du corps à étudier, l'intensité perçue par le résonateur diminue s'il y a absorption.

On constate ainsi que le verre à miroirs, le marbre, le bois, absorbent en partie les radiations de $10^{cm},6$ de longueur d'onde.

Dans le cas du bois, l'absorption est beaucoup plus considérable lorsque les fibres sont parallèles aux vibrations, que lorsqu'elles leur sont perpendiculaires. Des diffé-rences semblables se rencontrent avec les lames de sélénite (gypse).

9° La réflexion des ondes électriques s'accomplit suivant les mêmes lois qui président à celle de la lumière. Bien que cela résulte d'autres expériences connues, on peut dé-montrer par une expérience de cours tout à fait semblable à celle que, dans un but analogue, on exécute pour le son ou les rayons de chaleur. Il suffit d'employer les mêmes miroirs concaves conjugués, en plaçant un oscillateur dans le foyer de l'un, et un résonateur dans le foyer de l'autre, placé à quelques mètres de distance.

La réflexion des ondes à l'intérieur d'un long tube métallique, droit ou courbe, permet de conduire les ondes à de grandes distances.

10° L'étude de l'intensité et de l'azimut la polarisation des radiations réfléchies, soit par une lame diélectrique, soit par une lame métallique, se fait comme en optique.

On place le résonateur sur le bras mobile TU (fig. 16) et on fixe verticalement sur S la lame réfléchissante. L'azimut des vibrations incidentes se détermine alors au moyen du cercle gradué de l'oscillateur, celui des vibrations réfléchies, au moyen du cercle gra-dué du résonateur et enfin l'angle d'incidence résulte d'une lecture faite sur la gradua-tion du disque S.

On reconnaît ainsi l'existence de lois tout à fait semblables à celles de l'optique. Les phénomènes diffèrent seulement en raison de la valeur des indices de réfraction. On met en évidence, par exemple, l'existence d'un angle de polarisation ou de l'incidence principale, la polarisation circulaire ou elliptique par réflexion métallique, l'influence de la structure du miroir (bois, gypse) s'il n'est pas isotrope, etc.

11° On reproduit les phénomènes de réfraction au moyen de prismes ou de lentilles de paraffine, de soufre, etc. Ces appareils peuvent avoir, naturellement des dimensions modérées, en raison de la petite longueur d'onde employée. Pour les ondes de $2^{cm},6$ un prisme ayant les dimensions de ceux qu'on emploie d'ordinaire en optique, est plus que suffisant.

En mesurant la déviation produite par le prisme, on peut arriver à une mesure approchée de son indice de réfraction. M. Righi a mesuré ainsi récemment les indices principaux du gypse pour les ondes de $10^{cm},6$ de longueur.

12° Avec des lames de paraffine, on obtient les phénomènes de polarisation par réfraction, et on peut même réaliser une pile de lames, qui montre des phénomènes tout à fait analogues à ceux de l'optique. Trois lames suffisent pour obtenir des effets assez nets.

13° Le phénomène de la réflexion totale est produit d'une manière satisfaisante par un prisme rectangulaire de paraffine ou de soufre. Si de ce premier prisme on en approche un autre tourné de manière à former avec lui un parallélipipède, la réflexion totale n'a plus lieu.

Il n'est pas nécessaire que les hypothénuses des deux prismes arrivent au contact; en effet, l'action du deuxième prisme commence à se manifester dès que la distance entre les deux faces susdites est d'environ d'une demi-longueur d'onde.

Un phénomène de réflexion totale tout à fait semblable à celui des fontaines lumineuses s'obtient avec une longue colonne de paraffine, courbe en partie, terminée par deux faces planes. Une de ces faces est placée près de l'oscillateur; les radiations sortent par l'autre avec une grande intensité.

14° Avec des prismes de paraffine ou de soufre à base de parallélogramme ou de trapèze, à l'intérieur desquels les radiations se réfléchissent totalement deux ou bien trois fois, on obtient d'une manière très évidente les phénomènes de polarisation elliptique ou circulaire par réflexion totale. Ces prismes sont analogues aux parallélipipèdes obliques de verre bien connus, employés dans un but semblable en optique de Fresnel. Un des prismes, convenablement placé sur le trajet d'un rayon de force électrique polarisé elliptiquement (par exemple par réflexion métallique sous l'incidence principale) rétablit la polarisation rectiligne. C'est encore un phénomène parfaitement semblable à un phénomène optique.

15° On obtient également un phénomène de double réfraction des ondes électro-magnétiques, avec le bois de sapin; on démontre aussi le phénomène avec des cristaux (spath, gypse, etc.). Généralement la double réfraction des ondes électriques est accompagnée d'une absorption différente des deux composantes principales de la vibration incidente. On le constate pour le bois et le gypse.

S'il s'agit seulement de montrer l'existence de la double réfraction des ondes hertziennes, il suffit de placer le résonateur en direction transversale et d'interposer entre cet appareil et l'oscillateur le corps biréfringent, par exemple une planche de sapin, une lame de gypse, etc., que l'on fait tourner lentement dans son plan.

Pour deux orientations orthogonales de la lame des étincelles manquent tout à fait dans le résonateur, et pour deux autres orientations à 45° avec les premiers, les étincelles ont le maximum d'éclat. L'expérience est évidemment analogue à celle dans laquelle on fait tourner dans son plan une lame biréfringente entre deux Nicols croisés.

Dans ces expériences, comme dans beaucoup d'autres, il faut se garder des effets des ondes secondaires produites par le corps que l'on étudie, et dans ce but il faut donner à ce corps la forme de disque, et l'appliquer contre l'ouverture circulaire d'un diaphragme métallique. De même qu'en optique on obtient des rayons polarisés elliptiquement ou circulairement au moyen d'une lame biréfringente de l'épaisseur dite quart d'onde, on obtient des rayons de force électrique polarisés de même manière, c'est-à-dire à vibrations elliptiques ou circulaires, en faisant passer la radiation émanant de l'oscillateur à travers une lame quart d'onde, de sapin ou de gypse.

16° M. Righi a étudié d'une manière particulière la double réfraction dans le gypse.

On sait que ce corps, en raison de sa forme cristalline, présente la double réfraction à deux axes lorsqu'il est traversé par les ondes lumineuses et que l'axe de symétrie cristalline (qui est perpendiculaire au plan de clivage principal) coïncide avec un des axes d'élasticité optique, pendant que les deux autres axes d'élasticité optique, qui sont parallèles au clivage principal, sont orientés d'une manière qui n'a pas de relation avec la forme cristalline et qui varie avec la longueur d'onde.

Pour les ondes électro-magnétiques il existe au contraire une liaison entre les directions qui correspondent à ces deux axes d'élasticité optique et la forme cristalline.

Les trois directions orthogonales qui, au point de vue des ondes électro-magnétiques, correspondent aux trois axes d'élasticité optique, sont les axes de diélectricité. L'une de ces directions est celle pour laquelle le corps a la plus grande constance diélectrique ; une autre est celle pour laquelle cette constance a sa valeur minimum. Par raison de symétrie, un des axes de diélectricité du gypse coïncide avec son axe de symétrie cristalline et les deux autres sont parallèles au clivage principal. Or, la direction de ces derniers est liée à la forme cristalline.

En effet, M. Righi a démontré qu'une lame de gypse, coupée parallèlement au clivage principal et placée sur le trajet des ondes émanées de l'oscillateur, ne donne pas de double réfraction, lorsque la direction de son clivage secondaire vitreux (qu'on désigne souvent aussi comme clivage non fibreux) est sensiblement parallèle ou perpendiculaire à l'axe de l'oscillateur.

Il s'ensuit que des deux axes de diélectricité susdits, l'un est sensiblement parallèle et l'autre sensiblement perpendiculaire à la direction du clivage vitreux.

Il est probable que ce n'est là qu'une relation limite qui ne se vérifie exactement que pour des ondes infiniment longues. Par des expériences d'orientation d'un disque de gypse suspendu dans un champ électrique uniforme, M. Righi a vérifié cette direction des axes de diélectricité parallèles du clivage principal.

La double réfraction des ondes hertziennes dans le gypse est énormément plus énergique que la double réfraction de la lumière dans la même substance. En effet, par des mesures directes approchées d'indices faites sur des prismes de gypse convenablement coupés on trouve pour l'un des indices principaux $n_1 = 2,5$ et pour les deux autres indices principaux n_2, n_3 des valeurs peu différentes de 1,7. L'indice n_1 se rapporte aux vibrations électriques parallèles à la direction du clivage secondaire vitreux. Bien que ces valeurs ne présentent qu'une grossière approximation, on voit combien la double réfraction produite par le gypse est énergique.

Comme les deux indices n_2, n_3 diffèrent très peu entre eux (on n'arrive pas à constater d'une manière certaine leur différence), la double réfraction des ondes électro-magnétiques dans cette substance diffère très peu (si même elle diffère) de la double réfraction à un axe, telle qu'elle est produite par le bois à fibres parallèles ou par le spath.

Des valeurs trouvées pour les indices on déduit que, pour les ondes employées ($10^{cm},6$ de longueur) une lame de gypse ayant ses faces parallèles au clivage principal et 3 centimètres environ d'épaisseur doit se comporter comme lame quart d'onde. Cela est confirmé par l'expérience, car on trouve qu'une lame donne les effets connus d'une lame quart d'onde, lorsque son épaisseur est de 2,5 à 3 centimètres.

17° Il y a enfin des phénomènes optiques dont on n'a pas réussi à réaliser les analogues avec les ondes hertziennes. Ce sont : la double réfraction accidentelle produite par des actions mécaniques, et la rotation du plan de polarisation (naturelle ou magnétique). Mais, comme dans la plupart des cas les effets observés avec la lumière diminuent lorsque la longueur d'onde augmente, il peut se faire que ces effets soient trop petits pour des ondes de $10^{cm},6$, ou même de $2^{cm},6$ de longueur, pour pouvoir être décelés.

CHAPITRE V

THÉORIE DES OSCILLATIONS ÉLECTRIQUES

Théorie de Sir William Thomson. — Considérons un condensateur dont les armatures sont chargées de quantités $+ q$ et $- q$ d'électricité à la surface du fil conducteur par lequel nous réunissons les armatures, ce qui revient à dire que nous négligeons la capacité du fil. En prenant comme sens positif du courant un sens tel que le courant augmente les charges des deux armatures, nous pourrons écrire en désignant par i l'intensité du courant de décharge :

$$i = \frac{dq}{dt}.$$

Pour trouver les lois qui régissent ce courant, nous allons écrire que le produit de la résistance par l'intensité du courant est égal à la somme des forces électromotrices.

Cette somme se compose de deux termes : la différence de potentiel des deux armatures, qu'on doit affecter du signe —, puisqu'elle tend à produire un courant diminuant les charges des deux armatures, et la force électromotrice d'induction. En désignant par C la capacité du condensateur et par L la self-induction du circuit, on peut donc écrire :

$$Ri = \frac{q}{C} - L \frac{di}{dt}.$$

En remplaçant i par sa valeur en fonction de q, on obtient :

$$L \frac{d^2q}{dt^2} + R \frac{dq}{dt} + \frac{q}{C} = 0.$$

Cette équation est une équation linéaire à coefficients constants. Elle a pour intégrale générale :

$$q = A_1 e^{r_1 t} + A_2 e^{r_2 t},$$

où $A_1 A_2$ sont des constantes et $x_1 x_2$ les racines de l'équation :

$$L x^2 + R x + \frac{1}{C} = 0.$$

Les racines ont pour valeurs :

$$x = - \frac{R}{2L} \pm \sqrt{\frac{R^2}{4L^2} - \frac{1}{LC}}$$

et la condition de réalité de ces racines est :

$$\frac{R^2}{4L^2} > \frac{1}{LC}$$

ou :

$$R > 2 \sqrt{\frac{L}{C}}.$$

1° Si cette condition est remplie, x_1 et x_2 sont des quantités réelles et négatives. Donc q va constamment en décroissant et tend vers 0 quand le temps augmente indéfiniment. La décharge est alors continue.

2° Si :

$$R < 2 \sqrt{\frac{L}{C}},$$

x_1 et x_2 sont imaginaires. On peut alors transformer l'expression de q.

Posons :

$$\beta = \frac{2L}{R};$$

$$\lambda = \sqrt{\frac{1}{LC} - \frac{4L^2}{R^2}}$$

les racines deviennent :

$$- \beta + i\gamma$$

et :

$$- \beta - i\gamma.$$

q sera une fonction de $e^{-\beta t + i\gamma t}$ et de $e^{-\beta t - i\gamma t}$, et par suite de $e^{-\beta t}$, $\cos \gamma t$ et de $e^{-\beta t} \sin \gamma t$.

On aura :

$$q = e^{-\beta t} [B_1 \cos \gamma t + B_2 \sin \gamma t],$$

B_1 et B_2 étant des constantes.

La décharge se compose alors d'oscillations périodiques à amplitude décroissante. La période est :

$$T = \frac{2\pi}{\gamma}.$$

Lorsque $\frac{R^2}{4L^2}$ sera petit par rapport à $\frac{1}{LC}$, ce qui aura lieu quand les oscillations seront très rapides, on pourra écrire avec une approximation suffisante :

$$\gamma = \sqrt{\frac{1}{LC}}$$

et :

$$T = 2\pi \sqrt{LC}.$$

(Formule de Thomson).

Tentatives de vérifications expérimentales. — Expériences de Feddersen. — Feddersen observait l'étincelle produite par la décharge d'une bouteille de Leyde au moyen d'un miroir tournant convexe; il a aussi projeté l'image de l'étincelle, au moyen d'un tel miroir, sur une plaque sensible et il a ainsi photographié les divers aspects de l'étincelle.

Il a fait varier la résistance du circuit; avec une faible résistance, il obtenait une décharge oscillante, et son dispositif lui permettait de voir comment variait la période quand il faisait varier la capacité du condensateur ou la self-induction du circuit.

Pour faire varier la capacité, il suffisait de changer le nombre des bouteilles de Leyde : Feddersen a à peu près vérifié la proportionnalité de la période à $\sqrt{C}$.

Pour faire varier la self-induction, Feddersen changeait la longueur du fil conducteur; la vérification de la proportionnalité à $\sqrt{L}$ ne se fit pas bien : il n'y a rien là d'étonnant, car nous avons négligé dans la théorie la capacité de ce fil; or, dans les expériences de Feddersen, sa longueur atteignait parfois plusieurs centaines de mètres ; il était suspendu au mur et formait avec lui un véritable condensateur dont la capacité n'était pas négligeable vis-à-vis de celle du condensateur principal.

Quant au ceofficient numérique 2π, Feddersen n'a pu en vérifier la valeur, car il ne connaissait pas bien la valeur de la capacité de ses condensateurs. Il n'a pu vérifier que des proportionnalités. La théorie que nous venons d'exposer ne permet guère de douter de la valeur de ce coefficient ; cependant on pourrait se demander si les lois d'induction sont les mêmes que pour une décharge lente, quand on arrive à une rapidité très grande des oscillations.

Feddersen a obtenu des périodes de l'ordre de 10^{-4} secondes. En augmentant graduellement la valeur de la résistance, ce qu'il faisait en intercalant dans le circuit de petits tubes pleins d'acide sulfurique, il a obtenu des décharges continues, puis des décharges intermittentes, ces dernières pour des valeurs très grandes de la résistance, par exemple avec des cordes mouillées.

Expériences faites au moyen de tubes de Geissler. — Elles permettent bien de montrer la périodicité de la décharge, mais non de trouver les lois de cette périodicité.

Expériences de M. Mouton. — Elles ont été faites avec une bobine d'induction ; le phénomène oscillatoire était provoqué dans l'induit par la rupture du courant inducteur ; il était mis en évidence de la façon suivante : un système de roues permettait d'avoir l'inducteur à un certain moment, puis de mettre les deux extrémités de l'induit en communication avec les bornes d'un électromètre, un certain temps avec l'ouverture de l'inducteur ; en faisant varier ce temps, on obtenait l'état des deux extrémités de l'induit à différentes phases de la période.

Mais, dans ces expériences, on ne peut espérer vérifier les lois de la périodicité de la décharge, parce que la bobine tout entière forme, en somme, un condensateur ne remplissant pas les conditions exigées par la théorie.

Possibilité d'oscillations plus rapides. — Puisque la période est donnée par :

$$T = 2\pi \sqrt{LC},$$

on peut espérer diminuer la durée de la période en diminuant L et C. Mais pourrait-on le faire au delà d'une certaine limite avec une intensité suffisante pour permettre d'observer des effets d'induction par exemple ?

Pour comprendre le problème qui se pose, comparons les oscillations électriques à celles d'un pendule.

Pour faire osciller un pendule, il faut l'écarter de sa position d'équilibre et faire ensuite disparaître la cause qui le maintenait écarté de cette position. Mais il faut que cette cause disparaisse rapidement, en un temps petit, par rapport à la durée d'une oscillation ; si, par exemple, ce temps était le quart de la durée d'une oscillation complète, le pendule serait justement revenu à sa position d'équilibre au moment où cesserait la cause qui l'en maintenait écarté : il garderait cette position et n'oscillerait pas.

Ici, nous avons quelque chose d'analogue : il faudra que la cause qui écarte le système de son état d'équilibre, c'est-à-dire, par exemple, dans les expériences de Feddersen, la charge de la batterie, disparaisse en un temps très court par rapport à la durée d'une oscillation, qui est elle-même très petite.

Expériences de Hertz. — Hertz a résolu ce problème au moyen d'un appareil nommé excitateur (fig. 19). Deux capacités en forme de sphères sont prolongées par un conducteur, au centre duquel se trouve une solution de continuité, limitée par deux petites boules dont on peut faire varier la distance, à chacune de ces deux extrémités aboutit l'une des extrémités du fil induit d'une bobine d'induction.

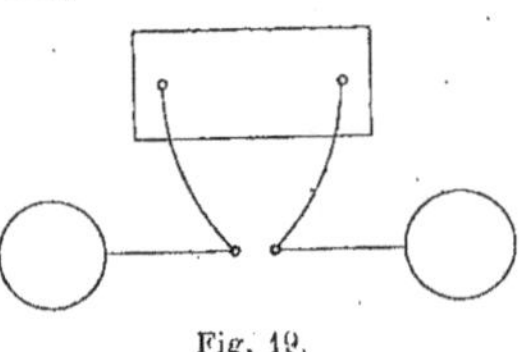

Fig. 19.

Les deux moitiés de l'excitateur se chargent l'une positivement, l'autre négativement, et le micromètre à étincelles est le siège d'une force contre-électromotrice qui tend à empêcher l'équilibre de se rétablir. Quand la différence de potentiel est suffisante, l'étincelle éclate et le courant qui se produit est dû non seulement à la neutralisation des électrités des deux sphères, mais encore au courant de décharge de la bobine. Des oscillations se produisent alors.

Le fait capital est cette propriété particulière de l'étincelle que rien ne faisait prévoir : quand elle se produit, la force contre-électromotrice qui empêchait l'équilibre de se rétablir est supprimée au bout d'un temps très court même par rapport à la durée d'une oscillation, qui est pourtant de l'ordre de 10^{-8} secondes.

Le rôle de la bobine est double, elle sert : 1° à charger les deux extrémités de l'excitateur ; 2° à faire disparaître brusquement la force contre-électromotrice qui s'oppose au rétablissement de l'équilibre.

Si nous reprenons la comparaison d'un pendule, nous aurons un phénomène analogue à celui qui se passe ici en l'écartant au moyen d'un fil de sa position d'équibre et en provoquant la rupture brusque d'un fil, ce qui permet au pendule d'entrer en oscillation.

Voici dans quelles circonstances Hertz a découvert cette propriété de l'étincelle.

Premières expériences de Hertz. — Hertz se servit d'une bobine d'induction, les deux extrémités de l'induit formant un interrupteur à étincelles.

Une des extrémités de cet interrupteur était mise en communication avec un rectangle conducteur portant lui-même un petit interrupteur à étincelles AB (fig. 20).

Il constata qu'à ce petit interrupteur se produisaient des étincelles beaucoup plus fortes qu'il ne s'y serait attendu. A se charge d'abord, B ensuite et, bien que le temps que l'électricité met à parcourir le rectangle soit très petit, la différence de potentiel est assez grande pour que l'étincelle jaillisse entre A et B.

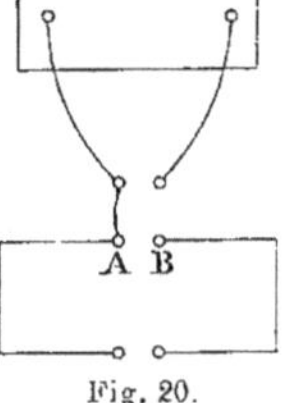

Fig. 20.

Ce fait prouve que la force contre-électromotrice existant entre A et B est rapidement détruite.

Hertz a trouvé que le phénomène dépendait de l'étincelle propre de la bobine de Ruhmkorff, qu'on peut appeler l'étincelle primaire en réservant le nom d'étincelle secondaire à celle qui se produit entre A et B. Si cette étincelle jaillit entre deux pointes, ou entre une pointe et une sphère, ou entre une pointe et un plan, au lieu de jaillir entre deux sphères, les étincelles sont moins fortes en AB.

Quelquefois, on n'obtient pas d'étincelles en AB sans qu'on sache trop pourquoi. Avec un peu d'habitude, on peut arriver, rien qu'en voyant l'étincelle primaire, à prévoir s'il se produira ou non une étincelle secondaire.

Influence de la lumière. — Hertz observa encore un fait très curieux : les étincelles primaire et secondaire paraissaient exercer l'une sur l'autre une action mystérieuse ; en mettant entre les deux un écran, les étincelles secondaires cessaient de se produire.

Hertz crut d'abord qu'il y avait là une action électrique, mais reconnut ensuite que ce phénomène était dû à la lumière de l'étincelle.

Pourtant, une plaque de verre, qui laisse passer la lumière, empêchait l'action des étincelles l'une sur l'autre. C'est que les rayons actifs, en cette circonstance, sont les rayons ultra-violets qui sont arrêtés par le verre : en effet, une plaque de fluorine, qui laisse passer les rayons ultra-violets, laisse aussi subsister l'action des étincelles primaires.

Autres dispositions employées par Hertz. — Hertz a aussi employé la disposition indiquée dans la figure 21 : il réunit une des extrémités du micromètre à étincelles à un rectangle portant au milieu, du côté opposé à celui où se trouve le point d'attache, un petit interrupteur. Si le point A est au milieu du côté du rectangle, et que celui-ci ait ses deux moitiés bien symétriques, la décharge doit mettre le même temps à parcourir les deux parties du rectangle, c'est-à-dire que le potentiel à toujours la même valeur aux deux boules de l'interrupteur ; il ne doit donc pas y avoir d'étincelles, ce que

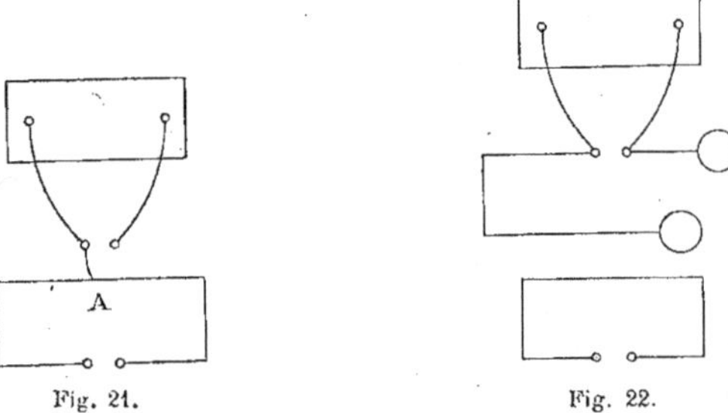

Fig. 21.   Fig. 22.

l'expérience vérifie. Mais en détruisant la symétrie d'une manière quelconque, par exemple en ajoutant sur un des côtés du rectangle une petite capacité, on fait apparaître l'étincelle.

Hertz eut l'idée de supprimer la communication entre le premier interrupteur et le rectangle ; malgré cela, des étincelles se produisaient à l'interrupteur du rectangle. Enfin, il employa le dispositif de la figure 22 : l'une des extrémités du premier interrupteur est reliée à un conducteur C. Dans ces conditions, il obtint encore des étincelles à l'interrupteur du rectangle ; il n'en obtenait plus en réunissant les deux boules du premier interrupteur.

De ces expériences il conclut que ce sont les oscillations se produisant au premier interrupteur qui produisent sur le rectangle l'effet observé.

Excitateurs et résonateurs. — Le rectangle dont nous venons de parler, constitue ce qu'on appelle un résonateur, de sorte que les premières expériences de Hertz nous ont permis de décrire une forme d'excitateur et une forme de résonateur.

Au lieu de deux capacités sphériques, Hertz a quelquefois employé pour constituer un excitateur des plateaux métalliques.

Les deux sphères avaient environ $0^m,15$ de rayon et le fil qui les réunissait, sur lequel était ménagé un interrupteur, avait environ $1^m,50$. Quant aux plateaux employés par Hertz à la place des sphères, ils étaient carrés et avaient $0^m,40$ de côté.

M. Blondlot a employé un résonateur ayant la forme représentée par la partie droite de la figure 23.

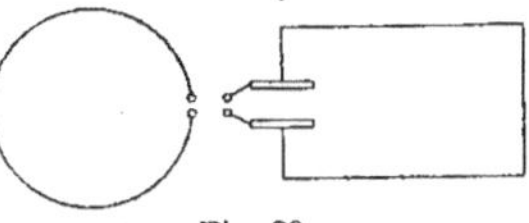

Fig. 23.

D'autres formes ont encore été adoptées par différents expérimentateurs : nous y reviendrons à mesure que nous décrirons leurs expériences.

Calcul de la période de l'excitateur de Hertz. — Les oscillations que l'on obtient avec cet excitateur sont trop rapides pour qu'on puisse les étudier au moyen des procédés qui ont servi à Feddersen et à Mouton. On doit calculer leur période d'après la formule :

$$T = 2\pi \sqrt{LC}.$$

Les deux sphères de l'excitateur de Hertz sont assez éloignées l'une de l'autre pour qu'on puisse négliger leur influence électrostatique. La charge de l'une d'elles étant q, son potentiel V sera donné par :

$$q = C'V = 15 . V.$$

Les deux sphères sont chargées d'électricités de signes contraires, leurs potentiels sont égaux et de signes contraires, la différence de potentiel entre les deux boules de l'interrupteur est donc de 2 V, et la capacité de l'ensemble, qui est égale au quotient de la charge d'une des armatures, est :

$$C = \frac{q}{2V} = 7,5.$$

Quant au coefficient de self-induction, il est donné, pour un courant fermé, par la formule de Neumann :

$$L = \iint \frac{ds . ds' . \cos \varepsilon}{r},$$

formule qui a été vérifiée expérimentalement.

Pour l'excitateur, bien que le circuit ne soit pas fermé, nous appliquerons la même formule, qui dans le cas d'un courant ouvert n'a pas encore reçu de vérification expérimentale.

En appelant L la longueur du fil et d son diamètre, on trouve en supposant que le courant circule seulement à sa surface :

$$L = 2L \left[\log . \frac{4L}{d} - 1 \right].$$

Si on admettait, comme le fait Hertz, que la distribution du courant est uniforme, c'est-à-dire que la densité du courant est la même au centre qu'à la surface, on obtiendra la formule :

$$L = 2\,L\left[\log\frac{4\,L}{d} - 0,75\right].$$

Mais Thomson a montré que, pour des courants oscillant aussi rapidement, la propagation ne peut s'effectuer que par la surface. D'ailleurs, la différence entre les deux formules est très petite.

Remarquons que, si on prend pour L et C les unités électromagnétiques, $\sqrt{LC}$ est un temps ; mais en exprimant, comme le fait Hertz, L en unités électromagnétiques et C en unités électrostatiques, L et C sont des longueurs, $\sqrt{LC}$ sera aussi une longueur, et par suite, pour obtenir la période, il faudra employer la formule :

$$T = 2\,\pi A\,\sqrt{LC}.$$

D'ailleurs, la longueur d'onde λ est donnée par :

$$\lambda = VT,$$

où V désigne la vitesse de propagation. Si on fait sur cette vitesse l'hypothèse qu'elle est l'inverse de A, on aura pour la longueur d'onde l'expression

$$\lambda = 2\pi\,\sqrt{LC}.$$

Il vaut mieux considérer la période, ce qui ne préjuge rien sur la valeur de la vitesse de propagation.

Hertz emploie non pas la période complète, mais l'expression :

$$\pi\,\sqrt{LC}.$$

Il trouve que la longueur d'onde est d'environ 3 mètres, c'est-à-dire que, en admettant que la vitesse de propagation soit la même que celle de la lumière, le nombre des oscillations simples est de 100 millions par seconde.

Examens de quelque objections — I. Les deux boules du micromètre à étincelles sont reliées aux extrémités du fil induit de la bobine ; on peut se demander si la capacité et la self-induction de la bobine n'ont pas une influence sur la période, de sorte que le calcul de cette période fait en ne tenant compte que de la capacité et de la self-induction de l'excitateur serait inexacte ? Nous allons voir que non.

Nous avons à considérer deux courants : d'abord, un courant dont l'intensité est donnée par :

$$i = \frac{dq}{dt}$$

circulant d'une sphère à l'autre, et en particulier d'une boule à l'autre du micromètre ;

et, de plus, le courant de décharge de la bobine, d'intensité i', qui ne parcourt que le micromètre.

Dans le micromètre, ces deux courants sont superposés et peuvent agir l'un sur l'autre : soit M leur coefficient d'induction mutuelle, M est beaucoup plus petit que le coefficient de self-induction L, car les deux courants n'ont qu'une très petite partie commune :

Notre équation devient alors :

$$\text{L} \frac{di}{dt} + \text{M} \frac{di'}{dt} + \frac{q}{c} = 0.$$

Nous négligeons le terme Ri, parce que nous supposons la résistance très faible. Quand à i', il ne sera pas troublé par la présence de l'excitateur, car il est très considérable par rapport à i, et il conservera sa période propre, qui est la période de la bobine. On peut donc poser :

$$- \text{M} \frac{di}{dt} = \text{A} . \cos (\lambda t + h),$$

ce qui permet d'écrire l'équation précédente :

$$\text{L} \frac{d^2 q}{dt^2} + \frac{q}{\text{C}} = \text{A} . \cos (\lambda t + h).$$

Nous obtenons ainsi une équation linéaire à second membre ; l'intégrale générale du premier membre est :

$$\text{B}_1 \cos \mu t + \text{B}_2 \sin \mu t,$$

ou :

$$\mu = \frac{1}{\sqrt{\text{LC}}}.$$

L'intégrale générale de notre équation est donc :

$$q = \text{B}_1 \cos \mu t + \text{B}_2 \sin \mu t + \frac{\text{A} \cos (\lambda t + h)}{\frac{1}{\text{C}} - \lambda^2 \text{L}}.$$

Ce dernier terme est petit, puisqu'il renferme le coefficient très petit A ; de plus, il est sensiblement constant par rapport aux deux termes qui le précèdent, car la période propre de la bobine est beaucoup plus longue que celle de l'excitateur, ce qui revient à dire que λt varie beaucoup plus lentement que μt.

Ainsi la période de l'excitateur ne sera que peu influencée par celle de la bobine, la solution de l'équation précédente ayant une période oscillant très lentement autour d'une valeur moyenne.

II. En établissant la formule de Thomson, nous avons fait quelques hypothèses : nous avons supposé que le courant circulait d'un bout du fil à l'autre avec la même intensité, ce qui revient à négliger la capacité du fil. Ceci n'est pas toujours permis, comme nous allons nous en rendre compte en examinant un cas extrême.

Considérons un excitateur formé par un fil métallique fin. Si le fil est indéfini, toutes les théories, et en particulier celle de Maxwell, s'accordent pour montrer qu'une perturbation s'y propagera avec une vitesse constante ; cette vitesse est d'ailleurs celle de la lumière. Dans le cas d'une oscillation périodique, on pourra donc représenter l'intensité du courant en un point par l'expression :

$$i = A \sin \mu (z - Vt).$$

Supposons que le fil ait une extrémité : il s'y produira une réflexion donnant lieu à un courant réfléchi d'intensité :

$$i = A \sin \mu (z + Vt)$$

et l'intensité du courant total en un point sera donnée par :

$$I = i + i' = 2A \sin \mu z \cos \mu Vt.$$

On obtient ainsi ce qu'on appelle des ondes stationnaires, dont l'amplitude est proportionnelle à $\sin \mu . z$ en un point d'abscisse z.

Cette amplitude est nulle aux points pour lesquels

$$\sin \mu z = 0,$$

c'est-à-dire quand

$$\mu z = K\pi,$$

K étant un nombre entier quelconque. En particulier, le courant est nul aux points $z = 0$ et $z = \dfrac{\pi}{\mu}$: on peut couper le fil en ces deux points sans rien changer à l'état du courant ; le tronçon ainsi obtenu constitue un excitateur dans lequel le mouvement oscillatoire de l'électricité est toujours représenté par :

$$I = 2A \sin \mu z \cos \mu Vt.$$

Ainsi, dans ce cas particulier, la longueur du segment de fil est égale à la moitié de la longueur d'onde du mouvement périodique, et ce résultat est indépendant du diamètre du fil, tandis que dans la formule de Thomson intervient l'expression de la self-induction, où entre ce diamètre.

On voit donc qu'il est certains cas où la formule de Thomson ne peut être appliquée rigoureusement.

J. J. Thomson a cherché l'influence de cette cause d'erreur, qui revient à supposer le courant constant, dans tout le fil, alors qu'il ne l'est pas. On peut comme première approximation admettre la formule précédente, donnant l'intensité du courant ; celle-ci *est alors représentée par une sinusoïde qui coupe le prolongement du fil aux points A et B* (fig. 24) ; la partie utile CD, qui représente la longueur du fil, est notablement plus petite que AB. J. J. Thomson a calculé le coefficient de self-induction en tenant compte de la variation d'intensité, et a trouvé que cette cause d'erreur était au plus de 2 à 3 centièmes, c'est-à-dire peu considérable : cela tient à ce que le maximum de la courbe est au milieu de CD, de sorte que la variation d'intensité le long de CD est relativement faible.

III. En calculant la capacité, nous avons supposé la charge électrique répartie sur les sphères comme elle le serait à l'état d'équilibre, c'est-à-dire uniformément. Cela a t-il lieu dans le cas présent, où l'électricité est en mouvement ?

En faisant le calcul, on verrait que la différence est faible. Nous le ferons pour l'excitateur de M. Blondlot.

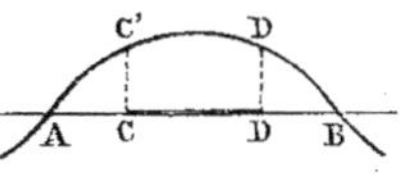

Fig. 24.

IV. Si la théorie de Maxwell est vraie, il nous faut tenir compte des courants de déplacement, qui circulent dans les diélectriques quand ceux-ci se trouvent dans un champ variable. Le cycle des courants se trouverait pour ainsi dire fermé à travers le diélectrique.

Pour mieux comprendre l'influence des courants de déplacement, reportons-nous aux anciennes théories, desquelles dépend en somme la formule de Thomson. D'après elles, toute l'énergie dépensée se retrouve en chaleur et dans l'expression de cette quantité de chaleur entre en facteur la résistance. Si cette résistance n'est pas négligeable, les oscillations doivent donc s'affaiblir ; si on la suppose au contraire négligeable, les oscillations doivent continuer indéfiniment avec la même amplitude.

En acceptant les idées de Maxwell, on doit considérer l'excitateur comme un centre de radiation d'énergie. Alors l'énergie dépensée se retrouve : 1° en chaleur ; 2° en énergie rayonnée. Alors même que la résistance serait négligeable, l'énergie ne s'en dissiperait pas moins et l'amplitude des oscillations irait en diminuant.

Ainsi, la considération des courants de déplacement introduit un changement assez considérable, dont il est difficile de tenir compte.

Nous pouvons nous demander si, avec ces différentes causes d'erreur, le calcul de Hertz est exact : nous verrons qu'en somme l'expérience lui donne à peu près raison.

Étude de l'appareil de M. Blondlot. — M. Blondlot a imaginé un appareil avec lequel on n'a plus à tenir compte des causes d'erreur précédentes.

C'est un condensateur (fig. 25) dans lequel la capacité électrostatique est notablement plus grande que la longueur du fil. L'objection provenant de ce qu'on néglige la capacité du fil n'a plus alors sa raison d'être : la longueur CDEFAB, qui joue le rôle de la partie CD dans la figure 24, est très petite par rapport à la longueur d'onde et la variation de l'intensité du courant le long du fil est très faible.

Fig. 25.

L'influence des courants de déplacement est également négligeable. En effet il n'y a un champ électrique sensible qu'entre les deux armatures du condensateur, et c'est là seulement que se produisent les courants de déplacement, ils sont excessivement courts, puisque l'intervalle qui sépare les deux plateaux n'est qu'une fraction de millimètre et ne peuvent avoir une influence sensible.

La principale correction à apporter dans le calcul de la période propre de l'appareil a trait à l'estimation de la capacité. Nous allons nous en occuper maintenant.

Cette capacité est mesurée par M. Blondlot à l'aide de la méthode de Maxwell; mais on peut se demander si la capacité à l'état statique, telle qu'elle est mesurée par cette méthode, est égale à la capacité dans le cas d'oscillations très rapides.

C'est ce qu'il nous reste à examiner.

Calcul de la capacité. — Les lignes de force dans le condensateur employé par M. Blondlot sont sensiblement perpendiculaires aux deux plateaux : ceux-ci sont, en effet, très rapprochés. On peut donc, en prenant comme axe des Z une perpendiculaire aux plateaux, considérer les composantes X et Y comme nulles et étudier seulement la variation de Z.

On peut supposer $\mu = 1$, puisqu'il s'agit de points situés dans l'air. On peut alors poser les équations :

$$(1) \qquad \begin{cases} A \dfrac{dL}{dt} = \dfrac{dZ}{dy} \\[2mm] A \dfrac{dM}{dt} = - \dfrac{dZ}{dx} \\[2mm] A \dfrac{dN}{dt} = 0 \end{cases}$$

La première des trois autres équations fondamentales :

$$A\varepsilon \frac{dX}{dt} = \frac{dM}{dz} - \frac{dN}{dy} - 4\pi A u$$

se réduit à :

$$\frac{dM}{dZ} = 0,$$

puisque X est nulle, que $\dfrac{dN}{dy}$ est nul d'après la dernières des équations (1), et que le courant (uvw) est nul dans un diélectrique.

De même, la deuxième équation du même groupe donne :

$$\frac{dL}{dZ} = 0.$$

Quant à la troisième elle devient :

$$A \frac{dZ}{dt} = \frac{dL}{dy} - \frac{dM}{dx}.$$

En différenciant cette équation par rapport à t, elle devient :

$$(2) \qquad A \frac{d^2Z}{dt^2} = \frac{d^2L}{dy \cdot dt} - \frac{d^2M}{dx \cdot dt}.$$

D'ailleurs, en différenciant les deux premières des équations (1), respectivement par rapport à y et à x, on obtient :

$$A \frac{d^2 L}{dt \cdot dy} = \frac{d^2 Z}{dy^2}$$

$$A \frac{d^2 M}{dt \cdot dx} = - \frac{d^2 Z}{dx^2},$$

et en portant ces expressions dans l'équation (2), celle-ci devient :

$$(3) \qquad A^2 \frac{d^2 Z}{dt^2} = \frac{d^2 Z}{dx^2} + \frac{d^2 Z}{dy^2}.$$

Cette équation nous montre que Z ne peut pas être constant sur toute la surface, car le second membre serait nul et il en serait par suite de même du premier, ce qui ne peut avoir lieu.

La différence est-elle bien grande? Nous allons chercher à nous en rendre compte.

Nous avons pris comme axe des Z l'axe de symétrie du condensateur; par symétrie, Z ne sera une fonction que de la distance à cet axe, c'est-à-dire de ρ seulement, en posant :

$$\rho^2 = x^2 + y^2.$$

Le second membre de l'équation (3) se transforme facilement en :

$$\frac{d^2 Z}{d\rho^2} + \frac{1}{\rho} \frac{dZ}{d\rho}.$$

Pour transformer le premier membre, remarquons que, d'après ce que nous avons vu sur la périodicité des oscillations, nous pouvons écrire :

$$Z = f(xyz) . \cos 2\pi \frac{t}{\tau} + \varphi(xyz) . \sin 2\pi \frac{t}{\tau},$$

d'où l'on déduit :

$$\frac{d^2 Z}{dt^2} = - \frac{4\pi^2}{\tau^2} . Z .$$

Le premier membre de l'équation (3) peut donc s'écrire :

$$- A^2 \frac{4\pi^2}{\tau^2} . Z$$

ou, en posant $\frac{1}{\lambda} = \frac{A}{\tau}$, expression dans laquelle λ représente la longueur d'onde :

$$- \frac{4\pi^2}{\lambda^2} Z.$$

L'équation (3) devient ainsi :

$$\frac{d^2 Z}{d\rho^2} + \frac{1}{\rho} \frac{dZ}{d\rho} + \frac{4\pi^2}{\lambda^2} Z = 0.$$

Cette équation a pour solution la fonction de Bersel, qui est de la forme :

$$Z = B_0 + B_1 \rho_2 + B_2 \rho_4 + \cdots$$

La courbe ainsi définie a la forme représentée dans la figure 26, les valeurs de ρ étant portées en abscisses et celles de Z en ordonnées. La longueur BC est égale environ à $\frac{\lambda}{2}$, AB à $\frac{3 \cdot \lambda}{4}$.

Or, dans les expériences de M. Blondlot, λ avait pour valeur environ 10 mètres,

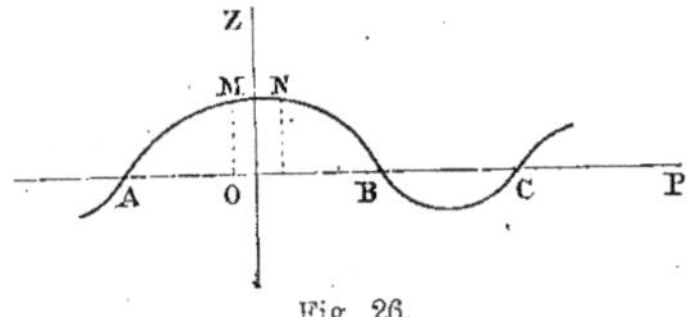

Fig. 26.

tandis que le diamètre du plateau était inférieur à 30 centimètres ; on voit donc que, dans la partie utile de la courbe MN, la variation est très faible ; Z varie extrêmement peu et la capacité n'est pas beaucoup modifiée.

Remarque. — En électrostatique, la capacité d'un condensateur est le rapport qui existe entre la charge d'une des armatures et la différence de potentiel des deux armatures. Pour calculer cette différence de potentiel, nous devons ici multiplier Z par la distance des deux armatures ; mais, comme Z n'est pas constant, nous ne pouvons définir ainsi la capacité du condensateur.

Mais, en désignant par q la charge, V la différence de potentiel, C la capacité, on a :

$$C = \frac{q}{V}$$

et l'expression $\frac{q \cdot V}{2}$ de l'énergie électrostatique E peut s'écrire :

$$E = \frac{q^2}{2C}.$$

On peut donc définir C par l'expression $C = \frac{q^2}{2E}$ et cette définition ne suppose plus le potentiel constant sur les armatures. Il nous reste maintenant à indiquer comment on peut calculer la self-induction dans l'appareil de M. Blondlot.

Auparavant, nous allons démontrer quelques propositions dont nous aurons besoin.

1. Le flux de force magnétique qui traverse un circuit fermé constitué par un conducteur parfait est constant,

En effet, soit φ ce flux, et F la force électromotrice d'induction qui règne dans le circuit. On a d'une part :

$$F = \frac{d\varphi}{dt}$$

et d'ailleurs, d'après la loi de Ohm :

$$F = Ri.$$

Mais le circuit étant supposé parfaitement conducteur, R est nul.
Donc :

$$\frac{d\varphi}{dt} = 0,$$

ce qui montre que le flux est constant.

II. La force magnétique est constamment nulle à l'intérieur d'un conducteur parfait.

Imaginons maintenant un conducteur à trois dimensions, formé d'une substance que nous supposerons parfaitement conductrice. Le flux magnétique qui traverse un petit circuit fermé taillé dans le conducteur est constant (c'est le flux de force magnétique ou ce flux multiplié par μ, suivant que le conducteur n'est pas ou est magnétique).

Si on part du repos, le flux de force magnétique part de 0, et, comme il est constant, il reste nul. Or, le flux qui traverse un circuit infiniment petit entourant une surface d'étendue $d\omega$ est égal à $d\omega$ mutiplié par la composante de la force magnétique normale à l'élément.

Cette composante est donc nulle, et, comme le circuit peut être orienté d'une façon quelconque, une composante quelconque de la force magnétique est nulle, ce qui revient à dire que la force magnétique elle-même est nulle, en un point quelconque du conducteur.

Conséquence. — 1° Le courant est constamment nul à l'intérieur d'un conducteur parfait.

En effet, le travail effectué par la force magnétique appliquée à un pôle qui parcourt un circuit fermé est égal à 4π multiplié par l'intensité du courant qui traverse ce circuit. Ici, la force étant nulle, le travail est nul et par suite le courant est nul.

2° La force magnétique à la surface d'un conducteur parfait est tangente à la surface.

On peut, en effet, répéter le raisonnement fait plus haut, dans le cas d'un point pris à la surface : mais la seule orientation qu'on puisse donner au petit élément $d\omega$ est la surface même, de sorte qu'on démontre seulement que la composante de la force magnétique normale à la surface est nulle. Cette force est donc tangente à la surface.

Ces démonstrations avaient été données par Maxwell, mais elles parurent d'abord être une pure spéculation, puisqu'on ne peut réaliser un conducteur parfait; nous allons voir maintenant que ces résultats s'appliquent sensiblement à des conducteurs quelconques, dans le cas d'oscillations très rapides.

III. Dans le cas d'oscillations très rapides, les résultats précédents sont sensiblement applicables aux conducteurs quelconques.

Supposons un circuit quelconque, de résistance R. On a toujours :

$$F = \frac{d\varphi}{dt} = Ri.$$

R a une valeur finie ; il en est de même de i ; autrement il y aurait rapide dissipation de l'énergie par la chaleur de Joule. Donc, $\dfrac{d\varphi}{dt}$ est également fini.

D'ailleurs, le flux φ, dans le cas d'oscillations, est de la forme :

$$\varphi = e^{\gamma t}\left[B \cdot \cos \frac{2\pi t}{\tau} + C \sin \frac{2\pi t}{\tau}\right].$$

Le facteur exponentiel provient de ce qu'il y a de l'énergie dissipée. φ se compose ainsi de deux termes :

$$e^{\gamma t} \cdot B \cdot \cos \frac{2\pi t}{\tau}, \quad \text{qui est la partie réelle de } B \cdot e^{t}\left(\gamma + i \frac{2\pi}{\tau}\right)$$

$$e^{\gamma t} \cdot C \cdot \sin \frac{2\pi t}{\tau}, \qquad \text{»} \qquad \text{»} \qquad - C i e^{t}\left(\gamma + i \frac{2\pi}{\tau}\right).$$

φ est ainsi la partie réelle de l'imaginaire :

$$(B - iC) \cdot e^{pt}$$

en posant :

$$p = \gamma + i \frac{2\pi}{\tau}.$$

Alors $\dfrac{d\varphi}{dt}$ sera la partie réelle de :

$$(B - iC) \cdot p \cdot e^{pt}.$$

Si on suppose les oscillations très rapides, τ est très petit et par suite le module de p est très grand ; pour que $\dfrac{d\varphi}{dt}$ reste fini, il faut donc que φ soit très petit, sensiblement nul. Or c'est de ce fait que nous avons déduit tous les résultats précédents : ils sont donc encore vrais ici.

IV. La force électrique est nulle à l'intérieur d'un conducteur parfait ou à l'intérieur d'un conducteur quelconque dans le cas d'oscillations rapides.

Cela résulte des équations de la forme :

$$A\varepsilon \frac{dX}{dt} = \frac{dM}{dz} - \frac{dN}{dy} - 4\pi \cdot Au.$$

D'après ce qu'on vient de voir, le second membre est nul. Donc X, Y, Z doivent être constantes et, par suite, nulles, puisqu'elles sont nulles au repos, d'où l'on peut partir.

V. A la surface d'un conducteur parfait la force électrique est normale au conducteur.

Nous supposerons une couche de passage entre le conducteur et le diélectrique, d'épaisseur infiniment petite h.

Nous prendrons pour axe des Z une normale à la surface : la couche de passage pourra ainsi être considérée comme limitée par deux plans parallèles au plan xoy.

Nous allons nous servir des équations de la forme :

$$A\mu \frac{dL}{dt} = \frac{d'L}{dy} - \frac{d'Y}{dz}.$$

Le premier terme est fini, c'est-à-dire qu'il n'est ni de l'ordre de $\frac{1}{h}$ ou d'un ordre supérieur, auquel cas il serait infiniment grand, ni de l'ordre de h ou d'un ordre inférieur, auquel cas il serait infiniment petit.

Le terme $\frac{d'L}{dy}$ est également fini, car les variations rapides n'ont lieu qu'à travers la couche de passage et, en faisant varier y de dy, on ne traverse pas cette couche.

Par suite, le troisième terme $\frac{dY}{dz}$ est fini.

Si l'on appelle Y_1 et Y_2 les valeurs de Y de part et d'autre de la couche, on aura donc :

$$Y_1 = Y_2,$$

car la variation de Y, quand on traverse la couche, est :

$$h \times \frac{dY}{dz},$$

c'est-à-dire un infiniment petit. Comme à l'intérieur du conducteur la force électrique est nulle, on aura donc :

$$Y = 0$$

à la surface extérieure de la couche de passage. On verrait de même que :

$$X = 0.$$

La composante normale seule est différente de 0, ce qui montre que la force électrique est normale au conducteur.

Remarque. — On pourrait se demander pourquoi le même raisonnement n'est pas applicable à la force magnétique, au moyen des équations de la forme :

$$A\epsilon \frac{dX}{dt} = \frac{dM}{dx} - \frac{dN}{dy} - 4\pi Au.$$

Les termes $A\epsilon \frac{dX}{dt}$ et $\frac{dN}{dy}$ sont bien finis, mais il n'en résulte pas que $\frac{dM}{dz}$ le soit, à cause de la présence du terme $4\pi Au$; les composantes du courant doivent être, en effet, infiniment grandes, puisque le courant qui est fini est localisé dans une couche infiniment mince ; on ne peut donc pas dire que le terme en u est fini et notre raisonnement n'est plus applicable.

VI. En un point voisin du conducteur la force magnétique est perpendiculaire au courant superficiel et proportionnelle à sa densité superficielle.

Les composantes uvw du courant sont infinies en un point de la surface du conducteur ; mais le courant est fini si on le considère pour une surface et non plus pour un volume.

Soit $d\lambda$ un élément linéaire de la surface du conducteur. L'expression

$$x \cdot d\gamma \cdot dt$$

représente la quantité d'électricité qui le traverse pendant le temps dt, x représentant la composante superficielle du courant perpendiculairement à l'élément considéré.

On pourra définir la densité superficielle du courant au moyen des composantes superficielles relatives à deux directions rectangulaires. Nous prenons toujours comme axe de z la normale à la surface. Nous désignons par $L_1 M_1 N_1$ les composantes de la force magnétique en un point du diélectrique très voisin de la couche de séparation, et par $L_2 M_2 N_2$ celles de la force en un point également très voisin de cette couche, mais situé dans le conducteur.

Nous avons des équations de la forme :

$$A\varepsilon \frac{dX}{dt} = \frac{dM}{dz} - \frac{dN}{dy} - 4\pi Au$$

u est infiniment grand parce que le courant fini est réparti dans une couche très mince, mais les composantes superficielles sont finies. Ce sont :

$$\int u \cdot dz, \quad \int v \cdot dz, \quad 0,$$

l'intégration étant étendue à toute l'épaisseur de la couche de passage. Intégrons les deux membres de l'équation précédente :

$$\int A\varepsilon \frac{dX}{dt}\, dz = \int \frac{dM}{dt}\, dz - \int \frac{dN}{dy}\, dz - 4\pi A \int u\, dz.$$

L'intégrale :

$$\int A\varepsilon \frac{dX}{dt} \cdot dz$$

est nulle, parce que la fonction soumise à l'intégration est finie, et que l'épaisseur à laquelle s'étend l'intégration est infiniment petite.

Il en est de même de l'intégrale :

$$\int \frac{dN}{dy} \cdot dz.$$

Il nous reste donc :

$$M_1 - M_2 = 4\pi A \int u \cdot dz.$$

Comme la force est nulle à l'intérieur du conducteur, $M_2 = 0$. Il reste donc :

$$M_1 = 4\pi A \int u\,dz.$$

et on trouverait de même :

$$L_1 = -4\pi A \int v\,.\,dz.$$

Nous savons que N_1 est nulle.

Nous sommes donc arrivés à cette conclusion que, les composantes superficielles du courant étant :

$$\int u\,dz \qquad \int v\,dz \qquad 0,$$

les composantes de la force magnétique en un point voisin du conducteur sont :

$$-4\pi A \int v\,dz \qquad 4\pi A \int u\,dz \qquad 0.$$

Ces expressions démontrent le théorème énoncé.

VII. Le flux de force magnétique qui traverse une surface fermée comprise dans un diélectrique est nul.

En effet, le flux total qui traverse cette surface est égal à la quantité de magnétisme libre contenue à l'intérieur de cette surface, multipliée par le facteur constant $\dfrac{1}{4\pi}$.

Or le milieu est supposé non magnétique et ne comprend pas d'aimant permanent ; cette quantité de magnétisme libre est donc nulle, et il en est par suite de même avec le flux total.

On pourrait s'en rendre compte autrement : sur la surface fermée traçons un circuit fermé c qui divise la surface en deux parties, A et A' ; la force électromotrice qui s'exerce dans le circuit est égale à la variation du flux magnétique à travers A ou à travers A' : donc les variations du flux à travers A et A', sont égales et de signes contraires ; si on part du repos, on voit que les flux à travers A et A' sont égaux et de signes contraires, c'est-à-dire que le flux total est nul.

VIII. Les flux de force magnétique qui traversent deux circuits fermés tracés à la surface d'un conducteur remplissant les conditions précédemment indiquées sont égaux.

Supposons par exemple un conducteur annulaire dont la section se composera de deux cercles (fig. 27). A sa surface traçons deux circuits fermés c et c' ; c coupe le plan du tableau en AB, c' en A'B'. Par le circuit c faisons passer une aire AMB, et par c' une aire A'B'M'. Nous compléterons la surface fermée par la portion de la surface du conducteur comprise entre les deux courbes c et c'.

D'après ce que nous venons de voir, comme la surface fermée est entièrement remplie par un diélectrique, le flux de force magnétique qui la traverse est nul; mais le flux de force qui traverse la portion de la surface fermée formée par la surface du conducteur est nul, puisque la force est tangente au conducteur; donc les flux de force

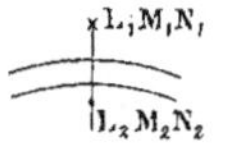

Fig. 27. 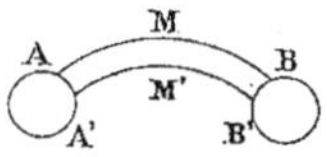   Fig. 28.

traversant les aires AMB et A'M'B' sont égaux en valeur absolue. Le raisonnement que nous avons fait s'applique évidemment à un conducteur quelconque.

Calcul de la self-induction dans l'appareil de Blondlot. — Revenons maintenant à l'appareil de M. Blondlot et figurons par des flèches le chemin que suivent les courants; ils contournent les plaques, en restant à la surface (fig. 29); dans la lame d'air qui sépare les plaques, ils suivent les lignes de force électrique.

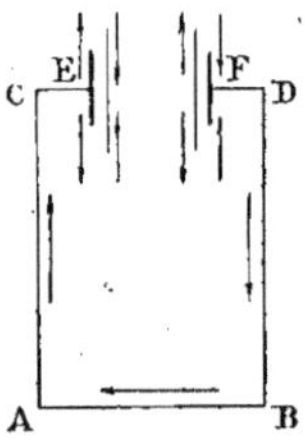

Le calcul de la self-induction est facilité par la forme choisie : dans l'excitateur de Hertz, on ignorait le chemin des courants de déplacement; ici au contraire, on sait comment le courant se trouve formé, et on peut appliquer la formule de Neumann, que l'expérience montre être vraie pour les courants fermés.

Voici comment M. Blondlot a calculé la self-induction : supposons d'abord que nous ayons seulement affaire à un cadre rectangulaire.

Fig 29.

On appliquera la formule de Neumann :

$$\int \frac{\cos \varepsilon \,.\, ds \,.\, ds'}{r}$$

La self-induction totale se compose de la self-induction de chacun des côtés et de l'induction mutuelle des côtés deux à deux.

L'induction mutelle de AB et AC, ainsi que des couples analogues, est nulle, puisque dans la formule de Neumann $\cos \varepsilon$ est constamment nul.

Pour deux cotés opposés du rectangle, l'induction mutuelle est facile à calculer; elle est négative, les courants dans ces deux côtés étant de sens opposés; mais elle est très faible et peut être négligée; comme elle est négative, le résultat trouvé en appliquant la formule :

$$L = 2l \left[\log \frac{4l}{d} - 1 \right]$$

devrait être un peu trop fort; mais cette erreur est compensée par ce fait que M. Blondlot applique sa formule aux longueurs CE et DF du côté CD et néglige l'induction mutuelle de CE et DF.

En somme cette méthode de calcul nous conduit presque au même résultat que si le fil ECABDE était déployé. En opérant ainsi, nous négligeons les courants qui se trouvent à la surface des deux plateaux ; on pourrait calculer cette erreur et voir qu'elle est négligeable. Mais on peut vérifier autrement l'exactitude du calcul ainsi conduit.

Le flux de force magnétique qui traverse le cadre est égal à :

$$L i,$$

L étant la self-induction du cadre ; nous savons que ce flux de force est le même pour tous les circuits tracés sur le conducteur ; il nous suffira de le calculer pour l'un d'eux, par exemple pour la section par le plan du tableau. En un point éloigné du conducteur, la force magnétique est relativement faible, à cause du facteur $\frac{1}{r}$ qui entre dans l'expression de la loi de Savart. Près du condensateur, elle est faible également, puisqu'elle est proportionnelle à la densité superficielle, qui est peu considérable à cause de l'étendue du plateau. En faisant le calcul du flux et en divisant par i le résultat trouvé, on doit obtenir L : on arrive bien sensiblement au même résultat que celui déduit par M. Blondlot de la formule de Thomson.

De tout ce qui précède, il résulte que le grand avantage de l'appareil de M. Blondlot est qu'on peut calculer beaucoup plus facilement que pour les appareils antérieurs la période propre.

Étude théorique des oscillations hertziennes. Recherche des intégrales des équations générales. — Rappelons que nous avons trouvé deux groupes d'équations de la forme.

$$A\mu \frac{dL}{dt} = \frac{d'L}{dy} - \frac{dY}{dz}$$

$$A\varepsilon \frac{dX}{dt} = \frac{dM}{dz} - \frac{dN}{dy} - 4\pi Au.$$

Nous supposerons, dans ce qui suivra que les corps conducteurs sont placés dans le vide ou dans un diélectrique qu'on puisse assimiler au vide, l'air par exemple. Nous étudierons plus tard le cas de conducteurs plongés dans d'autres diélectriques.

Dans ces conditions, pour un point du diélectrique, les équations deviennent :

$$A \frac{dL}{dt} = \frac{d'L}{dy} - \frac{dY}{dz}$$

$$A \frac{dX}{dt} = \frac{dM}{dz} - \frac{dN}{dy}.$$

Ce que nous cherchons, ce sont des intégrales ayant la forme :

$$X = Be^{\gamma t} \cos qt + Ce^{\gamma t} \sin qt.$$

Nous avons vu que cette expression est la partie réelle de l'imaginaire :

$$(B - iC)\, e^{pt}$$

où l'on a posé :

$$p = \gamma + iq.$$

Nous allons employer un artifice fréquemment utile : si on trouve une solution imaginaire, n'ayant par elle-même aucun sens, en ne gardant que la partie réelle, on a une solution répondant à la réalité physique. En effet, les équations ont leurs coefficients réels ; on aura donc une nouvelle solution en remplaçant dans la première i par $-i$: mais comme d'autre part les équations sont linéaires, si X_1, Y_1, Z_1, L_1, ... et X_1', Y_1', Z_1', L_1', ... sont deux groupes de solutions on aura encore des solutions en formant les expressions

$$X = \frac{X_1 + X'_1}{2}$$

$$Y = \frac{Y_1 + Y'_1}{2}, \text{ etc.,}$$

et ces expressions ne sont pas autre chose que la partie réelle de X_1, Y_1, Z.

Cherchons donc des solutions de la forme :

$$(B - iC)\, e^{ipt}.$$

On voit que de cette forme des solutions il résulte que :

$$\frac{dX}{dt} = ipX$$

$$\frac{dL}{dt} = ipL, \text{ etc.}$$

Les équations pour un point du diélectrique deviennent donc :

$$A\, ipL = \frac{dZ}{dy} - \frac{dY}{dz}$$

$$A\, ipX = \frac{dM}{dz} - \frac{dN}{dy}.$$

Il s'agit de trouver six fonctions de x, y, z, X, Y, Z, L, M, N, et un nombre p qui satisfassent à ces six équations. Le problème n'est pas déterminé ; il faut se donner les conditions limites qui sont ici les conditions à la surface.

Le vecteur X, Y, Z doit être normal à la surface des conducteurs.

Le problème est relativement simple si on considère un diélectrique limité par une surface conductrice, car alors il ne peut y avoir de rayonnement à l'extérieur et, par suite, γ est nul. Les fonctions que nous cherchons sont alors réelles aux facteurs e^{ipt} et ie^{ipt} près. Nous allons examiner un problème plus difficile, celui où l'on suppose le diélectrique indéfini.

Cas d'un diélectrique indéfini. — La simplification qui se produisait dans le cas précédent n'a plus lieu : il y a perte d'énergie par rayonnement.

Reprenons nos équations générales. Le coefficient μ est égal à 1 dans le diélectrique ; dans un conducteur, même magnétique, on pourra également le supposer égal à 1, parce que nous supposons qu'il n'y a pas de magnétisme dans le conducteur.

Quant à ε, il est égal à 1 dans le diélectrique ; dans le conducteur, nous ne connaissons pas sa valeur ; mais on peut sans erreur sensible le prendre égal à 1, parce que ε ne figure que dans le terme $A\varepsilon\dfrac{dX}{dt}$, qui est toujours négligeable par rapport aux autres : en effet, dans le conducteur, X,Y,Z sont nulles ; à la surface, $u v w$ sont très grandes et le terme $A\varepsilon\dfrac{dX}{dt}$ est négligeable par rapport au terme $-4\pi Au$.

Ainsi nous pourrons donc dans tout l'espace supposer :

$$\varepsilon = \mu = 1$$

et écrire nos équations sous la forme :

$$A\frac{dL}{dt} = \frac{dZ}{dy} - \frac{dY}{dz}$$

$$A\frac{dX}{dt} = \frac{dM}{dz} - \frac{dN}{dy} - 4\pi Au.$$

Introduction du potentiel vecteur ξ, η, ζ. — Nous allons poser :

$$(1)\qquad\begin{cases} L = \dfrac{d\zeta}{dy} - \dfrac{d\eta}{dz} \\[2mm] M = \dfrac{d\xi}{dz} - \dfrac{d\zeta}{dx} \\[2mm] N = \dfrac{d\eta}{dx} - \dfrac{d\xi}{dy} \end{cases}$$

Remarquons que ces équations ne suffisent pas pour déterminer ξ,η,ζ, car elles se réduisent en somme à deux à cause de la relation :

$$\frac{dL}{dx} + \frac{dM}{dy} + \frac{dN}{dz} = 0,$$

qui exprime que la densité du magnétisme est nulle.

Différentions les deux membres de la première des équations par rapport à t et multiplions en même temps par A.

Il vient :

$$A\frac{dL}{dt} = A\left(\frac{d^2\zeta}{dy\,.\,dt} - \frac{d^2\eta}{dz\,.\,dt}\right).$$

En comparant à la première des équations fondamentales, on voit que :

$$\frac{dZ}{dy} - \frac{dY}{dz} = A\left(\frac{d^2\zeta}{dy\,.\,dt} - \frac{d^2\eta}{dz\,.\,dt}\right),$$

ce qu'on peut écrire :

$$\frac{d}{dy}\left(Z - A\,\frac{d\zeta}{dt}\right) = \frac{d}{dz}\left(Y - A\,\frac{d\eta}{dt}\right).$$

On trouverait de même deux équations analogues et il résulte de là que l'expression :

$$\left(X - A\,\frac{d\xi}{dt}\right)dx + \left(Y - A\,\frac{d\eta}{dt}\right)dy + \left(Z - A\,\frac{d\zeta}{dt}\right)dz = d\varphi$$

est une différentielle totale exacte que nous désignerons par $d\varphi$. On a alors :

$$X = A\,\frac{d\xi}{dt} + \frac{d\varphi}{dx}$$

$$Y = A\,\frac{d\eta}{dt} + \frac{d\varphi}{dy}$$

$$Z = A\,\frac{d\zeta}{dt} + \frac{d\varphi}{dz}.$$

Remplaçons dans les équations générales L,M,N par leurs valeurs. La première devient :

$$A\,\frac{dX}{dt} = \frac{d}{dz}\left(\frac{d\zeta}{dz} - \frac{d\zeta}{dx}\right) - \frac{d}{dy}\left(\frac{d\eta}{dx} - \frac{d\xi}{dy}\right) - 4\pi A u.$$

Posons :

$$\Delta\xi = \frac{d^2\xi}{dx^2} + \frac{d^2\xi}{dy^2} + \frac{d^2\xi}{dz^2}.$$

et :

$$\theta = \frac{d\xi}{dx} + \frac{d\eta}{dy} + \frac{d\zeta}{dz}.$$

L'équation précédente peut s'écrire :

$$A\,\frac{dX}{dt} = \Delta\xi - \frac{d\theta}{dx}\,4\pi A u.$$

En remplaçant X par sa valeur, on obtient :

$$A^2\,\frac{d^2\xi}{dt^2} + A\,\frac{d^2\varphi}{dt\,.\,dx} = \Delta\xi - \frac{d\theta}{dx} - 4\pi A u.$$

On aurait de même deux équations analogues.

On peut satisfaire d'une infinité de façons à ce système d'équations. En particulier, on peut définir φ en posant :

$$\theta = - A\,\frac{d\varphi}{dt}$$

et l'équation précédente devient :

$$A^2\,\frac{d^2\xi}{dt^2} = \Delta\xi - 4\pi A u,$$

Cette équation ne contient plus que ξ et u ; c'est elle qu'il nous faut intégrer.

Supposons d'abord que le premier terme n'existe pas et que l'équation se réduise à :

$$\Delta\xi = 4\pi Au.$$

L'intégrale de cette équation est un potentiel d'une matière attirante fictive de densité Au. Considérons un point xyz et un autre $x'y'z'$, où cette matière fictive ait la densité Au; dans un élément de volume $d\tau'$ situé autour du point $x'y'z'$ se trouve une quantité de matière fictive égale à :

$$Au' . d\tau'$$

et on aurait :

$$\xi = -A\int \frac{u' . d\tau'}{r}$$

ξ, η, ζ seraient alors un facteur constant A près le potentiel vecteur de Maxwell. Mais notre équation n'a pas la forme simple que nous avons supposée. Soit :

$$u = f(x, y, z, t).$$

Alors on écrira :

$$u' = f(x', y', z', t).$$

Désignons par r la distance des deux points xyz, $x'y'z'$, et introduisons la fonction :

$$u'' = f(x', y', z', t - rA).$$

À l'instant t, u est la valeur de la composante parallèle à ox du courant au point xzy; u' est la valeur de cette composante au même moment au point $x'y'z'$; quant à u'', c'est la valeur du courant au point $x'y'z'$, mais à une époque antérieure d'un temps rA au temps t; cet intervalle rA est le temps que met la lumière à aller du point xyz au point $x'y'z'$.

Nous allons démontrer que la fonction :

$$\xi = -A\int \frac{u'' . d\tau'}{r}$$

satisfait à notre équation.

En effet, considérons l'expression :

$$\xi_1 = -A\int \frac{u' . d\tau'}{r},$$

elle satisfait à la relation :

$$\Delta\xi_1 = 4\pi Au.$$

Si nous voulions calculer $\Delta\xi$, nous serions arrêtés dans la différentiation sous le signe $\int$ par ce fait que l'expression comprise sous le $\int$ devient infinie quand le point $x'y'z'$ se rapproche indéfiniment de xyz, puisqu'alors r tend vers zéro, sans qu'il en soit de même du u''.

Mais si nous formons :

$$\xi - \xi_1 = -A\int \frac{u'' - u'}{r} d\tau'.$$

nous pourrons différentier sous le signe $\int$, car $u'' - u'$ devient nul lorsque $x'y'z'$ se rapproche de xyz, puisque cette différence est :

$$f(t - rA) - f(t),$$

qui tend vers 0 quand r diminue indéfiniment.

$\dfrac{u'' - u'}{r}$ n'augmente donc plus indéfiniment et on a le droit d'écrire :

$$\Delta\xi - \Delta\xi_1 = - A \int \Delta . \frac{u'' - u'}{r} . d\tau'.$$

Mais u' ne dépend pas de r ; donc on a :

$$\Delta . \frac{u'}{r} = u'\Delta \frac{1}{r} = 0.$$

D'ailleurs on a :

$$\Delta . \frac{u''}{r} = \Delta . \frac{f(t - rA)}{r} = \frac{A^2}{r} . \frac{d^2f}{dt^2} = \frac{A^2}{r} \frac{d^2u''}{dt^2}.$$

En remplaçant $\Delta \dfrac{u''}{r}$ par sa valeur dans l'équation précédente, elle devient :

$$(2) \qquad \Delta\xi - \Delta\xi_1 = - A^3 \int \frac{d^2u''}{dt^2} . \frac{d\tau'}{r}.$$

D'autre part, de :

$$\xi = - A \int \frac{u''.d\tau''}{r}$$

on tire :

$$(3) \qquad \frac{d^2\xi}{dt^2} = - A \int \frac{d^2u'}{dt^2} . \frac{d\tau'}{r}.$$

La comparaison des équations (2) et (3) donne :

$$\Delta\xi - \Delta\xi_1 = A^2 \frac{d^2\xi}{dt^2}.$$

Mais comme :

$$\Delta\xi_1 = 4\pi Au,$$

on voit que :

$$A^2 \frac{d^2\xi}{dt^2} = \Delta\xi - 4\pi Au,$$

ce qui prouve que nous avons bien obtenu une solution du problème. Il nous resterait à démontrer que, en partant du repos, cette solution est unique. Nous ne le ferons pas.

Nous obtenons ainsi ξ, η, ζ en fonction de u, v, w et par suite Y, Y, Z, L, M, N également en fonction de u, v, w. Le problème serait donc entièrement résolu si l'on connaissait u, v, w. Or dans la plupart des cas, par exemple dans le cas du résonateur de M. Blondlot, il est plus facile de se faire une idée approximative des variations u, v, w que de celles des autres quantités.

CHAPITRE VI

RAPPEL DES NOTIONS DE MAGNÉTISME
ET D'ÉLECTROMAGNÉTISME. UNITÉS EMPLOYÉES

CHAMP MAGNÉTIQUE

Définition. — C'est un espace dans lequel s'exercent des forces magnétiques (action répulsive ou attractive sur des corps magnétiques).

La région du champ magnétique est sillonnée de filets immatériels appelés *lignes de force*. La direction et l'étendue de ces lignes de force peuvent être étudiées facilement sur les fantômes magnétiques, on les voit décrire à travers l'air des courbes plus ou moins surbaissées réunissant les deux pôles de l'aimant.

On admet qu'elles se dirigent du pôle nord au pôle sud à l'extérieur de l'aimant et du pôle sud au pôle nord à son intérieur. On a ainsi un circuit fermé auquel on a donné le nom de circuit magnétique par analogie avec le circuit électrique, et tout naturellement on a été amené à invoquer une force magnéto-motrice, cause du flux magnétique, comme la force électromotrice est la cause du courant ou flux électrique. En outre, par les notions de résistance et de perméabilité magnétique, on continue le parallèle avec les phénomènes électriques

Générateurs de ces forces. — Magnétisme terrestre, aimant, electro-aimant avec ou sans fer, etc.

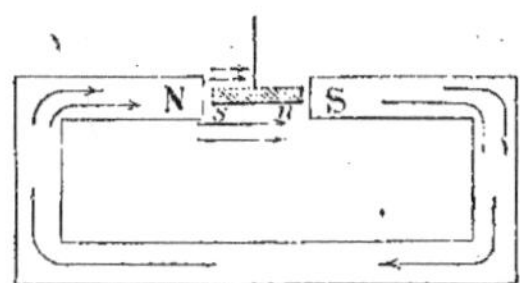

Fig. 30. — Champ magnétique dû à un aimant permanent.

Soit (fig. 30) un aimant de fortes dimensions, et un petit aimant entre les branches du premier. On constate qu'il s'oriente sous l'action de celui-ci : son pôle *s* se rapproche du pôle N, et son pôle n de S, vérifiant ainsi la loi d'attraction magnétique des pôles de noms contraires, et de répulsion des pôles de même nom.

Cas d'un aimant long NS et d'un aimant mobile ns. — On constate expérimentalement que si l'on dispose à l'intérieur, vers la région médiane, d'un aimant long et creux NS un petit aimant mobile ns mobile autour de son centre, celui-ci s'oriente de manière que les lignes de force qu'il émet tendent à prendre une direction parrallèle à NS (fig. 34).

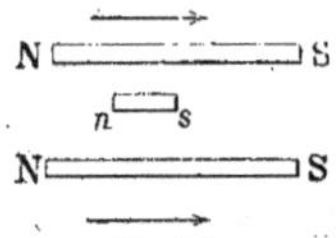

Fig. 34.

Deux champs, dont l'un mobile, tendent à confondre la direction de leurs lignes de force. — C'est un principe très général dont on fait un fréquent usage.

Par définition, en un point, la ligne de force est l'axe suivant lequel se dispose le petit aimant.

Rigoureusement, si l'on pouvait isoler un pôle magnétique (ce qui est impossible), la ligne de force en un point serait la trajectoire passant par ce point d'un pôle nord n supposé libre de se mouvoir et abandonné près du pôle nord N de l'aimant.

Champ uniforme. — Un champ uniforme est représenté par un nombre constant de

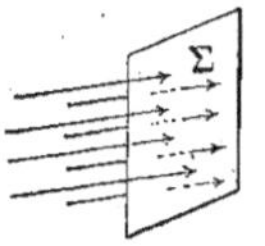

Fig. 32. 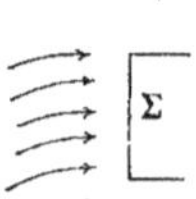   Fig. 33.

lignes de force parallèles, par unité de surface (cm^2) découpée en une région quelconque d'une surface Σ perpendiculaire au champ (fig. 32 et 33).

Électro-aimant. — C'est un solénoïde comportant un enroulement régulier parcouru par un courant. Sa polarité dépend du sens du courant : il possède un pôle N à une extrémité et un pôle S à l'autre. On détermine ces pôles comme dans les solénoïdes, à l'aide du tire-bouchon ou de l'observateur d'Ampère. Généralement les électro-aimants sont recourbés en forme de fer à cheval pour que l'armature puisse plaquer contre les deux pôles. De cette façon, le circuit magnétique est fermé avec du fer. De ce fait, le flux qui n'a plus à traverser une couche plus ou moins épaisse d'air, augmente considérablement, et avec lui, la force partante de l'électro. La propriété qu'à l'électro-aimant de s'aimanter puissamment sous l'action d'un courant puis de se désaimanter dès que le courant cesse, en fait un appareil extrêmement précieux.

LOI D'AMPÈRE

Principes d'Ampère. — Soit un conducteur parcouru par un courant. Imaginons que ce conducteur renferme un observateur ayant ses pieds au pôle + et sa tête au pôle —, pôles créés aux extrémités du conducteur par le passage du courant, et regardant une aiguille aimantée NS (fig. 34). Cette aiguille, située dans le voisinage, se déplace de manière à avoir son pôle N à la gauche de l'observateur.

La force qui a mis l'aiguille en croix avec le courant est dite *électromagnétique*.

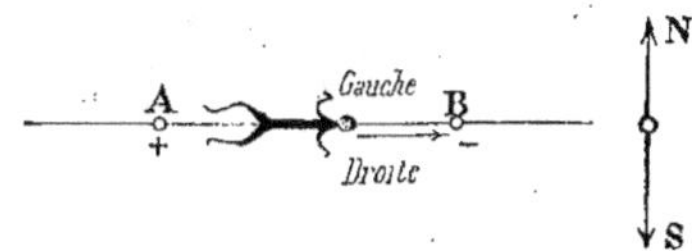

Fig. 34. — Principe d'Ampère. Action du courant sur une aiguille aimantée.

Le champ terrestre peut combattre ou favoriser plus ou moins cette tendance de l'aiguille à se placer perpendiculairement au courant suivant la situation de ce conducteur par rapport au champ terrestre.

Principe des galvanomètres. — Si l'aimant est fixe, et le conducteur mobile ce dernier s'oriente de manière à reproduire les mêmes dispositions relatives.

Si l'on s'oppose au déplacement du conducteur par une force antagoniste, torsion d'un fil, tension d'un ressort, pesanteur, pour une valeur donnée de l'écart, il y aura équilibre.

Sélénoïde assimilé à un aimant. — Si l'on dispose un petit aimant dans un sélénoïde, il s'oriente parallèlement à l'axe : *n* est vers un bout, *s* vers l'autre. Le sélénoïde

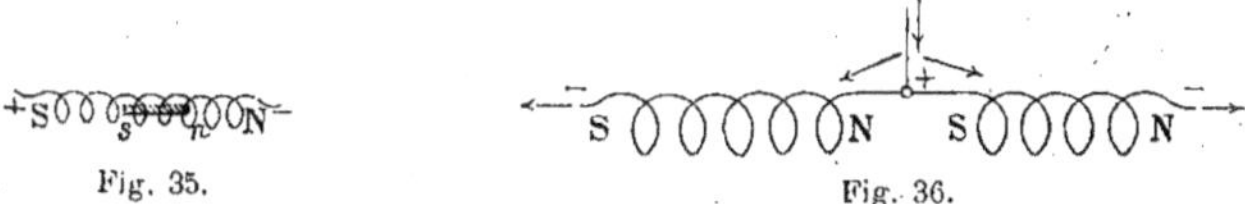

Fig. 35.   Fig. 36.

étant équivalent à un aimant, le pôle N de cet aimant sera du côté *n* et S sera du côté de *s* (fig. 35-36).

Un observateur se déplaçant sur le fil, suivant la règle d'Ampère, aura *n* à sa gauche, donc N à sa droite.

Modes d'enroulement. — L'enroulement peut être *dextrorsum* ou *sinistrorsum*. Si l'observateur d'Ampère a à sa droite la face de sortie (*dextrorsum*), il y a un pôle S à la face d'entrée.

Si l'observateur a à sa gauche la face de sortie, il y a un pôle N à la face d'entrée (*sinistrorsum*).

Courants alternatifs, etc.   6

Application du principe d'Ampère au galvanomètre. — C'est, par définition, un appareil destiné à mesurer un courant par action d'un champ magnétique sur ce courant.

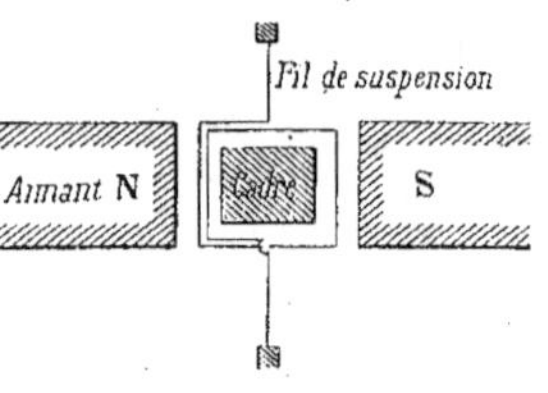

Fig. 37.

Le déplacement de la partie mobile est limité par une action antagoniste augmentant avec l'écart : d'où équilibre pour une certaine position (fig. 37).

Constitution d'un galvanomètre. — C'est un cadre oscillant dans un champ magnétique.

Fig. 38.

Le déplacement du cadre est d'autant plus grand que le courant est plus grand (fig. 38).

Ce déplacement est régi par la *loi de Laplace*.

Loi de Laplace. — Considérons un conducteur linéaire placé dans un champ uniforme. Par ce conducteur, menons un plan parallèle à une ligne de force : on constate expérimentalement que ce conducteur se déplace perpendiculairement au plan ainsi formé. Pour l'empêcher de se déplacer il faut lui appliquer une force égale et contraire à celle reçue du champ (force que nous avons appelée électro-magnétique (fig. 39).

Fig. 39.

Pour un champ donné, cette force variera proportionnellement à J à L, longueur du conducteur, et au sinus de l'angle α (angle du conducteur C avec le champ $\mathcal{H}$).

Prévision des déplacements. — **Règle des trois doigts.** — Considérons le trièdre formé par les trois doigts de la main droite : le pouce, l'index, et le médius (fig. 40).

Représentons par le pouce la direction du champ, par l'index le chemin suivi et par le médius le courant.

Connaissant deux de ces directions la troisième s'en déduit.

Cette règle permet de trouver le chemin suivi par le conducteur pour un champ $\mathcal{H}$ et un courant i donnés. L'ordre logique *pouce, index, médius*, correspond à l'ordre

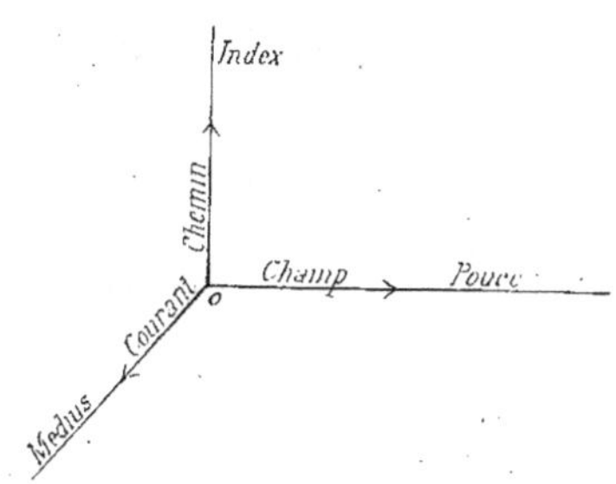

Fig. 40.

alphabétique de champ, chemin, courant (fig. 40).

Mouvement du cadre du galvanomètre. — Il est facile de constater que si l'on applique ces principes au galvanomètre, la portion a du cadre ira en arrière, et b en avant, dans le cas des figures 41 et 42 ; les actions sont concordantes sur les fils verticaux. Le champ dans la partie interne du cylindre NS est constant ; grâce à la présence du cylindre de fer doux central qui constitue avec NS un circuit magnétique presque

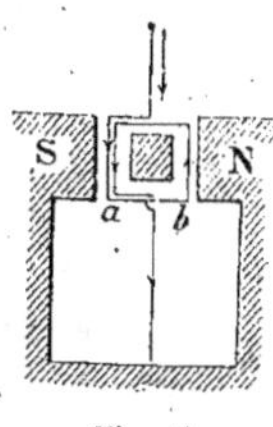

Fig. 41.

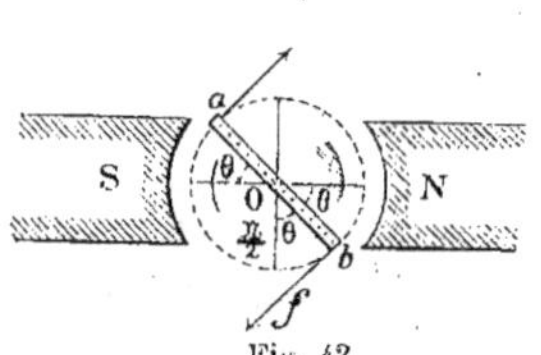

Fig. 42.

parfait. Si n est le nombre des fils du cadre, a est tiré en arrière par une force f telle que :

$$f = n\mathcal{H}li \sin \alpha = \mathcal{H}nli, \text{ car } \alpha = 90^\circ;$$

b est tiré en avant par une force f' ;

$$f' = n\mathcal{H}li.$$

Les actions sur les parties supérieure et inférieure du cadre ne sont pas à considérer, car le champ et le courant ont des directions confondues.

Il n'y a plus de force électro-magnétique.

Ces deux forces f et f', égales et de sens opposés, mais d'actions concordantes, constituent un couple, qui est contre-balancé par la torsion du fil ; celui-ci est dit développer un couple de torsion.

Equation d'équilibre du galvanomètre. — L'expérience démontre que le couple de torsion des fils de suspension est de la forme : C_0 étant une constante :

$$C = C_0\theta$$

θ étant l'angle d'écart de l'équipage mobile par rapport à sa position de repos ; au moment de l'équilibre, le couple moteur sera égal au couple de torsion.

Donc on aura alors :

$$2\,l'n\mathcal{H}li = C_0\theta$$

$2\,l'$ désignant la largeur du cadre.

Ce qui montre que l'angle d'écart θ est proportionnel à i. Cet angle θ peut être mesuré par le déplacement d'un miroir promenant un rayon lumineux sur une échelle divisée rectiligne. Dans les conditions expérimentales ordinaires, les angles θ sont petits, et le nombre de divisions lues sur la règle est proportionnel à θ.

LIAISON DES UNITÉS ÉLECTRIQUES AUX UNITÉS MÉCANIQUES

Principe de cette liaison. — Jusqu'ici on n'a défini aucune unité électrique. On a parlé des mesures relatives aux différences de potentiel, des intensités, des résistances ; il convient maintenant de fixer ces unités.

Ce problème s'est posé dans les débuts de l'électricité industrielle, et le seul souci de déterminer le rendement d'un groupe électrogène aurait légitimé l'ardeur des ingénieurs à trouver un système d'unités permettant de mesurer commodément ces quantités électriques, et pouvant rentrer dans le cadre général des unités mécaniques.

Le lien cherché entre le domaine de l'Electricité et celui de la Mécanique est naturellement fourni par le grand principe de la *conservation de l'énergie* dont la *réversibilité* des dynamos n'est qu'un cas particulier.

La puissance électrique ou l'énergie électrique fournie par une dynamo génératrice, est égale à la puissance mécanique fournie à la poulie, diminuée de la puissance ou de l'énergie consommée pour assurer les pertes existant dans la dynamo, comme dans tout organe mécanique.

Expression de la puissance et de l'énergie électriques. Analogies hydrauliques. — Il est logique, d'après le précédent examen de considérer le travail ou l'énergie électrique comme engendré par la chute d'une certaine quantité d'électricité d'un niveau U. Pour la puissance, cette quantité d'électricité mise en jeu pendant l'unité de temps porte le nom d'intensité.

En hydraulique, on a à considérer de même le travail dû à un poids P, ou à une quantité d'eau tombant d'une hauteur H.

En considérant les puissances — travail par unité de temps, — on aurait de même dans les deux cas :

$$P = UI \text{ puissance électrique.}$$

et

$$P = HQ, \text{ puissance hydraulique.}$$

I étant la quantité d'électricité (intensité); et Q étant le poids ou la quantité d'eau débitée à la seconde (débit).

Pour les énergies mises en jeu, on aurait de même :

$$W = UIT$$

et

$$W = HQT.$$

Si on considère spécialement le cas d'un conducteur de résistance R (appareil de chauffage), on peut dans le cas de l'électricité, écrire :

$$I = \frac{U}{R} \text{ (loi d'Ohm).}$$

d'où :

$$P = RI^2$$

et :

$$W = RI^2T.$$

Choix arbitraire d'unités électriques. — On peut donc, si l'on veut exprimer l'énergie électrique en kilogrammètres, prendre pour la différence de potentiel et l'intensité, des unités arbitraires.

La seule condition à remplir est que : 1 unité de différence de potentiel × 1 unité d'intensité = 1 kilogrammètre par seconde, ou bien en prenant n fois plus grandes les unités de U, et n fois plus petites les unités de I, l'on ait : $\frac{1}{n}$ unités de I × n unité de U × 1 seconde = 1 kilogrammètre.

On n'exprime cependant pas une énergie électrique en kilogrammètres.

SYSTÈMES D'UNITÉS EMPLOYÉS EN MÉCANIQUE

Ancien système pratique. — En mécanique, on peut distinguer : le système ancien, dit *pratique*, et le système nouveau, dit *normal*, ou C. G. S.

Unités fondamentales. — Ce sont la longueur, la force et le temps. On prend au choix :

L pour les longueurs : le mètre et le centimètre ;

F pour les forces : le kilogramme et le gramme ;

T pour les temps : la minute et la seconde.

Unités dérivées. — Définissons comme il suit les différents termes de :

$$\text{(V) Vitesse} = \frac{\text{Longueur parcourue pendant un temps}}{\text{Temps mis à la parcourir}}$$

ou, plus simplement, au point de vue des dimensions

$$V = \frac{L}{T} \text{ en cm.-sec. ou en m.-sec., etc.}$$

$$(\gamma) \text{ Accélération } (\gamma) = \frac{\text{Accroissement positif ou négatif de vitesse}}{\text{Temps mis pour réaliser cet accroissement}}$$

c'est-à-dire, au point de vue des dimensions

$$\gamma = \left(\frac{L}{T}\right) \times \frac{1}{T} = \frac{L}{T^2} ;$$

elle est exprimée en centimètres-secondes, ou en mètres-secondes.

(W) Travail ou énergie = force × longueur ou plus simplement : W = FL en grammes-centimètres, ou en kilogrammètres.

$$\text{(P) Puissance} = \frac{\text{Travail effectué pendant un temps}}{\text{Temps très petit mis à le faire}} = \frac{W}{T}.$$

Le temps est supposé très petit parce qu'ainsi le régime est pratiquement inchangé. Elle est exprimée en kilogrammètres-secondes.

Pour T = 1 seconde et W en kilogrammètres, on a P en kilogrammètres par seconde :

$$P = \frac{W}{1 \text{ sec.}}$$

c'est l'expression de la puissance moyenne pendant l'intervalle T. La puissance *instantanée* n'est égale à la puissance *moyenne* qu'autant que le régime, ne change pas.

Si le régime est établi, dans un temps égal à n secondes, on a un travail nW, et une puissance $\frac{nW}{n} = W$ kilogrammètres par seconde, ce qui était intuitif.

Pour un régime non établi (variation de la résistance extérieure), le travail est irrégulier : on définira toujours alors la puissance moyenne :

$$P \text{ moy.} = \frac{W}{n \text{ sec.}}.$$

Remarque. — Dans le cas de régimes essentiellement variables la vitesse *instanta-*

née est la dérivée de l'espace l parcouru, considéré comme fonction du temps, par rapport au temps. Donc

$$V = \frac{dl}{dt}.$$

De même l'accélération est la dérivée de la vitesse par rapport au temps.

$$\gamma = \frac{dv}{dt}$$

et la puissance est la dérivée d'un travail par rapport au temps.

$$P = \frac{dW}{dt}.$$

NOUVEAU SYSTÈME D'UNITÉS DIT C. G. S. OU NORMAL

On prend comme grandeurs fondamentales :

La *longueur*, la *masse* et le *temps*. Les unités correspondantes sont : le *centimètre*, la masse d'un poids pesant 1 gramme (*gramme-masse*) et la *seconde*. Les lettres L. M. T. sont les symboles de ces quantités.

En mécanique et en physique, on mesure des poids et des efforts (dynamomètres, pesons), et non des masses.

Relations fondamentales de la mécanique. — Si on considère un corps, ou un poids matériel, libre, soumis successivement à des forces constantes, F, F', F'', on constate qu'il prend des accélérations : γ, γ', γ'', proportionnelles à ces forces.

On peut donc écrire :

$$\frac{F}{\gamma} = \frac{F'}{\gamma'} \dots\dots = M.$$

C'est le rapport constant M de ces forces aux accélérations, qu'on appelle *masse du corps*.

Variation du poids d'un corps avec les différents lieux. — Un poids étant une force, est égal au produit de la masse par l'accélération.

La physique fait constater expérimentalement les variations de l'accélération due à la pesanteur dans les divers lieux. Or, nous établissons la relation :

$$F = Mg.$$

Il en résulte que les poids varient également. Il y a donc intérêt à prendre comme grandeur fondamentale une quantité dont la valeur numérique ne change pas avec les divers lieux de la terre. D'où adoption de la masse.

Passage de l'ancien système au nouveau. — Ancien (centimètre, gramme poids, seconde) ; nouveau (centimètre gramme masse, seconde).

Dans l'ancien système, soit un corps ayant l'unité de poids, $F = 1$ gramme, par exemple, au lieu où l'accélération est $g = 981$. Sa masse est donc :

$$M = \frac{F}{g} = \frac{1}{981}.$$

Dans le nouveau système ce corps ayant le même poids absolu, dans le lieu considéré, est dit posséder l'unité de masse. Sa masse est représentée par

$$1, \text{ et non par } \frac{1}{981}.$$

Cette valeur numérique dans le nouveau système est donc 981 fois plus grande que la valeur numérique correspondante dans l'ancien.

L'unité de poids ou de force dans le système C. G. S., est donc 981 fois plus petite. Les nombres qui expriment les poids dans le nouveau système sont 981 fois plus grands.

L'unité de poids ou plus généralement de force C. G. S., est la *dyne.*

Elle vaut $\frac{1}{981}$ gramme-poids.

Unités dérivées dans le système C. G. S. — *L'unité de travail* C. G. S., a créé une force de 1 dyne, déplaçant son point d'application de 1 centimètre, sur sa propre direction, qui s'appelle l'erg.

L'unité de puissance est l'erg par seconde.

L'unité de moment est le dyne-centimètre ; on dit souvent erg.

Il faut remarquer, à ce sujet, que si un travail et un moment se présentent sous les mêmes dimensions (F. L.), dans un moment les directions de F et de L sont rectangulaires, et dans un travail ces deux dimensions sont dirigées suivant la même direction.

Nota. — En outre des unités de l'ancien système (gramme poids, centimètre, seconde), et de celles du système C. G. S., on emploie assez fréquemment une unité de *travail*, le *poncelet* qui vaut 100 kilogrammètres, et une unité de *puissance*, le *cheval-vapeur* (HP) qui vaut 75 kilogrammètre. par secondes.

Correspondance entre les unités des deux systèmes.

	Système pratique	Système C. G. S.
Force.	Kilogramme ou gramme	Dyne $= \frac{1}{981}$ gramme
Travail	Kilogrammètre ou gramme-centimètre	Erg $= \frac{1}{981}$ gramme-centimètre
Puissance	Kilogrammètre par seconde	Erg par seconde

Unités pratiques supplémentaires :

$$1 \text{ HP} = 75 \text{ kilogrammètres par seconde,}$$
$$1 \text{ poncelet} = 100 \text{ kilogrammètres.}$$

DE LA FORCE ÉLECTROMOTRICE

Sa nature. Sa mesure. — Jusqu'ici on a pu considérer un courant comme existant, sans rien préjuger sur la cause de son établissement et de son maintien.

On a pu aussi supposer un régime établi, traduit par une différence de potentiel.

De même que, dans la comparaison hydraulique, il convient dans le cas où la même quantité d'eau est utilisée de remonter, par une pompe cette eau, du niveau inférieur au niveau supérieur ; de même, dans l'ordre des phénomènes électriques, il faut que soit maintenue la différence de potentiel ou de niveau électrique sous laquelle s'effectue l'écoulement.

Il convient de remarquer qu'au point de vue hydraulique, les nuages se chargent de transporter de la surface de la mer aux sommets des montagnes, l'eau utilisée dans les chutes, en jouant aussi le rôle de cette pompe.

La cause du maintien d'une différence de potentiel s'appelle : *force électromotrice*.

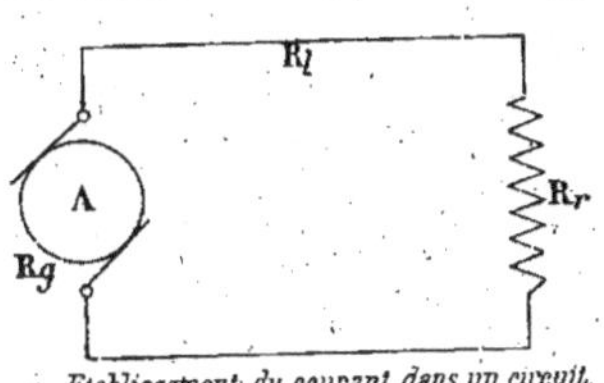

Etablissement du courant dans un circuit.
Force électromotrice.

Fig. 43.

Sa nature est provisoirement inconnaissable (actions mutuelles de métaux et d'électrolytes dans les piles et les accumulateurs, phénomènes d'induction dans les magnétos et dynamos).

Ne pouvant la connaître, on mesure cette cause, et même on la définit, par ses effets.

Si R_g, R_l, R_r sont respectivement les résistances de la génératrice, des lignes et d'un récepteur, *seulement résistant*, on peut écrire en appelant E cette force électromotrice, et en constatant qu'elle sert uniquement à assurer les chutes de tension, ou différences de potentiel

$$E = (R_g + R_l + R_r)\, I,$$

ou bien en posant

$$R = R_g + R_l + R_r$$

on a la relation

$$E = RI.$$

Remarque sur les formules applicables aux transformations d'énergie. — Considérons deux cas, savoir :

1° La réceptrice est simplement douée de résistance (assemblage de conducteurs plus ou moins complexes).

2° La réceptrice est destinée à fournir un travail mécanique ou chimique.

Premier cas. — Génératrices travaillant sur des résistances pures.

Loi de Joule. On a évidemment :

$$I = \frac{E}{R}$$

donc, la puissance P fournie par la génératrice sera :

$$P = EI = RI^2, \quad \text{car} \quad E = RI.$$

On retrouve ainsi la loi de Joule qu'on vérifie expérimentalement sous cette forme : Transformation intégrale de la puissance EI en puissance calorifique.

Pour E donnée, cette chaleur est proportionnelle à R et à I^2.

Deuxième cas. — Génératrice travaillant sur un récepteur résistant et développant une puissance P mécanique ou chimique.

On peut alors écrire, si I' est la nouvelle valeur du courant, E restant la même en vertu du principe de la conservation d'énergie :

$$P = EI' = RI'^2 + P'.$$

On a $I' < I$, car :

$$I' = \frac{E - \dfrac{P'}{I'}}{R}, \quad \text{et} \quad I = \frac{E}{R}.$$

Le quotient $\frac{P'}{I'}$ s'appelle force contre-électromotrice ; on la représentera provisoirement par la lettre e.

La nature de cette force est aussi mystérieuse que celle de la force électromotrice. Elle est évidemment la même.

Les formules relatives aux transmissions d'énergie dans ce cas sont les suivantes :

$$EI = RI'^2 + eI'$$

et

$$I' = \frac{E - e}{R}.$$

Sens des forces électromotrices. — Une force électromotrice est définie par le sens du courant qu'elle tend à produire (en circuit fermé).

Le sens du courant est lui-même défini par le signe de la différence de potentiel créée entre deux points du circuit.

Dans le cas d'un circuit ouvert, on peut encore parler de sens de la force électromotrice ; c'est le sens du courant qu'elle tendrait à produire si l'on fermait le circuit.

La force électromotrice est évidemment égale dans ce cas à la différence de potentiel aux bornes du générateur, et nous avons déjà défini les pôles positifs et négatifs d'une telle différence de potentiel.

Rendement d'une transformation d'énergie électrique en énergie mécanique ou chimique. — Ce rendement peut s'écrire sous deux formes :

$$\eta = \frac{P'}{EI'} = \frac{eI'}{EI'} = \frac{e}{E} = \frac{E - U}{E}, \quad \text{pour} \quad U = RI$$

c'est-à-dire U représentant la somme des chutes de potentiel dans le générateur, le récepteur et les lignes.

Cas particulier. — Dans le cas particulier d'une transformation d'énergie électrique en énergie mécanique, on a :

$$P = eI' = C\omega$$

C désigne le couple théorique du moteur, c'est-à-dire celui qu'il développerait s'il n'était le siège d'autres pertes de puissance que celles représentées par RI'^2 (pertes Joule).

Nous verrons qu'il consomme toujours en outre une certaine puissance pour vaincre des frottements ou résistances mécaniques, magnétiques, etc.

Le couple utile C_u sur la poulie est donc toujours plus petit que le couple théorique C.

On peut donc écrire pour l'ensemble des pertes de puissance P_p :

$$RI'^2 + (C - C_u)\,\omega = P_p$$

d'où l'expression du rendement η :

$$\eta = \frac{C_u\omega}{C_u\omega + P_p} = \frac{C_u\omega}{I'\,[E - (Rg + Rl)\,I']}.$$

RAPPEL DE QUELQUES DÉFINITIONS DE QUANTITÉS MAGNÉTIQUES.
UNITÉS C. G. S.

Masse magnétique et pôle magnétique. — Considérons deux aimants NS et N'S' disposés comme l'indique la figure 44 et imaginons que l'un soit mobile par rapport à l'autre, par exemple N'S' roulant horizontalement et parallèlement à lui-même sur des galets, ceux-ci n'entraînant eux-mêmes aucune dépense d'énergie pour leur rotation, mais N'S' étant également retenu par un ressort r.

Ces deux barreaux étant supposés indentiques, et une fois admise la loi d'attraction

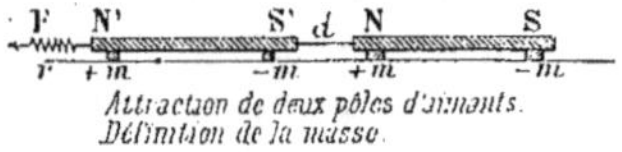

Attraction de deux pôles d'aimants.
Définition de la masse.

Fig. 44.

des masses magnétiques comme proportionnelles au carré de la distance, on peut écrire, si F est la force en dynes s'opposant au rapprochement des deux aimants, et d leur distance mutuelle :

$$F = \frac{m \cdot m}{d^2}.$$

On peut ainsi définir la valeur absolue de la masse magnétique :

$$m = d \sqrt{F}.$$

Unité de pôle ou de masse magnétique. — L'unité de pôle ou de masse magnétique est celle exerçant sur une masse égale et de signe contraire une attraction égale à un dyne à une distance de 1 centimètre.

Remarque. — L'expérience donnée est toute théorique : on suppose en effet les aimants assez longs pour rendre négligeables les effet des pôles N' et S.

Champ. — La valeur numérique d'un champ en un point A d'une région soumise à des effets magnétiques, c'est la valeur de la force exercée en ce point sur l'unité de masse positive.

Champ dû à un pôle m. — L'expression de ce champ est, en tous les points d'une sphère de rayon r :

$$\mathcal{H} = \frac{m}{r^2}.$$

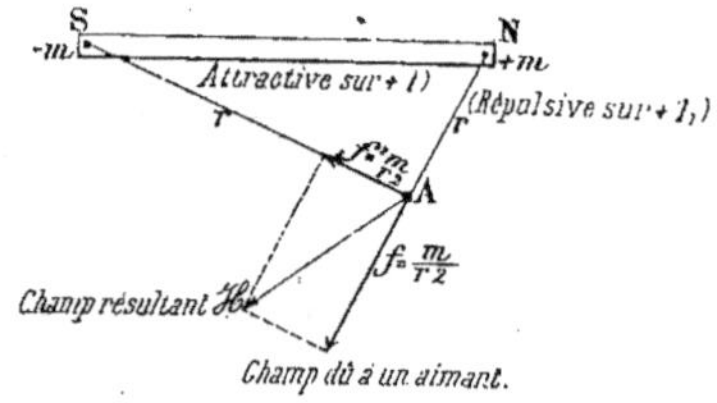

Champ dû à un aimant.

Fig. 45.

Car la force s'exerçant entre les masses $+ 1$ et m est donnée par :

$$F = \frac{m \cdot 1}{r^2} = \mathcal{H}.$$

Le champ dû à un aimant ou un solénoïde est constitué par la composition suivant $\mathcal{H}$ des champs dus aux deux pôles) (fig. 45).

L'unité de champ appelée aussi Gauss, représente la valeur du champ exercé en un point par une masse unité, située à l'unité de distance.

Un champ, étant une force, peut en principe se mesurer comme tel.

Perméabilité magnétique. — On constate expérimentalement que la valeur du champ $\mathcal{H}$ à l'intérieur d'un solénoïde sans fer devient beaucoup plus grande quand on dispose du fer à l'intérieur de cette bobine, ce barreau le remplissant exactement.

On appelle perméabilité et on représente par μ, le rapport des champs d'un solénoïde avec et sans fer.

$$\mu = \frac{\mathcal{H}'}{\mathcal{H}}$$

μ varie avec le champ excitateur $\mathcal{H}$, et la nature du métal ou alliage employé (fer, acier, fonte) : μ étant un nombre n'a pas de dimensions.

Induction magnétique. — C'est le produit $\mathcal{B}$ du champ par la perméabilité :

$$\mathcal{B} = \mu \cdot \mathcal{H}.$$

Elle s'évalue également en *gauss* car μ, quotient de deux quantités identiques, est un nombre.

Flux de force et flux d'induction. — Soit un plan de surface S, disposé perpendiculairement aux lignes de force d'un champ constant de $\mathcal{H}$ gauss (fig. 46).

On appelle flux de force Φ le produit $\mathcal{H} \cdot S$:

$$\Phi = \mathcal{H} \cdot S.$$

Flux de force pour un champ uniforme et dans une surface plane et normale au champ.

Fig. 46.

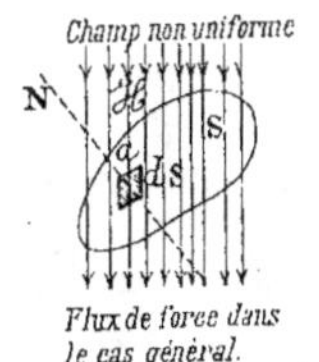

Flux de force dans le cas général.

Fig. 47.

Si le plan est oblique, et fait un angle α avec un plan perpendiculaire aux lignes de force, on a comme expression du flux

$$\Phi = \mathcal{H} \cdot S \cos \alpha.$$

Si le champ n'est pas constant, mais varie en chaque point, et si la surface est quelconque, le flux de force la traversant est :

$$\Phi = \int H \, . \, ds \, . \, \cos \alpha.$$

$\mathcal{H}$ variant suivant les éléments ds, l'expression ds représentant un petit élément de surface, et α l'angle de la normale avec la ligne de force passant par le milieu de ce petit élément (fig. 47).

Le flux de force prend le nom de *flux d'induction* quand il est dû à un solénoïde excitateur renfermant un noyau de fer doux. En particulier le flux de force traversant en solénoïde est représenté par

$$\Phi = \mathcal{H} \, . \, S$$

et le flux d'induction par l'expression :

$$\Phi' = \mu \mathcal{H} S = \mathcal{H}'S = \mathcal{B}S.$$

Cette formule nous donne donc la valeur de μ défini de deux façons différentes :

$$\mu = \frac{\Phi'}{\Phi} = \frac{\mathcal{H}'}{\mathcal{H}}.$$

Unités de flux. — Les flux s'évaluent *en maxwells*.

Le flux-unité est celui dû à un champ-unité (gauss), traversant une surface-unité (centimètre carré).

Représentation matérielle des champs et des flux. — On représente souvent la valeur numérique d'un champ (50 gauss par exemple) par un nombre égal de lignes de force par centimètre carré.

Un flux traversant une surface S sera représenté par le nombre de lignes de force traversant cette surface.

On parlera par exemple de cinquante lignes de force par centimètre carré ($\mathcal{H} = 50$ gauss) et de 1 000 lignes de force dans une surface de 20 centimètres carrés ($\Phi = 20 \times 1\,000$ maxwells).

Flux émanant d'un pôle. — Sur une sphère de rayon r ayant pour centre cette masse m, le champ est partout normal.

Le flux de force total émané est donc

$$\Phi = 4 \, \pi \, \frac{m}{r^2} \, r^2 = 4 \, \pi m.$$

Remarque sur les conceptions diverses qu'on peut se faire du rôle du fer dans un électro-aimant. Intensité d'aimantation $\mathcal{J}$. Susceptibilité magnétique χ. — Considérons un solénoïde à noyau de fer doux. On peut admettre :

1° Ou bien comme on le faisait autrefois, que ses lignes de force sont accrues dans le rapport $\mu = \dfrac{\mathcal{H}'}{\mathcal{H}} = \dfrac{\mathcal{B}'}{\mathcal{B}}$ par la présence du fer. Cette conception conduit à la notion de perméabilité.

2° Ou bien que, au champ existant $\mathcal{H}$ s'est surajouté le champ $\mathcal{H}_1$, de telle sorte que

$$\mathcal{H}' = \mathcal{H}_1 + \mathcal{H}.$$

Or, $\mathcal{H}_1$ S si S est la section du noyau, peut être considéré comme le flux dû à un aimant de masses fictives $+ m$ et $- m$, localisées aux extrémités. Supposons ce magné-

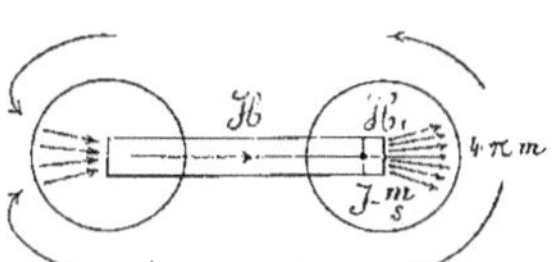

Hypothèse d'un aimant fictif supplémentaire
se superposant au champ inducteur pour
tenir compte du rôle du fer.

Fig. 48.

tisme uniformément réparti (fig. 48). Le quotient $\dfrac{m}{S}$ s'appelle intensité d'aimantation et se représente par J.

On sait que le flux émanant d'un pôle est $4\pi m$. Donc le champ $\mathcal{H}_1$ (par unité de section du barreau) est $4\pi \dfrac{m}{S} = 4\pi J$. On a donc

$$\mathcal{H}_1 = 4\pi J$$

$$\mathcal{H}' = \mathcal{H} + \mathcal{H}_1 = \mathcal{H}\left(1 + 4\pi \frac{J}{\mathcal{H}}\right) = \mu\mathcal{H}.$$

D'où la relation

$$\mu = 1 + 4\pi \frac{J}{\mathcal{H}} = 1 + 4\pi\varkappa$$

entre les quantités μ et J, et cette dernière $\varkappa$, dite susceptibilité magnétique, et servant à définir l'aimant fictif à surajouter au champ pour tenir compte de la présence du fer.

On a donc

$$\varkappa = \frac{\mu - 1}{4\pi} = \frac{J}{\mathcal{H}}.$$

DÉFINITIONS D'UN SYSTÈME D'UNITÉS ÉLECTROMAGNÉTIQUES C. G. S.

Unité d'intensité de courant. — Rappelons la loi de Laplace résumée par la formule :

$$F = \mathcal{H}JL.$$

On constate expérimentalement que F varie proportionnellement au champ utilisé, de telle sorte que la constante $\mathfrak{K}$ utilisée en supposant le champ donné, peut absorber la valeur de ce champ.

La formule de Laplace, dans laquelle ne figure qu'une quantité d'ordre électrique (1), peut servir à définir l'unité d'intensité.

L'intensité unité est celle du courant qui parcourt un conducteur d'une longueur de 1 centimètre, se déplaçant dans un champ de 1 gauss, la force électromagnétique exercée entre le champ et le courant étant de 1 dyne. Donc :

$$\text{Unité de I} = \frac{1 \text{ dyne}}{1 \text{ gauss} \times 1 \text{ cm}}.$$

Unité de différence de potentiel, ou de f. é. m.—L'unité de puissance étant l'erg par seconde, on a :

$$\text{Unité de E} \times \text{Unité de I} = 1 \text{ erg-seconde}$$

ce qui fixe l'unité de différence de potentiel.

La différence de potentiel unité, est celle sous laquelle s'établit un courant égal à l'unité d'intensité, et produisant une puissance de 1 erg-seconde.

Unité de quantité d'électricité. — L'unité de quantité d'électricité ($Q = IT$) se déduit immédiatement des précédentes ; de même celles de résistance et de capacité.

Remarque sur la valeur industrielle de ces unités. — On a trouvé que ces unités nécessitaient l'emploi de nombres souvent très incommodes, pour le travail (1 kilogrammètre $= 9,81. 10^7$ ergs) et la force électromotrice, la majorité des piles usuelles ayant des f. é. m. représentées par $n\, 10^8$ unités C. G. S., n étant un nombre compris entre 1 et 2.

Unité de résistance. — Elle se déduit de la connaissance des unités de différence de potentiel et d'intensité. On a en effet $R = \dfrac{U}{I}$. *La résistance unité* est celle d'un circuit laissant passer *l'unité d'intensité* quand on le soumet à l'unité de tension.

Unité de capacité. — Elle se déduit de la relation $Q = CU$. La capacité unité est celle d'un condensateur possédant *l'unité de charge* (ou de *quantité d'électricité*) sous l'unité de *tension*.

Remarque générale. — Ce système est dit *électromagnétique* C. G. S., en raison de ses origines. Il est indispensable à connaître et à appliquer dans un certain nombre de questions, notamment dans celles où interviennent à la fois des quantités d'ordre électrique et d'autres d'ordre électromagnétique ou magnétique.

SYSTÈME PRATIQUE C. G. S.

On a adopté une *unité d'énergie* 10^7 fois plus grande que l'erg, soit le *joule* et une unité de f. é. m. 10^8 fois plus grande que l'unité C. G. S. soit le *volt*. L'unité de puissance est le *watt* ou joule-seconde.

Des relations suivantes :

1 volt $\times$ 1 unité pratique de I $=$ 1 watt ;

1 volt $=$ 10^8 unités C. G. S. ;

1 watt $=$ 10^7 ergs-secondes ;

on déduit que l'unité pratique d'intensité, *l'ampère*, vaut $\frac{1}{10}$ unité C. G. S.

Une tension donnée est exprimée par e *volts*, ou par E $= e \times 10^8$ unités C. G. S.

Une intensité donnée est exprimée par i *ampères* par I $= \frac{i}{10}$ encore, unités C. G. S.

Une quantité d'électricité, dans le système pratique, s'exprime par q *coulombs*, ou par Q $= \frac{q}{10}$ unités C. G. S.

Résistance. — L'unité est définie par :

$$1 \text{ ohm} = \frac{1 \text{ volt}}{1 \text{ ampère}}.$$

L'ohm vaut 10^9 unité C. G. S. Une résistance donnée s'exprime par r ohms, ou par $r \times 10^9$ unités C. G. S.

Capacité. — L'unité de capacité est définie par :

$$1 \text{ farad} = \frac{1 \text{ coulomb}}{1 \text{ volt}}.$$

Le farad vaut 10^9 unités C. G. S.

Une capacité donnée s'exprime par c farads, ou par C $= c \times 10^9$ unités C. G. S.

Les majuscules représentent les valeurs des quantités électriques exprimées en unités C. G. S. et les minuscules les quantités exprimées en unités pratiques.

Fixation définitive des unités pratiques. — Elle a eu lieu au Congrès international de Chicago en 1893.

D'où le nom d'unités *pratiques internationales*, par opposition au nom *d'unités légales*, employées jusque là. Ces dernières étaient définies soit avec une certaine inexactitude, soit avec une certaine imprécision, au point de vue de leur détermination physique et expérimentale.

Courants alternatifs, etc.

Commentaires relatifs au système électromagnétique C. G. S.

1 ampère	= 1 coulomb-seconde
1 volt	= 1 ampère × 1 ohm
1 joule	= 1 volt × 1 coulomb
1 watt	= 1 volt × 1 coulomb-seconde
1 kilogrammètre	= 9,81 joules
1 kilogrammètre-seconde	= 9,81 watts
1 HP	= 736 watts
1 HP	= 75 kilogrammètres-seconde
1 grande calorie	= 425 kilogrammètres
1 grande calorie	= 4,170 joules
1 petite calorie	= 4,17 joules.

Multiples et sous-multiples les plus employés :

1 hectowatt	= 100 watts
1 kilowatt	= 1 000 watts
1 milliampère	= $\frac{1}{1\,000}$ ampère
1 millivolt	= $\frac{1}{1\,000}$ volt
1 microhm	= 10^{-6} ohm
1 mégohm	= 10^6 ohms.

Unités usuelles de quantité d'électricité et d'énergie. — Au lieu de $T = 1$ seconde, on prend $T = 1$ heure. D'où

1 ampère-heure	= 3 600 coulombs
1 watt-heure	= 3 600 joules
1 hectowatt-heure	= 360 000 joules
1 kilowatt-heure	= 3 600 000 joules.

CHAPITRE VII

PRODUCTION ET TRANSFORMATION DU COURANT ÉLECTRIQUE

Les appareils qui permettent de produire, entre deux points, une différence de po-tentiel permanente s'appellent des machines électriques ou des générateurs électriques ; ils utilisent pour cela des réactions chimiques thermiques ou mécaniques.

Il faut bien se pénétrer de l'idée que ces générateurs n'engendrent pas l'énergie électrique ; ils transforment une des formes de l'énergie en une autre forme de l'éner-gie.

Générateurs électriques. — Les appareils électrochimiques (piles et accumula-teurs) transforment en énergie électrique l'énergie chimique que possèdent certains sels en présence de certains métaux, les sels sont décomposés et les métaux sont dis-sous pendant cette transformation.

Dans les piles, les produits de décomposition sont jetés après épuisement de l'appa-reil ; dans les accumulateurs, ces produits sont en sens inverse et ramenés à leur état initial par le passage d'un courant électrique, dit courant de charge traversant l'appa-reil en sens inverse du courant de décharge.

Les appareils thermo-électriques transforment de l'énergie calorifique en énergie électrique, en utilisant certains phénomènes, dit thermo-électriques qui se manifestent au contact de deux métaux différents lorsqu'il existe, entre les soudures voisines des métaux, une différence de température importante.

Les appareils électromécaniques transforment de l'énergie mécanique en énergie élec-trique, au moyen de réactions électro-magnétiques.

Tous ces générateurs électro-chimiques, thermo-électriques ou mécaniques tranfor-mant l'énergie d'une forme donnée en énergie d'une autre forme (énergie électrique), présentent forcément des pertes. Leur rendement, c'est-à-dire le rapport de l'énergie électrique recueillie à l'énergie d'une autre forme fournie au générateur, est donc toujours inférieur à l'unité. Il se rapproche beaucoup de l'unité dans les appareils électro-mécaniques ; il a une valeur médiocre dans les appareils électro-chimiques, et il est très mauvais dans les générateurs thermo-électriques, qui ne sont susceptibles d'aucun emploi pratique.

Un générateur électrique est caractérisé par la force électromotrice qu'il produit et par l'intensité de courant qu'il peut débiter dans un circuit sous l'action de la différence de potentiel créée par la force électromotrice. On confond souvent à tort, dans le langage vulgaire, les mots force électromotrice et différence de potentiel ; on emploie aussi fréquemment, en pratique, le mot *tension* pour désigner l'une ou l'autre entre elles.

Force électromotrice des sources. — La valeur du potentiel varie d'un point à l'autre d'un circuit, autrement dit, en régime établi, le potentiel en un point d'un conducteur est la caractéristique de ce point. Le courant, au contraire, est fonction de la nature du conducteur, c'est une entité qui s'applique à l'ensemble du conducteur, et non pas à un point plus qu'à un autre point de ce conducteur.

Ceci précisé, soit une source dont les bornes A et B sont reliées par un conducteur, c'est-à-dire une source destinée à ne pas produire de travail autre que celui d'échauffer les conducteurs, soit :

ΔW_e l'énergie absorbée dans le fil pendant l'unité de temps, ou la puissance absorbée par le fil ;

ΔW_i l'énergie absorbée, pendant l'unité de temps, dans la source par tous les travaux parasites, ou la puissance absorbée par la source ;

ΔW_p l'énergie produite par la source pendant l'unité de temps, on aura :

$$\Delta W_e + \Delta W_i = \Delta W_p.$$

Or, si la différence de potentiel entre A et B est V, si le courant est I, on aura :

$$V \cdot I + \Delta W_i = \Delta W_p.$$

Examinons ΔW_i, de plus près ; cette perte est fonction de I et d'autres grandeurs variables caractéristiques de la source ; soient $\alpha, \beta, \gamma, \dots \lambda$ ces variables caractéristiques indépendantes les unes des autres et indépendantes de I ; nous aurons donc :

$$\Delta W_i = F (I, \alpha, \beta, \gamma, \dots \lambda).$$

Pour première analyse, nous allons supposer être en présence d'une source idéale, c'est-à-dire telle que sa perte totale interne ne soit fonction que de I seule ; c'est bien entendu une source idéale, mais sa conception provisoire va nous permettre de définir certaines caractérisques communes à toutes les sources.

Puisque ΔW_i ne dépend que de I qui est une caractéristique de tous les points du circuit intérieur, et que $\Delta W_e = V \times I$, il vient tout d'abord à l'esprit l'idée d'exprimer ΔW_i sous la même forme que ΔW_e, et décrire :

$$\Delta Wi = e \times I.$$

On remarquera que e est homogène d'une différence de potentiel, (e est précisément défini par la relation précédente) que e peut être considéré comme le produit du courant I par une certaine résistance justement défini par l'équation suivante :

$$e = \rho I \cdot \quad \text{d'où} \quad \Delta Wi == \rho I^2$$

p est ce que par définition, nous appelons la *résistance intérieure de la source*, nous aurons alors comme conséquence :

$$\Delta Wp == V.I + eI == (V + e)\, I == rI^2 + \rho I^2 + \rho I^2 == (r + \rho)\, I^2.$$

Par définition, nous appelons grandeur $V + C$, homogène d'une différence de potentiel, la force électromotrice de la source idéale. Nous voyons que, si, aux extrémités d'une résistance $r + \rho$, somme de la résistance du circuit extérieur et de la résistance intérieure de la source, on applique une différence $E = V + e$, on aura un courant.

$$\frac{E}{r + \rho} == \frac{V + e}{r + \rho} == I.$$

et une dissipation d'énergie.

$$EI = (V + e)\, I == \Delta Wp.$$

Tout se passe donc comme si, à travers la source même, le circuit extérieur était bouclé par la résistance intérieure, et si, au circuit tout entier ainsi formé, on appliquait une différence de potentiel égale, à la force électromotrice.

Donc, en désignant par E la force électromotrice, on a :

$$EI = VI + \rho I^2 \quad \text{d'où} \quad E = V + \rho I,$$

c'est-à-dire que : la force électromotrice est égale à la différence de potentiel aux bornes de la source augmentée du produit du courant par la résistance intérieure.

On peut dire encore que la force électromotrice est la puissance produite par la source idéale par unité de courant circulant dans le conducteur extérieur.

Théorie chimique de la pile. — La pile fournit un courant continu d'électricité à la condition que l'un des métaux soit chimiquement attaqué par le liquide interposé. C'est le point de départ de la théorie chimique de la pile que l'on peut résumer avec Gavarret de la façon suivante :

I. L'action chimique qui s'exerce entre un métal et un acide développe une force électromotrice capable de déterminer et de maintenir une différence de tension entre les deux corps en présence ; le métal devient négatif, et l'acide devient positif :

II. Cette force électromotrice, persistant dans son action autant que l'action chimimique elle même, renouvelle incessamment les tensions à mesure qu'elles se neutralisent à travers le circuit extérieur, et entretient un courant électrique dirigé dans cet arc, dans l'acide au métal attaqué.

Ampère a démontré que, au moment où deux atomes se combinent, ils s'emparent, en quantité égale, l'un d'électricité positive, l'autre d'électricité négative, et il se forme aussitôt un composé à l'état neutre.

Les corps électro-positifs, ou prenant l'électricité positive sont : l'hydrogène, les métaux et les bases.

Les corps électro-négatifs, ou prenant l'électricité négative sont : l'oxygène, le soufre, les acides et les corps se comportant comme tels.

Les autres corps simples, en dehors du potassium, qui est toujours électro-positif, sont tantôt électro-positifs, tantôt électro-négatifs, selon les corps avec lesquels ils se combinent.

Il faut remarquer que, dans la pile, l'électricité qui apparaît n'est pas celle que prennent les atomes, mais celle qui devient libre par le fait de la combinaison, c'est donc le corps électro-négatif qui dégage de l'électricité positive, et le corps électro-positif qui dégage de l'électricité négative.

Ainsi du zinc étant mis en contact avec un acide, et chaque atome de cet acide qui s'unit au zinc s'emparant d'une quantité d'électricité négative — A, une quantité égale d'électricité positive +- A reste libre dans le liquide et l'électrise positivement. De même chaque atome de zinc qui se combine s'emparant d'une quantité positive d'électricité + A, une quantité égale d'électricité négative — A devient libre sur la portion de métal non attaquée.

Partant de ces principes, on peut admettre avec Grotthus que lorqu'un métal tel que le zinc (Zn) est attaqué par de l'acide sulfurique (So^{4}H^2), il se forme du sulfate de zinc (So^{4}Zn) et une molécule d'hydrogène (H^2) est mise en liberté. La lame de zinc prend alors la tension négative, la molécule d'hydrogène la tension positive on a donc :

Avant la réaction :

$$Zn + So^4H^2.$$

Après la réaction :

$$\underbrace{So^4Zn}_{\text{neutre.}} + \underbrace{H^2}_{\text{positif.}}$$

Mais cette molécule libre H^2 agit sur une molécule voisine du liquide, la décompose pour s'unir avec So^4 et met de nouveau en liberté une molécule H^2 de la façon suivante :
Positif

$$\underbrace{H^2 + So^4}_{\text{neutre.}} \underbrace{H^2 -|- So^4}_{\text{neutre.}} \underbrace{H^2 + So^4}_{\text{neutre.}} H^2.$$

Il se fait ainsi de proche en proche une polarisation sur les molécules du liquide acide et si l'on reçoit la dernière molécule H^2 sur un conducteur non attaquable par l'acide sulfurique (platine, argent, cuivre, charbon) elle lui communique sa tension positive ; un élément de pile se trouve formé ; le zinc, métal attaqué en représente le pôle négatif, le conducteur inattaquable, le pôle positif ; et, en les réunissant extérieurement par un arc conducteur, celui-ci est traversé par un courant dirigé du pôle négatif au pôle positif. Le courant persiste aussi longtemps que dure l'action dissolvante de l'acide sur le zinc.

En regardant H^2 comme électro-positif et le radical So^4 comme électro-négatif, on peut figurer l'action de la façon suivante, les accolades indiquant l'arrangement moléculaire qu'elle produit,

$$\text{zinc} \quad \underset{\text{zn}}{\overset{\text{Pôle}}{-}} \quad \underset{\text{zn}}{\overset{\text{Electrode}}{+}} \quad So^4\ H^2\ So^4\ H^2 \quad \underset{\text{cu}}{-} \quad \underset{\text{cu}}{\overset{\text{Electrode}}{+}}^{\text{Pôle}} \quad \text{cuivre}$$

formule dans laquelle chaque métal est divisé en deux parties : l'une plongeant dans le liquide ou électrode l'autre hors du liquide et formant le pôle correspondant, on peut donc admettre :

Que la différence de potentiel, ou tension initiale des pôles soit le résultat du contact ou de l'action chimique, il est certain que l'action chimique seule est la source de l'énergie électrique disponible dans le circuit extérieur et transformable, selon le cas, en nouvelles actions chimiques, mécaniques ou caloriques.

Lois des équivalents chimiques et caloriques des piles. — D'après Joule, la chaleur accompagnant le courant voltaïque dans le circuit qu'il traverse, a comme source l'action chimique accomplie dans l'électromoteur lui-même. Favre reconnut que :

L'oxydation d'un équivalent de zinc amalgamé dégage une quantité de chaleur égale à 42 803 calories-grammes. La combinaison de l'oxyde formé avec un équivalent d'acide sulfurique dégage une quantité de chaleur égale à 10 455 calories-grammes.

La décomposition d'un équivalent d'eau absorbe une quantité de chaleur égale à 34 462 calories-grammes.

Le zinc amalgamé, dans le cas actuel s'oxyde aux dépens de l'oxygène de l'eau décomposée, il y a donc en même temps, 42 803 calories-grammes dégagées par l'oxydation et 34 462 calories-grammes absorbées par la décomposition de l'eau ; d'où mise en liberté de 42 803 — 34 462 = 8 341 calories-grammes.

L'oxyde de zinc passant à l'état de sulfate, 10 455 calories-grammes sont mises en liberté. L'énergie disponible est donc ;

$$8\,341 + 10\,455 = 18\,796 \text{ calories-grammes.}$$

En supposant que la résistance intérieure de l'électro-moteur soit nulle, on peut énoncer ces deux propositions fondamentales.

I. Si la résistance du circuit extérieur est négligeable, et si aucun travail extérieur n'est effectué, la chaleur dégagée dans le circuit est l'équivalent du travail dépensé dans la pile.

II. Si un certain travail extérieur est effectué, la somme de ce travail et du travail représenté par la quantité de chaleur restée libre est l'équivalent du travail dépensé dans la pile.

Polarisation. — Théoriquement, le courant fourni par la pile doit persister aussi longtemps que dure l'attaque du zinc par l'acide.

Mais il n'en est pas ainsi, et la pile subit un affaiblissement dû à plusieurs causes, et dont l'ensemble a été appelé par Becquerel la Polarisation.

La polarisation résume en quelque sorte tous les phénomènes qui tendent à affaiblir ou à annuler le courant produit par l'oxydation et la sulfatation du zinc.

Les causes de la polarisation sont les suivantes :

1° diminution de la quantité d'acide destiné à réduire le zinc en sufate ou autre sel.

2° la production d'un courant secondaire dans la pile qui provient de la décomposition du sulfate de zinc à l'intérieur de la pile, qui détermine un transport sur l'électrode positive, et forme ainsi un courant inverse de celui de la pile.

3° l'isolement du pôle positif par l'accumulation des bulles d'hydrogène qui se forment autour.

4° tendance à ces bulles d'hydrogène de reformer de l'eau et nous donner ainsi naissance à un autre courant inverse de celui de la pile.

Travail maximum. — Supposons que nous ayons une source à courant continu ayant une force électromotrice indépendante du régime, supposons qu'on ait à produire un travail utilisable entre les deux points CD du circuit extérieur.

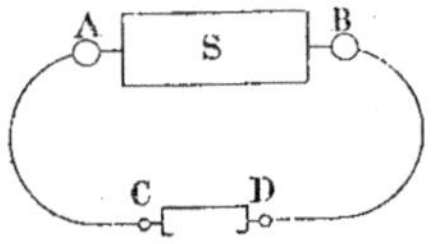

Cet énoncé ne constitue pas un problème irréalisable en pratique, l'usage de l'électricité a enseigné, à chacun ce qu'en particulier était un moteur électrique.

Fig. 49.

Soit :

ΔW_p, la puissance électrique (ou énergie par seconde) produite par la source ;

ΔW_i, la puissance absorbée parasitement par la source ;

ΔW_c, la puissance absorbée à échauffer le fil conducteur ;

ΔW_m, la puissance fournie à l'élément CD qui absorbe du travail.

On aura :

$$\Delta W_p = \Delta W_i + \Delta W_c + \Delta W_m.$$

Si I est le courant, V la différence de potentiel entre A et B, r et ρ les résistances du circuit et de la source ; on posera $\Delta W_m = \varepsilon \cdot I$, il est naturel, en effet, de mettre I en évidence dans ΔW_m, puisque I nous l'avons vu intéresse tous les points du circuit extérieur à la source, on aura aussi :

$$EI = e \cdot I + VI + \varepsilon I,$$

ou

$$E = e + V + \varepsilon.$$

On remarque, en effet, à l'aide de l'échauffement des fils conducteurs, que le courant I est plus faible dans ce cas que lorsque le circuit se réduit à la résistance passive r seule ; de plus, avec un électromètre, il sera facile de constater qu'une chute de potentiel ε se produit entre C et D, chute qui s'effectue dans le même sens que la dégradation du potentiel dans le circuit extérieur ; ε est ce qu'on appelle la *force contre-électromotrice* de l'élément CD qui absorbe le travail.

On aura en posant $r + \rho = R$:

$$EI = RI^2 + \varepsilon I \qquad \text{d'où} \qquad \frac{E - \varepsilon}{R} = I.$$

Le résultat obtenu en remplaçant dans le circuit une utilisation de travail est que les choses se passent au point de vue du circuit extérieur, comme si l'on avait introduit une force électromotrice e, inverse de celle de la source, ayant comme valeur la puissance fournie par chaque unité d'électricité, à l'élément CD.

On donne à la différence de potentiel ε le nom de *force contre-électromotrice* de l'élément CD.

Ceci supposé, le rendement, (rapport du travail utilisé au travail produit) est :

$$\alpha = \frac{\varepsilon I}{EI} = \frac{\varepsilon}{E}.$$

Le travail utilisé peut s'écrire :

$$\Delta W_m = \varepsilon I = \frac{\varepsilon (E - \varepsilon)}{R}.$$

Si on représente le résultat par une courbe, en portant ΔW_m en ordonnée et ε en abscisse, on obtient une parabole passant par l'origine.

Si R est constant dans *les limites de variation d'expérience*, le maximum du produit $\varepsilon (E - \varepsilon)$, dont la somme est constante, a lieu lorsque $\varepsilon = E - \varepsilon$ c'est-à-dire quand :

$$\varepsilon = \frac{E}{2}$$

alors le rendement est :

$$\frac{\varepsilon}{E} = \frac{1}{2}.$$

Le courant correspondant à ce maximum sera donc donné par :

$$I_m = \frac{E\left(1 - \frac{1}{2}\right)}{R}$$

ou bien

$$I_m = \frac{1}{2}\frac{E}{R}.$$

La figure 50 représente la parabole, courbe figurative des travaux utilisés, elle indique aussi la droite figurative des rendements ; ces courbes sont tracées en prenant ε pour abscisses.

Le maximum de travail utilisé est loin de répondre au maximum d'économie ; en

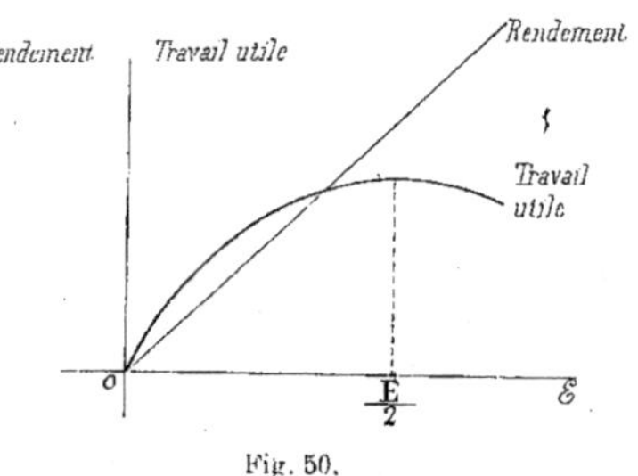

Fig. 50.

demandant un travail moindre on pourrait utiliser une fraction beaucoup plus considérable de la puissance fournie par la source ; supposons, en effet, la source fermée sur elle-même à l'aide du circuit extérieur R, on aura :

$$I_0 = \frac{E}{R} = 2I_m.$$

La puissance fournie par la source dans le cas du maximum de travail utilisé sera :

$$\Delta W = \frac{R I_0^2}{4}.$$

Si l'on veut obtenir un rendement de 0,95 on devra donc avoir :

$$0,95 = \frac{\varepsilon}{E} \qquad \text{avec} \qquad I = \frac{E - \varepsilon}{R} = \frac{0,05\,E}{R} = 0,05\,I_0$$

ce qui donnera pour ΔW_m :

$$\Delta W_m = \varepsilon I = 0,95 \times E \times 0,05 \times I_0$$
$$= 0,95 \times 0,05 \times R \times I_0^2$$
$$\Delta W_m = 0,0475 \times R I_0^2 = 0,19\,\Delta W$$

Ainsi l'énergie fournie dans chaque seconde à l'utilisation n'est que les $\frac{19}{100}$ du travail maximum fourni par la source avec les fils de connexion de résistance totale R. On mettra donc plus de temps à consommer la même énergie, mais on gaspillera beaucoup moins.

Supposons maintenant que, par un moyen quelconque, on fasse croître ε pour le faire égaler, puis dépasser E ; dans ce cas, les conséquences mathématiques précédentes des formules semblent indiquer que le travail fourni par la source S ira en diminuant sans cesse jusqu'à 0, puisque tout sera renversé et que ce sera S qui deviendra l'utilisation, et l'utilisation précédente qui deviendra la source ; c'est en effet ce qui peut arriver dans certains cas comme nous le verrons plus loin. On peut dégager un fait général, c'est que le rendement est d'autant plus avantageux que le voisinage de la réversibilité est plus proche, autrement dit ; il y a d'autant moins de gaspillage d'énergie que l'on se trouve plus rapproché de la réversibilité.

En sorte qu'on retrouve, pour ce phénomène, ce qu'on a constaté en thermodynamique : une modification physique ou chimique vive est très éloignée des conditions qui assurent son équilibre, une modification physique ou chimique peu vive est peu éloignée des conditions de réversibilité.

Application. — Une machine électrique sert de source, elle fait fonctionner une autre machine ; la force électromotrice de cette source est de 120 volts, la résistance intérieure est de 0,03 ohm, la résistance extérieure est de 0,04 ohm, le courant extérieur est de 100 ampères ; on demande la force contre-électromotrice de l'autre machine.

Admettons que le problème puisse correspondre à une réalité, c'est-à-dire admettons déjà sans le démontrer encore, que le transport d'énergie soit possible, nous aurons en appelant x cette force contre-électromotrice et R la résistance totale du circuit fermé

$$R = 0,03 + 0,04 = 0,070 \text{ ohm,}$$

$$100 \text{ amp.} = \frac{120^v - x}{0,07 \text{ ohm}} \quad \text{et} \quad x = 113 \text{ volts.}$$

Le rendement, (en négligeant ici les frottements divers des machines) sera :

$$\frac{113}{120} = 0,94.$$

COUPLAGES DES PILES. PRINCIPALES PILES HYDROÉLECTRIQUES.

Mode de groupement. — Supposons que nous ayons m éléments semblables de force électromotrice e et de résistance r ; ils peuvent être groupés de diverses manières :

1° On place les éléments à la suite les uns des autres (fig. 51), on relie le pôle $+$ du premier au pôle — du second, le pôle + du second au pôle — du troisième ainsi de suite. A chaque extrémité de la chaîne, il y a deux pôles libres. Ce groupement correspond au *couplage en série ou en tension*.

2° On réunira ensemble tous les pôles + et ensemble tous les pôles —.

On aura ainsi deux barres de connexions auxquelles le conducteur extra-polaire

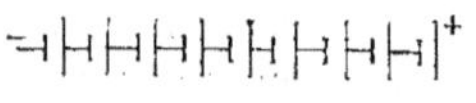

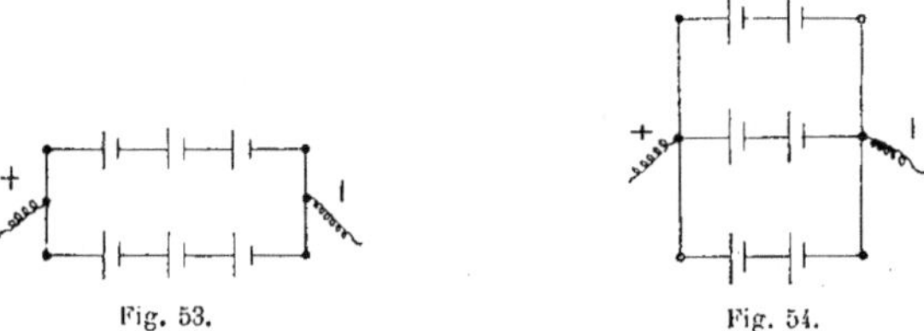

Fig. 51. 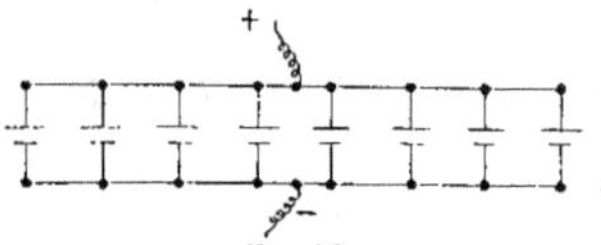   Fig. 52.

viendra aboutir. Ce groupement correspond au *couplage en parallèle, en quantité* ou en *batterie* (fig. 52);

3° On peut former p chaînes identiques correspondant au couplage en série de m élé-

Fig. 53.   Fig. 54.

ments entièrement semblables, puis on peut grouper en quantité ces p chaînes (fig. 53 et 54).

Groupement en tension. — On aura évidemment pour une force électromotrice de la chaîne de p éléments :

$$E = m \cdot e.$$

Le courant traversant successivement chaque élément, la résistance totale intérieure sera évidemment aussi :

$$R = m \cdot r.$$

Si R' est la résistance extérieure du conducteur électrique, le circuit extérieur étant supposé ne contenir qu'une résistance ohmique, on aura pour valeur du courant :

$$I = \frac{me}{mr + R'} = \frac{e}{r + \dfrac{R'}{m}}.$$

Si R' est grand par rapport à r et même seulement par rapport à mr le courant aura à très peu près la valeur de $\dfrac{mE}{R'}$, il sera donc proportionnel au nombre des éléments de la pile.

Si maintenant R′ est petit par rapport à mr, la valeur de I sera à très près égale à $\frac{E}{r}$, et il est dans ce cas inutile d'augmenter le nombre des éléments du circuit.

Groupement en batterie. — La force électromotrice aux bornes de ce groupement est égale à e; si m est le nombre des éléments, la résistance réduite intérieure des m éléments en parallèle est :

$$\rho = \frac{1}{\frac{1}{r}+\frac{1}{r}+\dots\frac{1}{r}} = \frac{1}{\frac{m}{r}} = \frac{r}{m}.$$

Le courant dans le circuit de résistance R′ est donc :

$$I = \frac{e}{\rho + R'} = \frac{e}{\frac{r}{m} + R'} = \frac{me}{r + mR'}.$$

Si R′ est très grand, r est négligeable devant mR′, et le courant est indépendant du nombre d'éléments $I = \frac{e}{R'}$; il ne faudrait pas conclure que, dans ce cas, il est inutile de mettre des éléments en parallèle car chaque élément ne fournit que le $m^{ième}$ du courant total et demander à une, ou même quelques-unes des piles, le courant total, serait le plus souvent dépasser le régime auxquels ces éléments doivent être soumis.

Si R′ est négligeable devant r on a :

$$I = \frac{ne}{r};$$

dans ce cas l'intensité est proportionnelle au nombre des éléments.

Ainsi, tandis que le montage en série doit être réservé au cas d'un conducteur extérieur très résistant, le montage en parallèle doit être réservé au cas d'une ligne très peu résistante.

Groupement en série parallèle. — On calcule facilement la force électromotrice et la résistance réduite intérieure, dans le cas de p chaînes identiques, chaque chaîne étant composée de m éléments semblables de force électromotrice e et de résistance intérieure r :

$$E = me \,.\; \rho = \frac{1}{\frac{1}{mr}+\frac{1}{mr}+\dots\frac{1}{mr}} = \frac{1}{\frac{p}{mr}} = \frac{m}{p}\,r.$$

Le courant I circulant dans un fil conducteur extra-polaire est donc donné par la formule :

$$I = \frac{me}{\frac{m}{p}\,r + R'} = \frac{m \,.\, p \,.\, e}{mr + pR'}.$$

Cherchons à obtenir le plus grand courant possible avec un nombre fixe d'éléments, c'est-à-dire en supposant $mp = C^{te}$; le maximum de I, quotient d'une grandeur constante mpe par une grandeur $(mv + pR)$ dépendant de m et p, a lieu avec le minimum de $mr + pR'$; or, ce minimum aura lieu lorsque :

$$d\,(mr + pR') = 0$$

ou :

$$r \cdot dm + R'dp = 0,$$

mais comme :

$$mp = C^{te}, \quad pdm + mdp = 0,$$

de sorte que le maximum de I aura lieu lorsque :

$$mr = pR'.$$

Puissance des piles. — Supposons que nous ayons à disposer de 210 éléments environ d'un type déterminé de pile, les constantes de chaque élément étant :

$$e = 1,8 \text{ volts,}$$

et la résistance intérieure :

$$r = 0,4$$

supposons de plus que nous ayons p chaînes identiques, de m éléments pour le montage en série parallèle :

$$p \times m = 210.$$

Le fil interpolaire est un fil de cuivre de 250 mètres et 10 millimètres carrés de section ; en se rappelant que sa résistivité spécifique est de 1,59 microhm centimètre, sa résistance est donc à 0° :

$$R = \frac{25\,000}{0,1} \times 1,59 \times 10^{-6}.$$

$R' = 0,398$ ohm soit 0,4 en chiffres ronds. La résistance de chaque chaîne est de $m \times 0,4$; la résistance intérieure réduite de l'ensemble est ainsi de :

$$\frac{m \times 0.4}{p}.$$

Le courant dans le fil interpolaire sera :

$$I = \frac{mp \times 1,8}{mr + pR'} = \frac{210 \times 1,8}{0,4\,(m + p)} = \frac{945}{m + p}.$$

Le maximum de I aura lieu, lorsque :

$$dm + dp = 0$$

c'est-à-dire quand :

$$p \cdot dm + mdp = 0 \qquad \text{ou} \qquad p = m$$

d'où :

$$p = \sqrt{p \cdot m} = \sqrt{210} = 14,51.$$

Donc on devra prendre un des deux systèmes de nombres entiers :

$$p = 14, \quad \text{avec} \quad m = 15, \quad \text{ou} \quad p = 15 \quad \text{avec} \quad m = 14$$

car le produit de 14 par 15 est 210.

Le courant est dans le système :

$$(p = 14, m = 15)$$

$$I = \frac{945}{29} = 32,6 \text{ ampères.}$$

La puissance fournie par la pile pour le travail extérieur sera

$$P_1 = me \times I = 15 \times 1,8 \times 32,6 = 880 \text{ watts.}$$

La puissance fournie au circuit extérieur seul sera

$$P_2 = R'I^2 = 0,4 \times \overline{32,6}^2 = 425 \text{ watts.}$$

Dans le système $(p = 15, m = 14)$ on aurait eu

$$I = \frac{945}{29} = 32,6 \text{ ampères.}$$

La puissance fournie par la pile dans ce cas serait :

$$P'_1 = me \times I = 14 \times 1,8 \times 32,6 = 822 \text{ watts.}$$

Tandis que la puissance fournie au circuit interpolaire serait encore de :

$$P_2 = R'I^2 = 0,4 \times \overline{32,6}^2 = 425 \text{ watts.}$$

Il serait donc préférable de choisir le deuxième montage, puisque pour une dépense en énergie des piles moindre, il donne le même effet utile.

Généralités sur l'étude des piles. — Au point de vue pratique, la connaissance de la force électromotrice d'une pile, c'est-à-dire la différence de potentiel qu'on peut relever à ses bornes en circuit ouvert et la mesure de sa résistance intérieure, ne suffisent pas pour permettre de donner une appréciation sur ses qualités. Il est utile aussi de connaître le courant qu'elle peut fournir sous des conditions déterminées ; il est, en un mot, utile de connaître ses qualités de marche. Il faudra donc étudier comment varie la différence de potentiel à ses bornes, lorsqu'on fait varier le régime en diminuant ou en augmentant la résistance interpolaire. On se servira pour des mesures de précision ordinaire du voltmètre.

Lorsqu'une pile est mise en circuit sur une résistance R interpolaire, on constate une brusque diminution de la différence de potentiel ; cette chute est due à la résistance interne et sa valeur est Ir ; on sait en effet que si E est la force électromotrice de la source R et r les résistances extérieures à la source et I le courant, on a :

$$E = (R + r)\, I.$$

La différence lue aux bornes lorsque le courant I fonctionne est :

$$\varepsilon - rI = RI = R\,\frac{E}{R + r'}$$

de sorte que la valeur de la chute rI est $r\,\dfrac{E}{R + r}$.

Au fur et à mesure du fonctionnement de la pile sous le courant constant I, il se produit un abaissement progressif de la différence de potentiel, dû au phénomème de polarisation de la pile. On ne peut fixer la loi de cette variation en fonction du temps.

Si l'on rompt le circuit, la différence de potentiel remonte d'un bond, puis progressivement, et ce n'est qu'au bout d'un temps plus ou moins long qu'on peut relever à circuit ouvert, entre les bornes de la pile, une différence de potentiel égale à la force électromotrice. Ce phénomène tient à ce qu'à ce circuit ouvert, la pile automatiquement, s'est dépolarisée. Toutefois, une pile qui a subi une polarisation importante par une première marche intensive se polarise beaucoup plus rapidement qu'une pile fraichement constituée. Le bond qu'on relève dans la mesure de la différence de potentiel aux bornes d'une pile, lorsqu'on vient à rompre le circuit extérieur, paraît dû, à ce que, dès les premiers instants de l'ouverture du circuit, le pôle positif se polarise seulement en quelques points ; on conçoit alors que si on ne laisse pas un temps de repos suffisant, la polarisation reparaîtra rapidement aussi intense qu'à l'ouverture du circuit.

Pile à un seul liquide. Type Volta. — Sous la forme donnée tout d'abord par Volta, elle était composée de lames de Cu et de Zn plongeant dans une dissolution étendue d'eau.

Il y a substitution du Zn à l'hydrogène de l'acide. La force électromotrice à circuit ouvert et d'environ 1 volt.

La courbe A de la figure donne les variations de la différence de potentiel, aux pôles d'une pile fermée sur 10 ohms puis ouverte pour être refermée ensuite. Les mesures de résistance intérieure montrent que celle-ci est très variable avec le régime. Au bout de 30 minutes, la différence de potentiel est descendue au-dessous de 0,5 volt, le fonctionnement cesse alors d'être pratique, le rendement devient en effet très mauvais.

La courbe B est obtenue après avoir remplacé le positif par du charbon, substance poreuse dont le rôle probable est d'augmenter la surface ; on trouve dans ce cas, des résultats bien supérieurs, cette courbe donne la différence de potentiel en fonction du temps pour une pile dans laquelle la surface du charbon est de 80 centimètres carrés. La pile a été fermée sur 10 ohms, puis ouverte, enfin fermée de nouveau.

C'est grâce à la porosité de la mousse de platine que Smée a pu obtenir la remarquable pile qui a servi aux expériences de Favre.

Avec des courants peu intenses, la pile surtout si elle vient de subir un long repos, se polarise très lentement.

La courbe C, représentée par la figure 55 nous représente le fonctionnement de la

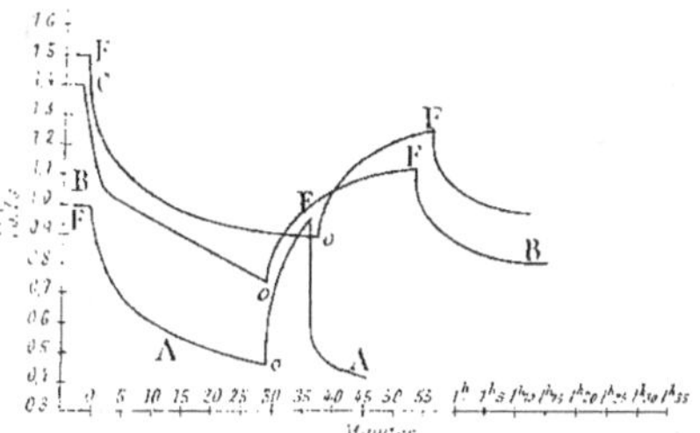

Fig. 55. — F, fermeture du circuit ; o, ouverture du circuit.

pile Zn — AzH⁴Cl — C, la surface du charbon est de 80 centimètres carrés. Le circuit est ouvert sur 10 ohms, puis ouvert, pour être ensuite refermé. Ces courbes sont tirées des ouvrages de M. Fabry et de M. Vigneron.

Piles à un seul liquide oxydant. — Si le liquide est fortement oxydant, le dégagement de l'hydrogène au pôle positif n'aura pas lieu ; de plus, l'oxydation de l'hydrogène étant accompagnée d'un dégagement de chaleur, la force électromotrice sera plus élevée que celle de la pile Volta.

Toutefois, il est très difficile de trouver un liquide ayant des propriétés oxydantes énergiques et qui n'attaquent pas le zinc en circuit ouvert.

On emploie le bichromate de potasse ou de soude, additionné ordinairement d'acide sulfurique.

La pile Grenet, ou pile bouteille comprend deux charbons au pôle positif, entre lesquels se place l'électrode en zinc, servant de pôle négatif.

Lorsque la pile ne fonctionne pas, on peut retirer le zinc du liquide pour éviter l'attaque à circuit ouvert. La force électromotrice à circuit ouvert est de 2,02 volts environ.

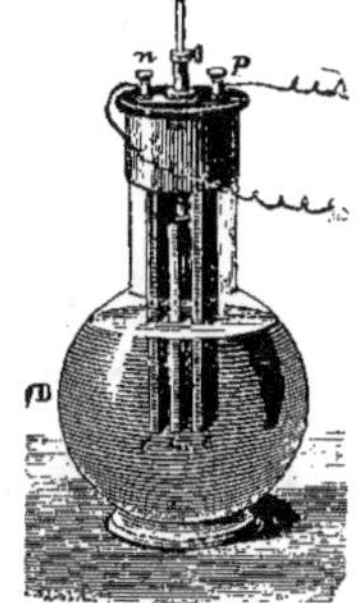

Fig. 56.

Courants alternatifs. etc.   8

Piles non réversibles, à deux liquides. — Les types de ces piles sont celui de Bunsen et de Poggendorff.

L'élément Bunsen est assez employé dans les laboratoires pour la production de courants de 15 à 20 ampères, pendant quelques heures. Ce couple se compose d'un vase séparé en deux compartiments par une cloison poreuse; le premier compartiment contient de l'eau acidulée (acide sulfurique au 1/20) et une lame de zinc amalgamée, qui constitue le pôle négatif; le second renferme de l'acide azotique du commerce à 36° B, comme électrode, enfin, un gros cylindre de charbon de cornue qui forme le pôle positif.

Lorsqu'on ferme le circuit, les liquides sont électrolysés; le radical SO^4 se porte sur le zinc, qu'il transforme en sulfate de zinc, l'hydrogène tendrait à se former au pôle positif, où il est oxydé par l'acide azotique.

L'idée de l'emploi de l'acide nitrique comme dépolarisant est due à Grove, qui prenait une lame de platine comme électrode positive.

La réaction dépolarisante est la suivante :

$$2Az0^3H + 2H = Az^2O^4 + 2H^2O.$$

Avec l'acide azotique du commerce à 36° B, la force électromotrice est de 1,8 volt; elle reste sensiblement la même en circuit fermé. Le degré de concentration de l'acide nitrique baisse rapidement; lorsque ce produit marque 30° B, la force électromotrice fléchit en peu de temps, la réaction change de nature; quand l'acide azotique ne marque plus que 28° B, on est contraint de le changer. En somme, l'acide nitrique est gaspillé, un tiers seulement de son oxygène sert à la réaction dépolarisante.

Cette pile primaire est la plus puissante de celle qu'on emploie couramment; elle a une faible résistance intérieure de l'ordre du 1/10 ohm (pile de 5 à 6 litres) et une grande force électromotrice, malheureusement, elle est des plus incommodes à cause des vapeurs acides qu'elle dégage et de la nécessité de renouveler sans cesse l'acide azotique.

Lorsque dans la pile de Bunsen, on remplace l'acide nitrique par un mélange de bichromate de sodium et d'acide sulfurique, capable de fournir de l'acide chromique, on évite le dégagement de vapeur nitreuse; de plus, la pile acquiert une longue résistance. C'est la pile de Poggendorff.

On peut employer dans cette pile, pour mélange oxydant :

	parties en poids
Eau	10
Bichromate de soude du commerce	1
Acide sulfurique	1,8

La force électromotrice est de 2 volts; elle baisse lentement au fur et à mesure de l'oxydation de l'acide chromique.

Pile à dépolarisant solide. Pile Leclanché. — Cette pile est très utilisée dans l'industrie pour les sonneries et la téléphonie. La dépolarisation est lente, mais comme l'usage de ces piles est intermittent, elles peuvent achever leur dépolarisation pendant le temps de repos.

Le pôle positif est en charbon, il est entouré de bioxyde de manganèse aggloméré ou mélangé avec du charbon en grains servant de dépolarisant ; le zinc plonge dans une dissolution de chlorhydrate d'ammoniaque.

Cette pile a fait l'objet d'une étude de Ditte ; la réaction qui se passe dans la pile sera exprimée par :

$$2AzH^4Cl + Zn = ZnCl^2 + 2AzH^3 + 2H.$$

L'hydrogène en se portant au pôle positif, rencontre le dépolarisant en bioxyde de manganèse ; la réduction a lieu suivant la formule :

$$2MnO^2 + 2H = Mn^2O^3 + H^2O.$$

La diffusion des liquides n'amène pas, au moins au début, de précipité, car l'ammoniaque ne précipite pas les sels de zinc en présence d'un excès ammoniacal ; mais au bout d'un certain temps, il se dépose des cristaux dont la formule est :

$$2AzH^4Cl, \quad 4ZnO + 9H^2O.$$

Ces cristaux se déposent sur le zinc en augmentant la résistance intérieure et en gênant la marche de la pile. Les cristaux n'adhèrent pas au zinc, si l'on ajoute une certaine quantité de chlorure de zinc et mieux encore un mélange de chlorure de zinc et de bichlorure de mercure.

Le chlorhydrate d'ammoniaque doit être pur et exempt de sel de plomb, car un dépôt de plomb sur le zinc formerait des couples locaux qui activeraient l'usure du zinc.

On a dans le commerce, quatre piles Leclanché :

1° Pile à vase poreux ;

2° Pile à agglomérés ;

3° Pile à zinc central et pôle positif annulaire (Leclanché-Barbier) ;

4° Pile à liquide immobilisé.

1° *Pile à vase poreux.* — La pile à vase poreux, se compose d'un vase en verre de forme carrée ; dans un des angles se trouve le bâton de zinc, le mélange tassé de bioxyde de manganèse et de charbon est placé dans un vase poreux en porcelaine non vernie, une lame de charbon de cornue forme le pôle positif de la pile, elle est disposée au milieu du mélange dépolarisant. Le vase poreux qui est placé dans le milieu du bocal en verre, est fermé au moyen de cire à cacheter, sauf une petite ouverture pour le départ des gaz (fig. 57).

Force électromotrice de l'élément. . . . . 1,55 volt
Résistance intérieure . . . . 2 à 3 ohms.

2° *Pile à agglomérés*. — Dans la pile à agglomérés, le pôle positif est formé d'un charbon plat sur lequel on maintient au moyen de bracelets en caoutchouc une ou plusieurs plaques agglomérées formées d'un mélange fortement comprimé composé de bioxyde de manganèse, de charbon, de résine et de gomme laque ; la résistance intérieure est beaucoup plus faible que dans le type précédent, elle peut tomber à la valeur de $0^\omega,15$.

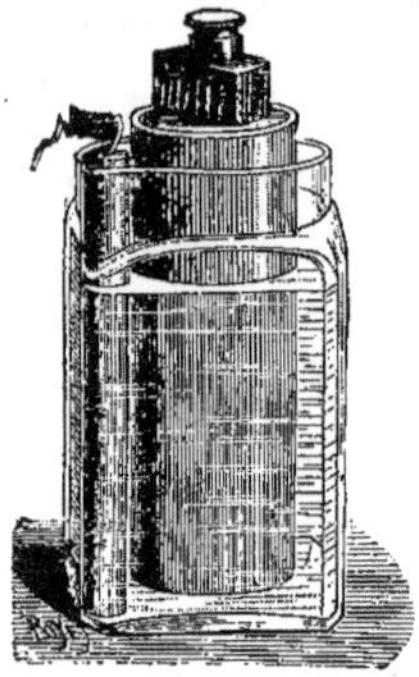

Force électromotrice de l'élément. . . . . . 1,60 volt
Résistance intérieure . . . . 0,50 environ.

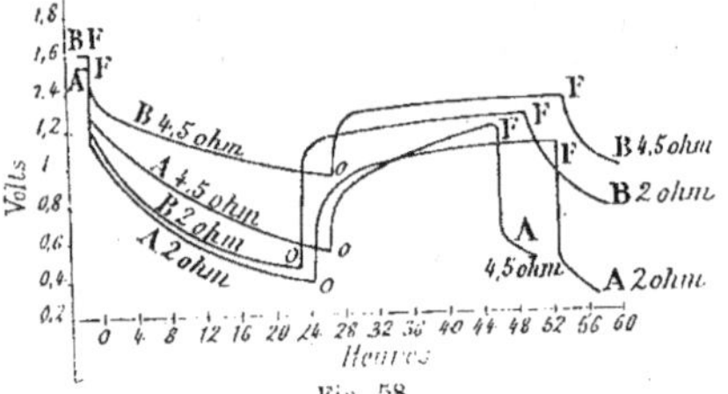

Fig. 57.

3° *Type Leclanché-Barbier*. — Dans la pile « type Leclanché-Barbier » le zinc est au milieu du bocal, le dépolarisant est formé en un cylindre creux auquel on donne la solidité voulue par une vulcanisation au soufre.

4° La maison Leclanché emploie comme liquide immobilisé la gelée végétale extraite de l'agar-agar. Cette gelée est dissoute à chaud avec le volume convenable de sel, on verse le liquide ainsi obtenu dans la pile, il prend en masse en se refroidissant.

Les courbes de la figure 58 résument les expériences faites sur ces piles La durée

Fig. 58.

A. pile à vase poreux ; B, pile Leclanché-Barbier ; F, fermeture du circuit ; O, ouverture du circuit.

de l'expérience a été environ de 24 heures. On voit qu'avec les éléments à vase poreux (A) le courant, même sur la résistance de $4^\omega,5$, a baissé de plus de moitié. Après un repos de 24 heures, les piles en essais sont loin d'avoir repris leur force électromotrice ; les piles Leclanché-Barbier, désignées sous la lettre B se comportent mieux, la dépolarisation est plus complète et plus rapide.

Le dépolarisant des piles Leclanché peut, lorsqu'il est épuisé, être régénéré, en faisant passer un courant en sens inverse. Ces courbes sont tirées des ouvrages de M. Fabry et de M. Vigneron.

Piles à oxyde de cuivre. — Ces piles réalisées par de Lalande et Chaperon sont à dépolarisant solide CuO. Le zinc est attaqué par une solution de potasse, action qui n'a lieu qu'à circuit fermé.

La formule de la réaction chimique est la suivante :

$$Zn + 2KHO = ZnO^2K^2 + 2H.$$

Le dépolarisant CuO est disposé au pôle positif, la formule de réduction est :

$$CuO + 2H = H^2O + Cu.$$

La pile est formée d'un vase de fonte paraffiné, une borne B fixée au vase lui sert de pôle positif, c'est le vase lui-même qui sert d'électrode ; la couche d'oxyde de cuivre est au fond du vase. La dissolution de potasse au titre de 30 ou 40 % est placée au-dessus ; dans cette dissolution plonge un cylindre C de zinc amalgamé suspendu par une tige de cuivre formant le pôle négatif. Pour empêcher l'accès de l'acide carbonique de l'air sur la potasse du vase, on a bouché celui-ci hermétiquement par un tube D de caoutchouc disposé comme une soupape. Force électromotrice : 0,85 volt en moyenne. La résistance intérieure 0,03 à 0,05 ohm.

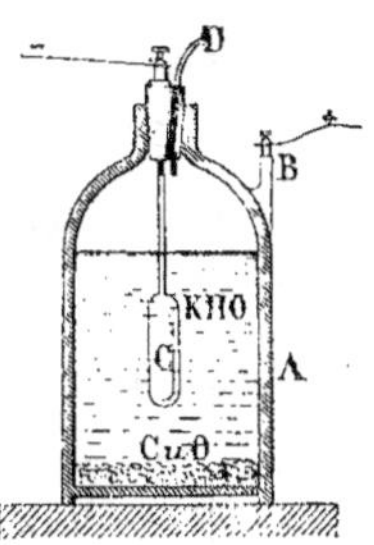

Fig. 59.

Piles Daniell. — La pile Daniell est une pile à deux liquides séparés. Elle se compose d'un vase partagé en deux compartiments par une cloison poreuse ; vase en porcelaine dégourdie, membrane végétale ou animale. Le compartiment intérieur est rempli par du sulfate de cuivre et l'électrode qui y plonge est une lame de cuivre mince, l'autre compartiment renferme de l'acide sulfurique étendu, dans lequel baigne une lame en zinc amalgamé présentant la forme d'un cylindre fendu.

L'hydrogène qui résulte de l'attaque du métal se porte sur la lame de cuivre formant le pôle positif, il est arrêté par le So⁴Cu suivant la forme :

$$So^4Cu + 2H = So^4H^2 + Cu.$$

Le zinc est attaqué et le cuivre mis en liberté.

La pile est impolarisable, puisque chaque électrode reste toujours en contact avec

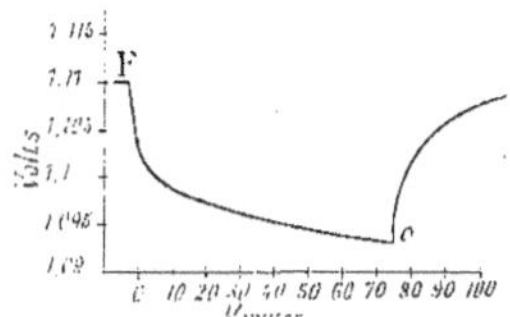

Fig. 60.

une dissolution de son propre sel : la force électromotrice est donc constante. Cette force électromotrice est de 1,09 volt, elle dépend très peu de la température et de l'état des liquides, mais la résistance intérieure est fonction de la concentration.

L'inconvénient de la pile Daniell est que le sulfate de cuivre finit par diffuser à travers le vase poreux.

L'expérience suivante, tirée de l'ouvrage précité de M. Fabry sur les piles, a été faite avec un élément de pile Daniell à vase poreux de résistance intérieure égale à 0,65 ohm ; la force électromotrice à circuit ouvert était de 1,112 volt ; la pile a été fermée sur une résistance de 100 ohms, la figure 60 qui résume l'essai représente la variation de la différence de potentiel en fonction du temps.

Cette courbe permet de juger de la constance de la pile.

Piles de concentration. — C'est Helmholtz qui, le premier, a étudié théoriquement ce genre de source. Ces piles se composent de deux électrodes de même métal A plongeant dans des électrolytes du même sel de ce métal A, ces électrolytes étant à des degrés de concentration différents.

Ces piles, dont la force électromotrice est de l'ordre des centièmes de volt, ont une existence précaire ; car au bout de quelques jours les liquides se sont mutuellement altérés par diffusion, de sorte que l'élément est rapidement hors de tout service.

LES ACCUMULATEURS

Définition de l'accumulateur. — L'accumulateur est un transformateur indirect de l'énergie électrique. L'intermédiaire est une action chimique résidant dans le phénomène de polarisation.

Lorsqu'un courant électrique traverse une masse d'eau, il la décompose : l'H se porte à l'électrode négative, l'O à l'électrode positive (voltamètre).

Au fur et à mesure que ce phénomène se produit, le courant diminue d'intensité, parce que le dépôt d'H d'un côté d'O de l'autre crée une force contre-électromotrice : c'est le phénomène de polarisation.

Ce phénomène de polarisation donne lieu, si on supprime le courant primaire, à un courant : courant secondaire.

En général tout électrolyte (ou liquide décomposé par le passage d'un courant) absorbe pour se décomposer une quantité d'énergie électrique proportionnelle à la quantité d'électricité qui passe à la force contre-électromotrice, qui prend naissance par le fait de cette décomposition. Si nous appelons E_p cette force contre-électromotrice et Q la quantité de courant, nous avons pour la valeur de W énergie en joules :

$$W = QE_p.$$

Cette énergie est restituée sous forme de courant secondaire par l'accumulateur.

La plupart des accumulateurs sont constitués par deux électrodes en plomb ou sels de plomb plongeant dans l'eau acidulée à l'acide sulfurique. On emploie aussi quelques autres combinaisons.

Définition de la charge et de la décharge de l'accumulateur. — La charge est l'opération qui consiste à accumuler de l'énergie électrique en mettant le pôle positif d'une source, convenablement choisie, en relation avec le pôle positif de l'accumulateur, et le pôle négatif de cette même source en relation avec le pôle négatif de l'accumulateur.

On donne le nom de régime de charge à l'ampérage du courant fourni par la source.

L'opération contraire, à la charge des accumulateurs, qui consiste à utiliser l'énergie accumulée, en fermant le circuit de l'accumulateur sur les appareils à exciter ou en général sur l'emploi, constitue la décharge.

Ce qui se passe dans l'accumulateur à la charge et à la décharge. — Nous ne parlerons ici que des accumulateurs à lames de plomb ou sels de plomb.

Si l'on prend deux lames de plomb plongeant dans de l'eau acidulée SO_4H_2 et que l'on mette l'une d'elles en communication avec le pôle +, d'une source de courant continu, l'autre avec le pôle — de la même source, l'électrolyse du liquide se produit et le plomb de chaque électrode subit une transformation chimique (oxydation au pôle +, réduction au pôle —). Ce qu'il y a de particulier dans ces actions chimiques, c'est que plus on les renouvelle plus les électrodes deviennent aptes à les supporter, et on voit en effet l'électrode négative prendre une teinte grisâtre, tandis que la positive prend la teinte de l'oxyde puce. Voilà le principe de l'appareil. Une série de charges et de décharges successives sur une grande surface de lames de plomb, arrive à former un accumulateur, mais on peut réduire considérablement les électrodes et augmenter la force électromotrice de décharge en formant artificiellement les accumulateurs avec des sels de plomb.

Si nous considérons un accumulateur formé, nous voyons que la plaque négative est constituée par du plomb spongieux ou plomb doux poreux, forme allotropique particulière jouissant de propriétés réductrices toutes spéciales, que ne possède pas le plomb doux formé autrement; ce plomb spongieux électrolytique s'oxyde aussi facilement. La plaque positive est formée de plomb recouvert de peroxyde de plomb PbO_2, et à la décharge il s'établit un courant dirigé, à l'extérieur de la plaque + vers la plaque —, et, à l'intérieur, de la plaque — vers la plaque + : le résultat de l'oxydation de la matière négative est la formation d'un oxyde de plomb, qui se sulfate et forme un sulfate de plomb. Si l'on fait l'analyse après la décharge on trouve que ce liquide est moins acide, et ce qui manque en SO_4H_2 se trouve sous forme de sulfate de plomb sur la plaque négative.

Le résultat de la réduction se produisant à la plaque positive est la transformation en oxyde inférieur.

A la charge le courant circule en sens contraire : La réduction qui se produit sur la plaque négative ramène le sulfate à son premier état et l'oxydation du sulfate inférieur positif, redonne du peroxyde.

Caractéristiques communes à tous les accumulateurs. — Dans le fonctionnement de l'accumulateur, il existe plusieurs caractéristiques que l'on retrouve toujours :

a) La différence de potentiel aux bornes d'un accumulateur est avant la charge de 1,8 volt, et monte vers 2,3 ou 2,5 volts après la charge. Le voltage normal d'un accumulateur est pratiquement de 2 volts.

b) L'intensité pour la charge et la décharge peut varier suivant les éléments, mais il faut compter pratiquement sur un débit de 1 ampère par kilogramme.

c) La puissance d'un accumulateur est donnée à chaque instant par le produit de la différence de potentiel aux bornes par l'intensité.

d) La puissance moyenne après une décharge sera le produit de l'intensité moyenne par la différence de potentiel moyenne.

e) La capacité est le produit de l'intensité moyenne par le nombre d'heures de fonctionnement. La capacité moyenne des accumulateurs est de 10 à 12 ampères-heures par kilogramme de plaque.

f) Le rendement d'un accumulateur se subdivise en deux parties : le rendement en quantité, et le rendement en énergie. Ces deux rendements sont variables suivant le débit. Le rendement en quantité est le rapport de la quantité d'électricité fournie aux accumulateurs et de la quantité recueillie. Le rendement en énergie est le produit de la différence de potentiel moyenne par l'intensité moyenne et par le temps exprimé en heures de la charge et de la décharge. C'est en somme l'énergie fournie et l'énergie recueillie en watts-heure. Dans les accumulateurs à oxydes rapportés, le rendement en quantité est de 90 $^{\circ}/_{0}$, et le rendement en énergie de 80 $^{\circ}/_{0}$.

Constitution des accumulateurs pratiquement employés. — Ce qui différencie les accumulateurs, c'est la constitution de leurs électrodes. Au lieu d'employer comme électrodes les sels de plomb résultant directement de l'opération de charge, autrement dit de la formation naturelle de l'accumulateur, on emploie des sels de plomb convenablement choisis, préparés d'avance, et le plomb massif des plaques ne sert plus que de support. On allie d'ailleurs au plomb support 2 à 3 $^{\circ}/_{0}$ d'antimoine pour le rendre inattaquable.

Ainsi on prendra du minium $Pb^{3}O^{4}$ pour plaque positive, et de la litharge PbO pour la plaque négative. Le $Pb^{3}O^{4}$ se transforme en peroxyde PbO^{2} par oxydation.

$$Pb^{3}O^{4} + 2O = 3PbO^{2}$$

sous l'influence du courant de charge, et le PbO se transforme par réduction (H) en plomb spongieux.

On dit que les électrodes sont à formation autogène quand elles sont formées naturellement par la charge et la décharge successives, elles sont à formation hétérogène lorsque la matière active est formée artificiellement.

Bacs. — Les accumulateurs peuvent être à poste fixe ou destinés au transport. Les bacs en celluloïd moins fragiles que les bacs de verre conviennent très bien pour le transport; le celluloïd a l'avantage d'être transparent. On peut les protéger en enfermant plusieurs éléments dans une même caisse en bois. On fait aussi les bacs en ambroïne et en ébonite.

Les accumulateurs doivent être construits de telle façon que les plaques ne reposent pas sur le fond des bacs et en soient un peu distantes, de manière que s'il se détache des pastilles de la carcasse de plomb des électrodes, ces matières désagrégées n'établissent pas de courts circuits entre les plaques. Les plaques sont maintenues par des supports en caoutchouc, en verre, en ébonite ou en porcelaine. Le liquide est constitué par de l'eau pure additionnée d'acide sulfurique au soufre, ou purifié à l'huile. (Procédé de M. d'Arsonval).

La densité doit varier entre 1,16 et 1,26 (20° à 30° Baumé).

Installation des bacs. — Les accumulateurs doivent être installés de telle sorte qu'on puisse les surveiller pour éviter l'oxydation des contacts, le gondolement des plaques, les courts-circuits intérieurs produits entre les plaques, par la chute des pâtes constituant les matières actives, etc. En outre, ils doivent être isolés. On peut faire reposer ces accumulateurs sur des caisses renfermant de la sciure, ces caisses reposant elles-mêmes sur des pieds de porcelaine.

Connexion des accumulateurs pour la charge et la décharge. — Deux cas peuvent se présenter suivant que la charge se fait sur place, ou au dehors (dans une usine extérieure).

Dans le premier cas il suffit de relier les pôles extrêmes de la batterie montée en tension avec un commutateur à deux directions qui, dans une première position envoie le courant secondaire vers l'emploi, et dans une deuxième position met le pôle + de la batterie en relation avec le pôle + de la source et le pôle — en relation avec le pôle — de cette même source.

Entre le commutateur et la source doivent être intercalés l'ampèremètre et le rhéostat, qui sont spéciaux à la charge car la décharge se fait à un régime de l'ordre du milliampère. Il est indispensable d'avoir un coupe-circuit à plomb fusibles entre le commutateur et la batterie, les accidents de court-circuit risquant de se produire aussi bien pendant la décharge que pendant la charge. D'ailleurs, en principe, lorsqu'on se sert d'une source d'énergie électrique capable de fournir un grand débit on doit mettre en ligne un coupe-circuit bipolaire.

Dans le deuxième cas, si on fait charger ses accumulateurs dans une usine extérieure, il suffit à l'arrivée de rétablir les connexions entre la ligne d'emploi et le pôle + de la batterie et entre la ligne — et le pôle —. Le coupe-circuit doit être le plus près possible des connexions. On construit des boîtes à contacts à ressorts. Il suffit de mettre en place les caisses de bacs pour que les connexions se rétablissent par contact.

Charge des accumulateurs. — Plusieurs cas sont à considérer :

α) charge par le courant des secteurs de la ville ;

β) charge par le courant alternatif des secteurs de ville (monophasé ou polyphasé) ;

γ) charge par piles ou moteurs à domicile ;

δ) charge à une usine extérieure (transport de la batterie).

Règles communes pour la charge. — Avant tout il faut s'assurer de la polarité des fils d'arrivée. En particulier, si l'on se sert des secteurs de ville avec prise de courant mobile, il faut déterminer le pôle positif et le pôle négatif de la source. Cette détermination peut se faire tout simplement en plongeant les deux fils isolés dans un verre d'eau et en recourbant en haut les extrémités dénudées, on coiffe chacun d'eux d'une éprouvette remplie d'eau. Le pôle — se couvre rapidement de bulles d'H qui montent dans l'éprouvette tandis que l'O apparaît au pôle + où il oxyde le conducteur. On peut aussi se servir de papiers cherche pôles qu'on trouve dans le commerce, le pôle négatif devient rouge avec le papier Teugidar par exemple, il devient blanc avec le papier au ferro-prussiate à cause de la décoloration produite par la potasse naissante.

Il faut s'assurer ensuite qu'on ne met pas en circuit un nombre d'accumulateurs tel que la force contre-électromotrice de la batterie E′ soit égale ou supérieure à la force électromotrice de la source E.

L'intensité du courant $\dfrac{E - E'}{R}$ (R étant la résistance totale du circuit) doit en effet avoir toujours une valeur positive.

Le régime de charge le plus convenable est le régime à intensité décroissante depuis le début jusqu'à la fin de la charge (à mesure que E′ force contre-électromotrice augmente).

D'une façon générale le régime de charge doit varier avec la surface des plaques, et par suite avec le poids de l'élément pour un même type d'accumulateurs. On peut donc évaluer pour un même type le régime de charge par le nombre de kilogrammes d'électrode, ce régime de charge pouvant d'ailleurs varier dans de certaines limites, mais le régime moyen étant indiqué par les constructeurs.

Moyen de reconnaître que la batterie est chargée. — Plusieurs signes indiquent la fin de la charge :

α) Le voltage des éléments atteint 2ᵛ,4 à 2ᵛ,6 — alors qu'elle n'était que de 1ᵛ,8 au début, et de 2ᵛ,1 à 2ᵛ,2 pendant la période de charge.

β) Le liquide bouillonne, parce que la dissociation des éléments de l'eau se poursuit sous l'influence du courant alors que ces éléments n'ont plus d'emploi pour produire la réaction chimique de charge sur les électrodes.

γ) La densité de l'électrolyte reste constante parce que les plaques ne rendent plus l'acide.

Les ouvriers qui ont l'habitude de charger les accumulateurs jugent de l'état d'acidité du liquide en le goûtant.

Il est d'ailleurs indispensable pour la surveillance des accumulateurs d'avoir un voltmètre gradué de 1 à 3 volts environ ; il servira d'une part à connaître l'état de décharge (le voltage ne doit pas descendre au-dessous de 1,8), d'autre part à vérifier les éléments de la batterie quand le rendement paraît défectueux.

Charge par le courant continu des secteurs des villes. — Si l'on dispose d'un circuit de ville actionnant par exemple une bobine pour la production des rayons X ou de courants de haute fréquence rien de plus simple : le rhéostat qui permet d'employer un courant de 110 volts pour actionner une bobine avec un débit de 8 ampères pourra servir parfaitement à la charge des accumulateurs. En principe, pour utiliser un courant de 110 volts économiquement, il faudrait mettre en charge 30 à 40 accumulateurs. Pratiquement, nous devons nous résigner à consommer de l'énergie sous forme de chaleur dans le rhéostat quand nous avons à charger à longs intervalles seulement 10, 20 accumulateurs.

Cependant s'il fallait charger un très petit nombre d'accumulateurs, ou bien si la charge devait se répéter très souvent (ce qui n'est guère dans le cas quand on dispose d'une source continue), on peut mettre dans le circuit total de plusieurs lampes groupées elles-mêmes en quantité, une prise de courant qui servira à mettre en circuit la batterie d'accumulateurs. Les lampes ici feront résistance et cette résistance au lieu de consommer de l'électricité en pure perte comme le rhéostat fournira de l'éclairage.

Charge par le courant alternatif des secteurs de ville. — Ici, le problème n'est pas sans difficultés. Plusieurs moyens peuvent être employés :

α) On redressera le courant avec les tranformateurs tournants qui sont de deux ordres :

Moteurs-dynamos d'une part (couplage d'un moteur alternatif et d'une dynamo génératrice). Convertisseurs d'autre part (transformation directe).

β) On transformera le courant alternatif eu courant de même sens interrompu par le redresseur Villard, par exemple.

γ) On redressera le courant par les soupapes électrolytiques ; le Wehenlt n'est qu'une forme de ce mode de redressement.

Charge des accumulateurs par le courant alternatif des secteurs redressé par les transformateurs tournants. — Si l'on prend le système moteur dynamo, les deux appareils moteur et générateur sont couplés, soit par une courroie de transmission munie d'un tendeur, soit par un arbre flexible. La conduite du moteur est la même que pour tout moteur alternatif. De même la dynamo ne présente rien ici de spécial.

Sa puissance sera déterminée en raison des différents emplois qu'on veut en faire. S'il ne s'agit que de charger les accumulateurs, on se basera sur le voltage nécessaire au régime de charge et sur l'ampérage maximum dont on doit pouvoir disposer. Si l'on choisit les transformateurs directs, les mêmes données serviront à déterminer les constantes de l'appareil.

On ne peut guère conseiller beaucoup ce mode de charge parce que :

1° Le transformateur tournant fait du bruit et cause des trépidations. Il est lourd et encombrant ; il demande une surveillance spéciale.

2° Si l'emploi du transformateur est limité à la charge des accumulateurs, c'est un gros matériel pour une faible consommation.

Charge des accumulateurs par le courant alternatif des secteurs transformé en courant interrompu, mais de sens constant par le redresseur Villard. — Ce système particulièrement applicable au courant monophasé convient tout spécialement, car ce même redresseur sert d'interrupteur pour la bobine à rayons X et à courants de haute fréquence, permettant ainsi d'utiliser directement le courant de ville pour trois

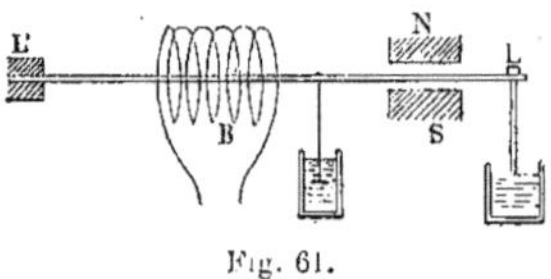

Fig. 61.

emplois différents. C'est une branche de diapason LL' aimantée par une bobine B enroulée autour de son axe sans la toucher, et dans laquelle circule une dérivation du courant de ville après avoir traversé une bobine de self à cinq sections. L'extrémité de la branche du diapason oscille entre deux pôles d'aimant fixe NS attirée tantôt par l'un, tantôt par l'autre suivant la phase. Le synchronisme est ainsi assuré entre le mouvement du diapason (amorti d'ailleurs par un amortisseur à liquide fixé sur sa tige) et la période du courant d'excitation.

A l'extrémité de cette branche de diapason se trouve un plongeur à mercure par lequel passe le courant de ville. Le réglage de la plongée, de la branche du diapason, de la self de l'excitation permet de rompre le circuit sur telle ou telle partie de la courbe alternative de manière à prendre telle ou telle partie d'une phase. Pour actionner une bobine on doit rompre sur le maximum de la phase choisie ; pour charger les accumulateurs, on doit rompre sur le O. La phase du diapason est naturellement en retard sur la phase du courant. On augmente ce retard :

1° En augmentant la self de l'excitation ;

2° En augmentant la plongée, ce qui retarde le moment de rupture ;

3° En desserrant la vis du chariot, ce qui augmente la plongée.

On diminue le retard de la phase, autrement dit on donne de l'avance à la phase retardée :

1° en diminuant la self ;

2° en diminuant la plongée ;

3° en serrant la vis du chariot.

C'est ce réglage qui constitue le calage de l'appareil.

Il faut savoir qu'on augmente l'ampérage moyen chaque fois qu'on augmente la plongée. Quand la rupture a lieu sur l'O, l'interrupteur est silencieux. On est averti qu'il se décale s'il se produit un gloussement caractéristique. On n'a alors qu'à régler le calage par l'un des trois procédés ci-dessus.

On peut, grâce à ce redresseur, charger jusqu'à 15 ou 20 accumulateurs en tension.

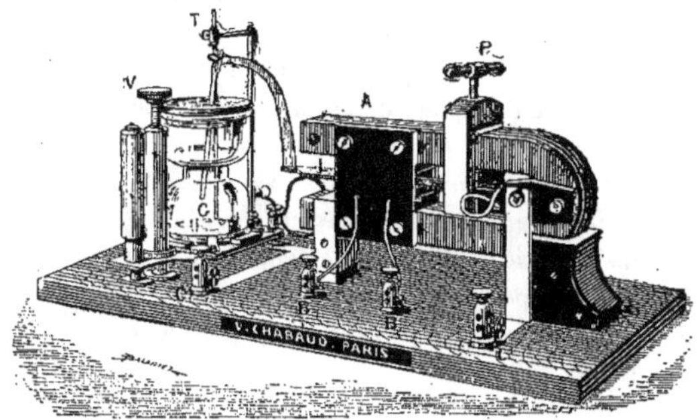

Fig. 62.

Lorsque l'on emploie une batterie de plus de 20 accumulateurs, mieux vaut par un système de commutateurs appropriés, faire deux groupes égaux couplés en quantité pour la charge.

Charge des accumulateurs par le courant alternatif des secteurs redressé par les soupapes électrolytiques. — Les soupapes électrolytiques sont des redresseurs dont le principe est le suivant : si l'on fait plonger dans une solution alcaline une lame de charbon ou de plomb reliée à un pôle alternatif, et une lame d'aluminium poreux reliée à l'autre pôle, le courant ne passe que dans un sens. On monte 4 soupapes en pont de Wheatstone deux des sommets sont reliés à la source, les deux autres à l'emploi où l'on recueille du continu.

Le redressement du courant par l'interrupteur Wehnelt repose sur le même principe.

Charge des accumulateurs par les piles. — Ce mode de charge n'est pas à consciller. Isolé de toute source électrique on ne doit en principe songer à charger des accumulateurs par des piles que si on a besoin d'un grand débit sous un faible voltage. Mais pour produire un courant de quelques ampères sous 30 à 50 volts, il est beaucoup plus avantageux d'employer directement l'énergie des pi.es bien choisies.

Charge par une dynamo à domicile. — Lorsqu'on n'a pas de source d'électricité à sa disposition, et qu'on veut obtenir toutes les formes utiles, la meilleure solution est d'avoir une dynamo mue par un moteur à gaz, à pétrole, à air comprimé, à vapeur à eau ou à vent, etc.

L'une des meilleures combinaisons en ce qui concerne la charge des accumulateurs, si la différence $(E - E')$ est très grande (E force électromotrice de la dynamo, E' force contre-électromotrice de la batterie), est de combiner la charge et l'éclairage.

On a tout avantage à avoir une batterie d'accumulateurs et à ne pas travailler directement avec le courant de sa dynamo.

Lorsqu'on charge une batterie par une dynamo à domicile, on doit toujours avoir en circuit un rhéostat, un coupe-circuit et un ampèremètre comme dans les autres cas.

Charge de la batterie dans une usine extérieure. — Si on est réduit à cet expédient on est presque toujours forcé d'avoir deux batteries. Les usines ne chargent pas volontiers une batterie de 15 à 20 éléments isolés, elle met en charge le nombre d'éléments nécessaires pour employer économiquement le voltage de la source, aussi faut-il attendre parfois plusieurs jours. Le transport est en outre très préjudiciable à la conservation des accumulateurs.

Constantes des accumulateurs et quantité intéressant leur fonctionnement. — Comme les piles primaires les accumulateurs présentent à considérer la force électromotrice, la résistance intérieure, le voltage variant suivant le débit, la puissance du courant débité ; une des notions particulièrement importante ici est la notion de la capacité. Le rapport de la puissance, de la capacité, etc., au poids des plaques, au point de vue pratique est d'un intérêt capital. Les accumulateurs Edison fer (—) et nikel (+) ont une puissance massive élevée.

La force électromotrice de décharge est $1^v,9$ à 2 volts, et même $2^v,8$, mais cet état n'est que passager. Elle s'abaisse à $1^v,8$ et au-dessous vers la fin de la charge. Elle n'est environ que de $1^v,1$ pour les accumulateurs Edison.

La résistance intérieure est très faible, aussi le débit (ou courant en ampères) peut-il être considérable, mais il y a intérêt pour la durée de l'appareil de ne pas dépasser un certain débit voisin de $0^a,8$ par kilogramme de plaque ; la puissance correspondante serait par kilogramme de plaque de $1^v,4$ environ.

On appelle capacité de l'accumulateur la quantité d'électricité qu'il peut débiter pendant sa décharge complète, quantité exprimée en ampères-heures.

La capacité est proportionnelle à la surface et par suite au poids des plaques pour un même type.

On détermine un type d'accumulateur en indiquant sa capacité par kilogramme de plaque.

Les accumulateurs employés pour la production des courants de haute fréquence exigent une grande capacité en raison du grand débit, aussi doit-on choisir pour cet usage, des accumulateurs de poids relativement élevé.

La capacité moyenne est de 6 à 10 ampères-heures par kilogramme de plaque.

Rendement en capacité. — On appelle rendement en capacité le rapport $\frac{Q_d}{Q_c}$ de la quantité d'électricité en ampères-heures fournie à la décharge Q_d, à la quantité nécessaire à la charge Q_c. Ce rapport est voisin de $\frac{90}{100}$. La capacité varie avec le régime de charge adopté et par suite le rendement en capacité est aussi fonction de ce régime. Il est d'autant plus élevé que le régime est plus faible.

Rendement en énergie. — On appelle rendement en énergie le rapport de l'énergie du courant de décharge W_d à l'énergie du courant de charge W_c, ce rendement qui a pour expression

$$\frac{\int_0^{T_d} V_d I_d \, dt}{\int_0^{T_c} V_c I_c \, dt} = \frac{W_d}{W_c}.$$

(T_d, V_d, I_d étant le temps de décharge, la différence de potentiel et l'intensité de décharge ; T_c, V_c, I_c les quantités correspondantes de charge) varie suivant les régimes de charge et de décharge, il est d'environ de $\frac{80}{100}$ et d'autant plus voisin de ce maximum pratique que l'intensité des courants de charge et de décharge est faible.

Couplage des accumulateurs. — Les mêmes considérations que pour les piles sont à envisager pour le couplage des accumulateurs.

LES MACHINES DYNAMO-ÉLECTRIQUES

Considérons un champ magnétique uniforme figuré par des flèches (fig. 63) et une boucle de fil, placée dans ce champ, et susceptible de tourner autour de son diamètre vertical. On voit que le flux magnétique embrassé par la boucle varie pendant cette rotation : Il est maximum quand le plan de la boucle est perpendiculaire aux lignes de force, et il est nul quand le plan de la boucle est parallèle aux lignes de force. Si la boucle fait un tour complet en partant de la position perpendiculaire aux lignes de force, le flux magnétique embrassé par elle s'annule, change de sens relatif (puisqu'il ne pénètre plus par la même face de la boucle), croît en valeur jusqu'à ce que la boucle soit redevenue perpendiculaire aux lignes de force, décroît ensuite, s'annule à nouveau, change de sens relatif, il pénètre alors par la face primitive et augmente jusqu'à sa valeur maxima.

Le taux de variation du flux n'est pas constant pendant la rotation : on voit sur la figure 64 représentant une vue en plan, que, pour un même angle de rotation de la boucle, le nombre de lignes de force embrassées varie d'autant plus vite que la boucle se rapproche plus de la position C'D' perpendiculaire à la position initiale CD. Dans ces conditions pendant un tour de la boucle partant de la position CD, la force électromotrice

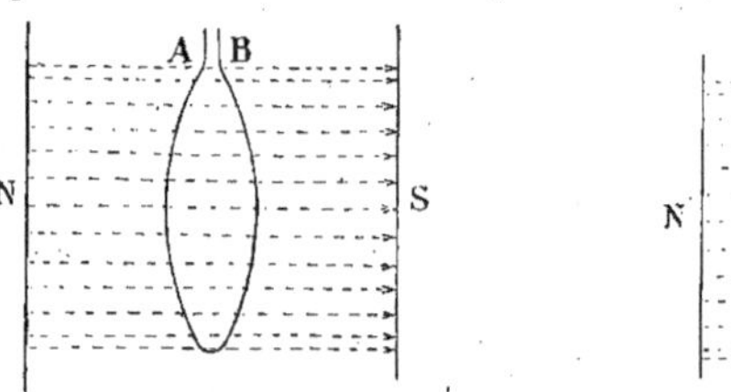

Fig. 63.   Fig. 64.

induite va d'abord en croissant, atteint un maximum (qui correspond à la position C'D' de la boucle, c'est-à-dire un quart de tour), décroît, s'annule (au bout d'un demi-tour), change de sens, croît en valeur jusqu'à un maximum M' (au bout de trois quarts de tour), puis décroît et s'annule.

Si l'on porte sur une droite horizontale les valeurs de l'angle de rotation de la boucle, ou, ce qui revient au même, les valeurs du temps écoulé depuis l'origine du mou-

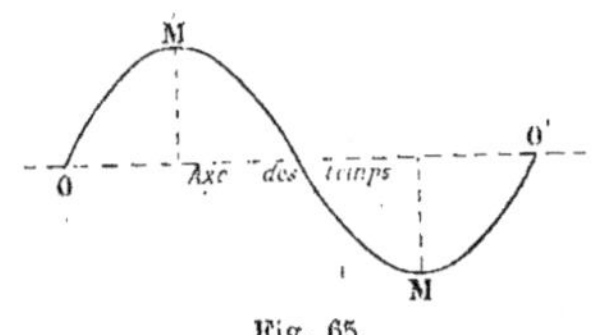

Fig. 65.

vement, et si l'on trace, aux points correspondant aux différentes valeurs du temps, des verticales proportionnelles aux différentes valeurs qu'a la force électromotrice à ces instants successifs, on obtient une courbe représentative, telle que celle de la figure 65. Une telle force électromotrice est dite alternative parce qu'elle change de sens tous les demi-tours ; elle est caractérisée par la forme de la courbe représentative et par la valeur maxima qu'elle atteint.

Si les deux extrémités de la boucle sont réunies, par l'intermédiaire de bagues et de frotteurs, à un circuit conducteur fermé, un certain courant traverse ce circuit sous l'action de la différence de potentiel existant entre les extrémités A et B de la boucle. La forme de ce courant sera la même que celle de la différence de potentiel, et par suite de la force électromotrice induite ; la courbe représentative du courant en fonction du temps sera donc semblable à la courbe de la figure 65. Un tel courant est dit *courant alternatif*.

On appelle *période du courant alternatif* le temps correspondant à la longeur OO', c'est-à-dire la durée d'une variation complète (ici la durée d'un tour de boucle). On appelle fréquence du courant alternatif le nombre de périodes par seconde. Les courants alternatifs industriels ont généralement une fréquence de 50 ou de 25 périodes par seconde, c'est-à-dire que la variation complète du courant dure $\frac{1}{50}$ $\frac{1}{25}$ seconde.

Il est évident que si, au lieu d'une boucle de fil, on fait tourner ensemble 10, 100, 1 000, boucles formant une bobine enroulée sur un cadre la force électromotrice induite sera 10, 100, 1 000 fois plus élevée.

En pratique, on enroule sur un noyau de fer un grand nombre de tours de fil, pour constituer le système induit, et l'on produit le flux magnétique nécessaire au moyen d'un système inducteur comprenant un certain nombre d'électro-aimants. L'un des deux systèmes est mobile à l'intérieur de l'autre et est calé sur un arbre entraîné par un moteur mécanique.

Si au lieu de courant alternatif on veut recueillir du courant continu, c'est-à-dire toujours de même sens, on adjoint au générateur électrique un organe appelé commu-

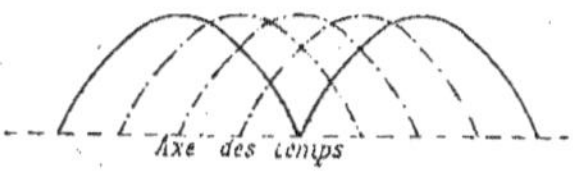

Fig. 66.

lateur ou collecteur, composé d'un certain nombre de lames isolées les unes des autres, et ayant pour fonction de redresser les portions inférieures de la courbe du courant, comme le montre la figure 66 (courbe en trait plein).

En reliant entre elles plusieurs bobines qui occupent, à un même instant des positions différentes par rapport au champ inducteur, on peut faire en sorte que la force électromotrice résultante (c'est-à-dire la somme des forces électromotrices induites dans les différentes bobines) soit extrêmement pulsatoire. On s'en rend compte en examinant la figure 66, sur laquelle sont tracées des forces électromotrices induites de quatre bobines seulement, et en additionnant ces forces électromotrices.

Nous ne nous étendrons pas sur la théorie ni sur les calculs des dynamos pour lesquels il existe un grand nombre d'ouvrages.

NOTE RELATIVE AUX MOTEURS DESTINÉS A ACTIONNER LES DYNAMOS

Nous ne pouvons entrer dans le détail des questions relatives aux moteurs de dynamos. Il peuvent être électriques, à vapeur, à gaz, à air comprimé, à pétrole, à eau, à vent, etc. Il faut savoir seulement quelle doit être la puissance d'un moteur pour une dynamo choisie.

Le rapport de la puissance utile du moteur à la puissance du courant fourni par la dynamo est le rendement.

On appelle coefficient de transformation le rapport de la puissance totale fournie par la dynamo P_t à la puissance du moteur P_m

$$\text{Coeff. transf.} = \frac{P_t}{P_m}.$$

On sait que la puissance électrique utile de la dynamo n'est qu'une fraction de sa puissance totale, fraction variable d'ailleurs avec la valeur absolue de la puissance ; le rapport $\frac{P_u}{P_t}$ est le rendement électrique.

Ce qu'il importe surtout de connaître pour le choix d'un moteur ; c'est le rapport de la puissance utile de la dynamo à la puissance du moteur qui doit l'actionner ; ce rapport $\frac{P_u}{P_m}$ est ce qu'on appelle le rendement industriel.

Le rendement industriel est relativement mauvais pour une petite dynamo car le rendement est d'autant plus faible que la machine est d'une puissance plus faible. Il varie d'ailleurs suivant le type.

Pour les bonnes dynamos industrielles, on peut compter que le rendement industriel $\frac{P}{P_m}$ est de 60 % lorsque la dynamo a une puissance de 1 000 watts, 67 % pour 2 000 watts, 70 % pour 4 000 watts, etc. Cette variation tient surtout à la variation du rendement électrique qui est de 75 % dans le type 1 000 watts, 82 % dans le type 2 000 watts, etc.

Si donc on se propose d'installer une dynamo de 1 000 watts, il faut savoir que le moteur devra avoir une puissance minima $\frac{100}{60}$ de 1 000 watts c'est-à-dire 1,66 poncelet (le poncelet égalant sensiblement 1 000 watts).

Pour les puissances inférieures, il faut doubler ou tripler le nombre des watts pour avoir le nombre en milliponcelets du moteur.

On se sert peu du poncelet comme unité de mesure, on emploie plutôt le cheval-vapeur qui vaut 75 kilogrammètres par seconde, le poncelet vaut 100 kilogrammètres par seconde. Le cheval-vapeur vaut donc 0,75 poncelet.

Un moteur de 1 cheval a une puissance de 0,75 poncelet et inversement un moteur de 1 poncelet vaut $\frac{100}{75}$ cheval ou 1 cheval 1/3.

CHAPITRE VIII

LA BOBINE D'INDUCTION

GÉNÉRALITÉS

Les courants d'induction préconisés par Ampère ont été réalisés par Faraday en 1830. C'est Masson qui, en 1836, construisit la première bobine d'induction, Fizeau y adapta le condensateur, Masson perfectionna tout cet ensemble avec le concours de Bréguet en 1848. Puis enfin Ruhmkorff, en 1851, obtint des étincelles puissantes. C'est en isolant mieux les couches de fils entre elles qu'il réalisa ce progrès.

La bobine telle que Ruhmkorff l'a présentée se compose d'un enroulement de gros fil isolé autour d'un noyau de fer ou d'un faisceau de fils de fer NN' et qu'on appelle

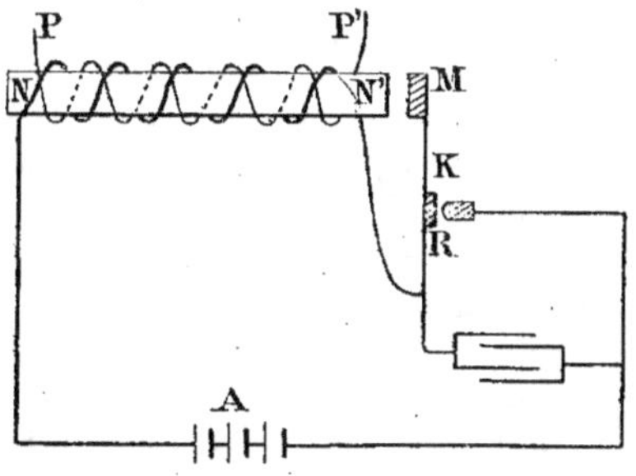

Fig. 67.

circuit primaire et d'un second enroulement de fil fin isolé PP' concentrique au premier ce qui forme le circuit secondaire ou induit. Le circuit primaire est traversé par le courant d'une source A interrompu et rétabli brusquement et périodiquement au moyen de l'interrupteur.

Lorsque les deux pièces de l'interrupteur K sont au contact, le courant passe dans le primaire, mais alors NN' s'aimante, attire M et le contact est rompu. Puis M reprend sa position sous l'action du ressort R, le contact K se rétablit, puis le phénomène se reproduit à nouveau, jusqu'à ce que l'on coupe le courant primaire.

Les travaux de Faraday et de Lenz. — Tous les phénomènes de l'induction peuvent être rapportés aux deux lois suivantes :

I. — *Loi de Faraday*.

Au moment où il commence et au moment où il finit, le courant voltaïque agit par induction sur son propre circuit, et développe dans ce circuit deux forces électromotrices, l'une inverse, au moment de la fermeture du circuit, et l'autre directe au moment de la rupture de ce circuit.

II. — *Loi de Lenz*.

Toutes les fois qu'on déplace rapidement un courant ou un aimant dans le voisinage d'un circuit fermé, il se forme dans ce circuit un courant induit de sens tel, qu'en agissant suivant les lois de l'électrodynamique sur le courant inducteur ou sur l'aimant, il leur communiquerait un mouvement inverse de celui qu'ils possèdent en produisant l'induction.

Ces deux lois ont été le point de départ de toutes les recherches sur l'induction, et elles sont établies d'une façon fondamentale, elles sont la conclusion de tous les travaux de ces deux physiciens, desquels il est inutile de rappeler ici les expériences auxquelles ils se sont livrés avant d'énoncer ces lois qui les illustrent.

Intra-courant et extra-courant. — Si on suppose une pile composée d'un nombre d'éléments quelconque réunis en série, et qu'à chacun des pôles extrêmes de cette pile on attache un fil conducteur, on fera jaillir une étincelle en écartant brusquement ces deux fils qu'on aura préalablement mis en contact. C'est là le cas de l'induction la plus simple et qu'on désigne sous le nom d'intra-courant. Sa durée extrêmement courte se mesure par une très minime fraction de seconde.

Si on se reporte à la loi de Faraday, on voit que cette force électromotrice nouvelle était de même sens que le courant voltaïque, mais il y a aussi un autre intra-courant développé, au moment où on ferme le circuit en réunissant les deux conducteurs, ce courant étant de sens inverse à celui de la pile, agit comme une résistance nouvelle introduite dans le circuit et son action se borne à diminuer momentanément l'intensité du courant inducteur. Si on refait la première expérience avec un fil très petit et très long, l'étincelle de rupture devient plus brillante. En effet, toute augmentation de résistance dans le circuit détermine une diminution correspondante de l'intensité du courant de la pile. Si donc l'étincelle de rupture devient de plus en plus forte à mesure que le circuit augmente de longueur, c'est qu'il se produit à ce moment un second courant qui n'est autre que l'intra-courant et dont l'effet s'accroît en même temps que la longueur du circuit.

Si au lieu de faire l'expérience avec un circuit rectiligne d'une certaine longueur, on enroule l'un des fils conducteurs en forme de spirale, l'étincelle est encore plus forte lors de la rupture du circuit.

En effet, d'après Bordet, le courant de la pile traverse le solénoïde suivant le sens des flèches, mais ce parcours ayant lieu en un intervalle de temps appréciable quoique très court, il en résulte que chacune des spires BC, DE, etc., réagit par induction sur sa voisine lorsqu'elle-même est traversée par le courant voltaïque. Tous les courants induits ainsi formés s'ajoutent les uns aux autres, et leur somme constitue ce que l'on a appelé l'extra-courant, tantôt inverse au moment de la fermeture du circuit, tantôt direct au moment de l'ouverture.

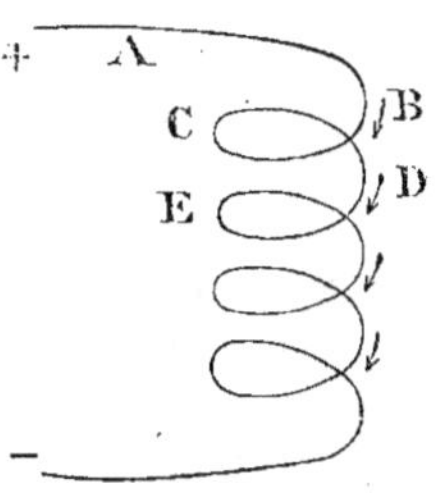

Fig. 68.

L'intensité des extra-courants est beaucoup augmentée si on introduit dans la bobine un barreau de fer doux que l'on appelle le noyau.

Période d'état variable et période d'état permanent. — Des expériences précédentes, deux faits caractéristiques ressortent :

I. Les intra et les extra-courants directs ou d'ouverture, agissent dans le même sens que le courant de la pile en augmentant et en renforçant son action.

II. Les intra et les extra-courants inverses ou de fermeture, dont le sens est contraire à celui du courant inducteur, retardent celui-ci comme le ferait une résistance ajoutée dans le circuit. Ils diminuent donc momentanément son action.

Lorsqu'on lance le courant d'une pile dans un circuit d'une grande longueur ou ayant une grande résistance, ce courant n'atteint pas immédiatement sa limite maximum d'intensité.

Dans ces conditions, le courant voltaïque passe par deux périodes successives.

I. L'une dite période d'état variable, pendant laquelle l'intensité va graduellement croissant.

II. L'autre dite période d'état permanent, pendant laquelle le courant conserve son intensité maxima, tant qu'aucune cause nouvelle ne vient agir sur le circuit ou sur la pile.

La période d'état variable est toujours d'une très courte durée, proportionnelle à la résistance et à la capacité du circuit que doit traverser le courant.

La durée minima de cette période est d'après Helmoltz et Kœnig d'au moins 0,0015 seconde ou 1,666° de seconde, d'après Lamansky et Boudet de Paris elle est seulement de 0,002 ou 1,500° de seconde.

Le circuit et le champ magnétique. — On appelle circuit magnétique, les différentes parties d'un aimant ou d'un électro-aimant fermé par son armature métallique ou pour les couches d'air qui séparent les deux pôles.

Lorsque l'aimant est fermé par une armature métallique, le circuit magnétique est dit à *circuit fermé*. Lorsque l'aimant est fermé par les couches d'air qui séparent ses pôles, le circuit magnétique est dit à *circuit ouvert*.

On appelle *entrefer* l'espace compris entre les deux pôles d'un aimant.

On appelle *champ magnétique* l'espace traversé par les lignes de force de l'aimant.

Ampère comparait les barreaux aimantés à des solénoïdes complexes, chaque molécule du métal se trouvant parcourue par un courant circulaire. Si on regarde la figure 69 dans laquelle on représente le barreau vu en coupe, et le barreau vu transversalement, on se rend compte que chaque molécule se trouvant ainsi polarisée, toutes celles qui se trouvent placées suivant le même axe représentent bien un solénoïde.

Tous les métaux ne jouissent pas de propriétés magnétiques, le fer, le manganèse,

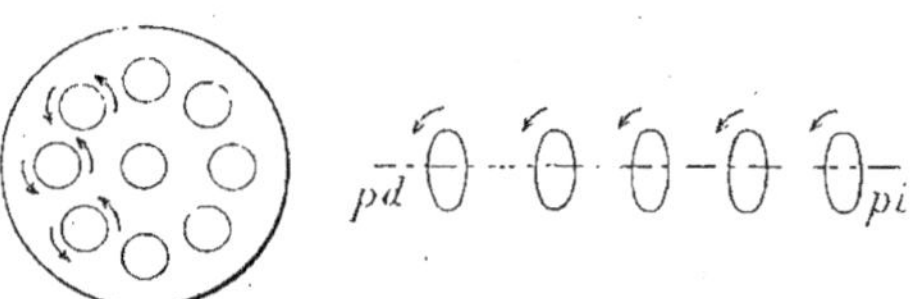

Fig. 69.

le cobalt, le nickel et quelques autres peuvent s'aimanter. L'acier qui est du fer carburé conserve l'aimantation qui lui a été donnée, tandis que le fer doux ne reste aimanté que tant qu'il est soumis à l'action d'un aimant ou d'un solénoïde.

Si on jette de la limaille de fer sur un barreau aimanté, on voit la limaille se précipiter aux deux extrémités alors que le milieu en est absolument dépourvu, c'est ce qu'on appelle la zone neutre.

On donne le nom de *pôle boréal* d'un aimant au pôle qui se dirige vers le sud, c'est-à-dire vers le pôle austral de la terre. L'autre pôle de l'aimant s'appelle *pôle austral* et se dirige vers le nord, c'est-à-dire le pôle boréal de la terre.

Lois relatives au circuit magnétique. — Un circuit magnétique présente 3 caractères :

La *force magnétomotrice* qui est la cause du flux ;

Le *flux magnétique* qui est l'ensemble des lignes de force ;

La *réluctance* ou résistance magnétique du circuit ;

L'unité de force magnétomotrice $\mathcal{F}$ s'appelle *le gilbert* ;

L'unité de flux magnétique Φ s'appelle le *maxwell* ;

L'unité de réluctance $\mathcal{R}$ s'appelle *l'œrstedt* ;

La relation qui relie ces 3 constantes s'écrit ainsi :

$$1 \text{ maxwell} = \frac{1 \text{ gilbert}}{1 \text{ œrstedt}} \qquad \Phi = \frac{\mathcal{F}}{\mathcal{R}}.$$

La réluctance d'un circuit magnétique est proportionnelle à la longueur du circuit, et inversement proportionnelle à sa section et à sa perméabilité magnétique qui est un facteur propre à chaque milieu.

La perméabilité magnétique μ d'un corps est définie par le rapport

$$\mu = \frac{\mathcal{B}}{\mathcal{H}}.$$

$\mathcal{B}$ étant l'induction spécifique qui est le rapport $\frac{\Phi}{S}$ du flux à la section qu'il traverse.

$\mathcal{H}$ étant l'intensité du champ qui produit l'induction spécifique.

L'intensité du champ magnétique est le rapport de la force (f) exercée sur un pôle (m) placé dans le champ au point considéré à l'intensité de ce pôle.

$$\mathcal{H} = \frac{f}{m}.$$

La direction de la force f est celle dans laquelle un pôle est sollicité par le champ magnétique.

Calcul de la force magnétomotrice dans un hélice ou solénoïde. — Lorsqu'on fait passer un courant dans un solénoïde enroulé autour d'un barreau, on donne naissance à une force magnétomotrice à ce barreau de fer.

Cette force est proportionnelle au nombre de tours n de l'enroulement et à l'intensité I du courant

Si on exprime I en ampères, la force magnétomotrice sera, en gilberts, obtenue par la relation

$$\mathcal{F} = 0{,}4\pi n\mathrm{I}.$$

Le produit $n\mathrm{I}$ est le nombre d'ampères-tours du système.

La force magnétomotrice développée par un ampère-tour est égale à $0{.}4\pi$ autrement dit, en écrivant $\mathcal{F}$ en gilberts on a

$$\mathcal{F} = 0{,}4\pi$$

pour 1 ampère-tour, d'où

$$1 \text{ gilbert} = \frac{1 \text{ ampère-tour}}{0{.}4\pi}$$

et 1 ampère-tour $= 0{,}4\pi$ gilberts.

L'intensité $\mathcal{H}$ d'un champ magnétique développé par 1 ampère-tour est d'autant moins grande que la longueur du circuit est plus grande.

L'unité d'intensité de champ est le champ développé par 1 ampère-tour dans un circuit de 1 centimètre.

Cette unité s'appelle *ampère-tour centimètre*.

L'unité C. G. S. est égale à $\dfrac{1}{0,4\pi}$ de l'ampère-tour centimètre ou 0,8 elle s'appelle le *gauss*.

Le *gauss* est l'intensité du champ qui, agissant sur l'unité de pôle magnétique, exerce sur elle une force de 1 dyne.

Induction magnétique. — Un corps magnétique placé dans un champ magnétique s'aimante sous la direction des lignes de force du champ.

Son magnétisme s'appelle *magnétisme induit*, et l'action elle-même prend le nom d'*induction magnétique*. L'aimantation gardée par le corps retiré du champ s'appelle *magnétisme rémanent*. La cause de cette rémanence s'appelle *force coercitive*.

Cette rémanence peut disparaître sous l'action d'un choc mécanique.

Hystérésis. — Quand on amène la force magnétisante, dans une substance magnétique, d'une valeur maxima à une valeur égale et de signe contraire, puis en revenant de nouveau à cette valeur initiale maxima on voit que la courbe d'aimantation ne se superpose pas à la courbe de désaimantation. Si on trace deux courbes, on voit qu'il y en a une qui est en retard sur l'autre d'une certaine quantité.

Ewnig a donné le nom d'hystérésis à ce phénomène de retard à la désaimantation. Ce retard correspond à une certaine dépense d'énergie en chaleur.

Tous les mouvements mécaniques diminuent l'influence de l'hystérésis.

Il a pour cause la force coercitive ou propriété des corps magnétiques de conserver l'aimantation acquise sous l'action d'un champ.

Induction produite par un conducteur placé dans un champ magnétique dont on fait varier le flux intercepté par ce conducteur. — La quantité d'électricité induite dans un circuit est égale à la variation du flux intercepté divisée par la résistance

$$Q = \frac{\Phi - \Phi'}{R}.$$

Φ et Φ' étant les valeurs du flux avant et après le changement fait dans le même sens.

La force électromotrice est fonction de la vitesse de variation du flux

$$E = \frac{d\Phi}{dt}.$$

L'intensité est égale à $\dfrac{E}{R}$ soit :

$$I = \frac{d\Phi}{R\,dt}.$$

Induction produite dans un circuit par un courant circulant dans un circuit voisin. — Soient deux circuits voisin A et B. Si le circuit A est traversé par un courant il produit dans le circuit B un certain flux de force. On appelle *coefficient d'induction mutuelle* des deux circuits le rapport du flux de force embrassé par B à l'intensité du courant dans A. Ce flux de force est proportionnel à l'intensité I du courant et au coefficient d'induction mutuelle Lm. On a alors la relation :

$$d\Phi = Lm\,dI.$$

Au moment où on amène l'intensité du courant de 0 à 1 dans le circuit A, on crée un flux de force dans B et on induit une certaine quantité d'électricité.

$$Q = \frac{\Phi}{R} = \frac{Lm\,I}{R}.$$

En amenant l'intensité de 1 à 0 on produit dans le circuit B une quantité d'électricité égale et de signe contraire. Une succession rapide de fermetures et d'ouvertures du circuit A produira une succession de courants induits en B, courants dus à des quantités égales et alternativement de signe contraire. L'intensité à chaque instant a pour valeur :

$$I = \frac{d\Phi}{R\,dt} = \frac{Lm}{R}\frac{dI}{dt}.$$

Et la force électromotrice induite E :

$$E = RI = \frac{d\Phi}{dt} = Lm\frac{dI}{dt}.$$

Induction produite dans un circuit par un courant circulant dans ce circuit. — Le même flux de force déterminant un courant dans un conducteur passif voisin développe un courant dans le conducteur même où circule le primaire. Ce courant s'appelle *courant de self-induction.*

On appelle coefficient de self-induction le rapport de la variation du flux intercepté par ce circuit à la variation de l'intensité du primaire.

$$L_s = \frac{d\Phi}{dI}.$$

La valeur de L_s est pour un conducteur de longueur l et de rayon r (conducteur linéaire).

$$L_s = 2l\left(\log e\,\frac{2l}{r} - 0{,}75\right).$$

Pour un solénoïde à une seule courbe de N spires de longueur l et de section S.

$$L_s = \frac{4\pi N^2 S}{l}.$$

La self-induction d'un circuit a pour effet de s'opposer à la variation du flux de force et d'empêcher par exemple que le courant ne prenne instantanément sa valeur de régime.

On peut obtenir des circuits sans self-induction en roulant des bobines en double, car alors dans ce cas, le flux de force est toujours nul.

Constantes de temps des bobines $\frac{L_s}{R}$. — La définition de la constante de temps est de toute utilité. Elle répond au quotient du coefficient de self du primaire par sa résistance $\frac{L_s}{R}$. Voici sa signification : on sait qu'au moment de la fermeture du courant primaire, la self du circuit primaire et le courant d'induction du secondaire tendent à s'opposer à l'augmentation du flux magnétique et à retarder l'établissement du primaire. En ne tenant compte que du retard appporté par la self du primaire, on peut approximativement déterminer la durée de variation du flux de fermeture par la formule de Helmoltz qui donne l'intensité It du courant primaire au bout d'un temps t à partir du moment de la fermeture du circuit. Voici la formule d'Helmholtz :

$$It = \frac{E}{R}\left(1 - e^{-\frac{R}{L_s}t}\right)$$

dans laquelle $\frac{E}{R}$ est l'intensité maxima du courant primaire arrivé à son régime permanent. e est égal à 2,7183 (base des log népériens) ; L_s est le coefficient de self du primaire exprimé en henrys (L'henry est l'unité de self qui vaut 10^9 centimètres), et t le temps pratique séparant le moment considéré du moment de la fermeture du circuit (en secondes).

Cette formule montre que plus le coefficient de self est grand, plus le terme $\left(1 - e^{-\frac{R}{L_s}t}\right)$ est petit, et par conséquent plus il faut de temps au courant primaire pour prendre son intensité maxima $\frac{E}{R}$.

Tandis qu'au contraire, à coefficient de self égal, plus la résistance R est grande, plus la durée d'établissement du courant maximum est courte.

Chaque circuit est caractérisé par ce fait qu'il faut toujours le même temps au courant primaire pour passer de la valeur 0 à une valeur qui soit une fraction déterminée de la valeur maxima.

On pourrait donc qualifier les bobines par le temps nécessaire à faire passer le courant primaire de la valeur 0 à la valeur $\frac{1}{x}$ de l'intensité maxima, on choisira cette valeur $\frac{1}{x}$ arbitrairement. Celle qu'on choisit toujours est la valeur 0,6343 : c'est celle pour laquelle l'exposant $\frac{R}{L_s}t = 1$. Alors :

$$(1 - e^{-1}) = 0,6343.$$

La question se réduit alors à celle-ci :

Quelle est pour une bobine donnée le temps nécessaire à faire passer le courant primaire de la valeur 0 à la valeur

$$\frac{E}{R}\left(1 - e^{-\frac{R}{L_s}t}\right) = \frac{E}{R} \times 0{,}6343.$$

Ce temps est égal à $\frac{L_s}{R}$ $\left(\text{puisque } \frac{R}{L_s}t = 1\right)$, il est constant pour chaque bobine d'où le nom de constante de temps donné à l'expression $\frac{L_s}{R}$.

LE CONDENSATEUR

Les condensateurs des bobines diffèrent des condensateurs de statique (bouteilles de Leyde), par les points suivants :

I. Sous un volume total très restreint, ils offrent une surface de condensation très considérable et par suite une grande capacité.

II. Le diélectrique interposé entre les feuilles d'étain étant très mince, la charge communiquée au condensateur ne doit pas dépasser une certaine limite de tension sous peine de percer le diélectrique et détruire l'appareil.

III. Pour ces deux raisons réunies, la charge des condensateurs à feuille d'étain peut se faire au moyen d'une batterie donnant une grande quantité d'électricité sous une tension relativement faible.

La construction de ces appareils est très simple : on superpose des feuilles d'étain en plus ou moins grand nombre, en ayant soin d'interposer entre chacune d'elles une feuille de papier paraffiné. Chaque feuille d'étain dépasse un peu, par un seul côté, le bord du diélectrique interposé, et on s'arrange de façon à ce que ces rebords se trouvent superposés de deux en deux. On a ainsi deux séries de feuilles formant les deux armatures du condensateur. L'une des séries étant composée de toutes les feuilles de nombre pair, l'autre, des feuilles de nombre impair. Le tout est ensuite comprimé, plongé dans de la paraffine bouillante, puis après refroidissement on a un bloc auquel on a plus qu'à attacher deux bornes.

Polarisation du diélectrique du condensateur. — Quelle que soit la nature du diélectrique employé il se laisse pénétrer et reste polarisé par les charges électriques qui sont communiquées aux armatures. L'expérimentation démontre qu'un condensateur à feuilles, dont les armatures ont été mises une seule fois en rapport avec le courant voltaïque, reste *toujours* chargé d'une certaine quantité d'électricité très faible il est vrai, mais qui ne saurait disparaître complètement. Cette charge résiduelle est analogue au magnétisme rémanent du fer doux. On peut vérifier cet effet de polarisation en employant la méthode de Boudet de Paris qui consiste à mettre les armatures du condensateur en relation avec un téléphone, on perçoit très nettement des sons qui ne sauraient venir que de l'emmagasinement du courant par le diélectrique qui est soumis à une double déformation moléculaire capable de persister partiellement après la décharge du condensateur.

Formules permettant d'évaluer la décharge des condensateurs à feuilles d'étain. — L'énergie provenant de la décharge du condensateur peut être évaluée en *ergs*, en *travail mécanique* (kilogrammètres et sous-multiples) et en *calories* : (calories-kilogrammes, calories-grammes, etc.).

L'erg ou unité de travail, est la quantité de travail développée par une *dyne* pendant un parcours d'un centimètre ; en d'autres termes, elle est égale au travail nécessaire pour faire parcourir à un corps une distance d'un centimètre quand la force contraire est d'une dyne.

La dyne ou unité de force, est la force qui, agissant sur une masse d'un gramme pendant une seconde, accroîtrait sa vitesse d'un centimètre par seconde.

Cette unité de travail, l'erg, n'est pas employée et on se sert habituellement du kilogrammètre et des sous-multiples.

Voici les formules servant à cette évaluation, dans lesquelles φ représente la capacité du condensateur et E la force électromotrice de charge.

$$W = \frac{1}{2} E^2 \varphi \times \frac{1}{9,81 \times 10^6} \quad \text{ou} \quad E^2 \times \frac{\varphi}{19\,620\,000} \text{ kilogrammètres}$$

$$W' = \frac{1}{2} E^2 \varphi \times \frac{1}{9,81 \times 10^3} \quad \text{ou} \quad E^2 \times \frac{\varphi}{19\,620} \text{ grammètres}$$

$$W'' = \frac{1}{2} E^2 \varphi \times \frac{1}{9,81} \quad \text{ou} \quad E^2 \times \frac{\varphi}{19,62} \text{ milligrammètres.}$$

Dans le cas où la capacité du condensateur est égale à l'unité, c'est-à-dire à un microfarad ($\varphi = 1$) ces formules deviennent plus simples et alors on a :

$$W = E^2 \times 0,00000005096 \text{ kilogrammètres}$$
$$W' = E^2 \times 0,00005096 \text{ grammètres}$$
$$W'' = E^2 \times 0,05096 \text{ milligrammètres.}$$

Il suffit alors de connaître la force électromotrice mise en jeu, pour évaluer, au moyen d'une simple multiplication, la décharge du condensateur.

Le tableau ci-contre indique la valeur des décharges d'un condensateur ayant une capacité de un microfarad et chargé avec des forces électromotrices régulièrement croissantes de 1 à 30 volts. L'évaluation de la décharge est donnée en ergs en et milligrammètres.

Lorsque le condensateur, tout en ayant une capacité totale de un microfarad, est divisé en dixièmes, l'énergie de la décharge devient pour chaque division :

$$\text{pour } ^1/_{10} \text{ de } \varphi : W'' = E^2 \times \frac{0,1}{19,62} \text{ milligrammètres}$$

$$\text{pour } ^2/_{10} \text{ de } \varphi : W'' = E^2 \times \frac{0,2}{19,62} \text{ milligrammètres, etc.}$$

Le tableau suivant donne la valeur de la décharge fournie par l'une quelconque des 10 divivions du microfarad

$$\text{Si } \varphi = \begin{cases} 0,1 \\ 0,2 \\ 0,3 \\ 0,4 \\ 0,5 \text{ on a : } W' = E^2 \times \\ 0,6 \\ 0,7 \\ 0,8 \\ 0,9 \end{cases} \begin{cases} 0,005096 \\ 0,010193 \\ 0,015290 \\ 0,020387 \\ 0,025184 \text{ milligrammètres} \\ 0,030580 \\ 0,035677 \\ 0,040774 \\ 0,045871 \end{cases}$$

Telles sont les diverses formules qui peuvent servir à calculer l'énergie des condensateurs à feuilles, lorsqu'on connaît leur capacité et la force électromotrice qui sert à les charger.

$E = 1$ Force électromotrice de charge en volts		$\varphi = 1$ Valeur de la décharge en	
E	E²	Ergs	Milligrammètres
1	1	0,5	0,050968
2	4	2,0	0,203
3	9	4,5	0,45
4	16	8,0	0,81
5	25	12,5	1,27
6	36	18,0	1,83
7	49	24,5	2,49
8	64	32,0	3,26
9	81	40,5	4,12
10	100	50,0	5,09
11	121	60,5	6,16
12	144	72,0	7,33
13	169	84,5	8,61
14	196	98,0	9,98
15	225	112,5	11,46
16	256	128,0	13,04
17	289	144,5	14,72
18	322	161,0	16,40
19	361	180,5	18,39
20	400	200,0	20,38
21	441	220,5	22,47
22	484	242,0	24,66
23	529	264,5	26,95
24	576	288,0	29,35
25	625	312,5	31,86
26	676	338,0	34,44
27	729	364,5	37,14
28	784	392,0	39,95
29	841	420,5	42,85
30	900	450,0	45,86

Mais il arrive que, *connaissant la capacité d'un condensateur on veut chercher la valeur qu'il faut donner à la force électromotrice de charge pour obtenir une décharge d'une énergie déterminée.*

Il faut alors tirer la valeur de E de la formule ordinaire et on a :

$$E = \sqrt{\frac{2\,W'' \times 9,81}{\varphi}} \dots \text{volts}$$

qui peut s'écrire

$$E = \sqrt{W'' \times \frac{19,62}{\varphi}} \dots \text{volts}$$

W″ étant exprimé en milligrammes.

Et dans le cas où le condensateur a l'unité de capacité ($\varphi = 1$), cette formule se simplifie et on a

$$E = \sqrt{W'' \times 19,62} \dots \text{volts.}$$

C'est-à-dire que la force électromotrice à mettre en jeu égale à la racine carrée du produit de l'érnergie, exprimée en milligrammètres, par la constant 19,62.

Soit par exemple un condensateur de 1 microfarad auquel on veut faire donner une décharge de 20 milligrammètres, la force électromotrice devra être :

$$E = \sqrt{20 \times 19,62} = \sqrt{392,4} = 19,81 \text{ volts.}$$

Si le condensateur est divisé en dixièmes de microfarad, la formule de la recherche de la force électromotrice devient :

$$\text{pour } \frac{1}{10} \text{ de } \varphi : E = \sqrt{W'' \times \frac{19,62}{0,1}} \dots \text{volts}$$

$$\text{pour } \frac{2}{10} \text{ de } \varphi : E = \sqrt{W'' \times \frac{19,62}{0,2}} \dots \text{volts.}$$

Le tableau suivant indique ce que devient la formule de la force électromotrice pour l'une quelconque des dix divisions du condensateur

$$\text{si } \varphi = \begin{cases} 0,1 \\ 0,2 \\ 0,3 \\ 0,4 \\ 0,5 \\ 0,6 \\ 0,7 \\ 0,8 \\ 0,9 \end{cases} \text{ on a } \quad E = \sqrt{\begin{matrix} 196,2 \\ 98 \\ 65,4 \\ 49,05 \\ 39,24 \\ 32,7 \\ 28,028 \\ 24,525 \\ 21,8 \end{matrix}} \Bigg\} \times W'' \dots \text{volts.}$$

Enfin, de la formule de l'énergie, on peut encore déduire la capacité d'un condensateur, lorsqu'on connaît l'énergie de la décharge et de la force-électromotrice de charge. En effet :

$$\varphi = \frac{2\,W'' \times 9,81}{E^2} \dots \text{microfarad.}$$

W'' représentant l'énergie exprimée en milligrammètres. Supposons, qu'un condensateur chargé avec 30 volts fournisse une décharge de 35 milligrammètres, sa capacité est :

$$\varphi = \frac{2 \times 35 \times 9,81}{900} = 0,763 \text{ microfarad.}$$

THÉORIE DE LA BOBINE D'INDUCTION

La théorie mathématique n'a encore qu'envisagé la partie continue des phénomènes dont les bobines d'induction sont le siège. On a étudié d'une part l'établissement du courant, d'autre part sa rupture dans des circonstances variées, mais sans faire intervenir aucun phénomène descriptif. Autrement dit, les résultats prévus par les équations s'arrêtent au moment où les étincelles éclatent, où les décharges se produisent. Ce qui se passe dans la durée de la décharge doit être étudié à part, c'est un des points les plus obscurs de la question.

L'expérience montre qu'après la décharge, les phénomènes continuent en suivant à peu près les mêmes lois qu'avant, mais leur grandeur est diminuée à cause de l'énergie dépensée dans la décharge.

Plusieurs essais de théorie mathématique ont été tentés, les formules données fournissent des résultats intéressants, mais à cause de la complexité de la question, ces formules n'ont pu être obtenues que par l'élimination des termes dont les coefficients connus sont très petits par rapport aux autres. Ces simplifications qui sont très justifiées dans chaque cas, enlèvent aux formules la généralité qu'on serait tenté de leur attribuer. On ne peut pas extrapoler ces formules pour en tirer des conclusions aux limites.

La théorie mathématique même réduite aux phénomènes continus, serait intéressante à reprendre sous une forme plus générale, de façon à mettre en évidence le rôle complexe de chacun des facteurs. Il semble que cette étude pourrait être faite plus clairement, au moins en partie, sur les équations différentielles fondamentales que sur les intégrales qui sont inutilement compliquées.

Un point particulier de la théorie mathématique semble devoir appeler l'attention, à cause de l'obscurité qui y règne et des conséquences, peut-être importantes, que l'on pourrait en tirer; c'est celui qui est relatif à la grandeur et à la distribution de la capacité dans une bobine. Le secondaire d'une bobine d'induction possède une self-induction et une capacité propres; cette dernière est très inégalement répartie dans toute la longueur du fil; sa grandeur, bien que ne paraissant pas jusqu'ici susceptible de causer un grand trouble dans le fonctionnement de la bobine, joue cependant un rôle qui peut n'être pas négligeable. Lorsque la capacité est entièrement située aux bornes du secondaire, son action peut être calculée à l'aide des formules de Colléy. Quand elle est répartie sur la longueur du fil, les courants de charge n'ont pas la même phase dans tous les points; il peut en résulter une perturbation dont nous ignorons actuellement la grandeur.

Au moment où la décharge extérieure éclate, des oscillations se produisent qui peuvent engendrer des ondes stationnaires dans le fil de la bobine, d'où une nouvelle cause de perturbations.

La connaissance de la capacité propre serait utile pour faire connaître la longueur d'onde équivalente à celle de la bobine.

S'il est utile de connaître le rôle de la capacité du secondaire, il est aussi intéressant de trouver une méthode de mesure simple et pratique, de la même quantité. *A priori*, il semble que l'observation avec un oscillographe quelconque, des oscillations propres du secondaire seul, doit suffire à donner au moins une idée approximative de cette grandeur. Le moyen est assez délicat à employer à cause de la faible grandeur de la capacité, ce qui fait que les oscillations ont une très faible amplitude initiale et un amortissement considérable.

L'expérience montre que, quelles que soient les précautions prises, il y a toujours une étincelle au point de rupture du circuit primaire; comme cette étincelle produit une perte d'énergie, elle trouble le phénomène; en fait, tous les écarts observés entre la théorie et l'expérience ont pour cause cette étincelle. Les expériences de Mizuno ont montré qu'il y a pour chaque bobine et chaque régime, une capacité qui donne la plus grande longueur d'étincelles. Il est facile de montrer que l'étincelle de rupture produit un arrêt brusque de la variation du courant inducteur, mais il est impossible actuellement, de prévoir, pour une bobine et un interrupteur donnés, à quel moment doit éclater cette étincelle. La différence de potentiel maximum au secondaire et, par suite, la longueur d'étincelle, sont liées à l'étincelle de rupture; il faudrait donc trouver une méthode de détermination de celle-ci.

L'étincelle de rupture éclate après la rupture géométrique du circuit, pour une raison encore inconnue: il faudrait pouvoir déterminer, pour chaque interrupteur, la loi de cette étincelle en fonction du temps; or, il y a lieu de remarquer que, pour les bobines ordinaires, de moyennes dimensions, le retard de l'étincelle est de l'ordre du dix-millième de seconde, ou peut-être moins, c'est dire que cette détermination est assez difficile. On ne pourra vraiment faire de calculs de prédétermination des bobines que lorsqu'on connaîtra cette loi.

Le rôle du fer a été bien éclairé par lord Rayleigh, cependant nous ne savons pas encore grand'chose de son action sur l'amortissement des oscillations. Il serait intéressant de chercher expérimentalement le volume du fer et l'induction magnétique les plus favorables à employer, l'énergie disponible étant fonction des deux.

L'influence du courant secondaire est complexe.

A l'établissement du courant primaire, son action se fait sentir lorsque l'intervalle entre la rupture et la fermeture suivante est courte; il en résulte des anomalies considérables et souvent des perturbations importantes dans le fonctionnement des interrupteurs.

A la rupture, l'étincelle secondaire agit d'une façon très mal connue lorsqu'il y a une capacité notable au secondaire, elle peut être très courte et produire le même effet que l'étincelle de rupture; elle peut avoir une durée plus longue et former un petit arc lorsqu'elle est courte. Dans les deux cas, l'étincelle de rupture ou plutôt l'étincelle secondaire a une action très marquée sur le courant primaire. Avec une capacité secondaire notable, il est facile de se rendre compte de l'effet utile de la décharge; il n'en est pas de même quand la capacité secondaire est négligeable; l'espèce d'arc que forme alors l'étincelle utilise l'énergie d'une façon à peu près impossible à calculer.

Le rapport des différences des potentiels maxima au primaire et au secondaire, mesuré au moyen des distances explosives, présente des anomalies dont il serait intéressant de rechercher la cause; il y a probablement là encore un effet de capacité du secondaire.

Relativement aux interrupteurs électrolytiques, nous savons seulement que le phénomène est lié à une production locale de chaleur. Quelle est la nature de la résistance qui se produit au contact de l'anode et de l'électrolyte dans le Wehnelt? Comment varie cette résistance? Ce sont là des questions encore à résoudre.

Il est impossible de prévoir ce que peut donner une bobine tant qu'on ne connaît pas la loi des variations de la résistance. Les courbes d'oscillographe montrent bien le phénomène général, mais à la rupture, la variation est si rapide qu'il est impossible de voir la loi qu'elle suit.

Comment se rétablit le circuit après la rupture, brusquement ou progressivement? les courbes d'oscillographe semblent montrer que le rétablissement est progressif, mais il y aurait encore beaucoup d'essais à faire pour élucider la question.

Ce qui se produit dans les interrupteurs électrolytiques est un phénomène physique assez limité, d'après les résultats indiqués par M. Bary, on constate que les trois phases sont nettement séparées.

On sait que la mesure des gaz dégagés dans les interrupteurs électrolytiques est toujours plus grande que ne permet de le prévoir la loi de Faraday. Il serait intéressant de savoir si le rapport est constant entre le volume dégagé et le volume calculé d'après l'intensité. Enfin une question très mal connue est celle du rendement et la question est une des plus importantes.

Fonctionnement des bobines d'induction. Théorie de M. Armagnat. — Les phénomènes qui se produisent dans les bobines d'induction sont trop complexes pour que nous puissions les envisager dans leur ensemble; nous savons à peu près quel est 'l'effet produit par chacun des facteurs du problème, mais à moins de faire une analyse complète pour chaque cas, il est impossible de dire la part de chacun d'eux dans le phénomène total.

Limitons le problème à la bobine d'induction simple, examinons tous les effets observables, et, en partant des données expérimentales, nous pourrons reconstituer à peu près le phénomène complet.

La bobine d'induction se composant d'un circuit primaire P, formé d'un gros fil enroulé sur un noyau de fils de fer F. Au-dessus du primaire et séparé de lui, par un tube de substance isolante, est enroulé le circuit secondaire S formé d'un grand nombre de tours de fil plus fin que celui du primaire. Pour fixer les idées, disons que le circuit primaire peut renfermer 200 tours de gros fil, tandis que le circuit secondaire en a de 20 à 60 000, c'est-à-dire 100 à 300 fois plus.

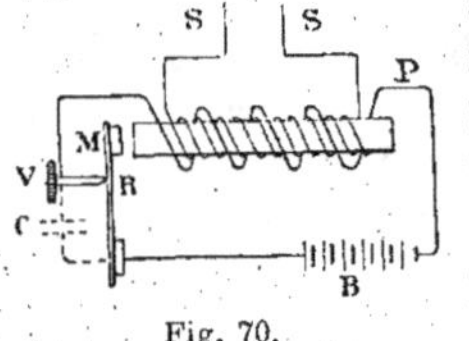

Fig. 70.

Les choses sont disposées comme l'indique le schéma. Le primaire est relié à la pile ou à la source d'électricité B, à l'autre bout. Un condensateur C, formé de feuilles d'étain séparées par des feuilles de papier, est placé en dérivation sur l'interrupteur VMR (fig. 70).

Relions aux bornes du secondaire des conducteurs susceptibles d'être rapprochés à volonté et actionnons l'interrupteur R. Au moment de la fermeture du circuit, nous ne pouvons obtenir au secondaire qu'une étincelle très courte, tandis qu'au moment où nous interrompons le circuit en éloignant R de V, nous pouvons obtenir une étincelle très longue ; voici donc un premier point établi : la force électromotrice à la rupture, est beaucoup plus grande qu'à la fermeture, car nous savons que pour faire éclater une étincelle entre deux conducteurs séparés, il faut qu'il existe entre eux une différence de potentiel d'autant plus grande que la distance elle-même est plus grande. Intercalons maintenant un galvanomètre dans le circuit de décharge : nous voyons alors, si l'interrupteur est actionné très lentement, le galvanomètre recevoir des impulsions successives, toujours du même sens, tant que la distance entre S, S est assez grande pour que l'étincelle produite à la rupture passe seule. Si l'interrupteur va plus vite, le galvanomètre prend une déviation permanente plus ou moins grande, de sorte qu'on peut mesurer l'intensité moyenne du courant induit. Dès que la distance entre S, S est assez courte pour qu'une étincelle se produise aussi à la fermeture, on voit le galvanomètre dévier dans un sens à la fermeture, dans l'autre à la rupture. Enfin, lorsque les conducteurs S, S se touchent, les impulsions du galvanomètre sont égales dans les deux sens, de sorte que si les interruptions se répètent rapidement, le galvanomètre reste au zéro parce qu'il est soumis à des forces égales et opposées.

Le cas où l'étincelle se produit seulement à la rupture est celui des bobines fournissant des étincelles ou des décharges dans les tubes cathodiques ; c'est ce qui justifie la désignation des pôles de la bobine en positif et négatif ; en réalité, il faut entendre par là, positif ou négatif au moment de la rupture.

Observons maintenant l'interrupteur lui-même et nous remarquons aussitôt qu'une étincelle se produit toujours entre les points de contact R, V au moment de la rupture ; cette étincelle est plus ou moins forte, selon l'intensité du courant et la capacité du condensateur C, mais on n'arrive jamais à la supprimer. La longueur de l'étincelle entre les conducteurs S, S, influe aussi : l'étincelle de l'interrupteur est d'autant plus forte que l'étincelle secondaire est plus longue.

Pour compléter nos données, faisons encore deux expériences. Prenons un condensateur C, disposé de telle sorte que nous puissions faire varier la capacité et, partant de la plus faible valeur disponible, augmentons progressivement, en mesurant, pour chaque valeur de la capacité, la distance la plus grande à laquelle l'étincelle peut encore éclater en S, S. Nous voyons alors que la longueur d'étincelle, qui est très courte pour les petites capacités, va en augmentant avec C jusqu'à un certain maximum, à partir duquel la longueur décroît lorsqu'on continue à augmenter C comme on peut le voir par la courbe A (fig. 71).

D'autre part, laissant C constant, faisons varier l'intensité du courant inducteur, en changeant la résistance du circuit ou la force électromotrice de la pile B, nous voyons

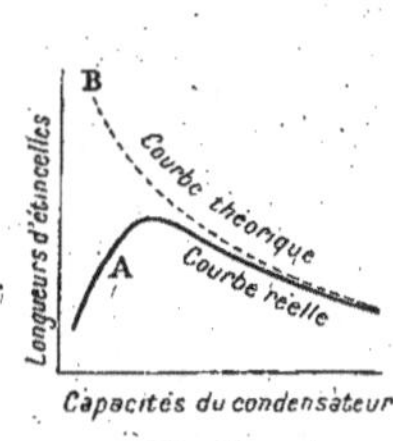

Fig. 71.

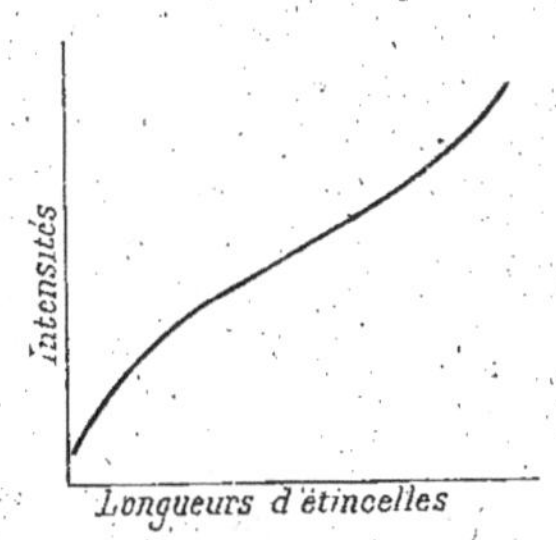

Fig. 72.

alors la longueur d'étincelles augmenter d'abord lentement, ensuite plus rapidement, et enfin de plus en plus lentement comme on peut le voir sur le schéma ci-contre (fig. 72).

Introduisons maintenant ici les quelques notions théoriques qui nous seront nécessaires.

Considérons le noyau de fer de notre bobine ; dès que nous faisons passer le courant dans la bobine primaire, le noyau s'aimante, l'énergie électrique que nous fournit la source de courant se divise en deux parties ; la première, et souvent la plus importante, se dépense dans le circuit en produisant de la chaleur qui est complètement perdue ; la seconde s'emmagasine dans le fer, elle est restituée à la rupture du circuit, c'est la seule portion de l'énergie que nous utilisons dans la bobine. Tandis que l'énergie emmagasinée dans le fer est constante pour une même intensité et indépendante du temps pendant lequel le courant passe, l'énergie dépensée sous forme de chaleur augmente proportionnellement au temps ; il est donc logique de réduire le temps de passage du courant au strict nécessaire, afin d'augmenter le rendement de la bobine, c'est-à-dire le rapport de l'énergie utilisée à l'énergie dépensée.

Chaque fois que l'aimantation du noyau de fer varie, il se développe dans les circuits qui l'entourent des forces électromotrices d'induction qui sont proportionnelles à la vitesse de cette variation, et proportionnelles aussi au nombre de tours dans chaque circuit ; ces forces électromotrices sont dirigées de telle sorte qu'elles s'opposent à la variation d'aimantation, ce qui est une conséquence de la loi de conservation de l'énergie. Dans le circuit primaire, au moment de la fermeture, la force électromotrice d'induction est dirigée en sens opposé à la force électromotrice E de la source, par conséquent elle s'oppose à l'établissement du courant, tandis qu'à la rupture elle est dirigée dans le sens de E, et, par suite elle tend à prolonger la durée du courant.

De la théorie, nous retiendrons ceci : que l'énergie disponible au moment de la rupture dépend de l'aimantation du faisceau de fer, c'est-à-dire qu'elle augmente avec l'intensité du courant primaire et qu'elle est limitée. Nous voyons également que la variation d'aimantation développe dans le circuit primaire et dans le circuit secondaire des forces électromotrices d'induction dont la grandeur, à la rupture, est absolument indépendante de la force électromotrice E, et qui sont entre elles dans un rapport constant, à peu près égal au rapport des nombres de tours. Tout ce que nous dirons de la force électromotrice d'induction dans le circuit primaire (force électromotrice de self-induction) sera également vrai pour celle qui est développée dans le circuit secondaire (force électromotrice secondaire), pourvu que l'on tienne compte du rapport ci-dessus.

Dans les bobines d'induction, l'aimantation du noyau de fer est à peu près proportionnelle à l'intensité du courant primaire ; nous pouvons donc étudier ce qui se passe en observant ce courant lui-même, et de ses variations nous déduirons la grandeur et les variations des forces électromotrices d'induction. Ce qu'il nous faut maintenant, afin de poursuivre notre étude expérimentale de la bobine, c'est un appareil capable de nous indiquer les variations les plus rapides de l'intensité du courant. Il existe aujourd'hui des instruments nommés oscillographes, qui sont des galvanomètres permettant d'observer et de photographier la forme des courants en fonction du temps, même quand les variations sont de l'ordre du dix-millième de seconde. Nous allons prendre un oscillographe double, celui de Blondel, par exemple, qui est composé de deux appareils dont l'un sert d'ampèremètre et l'autre de voltmètre.

Le premier O_1 intercalé dans le circuit primaire mesurera l'intensité du courant inducteur et le second O_2, qui a une grande résistance, servira de voltmètre et nous donnera, lorsqu'il sera branché en dérivation aux bornes du primaire, la grandeur et la forme de la force électromotrice de self-induction. Avec l'oscillographe, nous allons voir se dessiner devant nous des courbes dont les abcisses seront proportionnelles au temps, et les ordonnées proportionnelles à l'intensité I ou à la force électromotrice de self-induction (*e*) (fig. 73).

Disposons d'abord les choses de telle sorte que la force électromotrice secondaire soit trop faible pour donner une étincelle entre B B'. Dès la fermeture du circuit, nous constatons que l'intensité du courant augmente graduellement, puis à la rupture, l'intensité, au lieu de tomber brusquement à zéro, n'y arrive qu'après une série plus ou moins longue d'oscillations d'amplitude décroissante.

La force électromotrice (*e*) qui est négative pendant la première partie de la période, c'est-à-dire de sens opposé à E, devient aussi oscillante à la rupture, et il est facile de constater, ce qui est d'ailleurs conforme à la théorie, que les maxima et minima de ces oscillations se produisent toujours, à très peu près, au moment où l'intensité I passe par zéro.

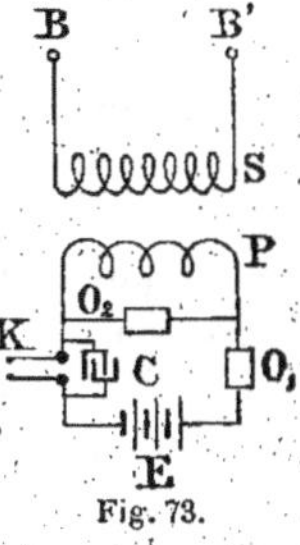

Fig. 73.

A la fermeture l'intensité augmente plus ou moins vite ; si nous laissons le circuit fermé pendant un temps suffisant, nous voyons le courant atteindre l'intensité du régime déterminée uniquement par la loi d'Ohm, mais en pratique avec les bobines d'induction, ce régime n'est presque jamais atteint. Le temps pendant lequel l'intensité varie avant d'atteindre son régime s'appelle l'établissement du courant. L'oscillographe va nous montrer rapidement l'effet des différents facteurs sur la courbe d'établissement; nous pourrons, en faisant varier tour à tour la résistance R du circuit, sa self-induction

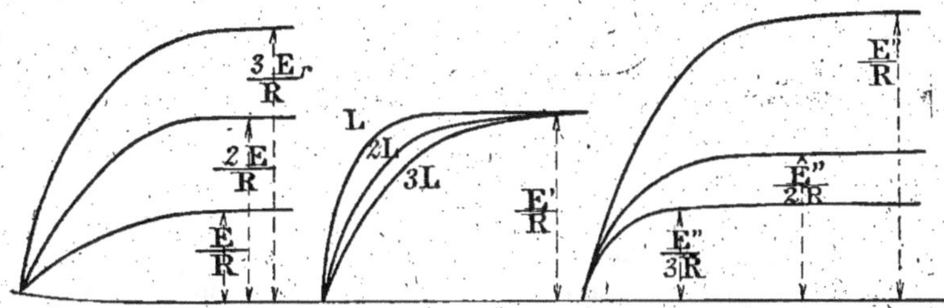

Fig. 74.

L et la force électromotrice E de de la source, obtenir des courbes différentes bien que d'allure uniforme. La figure 74 montre ce que l'on observe quand les facteurs visés prennent des valeurs proportionnelles à 1, 2 et 3.

On voit dans la figure 74 que la variation du courant est beaucoup moins rapide à la fermeture qu'à la rupture, aussi les forces électromotrices développées sont beaucoup plus faibles. La théorie démontre, et l'expérience prouve que la force électromotrice de self-induction ne peut jamais, pendant l'établissement être supérieure à la force électromotrice E de la source.

Passons à la rupture et observons les oscillations que nous avons signalées tout à l'heure. Nous constatons tout d'abord que ces oscillations sont isochrones, c'est-à-dire que les passages consécutifs au zéro se produisent à des intervalles égaux. L'amplitude des oscillations décroît régulièrement ; le rapport entre les amplitudes de deux oscillations consécutives est constant. Deux facteurs caractérisent donc les oscillations : la durée et l'amortissement.

La durée est surtout intéressante au point de vue qui nous occupe ici ; en effet, pour une certaine intensité atteinte au moment de la rupture, les forces électromotrices d'induction seront d'autant plus grandes que les oscillations seront plus courtes, puisque, à amplitude égale, nous aurons une variation plus rapide de l'intensité comme on peut le voir dans la figure 75 ou l'on voit la courbe (e) s'abaisser à mesure que la durée des oscillations augmente.

Quels sont donc les facteurs qui agissent sur la durée des oscillations ? La force élec-

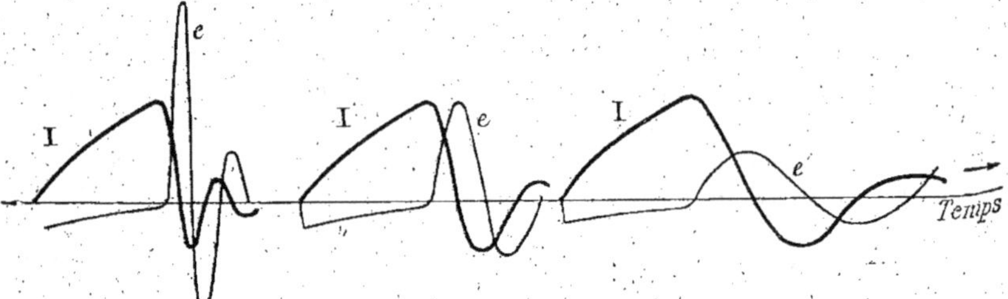

Fig. 75.

tromotrice E n'agit pas du tout ; la résistance R augmente l'amortissement, et par là elle modifie un peu la durée ; les facteurs principaux sont la self-induction L et la capacité C qui, tous les deux, augmentent la durée des oscillations. Il semble donc logique de réduire les deux facteurs ci-dessus afin d'augmenter les forces électromotrices d'induction ; l'expérience montre que cette déduction est fausse à partir d'un certain point. Pour une bobine donnée, nous n'avons, en général, pas intérêt à diminuer la self-induction parce que l'énergie emmagasinée est proportionnelle à ce coefficient, donc en le réduisant nous diminuerions l'effet utile ; il ne nous reste donc, comme facteur réglable que la capacité du condensateur. La théorie nous apprend que la force électromotrice secondaire ou la longueur d'étincelles qui nous sert à l'apprécier, doit suivre la loi exprimée par la courbe B, tandis que l'expérience nous montre clairement qu'il y a une valeur de condensation qui, pour chaque bobine, nous donne les meilleurs résultats ; une fois cette valeur dépassée la longueur d'étincelles décroît quand la capacité augmente, ce qui est conforme à la théorie. Les courbes précitées ne sont vraies que si la capacité du condensateur est grande. Dès que nous atteignons la capacité la plus favorable et lorsque nous sommes en dessous, nous remarquons une première anomalie : les oscillations ne décroissent régulièrement qu'à partir de la seconde élongation, l'amplitude de la première demi-oscillation est toujours beaucoup plus grande que ne le voudrait le rapport constaté entre les suivantes. Une seconde anomalie est celle-ci : La première demi-oscillation est souvent interrompue par un point de rebroussement de la courbe, et si l'on trace une seconde courbe joignant les sommets des oscillations, on voit le prolongement de cette courbe atteindre le point de rebroussement (fig. 76).

L'observation de l'interrupteur lui-même est aussi intéressante : tandis qu'avec les grandes capacités l'étincelle qui se produit toujours entre les points de contact est assez faible, on la voit augmenter à mesure que la capacité diminue, et quand celle-ci est nulle, l'étincelle de l'interrupteur devient considérable ; elle forme comme une flamme, et on n'obtient, au secondaire, qu'une étincelle relativement courte.

Il y a une relation directe entre l'étincelle de l'interrupteur et les anomalies constatées ci-dessus. Il faut toujours se rappeler qu'il y a un rapport constant entre les forces électromotrices induites dans les deux circuits, de sorte qu'il existe dans le primaire et entre les points de contact de l'interrupteur des différences de po-

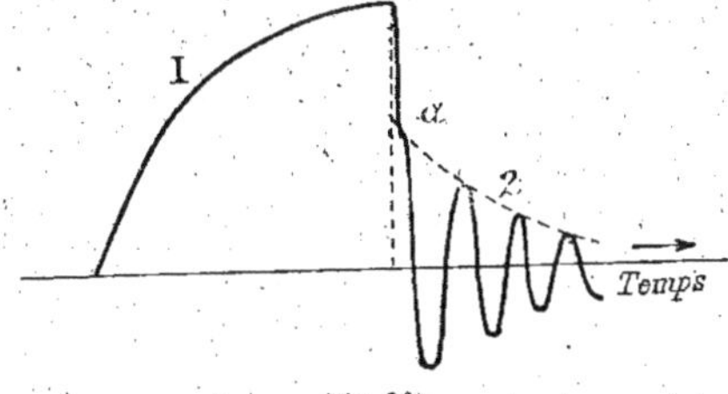

Fig. 76.

tentiel qui, au bout d'un quart de période, c'est-à-dire en très peu de temps, atteignent des valeurs considérables. Au moment de la rupture, les contacts R V qui fermaient le circuit, ne s'éloignent pas avec une vitesse infiniment grande ; ils sont, au moment où la force électromotrice de self-induction est maximum, à une distance assez faible pour qu'une étincelle puisse jaillir entre eux en dépensant une partie de l'énergie disponible, ce qui réduit d'autant l'effet utile de la bobine.

Pour donner une forme concrète à ce qui précède, prenons un exemple pratique : une bobine donnant 25 centimètres d'étincelles développe une force électromotrice d'environ 100 à 150000 volts, et comme elle a à peu près 200 fois moins de tours au primaire, la force électromotrice de self-induction atteint de 500 à 750 volts, au bout d'un temps égal à un quart de période des oscillations ; celles-ci étant de l'ordre du millième de seconde, c'est donc un quatre millième de seconde après la rupture que ce maximum est atteint. Voyons maintenant quel est le chemin parcouru par le contact mobile de l'interrupteur VMR pendant ce temps. Supposons un interrupteur à marteau dans lequel le déplacement total du contact n'atteint pas un millimètre ; si cet interrupteur donne 50 interruptions par seconde, nous pouvons facilement calculer que sa vitesse la plus grande atteindra environ 150 millimètres par seconde ; donc au moment du maximum de la force électromotrice de self-induction, la distance entre les deux contacts sera inférieure à $\frac{4}{100}$ de millimètre. Ce que l'on sait des différences de potentiel nécessaires pour faire jaillir une étincelle spontanément entre deux conducteurs montre qu'il y a, dans ces conditions, autant de chances de voir une étincelle jaillir à l'interrupteur qu'entre les bornes du secondaire.

C'est au moment où l'étincelle éclate à l'interrupteur que se produit le crochet de la courbe d'intensité ; or, ce crochet ne coïncide jamais avec le moment où se produit la rupture géométrique du circuit ; de même, il est facile de constater le retard de l'étincelle de l'interrupteur. En observant cette étincelle au miroir tournant, on constate qu'elle éclate plus ou moins longtemps après la rupture géométrique, selon les conditions de l'expérience. C'est à ce retard que l'on doit de pouvoir se servir de la bobine d'induction. En effet, si l'étincelle se produisait dès le commencement de la rupture, elle allumerait une sorte de petit arc qui faciliterait le passage du courant fourni par la source E, de sorte que la variation de l'intensité serait ralentie et les effets d'induction beaucoup diminués. Au contraire, l'étincelle, éclatant en retard sur la rupture, se produit à un moment où la distance est déjà trop grande pour que l'arc s'allume ; le

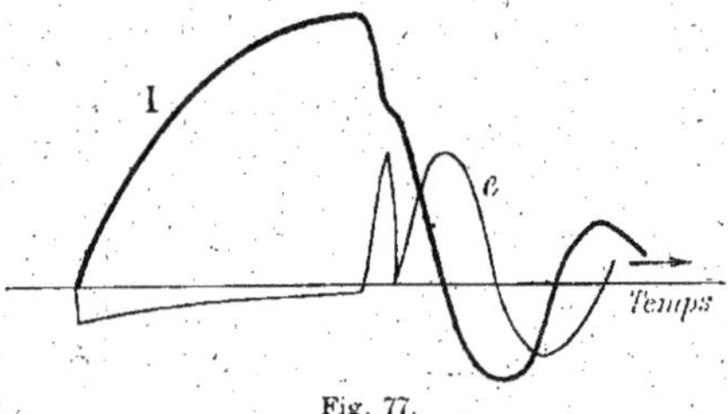

Fig. 77.

condensateur seul, qui est chargé à un potentiel égal à la force électromotrice de self-induction, se décharge par l'étincelle ; il en résulte, pendant un temps très court, un arrêt de la variation de l'intensité ; ensuite les choses recommencent comme si la rupture s'était produite seulement pour une intensité correspondant à celle du point de rebroussement. Pendant la décharge du condensateur, la force électromotrice de self-induction est complètement annulée ; elle remonte ensuite pour atteindre, après un temps égal à un quart de la période d'oscillation, un nouveau maximum plus faible que celui qu'elle aurait atteint s'il n'y avait pas eu d'étincelle, mais quand ce maximum est atteint, il est clair que la distance des contacts est plus grande que la première fois et, par conséquent, elle peut être suffisante pour s'opposer au passage d'une nouvelle étincelle ; toute l'énergie disponible reste donc pour la décharge utile au secondaire.

Nous avons vu que le fait de diminuer la longueur d'étincelle secondaire, sans rien changer d'autre part, réduit l'étincelle à l'interrupteur ; cela se comprend facilement par la théorie ci-dessus, car dès qu'une étincelle éclate dans l'un des circuits l'énergie emmagasinée disparaît en partie, en se dépensant là où elle trouve la moindre résistance relative.

L'anomalie que nous avons citée relativement à l'amortissement des oscillations tient à la même cause. L'énergie emmagasinée dans la bobine est, à chaque instant, proportionnelle au carré de l'intensité du courant primaire; dans les oscillations, quand l'intensité s'annule, l'énergie ne disparaît pas, elle s'emmagasine dans le condensateur pour repasser ensuite dans la bobine et ainsi de suite tant qu'elle n'est pas entièrement absorbée par l'échauffement du circuit. Dès que, par le fait d'une étincelle, une partie de l'énergie est dépensée brusquement, il est évident que l'intensité maximum obtenue à l'oscillation suivante ne peut pas atteindre la valeur qu'elle aurait eue dans cette perte, on observe donc que la première demi-oscillation a une amplitude très différente des autres, parce que celles-ci partent d'une intensité initiale plus faible qui est celle du point de rebroussement.

Si nous augmentons la capacité du condensateur, nous diminuons les forces électromotrices induites, mais comme nous retardons le moment où elles atteignent leur maximum, nous pouvons néanmoins réduire l'étincelle de rupture, de sorte que la force électromotrice secondaire obtenue après cette étincelle peut encore être plus élevée qu'elle ne l'était pour une capacité plus faible. Cependant, à mesure que nous augmentons la capacité cette action favorable devient de plus en plus faible et elle finit même par n'être plus sensible du tout, de sorte que la longueur d'étincelle qu'il est possible d'obtenir au secondaire diminue conformément à la théorie.

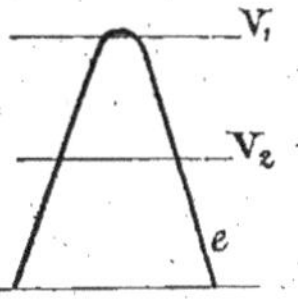

Il est nécessaire de beaucoup insister sur le rôle de l'étincelle de l'interrupteur, car c'est à elle que l'on doit toutes les difficultés de la théorie des bobines; il serait facile sans cela de calculer les forces électromotrices développées et on pourrait déterminer à l'avance les dimensions les plus favorables dans chaque cas, tandis que cette étincelle nous oblige à recourir à l'empirisme.

Fig. 78.

Nous pouvons maintenant nous faire une idée assez simple de ce qui se passe dans le secondaire. Nous avons vu que la courbe des différences du potentiel aux bornes du primaire était semblable à la courbe des forces électromotrices secondaires, de sorte que nous pouvons nous en servir. Prenons un exemple : La force électromotrice, à la rupture présente la forme générale donnée par la figure 78. Si la distance entre les conducteurs S S est telle que la différence de potentiel nécessaire pour l'étincelle soit égale à V_1, nous voyons que cette valeur est obtenue seulement au sommet de la courbe, c'est à ce moment que l'étincelle éclate en déchargeant les conducteurs b b', puis ensuite, comme la durée de cette étincelle est très courte, les conducteurs se rechargent, mais ils ne peuvent atteindre qu'un potentiel moindre que V_1, il ne se produit donc qu'une seule étincelle. Si, au contraire, nous rapprochons S S de manière que la différence de potentiel nécessaire ne soit plus que V_2, ce potentiel est atteint rapidement et une première étincelle se produit, puis les conducteurs se rechargent, V_2 est de nouveau atteint et il se produit ainsi une succession d'étincelles jusqu'à ce que l'énergie totale soit dissipée.

Selon que l'étincelle est simple ou multiple, à chaque rupture, son aspect change et aussi quelquefois ses propriétés. L'étincelle simple est généralement blanche et produit un bruit sec ; lorsque V_2 est très petit on constate, au contraire, que l'étincelle devient jaune ou rougeâtre avec un noyau blanc plus ou moins intense et elle est plus silencieuse.

Il est difficile de se rendre compte directement des phénomènes dont le secondaire est le siège, car ceux-ci ont généralement une durée trop courte pour être analysés au moyen des oscillographes. Tout ce que nous pouvons dire de certain, c'est qu'à chaque étincelle, tant à l'interrupteur qu'au secondaire, il y a une dépense brusque d'une partie de l'énergie, par conséquent la variation du courant primaire subit un arrêt momentané et en même temps les forces électromotrices induites s'annulent. Nous pouvons constater aussi que quand la bobine fournit des décharges disruptives, étincelles, décharges dans les tubes cathodiques, la durée du phénomène utile est très courte vis-à-vis de la période de l'interrupteur, mais elle gagne en intensité ce qu'elle perd en durée et c'est ce qui explique que les décharges peuvent produire des effets mécaniques qui exigent des puissances considérables, comme de percer des blocs de verre par exemple.

Examinons maintenant ce qui se produit lorsque l'interrupteur mécanique qui nous

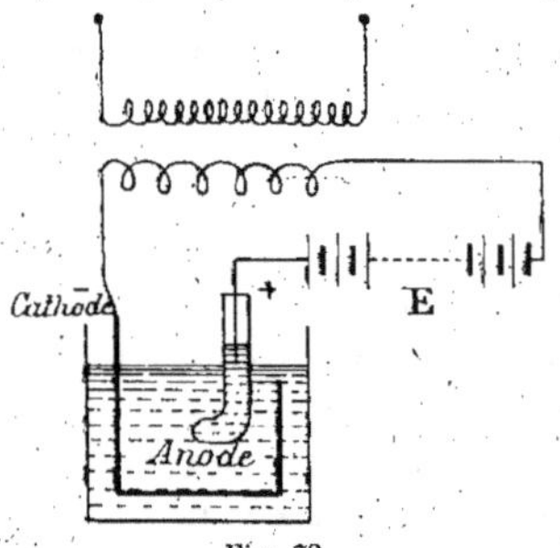

Fig. 79.

avait servi jusqu'ici est remplacé par un interrupteur électrolytique. Le dispositif est plus simple puisque l'interrupteur se réduit, dans le Wenhelt, à un fil de platine qui émerge d'un tube de verre plongée dans un bain d'eau acidulée dans lequel plonge également une lame de plomb ; il n'y a pas de condensateur aux bornes de l'interrupteur. Quand le fil de platine est anode, c'est-à-dire relié au pôle positif de la source, le courant est interrompu un très grand nombre de fois par seconde. L'anode émet une lumière rosée particulière et fait entendre un bruit qui correspond à la fréquence des interruptions. Des étincelles nombreuses éclatent aux bornes du secondaire (fig. 79).

Quand on observe à l'oscillographe le courant qui traverse une bobine actionnée par un interrupteur Wenhelt, lorsque la source du courant donne une centaine de volts, on est frappé par le grand nombre d'interruptions obtenues ; on constate qu'il n'y a pas d'oscillations à la rupture et que celle-ci n'est pas toujours complète. Si l'étincelle produite au secondaire est assez courte, elle a l'aspect d'une chenille de feu qui se résout en une multitude d'étincelles blanches lorsqu'on souffle sur elle. Cette variation de l'étincelle se répercute sur le courant inducteur ; on constate qu'avec l'étincelle chenillée les interruptions sont plus fréquentes qu'avec les étincelles blanches et souvent la rupture du circuit n'est pas complète dans le premier cas (fig. 80).

La forme du courant à l'établissement montre que pour une surface de platine donnée, l'intensité maximum obtenue est à peu près constante, quelle que soit la force

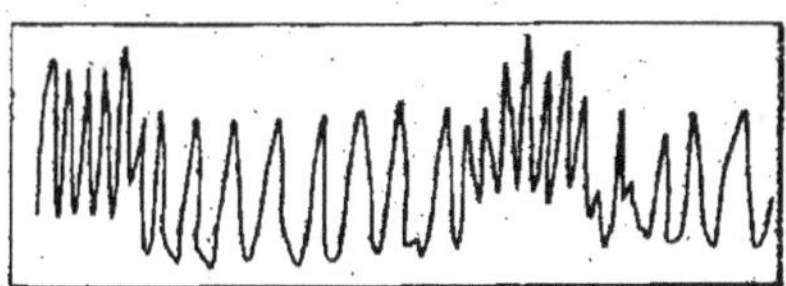

Fig. 80.

électromotrice de la source et la self-induction de la bobine, tandis que si la surface de platine augmente, les interruptions deviennent moins fréquentes en même temps que l'intensité maximum s'élève.

L'aspect des courbes du courant à la rupture ou, plus exactement à la période décroissante, montre qu'il est à peu près impossible de déterminer à l'avance les forces électromotrices développées ; tout ce que l'on peut dire sur ces interrupteurs, c'est que le phénomène est d'origine thermique. Il existe entre le platine et le liquide de l'interrupteur Wenhelt une résistance variable, assez grande pour que le passage du courant crée à ce point un échauffement suffisant pour volatiliser le liquide ; une couche de vapeur se forme autour de l'anode qui tend à isoler le platine du liquide et à interrompre le courant. La force électromotrice de self-induction développée par cette variation brusque de l'intensité est telle qu'une étincelle éclate en perçant la couche de vapeur et en donnant à l'anode la teinte rosée que nous avons signalée plus haut. Cette étincelle doit rétablir le circuit et comme elle éclate au moment ou la force électromotrice est suffisamment grande pour percer la couche de vapeur, on comprend que l'intensité ne tombe pas toujours jusqu'à zéro.

La grande fréquence des interruptions obtenues tient à deux causes : d'abord le fait qu'avec ces interrupteurs on emploie généralement des sources de force électromotrice plus élevée, avec une résistance de circuit égale à celle des bobines ordinaires, et ensuite, à cause du très faible intervalle qui existe entre la rupture et la fermeture suivante. Le courant secondaire développé au moment où l'étincelle éclate produit, par induction dans le circuit primaire, une force électromotrice qui s'ajoute à celle de la source et favorise l'établissement du courant.

Bien que la théorie des interrupteurs électrolytiques diffère sensiblement de celle des interrupteurs mécaniques, on peut dire que les effets produits au secondaire sont analogues dans les deux cas, mais la différence entre les forces électromotrices de fermeture et de rupture est moins grande avec le Wenhelt qu'avec les interrupteurs mécaniques, à cause de la rapidité avec laquelle le courant s'établit.

SUR L'ÉTABLISSEMENT DES BOBINES D'INDUCTION

Le premier point à envisager dans l'établissement d'une bobine d'induction est le but que doit remplir cette bobine, nous considérerons seulement le cas des bobines dont le primaire et le secondaire sont isolés et distincts l'un de l'autre, et qui sont capables de produire une étincelle de décharge d'au moins 10 centimètres entre les bornes secondaires. Pour les bobines devant alimenter des appareils à haute fréquence, il y a des considérations plus importantes que la simple considération de la longueur d'étincelle. Par exemple, une bobine produisant une différence de potentiel secondaire capable de donner une décharge de 22 centimètres pourra, si elle bien établie augmenter son potentiel de décharge sans pour cela qu'elle souffre. Les constructeurs se proposent généralement, en effet, d'obtenir une longueur d'étincelle donnée en employant le minimum de cuivre possible sur le secondaire.

Pour désigner une bobine d'induction, on a la déplorable habitude de la désigner seulement sous la longueur d'étincelle. Il faut y joindre la puissance primaire et secondaire pour la définir complètement.

L'établissement d'une bobine d'induction repose sur la solution de différents problèmes.

1° Les conditions variables dans lesquelles la bobine doit être employée exigent qu'elle soit établie pour de larges limites de fonctionnement.

2° Chaque facteur séparé ne peut pas être envisagé au point de vue de son rendement propre maximum, sans qu'une autre partie de la bobine ou une autre fonction de la même partie se trouve sérieusement influencée.

3° Le prix de revient et les dépenses de fabrication doivent être étudiés avec soin.

On peut résoudre en partie le premier problème en établissant la bobine pour le travail moyen qu'elle aura à fournir et en rendant négligeables l'inductance du primaire et la capacité du conducteur. Cette possibilité en réglage est trop souvent négligée, quoique les avantages de ce dispositif surpassent généralement les inconvénients.

La bobine elle-même consiste essentiellement en un circuit primaire enroulé sur un noyau de fer, un tube isolant placé sur le primaire, et un enroulement secondaire bobiné sur un tube. Ces différentes parties constitutives vont être étudiées séparément.

Noyau. — On ne peut employer des circuits magnétiques fermés pour les bobines d'induction parce que le flux ne s'annulerait pas avec une rapidité suffisante ; l'emploi de circuits particulièrement fermés n'a pas encore donné de résultats satisfaisants, quoique l'on puisse s'attendre à un développement de ce dispositif. On a essayé de différentes façons d'employer du fer finement divisé pour fermer le circuit magnétique, parce que, dans cet état, le métal peut suivre les oscillations rapides, mais la perméabilité est si faible que les inconvénients de cette disposition ne sont pas compensés par des avantages suffisants.

Le noyau doit être composé d'un faisceau de fils de fer doux d'une perméabilité aussi élevée que possible, capablable de prendre une aimantation de grande intensité et de créer un champ puissant. Les propriétés du fer doivent être telles que les pertes par hystérésis soient faibles. Plus le diamètre, du fil est réduit, plus sont faibles les pertes par courants de Foucault, plus est faible l'échauffement du noyau, mais plus est faible aussi la section du fer utile pour une section droite donnée, parce que la proportion de la surface oxydée augmente par rapport à la surface totale, la perméabilité du noyau considéré dans son ensemble va donc en diminuant. Si l'on emploie un gros diamètre de noyau pour parer à cet inconvénient, la longueur du chaque tour de fil bobiné sur lui est augmentée au primaire et au secondaire. L'expérience semble montrer que la meilleure grosseur moyenne à adopter pour les fils de fer est d'environ 0,644.

L'intensité des courants de Foucault qui prennent naissance dans le noyau est proportionnelle à la vitesse de l'interrupteur intercalé dans le circuit primaire. La résistance du circuit de ces courants doit donc être augmentée, aux dépens de la place, avec la vitesse de l'interrupteur. On doit donc ne pas se contenter de la couche d'oxyde sur le fer, mais y mettre un vernis isolant. Pour la grosseur du noyau, cela dépend de la vitesse de l'interrupteur employé : s'il est rapide, il ne faut pas prendre un noyau de grand diamètre qui exige un temps assez long pour s'aimanter, et il faut travailler au voisinage de la saturation. L'aimantation pénètre de la périphérie au centre. Elle n'atteint jamais le centre si les vibrations sont trop rapides. D'autre part, plus l'interrupteur est lent, plus les pertes par hystérésis sont faibles. En somme on a donc intérêt à avoir un interrupteur plutôt lent.

Primaire et noyau. — Le primaire et le noyau sont tellement liés l'un à l'autre qu'on ne peut pas les discuter l'un sans l'autre.

Soit un circuit magnétique ouvert, rectiligne et cylindrique dont l'aimantation dépend du nombre d'ampères-tours qui agissent sur lui. Le facteur étant le produit du courant par le nombre de tours d'enroulement, il faut déterminer la valeur du courant dans le circuit primaire : la valeur de ce courant dépend de la valeur de la différence de potentiel employée et de la vitesse de l'interrupteur. Si on suppose que le courant a une valeur donnée, il faudra un certain nombre de tours de fil primaire sur le noyau ; il est important que cet enroulement prenne le moins de place possible, afin que l'enroulement secondaire soit le plus près possible du noyau où le champ a la plus grande intensité. Il est inutile de prendre un noyau plus long que la bobine primaire.

En établissant le noyau et l'enroulement primaire il est nécessaire de tenir compte de l'intensité du courant que devra fournir le secondaire, et la bobine qui donne la plus grande étincelle à travers la résistance de l'air n'est pas la meilleure pour fonctionner sur une résistance différente ou pour charger un condensateur.

Si on veut une bobine donnant de grandes étincelles le rapport du diamètre du noyau à sa longueur doit être voisin de 1/12, mais pour charger des condensateurs le même rapport doit être environ de 1/8, rapport qui dépend de la valeur de l'interrupteur et des dimensions de la bobine.

Souvent on peut augmenter la tension secondaire en augmentant la vitesse de l'interrupteur : cela prouve que cet appareil est mal conçu et que la vitesse de la rupture augmente avec la vitesse d'interruption.

MM. Eddy et Eastham recommandent l'adoption d'un gros noyau et long et d'un très grand nombre d'ampères tours, de façon à obtenir, un champ plus intense, pour débiter des courants secondaires intenses également.

Le primaire. — L'enroulement primaire doit avoir des prises de courant à ses deux extrémités pour le réglage. Plus est grand le nombre de tours au primaire et plus doit être grand le nombre de tours au secondaire pour une différence de potentiel donnée. Le fil employé doit avoir une section suffisante pour porter le courant maximum que la bobine peut avoir à supporter, bien que les bobines d'induction soient rarement employées à leur pleine puissance pendant une durée un peu longue. Plus il y a de cuivre sur le primaire et plus est grande la puissance débitée, et aussi la différence de potentiel. La résistance ohmique joue un faible rôle, puisque la résistance inductrice a une valeur considérable. Généralement on emploie un rhéostat de réglage intercalé sur le circuit primaire.

On a essayé d'employer du fil carré, mais on y a renoncé à cause des dangers de mauvais isolement aux angles du fil ; il faut que l'enroulement primaire soit très soigneusement isolé, car on a trouvé que la force électromotrice de self-induction produite dans le primaire atteint souvent 2 000 volts.

L'isolement. — Le tube isolant est placé sur l'enroulement primaire, qu'il sépare de l'enroulement secondaire. Il doit être aussi mince que possible, tout en présentant un isolement très élevé. La rigidité diélectrique importe beaucoup plus que la résistance à l'isolement, sa capacité diélectrique spécique doit être faible. L'épaisseur doit être calculée de telle façon que le tube puisse supporter les 3/4 de la tension secondaire.

Le tube isolant peut être en verre, mica, gutta percha, ébonite. Le verre est fragile et a une capacité diélectrique spécifique élevée, ainsi qu'une faible rigidité diélectrique. La micanite présente une tension de rupture élevée, mais aussi une capacité élevée tandis que la gutta-percha et l'ébonite ont une faible capacité qui rend leur emploi avantageux.

L'importance de la capacité diélectrique spécifique est très grande avec une interrupteur à grande vitesse et une bobine à haute tension ; de la capacité et du pouvoir isolant du tube dépendent beaucoup la tension maxima que la bobine peut supporter et le courant qu'elle peut débiter.

Pour l'isolement du secondaire, on peut employer, entre les différentes sections, du papier imprégné d'un composé isolant. L'ozone qui se produit quand la bobine fonctionne peut détériorer l'isolant du secondaire. Le meilleur est de plonger la bobine dans l'huile. La paraffine n'est pas à recommander. Quelle que soit la nature de l'isolant, il faut que sa rigidité diélectrique ait une valeur élevée, mais la capacité inductrice spécifique est un autre facteur dont l'influence est importante. Il est extrêmement important que toute humidité ait été expulsée de l'enroulement avant que la bobine soit isolée d'une façon définitive. Le mieux est de chauffer la bobine dans le vide.

Le secondaire. — Le nombre de tours et la section du fil d'enroulement secondaire dépendant de la longueur d'étincelle que l'on veut atteindre et des applications auxquelles la bobine est destinée, les formules théoriques pour la tension secondaire maxima, dont dépend la longueur d'étincelles, sont basées sur un certain nombre de conditions et d'approximations. La surélévation de tension qui se produit au primaire atteint 20 fois environ la différence de potentiel d'alimentation et la tension maxima du secondaire est proportionnelle à cette tension.

La tension secondaire est proportionnelle au nombre de tours de l'enroulement secondaire : ce nombre est généralement compris entre 50 000 et 80 000 pour une bobine de 30 centimètres d'étincelle. La section du fil dépend de l'intensité du courant secondaire du volume de l'étincelle. Plus le fil est fin et plus la résistance est grande, mais plus la longueur est courte pour un nombre de tours donnés. D'autre part la résistance décroît comme l'inverse du carré du diamètre, et il faut employer du gros fil quand on a besoin de beaucoup d'énergie dans le circuit secondaire.

L'enroulement secondaire peut être établi long et peu épais ou inversement. Le champ a son maximum d'intensité au milieu et décroît vers ses extrémités. Il décroît aussi en s'éloignant dans une direction perpendiculaire à l'axe du noyau.

Le condensateur. — La fonction du condensateur est de donner une vitesse plus grande en rupture en pressant ou en diminuant la formation de l'arc qui jaillirait entre les contacts. Il y a une valeur optima pour la capacité de ce condensateur, c'est celle qui donne la plus grande longueur d'étincelle secondaire. L'étincelle la plus longue n'est pas obtenue quand il se produit un minimum d'étincelle à l'interrupteur primaire. Pour cette dernière condition Mizuno a montré que la longueur d'étincelles secondaires diminuait alors. Lord Rayleigh a montré que plus la vitesse de rupture est grande, et plus la capacité nécessaire doit être faible. La capacité doit varier directement comme l'inductance du circuit primaire, jusqu'à un certain point.

DESCRIPTION DE QUELQUES TYPES DE BOBINES D'INDUCTION

Bobine d'induction de M. A. Apps. — Dans les bobines de Ruhmkorff ordinaires, le cylindre isolant qui sépare les enroulements primaire et secondaire ainsi que les disques séparant les divers tronçons de l'enroulement secondaire dans les bobines cloisonnées, se trouve soumis à des efforts mécaniques considérables de la part de ces enroulements quand les fils se dilatent ou se contractent sous l'influence des variations de température. La résistance d'isolement des diélectriques se trouvant considérablement diminuée par la traction et la compression, il peut donc résulter de ce mode de construction des bobines une diminution importante de l'isolation des circuits. De plus ce mode de construction ne permet pas de remplacer le cylindre ou le disque isolant, détérioré sans dérouler presque entièrement la bobine.

M. A. Apps s'est proposé de remédier à ces deux inconvénients. Le circuit primaire A (fig. 81) est enroulé sur une monture cylindrique dans laquelle se trouve maintenu

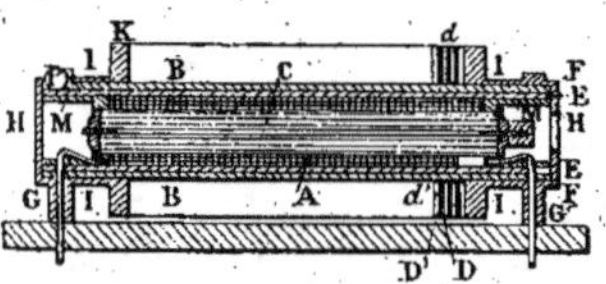

Fig. 81.

par deux disques latéraux et un bouton central, un faisceau C de tiges de fer. Le circuit secondaire B est enroulé sur une monture cylindrique F, très résistante, supportant sans déformation les efforts mécaniques résultant des dilatations et contractions du secondaire. Cette monture est fixée dans deux anneaux soutenus par les supports G. Deux viroles 1 servent à maintenir l'enroulement secondaire dans une position fixe par rapport à la monture. A l'intérieur de cette monture se trouve le cylindre E assurant l'isolement des circuits primaire et secondaire ; il est préservé des efforts mécaniques par la monture. L'enroulement primaire est maintenu dans une position fixe à l'intérieur de F au moyen de deux petits tubes M et de deux bouchons à vis H.

Les cloisons isolantes séparant les divers tronçons du circuit secondaire de la bobine qui est cloisonnée sont soustraites aux efforts mécaniques d'une manière analogue. De chaque côté de ces cloisons et séparées de celles-ci par des ressorts ou des cales en substance élastique, se trouvent d'autres rondelles qui supportent seules les efforts.

Pour pouvoir facilement remplacer les cloisons, M. Apps les forme de deux anneaux D, D' munis d'échancrures (*d*,*d'*) (fig. 82) ; ses anneaux sont placés de manière que l'échancrure de l'un corresponde à la partie pleine de l'autre.

L'enroulement primaire et le cylindre isolant E peuvent être également retirés avec facilité ; il suffit de dévisser les bouchons H, de tirer les extrémités du fil hors des canaux des supports G et de faire glisser la bobine A et le cylindre isolant.

On peut d'ailleurs fendre le cylindre longitudinalement de façon à permettre de le retirer sans toucher aux extrémités du fil primaire qui passent dans la fente du cylindre ;

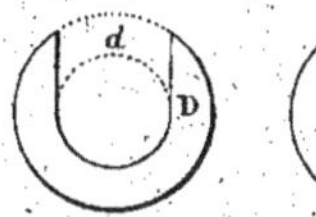

Fig. 82.

mais alors il faut, pour assurer l'isolement, employer deux cylindres semblables et, après les avoir insérés, les faire tourner l'un par rapport à l'autre de façon que les deux fentes ne se trouvent plus en regard.

M. Apps a construit ainsi un modèle de bobine qui donne des étincelles de 105 centimètres de longueur et dont l'induit contient 450 kilogrammes de fil conducteur.

Système de cloisonnement du circuit secondaire de M. A. Davis. — Le système de cloisonnement du circuit induit que revendique M. A Davis' est applicable aux bobines de Ruhmkorff ainsi qu'aux transformateurs à haut potentiel.

Les figures 83 à 87 représentent le mode de construction des bobines élémentaires dont l'ensemble constitue le circuit induit.

Au moyen d'un coin en acier porté à une température suffisamment élevée on déforme un disque d'ébonite de manière à lui donner la section représentée figure 83, *a*).

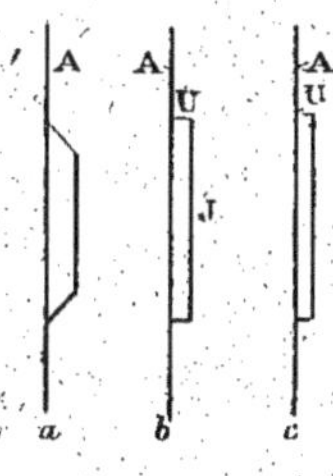

Fig. 83.

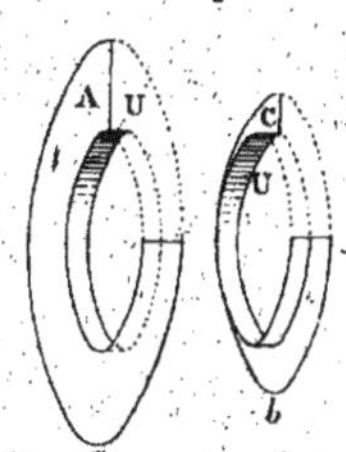

Fig. 84.

Un second coin lui donne la forme indiquée (fig. 83, *b*). Un emporte-pièce détache ensuite (fig. 83, *c*) la partie centrale J. On obtient ainsi la cloison isolante A (fig. 84, *a*). De la même manière on prépare des cloisons de diamètre extérieur plus faible (fig. 84, *b*) mais dont l'ouverture centrale a un diamètre suffisant pour que la cloison C puisse s'emboîter sur A comme le présente la figure 85. Une cloison B (fig. 86) est interposée, dans le montage on glisse la cloison C sur le cylindre isolant qui sépare la bobine primaire du circuit secondaire, on applique contre cette cloison C la bobine S′ (fig. 85) dont le fil enroulé en sens inverse de S″ est soudé à ce dernier en F, puis enfin la cloison isolante A. On peut d'ailleurs construire l'enveloppe isolante de chaque couple de

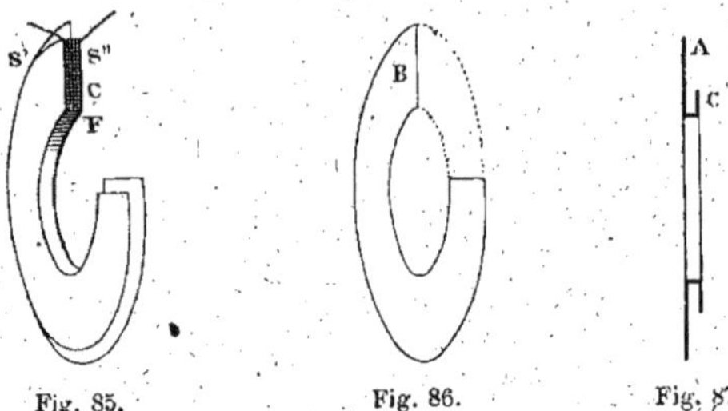

Fig. 85.   Fig. 86.   Fig. 87.

bobines élémentaires, d'une seule pièce comme le présente la figure 87, mais la construction est alors un peu plus délicate car les bobines élémentaires ne peuvent être enroulées à l'avance ; elles doivent être enroulées sur l'enveloppe, et pendant que l'on procède à l'enroulement de la première S″, on réserve la place de l'autre bobine au moyen d'un mandrin que l'on relève pour effectuer, en sens inverse, l'enroulement S′.

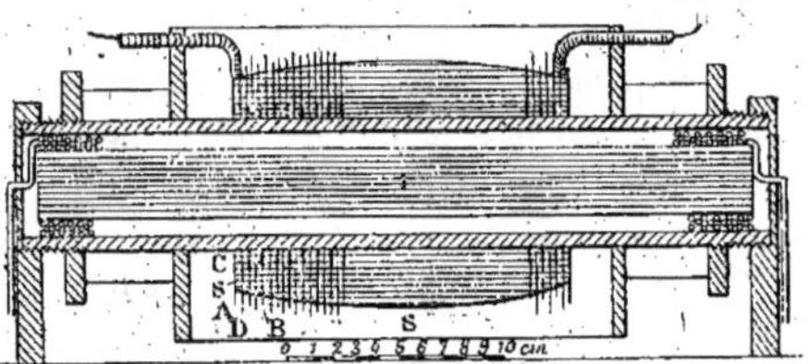

Fig. 88.

La figure 88 donne la coupe d'une bobine d'induction construite suivant le système de M. A. Davis. On remarquera que le diamètre des bobines plates élémentaires va en diminuant depuis le milieu jusqu'aux extrémités.

Bobine d'induction de M. Elihu Thomson. — M. Elihu Thomson a imaginé un type de bobine d'induction qui peut être alimentée par le courant à 110 ou 220 volts que distribuent les stations centrales, sans qu'on soit obligé de placer en série avec le primaire une résistance, souvent assez élevée. La présence de cette résistance qui a pour effet de diminuer l'intensité du courant occasionne une perte notable d'énergie. La bobine d'induction, qui peut être directement branchée sur un réseau de distribution, possède trois enroulements.

Une première bobine B (fig. 89) en gros fil joue le rôle de la bobine primaire des appareils ordinaires. Une seconde bobine C à fil plus fin sépare ce premier enroulement du dernier D qui est constitué à la manière des secondaires des bobines usuelles par un fil très fin et très long.

Ces enroulements sont connectés de la manière suivante avec les balais de deux commutateurs tournants qui sont montés sur un même axe. Afin de permettre une lecture plus facile, la figure représente les deux commutateurs placés côte à côte.

L'une des extrémités de la bobine C est reliée à la borne (a) de la distribution d'électricité ; l'autre, par l'intermédiaire du fil c, au balai d frottant sur le premier commutateur tournant. Ce commutateur F porte deux bagues sur lesquelles frottent les deux balais h et f ; sa périphérie est munie de deux secteurs métalliques g et e reliés respectivement aux deux bagues. Dans la position du commutateur, indiquée sur la figure, le courant suit le chemin a C d e f b ; en continuant à tourner, il interrompt le courant de la bobine C et un courant induit de faible force électromotrice, mais de grande intensité, prend naissance dans la bobine à gros fil B dont les extrémités reliées aux

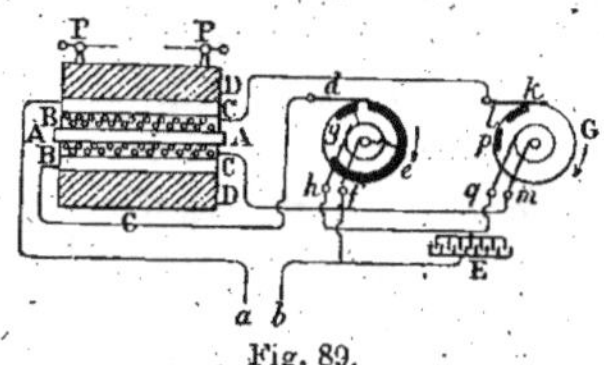

Fig. 89.

balais k et m du second commutateur C sont alors mises en court-circuit par le mouvement même de ce commutateur. Ce courant ne tarde pas à être rompu et il en résulte des courants induits de grande force électromotrice dans la bobine secondaire D. Pour diminuer les étincelles de rupture des courants et rendre cette rupture plus rapide, on emploie un condensateur E dont une armature est reliée d'une manière permanente à la borne b du réseau de distribution et dont l'autre armature se trouve mise en communication, aux moments opportuns, avec les bobines C ou B au moyen de balais h et q des commutateurs tournants. Si cette disposition permet d'utiliser sans pertes énormes le courant distribué par les stations centrales, elle augmente, dans une certaine mesure, le coût de construction tant par suite de l'augmentation de poids des fils employés (trois enroulements au lieu de deux), qu'à cause de la main-d'œuvre nécessaire pour ces trois enroulements.

Transformateur à haute tension de MM. Wydts et de Rochefort. — Non seulement les bobines d'induction ordinaires présentent ainsi que les types modifiés que nous venons de décrire, l'inconvénient d'un coût élevé, mais le rendement atteint est assez faible (20 0/0 environ des vatts fournis). MM. Wydts et O. de Rochefort-Lucay ont construit un transformateur à haute tension, de bien meilleur rendement et qui joint à l'avantage de n'employer qu'une quantité assez restreinte de fil fin pour la construction de l'induit; celui d'utiliser un isolant dont l'état physique ne varie pas sensiblement par l'usage.

Comme le font remarquer MM. Wydts et de Rochefort, aux hautes tensions qui se produisent dans les bobines d'induction, des isolants solides sont facilement traversés par des effluves qui, modifiant l'isolant, deviennent avec le temps de plus en plus importants. Quant aux isolants liquides ils doivent également être rejetés, les courants qui se produisent dans le liquide entre les pôles extrêmes leur enlevant en grande partie leur efficacité. Aussi les constructeurs ont fait choix d'un isolant pâteux (dissolution de paraffine dans du pétrole chaud) qui offre un état physique convenable. Un semblable isolant est lentement décomposé par les actions électriques qui se produisent dans sa masse et il se dépose du carbone pulvérulent. Grâce à la disposition donnée à leur appareil MM. Wydts et de Rochefort ont évité le dépôt du carbone.

L'inducteur est composé comme dans la bobine de Ruhmkorff d'un noyau de fer doux (d) (fig. 90) autour duquel s'enroule une double couche de gros fil de cuivre e, e' qui aboutit aux deux bornes a, a' servant à établir le courant primaire. Un tube isolant f entoure le faisceau inducteur.

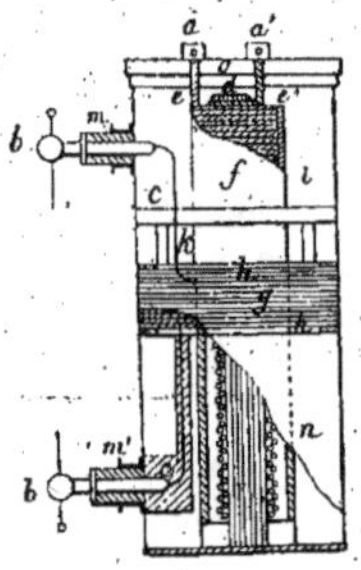

L'induit est composé d'une seule bobine g contenant 600 grammes de fil fin de cuivre de 0ᵐᵐ,16 de diamètre. Cette bobine est placée dans la région médiane de l'inducteur; elle repose sur deux tubes de verre h soutenus par un bloc de bois i muni de deux tasseaux, repose sur la bobine induite au moyen de deux tubes de verre h, h.

Au lieu d'une seule bobine induite on peut en employer deux placées côte à côte parallèlement et connectées en tension.

Fig. 90.

Ces bobines enroulées suivant le procédé ordinaire sont ensuite immergées 24 heures dans une dissolution chaude de paraffine dans le pétrole. Après refroidissement dans le bain elles sont mises en place.

Les deux extrémités de l'induit sont reliées aux deux boules b, b' placées dans les bouchons des deux tubulures m et m' du vase de verre dans lequel le tout est placé verticalement.

Le transformateur ainsi construit (une seule bobine induite) donne de 20 centimètres à 22 centimètres d'étincelles avec 6 volts et 3 ampères, soit 20 watts environ. L'induit de la bobine de Ruhmkorff donnant la même longueur d'étincelles serait composé de 50 à 60 galettes ou bobines plates accouplées en tension et séparées par des cloisons solides isolantes. Le poids du fil de l'induit serait de 5 kilogrammes à 6 kilogrammes. Le nombre de watts employé, 120 environ.

Un transformateur donne 50 centimètres d'étincelle avec 12 volts et 6 ampères.

Transformateur unipolaire. — Les transformateurs à un seul enroulement et à deux ou plusieurs enroulements montés en quantité présentent une propriété particulière : entre le pôle du circuit secondaire correspondant au point de départ de l'enroulement le plus voisin du circuit primaire, et le sol, on obtient une étincelle environ dix fois plus courte que celle que l'on obtient encore entre le sol et l'autre pôle du circuit secondaire. MM. Wydts et de Rochefort donnent au premier pôle du secondaire le nom de pôle de petite tension et au second pôle le nom de pôle de haute tension. En

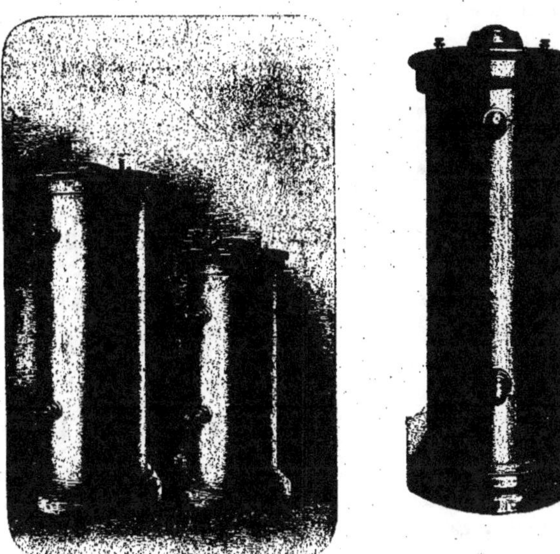

Fig. 91. — Bobine-transformateur de MM. Gaiffe et Rochefort.

reliant le pôle de petite tension à la terre, on constate que la tension du pôle de haute tension augmente, et l'étincelle qui jaillit entre ces deux pôles paraît gagner en intensité. Le transformateur dont le pôle de petite tension est mis en relation avec le sol est dit unipolaire.

Transformateur de M. Klingelfuss. — Ce transformateur a été l'objet d'un travail dû à M. Henri Veillon qui a exécuté tout une série de mesures, comparativement avec une grande bobine de Carpentier de 62 centimètres de longueur et 22 centimètres de diamètre.

Ce qui distingue tout particulièrement l'appareil de Klingelfuss de la bobine de Ruhmkorff, c'est qu'à l'instar des transformateurs ordinaires, le noyau de fer est presque complètement fermé, comme l'indique la figure 92 par une armature A, fendue verticalement en son milieu. L'intervalle n'est que de quelques millimètres. Cette traverse pouvait être remplacée par une seconde non fendue. Le noyau entier et la traverse sont formés de lamelles de fer doux, séparées par du papier, et la masse totale surpasse considérablement celle du fer dans la bobine de Ruhmkorff. Deux paires de bobines primaires et secondaires sont disposées sur les deux branches verticales du cadre, les secondaires entourant les primaires. La disposition essentielle est l'enroulement du fil secondaire, que Klingelfuss obtient au moyen d'un appareil fort ingénieux.

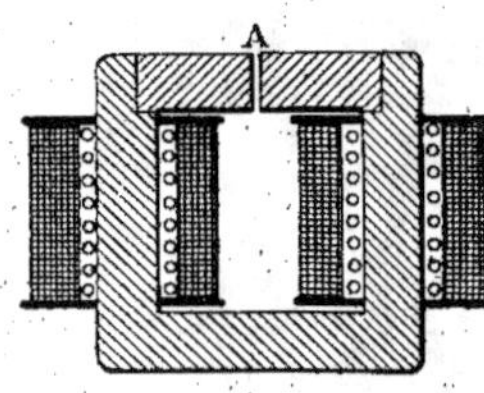

Fig. 92.

Cet enroulement est absolument mathématique et combiné de manière à écarter, selon des règles précises, les spires en raison de leurs différences de potentiel. Le procédé de fabrication, dont M. Klingelfuss tient à conserver le secret, permet d'enrouler le fil de manière à éviter d'une spire à l'autre même le contact de l'enveloppe qui le recouvre. Le nombre des spires, soit primaires, soit secondaires est très inférieur à celui de la bobine Ruhmkorff. Voici les données comparatives pour les enroulements des deux appareils en question; les chiffres indiquent le nombre des spires.

	Bobine Carpentier	Transformateur Klingelfuss
Fil primaire, ...	322	112
Fil secondaire	153 000	18 000

Les deux paires de bobines peuvent être utilisées soit en les mettant en série, soit en les reliant parallèlement.

L'interrupteur est à mercure et fonctionne séparément alimenté par un courant spécial. Dans les expériences suivantes, on n'a utilisé que des fermetures et des ruptures isolées du circuit primaire, obtenues au moyen d'un dispositif fort simple. Un levier métallique horizontal, mobile autour d'un axe également horizontal, portait à une extrémité deux tiges en cuivre à bouts de platine plongeant dans deux godets de mercure recouvert d'alcool. Dans cette position le courant entrait par l'un des godets et ressortait par l'autre. L'interruption se faisait au moyen d'un poids tombant d'une hauteur constante de 1ᵐ,50 sur l'autre extrémité du levier.

Les mesures furent exécutées dans le circuit secondaire fermé à travers un galvanomètre balistique. On obtenait ainsi pour chaque fermeture et pour chaque rupture la quantité d'électricité induite. Les résultats fournis par de nombreuses expériences en utilisant des courants primaires de différente intensité, sont représentés graphiquement dans le tableau ci-contre. Les courbes sont des moyennes entre les quantités induites à la fermeture et à la rupture du courant primaire. D'après la théorie ces deux quantités doivent être identiques. Elles se sont en effet montrées à très peu près telles pour l'appareil de M. Klingelfuss lorsqu'il était muni de la traverse fendue. Pour la traverse pleine il y avait une petite différence. Avec la bobine Ruhmkorff par contre il y a une assez grande différence en faveur de la rupture dans certains cas, en faveur de la fermeture dans d'autres.

Les abcisses représentent les intensités du courant primaire en ampères, les ordonnées, les quantés induites en microcoulombs.

La courbe I se rapporte à la bobine Ruhmkorff de Carpentier. Les autres courbes sont fournies par l'appareil Klingelfuss dans les conditions suivantes. Dans II et III, les bobines primaires sont reliées paralfèlement ; II est formé par l'appareil dégarni de l'armature A, et III par l'appareil muni de l'armature. On voit l'importance colossale de cette dernière qui a pour effet de conduire les lignes de forces en les empêchant de

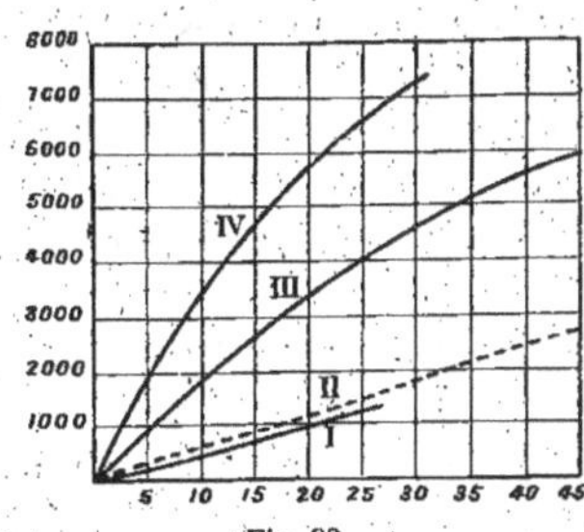

Fig. 93.

venir entraver l'effet de l'induction par un parcours défavorable. Les quantités induites dans l'appareil muni de son armature sont près de trois fois plus considérables que celles induites dans l'appareil sans armature. A mesure qu'on s'élève dans l'intensité du courant primaire, ce rapport diminue un peu. Voici d'ailleurs quelques chiffres relatifs aux courbes II et III. Ce sont les quantités induites en microcoulombs :

	5	10	15	20	30	45	ampères
Avec armature . . .	872	1 780	2 616	3 540	4 620	5 878	microcoulombs
Sans armature . . .	293	614	912	1 215	1 837	2 694	»
Rapport . . .	3,0	2,9	2,9	2,9	2,5	2,2	

La courbe IV enfin représente les quantités induites lorsque les deux bobines primaires sont reliées en séries. On voit qu'elle s'élève encore beaucoup plus que la courbe III au-dessus de celle fournie par la bobine Ruhmkorff.

On obtient ainsi avec le même courant primaire une quantité beaucoup plus considérable qu'avec le Ruhmkorff. Voici d'ailleurs le résultat des mesures pour des courants primaires variant de 10 à 25 ampères.

	10	15	20	25	ampères
Transformateur Klingelfuss . . .	3 440	4 600	5 550	6 300	microcoulombs
Bobine Carpentier.	524	750	1 094	1 270	»
Rapport	6,7	6,1	5,1	5,0	

En se reportant aux données comparatives faites au début sur le nombre des spires des enroulements primaires et secondaires dans les deux appareils on reconnaîtra la supériorité incontestable de l'appareil de Klingelfuss. Jusqu'ici nous n'avons envisagé que la quantité de l'électricité induite. Reste encore à examiner la tension en circuit secondaire ouvert. La longueur des étincelles atteint exactement celle que l'on obtient avec la bobine Ruhmkorff, soit 42 et même 45 centimètres.

Une bobine de la puissance explosive de 60 centimètres par exemple fournira toujours des résultats inférieurs à ceux que donnera une bobine de la puissance de 30 centimètres mais dont les quantités à chaque décharge sont beaucoup plus fortes que dans la première.

Pour en revenir aux étincelles nous ajouterons que celles-ci ont à longueur égale une auréole beaucoup plus large que celles de la bobine de Ruhmkorff. A 25 centimètres on sépare encore par le souffle l'auréole qui s'écarte sous forme de véritables flammes, chose que l'on ne réalise guère avec le Ruhmkorff au-delà de 7 ou 8 centimètres.

Ce qui permet d'obtenir des résultats aussi intenses c'est comme nous l'avons indiqué la grande masse du noyau fermé de fer doux et l'enroulement mathématiquement régulier du fil secondaire. Ce dernier a $0^{mm},2$ de diamètre, tandis que celui de la bobine Ruhmkorff n'a que $0^{mm},16$ ce qui lui donne une section presque double $\left(\frac{10}{6}\right)$ de celle du fil de Ruhmkorff. La résistance du fil induit est ainsi considérablement diminuée, et cela d'autant plus que le nombre des spires de l'induit est relativement petit. Elle n'est que de 8 000 ohms environ contre 50 000 qu'elle atteint dans la bobine Ruhmkorff. La tension étant donc la même que pour la bobine Ruhmkorff et les quantités induites (si l'on veut aussi les intensités) étant environ sextuples, l'énergie rendue est environ six fois plus grande. Si l'on considère enfin que cette énergie six fois plus grande est obtenue par un inducteur qui est bien inférieur au Ruhmkorff sous le rapport des ampères-tours on verra combien le rendement de ce nouvel appareil est avantageux.

Dispositif de M. Grisson. — Pour se débarrasser de certains inconvénients que présentent les interruptions du courant dans les bobines d'induction et pouvoir alimenter

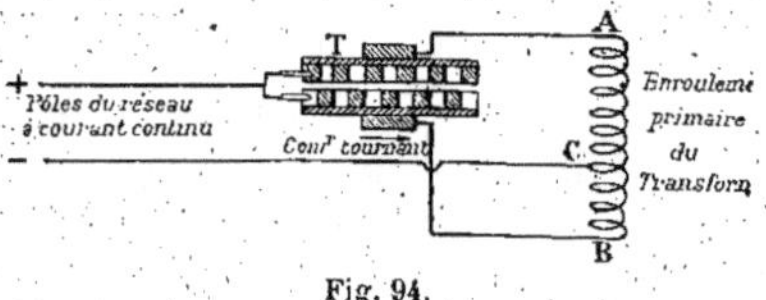

Fig. 94.

menter cependant ces appareils en courant continu, certains postes de télégraphie sans fil en Allemagne, utilisent le dispositif suivant préconisé par M. Grisson (fig. 94). Le primaire du transformateur ou bobine d'induction porte trois prises A, B, C, une à chaque extrémité de l'enroulement A, B, la troisième C réunie au milieu de l'enroulement.

Un commutateur T, qu'on actionne au moyen d'une petite dynamo branchée sur le réseau, distribue tout d'abord le courant dans la moitié de l'enroulement primaire (enroulement A, C, position représentée par la figure) puis, un instant après dans l'enroulement B, C. Le courant passe donc successivement par le jeu du commutateur dans chaque moitié de l'enroulement primaire et en sens inverse. Comme tout l'enroulement primaire a le même noyau de fer, le courant aimante en sens contraire du précédent ce noyau lorsqu'il change d'enroulement. Il s'ensuit que quand le courant commence en A, B, C l'aimantation qu'il développe dans le noyau produit en B, C une force contre-électromotrice qui s'oppose au courant qui y circule encore. Le courant s'annule donc rapidement dans cet enroulement B, C qui reste ouvert alors qu'il atteint sa valeur maximum dans A, C.

Bobine de M. Charbonneau. — M. Charbonneau a construit une bobine dont le rendement a été accru dans une grande proportion, en même temps qu'il a réalisé une grosse économie dans le cuivre. Le premier avantage a été atteint par la disposition du noyau de fer, le second par l'isolement parfait du circuit secondaire. Afin de faciliter le départ des lignes de force, le noyau, composé de fils de fer est replié à ses deux extré-

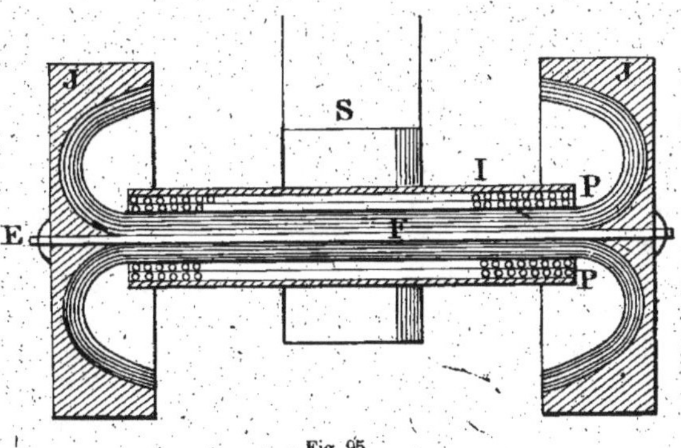

Fig. 95.

mités et maintenu par deux pièces de bois J entretoisées par une tige de cuivre E passant au centre du noyau F.

Le circuit secondaire est séparé du circuit primaire par un fort tube d'ébonite I. Le circuit secondaire S est constitué par une série de galettes de l'épaisseur d'un fil. Ces galettes sont formées de disques en isolant moulé dans lesquels un sillon en spirale est creusé. Le cuivre est alors déposé électrolytiquement dans ces rainures. Le rendement d'une telle bobine est excessivement élevé et son prix d'établissement est très bas.

LE COURANT SECONDAIRE

Recherches sur l'étincelle. — M. Amaduzzi a interposé sur le trajet de l'étincelle des diaphragmes de mica percés de trous de différents diamètres.

L'effet de l'introduction de cet obstacle est un accroissement très marqué dans le potentiel de décharge. Par exemple, lorsque les électrodes étaient constituées par deux sphères de bronze de 100 millimètres de diamètre, à une distance de 3 centimètres et que le diaphragme était pourvu d'un trou de $0^{mm},5$, et placé à moitié chemin entre les deux sphères, on a obtenu les résultats suivants :

Potentiel de décharge sans diaphragme . . . . 40 500 volts
»   »   avec diaphragme . . . . 59 300 volts

Cet accroissement du potentiel devient d'autant plus sensible que la distance entre les électrodes est plus grande. On a même observé le fait suivant : En enlevant avec soin le diaphragme au moyen duquel on a obtenu un fort accroissement du potentiel de décharge, sans toutefois atteindre celui nécessaire pour avoir la décharge avec le trou employé, la décharge entre les électrodes ne se produisait pas tout de suite, quoiqu'il y eut entre les deux sphères une différence de potentiel supérieure à celle exigée par la décharge dans l'air libre.

Il semble donc que le diaphragme troué ne sert qu'à limiter les mouvements ioniques préparatoires de la décharge, de façon à rendre celle-ci plus difficile et, par conséquent, à augmenter le potentiel nécessaire à la produire.

Lorsque le diaphragme n'est pas à moitié chemin entre les électrodes le phénomène peut-être plus ou moins altéré par des effets secondaires, dus surtout à l'influence des surfaces du diaphragme. Mais la conclusion que M. Amaduzzi croit pouvoir dégager de ses recherches est que les variations de potentiel observées prouvent l'existence d'une période préparatoire de la décharge, de sorte que l'étincelle ne serait que la phase finale d'un processus pendant lequel les ions acquièrent des mouvements de plus en plus rapides d'une électrode à l'autre, sous l'action de la force électrique.

Dans une deuxième série d'expériences, M. Amaduzzi s'est proposé de déterminer la distribution du potentiel le long de l'étincelle.

Dans ce cas la décharge qui était produite par une batterie de bouteilles de Leyde se formait entre deux sphères de $3^{cm},9$ de diamètre. Pour explorer le champ entre les deux électrodes, M. Amaduzzi se servait d'une *sonde électrique* composée essentiellement de deux fils métalliques très minces renfermés dans des tubes de verre et disposés de telle façon que d'un côté leurs extrémités pouvaient être éloignées ou rapprochées à volonté, tandis que de l'autre ils étaient reliés à deux sphères de 1 centimètre de diamètre entre lesquelles on faisait jaillir une étincelle que nous pourrons appeler secondaire. De la longueur maxima qu'on pouvait obtenir pour cette étincelle on déduisait la différence de potentiel entre les fils de la sonde. Cette différence rapportée ensuite à la longueur de 1 millimètre servait comme mesure du champ dans la région considérée.

On obtint de la sorte le diagramme de la figure 96, dans lequel les abcisses ex

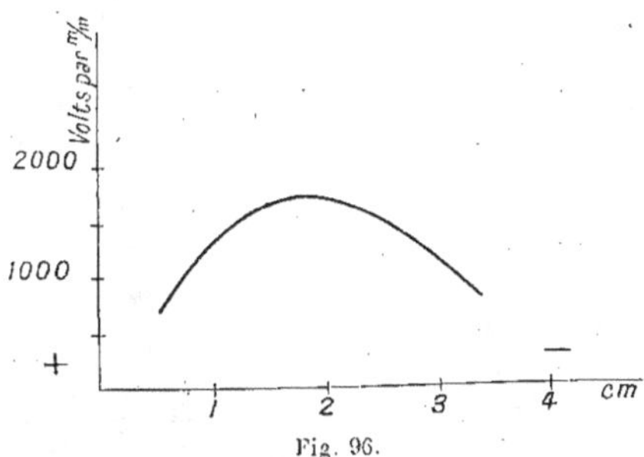

Fig. 96.

priment les distances entre les points sondés et les électrodes, et les ordonnées, les intensités du champ.

Dans le voisinage immédiat des électrodes, la sonde exerce une action perturbatrice et il n'est pas possible d'avoir pour le champ des valeurs exactes. Pour cela, la ligne du diagramme a dû être limitée à la région centrale de l'espace entre les électrodes.

En introduisant le diaphragme troué, la distribution du potentiel se modifie comme on le voit dans la figure 97. Il y a dans ce cas une élévation notable dans la valeur du

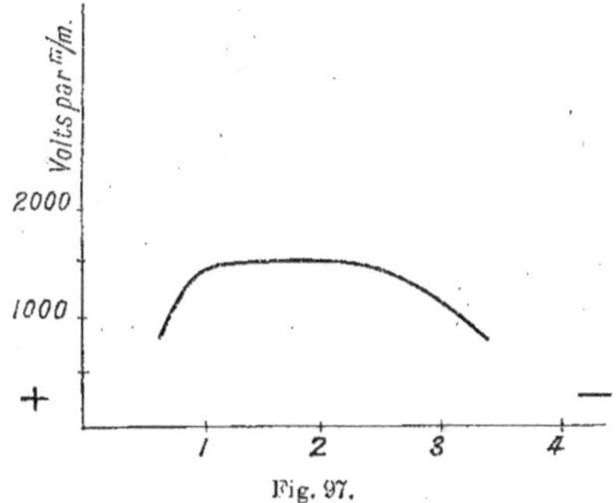

Fig. 97.

champ des deux côtés du diaphragme, ce qui est parfaitement en accord avec les recherches précédentes, et pouvait être décelé avec une grande netteté par l'expérience, car lorsqu'on approchait la sonde du diaphragme, l'étincelle secondaire augmentait aussitôt de longueur.

Le jeu ionique qui accompagne cette élévation du champ là où on place le diaphragme n'est dû, suivant toute probabilité, qu'à une condensation des ions des deux signes opposés aux deux côtés du trou.

Calcul de la force électromotrice secondaire des bobines. — Le calcul semble donner plus facilement que la mesure directe, la notion de la force électromotrice des bobines d'induction. En effet, on sait que, pour un circuit inducteur donné, la quantité d'électricité qui circule dans le circuit induit, est proportionnelle à la résistance de ce circuit induit ; on peut déduire de là, que : la force électromotrice mise en jeu dans la

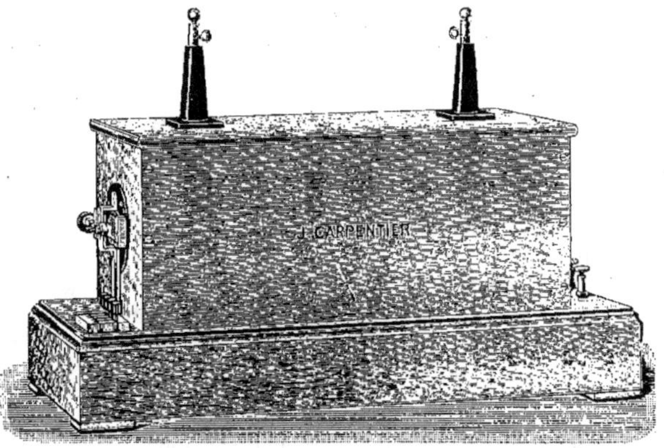

Fig. 98. — Bobine de Carpentier.

bobine est proportionnelle au carré de cette résistance et en raison inverse de la durée du courant produit.

Soit : r la résistance du circuit induit, a la force électromotrice, i l'intensité du courant, t sa durée, q la quantité d'électricité correspondante, on a :

$$q = it$$

et

$$i \frac{e}{r} \cdot$$

Mais on a, d'autre part, $q = \mathrm{K}\mathrm{I}r$, I étant l'intensité du courant inducteur et K une constante qui dépend de l'appareil ; on aura donc :

$$\frac{et}{r} = \mathrm{K}\mathrm{I}r$$

d'où on déduit :

$$e = \frac{\mathrm{K}\mathrm{I}r^2}{t}\,2.$$

Mais là encore nous nous trouvons en face de mêmes difficultéss ; outre que l'appréciation de la valeur de t (durée du courant induit, exige un outillage particulier et des
soins très minutieux, la valeur de K doit forcément varier avec chaque appareil.

L'appréciation de cette valeur est forcément empirique et doit être faite isolément
pour chaque appareil ; il faut encore s'attendre à la voir se modifier chaque fois que
l'on change la pile qui fournit le courant inducteur, et aussi pendant le fonctionnement
d'une même pile, à cause des variations que celle-ci peut subir pendant son débit : c'est
ce que l'on observe aisément quand on fait usage des piles au bichromate de potasse,
particulièrement celles dites piles-bouteilles ou piles Grenet.

Warren de la Rue a calculé qu'en effectuant la décharge d'une bobine de Ruhmkorff
entre une pointe et un disque métallique, chaque centimètre d'étincelle correspond à
une force électromotrice de 9 200 volts.

Ce chiffre serait un précieux jalon pour nos mesures, si nous pouvions évaluer des
longueurs d'étincelles extrêmement petites mais ce chiffre n'a de valeur que pour les
fortes décharges d'induction.

Toutefois, nous devons insister sur un point important. On sait que pour une oscillation du trembleur ou de l'interrupteur du courant inducteur, il se forme deux courants
induits, l'un inverse, au moment de la fermeture du circuit primaire, l'autre direct, au
moment de l'ouverture.

Or ces deux courants sont égaux en quantité, mais ils diffèrent par leur tension ; la
plus grande force électromotrice correspond au courant direct ou d'ouverture. Cette
différence tient à ce que les deux courants induits ne se forment pas avec la même rapidité. Tous deux, sont le résultat d'un état variable du courant inducteur ; or cet état
variable extrêmement court lors de l'ouverture du circuit primaire est beaucoup plus
prolongé lors de la fermeture.

Il s'ensuit que le courant induit d'ouverture est beaucoup plus bref que celui de fermeture. D'après Blaserna, la durée respective de ces deux courants est la suivante :

Courant induit de fermeture . . . . $0^s,000485$
Courant induit d'ouverture . . . . $0^s,000275$

Or la loi que nous avons indiquée plus haut dit précisément que la force électromotrice d'un courant induit est en raison inverse de la durée de ce courant.

Helmholtz a indiqué un moyen pour éviter cette différence entre les deux courants
de fermeture et d'ouverture. Il suffit de disposer l'appareil de telle sorte que jamais le
courant ne cesse complètement dans la bobine d'induction ; la fermeture et l'ouverture
ne font qu'augmenter où diminuer brusquement son intensité.

L'étude de la force électromotrice acquiert sa véritable importance lorsqu'il s'agit de
piles voltaïques, car il est bien peu de calculs d'électricité dans lesquels la notion de cette
valeur ne constitue un des principaux facteurs. Aussi a-t-on multiplié les méthodes pour
déterminer la force électromotrice des piles.

Ces diverses méthodes se divisent en deux grandes classes :

1° Celles dans lesquelles il est nécessaire d'avoir à sa disposition, outre la pile à étudier, quelques éléments d'étalons servant de moyens de comparaison et dont la force électromotrice est déjà connue ;

2° Celles qui reposent sur l'emploi des galvanomètres gradués (voltmètres) ou de certains électromètres tels que ceux de Lippmann et de Debrun.

Dans cette deuxième méthode, l'évaluation se fait ordinairement au moyen d'une simple lecture sur les appareils.

Les méthodes de la première catégorie sont surtout employées dans les laboratoires

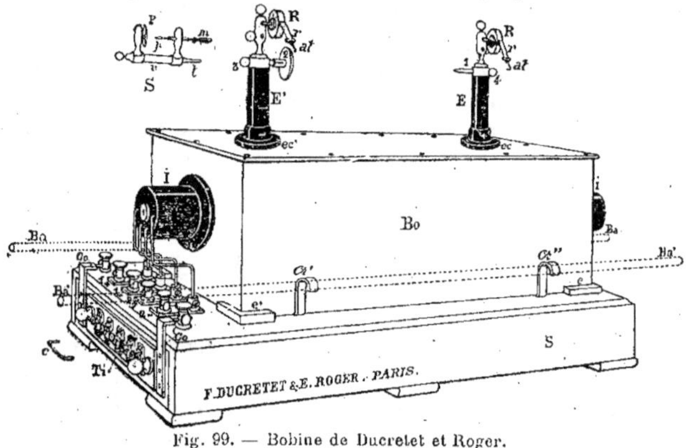

Fig. 99. — Bobine de Ducretet et Roger.

de physique et de recherches ; elles sont très précises, et en somme, assez faciles à exécuter. Nous indiquons plus loin les formules correspondant aux principales de ces méthodes.

Expérience de M. Klingelfuss sur les décharges. — Les décharges sont photogra-

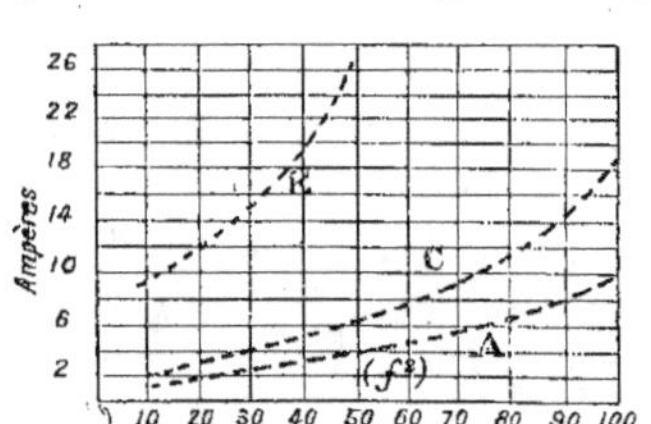

Fig. 100.

phiées sur une plaque fixée à un disque de bois monté sur l'arbre d'un petit moteur électrique.

La nature de la décharge dépend de l'intensité du courant primaire comme l'indique la figure 100.

Les photographies d'étincelles bleues montrent qu'une étincelle se compose de plusieurs décharges partielles (fig. 102 et 103). L'étincelle est d'autant plus dense et le nombre des étincelles partielles d'autant plus grand que la quantité d'électricité transportée par l'étincelle est plus considérable.

On trouve aussi trace de décharges dont la période va en augmentant mais dont l'in-

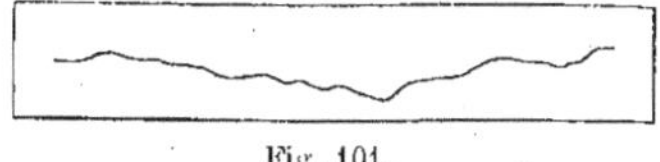

Fig. 101.

tensité est très faible. Les caractères de ces décharges font supposer qu'elles correspondent aux oscillations du système formé par les deux colonnes hautes de 60 centimètres qui supportent les pôles secondaires. L'enroulement secondaire, en raison de son induction propre, offre à ces oscillations très rapides une résistance énorme.

Fig. 102.

Les décharges ont un sens constant, ce qui se traduit pour les photographies par la différence d'intensité aux pôles. Les parties les plus vigoureuses du cliché se trouvent toujours à la même extrémité des décharges partielles.

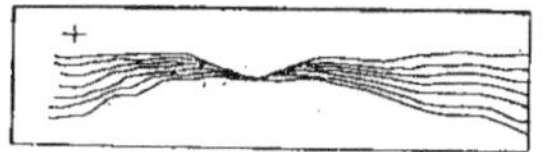

Fig. 103.

L'étincelle parcourt en une fois tout son trajet d'un pôle à l'autre, car les lignes photographiées sont visibles sur toute leur longueur.

L'étincelle avec auréole se produit quand on augmente l'intensité du courant primaire. Sur les photographies, l'auréole se traduit par des arcs de cercle d'une certaine

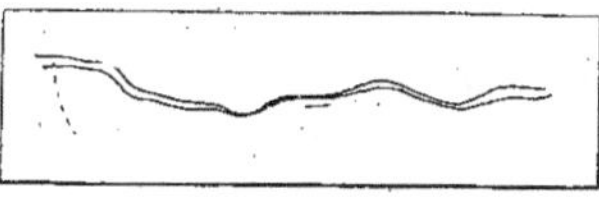

Fig 104.

étendue vers les pôles (fig. 104, 105, 106). La durée de l'auréole est en effet très notable vis-à-vis de celle de l'étincelle (0,04 seconde). Le cercle décrit par le pôle négatif est flou, avec des alternatives d'éclat et d'extinction ; le cercle décrit par le pôle positif est beaucoup plus net : son éclat suit les variations du courant et décèle par suite la présence de stratification.

Ces cercles décrits ainsi par les pôles constituent une caractéristique de la décharge sur laquelle on peut reconnaître certaines particularités de celle-ci.

En étudiant la déviation de l'auréole par le champ magnétique de la bobine même qui

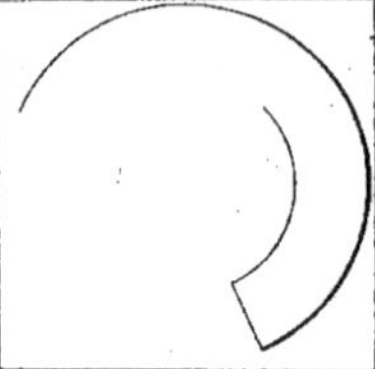

Fig. 105.

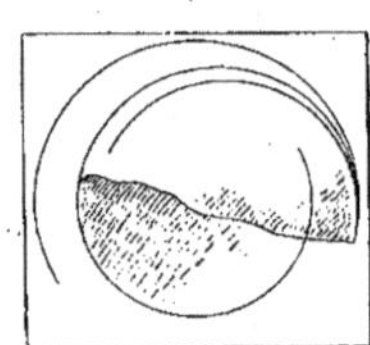

Fig. 106.

produit la décharge on peut se convaincre qu'à aucun moment ce champ n'est alternatif.

Quand on connaît la vitesse de rotation du disque qui porte la plaque photographique les courbes photographiées permettent de calculer la période des pulsations.

En introduisant la valeur de cette période dans la formule

$$V_2 = \frac{l_1}{\pi} \frac{10^6}{pK} \frac{n_2}{n_1}$$

où V_2 représente la différence de potentiel secondaire, l_1 l'intensité du courant primaire, p la fréqence, K la capacité du condensateur, n_1 et n_2 les nombres des spires de l'enrou-

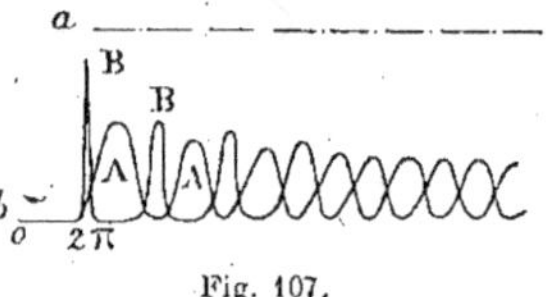

Fig. 107.

lement secondaire et primaire, on peut calculer V_2. On trouve 796.10^3 volts pour une étincelle de 100 centimètres.

Les valeurs trouvées par ce procédé sont d'accord avec les valeurs déduites de la force électromotrice de l'extra-courant primaire et du rapport de transformation. Mais le premier procédé est plus commode au point de vue expérimental. La même formule permettrait de déterminer le nombre n_2 des spires scondaires d'une bobine. Il suffirait de mesurer la période de cette bobine et la longeur de l'étincelle. De mesures faites sur des bobines dont les nombres de spires sont connus, avec les mêmes pôles, on déduirait la valeur de V_2 correspondant à cette longueur d'étincelle : la formule ne contiendrait plus d'autre inconnue que n_2, si on a compté directement les spires primaires, ce qui est en général possible.

Dispositif de M. Corbino pour avoir du courant de même sens au secondaire d'une bobine. — M. Corbino a remarqué qu'il était possible d'obtenir du courant de même sens dans le secondaire d'une bobine alimentée par Wehnelt, au moyen d'un éclateur M à électrodes très rapprochées intercalé dans le circuit secondaire.

Pour rendre pratiquement constant ce courant, il propose de shunter la résistance r alimentée par le secondaire et dans laquelle on veut faire passer un courant i constant, par un condensateur dont la décharge prolonge le courant i traversant M. Afin de se

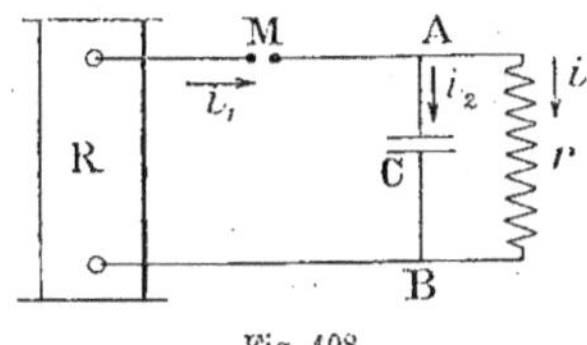

Fig. 108.

rendre compte de l'ordre de grandeur de la variation de i, on peut admettre pour simplifier que le courant i_1 est de la forme :

$$(1) \qquad i_1 = A - Bt$$

A et B étant des constantes ; le courant est ainsi supposé passer à travers M pendant le temps

$$(2) \qquad \tau = \frac{A}{B}.$$

Soit V la valeur de la tension aux bornes AB à la fin de chaque décharge à travers M ; on arrive aisément à la relation

$$(3) \qquad ri + \frac{1}{c}\int_0^t i\,dt = V + \frac{1}{c}\int_0^t i_1 dt,$$

équation différentielle facile à résoudre en tenant compte de (1). En développant en série l'exponentielle qui se présente dans l'intégration, et en posant que pour $t = \tau$, $i = \frac{V}{r}$, on arrive finalement à l'expression

$$(4) \qquad i = \frac{V}{r}\left\{ 1 + \frac{1}{c} + \left(1 + \frac{\tau}{c_r} - \frac{t}{\tau} - \frac{t}{c_r} \right) \right\}.$$

On voit donc que le courant i à travers r est la somme d'un courant constant $\frac{V}{r}$ et d'un courant variable dont l'amplitude maxima, atteinte pour $t = \frac{\tau}{r}$ est :

$$\frac{V}{r} \times \frac{\tau}{4Cr}\left(1 + \frac{\tau}{Cr} \right).$$

Si τ est suffisamment faible, et si c et r sont grands, il résulte donc de tout ceci que le courant i est pratiquement constant.

Procédé pour augmenter et pour trier le courant secondaire des bobines d'induction. — M. Jirotka a essayé dans ses essais de supprimer l'interrupteur des bobines en utilisant directement le courant alternatif ordinaire ; il y est arrivé de la façon suivante :

Afin d'éconduire les courants en sens non convenable, il disposa 2 éclateurs dont l'un fut relié à la terre (fig. 109) ; dans ces conditions il constata que le triage semblait s'effectuer parfaitement et que l'intensité était augmentée. Les essais furent faits en alimentant un tube de Crookes et avec une bobine possédant les caractéristiques suivantes :

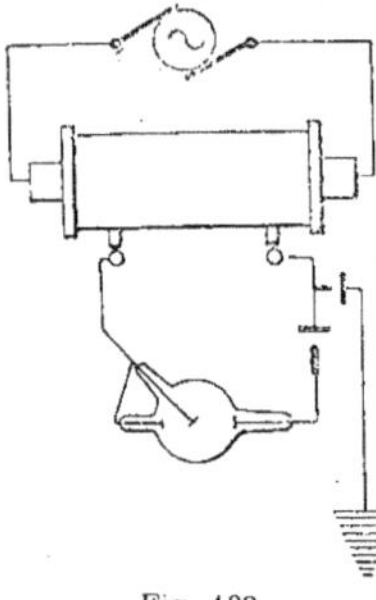

Fig. 109.

Enroulement primaire variable de 480, 380 ou 280 spires ;

Enroulement secondaire de 180 000 spires de fil de $0^{mm},1$ de diamètre ;

Tension primaire de 150 volts ;

Fréquence de 48 périodes à la seconde.

Avec l'enroulement primaire complet, et un montage analogue à celui de la figure en remplaçant l'ampoule par un éclateur dissymétrique, on obtient ainsi $14^{cm},5$ de longueur d'étincelle sans la terre et 28 centimètres avec cette prise de terre, soit une augmentation de plus de 100 %. Les autres enroulements primaires produisaient un effet analogue bien que moins prononcé.

Enfin en remplaçant la prise de terre par un contrepoids constitué par une plaque de tôle isolée de la terre ou même par des bobines, les résultats furent sensiblement équivalents, et ceci montre l'influence de la capacité de la terre.

L'emploi de la faible capacité dimininue considérablement la surtension, on constate aussi la production d'un fort vent électrique lorsque la distance explosive est suffisamment grande.

Dispositif de M. Gaiffe pour l'utilisation des secteurs polyphasés pour le fonctionnement des bobines. — Si on ne prend qu'une phase de ces courants, de façon à marcher comme sur secteur monophasé, on se heurte à deux inconvénients. Le premier c'est la faible fréquence, le second, c'est le refus des secteurs qui craignent, si on marche à haute intensité de déséquilibrer leur réseau.

M. Gaiffe a étudié un dispositif permettant de donner sur secteur triphasé à 25 périodes, au moins 75 interruptions et sur secteur diphasé, au moins 100 interruptions ; en n'utilisant qu'une onde par phase.

Supposons un circuit polyphasé quelconque, par exemple un circuit triphasé en étoile et avec fil de retour. Le schéma de montage sera celui ci-dessous (fig. 110).

A, station centrale ;

a, b, c, fils de ligne ;

d, fil de retour ;

a', b', c', d', fils arrivant chez l'abonné ;

I, interrupteur ;

B, primaire de la bobine ;

B', secondaire ;

R, rhéostat de réglage ;

p, p', p'', palettes de contact de l'interrupteur ;

J, buse où sort le jet de mercure.

L'interrupteur est entraîné par un moteur synchrone. La position des palettes p, p', p'' et la vitesse de rotation du jet de mercure sont telles que le courant envoyé dans le primaire du transformateur est toujours de même sens et de même intensité. Le nombre

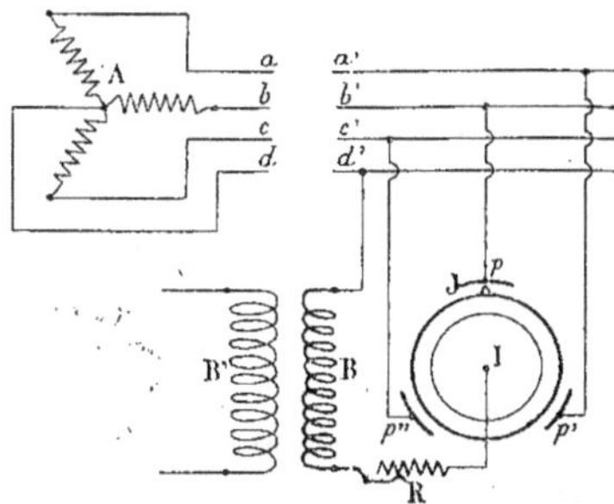

Fig. 110. — Schéma de M. Gaiffe pour montage sur triphasé.

d'interruptions par seconde est de trois fois la fréquence. Il résulte de ce dispositif que le secteur est toujours équilibré, chacune des phases travaillant également.

Ce montage s'applique à tous les courants polyphasés, seul le nombre des contacts à l'interrupteur changent.

CHAPITRE IX

INTERRUPTEURS

On utilise aujourd'hui deux genres différents d'interrupteurs, l'interrupteur de Foucault, et l'interrupteur genre Wehnelt.

L'interrupteur de Foucault que l'emploi des puissantes bobines d'induction nécessite présente l'inconvénient d'être un peu lent.

Les perfectionnements que l'on a fait subir à cet appareil ont eu principalement pour but de le rendre plus rapide.

Les interrupteurs du genre Wehnelt joignent à l'avantage d'être rapides celui de ne pas nécessiter, comme l'interrupteur de Foucault de fréquents nettoyages. D'autre part, on ne peut régler à volonté la fréquence (nombre d'interruptions à la seconde) des interrrupteurs du genre Wehnelt alors qu'il est aisé d'effectuer ce réglage avec les interrupteurs du genre Foucault.

Interrupteurs du genre Foucault. — Nous rangerons dans ce genre non seulement les interrupteurs qui utilisent le mouvement alternatif d'une tige oscillante, que ce mouvement soit obtenu par un trembleur, avec l'aide ou sans l'aide d'un électro-aimant, ou qu'il soit produit à l'aide d'un moteur rotatif, mais encore tous les interrupteurs qui exigent la mise en mouvement d'un dispositif mécanique avec ou sans production d'un jet de mercure.

I. — INTERRUPTEURS A TREMBLEUR

Interrupteur de MM. Wydts et de Rochefort. — Cet interrupteur présente les dispositions générales de l'interrupteur de Foucault (fig. 111).

Un électro-aimant communique un mouvement de trembleur à une tige qui plonge dans un godet de mercure. Les interruptions de courant dans le circuit comprenant l'électro-aimant sont obtenues à l'aide de deux contacts de platine que le mouvement même de la tige amène à se toucher, puis à s'écarter l'un de l'autre.

Le perfectionnement apporté à l'interrupteur de Foucault réside dans la liaison existant entre la tige verticale qui plonge dans le mercure et la tige horizontale portant l'armature de fer doux par l'attraction de laquelle l'électro-aimant communique un mouvement de va-et-vient au système des deux tiges. Au lieu d'être invariablement fixées l'une à l'autre comme dans l'interrupteur Foucault, ces deux tiges sont reliées à l'aide d'un ressort très flexible formé de minces feuilles de clinquant.

La tige plongeant dans le mercure est de plus légèrement aplatie. Grâce à cette

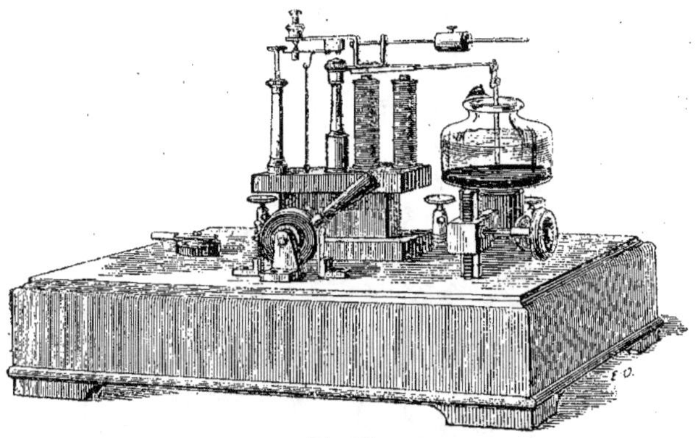

Fig. 111.

liaison, le mouvement de la tige dans le mercure est un mouvement vertical, et la tige est guidée par le liquide lui-même, ce qui empêche les projections.

Cet interrupteur permet d'obtenir des interruptions très rapides, comparables à celles que donne un diapason, alors que la tige interruptrice effectue à chaque allée et venue une course dépassant $1^{cm},5$.

On peut faire varier l'amplitude des vibrations en agissant sur un bouton à vis solidaire d'un des contacts en platine servant à l'interruption.

Pour faire varier la durée de la vibration et par suite la fréquence de l'interrupteur, on déplace un poids sur une tige ronde fixée au-dessus de l'armature. En enlevant cette masse, les vibrations deviennent extrêmement rapides, elles atteignent le nombre de 100 et 150 à la seconde.

L'interrupteur ne dépense pour sa marche, d'après MM. Wydts et de Rochefort, que 1,8 watt (0,3 ampère et 6 volts.)

Interrupteur électromagnétique de M. P. Villard. — Le mouvement de cet interrupteur est produit par l'action d'un aimant permanent sur le courant à interrompre (fig. 112).

Une tige en cuivre C' est fixée à une lame élastique C formant ressort de torsion et sous l'action de laquelle elle peut vibrer. Cette tige porte une pointe de nickel P qui plonge à chaque vibration dans le mercure d'un godet G et produit ainsi les interruptions périodiques du courant.

Un aimant permanent D est orienté de manière à ce que le champ magnétique qu'il produit tende à soulever la tige dès que le contact avec le mercure établit le courant.

Il s'ensuit qu'à chaque vibration la tige mobile reçoit une impulsion qui entretient son mouvement avec une amplitude suffisante.

On peut d'ailleurs faire varier la fréquence des interruptions à l'aide d'une masse additionnelle M convenablement disposée.

Ce modèle d'interrupteur est destiné à donner 20 interruptions environ par seconde. L'aimant et la tige vibrante sont portés par une planchette articulée à charnière (fig. 113)

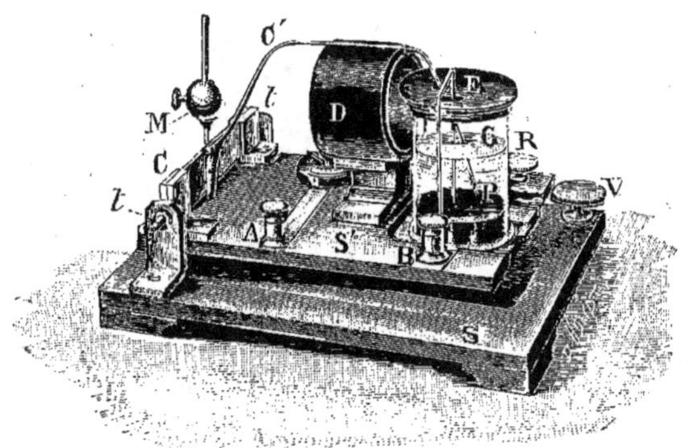

Fig. 112.

sur le socle ; on peut ainsi sortir le godet à mercure sans changer le réglage. Cet interrupteur fonctionne régulièrement avec des courants d'intensités très différentes et alors même que la bobine qu'il dessert n'est entretenue que par un seul accumulateur (2 volts). A la grande simplicité de construction qu'il présente s'ajoute l'avantage de ne pas exiger l'emploi d'une batterie auxiliaire ou d'un courant dérivé.

L'énergie dépensée pour l'entretien de l'interrupteur est très faible. La self-induction que sa présence introduit dans le circuit peut être considérée comme nulle.

Un autre modèle est disposé pour les oscillations plus rapides : 40 à 45 par seconde. La lame vibrante est remplacée par un diapason. La manette qui est en avant sert à la fois à fermer le circuit et à mettre le diapason en mouvement, il suffit de la faire tourner de 180° pour faire les deux opérations, une clef venant, dans ce mouvement écarter les branches du diapason. Deux masses mobiles le long des branches, permettent une faible variation de la fréquence.

Le même appareil, très légèrement modifié, peut servir pour actionner les bobines à l'aide du courant alternatif, ce qui peut être utile dans les villes où ce courant est seul distribué. Le diapason ordinairement employé, 40 à 45 vibrations doubles par seconde, convient pour un grand nombre de réseaux.

Si dans l'appareil on envoie un courant alternatif, et si le diapason est en synchronisme avec ce courant, il est évident que pendant une phase la tige tendra à

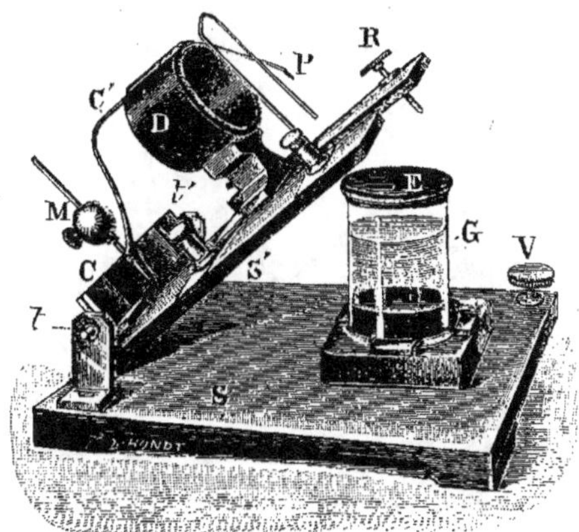

Fig 113.

plonger dans le mercure, tandis que pendant l'autre elle tendra à en sortir ; il n'y aura donc qu'une seule rupture par période. Mais comme il faut que la bobine ne soit parcourue que par du courant de même sens, il faut produire l'excitation du diapason par un courant spécial, pris sur le même réseau, tandis que le courant de la bobine

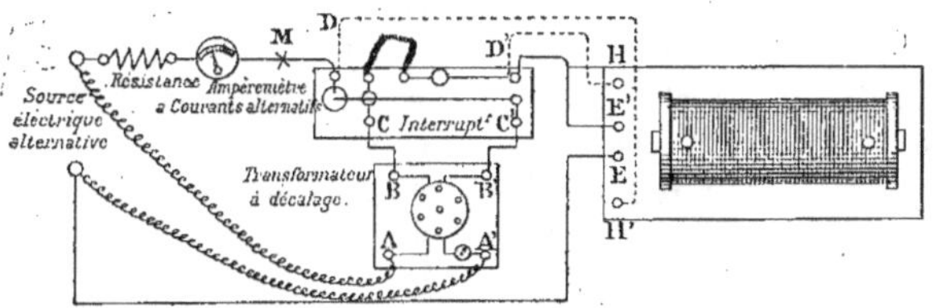

Fig. 114.

passe d'un godet auxiliaire au godet où se fait la rupture, sans traverser l'aimant. L'installation représentée schématiquement par la figure 114 est ainsi faite : une dérivation prise sur le réseau alimente un petit transformateur dont le secondaire est relié à l'interrupteur ; le courant transformé parcourt toujours la partie du diapason qui traverse l'aimant, mais comme le courant est décalé par rapport au courant primaire, il est impossible de régler les choses pour que la fermeture, qui se fait entre le godet D et le godet auxiliaire, se produise dès le début de la phase utile, tandis que la rupture se produit au maximum de cette phase.

Interrupteur à mercure de M. Villard. — Cet interrupteur (fig. 115) présente une grande simplification et un perfectionnement important.

Le principe de son fonctionnement est le même : une lame vibrante en fer L est placée entre les branches d'un fort aimant permanent A et porte une lame de nickel plongeant dans un godet G à mercure.

Une bobine magnétisante B, traversée par une faible dérivation, donne à la lame L une aimantation alternative, de telle sorte qu'elle est attirée tantôt par un pôle, tantôt

Fig. 115.

par l'autre pôle de l'aimant permanent A. Le mouvement vibratoire ainsi obtenu est nécessairement synchrome du mouvement alternatif.

La lame de nickel l a été calculée de manière à ce que sa période propre soit très loin de la période du secteur alternatif, et elle a été tenue à dessein très légère. Dans ces conditions, elle est entraînée très facilement par la lame L et suit sans aucune difficulté les légères variations du secteur sans rien perdre de son amplitude. Il ne reste que deux organes de réglage : une petite masse m qui détermine l'amplitude du mouvement en faisant varier très peu sa position, et la vis V qui sert à régler la plongée, et, par suite à obtenir l'interruption du courant au moment le plus favorable.

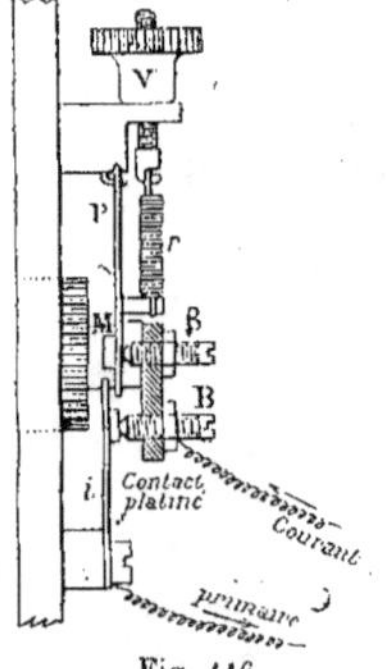

Fig. 116.

Rupteur atonique de M. Carpentier. — C'est un interrupteur à marteau, mais ce n'est pas la lame attirée par le noyau qui coupe le circuit primaire (fig. 116). Cet organe M vient frapper, vers le milieu de sa course et alors qu'il a atteint sa plus grande vitesse, la lame i qui, appuyée sur le butoir B par un contact platiné, assure la continuité du circuit primaire et permet la rupture lorsque i se sépare de B. Un ressort r ramène le marteau M à sa position de repos dès qu'il cesse d'être attiré par le noyau. On obtient ainsi une rupture très brusque. Le réglage du butoir β qui limite la course du marteau, celui du ressort r par la vis V et, enfin, celui du contact platiné sont aisés et restent constants.]

Interrupteur synchrone de M. Carpentier, pour courant alternatif. — Dans cet interrupteur (fig. 117) la condition essentielle à remplir est la synchronisation aussi parfaite que possible du mouvement de l'interrupteur avec le courant alternatif employé. Cette synchronisation est nécessaire parce que ayant affaire à un courant dont l'intensité varie à chaque instant, il faut produire la rupture au moment où l'intensité maxima est atteinte.

Cet appareil est en somme un rupteur ayant sa palette de fer mobile polarisée au moyen d'un électro-aimant parcouru par un courant alternatif et qui est placé en pré-

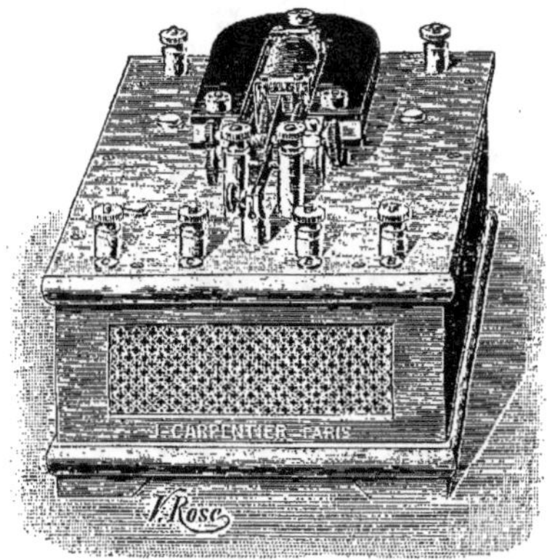

Fig. 117.

sence d'un aimant permanent qui l'attire et le repousse à chaque période du courant alternatif.

Comme tous les interrupteurs à contact sec, cet appareil ne peut fonctionner que sur des voltages inférieurs à 30 ou 40 volts ; pour l'utiliser sur 110 volts, il faut réduire la tension au moyen d'un petit transformateur.

Interrupteur Radiguet à contacts cuivre sur cuivre dans le pétrole. — Cet interrupteur (fig. 118) se compose essentiellement d'une tige A maintenant une armature S en fer doux attirée par un électro dont on aperçoit une des bobines, d'une pièce de bois B maintenue horizontale au moyen de deux colonnes qui laisse passer en la guidant la tige A terminée par un filetage. Celui-ci reçoit une pièce en ébonite L à la base de laquelle est fixée une pièce de cuivre portant deux boutons, le bouton M sert à fixer la pièce sur la tige, le bouton O serre un contact qui amène le courant dans la tige. Au sommet on peut placer 1, 2 ou 3 poids Y, maintenus immobiles au moyen du bouton V.

A la partie inférieure de la tige centrale se fixe la pièce que l'on voit à droite de la figure. Cette pièce porte la tige de contact en cuivre rouge A.

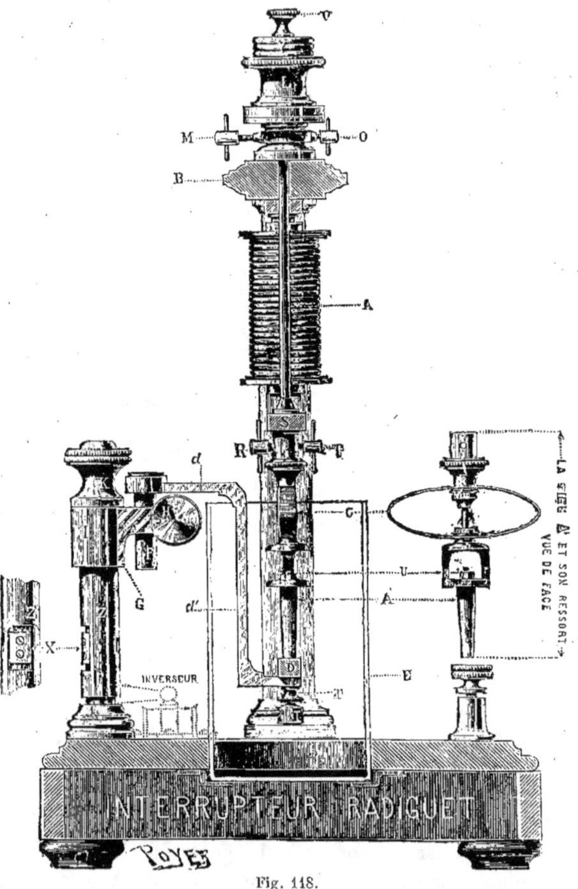

Fig. 118.

Exactement au dessous de cette tige se trouve la banquette D également en cuivre rouge. Cette banquette est soutenue au-dessus d'un vase en verre contenant du pétrole. Cet appareil a deux réglages, selon que l'on marche sur continu ou alternatif.

Si on est sur continu, pour avoir des interruptions rapides, on desserre la barette M puis on agit sur la pièce d'ébonite L de façon à donner la plus petite course possible à la tige portant le marteau. Pour les interruptions lentes, on donne à la tige une course plus grande au moyen du bouton L. Si on est sur alternatif, on règle la course comme pour la marche à interruptions rapides sur continu, et alors on n'intercale qu'une faible résistance dans le circuit primaire ; on est obligé de faire des inversions jusqu'à ce qu'on tombe sur la bonne phase.

INTERRUPTEURS ROTATIFS

Interrupteur de MM. Ducretet et Roger. — Cet interrupteur est plus rapide que celui de Foucault ; de plus, le dispositif adopté pour communiquer un mouvement de va et vient à la tige interruptrice ne provoque plus, comme dans l'interrupteur de Foucault, la projection des liquides (mercure et alcool) contenus dans les godets. Ces projections sont dues au mouvement oblique de la tige interruptrice. Dans le modèle construit par MM. Ducretet et Roger (fig. 119), le godet a une forme étroite à la partie

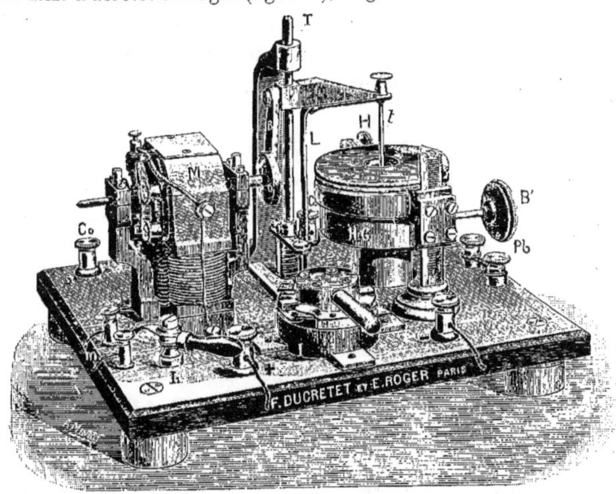

Fig. 119.

inférieure qui reçoit le mercure, ce qui évite les mouvements latéraux du liquide. Au-dessus du mercure, dans la partie large du godet on met de l'alcool (ou mieux de l'huile, de pétrole) jusqu'à $0^{cm},02$ environ du bord supérieur sur lequel appuie un couvercle métallique percé d'un orifice laissant passer la tige tT. Cette tige a un mouvement rectiligne alternatif ; elle ne fouette pas le mercure, guidée qu'elle se trouve par deux potences solidement assujetties au bâti de l'appareil. On évite ainsi les projections du mercure.

Les mouvements de va et vient lui sont donnés par un petit moteur électrique M. Cette tige est équilibrée, on peut donc lui donner une très grande vitesse, variable dans des limites très étendues par le jeu d'un rhéostat intercalé sur le circuit du moteur.

A la vitesse de 5 tours par seconde, le moteur M absorbe 2 volts et 0,6 ampère, soit 1,2 watt. Pour obtenir 18 tours par seconde, on doit dépasser 4 watt (4 volts et 1 ampère). Si l'on veut atteindre 22 tours par seconde, il faut utiliser 6 volts et 1,3 ampère (7,8 watt).

Le godet à mercure dont la hauteur est aisément réglable au moyen d'une crémaillère est assujetti dans une monture à baïonnette, ce qui permet de le séparer facilement du reste de l'appareil pour procéder à son nettoyage.

Interrupteur de M. Hofmeister. — Cet interrupteur est constitué par deux cuves à mercure contiguës. Dans l'une plonge un disque de cuivre, dans l'autre tourne une étoile à trois branches. Le disque et l'étoile sont montés sur le même axe animé d'un mouvement de rotation à l'aide d'un petit moteur. Les pointes de l'étoile sont en platine; en plongeant dans le mercure et émergeant alternativement de la cuve, elles produisent les interruptions du courant qui pénètre par l'une des cuves et sort par l'autre.

Perfectionnement de M. Hauswaldt. — Pour éviter les projections du mercure qui se produisent lorsque le mouvement de rotation de l'étoile est très rapide. M. Hauswaldt coude les bras de l'étoile en sens contraire de celui du mouvement et les termine par des couteaux à deux tranchants en argent à arête large.

Au lieu d'eau, il place au-dessus du mercure de la seconde cuve de l'huile blanche de vaseline.

Interrupteur de MM. Wyds et de Rochefort. — MM. Wyds et de Rochefort ont aussi réalisé un interrupteur rotatif. Une tige de cuivre rouge est fixée à l'extrémité d'un support en aluminium qui coulisse sur deux glissières en acier. Ce support est animé d'un mouvement de va et vient à l'aide d'un moteur électrique auquel il est relié par une bielle et une manivelle. La tige de cuivre plonge dans un godet contenant du mercure recouvert d'alcool ou d'huile de pétrole. La distance du godet à la tige est réglable en marche. Ce modèle d'interrupteur dépense 4,8 watt (6 volts et 0,8 ampère).

Interrupteur de M. le Dr Guilloz. — L'extrémité de l'axe d'une petite dynamo porte un disque de cuivre isolé de l'axe par un cylindre d'ébonite qui lui est concentrique.

Un balai sert de prise de courant en frottant sur un anneau de cuivre brasé concentriquement sur le disque du côté de la dynamo.

L'autre face du disque porte une tige coudée, sorte de villebrequin, dont l'extrémité tourne dans un pivot fixe. Les sommets de cette tige coudée projetés sur le disque, déterminent les sommets d'un polygone régulier centré sur l'axe de la dynamo. Ces sommets servent de têtes à des bielles de cuivre articulées dont la dernière vient, quand elle est au bas de sa course, plonger dans du mercure servant de seconde prise au courant et recouvert d'une couche d'eau. Les tiges tricotent donc avec la même différence de phase.

En donnant un grand rayon au bras du vilbrequin, ce qui est mécaniquement facile ; on arrive à restreindre la durée du contact. Un interrupteur à trois tiges dont la course maximum est de 5 centimètres donne 100 interruptions par seconde, la dynamo tournant à 2 000 tours à la minute. La durée de contact peut être réduite à $\frac{1}{750}$ de seconde.

L'autre extrémité de l'axe de la dynamo peut porter le même système décalé à 60°, ce qui double le nombre des interruptions.

Interrupteur de M. Lacroix. — Cet interrupteur présente l'avantage très appréciable d'être des plus faciles à construire. Un petit moteur rotatif électrique ou autre, doit assurer le fonctionnement.

Il se compose essentiellement (fig. 120) d'un fil de cuivre de 1 millimètre à $1^{mm},5$ de diamètre et de 6 centimètres à 8 centimètres de longueur qui glisse à frottement doux dans un petit tube t de même métal sur une longueur de 4 centimètres environ. Ce tube est solidement fixé à une pièce métallique coudée P qui fait corps avec l'appareil et qui constitue un des pôles de l'interrupteur. Le fil, terminé à la partie supérieure par une boucle, est accroché à l'extrémité inférieure d'une bielle b formée d'une lamelle de bois de 5 centimètres à 6 centimètres de longueur, 10 millimètres et 12 millimètres de largeur et 3 millimètres d'épaisseur. Cette bielle de bois b dont le dessin figure la section longitudinale est percée d'un second trou a dans lequel pénètre une goupille g fixée sur le bord d'une poulie p parallèlement à l'axe de cette poulie. La poulie est fixée à l'extrémité de l'axe du moteur employé et son axe coïncide avec celui du moteur.

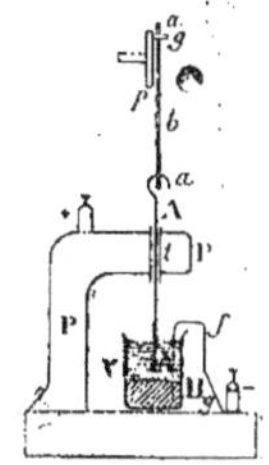

Fig. 120.

Un godet de verre ou de porcelaine V de 80 centimètres cubes à 100 centimètres cubes de contenance contient du mercure et une couche d'alcool ou d'huile de pétrole. Un conducteur fixe f qui plonge jusqu'au fond du godet constitue le second pôle de l'interrupteur. Le fonctionnement de l'appareil est fort simple. Le mouvement de rotation de la poulie p imprime, par l'intermédiaire de la bielle très légère mais rigide b, un mouvement alternatif de va-et-vient au fil A, qui, grâce au tube-guide t et à la très faible masse de la partie mobile, se meut sans éprouver de vibrations latérales, et par suite sans provoquer de projections de mercure. Le vase V peut d'ailleurs être fermé par un bouchon laissant passer le fil A.

Il y a avantage à relier le pôle positif de la source utilisée au fil A et le pôle négatif au mercure du vase V.

La surface du mercure reste ainsi bien plus longtemps propre. Le fil A constamment amalgamé, se nettoie automatiquement par le fonctionnement même de l'interrupteur en frottant à l'intérieur du guide *t*. Le contact entre le fil mobile et le tube de cuivre est d'ailleurs excellent grâce à l'étendue des surfaces de contact.

Pour régler l'interrupteur, on peut faire varier la hauteur du godet au moyen des cales, ou bien encore on peut éloigner plus ou moins la goupille *g* de l'axe de rotation de la poulie *p*, grâce à une série de trous s'étageant le long de cette poulie. On fait ainsi varier l'amplitude des oscillations de la bielle, et par suite, celle des allées et venues du fil A. On peut enfin agir sur la fréquence des interruptions en communiquant à la poulie des vitesses de rotation différentes ce qui est facile, si on dispose d'un moteur électrique, par le jeu convenable d'un rhéostat approprié.

Perfectionnement de M. le Dr Bergonié. — M. le Dr Bergonié qui a fait connaître cet interrupteur lui a apporté quelques perfectionnements de détails qui en font un appareil de durée.

Le fil A, au lieu d'être terminé par un simple crochet, porte une petite pince *a*. La section suivant l'axe du fil est représentée par la figure 121, et à l'intérieur de laquelle s'introduit à frottement doux une lamelle d'os ou de corne formant la bielle *b*. La bielle est assujettie dans la pince au moyen d'une vis *v*. L'ensemble du fil A et de la bielle qui constitue la partie mobile de l'interrupteur représente une masse ne dépassant pas 5 grammes, si bien qu'aux plus grandes vitesses imprimées au moteur les vibrations de l'interrupteur sont à peine sensibles, surtout si l'on utilise un moteur tournant sans jeu d'axe. L'interrupteur fonctionne alors très silencieusement.

De plus, le godet V métallique, est supporté par une tige filetée, ce qui permet de l'élever ou de l'abaisser à la façon des godets de l'interrupteur de Foucault. Une vis de pression maintient le godet à la hauteur convenable. Un couvercle d'ébonite, percé d'un orifice central ferme le godet.

Fig. 121.

Interrupteur rapide de M. Turpain. — De la rapidité avec laquelle se produit la rupture du primaire d'une bobine d'induction dépend la longueur d'étincelle qu'on peut obtenir, toutes choses égales d'ailleurs entre les pôles de l'induit. Si l'interruption est assez rapide, on peut même supprimer avec avantage le condensateur de la bobine. C'est ainsi que lord Rayleigh, en coupant le fil d'un circuit secondaire avec une balle de fusil a pu supprimer le condensateur et obtenir alors une étincelle d'induction notablement plus longue que par une interruption ordinaire.

M. Turpain a pu obtenir des résultats semblables en utilisant la rupture produite à l'aide d'un interrupteur ordinaire. On peut, en combinant convenablement les organes mécaniques d'un interrupteur, arriver à réduire autant qu'on le désire la durée de la rupture.

Considérons trois tiges d'interruption A, B, C (fig. 122), plongeant dans trois godets de mercure Ma Mb, Mc, et reliées entre elles en série (Ma au pôle + de la source, A à Mb, B à Mc, C au primaire de la bobine relié d'autre part au pôle — de la source). Dans ces conditions, si les trois tiges sortent du mercure en même temps, l'arc qui s'établirait pour une différence de potentiel et une intensité données entre une seule tige et son mercure se scinde en trois arcs contemporains présentant chacun une même longueur moindre que celle d'un arc unique. Les tiges étant animées d'un mouvement de vitesse donnée la durée de l'interruption sera moindre dans le cas de trois tiges reliées en série

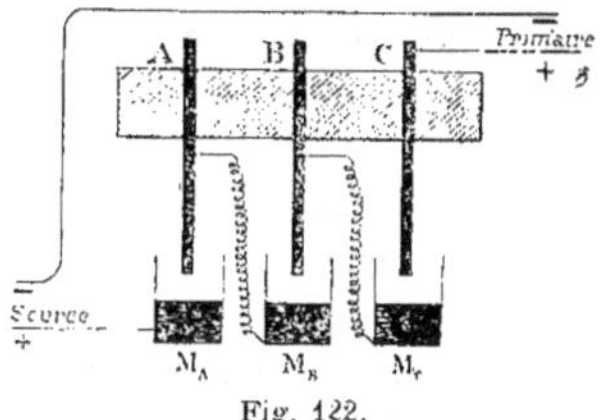

Fig. 122.

que dans le cas où l'interruption ne se produit qu'entre une seule tige et son mercure. Dans la pratique, il est commode de remplacer l'interrupteur à tige par un interrupteur à balais et à contacts tournants. On peut avec avantage employer le cuivre sur cuivre ou le charbon sur cuivre le tout plongeant dans l'huile de vaseline ou de pétrole. Il y aurait également avantage, au point de vue des phénomènes de self-induction à scinder le primaire en autant de tronçons qu'on emploie d'interrupteurs-série et à placer une interruption entre chaque tronçon. Soit n le nombre d'interruptions-série ainsi réalisé l n la longueur maxima de la suite des n arcs qui s'établissent dans l'isolant baignant l'interrupteur, ω la vitesse angulaire de l'interrupteur rotatif, r le rayon du tambour sur lequel les balais interrupteurs frottent, le temps t que dure l'interruption est :

$$t = \frac{ln}{nr\omega}.$$

Pour une valeur donnée du potentiel aux bornes du secondaire, et, par suite, de l'intensité du courant secondaire $\frac{ln}{n}$ a une valeur donnée. La durée d'interruption est d'autant plus courte que r et ω sont plus grands.

Pour le cuivre et le charbon dans le pétrole et pour $I = 15$ ampères, $ln = 6$ millimètres (pour $n = 6$). Si $r = 5$ cm, $\omega = 5\pi$,

$$t = \frac{1}{785} \text{ de seconde.}$$

En mettant en œuvre un interrupteur rotatif à 5 contacts-séries tournant à cette vitesse, M. Turpain a pu obtenir sans condensateur une étincelle de 18 centimètres entre les pôles d'une bobine qui, utilisée dans les mêmes conditions avec un interrupteur ordinaire et avec condensateur ne donnait que 12 à 14 centimètres d'étincelles.

INTERRUPTEURS A JET DE MERCURE

Interrupteur de M. Max Lévy. — Un vase cylindrique en verre ou en ébonite contient une couche assez épaisse de mercure (de 5 à 6 centimètres au-dessus de laquelle se trouve une couche d'alcool ou d'huile de pétrole. Un couvercle en ébonite b est solidement maintenu sur le vase au moyen d'une vis à écrou p (fig. 123).

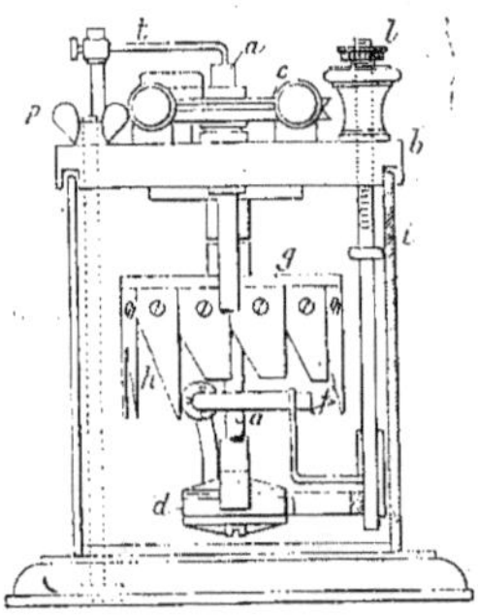

Ce couvercle est percé en son centre d'une ouverture qui laisse passer une tige creuse d'ébonite aa, disposée suivant l'axe du vase et portant à l'extrémité supérieure une poulie c qui permet de communiquer à la tige un mouvement de rotation autour de son axe au moyen d'un moteur électrique ou autre non représenté sur la figure.

L'extrémité de la tige (a) qui plonge dans le vase est munie d'une petite pompe rotative enfermée dans une boîte de fer (d).

Pendant le mouvement, cette pompe élève le mercure de (d) en (f), de telle sorte que le liquide conducteur

Fig. 123.

s'échappe par le tube effilé f et produit au sein du liquide isolant un jet parabolique de mercure qui tombe au fond du vase.

Au milieu de la tige (a) se trouve fixé un disque métallique (g) sur lequel sont vissées douze ou vingt-quatre lames conductrices h qui, pendant le mouvement de la tige (a) sont entraînées avec elles et viennent couper le jet de mercure qui s'échappe de l'ajutage fixe (f). Le disque (g) communique par un fil conducteur (t) intérieur à la tige creuse (a) avec l'une des bornes de l'appareil. Ce disque constitue l'un des pôles de l'interrupteur.

L'autre pôle, constitué par le mercure du fond, est relié à la seconde borne par la tige métallique (l).

Le fonctionnement de l'interrupteur se comprend aisément. Chaque fois qu'une des lames h vient en contact avec le jet de mercure, le courant traverse l'interrupteur. Il se produit une interruption pendant le temps qui s'écoule entre deux contacts successifs des lames (h) et du jet de mercure. L'appareil est construit de manière à permettre de changer facilement le disque (g) qui porte les lames h et de lui substituer un autre disque portant des lames plus ou moins nombreuses ou de formes différentes.

En faisant varier la vitesse de rotation de la poulie, ou bien encore en variant le nombre des lames h, on peut augmenter ou diminuer la fréquence des interruptions.

En modifiant la forme des lames qui viennent couper le jet de mercure, de manière que la partie de ces lames sur laquelle frappe le mercure soit plus ou moins large, on peut faire varier le rapport des durées d'ouverture et de fermeture du circuit électrique que commande l'interrupteur.

Le moteur qui actionne l'interrupteur peut lui imprimer une vitesse angulaire de 5 à 17 tours par seconde, ce qui permet, en utilisant un disque de 24 lames, d'obtenir des fréquences d'interruptions variant entre 120 et 400 par seconde.

Suivant M. Max Lévy, les étincelles obtenues à l'aide d'une bobine d'induction desservie par cet interrupteur sont bien plus longues, toutes choses égales d'ailleurs, qu'avec l'interrupteur Foucault.

Interrupteur de l'A. E. G. — Dans cet appareil une petite turbine, dont l'axe est vertical, pompe le mercure contenu dans une cuve en fonte. Le mercure monte dans l'arbre creux de la turbine, jusqu'à un disque horizontal où il rencontre un ajutage ; il sort de là, projeté par la force centrifuge, sous forme d'un jet fin et rigide. Ce filet de mercure rencontre en tournant les dents d'un anneau de fonte suspendu dans la cuve et isolé électriquement de celle-ci. Quand le filet de mercure tombe sur une des dents, le circuit est fermé ; il est ouvert quand le filet tombe dans l'intervalle de deux dents consécutives. Les interruptions sont très franches, de même que le contact s'établit bien. La fréquence des interruptions peut être augmentée facilement : il suffit de remplacer la couronne dentée par une autre ayant un plus grand nombre de dents.

La turbine est actionnée par un petit moteur électrique, ou par une manivelle tournée à la main. Il y a lieu de remarquer que cet interrupteur ne fonctionne pas à une faible fréquence, la turbine ne s'amorçant pas au-dessous d'une certaine vitesse. La cuve est naturellement remplie d'un liquide isolant ; celui qui paraît préférable dans cet appareil, c'est l'alcool. Cet interrupteur pulvérise fortement le mercure, mais l'inconvénient est assez faible, puisque la turbine puise toujours le mercure homogène au fond de la cuve. Les deux ailettes hélicoïdales ont pour but d'empêcher la masse de mercure de prendre un mouvement de rotation continue qui désamorcerait la turbine. Une conséquence évidente du principe de cet interrupteur, c'est que l'arrêt, accidentel, ou volontaire de la turbine, coupe immédiatement le circuit ; cette particularité permet de supprimer le rhéostat qu'on met généralement sur le circuit de la bobine pour éviter l'élévation anormale de l'intensité en cas d'arrêt.

Remarques. — Lorsqu'on utilise un des interrupteurs que nous venons de passer en revue pour faire fonctionner une bobine d'induction, les forces électromotrices induites lors du passage et lors de l'interruption du courant primaire ne sont pas égales en valeur absolue.

Courants alternatifs, etc.   13

La courbe 1 de la figure 124 indique les valeurs successives que prend en fonction du temps l'intensité du courant inducteur dans le circuit primaire par le jeu même de l'interrupteur. Chaque accession du courant dans le circuit inducteur dure un intervalle de temps (T) représenté par O A, B C. Pendant chacun de ces intervalles de temps, l'intensité du courant croît rapidement jusqu'à sa valeur maxima I. L'intensité conserve cette valeur pendant le temps que dure, le contact des deux conducteurs qui produisent l'interruption, puis elle décroît rapidement au moment de l'interruption. Ces trois phases qui se succèdent pendant l'intervalle de temps (T) sont respectivement représentées par O i, ab, b A. Chaque interruption du courant se produit pendant un intervalle de temps θ représenté par A B, C D.

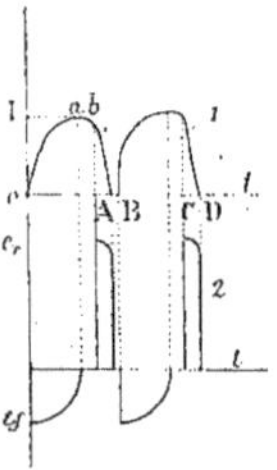

Fig. 124.

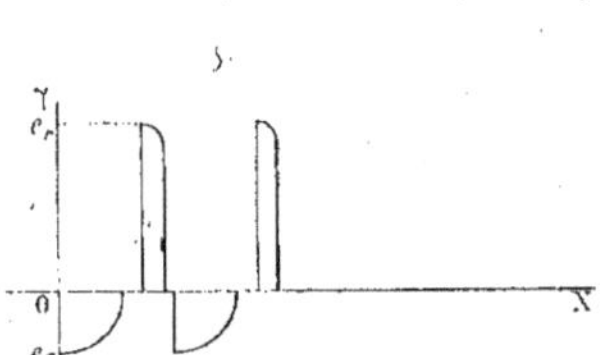

Fig. 125.

Si, au moyen de cette courbe, on construit celle des forces électromotrices induites dans le circuit secondaire en fonction du temps, on obtient la courbe 2 dans laquelle ef désigne la force électromotrice induite à la fermeture du circuit primaire et e, celle induite lors de la rupture du même circuit. Ainsi que l'indique cette seconde courbe (fig. 125), la différence entre ces deux forces électromotrices induites est, dans la plupart des cas, considérable ($e_f = 2,5\ e_r$). Cette différence n'est pas sans présenter des inconvénients nombreux pour les usages des bobines d'induction.

M. V. Crémieu s'est proposé d'obvier à ses inconvénients par l'emploi de l'interrupteur décrit plus loin sous la désignation d'inverseur.

Interrupteur de MM. Blondel et Gaiffe. — L'interrupteur Blondel-Gaiffe (fig. 126) se compose d'une turbine à mercure commandée par un petit moteur synchrome. La turbine est formée d'une sorte de toupie conique qui aspire le mercure et le projette en jet tournant sur quatre lames métalliques portées par une couronne isolante. Le moteur est composé d'un stator sur lequel sont enroulées huit bobines inductrices, et d'un rotor simplement formé par les huit segments d'un tube de fer monté sur l'axe de rotation de la turbine. Le noyau de fer du stator est formé par un empilage d'anneaux de tôle et les bobines, reliées en série, sont disposées de façon à former entre elles des pôles conséquents. A chaque pôle se trouve une pièce polaire intérieure, concentrique au cylindre du rotor et destinée à réduire l'entrefer.

Le démarrage se fait au moyen d'un bouton placé à la partie supérieure de l'arbre. Quand on a imprimé une certaine vitesse, on ferme le circuit du moteur, qui est relié au réseau par l'intermédiaire des bobines de self. Dans ces conditions, le moteur reçoit un courant alternatif interrompu et il se comporte comme un moteur à courant continu

Fig. 126.

interrompu, sa vitesse va alors en croissant. On reconnaît que le synchronisme est atteint au son émis par le moteur. A ce moment, on déplace un commutateur qui met la turbine en dehors du circuit du moteur. L'appareil est prêt à fonctionner.

Interrupteur turbine à mercure et à gaz à durée de contact variable de MM. Radiguet et Massiot. — Cet interrupteur (fig. 127) se compose essentiellement d'une turbine à force centrifuge projetant contre une palette métallique placée concentriquement un jet de mercure. Ce qui caractérise cet interrupteur, c'est d'abord l'indépendance absolue du moteur, ce qui permet l'accès facile de l'interrupteur, puis ensuite, c'est la facilité avec laquelle cet interrupteur peut fonctionner sur tous les voltages enfin, pour permettre le fonctionnement de cet interrupteur sans avoir à craindre aucun désamorçage aux différentes vitesses, l'orifice intérieur percé dans la turbine et qui, donne passage au mercure, affecte la forme d'une parabole.

Le mouvement de rotation donnant à la surface libre la forme d'une paraboloïde, on peut sans inconvénient exagérer la dimension de l'orifice de sortie. L'amorçage se fait

donc toujours, en vertu de la rotation elle-même, et l'obturation accidentelle du trou
de sortie est impossible en raison de sa grande dimension. De plus, cet interrupteur
est muni de robinets permettant d'obtenir la rupture dans une atmosphère de gaz
d'éclairage.

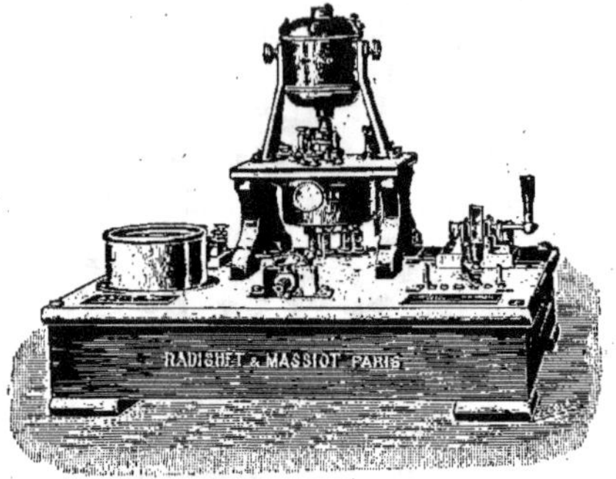

Fig. 127.

On sait que dans de telles conditions, on obtient pour le mercure une utilisation
presque indéfinie.

INVERSEURS

Interrupteur-inverseur de M. V. Crémieu. — L'interrupteur imaginé par M. Crémieu présente l'avantage de changer après chaque interruption le sens du courant envoyé dans le circuit primaire de la bobine d'induction.

La partie essentielle de l'interrupteur comprend une tige T en matière isolante (ébonite), mobile autour d'un axe O perpendiculaire au plan de la figure 128. Cette tige
porte deux bagues, b, b' en platine, qui y sont fixées et viennent rencontrer, lorsque la tige oscille autour de O, soit les deux butoirs α, β,
soit les deux butoirs α', β' lesquels sont reliés deux à deux, en croix,
de manière que les butoirs α et α' communiquent entre eux et par
la borne A avec le pôle positif de la source d'électricité employée ;
β et β' sont reliés tous deux au pôle négatif de cette source par la
borne A'. Les bagues b, b' sont d'ailleurs mises en relation par les fils
souples avec les bornes C, C' entre lesquelles on introduit le circuit
primaire de la bobine d'induction.

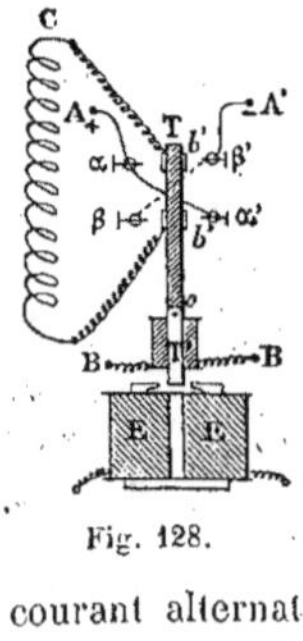

Quant à la mise en mouvement de la tige T, elle est réalisée d'une
manière fort ingénieuse. Un électro-aimant E E est parcouru par un
courant alternatif.

Fig. 128.

Entre les pôles de cet électro-aimant peut se déplacer une tige T' en fer, qui fait corps avec la tige isolante T et la prolonge. Une polarité magnétique déterminée est donnée à l'extrémité T' au moyen d'une petite bobine D dont le fil est parcouru par un courant continu. Quand le courant alternatif parcourt E, E la tige T' prend, ainsi que la tige T qui en est solidaire, un mouvement de vibration autour de l'axe O, mouvement dont la période est égale à celle du courant alternatif.

Lorsque la tige isolante T' porte les bagues b, b' sur les butoirs α et β, le courant de la source employée suit le chemin A α' b C' C b β' A' ; le circuit primaire inséré entre C et C' est donc parcouru par le courant dans le sens allant de C vers C'. Lorsque au contact suivant, la tige T' porte les bagues b, b' sur les butoirs α' et β', le courant de la source suit le chemin A α' b' C α C b β' A' et, par suite, le courant parcourt le circuit primaire dans le sens allant de C' vers C, c'est-à-dire dans un sens contraire au précédent.

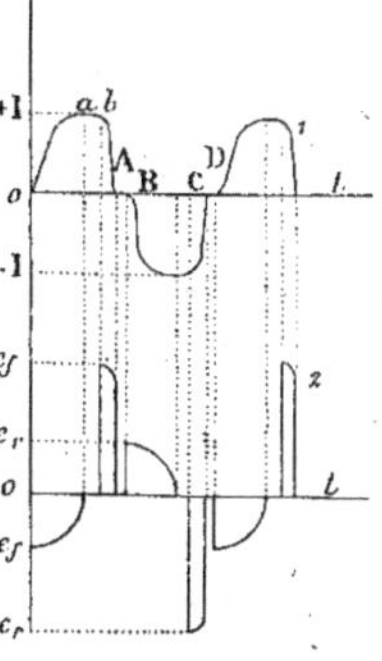

On voit alors que l'intensité du courant envoyé dans le circuit primaire, ainsi que les forces électromotrices induites dans le circuit secondaire, seront représentées en fonction du temps par les courbes 1 et 2 de la figure 129. Les forces électromotrices induites de sens inverses vont être la somme de deux quantités toujours les mêmes et de mêmes signes ; elles seront donc égales en valeur absolue.

Fig. 129.

Lorsqu'on utilise des courants intenses, il est bon de disposer l'interrupteur au sein d'un liquide isolant.

En définitive, on peut dire que l'interrupteur fonctionne comme fonctionnerait un interrupteur de Foucault au commutateur-inverseur duquel on imprimerait une rotation d'un demi-tour pendant le temps de chaque interruption.

Si l'on utilise, comme source d'électricité, une distribution à courants alternatifs, dont une dérivation excite l'électro-aimant E E, en reliant les deux bornes C, C' aux deux pôles du courant alternatif (représenté par la courbe de la figure 130) on recueille

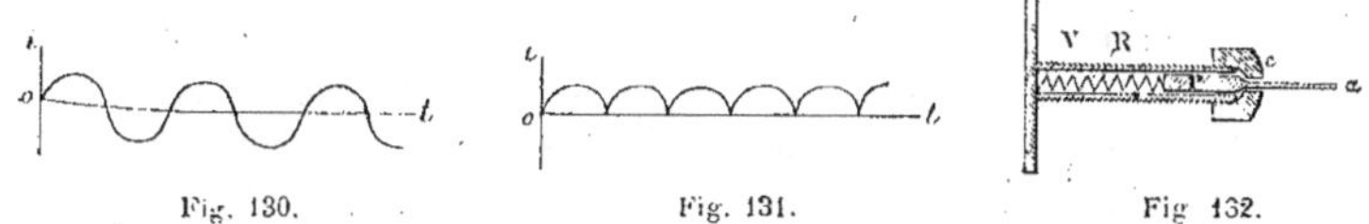

Fig. 130.   Fig. 131.   Fig 132.

entre les bornes A, A' un courant alternatif redressé (représenté par la courbe de la figure 131).

Dans ce cas, il faut éviter que les ruptures successives se produisent au moment où la force électromotrice périodique atteint sa valeur maximum.

M. V. Crémieu a imaginé une disposition très simple permettant de produire ces ruptures au moment même où cette force électromotrice est nulle (fig. 132).

Les butoirs α, α' β, β' sont constitués chacun par une vis V, filetée sur la surface extérieure d'un tube creux, à l'intérieur duquel peut se mouvoir, à frottement doux, un petit piston p auquel est soudée la pointe de platine (α) formant le butoir. Un ressort à boudin très doux R, logé dans le tube, appuie le piston (p) contre l'écrou (e) qui le maintient dans le tube.

Lorsque la tige T' est au repos, au milieu de l'espace compris entre les pièces polaires de l'électro-aimant E E, on règle les vis V de manière que les quatre butoirs α, β, α', β', viennent toucher sans pression les bagues b, b'.

Dès que la tige T T' oscille, les bagues se portent alternativement à droite et à gauche, repoussant α et β en quittant α' et β', puis repoussant α' et β' en quittant α et β et ainsi de suite. Comme la tige T T' passe par sa position de repos au moment même où la force électromotrice du courant alternatif qui excite E E est nulle et que les ruptures ont lieu à cet instant, on voit qu'il n'y aura entre les bagues et les butoirs que des étincelles pratiquement très faibles.

Interrupteur-inverseur de M. Turpain. — M. Turpain a été amené à faire usage d'un interrupteur-inverseur analogue à celui de M. Crémieu, réalisé très simplement en prenant comme base l'appareil de M. Lacroix précédemment décrit.

Un petit moteur électrique M imprime à une tige cylindrique TT un mouvement de rotation autour de son axe (fig. 133).

Cette tige porte à ses extrémités B B' ainsi qu'aux régions A A', où elle est coudée quatre fois à angle droit, quatre petites broches faites d'un fil de cuivre F_1, F_1', F_2,

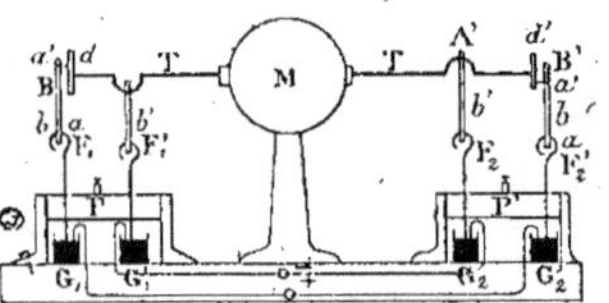

Fig. 133.

F_2', qui sont guidées par des trous d'un diamètre un peu supérieur, percés dans les pièces de fer P P' solidement assujetties et dans lesquelles elles sont introduites.

Les broches F_1, F_2, correspondant aux extrémités B B' de la tige T, sont reliées à cette tige par une petite bielle faite d'une mince lame de bois b, fixée en (a) à la broche et en (a') à un excentrique porté par un disque (d).

Les broches F_1', F_2 correspondant aux régions A A' sont également liées à la tige T par de petites bielles b faites de matière isolante.

Les choses sont disposées de manière que les 2 tiges F_1, F_2 etc., trouvent au point le plus haut de leur course lorsque les deux tiges F_1', F_2', sont au point le plus bas et vice versa.

Ces tiges plongent dans 4 godets G_1, G_1', G_2, G_2', contenant du mercure recouvert d'huile de pétrole. Les godets G_1, G_2', sont reliés entre eux et à la borne $+$; les godets G'_1, G_2, sont reliés entre eux à la borne. — La pièce de fer P supporte une borne P ; la pièce de fer P' supporte une borne P'.

On relie la borne + au pôle positif de la source d'électricité et la borne — au pôle négatif. L'une des extrémités de l'inducteur de la bobine est reliée à la borne P, la seconde extrémité de l'inducteur est reliée à la borne P'.

Les contacts étant ainsi assurés, il est facile de voir que, lorsque l'interrupteur fonctionnera par le jeu du moteur M, le courant de la source sera successivement envoyé dans l'inducteur dans un sens, puis dans l'autre après chaque interruption successive.

M. de Rochefort a établi un modèle de cet interrupteur-inverseur, en le faisant profiter de l'avantage que possèdent les interrupteurs Rochefort d'être muni d'une tige mobile qui se guide d'elle-même au sein du mercure dans lequel elle plonge.

Très ingénieusement, il est parvenu à construire un semblable interrupteur en n'employant qu'un seul godet à mercure au lieu de quatre, c'est-à-dire une seule tige mobile. Cette simplification est d'autant plus importante qu'elle présente le grand avantage de ne nécessiter, pour l'entretien de la bobine d'induction, qu'un seul condensateur au lieu de deux que nécessitait l'interrupteur à quatre tiges. M. de Rochefort arrive à n'employer qu'une seule tige en construisant un appareil qui n'est autre qu'un interrupteur Foucault, au commutateur-inverseur duquel on fait subir une rotation de 180° entre chaque interruption. L'axe du moteur qui entretient en vibration la tige de l'interrupteur porte la partie mobile du commutateur-inverseur dont sont, en général, munis les interrupteurs du genre Foucault, de telle sorte que, entre chaque plongée de la tige dans le mercure, les connexions de l'appareil avec les pôles de la source sont interverties et le résultat désiré est obtenu : le courant qui parcourt l'inducteur de la bobine d'induction change de sens après chaque interruption.

INTERRUPTEURS DU GENRE WEHNELT

Interrupteur de M. Wehnelt. — M. Wehnelt a imaginé un interrupteur dont le succès doit être rapporté tant à la grande simplicité de construction qu'il présente qu'à la commodité de son usage.

Il se compose de 2 électrodes qui plongent dans un vase (a) contenant de l'eau acidulée au $\frac{1}{10}$ par l'acide sulfurique (fig. 134). L'une des électrodes b présente une grande surface ; on la constitue par une large lame de plomb. L'autre électrode doit, au contraire, présenter la plus petite surface possible, soit la forme d'un fil de platine (c) soudé à l'extrémité d'un tube de verre d rempli de mercure. L'électrode de large surface doit être reliée au pôle négatif de la source d'électricité utilisée, l'électrode filiforme, au pôle positif.

Dans ces conditions, et si la source utilisée représente un voltage assez élevé (50 volts au minimum), une série d'interruptions rapides se produit au voisinage du fil de platine, au sein du liquide.

Le nombre des interruptions par seconde varie avec la longueur et le diamètre du fil de platine employé, et aussi avec la nature du liquide dans lequel plongent les électrodes. Il égale en moyenne 500 à 600 et peut atteindre 800.

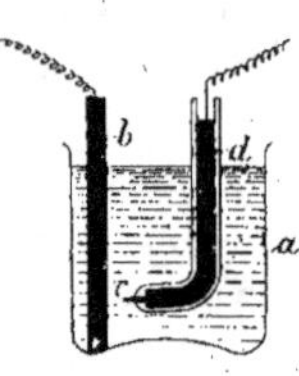

En employant comme liquide une dissolution de 10 parties de bichromate de potassium et 10 parties d'acide sulfurique dans 100 parties d'eau, on réalise un interrupteur fonctionnant avec une très grande régularité.

En général, on fixe le fil de platine à l'extrémité d'un tube de verre auquel il est soudé et qui plonge dans le liquide employé. Le tube est rempli de mercure par l'intermédiaire duquel l'interrupteur est intercalé dans le circuit du primaire de la bobine actionnée.

Fig. 131.

Cette disposition offre un inconvénient.

Pour que l'interrupteur fonctionne régulièrement, il est nécessaire que le fil de platine ne soit pas trop long; il ne doit pas excéder $1^{mm},5$.

Si le fil de platine est trop long, l'électrolyse se produit et l'interrupteur ne fonctionne pas, ou bien encore si le fil est un peu fin et le courant employé intense, le fil rougit, le liquide se caléfie autour du fil et le courant cesse de passer. Par contre, lorsque le fil de platine est assez court, le dégagement de chaleur que le passage du courant produit provoque au bout de peu de temps la rupture du tube de verre dans la région même occupée par la soudure.

On peut retarder la rupture en protégeant la soudure par une couche de mastic Golaz, mais le mastic est à la longue attaqué par le liquide acide.

Dispositifs divers de l'électrode active. — On voit donc qu'il y a avantage à pouvoir faire varier la longueur du fil de platine qui constitue l'électrode active de l'interrupteur de M. Wehnelt. A cet effet, un certain nombre de dispositifs ont été imaginés.

Dispositif de M. Carpentier. — L'électrode active est supportée par le couvercle du vase de l'interrupteur; elle est rendue réglable par le mouvement d'une vis en plomb à laquelle est soudé le fil de platine. Cette vis est entourée d'un tube de verre qui laisse passer, à frottement doux, par un petit trou le fil de platine.

Lorsqu'on dispose d'un faible voltage (15 à 20 volts environ), l'interrupteur de M. Wehnelt fonctionne mieux lorsque le liquide est à une température élevée. Aussi M. Carpentier, pour permettre l'usage de l'interrupteur avec une source de faible voltage, rend-il commode l'élévation de température de platine. Afin d'éviter le refroidissement du liquide, le vase de plomb formant cathode est entouré d'une enveloppe en feutre et une seconde enveloppe en bois.

Pour mettre en marche l'appareil, on remplit le vase d'eau acidulée chauffée vers 90° ou bien encore on chauffe le liquide en faisant tout d'abord fonctionner l'interrupteur avec une source de 100 à 120 volts et un courant de 12 à 15 ampères.

Au bout de quelques minutes, la température est assez élevée pour que l'interrupteur

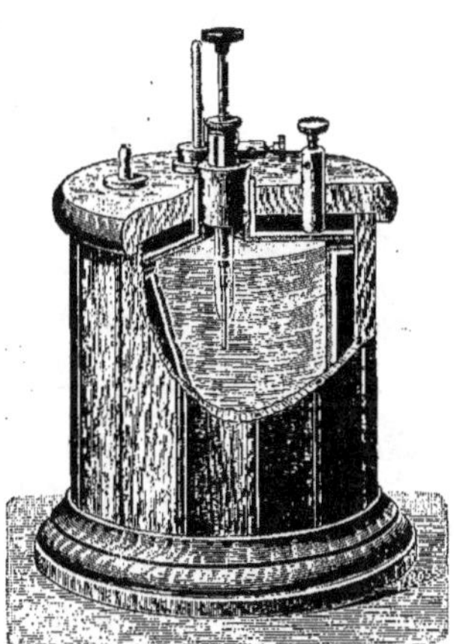

Fig. 135.

fonctionne à bas voltage. Cette température se maintient ensuite par le jeu même de l'appareil.

Formes diverses de l'interrupteur de Wehnelt. — Les divers dispositifs ayant pour but de remplacer la soudure du fil de platine au tube de verre, font pour la plupart, perdre à l'interrupteur Wehnelt un de ses principaux avantages, qui consiste dans la simplicité de sa construction.

Interrupteur de M. Simon et de M. Caldwell. — M. Caldwell et M. Simon ont imaginé, presque simultanément, une variante de l'interrupteur de M. Wehnelt qui, sans en compliquer la construction, lui assure une durée presque illimitée.

Au lieu d'employer une électrode filiforme et une électrode à surface large, on prend deux électrodes à large surface, deux lames de plomb, par exemple. Deux vases d'égales grandeurs sont placés l'un dans l'autre et contiennent chacun une des lames de plomb. Ils sont remplis d'eau acidulée au $\frac{1}{10}$ par l'acide sulfurique. Le vase intérieur (fig. 136) communique avec le vase extérieur par un ou plusieurs orifices o, o, obtenus en perçant dans la paroi de petits trous de moins de $1^{mm},5$ de diamètre.

C'est au voisinage immédiat de ces orifices que les interruptions se produisent.

M. Simon emploie une cuve de verre (fig. 137) partagée en deux compartiments par une cloison dans l'épaisseur de laquelle sont pratiqués les orifices.

On peut encore prendre une cuve en plomb (fig. 138) qui forme l'une des électrodes ; l'autre électrode, constituée par une lame de plomb, est contenue dans un tube à essai percé d'un trou de $0^{mm},5$ à 1 millimètre de diamètre et plongeant dans la cuve.

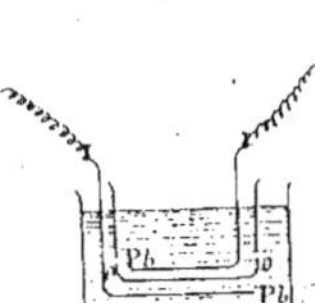

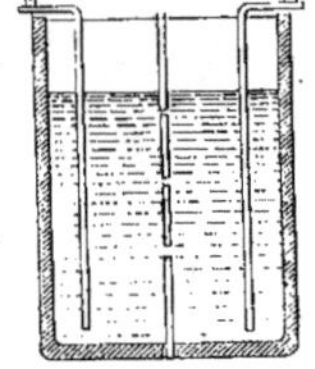

Fig. 136. — Interrupteur Wehnelt à orifices.   Fig. 137. — Interrupteur Simon à orifices.

M. Wehnelt utilise une cuve de verre A (fig. 139) dans laquelle plonge une électrode à large surface D et un tube à glucose B percé latéralement d'un trou et renfermant la seconde électrode à large surface C. M. Caldwell constitue l'interrupteur par un tube à glucose B dont le fond est percé d'un trou E de 4 millimètres de diamètre (fig. 140).

Ce tube contient une lame de plomb C disposée à l'intérieur d'un vase A qui reçoit la seconde électrode D. Une tige de verre conique F peut être graduellement enfoncée

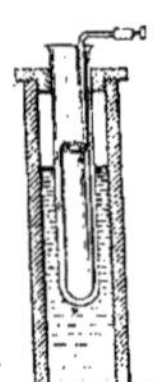

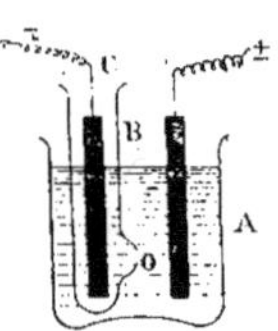

Fig. 138. — Interrupteur à orifices   Fig. 139.
à vase extérieur formant électrode.   Interrupteur Wehnelt à orifices.

dans le trou du tube à glucose. On peut ainsi à volonté faire varier, par la manœuvre du bouton G qui commande la vis H, la grandeur de l'orifice qui met en communication les deux vases.

On peut encore plus simplement disposer à l'intérieur l'un de l'autre des cristallisoirs d'inégales grandeurs contenant chacun une des lames de plomb et dont le plus petit est percé d'un certain nombre de trous.

En pratiquant plusieurs orifices dans la paroi du vase intérieur, on augmente ainsi, toutes choses égales d'ailleurs, l'intensité du courant qui traverse l'interrupteur. L'intensité du courant croît pour un même nombre d'orifices avec le diamètre de ces orifices. Ce diamètre doit être inférieur à 2 millimètres pour que l'interrupteur fonctionne.

Il y a avantage à constituer un interrupteur par le plus grand nombre possible d'orifices du plus petit diamètre possible. A l'usage, en effet, les trous augmentent peu à peu de diamètre.

On peut graduer l'interrupteur en le constituant par toute une série de tubes à essais percés chacun d'un trou et disposés en couronne dans le même vase.

En introduisant successivement dans le circuit chacun des tubes, on augmente, à volonté, le nombre d'orifices de l'interrupteur et toutes choses égales d'ailleurs, l'intensité du courant envoyé dans la bobine d'induction.

L'usage de tubes à essais ne convient, toutefois, que pour de faibles intensités de courant ne dépassant pas 6 à 8 ampères.

On peut encore constituer un interrupteur susceptible de fonctionner avec des différences de potentiel variables, selon la méthode de M. Turpain. On dispose pour cela à l'intérieur les uns des autres trois vases A, B, C, (fig. 141) de grandeurs différentes dont les deux plus petits sont percés de trous et qui contiennent chacun une électrode formée par une lame de plomb. Si le plus petit vase A est percé de trois trous et le vase

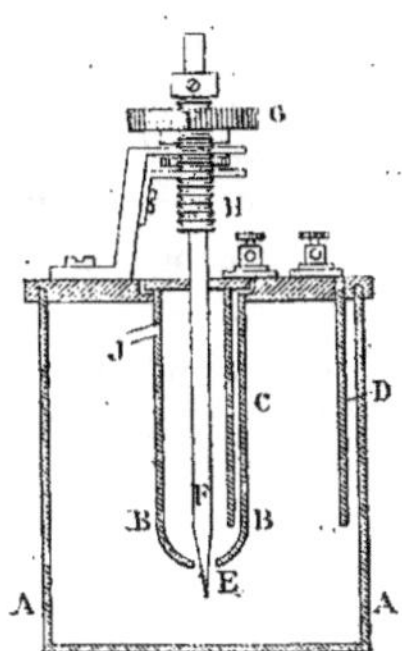

Fig. 140.
Interrupteur Caldwell à
orifices.

moyen B de six trous, on peut indifféremment faire fonctionner cet interrupteur avec 50, 120, et 240 volts sans autre résistance introduite dans le circuit que celle de la bobine actionnée.

Avec 50 volts on fonctionne en employant l'électrode intérieure a et l'électrode médiane b ; avec 120 volts, on utilise l'électrode médiane b et l'électrode extérieure c ; avec 240 volts on oblige le courant à traverser les deux vases intérieurs en prenant comme pôles de l'interrupteur l'électrode intérieure a et l'électrode extérieure c.

En opérant de cette manière, malgré la variété des chutes de potentiel employées, l'intensité du courant utilisé ne dépasse pas 10 à 12 ampères.

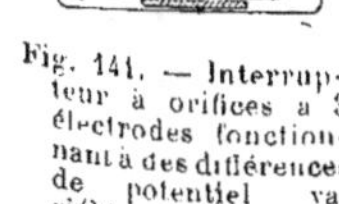

Fig. 141. — Interrupteur à orifices a 3 électrodes fonctionnant à des différences de potentiel variables.

Lorsqu'on utilise des courants très intenses il y a avantage à augmenter la masse du liquide employé afin que l'échauffement de l'interrupteur soit assez faible. Au lieu de cristallisoir on peut employer des seaux de verre rentrant l'un dans l'autre.

Un dispositif commode à réaliser et qui constitue un interrupteur durable consiste à déposer à l'intérieur d'un bac d'accumulateur en verre V une série de trois ou quatre flacons à col étroit (de 750 centimètres cubes à 1 litre de capacité) percés chacun de deux ou trois trous au voisinage du fond. Chacun des flacons A, B... (fig. 142) contient une électrode a, b... formée d'une lame de plomb. L'une des parois du bac est également recouverte d'une lame de plomb P qui constiue le pôle fixe de l'interrupteur.

Le bac est rempli d'eau acidulée au dixième.

Si l'on a ainsi réuni dans le même bac plusieurs flacons ayant servi d'interrupteurs pendant plus ou moins longtemps, comme les trous dont ils sont munis se sont plus ou moins agrandis par l'usage, on dispose en réalité d'une série d'interrupteurs réunis dans le même vase et exigeant pour fonctionner des intensités de courant variable de l'un à l'autre.

On prendra donc pour second pôle de l'interrupteur l'une des lames a, b, c... suivant l'intensité du courant que l'on désire utiliser.

On peut même réunir deux ou plusieurs des lames intérieures aux flacons pour constituer le second pôle de l'appareil.

La grande masse de liquide que contient le bac (10' à 15') empêche que la tempé-

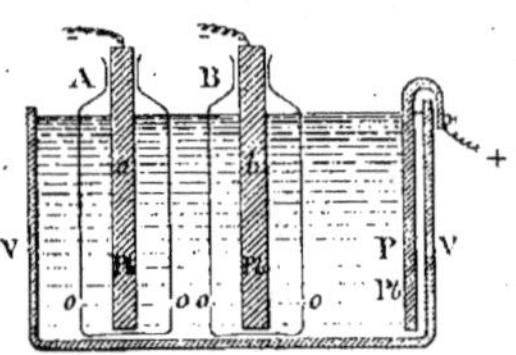

Fig. 142. — Interrupteur à orifices à grande masse liquide.

rature de l'interrupteur s'élève d'une manière notable malgré un fonctionnement de l'appareil de longue durée.

On obtient une très grande régularité en employant comme liquide une dissolution de sulfate de cuivre; on peut alors constituer les deux électrodes par deux lames de cuivre. Il est nécessaire d'aciduler la solution par l'acide sulfurique pour diminuer la résistance du liquide.

Théorie de M. Bary sur le fonctionnement du Wehnelt. — M. Bary propose comme explication du fonctionnement du Wehnelt la production de mouvements qui se produisent au passage d'un courant de grande intensité dans un conducteur liquide, mouvements dus à la pression que crée au centre du conducteur, le passage même du courant; il a établi que cette pression P était donnée par la relation

$$P = \frac{4\,I^2}{\pi d^2}$$

en appelant I l'intensité du courant et d le diamètre du conducteur supposé cylindrique. Dans un interrupteur à orifice genre Simon, d sera le diamètre de l'orifice.

On conçoit que lorsque l'intensité I du courant s'établit dans l'orifice la pression rapidement croissante, en refoule le liquide avec une vitesse trop grande pour qu'il soit instantanément remplacé par d'autre; il se forme alors une chambre de vapeur et il y a interruption du courant avec une étincelle; dès que le courant est nul la chambre de vapeur disparaît, et le courant se rétablit et augmente jusqu'à ce qu'il ait atteint la valeur I qui produit à nouveau la rupture.

En appelant H la pression extérieure sur le liquide au niveau de l'orifice et P sa tension de vapeur à la température de l'expérience, on peut poser, pour la valeur du courant I qui produira l'interruption,

$$ I = \frac{\pi d_2}{4\,a} (H - P) $$

a étant une constante propre à l'appareil.

Or le temps nécessaire pour que le courant I atteigne sa valeur est donnée par la formule connue

$$ I = \frac{E}{R} \left(1 - e - \frac{Rt}{L} \right). $$

De ces deux relations on peut déduire la valeur de la féquence N de l'interrupteur, en supposant nul le temps pendant lequel se produit et dure la rupture. On a alors :

$$ N = \frac{R}{L} \cdot \frac{1}{\mathcal{L} \left[\dfrac{E}{E - AR\,(H - P)} \right]}, $$

où R, L, E sont respectivement la résistance, le coefficient de self-induction et la force électromotrice du circuit, et A un coefficient. En fait, le temps de rupture supposé nul et que les courbes de Wehnelt et de Donath montrant très petit, n'est réellement négligeable que pour les faibles valeurs de N ; dans les autres cas, il y a lieu d'ajouter au temps t (période d'établissement) un temps t' (période de déplacement du liquide) qui est constant pour un appareil donné à une *température fixe*.

Vérification de la théorie de M. Simon sur les interrupteurs de Wehnelt. — M. Ludewig s'est proposé de vérifier la théorie donnée par M. Simon. Si on applique la formule bien connue de l'établissement d'un courant dans un cricuit inductif on obtient, en désignant par C_1 la valeur atteinte par la quantité de chaleur (Wehnelt) ou l'ouverture du diaphragme (Simon),

$$ (1) \qquad C_1 = \frac{0,24 E^2}{W_u} \left[T_1 - \frac{2L}{W_u} \left(1 - e^{-\frac{W_u}{L} T_1} \right) + \frac{L}{2W_u} \left(I - e^{-\frac{2W_u}{L} T_1} \right) \right] $$

formule dans laquelle on désigne par :

E, la tension de la source,

T_1, le temps écoulé depuis une fermeture du circuit jusqu'à la rupture suivante :

L, le coeficient de self-induction total du circuit,

W_u, la résistance de l'interrupteur (devant laquelle on néglige celle du reste du circuit).

En général, les exponentielles sont négligeables devant l'unité ; et en posant $C = \dfrac{C_i}{0,24}$, on peut écrire

$$(2) \qquad T_i = \frac{3}{2} \frac{L}{W_u} + c \frac{W_u}{E^2}.$$

Pour les mesures expérimentales. M. Ludewig a employé un oscillographe double, un dispositif lui permettait de mesurer sur les oscillogrammes la durée de rupture.

1. *Interrupteur Simon*

M. Ludewig a tenu compte dans certains cas de la résistance ohmique W du reste du circuit, la formule (2) devient alors :

$$(3) \qquad c_i'' = \frac{0,24 E^2 W_u}{W_k^2} \left(T_i - \frac{3}{2} \frac{L}{W_k} \right)$$

en posant $W_k = W + W_u$.

On mesurait E au voltmètre, W et L avec les méthodes connues et enfin T avec l'oscillographe. Quand à Wu, on le mesurait au téléphone avec courant alternatif, en employant des électrodes platinées. Les courbes ainsi relevées pour C_i (formule 2) en fonction du nombre d'interruptions à la seconde n montrent que C_i est bien sensiblement constant tant que n demeure supérieur à 60 périodes par seconde. Il est bien évident que la proportion de chaleur perdue par refroidissement est plus important lorsque la fréquence des interruptions est faible. Cette explication est confirmée par ce fait expérimental que la constance de C_i est d'autant plus grande que la température de l'éclectrotyle est plus élevée ; pour une température supérieure à 90° c, la constance devient remarquable. L'influence de la température et de la pression peuvent être étudiées en se basant sur les considérations suivantes. Soit v le volume correspondant à l'ouverture du diaphragme de l'interrupteur Simon ; pour que l'interruption se produise, il faut évidemment que la quantité de chaleur C^t soit égale à la somme de la quantité de chaleur nécessaire pour amener le volume v de liquide à la température d'ébullition t_s et de celle nécessaire à la vaporisation de ce liquide ; un exemple numérique montre que cette dernière quantité est négligeable devant la première ; on peut donc écrire :

Fig. 143.

$$(4) \qquad C_i = v (t_s - t) c,$$

en désignant par t la température initiale après une fermeture du courant, et par c la chaleur spécifique du liquide. On peut prendre dans une première approximation $t = 20°$ la formule (4) permet alors de calculer C_i en fonction de la pression et de t_s qui dépend de cette pression qui est une constante caractéristique de la nature du liquide.

Avec de l'eau acidulée, on obtient ainsi le tableau suivant qui donne les valeurs de $\frac{C_i}{v}$ pour diverses pressions à la surface des liquides

$\frac{C_i}{v} = t_s - 20$	Pression en atmosphères
88	1
110,2	2
124,5	3
135,6	4
144,5	5
152,5	6

De même pour une pression donnée, on peut d'après (4) déterminer $\frac{C_i}{v}$ pour diverses températures t_s. Les résultats obtenus expérimentalement se rapprochent beaucoup des valeurs ainsi calculées.

II. *Interrupteur Wehnelt*

M. Ludewig compara un Simon avec un Wehnelt en les plaçant dans des circuits identiques et en cherchant à arriver à la même résitance de la portion active de l'électrolyte.. Il faut pour cela que la section de l'orifice du Simon soit à peu près égale à la surface de l'électrode active du Wehnelt. Dans ces conditions, on constate que la fréquence obtenue avec le Wehnelt est 3 à 5 fois plus élevée, résultat inexplicable avec le théorie de M. Simon.

Les expériences ont prouvé que même lorsque cette pointe est cathode, des interruptions bien marquées se produisent avec une fréquence aussi élevée que lorsqu'elle est anode. M. Ludewig a employé des matières autre que le platine, telles que charbon, fer, plomb, sans que le phénomène soit modifié sensiblement au point de vue fréquence et courant efficace. Il s'est alors demandé si l'augmentation de fréquence observée avec le Wehnelt ne provenait pas d'un dégagement gazeux produit par électrolyse et ajoutant son effet à celui de la vaporisation. Cette hypothèse se traduit par la formule :

$$(3) \qquad C_i = A \int_0^{T_i} i\,dt + B \int_0^{T_i} i^2 W_u\,dt.$$

A et B étant des constantes appropriées.

En appliquant encore la formule de l'établissement d'un courant

$$i = \frac{E}{W_h}\left(1 - e^{-\frac{W_h}{L}t}\right)$$

on arrive à une formule analogue aux formules précédentes.

La formation du gaz est progressive, du moins lorsque la fréquence est faible. Lorsqu'elle est élevée, le voisinage de l'extrémité de la pointe de platine reste en contact avec le liquide, la bulle de gaz commençant par s'établir à la base de cette pointe (fig. 144) et le courant n'est jamais interrompu complètement surtout si la longueur de la pointe du platine sortant du tube de verre est grande.

En somme, les fréquences restent plus élevées avec le Wehnelt qu'avec le Simon ; d'autre part, le Simon semble posséder une fréquence plus indépendante de la charge que celle du Wehnelt.

Fig. 144

Accroissement de la force électromotrice d'induction par l'emploi de plusieurs Wehnelt. — Tandis qu'un interrupteur donne 4 centimètres d'étincelle, deux en série donnent jusqu'à 14 centimètres d'étincelle. La fréquence déterminée au miroir tournant, par comparaison avec un diapason entretenu électriquement et actionnant une capsule Kœnig, est 300 avec un seul et 600 avec les deux. Quand les deux interrupteurs sont identiques, on reconnaît au miroir tournant que les fils en platine rougissent alternativement. S'il n'y a pas identité, il n'y a plus de relation simple entre les intervalles correspondant à l'incandescence des fils de platine.

Il est à remarquer que l'emploi d'interrupteur en série permet d'accroître le rendement de la bobine. La différence de potentiel aux bornes du primaire restant égale à 90 volts dans tous les cas l'intensité est de 8,5 ampères, la longueur d'étincelle 14 centimètres, et la fréquence 300 par seconde avec un seul interrupteur ; avec deux en série, l'intensité n'est plus que de 6 ampères, la longueur d'étincelle 14 centimètres et la fréquence 600 par seconde.

Lorsque les interrupteurs sont montés en parallèle, on constate au miroir tournant qu'ils fonctionnent au même instant ; cette disposition est moins avantageuse que la première.

Dispositif de M. Renz pour amortir le bruit de l'interrupteur de Wehnelt. — L'appareil de M. Renz se compose d'un cylindre en porcelaine dont chaque extrémité présente une encolure resserrée et dont l'une d'elles porte en outre un anneau de suspension raccordé au cylindre par trois petits bras. Dans cet anneau de suspension est passée l'extrémité du tube qui porte la pointe en platine. Cette pointe est ainsi dans l'axe du cylindre et à l'intérieur de celui-ci.

Entre les deux gorges d'extrémité, une membrane en caoutchouc est tendue à l'intérieur du cylindre et il en résulte, qu'entre cette menbrane et la paroi, existe un matelas d'air amortisseur. Pour éviter que cette paroi en caoutchouc ne s'échauffe et ne s'affaisse un peu vers la pointe de platine, on a mis l'intervalle d'air en communication avec l'air extérieur en disposant dans la paroi du cylindre un bec dans lequel on introduit un tube en verre serré dans le bec au moyen d'une petite garniture en caoutchouc.

De cette façon le bruit est presque supprimé, et le bourdonnement qu'on entend n'est en tous cas pas fonction du nombre d'interruptions du courant.

Théorie de M. P. Bary sur l'interrupteur de Wehnelt basée sur la striction. — Considérons (fig. 145) une cloison isolante C plongée dans un liquide conducteur et percée d'un trou cylindrique qui fait communiquer le liquide placé de chaque côté en A et B, de telle sorte que le courant amené en A sorte par B après avoir traversé l'orifice. Si le courant n'est pas trop fort, il s'établit, comme dans tous les conducteurs liquides, des mouvements qui sont en direction approchée, indiqués par les flèches de la

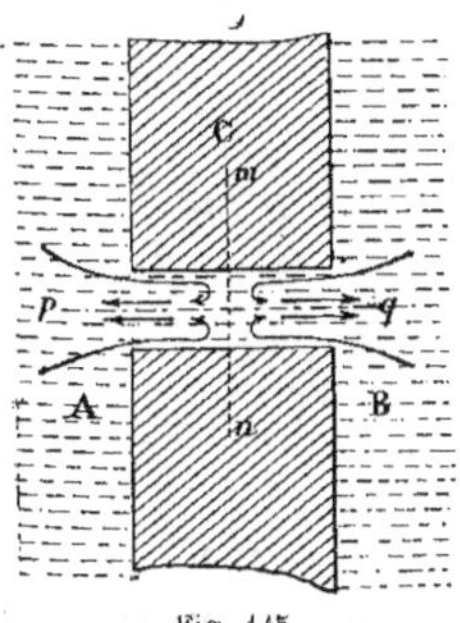

Fig. 145.

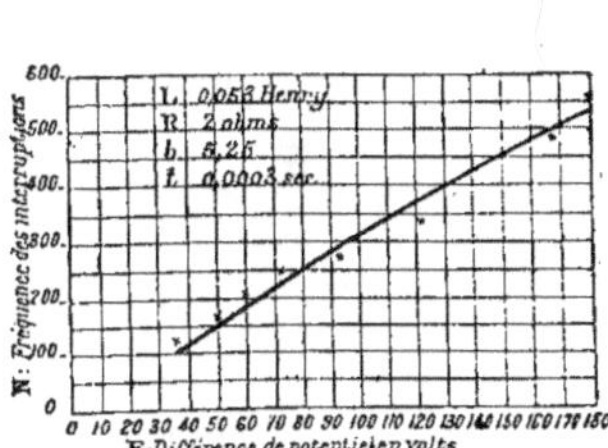

Fig. 146.

figure 145, et qui proviennent de ce que l'axe du conducteur est le siège d'une pression plus élevée que celle de sa surface extérieure et aussi que celle du liquide en A et B ; de plus sur l'axe lui-même, la pression est maximum en son milieu mn.

Comme on le sait pour un tube assez long par rapport à sa section, la pression p créée au centre par le passage du courant est donnée par la relation

$$p = \frac{4\mathrm{I}^2}{\pi d^2}$$

en appelant I l'intensité du courant, et d le diamètre du conducteur.

On conçoit que si l'intensité du courant est assez élevée, le liquide est chassé de l'orifice suivant les directions axiales avec une vitesse qui dépend de la grandeur de p. Au contraire le retour du liquide dans l'orifice se fait par l'aspiration qui provient de la place faite par le liquide parti ; l'aspiration se fait donc sous la différence de pression p égale à la précédente. Si p est supérieur à la pression du liquide au niveau pq, la colonne se brise et le liquide est chassé à droite et à gauche de l'orifice avec une certaine vitesse, en laissant derrière lui une chambre de vapeur ; la pression extérieure ramène ensuite le liquide en arrière, les deux surfaces liquides située de chaque côté reviennent au contact en produisant le bruit de claquement du marteau d'eau et le courant se rétablit à nouveau.

La formation de la chambre de vapeur telle qu'elle est expliquée est tout à fait comparable à la cavitation qu'on observe dans certaines hélices de bateaux ou dans les pompes à eau, lorsqu'on donne au piston plongeur pendant l'aspiration une vitesse trop grande.

L'effort produit par le courant I pour rompre la veine est égal à : $K \times p$ (K étant un coefficient constant propre à un appareil donné) et celui dû à la pression (P — T) est :

$$\frac{\pi d^2}{4} \times (P - T),$$

on a donc l'équilibre :

$$Kp = \frac{4KI^2}{\pi d^4} = \frac{\pi d^2}{4} (P - T)$$

d'où ;

$$I^2 = \frac{\pi^2 d^4}{16K} (P - T)$$

et en posant $\sqrt{K} = a$,

(1) $$I = \frac{\pi d^2}{4a} \sqrt{P - T}.$$

Cette relation donne la valeur de I qui produit la rupture de la veine. D'autre part le circuit ayant un coefficient de self-induction L, le courant à partir de sa fermeture

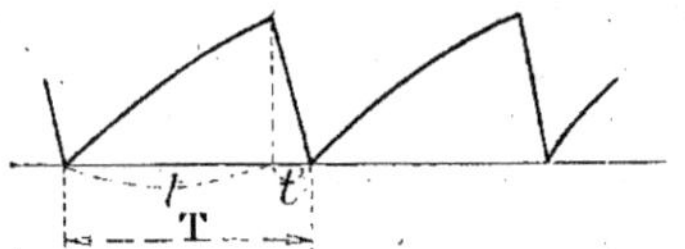

Fig. 147.

met un temps t pour atteindre la valeur I ; en appelant E et R la force électromotrice et la résistance, on a la relation

$$I = \frac{E}{R} \left(1 - e^{-\frac{Rt}{L}} \right).$$

Ce qui nous importe à connaître étant le temps t on doit en tirer la valeur :

$$t = \frac{L}{R} \, \mathcal{L} \, \frac{E}{E - RI}.$$

Remplaçons dans cette équation la valeur de I donnée en (1)

$$t = \frac{L}{R} \, \mathcal{L} \, \frac{E}{E - \frac{\pi d^2 R}{4a} \sqrt{P - T}}.$$

Enfin en posant

$$A = \frac{\pi d^2}{4a},$$

c'est-à-dire en groupant sous lui tout ce qui est propre à l'appareil expérimenté ; dimensions, viscosité du liquide, etc., on aura

$$(2) \qquad t = \frac{L}{R}\,\mathcal{L}\,\frac{E}{E - AR\sqrt{P - T}}$$

au bout du temps t exprimé ci-dessus, le conducteur liquide est rompu et la force vive entraîne chaque moitié de la colonne liquide à droite et à gauche de l'orifice ; la force vive de chaque molécule est absorbée par les frottements et aussi par le travail qu'elle fait pour effectuer son parcours contre la force $(P - T)$ qui tend à la maintenir en arrière ; au moment où toute la force vive est ainsi détruite, la molécule s'arrête et

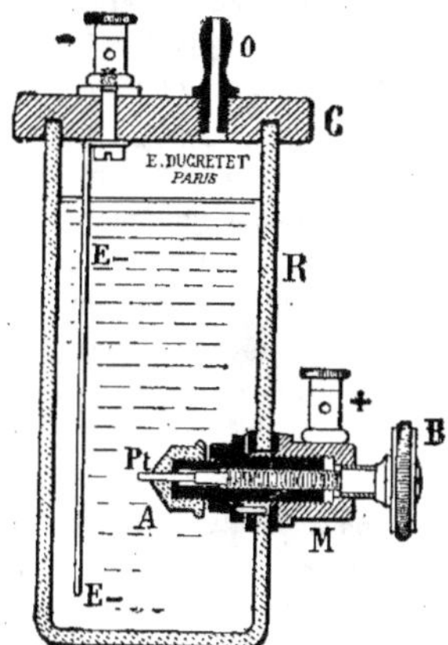

Fig. 148. — Interrupteur électrolytique de M. Ducretet.

revient en arrière occuper sa place d'origine. Elle effectue ainsi un mouvement pendulaire et l'on peut admettre que le temps qu'elle y emploie est indépendant de l'amplitude de l'oscillation ; appelons ce temps t'.

La fréquence des interruptions est donc donnée par :

$$N = \frac{1}{t + t'},$$

où t est fourni par (r) et et t' est une constante de l'instrument employé.

Si le temps (t) est indépendant de l'amplitude de l'oscillation, il dépend directement du terme $(P - T)$ qui agit de la même manière que la pesanteur dans un pendule ordinaire.

Nouveau redresseur à vide Fleming. — M. Fleming a réalisé une soupape électrique, applicable au redressement d'oscillations électriques de haute fréquence avec un rendement voisin de $10\ ^{\circ}/_{\circ}$.

Cette soupape peut être précieuse pour indiquer quantitativement l'énergie des ondes électriques : elle repose sur le fait qu'un conducteur incandescent émet facilement des électrons et n'en absorbe pas ; par conséquent un courant d'électrons (ou, autrement dit, un courant électrique) peut circuler d'une partie chaude vers une partie froide, mais non inverse.

Dans l'appareil réalisé, et que représente schématiquement la fig. 149, la partie froide est un cylindre métallique refroidi par une circulation d'eau, et la partie chaude est un filament incandescent.

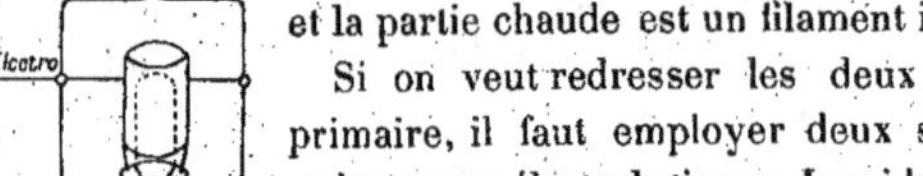

Fig. 149.

Si on veut redresser les deux demi-ondes du courant primaire, il faut employer deux soupapes, comme avec les redresseurs électrolytiques. Le vide fait dans l'espace qui entoure les deux électrodes, a le maximum de conductibilité correspondant à une différence de potentiel d'environ 20 volts.

M. Fleming donne l'explication suivante du fonctionnement de l'appareil ; il existe dans le filament de carbone incandescent une production continuelle d'électrons, ou ions négatifs, par dissociation atomique ; il y a donc, à chaque température, une certaine tension électronique ou une certaine proportion d'électrons libres : Si le filament de carbone est pris comme électrode négative dans un vide poussé, ces ions négatifs sont chassés, il se produit un courant dont la valeur maxima dépend de la conductibilité.

Commutateur-redresseur pour hautes tensions. F. W. Adler. — Pour transformer en courants de même sens les courants alternatifs engendrés par une bobine de Ruhmkorff, on emploie des dispositifs qu'arrêtent les pointes de courants produites dans une direction. M. Adler a établi, dans le même but, un redresseur qui peut, soit remplacer l'interrupteur de Foucault dans le circuit primaire, soit servir de redresseur dans le circuit secondaire.

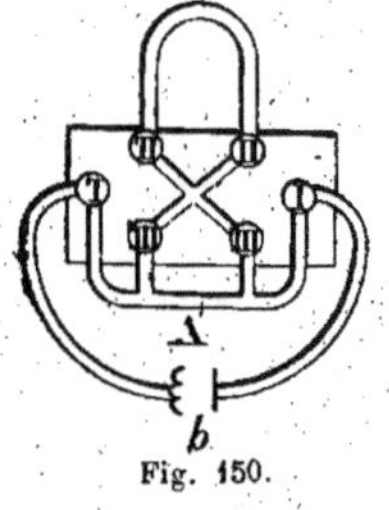

Fig. 150.

La figure 150 indique le principe de cet appareil. Quand on fait osciller le basculeur W, Q étant une source du courant continu, on obtient dans le circuit II, IV, II, un courant alternatif : si, au contraire, Q est une source de courant alternatif, et si le mouvement oscillatoire du basculeur est en synchronisme avec la fréquence de ce courant, l'appareil produit en II, IV, II, du courant continu.

Au lieu d'une source du courant alternatif Q on peut employer le secondaire d'une bobine d'induction. Il suffit de faire osciller W en synchronisme avec l'interrupteur de Foucault pour que les deux pointes de courant de sens opposés produites par la bobine soient transformées en courant continu.

La figure 152 indique schématiquement le montage du commutateur dont l'un des godets est représenté par la fig. 151. Ce godet contient du mercure sur lequel est placé de l'eau : la pointe du levier interrupteur H coupe la surface de séparation $a\,b$ entre le mercure et l'eau au moment où le basculeur W est à l'une de ses positions extrêmes : elle est à l'une des extrémités de sa course A ou B au moment où le basculeur W passe par sa position horizontale.

Les mouvements du redresseur et de l'interrupteur doivent avoir la même période mais être décalés de $\frac{\pi}{2}$: le dispositif employé pour arriver à ce résultat est facile à comprendre d'après le schéma de la figure. 152.

Le levier $a\,b$ de l'interrupteur bascule autour de O et le levier a_1 b_1 du redresseur bascule autour de O_1. Sur chaque bras de levier est placée une pièce de fer doux (F$_1$ F$_2$ F$_3$ F$_4$) attiré par un électro-aimant (M$_1$ M$_2$ M$_3$ M$_4$). Aux leviers sont fixées des aiguilles d'acier (S$_1$, S$_2$, S$_3$, S$_4$, S$_5$, S$_6$,) dont deux (S$_3$, et S$_6$,) sont isolées par une pièce d'ébonite.

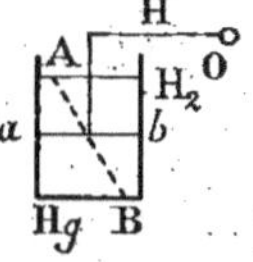

Fig. 151.

Les godets de verre (G$_1$ G$_2$ G$_3$ G$_4$ G$_5$ E$_6$) contiennent du mercure jusqu'aux hauteurs indiquées par les lignes pointillées. Ces hauteurs sont telles que le contact entre aiguille et mercure soit rompu dans les godets G$_1$ G$_2$ G$_4$ G$_5$ quand les leviers $a\,b$ et $a_1\,b_1$ sont dans les positions r et r_1, et dans les godets b_3 et b_6 un peu avant que le levier $a_1\,b_1$ atteigne les positions 3_1 ou 1_1. La marche du courant qu'engendre la batterie E et qui met tout le système en mouvement, est facile à suivre sur la figure 152. Supposons qu'au moment de la fermeture du circuit les leviers $a\,b$ et $a_1\,b_1$ soient dans les positions 2 et 1_1. Le courant passe par E o_1 G$_4$ M$_2$ O E :

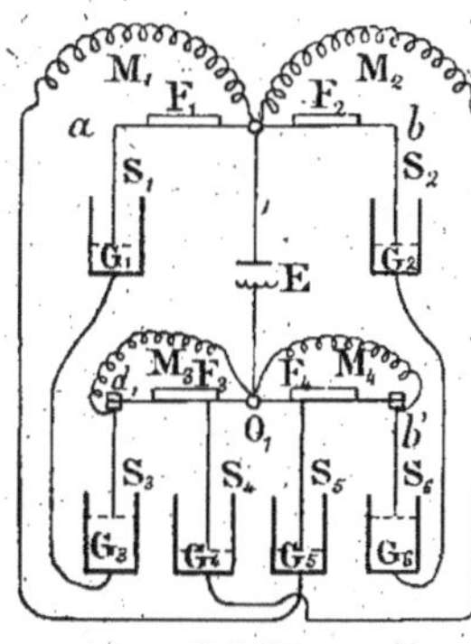

Fig. 152.

L'électro-aimant M$_2$ attire la pièce F$_2$ et établit le contact en b_1 : ce contact ferme le circuit E o G$_1$ G$_3$ M$_3$ o_1 E et l'électro-aimant M$_3$ est excité. Le levier $a_1\,b_1$ passe donc de la position 1_1 à la position 2_1. Ce mouvement coupe le contact b_1 et rompt le circuit de M$_2$. Mais M$_3$ restant excité, le contact en b_3 s'établit et ferme le circuit E O$_1$ G$_5$ M$_1$ o E, provoquant l'aimantation de M$_1$. Le levier $a\,b$ bascule de la position 1 à la position 2 et, en même temps, le levier $a_1\,b_1$ bascule de 2_1 en 3_1.

La connexion de M³ est coupée en G$_3$ un instant avant que cette position 3_1 soit atteinté et, par suite du contact en G$_2$, la fonction E o_1 M$_4$ G$_6$ G$_2$ o E est établie et permet l'aimantation de l'électro M$_4$. Celui-ci provoque le déplacement de $a_1\,b_1$ qui prend la position 3_1, pendant que le levier $a\,b$ passe de la position 2 à la position 3_1. La rupture en G$_5$ coupe le circuit de M$_1$ et, presqu'en même temps la fonction primitive E o_1 G$_4$ M$_2$ o E s'établit, provoquant le déplacement de 3 en 2, accompagné du déplacement de 2_1 en

1_1. Un instant avant que la position 1_1 soit atteinte, la connexion est coupée en G_6, et M_4 est mis hors circuit. Le cycle continue ainsi indéfiniment.

Les godets G_3 et G_6 et les aiguilles S_3 et S_6 ne sont pas indispensables : on pourrait connecter directement G_4 à M_3 et G_2 à M_4. La disposition décrite a été adoptée parce qu'il faut, dans le cas où l'appareil fonctionne comme redresseur, obtenir un contact aussi court que possible de W en II II₁ et III III₁. On aurait pû, pour obtenir une rapidité de fonctionnement plus grande, employer le même dispositif pour les électro-aimants M_1 et M_2. C'est là une complication inutile.

Nouvel alternateur utilisable pour la haute fréquence. de M. P. Villard. — M. Villard a fait construire, un alternateur donnant un courant de forme analogue à celui d'une bobine de Ruhmkorff. Ce type de machine permet de disposer d'une puissance aussi grande que l'on veut tout en conservant les avantages très réels que présente la bobine d'induction (polarité dissymétrique donnant des étincelles de sens

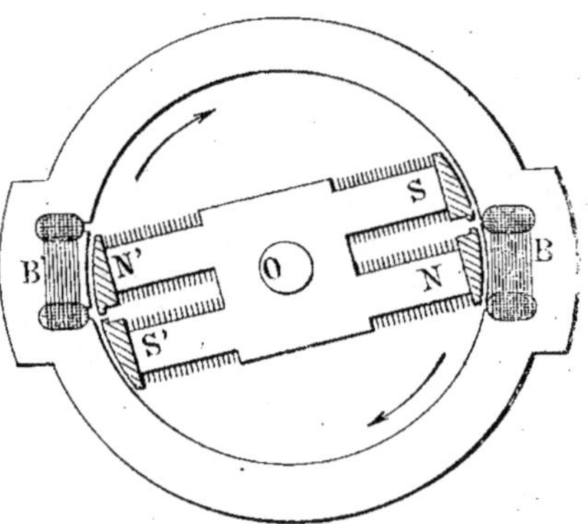

Fig. 153.

constant, brièveté des courants dont la variation rapide se prête bien à l'obtention de voltages élevés, force électromotrice maxima à peine aiguë très supérieure à la force électromotrice moyenne).

La disposition de la machine est très simple. L'induit, fixe, porte seulement deux bobines de faible étendue angulaire, diamétralement opposées et fixées dans des encoches (fig. 153). La couronne de tôles qui porte ces bobines est néanmoins complète, afin de compléter, pendant toute la durée d'un tour, le circuit magnétique de l'induction et de lui permettre de s'aimanter convenablement.

L'inducteur, qui tourne à l'intérieur de l'induit, présente la forme de la lettre H. Il est constitué par quatre pôles alternés N S N' S' disposés par paires comme le montre la figure, et deux à deux très voisins.

L'ensemble est installé dans un bâti analogue à celui d'un moteur asynchrone ; le courant d'excitation est amené aux inducteurs par des bagues.

Supposons que la rotation ait lieu dans le sens des flèches et considérons ce qui se passe dans l'une des moitiés de la machine, l'autre étant identique ; un pôle nord arrive devant la bobine B, comme le montre la figure, et y fait pénétrer un flux, qui augmente de zéro à une certaine valeur $+ \Phi$. Il en résulte une force électromotrice dont la valeur maxima, par exemple, est E. Le pôle sud vient ensuite se substituer au pôle nord, le flux est inversé et passe de $+ \Phi$ à $- \Phi$. Cette variation est double de la précédente et de sens inverse ; la force électromotrice correspondante sera $- 2$ E. Enfin, le pôle sud s'éloigne et le flux revient de $- \Phi$ à zéro : la variation est $+ \Phi$ et la force électromotrice induite est $+ $ E. Il se passera ensuite près d'un demi-tour sans qu'aucun phénomène d'induction se produise, puisque les pôles inducteurs ne rencontreront aucune bobine, puis de nouveau se reproduiront les effets décrits ci-dessus.

On aura ainsi, à chaque demi-tour, une période complète, séparée de la précédente et de la suivante par un silence, et, contrairement à ce qui a lieu avec le courant alternatif ordinaire, cette période sera composée non pas de deux, mais de trois alternances.

C'est précisément cette division ternaire qui permet de réaliser sans peine la dissymétrie indiquée plus haut. Des raisons nombreuses obligent, en effet, à donner aux alternances des durées égales. D'autre part, l'intégrale de l'intensité, étendue à toute une période, autrement dit la quantité d'électricité produite, prise avec son signe est nulle ; s'il n'y a que deux alternances, elles ont par suite des amplitudes égales et de signe contraire ; s'il y en a trois, celle qui est seule de son sens doit avoir une amplitude double de celles des deux autres pour les compenser, et c'est ce qui est réalisé ici.

L'étude oscillographique de la machine a confirmé ces prévisions : la courbe U₀ (fig. 154), qui représente soit la force électromotrice (tension à vide), soit le courant dans une résistance non inductive, présente bien la dissymétrie dont il vient d'être question. L'allure générale de la courbe est tout à fait semblable à celle que donnerait une bobine d'induction, avec cette différence qu'au lieu d'un seul courant inverse il y en a deux, l'un avant, l'autre après le courant direct.

Cette dissymétrie ne disparaît pas quand on fait intervenir un transformateur pour élever le voltage. On sait, d'ailleurs, qu'un transformateur ne modifie aucune des particularités de la courbe d'un courant. La courbe U₀ représente donc indifféremment la tension primaire ou la tension secondaire d'un transformateur relié à l'alternateur.

Cette machine fournit donc des émissions de courant dont chacune a une fréquence propre élevée, très favorable à la transformation, mais se succédant cependant à des intervalles relativement grands, de telle sorte que la puissance disponible, n'étant répartie que sur un nombre restreint de décharges, peut donner à chacune d'elles une énergie beaucoup plus grande qu'avec les alternateurs ordinaires. Cet avantage est encore accru du fait que sur un exploseur on a une étincelle seulement par période, tandis qu'un courant alternatif ordinaire en donnerait deux ; enfin, ces étincelles sont de polarité constante.

Supposons, par exemple, que la machine tourne à 900 tours ; elle donnera par seconde 30 périodes (deux par tour), dont chacune aura une fréquence propre de 150 environ, et 30 étincelles seulement. Un alternateur de même fréquence, 150, donnerait 300 étincelles ; pour descendre à 30, il faudrait réduire la fréquence à 15, ce qui ne serait pas sans inconvénient.

Ces propriétés particulières sont tout à fait avantageuses pour la télégraphie sans fil : la portée dépend, en effet, non pas du nombre des étincelles, mais de leur énergie spéci-

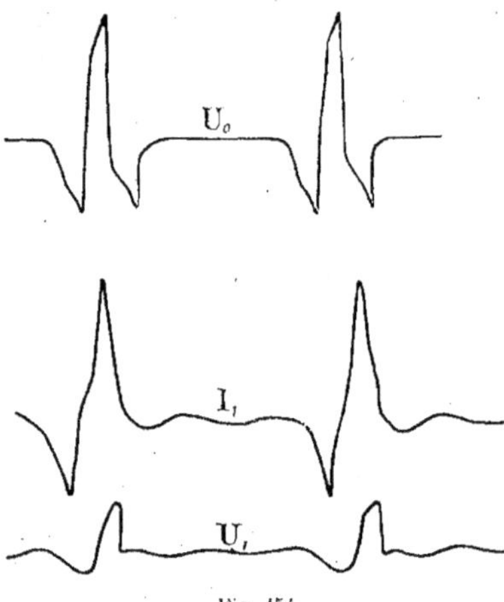

Fig. 154.

fique, et il suffit d'en produire une vingtaine par seconde pour que la transmission se passe aisément, mais il est indispensable soit d'obtenir des voltages très élevés (excitation directe de l'antenne), soit de charger à 15 000 ou 20 000 volts des condensateurs de grande capacité (montage pour induction). Ses expériences faites sur le terrain ont montré que la machine dont il s'agit donne sans difficulté l'un ou l'autre résultat, et cela sans employer des coefficients de transformation élevés. Ainsi en appliquant 50 volts efficaces aux bornes primaires d'un transformateur ayant un coefficient égal à 200 on a obtenu 5 à 6 centimètres d'étincelle aux bornes secondaires, soit environ 50 000 volts maxima, et 12 centimètres quand le secondaire était relié à l'antenne, soit 100 000 volts environ.

Pour le montage par induction, le coefficient transformateur a été réduit à 100, et, avec une puissance inférieure à 2 chevaux, en partant d'un voltage primaire de 50 volts on a facilement chargé un condensateur de $\frac{5}{100}$ de micropard (valant environ 20 jarres ordinaires) à un potentiel suffisant pour donner de bonnes étincelles oscillantes de 5 à 6 millimètres.

Application aux courants de haute fréquence. — L'aptitude de cet alternateur à fournir des courants de haute fréquence est démontrée par le fait même qu'elle convient parfaitement à la télégraphie sans fil. L'excitation d'une antenne par induction consiste précisément en effet à faire agir sur celle-ci les décharges oscillantes d'un condensateur, et le dispositif employé diffère peu du résonateur Oudin.

L'expérience a montré que, pour ce genre d'application, le courant intermittent de la machine en question donne des meilleurs résultats que le courant alternatif ordinaire. Cette supériorité paraît tenir à la forme de la courbe de tension, dont le sommet, au lieu d'être arrondi, présente une pointe aiguë ; le temps pendant lequel le voltage est voisin du maximum se trouve ainsi réduit à zéro ; d'autre part, aussitôt ce maximum atteint, la tension descend avec une extrême rapidité. Il en résulte que l'étincelle de décharge d'un condensateur alimenté par ce courant n'a aucune tendance à se prolonger par un arc nuisible à la qualité de l'étincelle.

On voit, d'ailleurs, sur la fig. 154 comment les choses se passent quand la machine alimente un condensateur (courbes I_1 et U_1). Aussitôt l'étincelle produite le voltage tombe à zéro et il ne subsiste plus dans le circuit que des oscillations de faible amplitude dues à la petite alternance.

En fait, quelles que soient la vitesse de rotation de la machine et la capacité employée, les étincelles sont franchement oscillantes et, contrairement à ce qui a lieu d'ordinaire, aucun dispositif de soufflage n'est ici nécessaire.

CHAPITRE X

TRANSFORMATEURS A HAUTE TENSION

Définition. — On donne le nom de transformateurs électriques à tout appareil qui modifie soit la forme, soit les qualités de l'énergie électrique.

Principe. — Le principe de ces appareils est des plus simples. Prenons deux bobines A et B, mettons les en présence l'une de l'autre, faisons traverser la bobine A par un courant alternatif nous recueillerons en B un courant alternatif également. L'effet est d'abord très faible, mais il augmente notablement si nous enroulons les deux bobines A et B sur un noyau de fer. Si nous voulons encore augmenter les effets, mettons un nombre plus considérable de spires. Nous avons ainsi constitué le transformateur simple. En envoyant en A un courant alternatif, nous produisons un flux de force alternatif qui aimante le barreau de fer et agit par induction sur la bobine B.

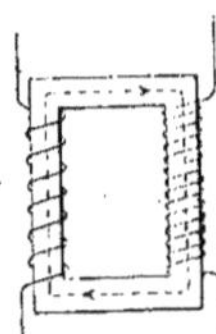

Fig. 155.

En pratique, un transformateur comprend essentiellement *un circuit magnétique* composé de deux noyaux de fer reliés par deux culasses de façon à présenter aux flux magnétique un chemin continu fermé de faible réluctance magnétique : l'un des noyaux porte une bobine primaire P ; l'autre porte une bobine secondaire ∂. Quand un courant alternatif passe dans l'enroulement P, un flux alternatif circule dans tout le circuit magnétique chaque tour de l'enroulement ∂ embrassant la totalité de ce flux, la force électromotrice totale induite dans la bobine ∂ sera d'autant plus grande qu'il y aura plus de tours.

Étudions de plus près ce qui se passe.

Supposons d'abord que la bobine secondaire soit à circuit ouvert, c'est-à-dire que les deux extrémités de cette bobine ne sont reliées à aucun circuit extérieur et sont isolées l'une de l'autre. L'enroulement secondaire ne joue alors aucun rôle, et sa présence n'intervient pas ; le primaire du transformateur se comporte identiquement comme une bobine de self-induction. Les lignes de force magnétiques engendrées par cette bobine rencontrent dans leur trajet une très faible réluctance, puisqu'elles passent uniquement dans du fer. Dans ces conditions, un courant de très faible intensité produit un flux de valeur élevée dont les variations induisent dans la bobine une force électromotrice de self-induction de valeur élevée. Celle-ci est opposée à la différence de potentiel aux bornes de l'enroulement primaire, et lui est presque égale en valeur : la différence de potentiel résultante, qui est égale à la différence de potentiel aux bornes et la force électromotrice de self-induction, a donc une valeur très faible. Or cette différence de potentiel résultante fait circuler le courant dans l'enroulement primaire : ce courant a donc une très faible intensité.

S'il n'y a aucune fuite de lignes de force magnétiques dans l'espace environnant, la totalité du flux magnétique qui traverse la bobine primaire traverse aussi la bobine secondaire.

Ce flux variable induit évidemment dans chaque tour de l'enroulement secondaire une force électromotrice égale à la force électromotrice de self-induction qu'il induit dans chaque tour de l'enroulement primaire, et, cette force électromotrice de self-induction est presque égale à la différence de potentiel créée par la source extérieure entre les extrémités d'un tour de fil de la bobine primaire.

On voit donc que la force électromotrice totale induite dans l'enroulement secondaire est à peu près égale au nombre de tours de cet enroulement multiplié par la différence de potentiel entre les extrémités d'un tour de l'enroulement primaire, celle-ci est elle-même évidemment égale à la différence de potentiel totale agissant sur la bobine primaire, divisée par le nombre de tours de cette bobine. Il en résulte que la force électromotrice induite dans le secondaire (et par suite la différence de potentiel disponible aux extrémités de cet enroulement) est égale à la différence de potentiel agissant entre les extrémités de la bobine primaire multipliée par le rapport du nombre de tours de l'enroulement secondaire au nombre de tours de l'enroulement primaire. Ce rapport est appelé *rapport de transformation*. On voit que si la bobine secondaire contient 10 000 tours et la bobine primaire 10 tours, la différence de potentiel secondaire sera 1 000 fois plus grande que la différence de potentiel primaire.

Supposons maintenant que les extrémités de la bobine secondaire soient reliées à un circuit extérieur : ce circuit est parcouru par un courant dont l'intensité est proportionnelle à la force électromotrice secondaire et inversement proportionnelle à la résistance électrique totale (y compris celle de la bobine). Le courant secondaire tend à produire à son tour un flux magnétique opposé au flux qu'engendre le courant primaire : il faut donc que celui-ci augmente par rapport à sa valeur primitive pour rétablir l'équilibre. Le flux produit par une bobine étant proportionnel à l'intensité du courant multipliée par le nombre de tours, il faudra, pour que les flux primaire et secondaire se compensent que l'augmentation du courant primaire soit égale à 10, 100, 1 000 fois la valeur du courant secondaire si la bobine primaire à 10, 100, 1 000 fois moins de tours que la bobine secondaire, c'est-à-dire si le rapport de transformation est 10, 100, ou 1 000.

En résumé, on voit que, dans un transformateur, la différence de potentiel ou pour abréger, la tension secondaire, est égale à la tension primaire multipliée par la valeur du rapport de transformation, et le courant secondaire est égal au courant primaire divisé par la valeur du rapport de transformation.

Pour que les effets d'induction du primaire sur le secondaire soient maxima, il faut que le coefficient d'induction mutuelle soit aussi élevé que possible. En fait les lignes de force magnétiques engendrées par le circuit primaire ne traversent pas toutes le circuit secondaire. On dit que le transformateur présente de la *dispersion.* Théoriquement, s'il n'y avait pas de dispersion, le coefficient d'induction mutuelle M serait égal à la racine carrée du produit des coefficients de self-induction de l'enroulement primaire et de l'enroulement secondaire pris isolément. En appelant M le coefficient d'induction mutuelle, L_1 et L_2 les coefficients de self-induction du primaire et du secondaire, on aurait :

$$M_2 = L_1 L_2 \quad \text{ou} \quad M = \sqrt{L_1 L_2}.$$

Pratiquement, à cause de la dispersion, le coefficient d'induction mutuelle a une valeur inférieure à cette valeur.

On définit fréquemment *l'accouplement entre le primaire et le secondaire* par le rapport du coefficient réel d'induction mutuelle à la racine carrée du produit des deux coefficients de self-induction.

Le coefficient d'accouplement magnétique K est donné par la formule :

$$K = \frac{M}{\sqrt{L_1 L_2}}.$$

Quand il n'y a pas de dispersion, le numérateur et le dénominateur de cette expression sont égaux, et le coefficient K est égal à l'unité. On dit que *l'accouplement est rigide* (ou parfait). Si, au contraire, la dispersion est telle que la valeur de K soit petite, inférieure à 0,5, par exemple, on dit que l'accouplement est lâche ou imparfait.

Théorie du transformateur. — Si on fait varier le flux magnétique Φ traversant une bobine, on induit dans cette bobine une force électromotrice qui est proportionnelle à la variation du flux par rapport au temps $\left(\dfrac{d\Phi}{dt}\right)$ et au nombre (n) de spires. Si au contraire, un courant traverse une bobine, il se produit à travers elle un champ magnétique dont l'intensité est proportionnelle, jusqu'à un certain point, au produit du courant par le nombre de spires, c'est-à-dire avec les ampères tours. Si l'intensité du courant varie, le flux magnétique varie en même temps. Donc, en admettant une disposition de deux bobines telles que le flux magnétique produit dans la première par un courant d'intensité variable traverse totalement ou partiellement la bobine secondaire, on induit une force électromotrice dans celle-ci.

La force électromotrice induite est proportionnelle aux variations du courant par rapport au temps.

Puisque l'intensité du courant ne peut varier toujours dans le même sens, car alors elle devrait croître jusqu'à l'infini, les périodes des intensités croissantes et décroissantes doivent s'alterner. Si une intensité croissante produit une force électromotrice d'un sens quelconque dans la bobine secondaire, il y aura une force électromotrice de sens contraire quand l'intensité diminuera ; d'où l'on voit que les oscillations ou courant dans la bobine primaire, même si l'on ne change pas de sens dans le courant, produisent des forces électromotrices alternativement positives et négatives dans la bobine secondaire. Cette force électromotrice alternante produit un courant alternatif dans un conducteur connecté aux deux bouts de la bobine précédente.

La tension aux bornes de la bobine secondaire dépendra de la force électromotrice du courant primaire, et du rapport entre les nombres de spires des deux bobines.

Dispersion magnétique. — Avant de commencer le calcul de la tension, il est intéressant d'étudier l'action du champ magnétique sur les deux bobines.

Puisque les lignes de force traversent, non seulement le fer, mais aussi l'air ambiant, il est évident que les lignes de force traversant la bobine n'iront pas toutes en son centre. La différence augmentera avec la distance séparant les deux bobines, aussi bien qu'avec la résistance que le fer offre au parcours des lignes de force (réluctance).

Quelques lignes de force traversant cette bobine (inducteur) en sortent des deux côtés et se forment à travers l'air en dehors de l'autre bobine (induit). Ces lignes de force qui se dispersent dans l'air ne contribuent pas à la production de la force électromotrice de la bobine induite quand on change le flux magnétique total par des oscillations ou des alternances du courant dans la bobine inducteur. Plus la dispersion magnétique est grande, plus la force électromotrice induite est petite.

Diminution de la dispersion. — Il est possible de diminuer la dispersion magnétique par des enroulements convenables.

On pourrait même l'éviter totalement en bobinant alternativement une spire secondaire et une spire primaire. Cependant, ce mode d'enroulement ne serait pas pratique à cause de l'isolement mutuel des deux enroulements.

On diminue considérablement la dispersion en enroulant les deux bobines l'une sur l'autre. Cette méthode permet en outre de la dispersion, un isolement mutuel des deux bobines très rationnel en même temps que très bon, à cause de sa commodité et de son faible encombrement.

Equation fondamentale. — La force électromotrice induite est proportionnelle au nombre de spires (n) et à la grandeur de la variation du flux magnétique Φ par rapport au temps. Donc :

$$E = n \frac{d\Phi}{dt},$$

et pour pouvoir calculer cette force à chaque instant, il faut connaître la relation qui lie Φ au temps t. Or le champ magnétique Φ est proportionnel au courant inducteur, ou mieux à l'intensité du courant induit. Dans ces conditions, la force électromotrice induite a pour formule ; N indiquant le nombre de spires.

$$E = \frac{2\pi}{T} \, \Phi N \sin \alpha,$$

en unités absolues.

Pour avoir cette force électromotrice en volts, il faut multiplier cette expression par 10^{-8}.

La force électromotrice à un instant quelconque est

$$ET = E \sin \alpha$$

Et le flux magnétique à un instant quelconque est

$$\Phi T = \Phi \cos \alpha$$

Il y a donc un décalage de phase entre l'intensité du champ et la force électromotrice, le décalage est égal à $1/4$ de période.

On sait que la force électromotrice induite calculée en volts est donnée par la formule :

$$= E \frac{2\pi}{T} \, \Phi N \, 10^{-8} \text{ volts}$$

pour une bobine de N spires.

Dans laquelle T est la durée d'une période et Φ le maximum des lignes de force traversant la bobine.

A l'aide de la formule :

$$e = \frac{E}{\sqrt{2}}$$

qui représente la tension efficace, on trouve pour la force électromotrice efficace :

$$e = \frac{2\pi}{T\sqrt{2}} \, \Phi N \, 10^{-8}$$

$$e = \frac{4,44}{T} \, \Phi N \, 10^{-8}.$$

Cette dernière équation donne la force électromotrice de la bobine primaire, en remplaçant N par le nombre de spires primaires.

Soit N_1 le nombre de spires primaires, N_2 le nombre de spires secondaires.
Les forces électromotrices induites seront :

$$e_1 = \frac{4,44}{T}\ \Phi N_1\ 10^{-8}\ \text{pour le primaire}$$

$$e_2 = \frac{4,44}{T}\ \Phi N_2\ 10^{-8}\ \text{pour le secondaire.}$$

En admettant une dispersion très faible.
Les pertes dans le noyau en fer peuvent provenir de deux choses :
1° l'hystérésis,
2° les courants parasites.
Si l'induction dans un noyau parcourt un cycle complet de + B, zéro, — B et retour par zéro à + B, on transforme une partie du travail en chaleur, et cette quantité dépend de la qualité du fer et de l'induction. Elle est directement proportionnelle au poids du fer et au nombre de périodes. En même temps, il est tout à fait indifférent que la courbe représentant l'induction en fonction du temps soit ou non une sinusoïde.
Le travail de l'hystérésis, par période et pour l'unité de poids du fer est donné par une expression de la forme :

$$W = hB^1,\ 6, \qquad \text{(Formule de Steinmetz)}$$

où h est un coefficient qui dépend de la qualité du fer et de l'unité de poids que l'on choisit.
L'induction, en variant dans le fer, produit dans la masse même du fer, des forces électromotrices qui sont la cause immédiate de courants parasites.
Avec des noyaux ronds, la force électromotrice est proportionnelle au carré du diamètre, et la résistance des couches semblables est tout à fait indépendante de cette dimension. L'intensité du courant est donc proportionnelle au carré du diamètre, et le travail perdu, à la quatrième puissance de celui-ci.
Pour diminuer ces pertes autant que possible, on emploie des noyaux composés de tôles aussi minces que possible. La pratique a démontré que des tôles de $0^{mm},35$ à $0^{mm},5$ d'épaisseurs étaient très admissibles.
Puisque les pertes dans le fer sont proportionnelles au poids du fer on doit diminuer ce dernier autant que possible. Mais on est limité en cela, parce qu'une section calculée est absolument nécessaire pour conduire le flux magnétique, et qu'on demande une longueur suffisante pour l'emplacement des bobines. En même temps, la longueur de chaque spire doit être aussi petite que possible pour diminuer les pertes provenant de la résistance. La meilleure solution est celle qui se rapproche le plus de ces conditions.

Marche des calculs pour l'établissement des transformateurs. — Pour établir un transformateur, on commence par adopter une forme pour le fer (transformateur à noyau, ou cuirassé, ou droit) en le prenant le plus court possible, ce qui rend les lignes de force courtes, et de ce fait diminue les ampères-tours.

Si on prend un noyau rond, la force électromotrice induite est proportionnelle au carré du diamètre, et la résistance des couches semblables est tout à fait indépendante de cette dimension.

L'intensité du courant est donc proportionnelle au carré du diamètre, et le travail perdu à la quatrième puissance du diamètre (carré). Les pertes sont diminuées par la multiplicité des tôles bien isolées les unes des autres.

Le flux d'induction magnétique est donné par la formule dont les dimensions sont :

$$\Phi = L^{\frac{3}{2}} M^{\frac{1}{2}} T^{-1}.$$

L'intensité magnétique est donnée par la formule dont les dimensions sont :

$$\mathcal{B} = L^{\frac{1}{2}} M^{\frac{1}{2}} T^{-1}.$$

Ayant adopté un chiffre pour la valeur de $\mathcal{B}$ on cherche la valeur de μ (coefficient de perméabilité).

Ces différentes valeurs sont données dans le tableau ci-dessous.

Induction $\mathcal{B}$	Coefficient de perméabilité μ		Induction $\mathcal{B}$	Coefficient de perméabilité μ	
	fer forgé recuit	fonte grise		fer forgé recuit	fonte grise
4 000	»	800	12 000	1 412	»
5 000	2 500	500	13 000	1 083	»
6 000	2 459	279	14 000	823	»
7 000	2 439	166	15 000	526	»
8 000	2 374	100	16 000	308	»
9 000	2 250	71	17 000	161	»
10 000	2 000	53	18 000	90	»
11 000	1 692	37	19 000	54	»

Calcul de l'enroulement primaire

Comme première approximation on peut admettre que le fil doit être assez gros de diamètre pour que RI^2t qui représente la chaleur dégagée soit sans danger. On doit donc donner au fil une section devant supporter 1 ampère par millimètre carré de section.

Le calcul du nombre de spires du primaire consiste à calculer NI suffisant pour saturer le noyau.

Le flux total est

$$\Phi = \mathcal{B}S.$$

La résistance magnétique est

$$R = \frac{L}{\times \mu}.$$

On peut donc écrire, en se reportant à la formule

$$\mathcal{F} = \Phi\mathcal{R}$$
$$1,25\,\mathrm{NI} = \Phi\mathcal{R}$$

d'où

$$\mathrm{NI} = \frac{\Phi\mathcal{R}}{1,25}.$$

Calcul de l'enroulement secondaire

La force électromotrice secondaire est proportionnelle à l'intensité du courant I_0 au moment de la variation du flux.

Elle est en raison inverse de la racine carrée de la capacité du primaire.

Le rapport des forces électromotrices ε^2 et σ^2 est égal à

$$\frac{\varepsilon^2}{\sigma^2} = \frac{M}{L} = \sqrt{\frac{L}{l}} = \frac{n}{N}.$$

La longueur de ce circuit est donnée par la relation

$$L = I\,\frac{L}{M} = l\sqrt{\frac{L}{M}}.$$

Détails de construction

Selon que l'on voudra avoir un transformateur à fuites ou sans fuites magnétiques, les enroulements primaire et secondaire occuperont une place différente sur le noyau. Dans le premier cas, le noyau étant en O, chaque enroulement occupera une branche de l'O, comme dans le transformateur de M. Gaiffe, ou bien les enroulements seront partagés en deux et répartis sur les 4 branches de l'O : un primaire, un secondaire, un primaire, un secondaire, comme dans le transformateur de MM. Ducretet et Roger, ou enfin les deux enroulements seront l'un sur l'autre et occuperont une seule branche de l'O comme dans le transformateur de MM. Charbonneau et Vincent.

Pour l'usage particulier de la résonance, M. Berthenod a construit un transformateur à circuit magnétique fermé, ayant les constantes suivantes :

Nombre de spires primaires 90
»   secondaires. . . . . 8940.

Courant primaire à vide sous 109 volts :

$$I_0 = 6,75 \text{ ampères.}$$

Courant primaire en court-circuit sous 90 volts :

$$I_{1cc} = 20,8 \text{ ampères.}$$

Courant secondaire en court-circuit sous 90 volts :

$$I_{2cc} = 0,250 \text{ ampère.}$$

Pertes à vide . . . . 285 watts
Cos φ à vide . . . . 0,38.

D'autre part, MM. Hemsalech et Tissot ont construit un transformateur dans le même but, ayant comme valeur de $\frac{n}{N} = 180$, dans lequel le secondaire est relié à un condensateur à plaques. Pour chaque plaque $\varphi = 0,00115$ m. f. d., avec 1 plaque et ce transformateur on a une étincelle de 3 millimètres entre boules de cuivre de 2 centimètres de diamètre ; soit 11 400 volts. Le régime s'établit entre 10 plaques donnant une étincelle de 13 millimètres, soit 37 300 volts. Le courant dans le primaire est de 22 ampères sous 110 volts.

Selon la méthode de M. d'Arsonval, sur le primaire se trouve montée une bobine de self.

Transformateur de M. Gaiffe. — Ce transformateur à circuit magnétique fermé a comme caractéristique la disposition des deux enroulements, primaire et secondaire, séparés chacun sur un des côtés du rectangle formé par le fer. De plus, ce transformateur est à fuites magnétiques.

Remarque de MM. Gaiffe et Gunther

La combinaison des fuites magnétiques et de la résonance secondaire donne dans les transformateurs des particularités de fonctionnement fort intéressantes en même temps que d'incontestables avantages :

1° Dans ces transformateurs, malgré la possibilité de fuites magnétiques, le circuit secondaire se laisse traverser sans aucune difficulté par le flux créé par l'enroulement primaire, car le flux secondaire est en phase avec le flux primaire lorsqu'on charge des capacités ;

2° Du fait de la résonance qui s'établit entre les capacités à charger et l'enroulement secondaire, le flux qui traverse ce dernier enroulement croît à chaque période jusqu'à une valeur très supérieure au flux créé par l'enroulement primaire et qui n'est limité que par la grandeur des pertes par effet Joule et par hystérésis et courants de Foucault ;

3° Une surtension considérable apparaît donc au circuit secondaire, surtension analogue à celle que l'on obtient avec des transformateurs industriels ordinaires par le moyen d'une self-induction intercalée dans le primaire de ce transformateur.

4° Le supplément de flux secondaire apporté du fait de la résonance ne peut traverser le primaire qui lui fait écran magnétique, de sorte qu'aucune surtension n'est à craindre ni dans le primaire du transformateur ni dans la source ;

5° Il est donc possible de donner au noyau de fer du primaire du transformateur une section considérablement plus faible que celle nécessaire pour le noyau de fer secondaire puisque les flux qui les traversent sont très différents ;

6° De tout ce qui précède il résulte qu'aucune des brusques variations du régime

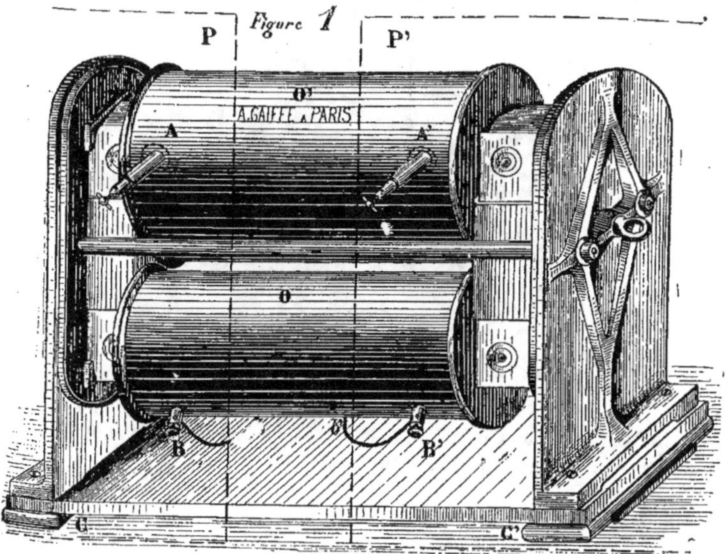

Fig. 156. — Transformateur de M. Gaiffe.

secondaire provoquées par l'éclatement des étincelles ne peut réagir sur le primaire du transformateur ni sur la source qui l'alimente ;

7° A cause des fuites magnétiques, une mise en court-circuit accidentelle du transformateur ne présente aucun danger ni pour le transformateur ni pour la source.

Transformateur de MM. Ducretet et Roger. — Ce transformateur est du modèle dit à circuit magnétique fermé. Ce circuit magnétique est formé par un cadre rectangulaire en lames de tôles isolées. Sur chacun des petits côtés du cadre est bobiné un enroulement Pr à gros fil ; ces deux enroulements sont reliés en série et constituent l'inducteur. Sur les deux grands côtés se trouvent les circuits induits Se_1, Se_2, qui sont constitués d'une façon analogue aux circuits des bobines de Ruhmkorff, c'est-à-dire sectionnés en galettes de fil noyées dans un isolant spécial et renfermées dans deux boîtes distinctes, les deux circuits peuvent être utilisés isolément ou être groupés en quantité ou en série. Le groupement en série produit un rapport de transformation élevant le courant ordinaire de 110 volts à la tension de 25 000 volts. Le circuit induc-

Fig. 157. — Transformateur de MM. Ducretet et Roger.

teur peut supporter un courant de 12 à 15 ampères, et le circuit induit 50 milliampères.

En groupant les induits en quantité, la tension ne sera que de 12 5000 volts et l'intensité pourra être portée à 100 milliampères.

Transformateur de MM. Charbonneau et Vincent. — Ce transformateur construit tout spécialement pour la production intensive des courants à haute fréquence, présente comme caractéristique la disposition des enroulements. Le secondaire est bobiné sur le primaire et séparé de celui-ci par un tube épais d'ébonite. Le noyau est formé de tôles de 5/10 de millimètre d'épaisseur isolées au papier, et les largeurs sont de grandeurs croissantes, de façon à faire un assemblage présentant une section circulaire. Les tôles sont tout simplement repliées les unes sur les autres pour fermer le circuit magnétique. Le tout est fortement ligaturé au moyen de tresse isolante.

L'enroulement secondaire est constitué par des galettes de l'épaisseur d'un fil, soit par adhérence sur du papier enduit de substance isolante, soit par dépôt galvanoplastique sur une matière isolante dans laquelle on a préalablement tracé un sillon.

Une caractéristique particulière à ce transformateur, c'est la grande induction magnétique qui est calculée à 16 000 Gauss. L'avantage de cette construction est d'avoir une section de fer relativement petite, et de ce fait peu de cuivre au primaire, ce qui le diminue également au secondaire.

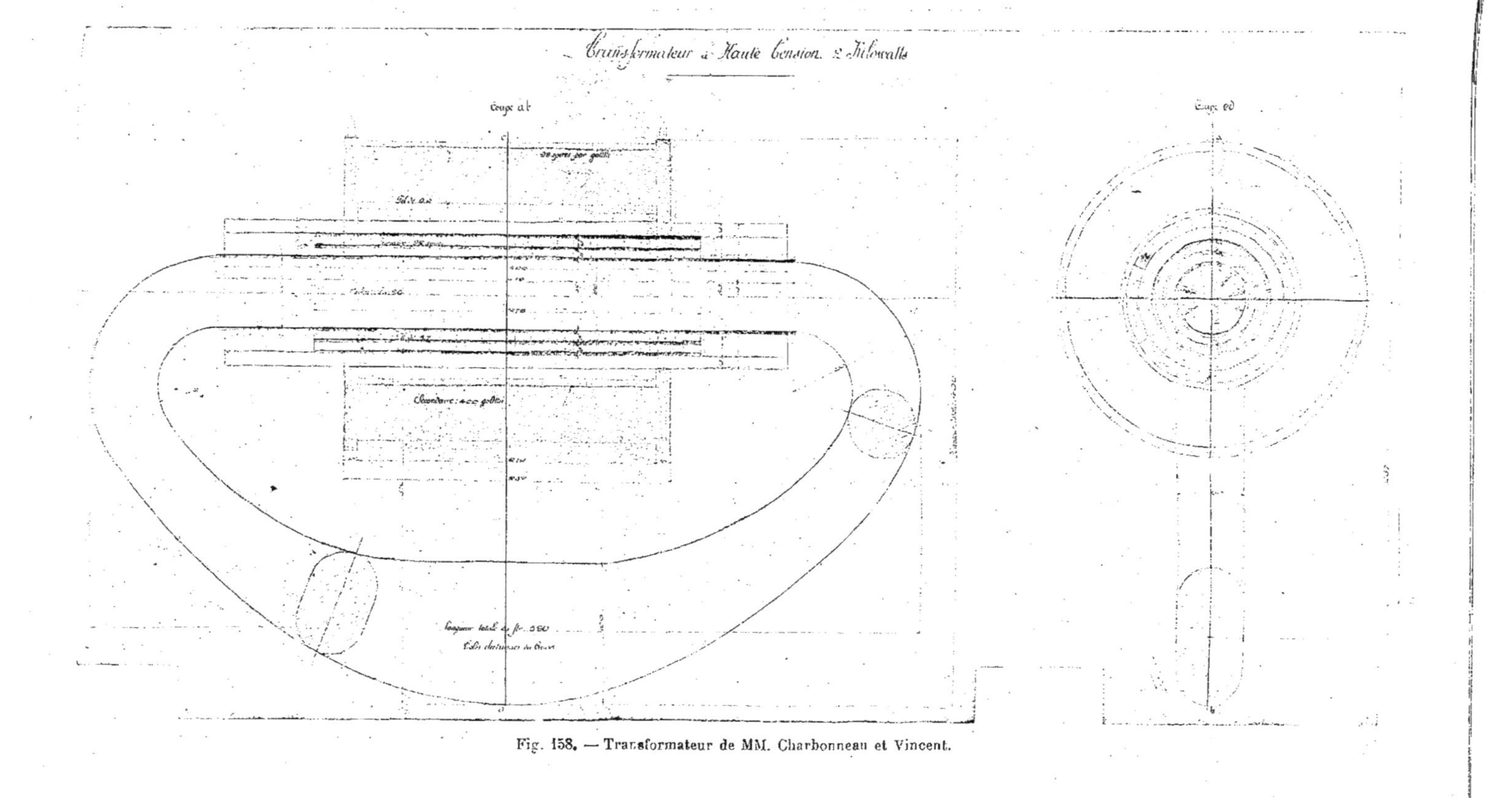

Fig. 158. — Transformateur de MM. Charbonneau et Vincent.

C'est en somme un transformateur à très haut rendement et économique à construire.

Comme isolant, on a employé l'huile dans laquelle il baigne, maintenu dans une cuve spéciale.

Un tel transformateur à 30 000 volts, pesant sans l'huile 25 kilogrammes, pour 2 kilowatts, a marché à ce régime pendant 200 heures, l'huile était seulement à 30 degrés au bout de ce temps.

Il est à noter également que les tôles de ces transformateurs sont de constitution spéciale, ce ne sont pas des tôles douces, comme on les emploie généralement pour la construction des appareils électriques, car ces tôles ont un coefficient d'hystérésis trop élevé.

Ce transformateur a un rendement de 95 % pour 2 kilowatts, c'est donner une idée de la bonne utilisation du fer et du cuivre.

CHAPITRE XI

LES MACHINES STATIQUES

Généralités. — La machine statique pour être rationnelle doit avoir plusieurs qualités essentielles : elle doit pouvoir fonctionner par tous les temps ; elle doit fournir un potentiel très élevé auquel correspond une grande longueur d'étincelle et un débit aussi grand que possible, afin de pouvoir être employée pour la haute fréquence.

La partie mécanique doit aussi être rationnelle, il ne doit pas y avoir de frottements et coïncements anormaux ; ces défauts mécaniques qui passent inaperçus au début, se traduisent par l'usure anormale et une fatigue des organes qui entravent de plus en plus le bon fonctionnement et finissent par rendre la machine presque inutilisable.

La machine doit aussi être robuste et comprise de telle sorte que le démontage et le remontage, en raison de l'entretien, puissent être faits très fréquemment avec le plus de commodités possibles.

Pour que la machine statique puisse fonctionner par tous les temps, il faut que la partie électrique de la machine soit très soignée et que les pièces diélectriques possèdent un très grand pouvoir isolant ; que cette propriété ne soit pas compromise par un dépôt à leur surface de buées ou de poussières plus ou moins conductrices, ce qui les priverait de leurs propriétés isolantes et serait une cause de déperditions de fluide électrique.

Pour réaliser ces conditions, comme on ne peut pas empêcher les poussières d'encrasser les plateaux, il faut que ces derniers soient accessibles et facilement démontables, car ces plateaux jouent dans les machines un rôle prépondérant, et l'attraction des poussières est due à leur grande électrisation.

Une autre condition de la machine statique, c'est de pouvoir fournir un très grand débit sous un potentiel très élevé. Ces deux qualités sont dans ces machines intimement liées l'une à l'autre et le débit croit pour une même vitesse proportionnellement au potentiel.

Pour la compréhension de ces propositions, il est indispensable d'étudier un peu les phénomènes qui se produisent dans le fonctionnement des machines que l'on peut considérer comme des multiplicateurs de charges; c'est-à-dire par suite du fonctionnement de la machine, une charge initiale relativement faible se trouve par suite de phénomènes d'influence et de condensation, très rapidement élevée à un potentiel maximum qui dépend des dimensions et de l'isolement plus ou moins parfait des organes recevant les charges et aussi de la recombinaison plus ou moins complète dans un circuit d'utilisation des charges ainsi multipliées et recueillies en des points convenables.

La multiplication des charges dans les machines du genre Wimshurst, se fait suivant une progression géométrique ce qui explique la rapidité avec laquelle les appareils atteignent un potentiel maximum en partant d'une charge initiale d'une valeur presque négligeable.

Cette façon d'envisager la machine électrostatique conduit forcément à la considérer comme un véritable condensateur dans lequel le diélectrique est représenté, pour la machine du genre Wimshurst, par la matière constitutive des deux disques et par l'air qui est interposé entre eux ; les armatures sont représentées par la surface même des disques sur lesquels les balais déposent des charges qui sont respectivement de signe contraire dans la partie en regard des disques voisins.

Une charge initiale existant sur l'un des disques, agit, au point convenable à travers les trois épaisseurs de diélectrique et force le balai à déposer sur l'autre disque soumis à son contact une charge de signe contraire qui, entraînée par le mouvement de rotation du disque, agit, à son tour à travers les trois épaisseurs de diélectrique sur le balai qui se présente et finalement la dite charge est transportée entre les peignes qui, mettant à contribution le phénomène du pouvoir des pointes, se trouvent, en définitive, posséder une charge de même signe que celle qui avait été déposée par influence sur le disque considéré.

Une même série de phénomènes se reproduit à chaque balai et sur chaque disque, concourant au résultat final : la charge à saturation des électrodes isolées de la machine.

Il résulte de là que plus les disques tourneront rapidement, plus les charges abandonnées aux peignes et par suite, le débit de la machine seront considérables et c'est, en effet, ce que l'on constate dans la pratique, le débit ou quantité d'électricité fournie dans un temps donné est proportionnel à la surface des disques passant entre les peignes dans ce laps de temps.

On sait d'autre part que la charge Q ou quantité d'électricité que peut prendre un condensateur est égale au produit de sa capacité C par le potentiel de charge V.

$$Q = CV.$$

Or, la capacité de la machine statique considérée comme condensateur, dépend pour un diélectrique donné :

I. De la capacité inductive spécifique du diélectrique, soit de la nature même de ce diélectrique.

II. De la surface des armatures.

III. De l'épaisseur de ce diélectrique qui est interposée entre ces armatures.

Examinons ces trois conditions :

Première considération. — Théoriquement, il faut avoir recours à un diélectrique présentant une capacité inductive spécifique élevée ; mais pratiquement, il faut que ce diélectrique présente une résistance mécanique et une rigidité suffisantes ; il faut encore qu'il ne soit pas trop fragile, et enfin qu'il soit d'un prix abordable.

Après un examen très approfondi des différentes matières isolantes, l'ébonite de bonne qualité est la matière de choix. Le verre étant éliminé à cause de son état trop hygrométrique, trop fragile et d'une densité trop grande. On peut, il est vrai, remédier au premier de ces défauts en recouvrant le verre d'un vernis hydrofuge convenable, mais celui-ci peut disparaître par suite des nettoyages fréquents de la machine. On peut aussi remédier à la fragilité en augmentant l'épaisseur des disques, mais cette épaisseur correspond à une surcharge des organes destinés à les supporter, et entraîne une diminution de capacité, et par suite une diminution dans le rendement de la machine.

Contre la densité de cette matière, il n'y a aucun remède et on est obligé d'en supporter les inconvénients qui se traduisent par un surcroît de charge inutile et une plus grande fatigue de la partie mécanique.

Ces raisons expliquent le peu d'emploi que l'on fait du verre dans la construction des machines électro-statiques, et celui-ci est tout à fait éliminé dans la construction des machines à grands débits.

Deuxième considération. — La pratique a indiqué quelles étaient les meilleures dimensions à donner aux armatures, c'est-à-dire aux disques pour ne pas atteindre des proportions trop considérables, tout en assurant au potentiel V une valeur aussi élevée que possible en rapport avec les applications auxquelles sont destinées pratiquement ces machines.

Les disques de $0^m,55$ qui donnent un potentiel correspondant à une longueur d'étincelle de 25 à 30 centimètres à l'air libre, sont ceux qui répondent le mieux au besoin de la pratique courante et qu'il convient de choisir.

Troisième considération. — La capacité électrostatique de la machine dépend de l'épaisseur du diélectrique. La théorie du condensateur nous apprend, en effet, que pour un diélectrique donné, la capacité de cet appareil varie d'une façon inversement proportionnelle à l'épaisseur de ce diélectrique interposé entre les armatures. Dans la machine électrostatique, les armatures, on l'a vu, sont représentées par les faces externes électrisées des disques et le diélectrique est constitué par l'ébonite des disques mêmes et la lame d'air qui se trouve interposée entre les deux faces électrisées des disques. On voit donc que si, d'autre part, nous arrivons à diminuer l'épaisseur des disques : et d'autre part, l'épaisseur de la lame d'air interposée, le résultat sera le rapprochement des faces externes des disques (armatures) auquel correspondra une augmentation proportionnelle de la capacité, qui se traduira en fin de compte par une augmentation de débit correspondante.

DESCRIPTION DE QUELQUES MACHINES

Machine de Holtz. — Cette machine (fig. 159) consiste en un plateau de verre animé d'un mouvement de rotation autour d'une axe perpendiculaire à son plan. Des peignes sont disposés aux extrémités d'un même diamètre et communiquent avec deux tiges mobiles pouvant se rapprocher qui constituent les pôles de la machine.

Vis-à-vis des peignes et de l'autre côté du plateau mobile se trouvent deux inducteurs constitués par des feuilles de papier munies de pointes dirigées vers les parties du

Fig. 159. — Machine de Holtz.

disque de verre mobile qui se rapprochent d'elles. Ces inducteurs sont supportés par un plateau de verre fixe muni d'échancrures sur les bords desquelles sont fixées des feuilles de papier qui les constituent.

L'une de ces bandes de papier reçoit une électrisation négative qui lui est communiquée par le contact d'une lame d'ébonite préalablement frottée avec une étoffe de laine. Cette électrisation négative détermine l'électrisation positive de l'une des faces du plateau, puis l'électrisation positive de la deuxième bande de papier. L'influence des deux inducteurs sur les peignes qui se trouvent situés en face détermine l'électrisation en sens contraire de chaque peigne. Le jeu de la machine a pour effet d'augmenter l'électrisation des tiges en communication avec les peignes. Si l'on sépare ces deux tiges qui forment les pôles de la machine et qui, pendant qu'on amorce la machine, ont dû être amenées au contact, des étincelles éclatent entre les deux pôles.

Si la machine est ainsi disposée, l'électrisation des deux conducteurs ne peut dépasser une certaine limite.

Dès que ces conducteurs sont séparés, leur influence réciproque diminue et le jeu de la machine est surtout entretenu par l'influence directe des armatures sur les peignes. Si la déperdition des armatures de papier est assez forte il arrive alors que la machine cesse de fonctionner. Pour combattre cet inconvénient, on ajoute à la machine un second conducteur diamétral muni de peignes et non interrompu qu'on dispose incliné de 30° environ sur le diamètre des peignes principaux.

Ce conducteur maintient l'électrisation contraire des deux moitiés du plateau mobile pendant que la machine fonctionne. Les étincelles fournies par une machine de Holtz ainsi constituée sont assez grêles.

On obtient des étincelles vertes et nourries en munissant chaque conducteur polaire de condensateurs formés par deux bouteilles de Leyde dont les armatures internes sont respectivement mises en relation avec chacun des conducteurs et dont les armatures externes communiquent entre elles.

On augmente la puissance de l'appareil en le constituant par deux plateaux mobiles, entre lesquels se trouvent alors disposés deux plateaux fixes supportant chacun des inducteurs des plateaux mobiles. On réalise ainsi deux machines placées côte à côte, mues par le même axe et dont les effets s'ajoutent.

Machine de Wimshurst. — La machine de Holtz présente l'inconvénient d'obliger à un amorçage préalable des inducteurs de papier. Si les conditions sont défavorables, quand l'atmosphère est humide, la machine se désamorce assez facilement, et la mise en marche nécessite un chauffage préalable de la machine.

La machine à influence que M. Wimshurst a imaginée joint à la qualité déjà réalisée par la machine Holtz de fournir un grand débit, celle de ne pas nécessiter d'amorçage préalable. Cette machine est auto-excitatrice, elle peut fonctionner par tous les temps et ne présente pas l'inconvénient de s'inverser ou de se désamorcer pendant la marche.

Elle se compose essentiellement de deux plateaux tournant en sens inverse l'un de l'autre et portant un certain nombre de secteurs métalliques formés de papier d'étain. Sur ces secteurs frottent deux paires de balais portés à l'extrémité de conducteurs diamétraux dirigés perpendiculairement l'un sur l'autre.

Ces conducteurs communiquent entre eux et avec le sol. Suivant un diamètre horizontal sont disposées deux paires de peignes entre lesquels passent les plateaux et qui communiquent avec les deux pôles de la machine. Ces pôles sont mis en communication avec les armatures intérieures des deux bouteilles de Leyde dont les armatures extérieures sont reliées entre elles.

Nous empruntons la description détaillée suivante des organes de la machine et de sa construction à l'ouvrage de M. Gray dont les indications permettent de construire à peu de frais une semblable machine.

La coupe de la machine est représentée par la figure 160. Le bâti se compose d'un cadre rectangulaire en acajou de 0^m,45 sur 0^m,50. Les poulies F, G fixées à un axe K L sont supportés par les montants K H, L I. Elles permettent à l'aide de courroies s'engageant sur les gorges (d, e) des manchons D, E de faire tourner ces manchons et les plateaux qu'ils supportent en sens contraire l'un de l'autre. La disposition indiquée sur la figure permet de ne pas percer le centre des plateaux ; ceux-ci sont en verre à vitre ordinaire, bien uniforme d'épaisseur et le plus blanc possible ; ils ont 0^m,45 de diamètre et sont soigneusement vernis à la gomme laque sur les deux côtés. Pour fixer les plateaux sur les manchons, on colle exactement au centre de chaque plateau une rondelle de fort papier d'emballage du même diamètre que le manchon.

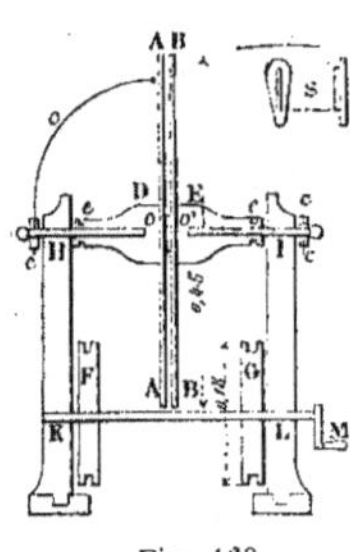

Fig. 160.

On emploie pour cela la composition suivante :

Farine . . . . 2 cuillerées
Eau . . . . 100 grammes
Bichromate de potassium. . . . . 7 grammes

La farine et l'eau sont d'abord mélangées et le mélange chauffé jusqu'à l'ébullition. On le verse alors en tournant sur le bichromate qu'on a réduit en poudre. Cette composition doit être conservée dans l'obscurité.

On laisse sécher à la lumière du soleil pendant une heure ou deux, puis on colle les manchons sur le papier.

Les manchons sont percés à leur extrémité la plus étroite, exactement à leur centre d'un trou rond qui va presque jusqu'à l'autre bout ; dans ce trou, on introduit à frottement dur un tube de cuivre poli dont le diamètre intérieur correspond exactement au diamètre extérieur de l'axe en acier.

Pour que cette disposition donne de bons résultats, il faut que les trous H, I soient parfaitement en ligne droite avec les axes dans le prolongement l'un de l'autre ; ces derniers doivent être maintenus par des vis qui traversent le bois et dont les pointes les pressent fortement.

Les conducteurs diamétraux sont placés sur le prolongement extérieur des tiges d'acier qu'on termine, par des boules de cuivre.

Les secteurs ont la forme représentée en S ; il est bon de placer en leur milieu un renflement sur lequel frottent les balais pour éviter la métallisation des plateaux. On les colle avec le vernis à la gomme laque.

Pour que les disques de verre ne viennent pas frotter l'un contre l'autre, on colle au centre de leur face intérieure des rondelles O,O, en ébonite, de 1^{mm} d'épaisseur environ.

Au lieu de construire la machine de M. Wimshurst avec des plateaux de verre on peut se servir de plateaux d'ébonite. Cette matière se déformant avec le temps et sa

Fig. 161.— Petite machine de Wimshurst.

surface subissant des modifications chimiques qui la rendent conductrice, il est préférable d'employer des plateaux de verre.

Machine de Voss. — Voss a apporté un perfectionnement notable à la machine de Holtz en la rendant capable de s'amorcer elle-même.

Fig. 162. — Machine de Voss.

On peut caractériser la machine de Woss en disant qu'elle est constituée par la réunion de la machine de Holtz et d'une machine de Wimshurst.

Les deux inducteurs de papier de la machine de Holtz sont électrisés à l'aide d'une disposition qui leur fait jouer le rôle des deux pôles d'une machine de Wimshurst, c'est-à-dire que la dissymétrie électrique qui existe entre ces deux conducteurs est accrue par une disposition identique à celle qui permet d'accroître cette divergence dans la machine de Wimshurst. Des balais métalliques (fig. 162) placés aux extrémités d'un diamètre conducteur frottent contre une pastille métallique qui joue le rôle des bandes d'étain de la machine de Wimshurst; cette pastille communique alors son électrisation aux bandes de papier.

Machine de M. Bonetti. — La machine de M. Bonetti est une modification de celle de Wimshurst. Le perfectionnement consiste à supprimer les secteurs métalliques et à adjoindre deux nouveaux balais frotteurs. Dans ces conditions le débit se trouve considérablement augmenté dans le rapport de 3 à 1 environ.

Par contre il est nécessaire d'amorcer la machine de M. Bonetti. Pour cela il suffit de placer le doigt en un point quelconque vers la circonférence de l'un des plateaux

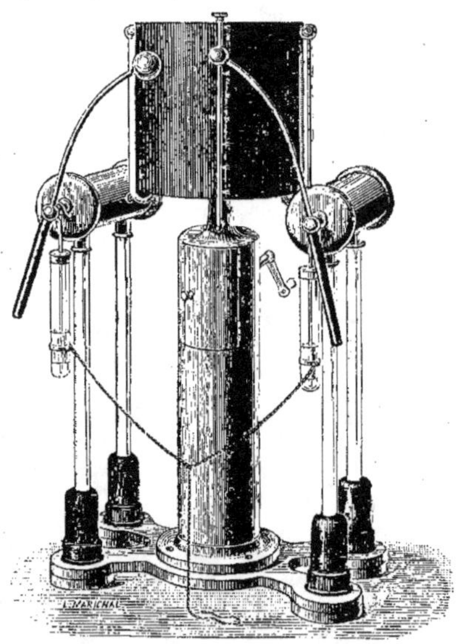

Fig. 163. — Machine à cylindres de M. Roycourt.

extérieurs. Pour renverser la polarité il suffit de placer le doigt au même endroit sur le plateau opposé. M. Roycourt a réalisé une machine basée sur le même principe, mais dans laquelle les plateaux sont remplacés par deux cylindres d'ébonite tournant l'un dans l'autre en sens inverse (fig. 163).

Machine de M. Pidgeon. — M. Pidgeon s'est proposé de rendre la capacité de chaque secteur de la machine de M. Wimshurst aussi grande que possible au moment de la charge et aussi petite possible au moment de la décharge, de manière que la quantité d'électricité déplacée par chaque secteur fût aussi grande que possible.

Dans la machine de M. Pidgeon les secteurs sont à surface, nombreux et isolés les uns des autres de façon à empêcher toute grande perte d'électricité d'un secteur à l'autre.

Afin de réaliser ces desiderata, les disques de la machine sont en ébonite de 1ᶜᵐ,6 d'épaisseur avec un retrait en profondeur de 1 centimètre sur 13ᶜᵐ,7 ainsi que l'indique la fig. 164. Il y a sur chaque disque 32 secteurs en laiton mince portant de courtes tiges auxquelles sont vissées de petites boules de laiton qui servent de collecteurs.

Les secteurs (*s*) occupent le fond du retrait, les tiges traversent l'ébonite et les boules (*b*) sont vissées par derrière. Le retrait est rempli à chaud d'un mélange à parties égales de paraffine et de résine, égalisé autour avec refroidissement. Les secteurs se sont trouvés ainsi entièrement noyés dans l'isolant ; la seule partie par où la charge puisse passer d'un secteur à l'autre est la boule de laiton.

Afin de diminuer cette perte possible, les secteurs font un certain angle avec le rayon du disque de façon que le secteur d'un disque dépasse graduellement celui de l'autre disque, et avec un mouvement angulaire quatre fois moins rapide que si les secteurs étaient disposés radialement.

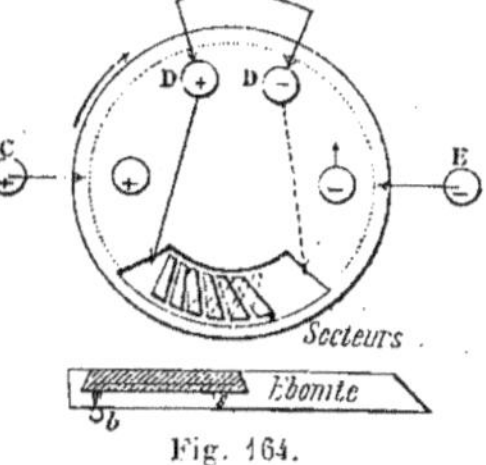

Fig. 164.

Pendant qu'un secteur est en entier dans un champ d'induction, le suivant y est aux trois quarts, le troisième à moitié et le suivant au quart, de façon que la différence de potentiel entre les boules voisines est réduite au quart de la valeur qu'elle aurait si les secteurs étaient disposés radialement.

Cet arrangement angulaire des secteurs nécessite un déplacement correspondant des balais pour que le contact ait lieu au moment convenable.

Pour accroître la capacité de chaque secteur au moment où il reçoit sa charge, deux inducteurs fixes sont placés vis-à-vis des disques aux points où les secteurs sont mis en communication avec la terre. Ces inducteurs sont formés de feuilles d'étain noyées dans la cire et supportées par une lame d'ébonite. La charge de chacun lui est communiquée par une pointe traversant un tube d'ébonite et placée vis-à-vis des boules d'un des plateaux en un point où le potentiel est de signe et de valeur convenables. Chaque secteur au moment où il communique avec le sol est ainsi placé entre deux inducteurs pareillement chargés, par suite, sa capacité se trouve augmentée et il est susceptible de recevoir une plus grande charge d'électricité que si les inducteurs fixes n'existaient pas.

La présence de ces inducteurs fixes a un effet très notable sur le débit de la machine.

C'est ainsi que, toutes choses égales d'ailleurs, une même bouteille de Leyde chargée avec la machine munie de ses inducteurs fixes donne 54 étincelles alors qu'elle n'en donne plus que 19 si la machine est privée de ses inducteurs. Le débit se trouve donc triplé par l'emploi des inducteurs.

Machine de M. François. — La machine de M. François se présente sous un aspect d'ensemble conforme à celui des machines Toepler à plateaux multiples verticaux. Ce qui les différencie c'est d'abord l'emploi de l'ébonite au lieu de verre gomme-laqué, et le montage des moteurs sur l'axe même de la machine, supprimant ainsi tous renvois, engrenages ou courroies.

Les disques tournants sont fixés sur l'axe et tournent par conséquent à la vitesse du moteur.

Les plateaux inducteurs fixes sont soutenus par leurs encoches supérieures sur deux tiges transversales horizontales, isolées et maintenues par des tubes d'ébonite

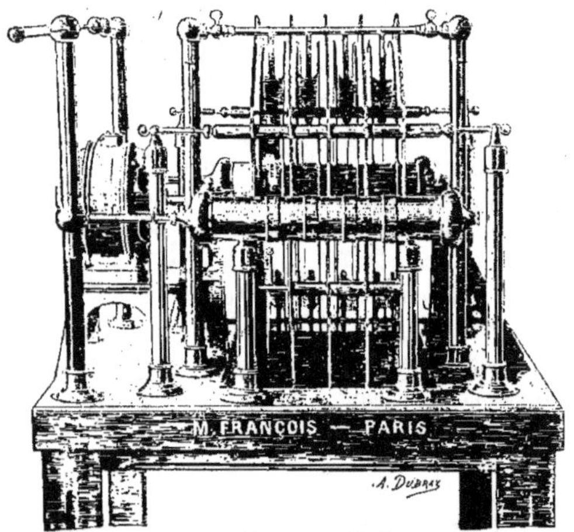

Fig. 165. — Machine de M. François.

coulissant sur ces tiges. Ils reposent à leur base sur un support à rainures en bois, fixé au socle de fonte dont la partie centrale est évidée.

L'intérêt de cette machine est de n'avoir que la moitié des plateaux tournants, les autres restants fixes et de supprimer toute transmission, le moteur étant monté sur l'axe même des plateaux tournants.

Machine statique Whimshurst-Gaiffe à grande vitesse et à grand débit. — Lorsqu'on veut obtenir de grands débits avec une machine statique, on emploie un des moyens suivants : 1° grands plateaux ; 2° gros cylindres ; 3° grand nombre de plateaux moyens. Ces trois moyens sont plus ou moins satisfaisants avec des machines anciennes.

1° *Grands plateaux.* Avec de grands plateaux, la vitesse atteinte ne peut être élevée, et on perd ainsi en vitesse ce qu'on gagne par le diamètre. La surface active d'une machine, c'est-à-dire celle qui passe entre les peignes en une minute pour le genre de machine, en supposant des plateaux de 1 mètre, des peignes embrassant $0^m,15$ et une vitesse de 200 tours à la minute est de :

$$2 \times 3,14 \left(\frac{100^2 - 70^2}{4} \right) \times 200 = 160 \text{ mètres carrés.}$$

2° *Gros cylindres.* La surface active peut être grande, l'isolement bon, mais la vitesse faible, 250 tours environ ; d'autre part, les cylindres se déforment facilement, et leur

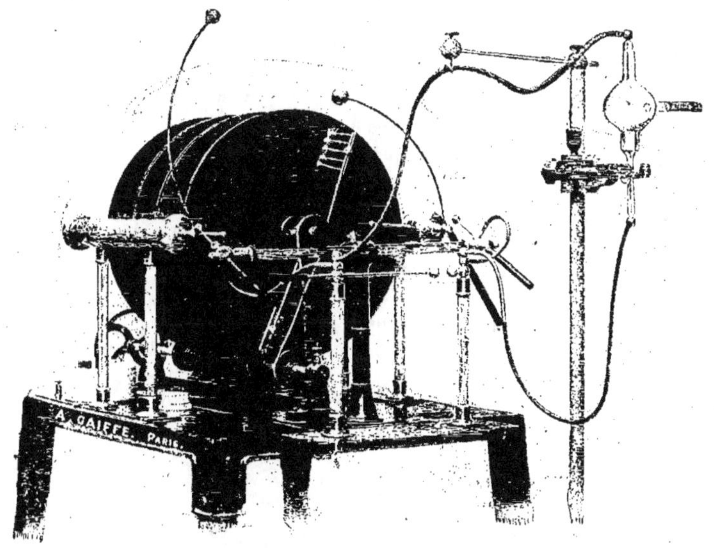

Fig. 166. — Machine statique de M. Gaiffe.

réparation est très difficultueuse. La surface d'une machine de ce genre avec un cylindre de $0^m,45$ de diamètre et de $0^m,45$ de hauteur et un cylindre de $0^m,42$ par $0^m,42$ est de

$$250 \times [3,14 \; (45^2 + 42^2)] = 297 \text{ mètres carrés environ.}$$

3° *Plateaux multiples.* Cette troisième solution est meilleure que les précédentes. Les plateaux de moyen diamètre mais en grand nombre donnent des surfaces actives considérables. De plus la vitesse de ces plateaux moyens peut être portée très loin sans danger.

Malheureusement on a été heurté par la difficulté du démontage des plateaux et on doit donc chercher à rendre cette manipulation très facile.

Si on calcule la surface active de cette machine à 6 plateaux de 0^m,55 dont les peignes embrassent 0^m,10 et tournent à 400 à tours on trouve :

$$6 \times 3{,}14 \left(\frac{55^2 - 35^2}{4} \right) \times 400 = 338 \text{ mètres carrés.}$$

Les considérations précédentes ont amené M. Gaiffe à étudier une machine à plateaux multiples n'ayant pas les inconvénients des anciennes et tournant à grande vitesse avec le minimum d'efforts. Elle présente les avantages suivants :

I. Indépendance absolue des paires de plateaux que l'on peut démonter successivement pour les nettoyer. Chaque plateau ou paire de plateaux est montée sur son arbre particulier et fixée, avec son palier et sa poulie d'entraînement, au sommet d'une colonne métallique, entre deux mâchoires.

II. Les porte-balais sont montés d'une façon absolument rigide après les colonnes.

III. Les porte-peignes mobiles autour des collecteurs de la machine, permettent ainsi de les écarter pour enlever les plateaux.

IV. Les faces rapprochées des plateaux tournant en sens inverse, étant du côté opposé aux paliers ne se graissent jamais ; seules, les faces externes pourraient recevoir un peu d'huile, mais elles sont nettoyables sans avoir à démonter la machine.

V. Les poulies d'entraînement sont du même diamètre que les supports des plateaux, ce qui donne une grande surface d'entraînement aux courroies, permet de ne pas les tendre et d'économiser ainsi la puissance utile.

VI. Ces machines tournent à 900 tours avec des puissances très faibles. Ainsi une machine à quatre plateaux de 55 centimètres n'exige que 42 kilogrammètres pour atteindre cette vitesse.

Si nous complétons la comparaison faite ci-dessus nous voyons que : si nous exprimons en mètres carrés la surface active d'une machine à 6 plateaux de ce modèle nous obtenons :

$$6 \times 3{,}14 \left(\frac{55^2 - 35^2}{4} \right) 900 = 760 \text{ mètres carrés.}$$

Les débits étant sensiblement proportionnels aux surfaces actives, si nous prenons pour unité le débit d'une machine à plateaux de 1 mètre nous obtiendrons :

	Débit
Machine à plateaux de 1 mètre.	1
Machine à cylindres de 45 et 42 centimètres de diamètre	2
Ancienne machine à 6 plateaux de 0^m,55	2,1
Machine 6 plateaux de 0^m,55 à grande vitesse, modèle Gaiffe.	4.75

VII. La machine est montée sur table fonte ce qui la rend absolument rigide.

VIII. Les courroies de chaque plateau rendent ceux-ci indépendants. Contrairement à la courroie unique.

QUANTITÉS ET UNITÉS ÉLECTROSTATIQUES. — SYSTÈME ÉLECTROSTATIQUE

On pourrait évaluer la quantité d'électricité siégeant sur un conducteur, son potentiel, la capacité de ce conducteur, etc. en unités électromagnétiques.

Ce système d'unités repose tout entier sur l'étude de l'action d'un courant sur un pôle d'aimant.

De l'intensité on tire la quantité et ainsi de suite.

En électrostatique on n'a pas l'habitude de se servir de ce système, parce qu'il y a un autre moyen de rattacher les unités électriques aux unités fondamentales : c'est en considérant l'action réciproque de deux charges statiques.

Ces deux systèmes, on le voit sont incompatibles : le premier part de l'étude de certaines actions dynamiques résultant de la transmission d'une perturbation (transmission qui constitue le courant électrique) ; le deuxième part de l'étude de certaines actions mécaniques propres aux masses électriques, au repos (lois d'attraction et de répulsion des charges statiques).

Les unités dérivées de chacun de ces systèmes rattachés tous les deux au système C. G. S. ne sont cependant pas sans lien entre-elles. On verra qu'il existe entre elles un rapport dans lequel figure toujours un coeficient V qui est précisément une vitesse d'après la comparaison des symboles, et une vitesse égale à celle de la lumière, 300 000 kilomètres à la seconde, d'après les calculs numériques. Cette remarquable concordance a même été le point de départ des travaux de Maxwell, travaux qui l'on conduit à établir la théorie électromagnétique de la lumière.

Rapport numérique qui existe entre les deux systèmes de mesures électrostatique et électromagnétique. — Si nous exprimons une même quantité (une quantité d'énergie par exemple W) en fonction des unité électrostiques et électrodynamiques, il nous sera facile d'établir le rapport qui unit les unes aux autres. Désignons par des majuscules les quantités électro-dynamiques et par des minuscules les quantités électrostatiques. Nous tirerons des relations :

$$W = I^2Rt = i^2rt = EIt = eit = EQ = eq = E^2C = e^2c$$

les égalités suivantes :

$$\frac{q}{Q} = \frac{i}{I} = \sqrt{\frac{R}{r}} = \frac{E}{e} = \sqrt{\frac{c}{C}}.$$

Appelons v le nombre exprimant ce rapport, l'expression symbolique de v est en prenant l'une quelconque de ces expressions $\left(\text{par exemple } \dfrac{q}{Q}\right)$

$$\frac{L^{\frac{3}{2}}M^{\frac{1}{2}}T^{-1}}{L^{\frac{1}{2}}M^{\frac{1}{2}}} = LT^{-1}.$$

C'est le symbole d'une vitesse.

Dans le système C.G.S la constante v est égale à 30.000.000.000, vitesse approximative de la lumière en centimètres à la seconde.

Il est évident que si v exprime le rapport qui existe entre les deux valeurs numériques représentant ces quantités, le rapport inverse existe entre les unités qui servent à les mesurer. Si une quatité G est mesurée en unité Γ et compte 300 000 des ces unités par exemple, et que cette même quantité par exemple g mesurée en unités γ n'en compte qu'une on aura bien d'une part G exprimé numériquement par le nombre 300 000 et g par le nombre 1, et d'autre part cela voudra dire que l'unité Γ qui a servi à mesurer G est 300 000 fois plus petite que l'unié γ qui a servi à mesurer g. Autrement dit on doit savoir que $\dfrac{G}{g} = \dfrac{\gamma}{\Gamma}$ c'est à-dire que les rapports entre les valeurs numériques sont inverses des rapports entre les unités.

Il existe donc entre les unités électrostatiques et les unités électromagnétiques-les rapports suivants en prenant ici les lettres q' Q'... comme représentant la valeur intrinsèque des unités :

$$\frac{Q_1}{q_1} = v; \quad \frac{I_1}{i_1} = v; \quad \frac{e_1}{E_1} = v; \quad \frac{r_1}{R_1} = v^2; \quad \frac{C_1}{c_1} = v^2.$$

Quantité et unité de quantité dans le système électrostatique. — L'unité de quantité électrique est la masse qui placée à 1 centimètre d'une masse pareille et de même signe la repousse avec une force de 1 dyne.

De la formule donnée par la loi de Coulomb $F = \dfrac{qq'}{d^2}$ on tire (en faisant $q = q'$) $q = d\sqrt{F}$ de sorte que la quantité électrique est le produit d'une longueur (L) par la racine carrée d'une force $\sqrt{LMT^{-2}}$ ce qui donne pour son expression symbolique $(L^{\frac{3}{2}}M^{\frac{1}{2}}T^{-1})$.

L'unité électrostatique de quantité est 3.000.000.000 fois plus petite que l'unité électromagnétique.

L'unité pratiqué ou Coulomb vaut 3.000.000.000 unités électrostatiques, et est 10 fois plus petite que l'unité électromagnétique,

Intensité de courant et unité. — L'intensité d'un courant se mesure par la quantité qui traverse un conducteur dans l'unité de temps. C'est le quotient d'une quantité par un temps, d'où ses dimensions $(L^{\frac{3}{2}}M^{\frac{1}{2}}T^{-2}$ dans le système électrostatique et $L^{\frac{1}{2}}M^{\frac{1}{2}}T^{-1}$ dans le système électromagnétique).

L'unité électrostatique d'intensité est 30.000.000.000 fois plus petite que l'unité électromagnétique.

L'unité pratique ou Ampère vaut 3.000.000.000 unités électrostatiques et 0,1 unité électromagnétique.

Différence de potentiel et unité. — Le potentiel en un point dû à une charge q, est le quotient de la charge q par la distance r qui sépare le point considéré du centre d'activité de la charge $\frac{q}{r}$ (d'où ses dimensions $L^{\frac{1}{2}}M^{\frac{1}{2}}T^{-1}$.

On pourrait aussi tirer la notion du potentiel de la loi d'Ohm : $e = ir$, qui donne la même formule symbolique $L^{\frac{1}{2}}M^{\frac{1}{2}}T^{-1}$.

Dans le système électromagnétique au contraire les dimensions de E sont $L^{\frac{3}{2}}M^{\frac{1}{2}}T^{-2}$.

L'unité de différence de potentiel en électrostatique se définit ainsi : c'est la différence de potentiel qui existe entre deux points lorsqu'il faut dépenser 1 erg pour faire passer l'unité de quantité électrostatique de l'un de ces points à l'autre. Elle vaut 30.000.000.000 unités électromagnétiques.

L'unité pratique ou Volt est la 300ᵉ partie de l'unité électrostatique, tandis qu'elle vaut 100.000.000 unités électromagnétiques.

Résistance en électrostatique et unité. — On sait que le travail W produit par une quantité d'électricité Q est proportionnel à la force électromotrice qui la mobilise $W = QE = EIT$ qu'on peut écrire I^2RT. On tire de là la notion de la résistance $R = \dfrac{W}{I^2T}$ relation qui est vraie, soit que l'on emploie le système électromagnétique, soit que l'on emploie l'électrostatique $r = \dfrac{W}{i^2t}$.

On voit que si on remplace W par ses dimensions L^2MT^{-2} on obtient dans le système électrostatique :

$$r = \frac{L^2MT^{-2}}{L^3MT^{-4} \times T} = L^{-1}T$$

tandis que dans le système électromagnétique

$$R = \frac{L^2MT^{-2}}{L^2MT^{-2} \times T} = LT^{-1}.$$

Autrement dit la résistance dans le système électromagnétique a les mêmes dimensions qu'une vitesse, tandis qu'en électrostatique elle est l'inverse d'une vitesse. Cela ne signifie pas que la résistance soit ou une vitesse, ou l'inverse d'une vitesse. Il est inutile d'essayer de se représenter la résistance comme l'analogue ou l'inverse d'une vitesse comme on le fait parfois. Les dimensions de ces quantités sont les mêmes, voilà tout.

L'unité de résistance dans le système électrostatique, si l'on avait à en faire usage, vaudrait 9.10^{20} unités électromagnétiques.

L'ohm qui vaut 10^9 unités électromagnétiques vaudrait la $(9.10^{11})^e$ partie de l'unité électrostatique.

Capacité électrostatique et unité. — La capacité d'un conducteur est le rapport de sa charge à son potentiel $C = \dfrac{q}{e}$ ou $C = \dfrac{Q}{E}$ la définition étant la même, que l'on se serve des unités électrostatiques ou électro-magnétiques. Ses dimensions sont donc dans le système électrostatique

$$\frac{q}{e} = \frac{L^{\frac{3}{2}}M^{\frac{1}{2}}T^{-1}}{L^{\frac{1}{2}}M^{\frac{1}{2}}T^{-1}} = L$$

et dans le système électromagnétique

$$\frac{Q}{E} = \frac{L^{\frac{1}{2}}M^{\frac{1}{2}}}{L^{\frac{3}{2}}M^{\frac{1}{2}} \quad T^{-2}} = L^{-1}T^{2}.$$

L'unité de capacité dans le système électrostatique est celle d'un conducteur pour lequel une unité de quantité électrostatique élève le potentiel d'une unité. Ainsi une sphère de 1 centimètre de rayon a une capacité égale à l'unité électrostatique.

L'unité électromagnétique vaut 9.10^{20} unités électrostatiques de capacité. L'unité pratique ou Farad vaut $\dfrac{1}{10^9}$ de l'unité électromagnétique et 9.10^{11} unités électrostatiques. Le farad est la capacité d'un conducteur qu'un coulomb porte au potentiel d'un volt.

Tableau indiquant la valeur des unités pratiques principales.

	Unité électromagnétique	Unité électrostatique
1 Coulomb vaut	$0,1$	3.10^9
1 Ampère vaut.	$0,1$	3.10^9
1 Volt vaut.	10^8	$\dfrac{1}{300}$
1 Ohm vaut.	10^9	$\dfrac{1}{9.10^{11}}$
1 Farad vaut	$\dfrac{1}{10^9}$	9.10^{11}

CHAPITRE XII

APPAREILS DE RÉGLAGE ET DE MESURE

APPAREILS DE RÉGLAGE

Les appareils de réglage ont pour but d'admettre dans les bobines ou dans les transformateurs une quantité de courant équivalente à celle que l'on désire, avec la facilité de faire varier à volonté cette quantité.

Ces appareils sont de deux sortes, selon que l'on utilise la bobine de Ruhmkorff ou les transformateurs à circuit magnétique fermé. Dans le premier cas, on utilise le rhéostat, dans le second on utilise la bobine de self qui peut être fixe ou variable. Si elle est fixe, on y adjoint aussi un rhéostat.

Des rhéostats. — Soient deux lignes I et II alimentées par les circuits de distribution AB et CD. Il s'agit d'assurer un potentiel constant de 110 volts aux extrémités K

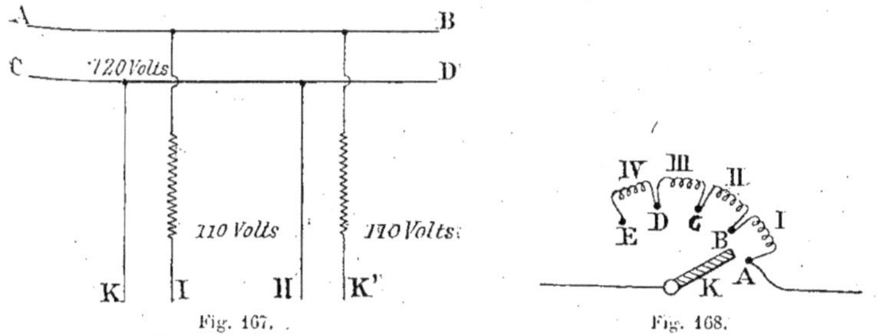

Fig. 167. Fig. 168.

et K' indépendamment sur chaque ligne. Nous supposerons le cas extrême : la ligne I est complètement chargée à 100 ampères par exemple. La perte en ligne à pleine charge étant 10 volts, l'usine devra fonctionner à 120 volts pour en assurer 110 en K.

Mais alors si la ligne II ne débite que 5, 10, 20, 50 ampères, la différence de potentiel en K′ sera trop élevée. Il faut la réduire en augmentant la perte de potentiel dans la ligne, à l'aide de la résistance R.

Calcul de la résistance R. — La différence de potentiel entre AB et CD étant de 120 volts, pour avoir 110 vols en K′, il faut perdre en ligne 10 volts.

La ligne a déjà une résistance propre de $0^{ohm},1$ puisqu'à 100 ampères on perd juste 10 volts.

$$Ri = 10 \text{ volts}, \quad \text{si} \quad i = 100 \text{ ampères}$$
$$R.100 = 10.$$

On a donc :

ampères	La perte est	Elle doit être	Manque	R. à ajouter	Valeur en ohm
	volts	volts	volts	volts ampères	
$i = 5$	0,1 . 5 = 0,5	10	9,5	9,5 = 5.R	1,9
$i = 10$	0,1 . 10 = 1	10	9	9 = 10.R	0,9
$i = 50$	0,1 . 50 = 5	10	5	5 = 50.R	0,1
$i = 80$	0,1 . 80 = 8	10	2	2 = 80.R	0,025

Les valeurs ainsi données sont les valeurs des résistances totales.

Nous disposons alors des résistances I, II, III, IV en circuit avec des points de contacts A, B, C, D, E. Quand le levier de contact sera en A, la perte de ligne sera de 10 volts exactement, l'intensité étant de 100 ampères.

Si l'intensité tombe à 80 ampères, nous devrons intercaler en circuit la résistance I qui aura alors pour valeur $0^{ohm},025$, et le levier viendra en B.

Si l'intensité tombe à 50 ampères, la résistance à rajouter devra être de $0^{ohm},1$. Mais si nous mettons le levier K en C, la résistance totale se composera de la résistance I et de la résistance II.

Cette dernière résistance aura donc pour valeur :

$$0,1 - 0,025 = 0^{ohm},075.$$

De même si $i = 10$ ampères, les résistances I, II, III seront en circuit et la résistance III aura pour valeur

$$0,9 - (0,025 + 0,075) = 0^{ohm},8.$$

Résistance I   Résistance II

De même si $i = 5$ ampères, I, II, III, IV seront en circuit et la résistance IV sera égale à :

$$1,9 - (0,025 + 0,075 + 0,8) = 1 \text{ ohm}.$$

Telles sont les bases des calculs des rhéostats.

Les rhéostats sont de deux sortes, soit métalliques, soit électrolytiques. Les rhéostats électrolytiques sont constitués par deux lames de cuivre à grande surface plongeant dans une solution de sulfate de cuivre, et dont on peut à volonté faire varier la distance.

On peut aussi utiliser deux lames de plomb plongeant dans une solution de carbonate de soude à 15 ou 20 grammes par litre ; on fait varier la résistance en rapprochant ou en éloignant plus ou moins les lames.

Les rhéostats métalliques sont les plus employés. On enroule généralement le fil de façon à lui faire décrire des spires isolées les unes des autres et disposées parallèlement en forme de cylindre de diamètre variable, de boudins juxtaposés, ou de couronnes.

Le rhéostat doit conserver une résistance constante, quelque soit le courant qui le traverse, et ne pas trop s'échauffer. Les rhéostats à fil métallique se refroidissent par rayonnement dans l'air ; on peut aussi les plonger dans un bain de liquide non conducteur tel que le pétrole.

On emploie de préférence le maillechort ou le ferro-nickel, dont la résistance reste la même quelque soit l'échauffement.

Bobine de self. — Si on relie une bobine avec ou sans fer à un générateur électrique produisant une différence de potentiel alternative, le courant qui tend à passer dans la bobine variant périodiquement comme la différence de potentiel qui l'engendre, le flux qu'il produit présente les mêmes variations, et la self-induction est perpétuellement en jeu pour empêcher l'établissement du courant, chaque fois que la tension alternative va en croissant depuis zéro jusqu'à sa valeur maxima ou pour s'opposer à la diminution du courant, chaque fois que la tension alternative décroît de sa valeur maxima à zéro. L'effet de ces phénomènes de self-induction est de limiter l'intensité du courant qui passe dans la bobine sous l'action d'une différence de potentiel alternative donnée. La self-induction joue donc, dans ce cas, le rôle d'une résistance, et l'on appelle résistance inductive cette résistance apparente qu'elle présente au passage d'un courant alternatif. La résistance électrique réelle d'un conducteur, dont il a déjà été question, est appelée *résistance ohmique*. Le conducteur qui constitue la bobine présentant forcément lui-même une certaine résistance ohmique, on voit que les *deux sortes de résistance apparente et réelle, agissent ensemble pour limiter l'intensité du courant alternatif.*

Il est évident que, plus le flux varie rapidement, plus les phénomènes de self-induction sont accentués, puisque la force électromotrice induite est proportionnelle au taux de variation du flux. Par conséquent, plus la fréquence du courant alternatif est grande, et plus la résistance apparente d'une bobine donnée est grande.

Calcul de la bobine de self

Pour calculer une bobine de self à noyau rectiligne, on se donne d'abord la longueur du fer, puis l'induction de 10 000.

EXEMPLE. — Bobine de self de

$$E = 30 \text{ volts}$$
$$I = 5 \text{ ampères}$$
$$40 \text{ périodes-fer, longueur} = 10 \text{ centimètres.}$$

On a pour le nombre de spires :

$$n = \frac{(8\,000) + 5i)\,\mathfrak{B}}{10\,000\,i\,\sqrt{2}} = \frac{8050}{5\,\sqrt{2}} = 1138.$$

Et pour la section du fer :

$$S^{dm2} = \frac{5 \times 10^{6}E}{2,2\,\mathfrak{B}/n} = \frac{5 \times 10^{5} \times 30}{2,2 \times 10\,000 \times 40 \times 1138} = 0^{dm2},045.$$

Un valeur convenable de S à adopter serait de 15 centimètres carrés, soit 10 fois plus grande.

Alors si nous adoptons cette valeur, notre induction primitive $\mathfrak{B}$ deviendra la suivante :

$$\mathfrak{B}' = \frac{10\,000}{\sqrt{10}} = 3160.$$

Par suite n devient

$$n = \frac{1138}{\sqrt{10}} = 360 \text{ spires.}$$

Dans le cas de self variable, le noyau est mobile à l'intérieur du bobinage. Une vis le maintient à l'emplacement désiré, correspondant à la valeur à admettre dans le transformateur.

II. — APPAREILS DE MESURE

Principe des instruments de mesure. — Nous savons qu'un barreau d'acier aimanté, ou tout simplement, un barreau de fer, placé dans un champ magnétique, tend à se disposer parallèlement aux lignes de force ; car c'est dans cette position que les lignes se déforment le moins pour le traverser. On a vu, en effet, qu'un courant rectiligne sollicite une aiguille aimantée, placée dans son voisinage, à se mettre en croix devant lui, parce que les lignes de forces circulaires qu'il engendre se trouvent dans les plans perpendiculaires au fil conducteur. L'orientation de l'aiguille est telle que les lignes de force la pénètre par son pôle sud.

Une semblable aiguille à l'intérieur d'un solénoïde, où les lignes de force vont d'une extrémité à l'autre sera dirigée suivant l'axe de l'appareil ; les lignes de force la pénètrent aussi par le pôle sud. Une simple aiguille de fer doux se disposerait parallèlement suivant cet axe. Il est évident que la force qui agit sur l'aiguille sera d'autant plus grande que les lignes de force seront plus nombreuses ou que le champ magnétique sera plus intense.

Or, dans un solénoïde, le champ dépend du nombre d'ampère-tours par centimètre, et partant pour un même nombre de spires de l'intensité du courant. On peut donc dire que son action sur l'aiguille augmente avec l'intensité du courant.

Considérons un cadre entouré de fil ou solénoïde court SN et, à l'intérieur, un petit barreau de fer doux $a\,b$ mobile autour d'un axe et portant une aiguille e. Un faible ressort en spirale s maintient le barreau légèrement incliné par rapport à l'horizontal hh'.

Quand on lancera le courant dans les spires du solénoïde ou du cadre, les lignes de force qui iront de bas en haut traverseront le barreau et auront pour effet de les rapprocher de l'axe du solénoïde, c'est-à-dire de faire dévier l'aiguille de gauche à droite.

Le ressort se tendra et agira pour le ramener dans sa position première. Sous

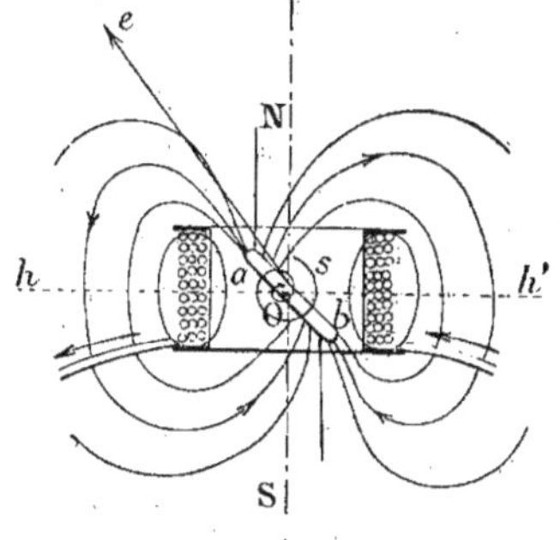

Fig. 169.

l'action de ces deux forces antagonistes, champ magnétique et ressort, le mobile prendra une position d'équilibre, et l'aiguille se fixera en e O.

Si l'on augmente l'intensité du courant, l'aiguille déviera encore et jusqu'à ce que le ressort suffisamment tendu fasse équilibre à la force plus grande du champ.

Plus le courant sera intense, plus le ressort se tendra pour contrebalancer l'action magnétique et plus l'aiguille déviera.

Un tel appareil, avec un cadran convenablement divisé, peut servir à mesurer l'intensité d'un courant ; on l'appelle galvanomètre.

On remarque que l'angle que peut parcourir l'aiguille est toujours inférieur à 90°, puisque dans sa position de repos elle doit être inclinée sur l'horizontale et que sa position limite est la verticale ou l'axe du solénoïde.

Au lieu de fer doux, si l'on emploie un petit aimant, la même action directrice se produira, mais ici les lignes de forces pénètreront toujours dans l'aimant par la même extrémité, c'est-à-dire, par son pôle sud, ce qui permettra de l'incliner en sens inverse et d'augmenter sensiblement la course de l'aiguille sur le cadran.

Quelquefois on aimante par influence une palette en fer doux au moyen d'un aimant extérieur. Dans ce cas les choses se passent comme si l'on avait un aimant.

Presque toujours le solénoïde est formé de deux cadres distants l'un de l'autre de quelques millimètres, et entre lesquels passe l'axe du mobile, pour qu'on puisse disposer l'aiguille et le cadran à l'extérieur.

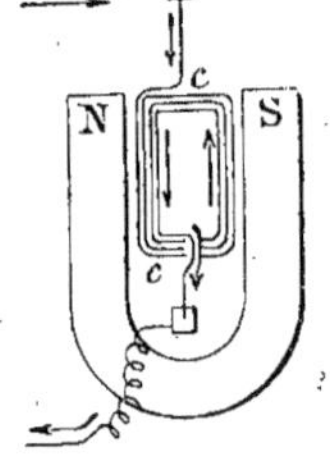

Jusqu'à présent nous avons supposé le cadre fixe et la palette mobile.

On peut adopter la disposition contraire, car l'action entre les deux organes est réciproque. Avec un fort aimant NS et un léger cadre mobile C, celui-ci dévierait dès que les spires seraient traversées par un courant.

On peut encore construire un galvanomètre fondé sur la propriété qu'ont les solénoïdes d'attirer le fer (noyaux plongeurs).

Fig. 170.

Dans un certain nombre de ces appareils, l'aiguille oscille longtemps avant de s'arrêter au point du cadran où elle doit se placer.

Pour remédier à cet inconvénient, qui rend la lecture pénible, on dispose sur l'aiguille, et en travers, une légère lame, dont l'effet par son action sur l'air, est d'amortir les oscillations, ou bien on use des procédés électriques.

Quand l'aiguille se fixe immédiatement sur le cadran, on dit que le galvanomètre est *apériodique*.

Graduation des galvanomètres ; ampèremètres, voltmètres. — Les galvanomètres industriels sont construits et gradués, soit en vue de la mesure des ampères, soit en vue de la mesure des volts. On donne le nom d'ampèremètres aux premiers et celui de voltmètres aux seconds.

Les ampèremètres, autres que ceux à cadre mobile, devant être placés sur le conducteur même du courant à mesurer, sont nécessairement très peu résistants, pour que la perte de charge qui se produit dans leurs spires soit négligeable. Ils ne portent donc que quelques spires d'un fil gros et court.

Les voltmètres, au contraire, qu'on branche sur les deux conducteurs positif et négatif, sont formés d'un grand nombre de spires d'un fil fin et très résistant, pour n'être traversés, que par un courant de très minime intensité et négligeable. Malgré cette différence dans les deux enroulements, le nombre d'ampéretours dont dépend l'action magnétique du courant peut être le même dans l'ampèremètre et dans le voltmètre ; car dans le premier de ces appareils, si le nombre des spires est faible, l'intensité du courant est grande ; et dans le second, si l'on a beaucoup de spires par contre, l'intensité du courant ne dépasse guère $\frac{1}{20}$ d'ampère.

Par exemple, 20 spires portant un courant de 40 ampères représentent $20 \times 40 = 800$ ampèretours, et 16 000 spires parcourues par un courant de $\frac{1}{20}$ d'ampère donnent aussi :

$$16\,000 \times \frac{1}{20} = 800 \text{ ampèretours.}$$

Dans les deux cas, l'action du champ magnétique sur l'aiguille serait la même.

La construction du voltmètre ne diffère donc de celle de l'ampèremètre que par l'enroulement des bobines. Le fil employé a une résistance de 2 000 à 4 000 ohms, quelquefois plus.

En réalité, le voltmètre mesure bien des intensités, mais comme il est placé en dérivation sur les conducteurs entre lesquels on veut obtenir les différences de potentiel, ces intensités sont directement proportionnelles aux différences de potentiel. On peut donc graduer l'appareil en volts.

Quelques types d'ampèremètres et de voltmètres. — Ampèremètre à palette de fer doux. — Un ampèremètre à palette facile à construire est celui que représente la figure 171. Sur un cadre rectangulaire en tôle de laiton DD sont enroulées, sur 3 couches, 30 spires d'un fil de $\frac{30}{10}$ ou de $\frac{33}{10}$ avec l'isolant. La palette de fer pp et l'aiguille en aluminium a sont fixées sur un axe dont les extrémités taillées en couteau reposent sur des V. On équilibre le mobile de façon que le centre de

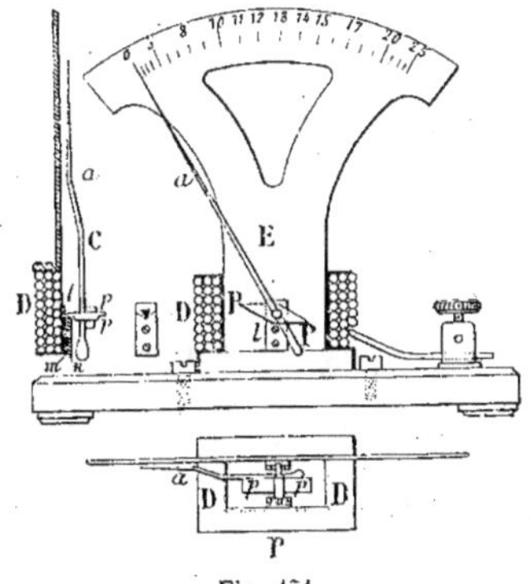

Fig. 171.

gravité se trouve un peu au-dessous de l'axe d'oscillation, et de façon aussi que l'aiguille étant sur le O du cadran au repos, puisse atteindre l'autre extrémité de ce cadran lorsqu'on fait passer dans les spires le maximum du courant, soit 25 ampères, par exemple, pour lequel l'instrument est étudié.

On gradue l'ampèremètre par comparaison avec un ampèremètre étalon en y envoyant successivement, à l'aide d'une boîte de résistances, 1, 2, 3, 4,... 25 ampères, et en marquant chaque fois la position de l'aiguille sur le cadran. L'ampèremètre étalon deviendrait même inutile, si l'on avait à sa disposition une source d'électricité de différence de potentiel constante et bien connue, par exemple 50 volts.

Il suffirait pour faire passer un courant de 1, 2, 3, 4, 25 ampères de mettre successivement dans le circuit comprenant l'ampèremètre les résistances 50, 25, 16, 6, 12, 5, 2 ohms.

A l'examen du cadran, on voit que les divisions obtenues sont loin d'être égales : très grandes au milieu de la graduation, elles diminuent au fur et à mesure qu'on les considère plus près des positions extrêmes de l'aimant-aiguille.

Voltmètre à palette de fer doux. — L'enroulement se composerait, par exemple, de 10 000 spires d'un fil de $\frac{1}{10}$ de millimètre sur un cadre de même forme, mais un peu plus haut. Après avoir équilibré le mobile comme précédemment, on graduerait l'appareil par comparaison avec un voltmètre étalon.

Ampèremètre Deprez et Carpentier. — Un des plus anciens ampèremètres, encore bien répandu, est celui de Deprez et Carpentier. Il se compose d'une palette de fer doux qu'aimantent par influence, deux aimants permanents A, A′ en forme de C, ayant leurs pôles de même nom en regard ; le pôle nord commun est en N, et le pôle sud en S. Contre chacune des faces d'un assez mince support qui présente un évidement en son milieu pour loger la palette est appliquée une courte bobine habituellement formée d'une bande de cuivre rouge enroulée sur un tube de laiton entre deux joues, l'une carrée vissée sur le support, l'autre ronde. L'extrémité intérieure de la bande est rivée et soudée par le tube, et de son extrémité extérieure part une lame de cuivre qui, reployée, va communiquer avec la borne + d'entrée du courant ou avec la borne — de la sortie. Les spires sont isolées du tube à la suite de la soudure, des joues, et les unes des autres par du papier verni. Les pivots de l'axe qui porte la palette et l'aiguille en aluminium sont engagés, l'un dans le bas du support, l'autre dans le dispositif placé sur le cadran.

Le sens du courant dans les bobines est tel que la palette se meut dans le sens des aiguilles d'une montre. A cause de son inclinaison, elle peut parcourir un angle sensiblement supérieur à 90°.

Chaque prise de courant est formée d'un boulon taraudé à ses deux extrémités, qui traverse la boîte cylindrique de l'appareil. A l'intérieur, le boulon traverse successivement une deuxième rondelle isolante, une épaisseur de cuivre, l'un des aimants qu'il supporte, et enfin l'extrémité libre d'une des lames de cuivre. Toutes ces pièces sont fortement serrées les unes contre les autres et contre la boîte par l'écrou. Chaque aimant porté, par l'un des boulons, ne touche aucune pièce métallique.

Le courant amené à la borne -;- par le conducteur qu'on serre entre l'ambase et l'écrou moleté, suit le boulon et pénètre dans la bande de cuivre en spirale de la bobine de gauche jusqu'au tube qui le conduit aux spires de la bobine droite.

De là, il passe à la borne de sortie.

Au-dessus de ces organes est un disque de cuivre qui fait corps avec la boîte et contre lequel est fixé le support PP'. Ce disque porte le cadran.

Dans cet appareil, il n'y a ni ressort ni contrepoids ; la palette est dirigée par les aimants. Quand aucun courant ne passe dans les spires, elle se trouve directement dans la direction de la ligne des pôles. La division du cadran est très régulière, et l'aiguille se fixe très rapidement à la division du cadran où elle doit s'arrêter ; il y a presque apériodicité.

Mais l'ampèremètre de Deprez et Carpentier est sujet à des variations, dues à un affaiblissement de l'aimant. Il convient de le vérifier de temps en temps. Il en est de même d'ailleurs pour tous les appareils de ce genre où l'on fait usage d'aimants permanents.

Voltmètre Deprez et Carpentier. — La construction du voltmètre est la même que celle de l'ampèremètre du même type.

Ampèremètre et voltmètre Desruelle. — Ces appareils très simples ne comportent aucun aimant permanent. Ils se composent d'un court tube de laiton AB, terminé par des joues, sur lequel est enroulé un gros fil (ampèremètre) ou un fil fin

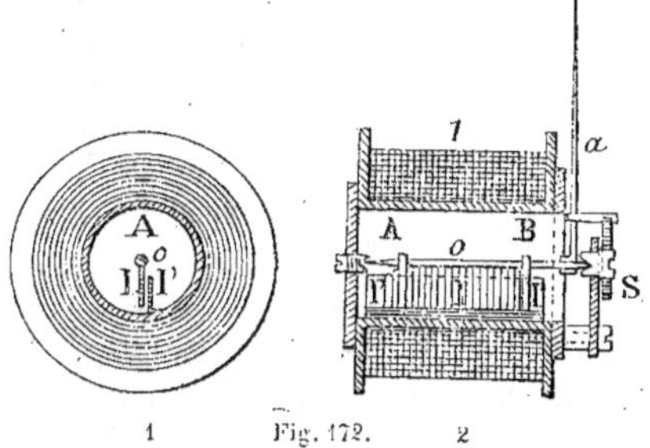

1   Fig. 172.   2

très long (voltmètre coupe longitudinale 1 et transversale 2, figure 172). A l'intérieur du tube et dans le sens de sa longueur, se trouvent deux légères lames de fer d'excellente qualité. L'une l est portée par le petit arbre o, et l'autre l' est fixée sur le tube suivant une de ses génératrices. Les deux se touchent presque au repos.

Le mobile, comprenant l'arbre, la lame l et l'aiguille a, est soigneusement équilibré, et il est maintenu dans la position O de l'aiguille par un spiral S.

Quand un courant est lancé dans le fil, les deux lames s'aimantent de la même façon ;

elles se repoussent donc, puisque leurs pôles de même nom sont en regard. L'une étant fixe, l'autre dévie et entraîne l'aiguille d'autant plus loin sur le cadran que le courant est plus intense.

Ces appareils présentent l'inconvénient d'être très sensibles aux champs extérieurs. D'autre part, en raison de l'aimantation rémanente, l'aiguille, quand l'intensité du courant diminue, reste un peu en arrière des divisions sur lesquelles elle s'était d'abord placée pour les mêmes intensités.

Réducteur. — Assez souvent les ampèremètres sont pourvus d'un réducteur, ou résistance additionnelle reliée aux bornes mêmes de l'appareil et dans laquelle

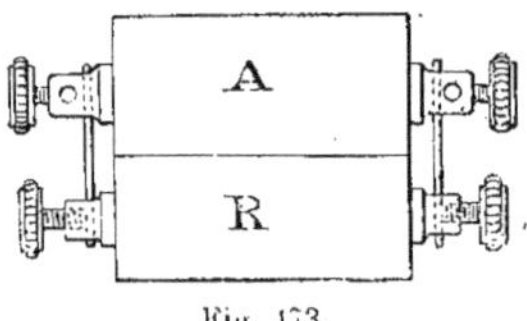

Fig. 173.

passe une partie du courant. La figure 173 montre un ampèremètre A, et, au-dessous, une résistance en parallèle enfermée dans une boîte de même diamètre R. Si cette résistance est la même que celle du cadre de l'ampèremètre, le courant se bifurquera, une moitié suivra les spires du cadre et l'autre celle du réducteur, si bien que l'ampèremètre gradué, par exemple, pour 25 ampères au maximum, pourra mesurer jusqu'à 50 ampères. Avec un réducteur de résistance trois fois moindre, la partie du courant dans l'ampèremètre serait trois fois moins intense que la partie qui suivrait la résistance du réducteur, et il faudrait multiplier par 4 les indications de l'aiguille.

Ampèremètre et voltmètre de Chauvin et Arnoux. — Ces appareils sont fondés sur le principe d'un cadre mobile dans le champ magnétique d'un aimant permanent. L'aimant A a la forme d'un anneau. Les pôles sont terminés par deux surfaces cylindriques comprenant entre elles une bille d'acier F, dont l'effet est de concentrer les lignes de force. Entre cette bille et les pôles se meut un cadre circulaire B de petites dimensions qui porte l'aiguille.

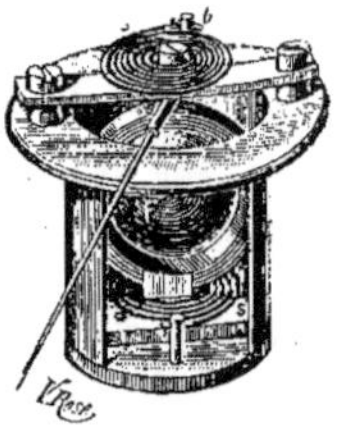

Pour faciliter la construction de ces appareils galvanométriques, on monte le mobile dans une cage cylindrique en cuivre, en partie ouverte, qu'on peut enfoncer ensuite à frottement doux entre les pôles de l'aimant. Le cadre est constitué par une petite couronne de fil de cuivre isolé à la soie et sertie entre deux bagues de cuivre pur. La partie du bas de cet ensemble, couronne et bague, est engagée dans un étrier soudé à la bague intérieure et isolé de l'autre. L'étrier porte un petit cylindre de cuivre, dans lequel est fixé un pivot qui repose sur une chape en saphir. Au point diamétralement opposé l'aiguille est soudée sur la bague extérieure et porte le second pivot, qui s'engage aussi dans une chape en saphir. Le mobile peut ainsi osciller sur ces deux pivots. Deux spiraux s, s', en métal non magnétique, lui donnent

Fig. 174.

une position bien déterminée au repos et équilibrent, en se tendant plus ou moins,
l'action du champ sur le cadre pour toutes les positions de celui-ci.

Détails complémentaires relatifs à l'ampèremètre ; shunts. — Un cadre si petit
ne peut évidemment pas se laisser traverser par tout le courant à mesurer ; le fil et les
ressorts brûleraient même avec un courant d'un ampère. Tous les appareils de mesure
à cadre mobile sont d'ailleurs dans ce cas. On tourne la difficulté par l'emploi d'un
réducteur ou *shunt*, de résistance relativement très faible, de façon qu'une minime

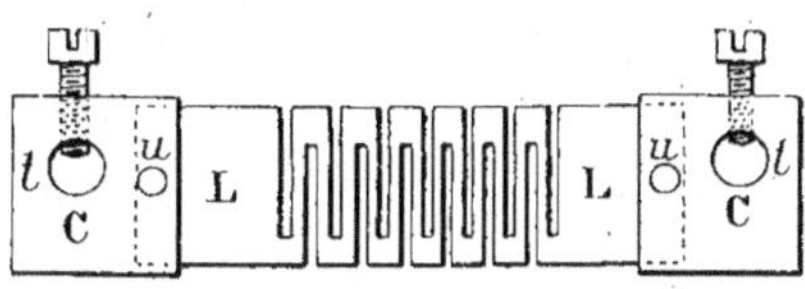

Fig. 175.

partie du courant passe dans l'ampèremètre. Supposons la résistance du cadre égale à
1 ohm, et celle du shunt à $\frac{1}{99}$. Quand le courant de $\frac{1}{10}$ d'ampère circulera dans le cadre
il en passera $\frac{99}{10}$ dans le shunt, et en tout 100 dixièmes, ou 10 ampères. Le point où se
fixera l'aiguille sur le cadran sera marqué 10, bien qu'en réalité ce ne soit que la centième partie du courant qui agit sur l'aiguille. On pourra toujours graduer l'appareil
de manière que ses indications donnent l'intensité du courant dans les conducteurs.
Dans les appareils construits par Chauvin et Arnoux, le courant qui traverse le cadre
mobile est au maximum de $0^{amp.},05$ et le cadre a une résistance de 0,4 ohm.

Les shunts employés consistent en une lame de maillechort LL (fig. 175), ou plusieurs
lames semblables disposées parallèlement, auxquelles on donne exactement, par des
traits de scie, la résistance voulue. Leurs extrémités sont encastrées et soudées dans
des blocs de cuivre C percés de trous *t*, ou pourvus de mâchoires pour recevoir les
bouts des conducteurs.

On prend sur le shunt même le courant dérivé à conduire à l'ampèremètre au moyen
de deux cordons souples terminés par des broches coniques qu'on engage dans des
trous également coniques *u* du shunt et de l'ampèremètre. En aucun cas, ces cordons,
dont la résistance entre en ligne de compte, ne doivent être remplacés par d'autres de
résistance différente. Sur le shunt est appliquée une plaque avec interposition d'isolant,
où on lit la valeur maximum du courant à mesurer et la résistance réduite de l'ensemble, shunt et ampèremètre en dérivation (fig. 176).

Les shunts sont établis pour des intensités maxima de 1, 3, 10, 30, 300 et 1 000 ampères, de sorte qu'avec un seul ampèremètre on peut mesurer des courants variant de
1 à 1 000 ampères.

Si nous prenons, par exemple, le shunt de 1 ampère, chacune des 100 divisions du cadran de l'ampèremètre représentera $\frac{1}{100}$ d'ampère. Avec celui de 3 ampères, l'aiguille se déplacera de 100 divisions pour une intensité de 3 ampères et chaque division indiquera les $\frac{3}{100}$ d'un ampère. Le shunt de 10 donnerait $\frac{1}{10}$ d'ampère par division.

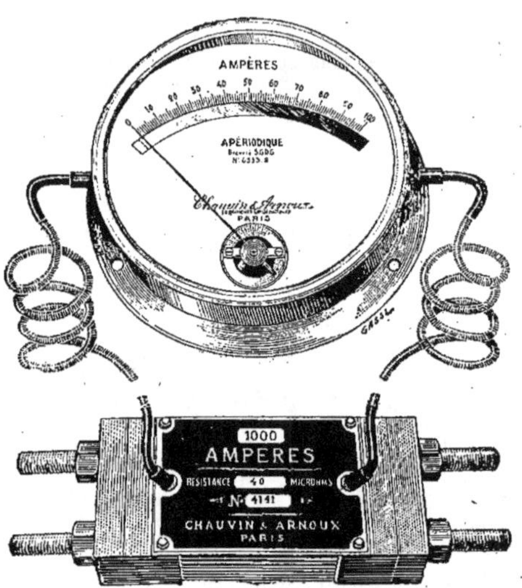

Fig. 176.

Détails complémentaires sur les voltmètres. — Dans les voltmètres, la résistance

Fig. 177. — Ampèremètre de Gaiffe.

du cadre est de 75 ohms, et les spires sont parcourues par un courant de $0^{amp},006$.

A la suite du cadre sont des bobines en fil de maillechort dont la résistance dépend de la différence de potentiel à mesurer. Pour 150 volts, la résistance totale des bobines et du cadre est de 25 000 ohms ou $\dfrac{150}{0,006}$.

Les voltmètres sont aussi construits pour mesurer des différences de potentiel comprises entre des limites plus ou moins éloignées. Ils portent à cet effet plusieurs bornes sur le pourtour de la boîte : une pour 3 volts, une pour 15 volts, une pour 150 volts ; etc. Quand on relie le conducteur négatif à la borne négative et le conducteur positif à la borne marqué 3, l'aiguille parcourt les 150 divisions du cadran pour une différence de potentiel de 3 volts ; chaque division représente donc $\dfrac{3}{150}$ ou $\dfrac{1}{50}$ de volt. Si le conducteur positif était relié à la borne 15, chaque division donnerait $\dfrac{15}{150} = \dfrac{1}{10}$ de volt.

En communication avec la borne 150, une division indiquerait 1 volt.

Ces appareils de mesure sont très sensibles, et pratiquement leur gradation ne varie guère avec le temps.

Ampèremètres et voltmètres à noyau plongeur. — (Shalenberger, Hartmann). Un fil de fer doux ou un faisceau de fils accroché à l'extrémité c d'un levier bOc (fig. 178), plonge légèrement dans le tube d'un solénoïde S. L'axe du levier porte l'index a. Le mobile est équilibré de façon que son centre de gravité se trouve un peu au-dessous de l'axe d'oscillation. Quand un courant circule dans les spires du solénoïde, le noyau est attiré et entraîne le levier, l'index dévie et s'éloigne d'autant plus de sa position première que le courant est plus intense.

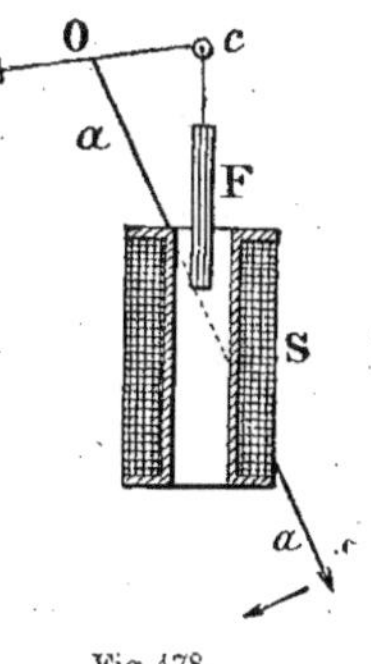

Fig. 178.

Disposition de l'ampèremètre et du voltmètre sur les conducteurs. — La figure schématique 179 montre comment ces instruments de mesure sont disposés sur les conducteurs.

L'ampèremètre A fait partie du circuit même ; tout le courant le traverse. Dans l'am-

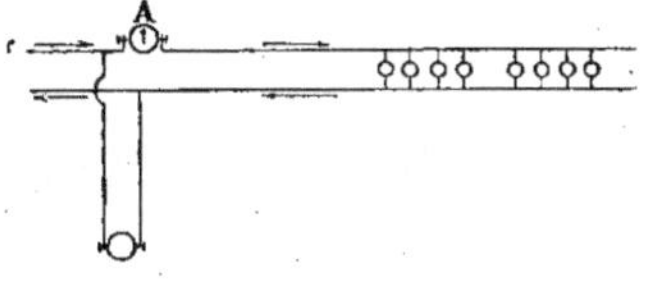

Fig. 179.

pèremètre Chauvin et Arnoux et dans les autres du même genre, c'est le shunt qui est dans le circuit. Au contraire le voltmètre V est branché en dérivation sur les deux conducteurs, un filet de courant seul en parcourt les nombreuses spires. Souvent, afin d'éviter l'échauffement des bobines, la dérivation comprend un bouton qui permet de faire passer ce filet de courant seulement au moment de prendre le voltage.

D'après les indications de ces appareils, on obtient facilement la puissance du courant, en multipliant le nombre d'ampères par le nombre de volts, pour le courant continu. Dans le cas du courant alternatif, ce produit doit être multiplié par $\cos \varphi$.

Perte d'énergie dans l'ampèremètre et le voltmètre. — Cette perte est évidemment très faible. Dans l'ampèremètre on la calcule en multipliant la résistance par le carré de l'intensité du courant, et dans le voltmètre en faisant le produit de l'intensité du courant par la différence de potentiel qu'il indique.

Phasemètre de M. A. Grau. — La puissance d'un courant alternatif $E_1 J_1 \cos \varphi$ est donnée au moyen du wattmètre par l'expression $C w \alpha$ en appelant E_1 la différence de potentiel, J_1 l'intensité du courant et φ le décalage entre la tension et le courant, C la constante de l'instrument, w la résistance totale de la bobine et du rhéostat additionnel non-inductif, α l'angle de torsion.

Soit i l'intensité du courant dans le système mobile, on a $E = iw$ et $E_1 J_1 \cos \varphi = C w \alpha$ prend la forme $J_1 i \cos \varphi = C \alpha$.

Si le dispositif pouvait être monté de telle façon que, même pour des puissances variables l'intensité du courant i dans la bobine mobile et le courant J_1 parcourant la

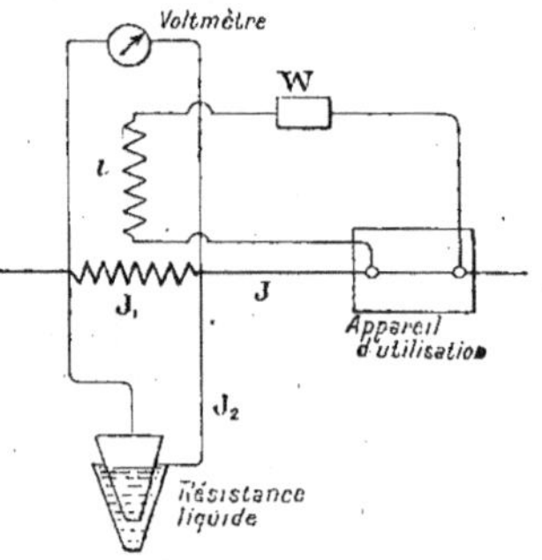

Fig. 180.

bobine fixe de l'instrument pourrait être employé non comme puissancemètre mais comme instrument de mesure de $\cos \varphi$.

Pour atteindre ce but, on construit la bobine fixe du wattmètre en fil de manganèse ou de constantan de dimensions déterminées et on relie à un voltmètre les extrémités de cette bobine, dont la résistance est exactement connue. Comme la résistance de cette bobine est constante entre des limites étendues, la déviation du voltmètre peut servir à déterminer l'intensité du courant traversant la bobine fixe. Si cette déviation reste constante, le courant J_1 est constant aussi.

Pour maintenir J_1 constant, c'est-à-dire pour le rendre indépendant de l'intensité du courant absorbé dans l'appareil d'utilisation, on monte en parallèle avec la bobine fixe de l'instrument une résistance liquide (fig. 180). Cette résistance liquide et la bobine fixe formée d'un petit nombre de tours pouvant être considérées comme dépourvues d'inductances, on peut admettre, avec une exactitude suffisante pour la mesure que les deux courants J_1 et J_2 et le courant résultant J sont en phase. Dans ces conditions, sans modifier sensiblement le courant résultant J nécessaire à l'appareil d'utilisation et quelle que soit la valeur de ce courant, on peut, grâce à la résistance liquide, maintenir constant le courant J_1 traversant la bobine fixe de l'instrument.

En ce qui concerne l'intensité du courant i, traversant le système mobile de l'instrument, on peut la maintenir toujours à la même valeur en modifiant convenablement la résistance mise en série. Comme la grandeur de cette dernière est choisie de façon que la self-induction de la bobine mobile ait une influence négligeable, le courant i est en phase avec la différence de potentiel E aux bornes de l'appareil d'utilisation. Par conséquent J_1 étant en phase avec J, si J_1 et i sont maintenus constants, on a :

$$\cos \varphi = \frac{C\alpha}{J_1 i} = K\alpha \qquad \text{ou} \qquad K = \frac{C}{J_1 i}$$

est une constante.

Les indications de l'instrument multipliées par une constante K donnant le facteur de puissance $\cos \varphi$.

Si on trace au-dessus de la graduation ordinaire une seconde graduation dans laquelle

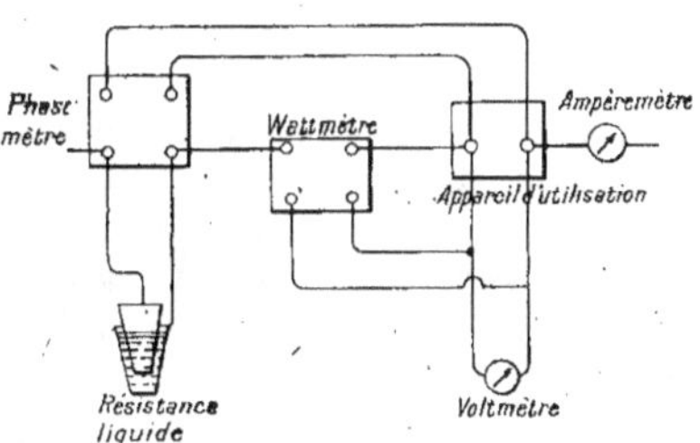

Fig. 181.

une division vaut K divisions de la première, on peut lire directement sur cette échelle le facteur de puissance.

Une troisième échelle peut être graduée de façon à donner directement la valeur de l'angle φ. L'instrument devient alors un phasemètre à lecture directe.

Si la résistance du système mobile n'est pas réglable, et si par conséquent elle ne peut pas être modifiée pour les diverses tensions E, de façon que i reste toujours constant, les valeurs de i subiront des variations correspondantes à celles de la différence de potentiel, et avec elles, la constante de l'instrument $K = \dfrac{C}{J_1 i}$. Si la variation de tension est connue, la valeur de K peut être déterminée facilement. L'instrument peut donc être employé non seulement pour une différence de potentiel normale, mais pour des différences de potentiel variables dans d'assez grandes limites.

En partant des considérations précédentes, M. Grau place dans un wattmètre donné une bobine en manganèse de 0,303 ohms, en reliant l'instrument à un voltmètre de sensibilité convenable ; avec l'adjonction d'une résistance liquide cet appareil a servi à faire une série d'essais. Le voltmètre employé doit avoir une sensibilité suffisante pour permettre de maintenir J_1 toujours exactement constant.

Pour contrôler les données, les angles de décalage φ ont été calculés d'après la puissance, le courant et la différence de potentiel. Le dispositif employé est celui de la figure 181 ; le tableau suivant résume les résultats trouvés.

Puissance Watts	Courant Ampères	Différence de potentiel	Cos φ	
			calculé	mesuré
135	7,3	107	0,172	0,179
820	8	107	0,958	0,965
528	12,7	107	0,380	0,384
860	14	107	0,574	0,568
865	19,7	107	0,325	0,302

La constante de l'instrument était, à 107 volts,

$$K = 0,004\,088.$$

Méthode de M. Peukert pour la mesure des coefficients de self-induction. — Le principe de la méthode de M. Peukert est le suivant :

Une bobine S de résistance r est reliée en parallèle avec une résistance non inductive R et une capacité C. Sur cette bobine agit une force électro-motrice périodique produite d'une façon quelconque et variant suivant la loi sinusoïdale :

$$e = E \sin \omega t.$$

Le courant dans la bobine est alors sinusoïdal et répond à la formule

$$i = J \sin (\omega t - \varphi).$$

Ce courant est décalé d'un angle φ par rapport à la force électromotrice. Soit L le coefficient de self-induction de la bobine. La résistance non inductive R combinée avec la capacité C en parallèle produit une impédance totale

$$\frac{R}{\sqrt{1 + \omega^2 C^2 R^2}}.$$

La différence de potentiel entre les points a et b est alors

$$\frac{JR}{\sqrt{1 + \omega^2 C^2 R^2}}.$$

Le courant se divise en a et en b en deux composantes dont l'une J_1, passant dans la résistance non inductive et en phase avec la différence de potentiel aux bornes est donnée par l'équation :

$$J_1 = \frac{J}{\sqrt{1 + \omega^2 C^2 R^2}}$$

et dont l'autre, courant de charge du condensateur est décalée de 90° en avance sur la tension est :

$$J_2 = \frac{JR\omega C}{\sqrt{1 + \omega^2 C^2 R^2}}.$$

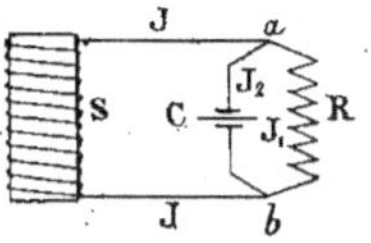

On a, entre ces courants, la relation

$$J_1^2 + J_2^2 = J^2.$$

Fig 182.

La résistance apparente de tout circuit est la suivante :

$$\sqrt{\left[r + \frac{R}{\sqrt{1 + \omega^2 C^2 R^2}}\right]^2 + \left[\omega L - \frac{R}{\sqrt{1 + \omega^2 C^2 R^2}}\right]^2}.$$

Le courant J est décalé en arrière de la force électromotrice d'un angle φ dont la grandeur est déterminée par l'équation suivante :

$$\operatorname{tg} \varphi = \frac{\omega L - \dfrac{R}{\sqrt{1 + \omega^2 C^2 R^2}}}{r + \dfrac{R}{\sqrt{1 + \omega^2 C^2 R^2}}}$$

On voit d'après cette équation que l'angle φ est nul quand on a :

$$\omega L - \frac{R}{\sqrt{1 + \omega^2 C^2 R^2}} = 0$$

ou :

$$L = \frac{R}{\omega \sqrt{1 + \omega^2 C^2 R^2}}.$$

Il est donc possible, par un choix convenable de R et de C, de compenser le décalage entre le courant et la force électromotrice. Si ces valeurs de R et C sont connues, on peut, pour une valeur donnée de ω tirer la valeur de L de l'équation précédente.

Pour produire la force électromotrice sinusoïdale dans la bobine et annuler le décalage entre le courant et la force électromotrice, on opère de la façon suivante :

On fixe la bobine à un des plateaux d'une balance et on l'équilibre par des poids placés dans l'autre plateau. Au-dessus de la bobine est placée une bobine fixe parcourue par un courant alternatif provenant d'une source quelconque. Quand le circuit de la bobine mobile est fermé sur la résistance et le condensateur, il se produit un effet d'induction qui provoque le soulèvement de la bobine et la rupture de l'équilibre.

A ce moment on peut déduire la valeur de L de la formule indiquée plus haut.

MESURES ÉLECTROMÉTRIQUES

Electroscope condensateur. — Volta appliqua la théorie du condensateur à l'électroscope, et construisit un appareil qui lui permit de constater la présence de l'électricité fournie par une source très faible, cet appareil est un électroscope à feuille d'or ; mais à la place du bouton est vissé un premier plateau métallique, au-dessus duquel on en pose un second, séparé du précédent par une lame isolante. Afin d'avoir une condensation énergique, ce qui était nécessaire puisqu'on voulait mesurer de faibles charges, Volta employait, comme lame isolante, deux couches minces de vernis, appliquées, l'une à la face supérieure du premier plateau, l'autre à la face inférieure du second.

On place la source en contact avec l'un des plateaux, le supérieur, par exemple, le plateau inférieur est mis en communication avec le sol. La condensation se fait en retirant le doigt, puis le plateau supérieur avec le manche isolant, les lames divergent, chargées par l'électricité du plateau inférieur qui s'y répand. Les plateaux, séparés par la lame isolante très fine ont augmenté considérablement le pouvoir condensant de l'appareil.

Il est nécessaire que les deux plateaux soient chargés chacun de gomme laque isolante de façon à ce que chaque plateau emporte la charge emmagasinée par la moitié de la lame isolante qui adhère à lui ; c'est une conséquence du phénomène d'absorption examiné.

Electromètre absolu de Lord Kelvin. — Considérons un condensateur plan (fig. 183), dont on a mis les armatures D et D' en communication avec des sources aux potentiels V_1 et V_2. Dans la partie centrale, à l'endroit où le champ peut être supposé bien uniforme et bien normal aux armatures, on aura :

$$\sigma = \frac{V_1 - V_2}{4\pi e}.$$

La pression électrostatique sera donnée par la formule :

$$f = 2\pi\sigma^2 = \frac{1}{8\pi e^2} \times (V_1 - V_2)^2.$$

Supposons que l'on découpe, dans l'armature D, un disque B de surface S, et que l'on suspende ce disque à l'extrémité A du fléau d'une balance, alors qu'à l'autre extrémité A', on place une tare T, faisant équilibre au système non électrisé.

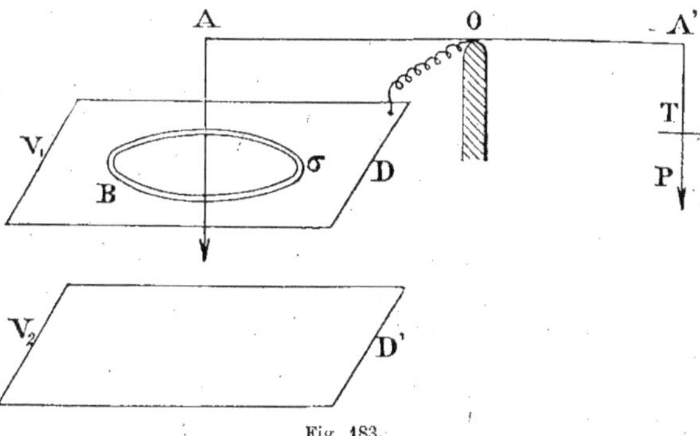

Fig. 183.

Si par une communication métallique avec la source, le disque B est tenu au potentiel V_1, il sera attiré par une force dont la valeur en dynes sera :

$$\frac{1}{8\pi e^2}(V_1 - V_2)^2 S = P.$$

Cette force doit être équilibrée par un poids P, placé dans le plateau suspendu en A', de sorte qu'on aura :

$$V_1 - V_2 = 2e\sqrt{\frac{2\pi P}{S}}.$$

Pour exprimer en valeur absolue $V_1 - V_2$, il suffira donc de pouvoir calculer e, S et P. On se rend compte que le champ relatif à B est bien uniforme, si le reste du plateau D est suffisamment étendu. La partie du plateau qui entoure B s'appelle l'anneau de garde.

Électromètre à quadrants de Lord Kelvin. — Pour les mesures pratiques on peut se servir d'un électromètre, dû également à Lord Kelvin, et appelé électromètre à quadrants et dont les lectures donnent des nombres proportionnels aux différences de potentiel à mesurer. Il est clair que cet instrument doit être taré préalablement, c'est-à-dire comparé avec un appareil de mesure absolu, mais il est plus simple de faire cette tare à l'aide des moyens que fournissent les appareils électrodynamiques, de sorte, qu'en pratique, l'usage d'un électromètre absolu est de moins en moins nécessaire. L'instrument taré permettra de déterminer les différences de potentiel en valeur absolue.

Cet appareil se compose d'une boîte cylindrique, en cuivre, divisée en quatre quadrants (1, 2, 3, 4) ; on a relié métalliquement les quadrants 1 et 3 d'une part, et 2 et 4 d'autre part. A l'intérieur de ces quadrants se trouve un disque en aluminium plat, dit aiguille, très léger, cette aiguille est suspendue au centre de la boîte cylindrique à

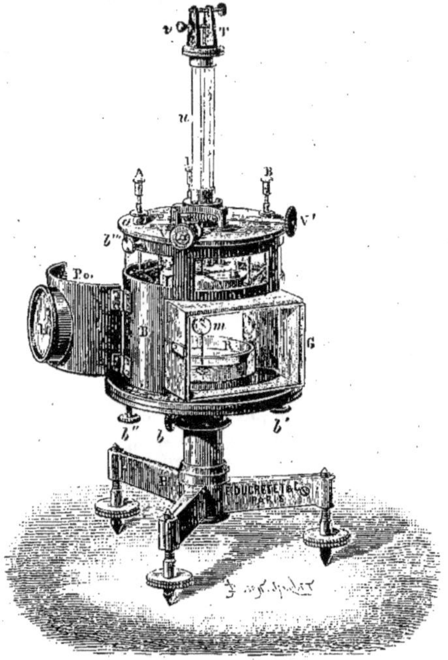

Fig. 184.

l'aide d'un fil métallique très fin (et mieux d'un bifilaire métallique très fin) ; elle est à égale distance des faces horizontales de la boîte cylindrique.

Au repos, les axes de symétrie horizontaux de l'aiguille coïncident avec les axes de séparation des quadrants.

Soient V_1 et V_2 les potentiels des deux paires de quadrants et soit V_0 le potentiel de l'aiguille à un moment déterminé ; considérons l'aiguille dans deux positions voisines pour un même système de valeur des potentiels, l'une des positions faisant un angle α avec la position de repos et l'autre faisant un angle $\alpha + d\alpha$. L'aiguille aura donc pénétré d'un angle $d\alpha$ dans les quadrants (1, 3) par exemple, et se sera dégagée de $d\alpha$ dans les quadrants (2 et 4).

La distribution du potentiel aux contours de l'aiguille ne variera pas, seule, la plage de l'aiguille où le champ est normal à cette aiguille dans les quadrants $(1, 3)$ aura augmenté de $d\alpha$ et diminué du même angle $d\alpha$ par rapport aux quadrants $(2, 4)$; il en résulte, tout étant d'une absolue symétrie, que l'augmentation de capacité de l'aiguille par rapport aux quadrants $(1, 3)$ est égale à la diminution de cette capacité par rapport aux quadrants $(2, 4)$ et que, de plus, cette variation dC est proportionnelle à $d\alpha$:

$$dC = \lambda \, . \, d\alpha$$

(λ étant une constante).

Ceci posé, calculons l'énergie électrostatique du système dans les deux positions, en appelant C_1 la capacité de l'aiguille dans les quadrants $(1, 3)$ et C_2 la capacité de cette aiguille dans les quadrants $(2, 4)$.

Position α :

$$E_1 = \frac{1}{2} C_1 (V_1 - V_0)^2, \qquad E_2 = \frac{1}{2} C_2 (V_2 - V_0)^2,$$

Position $\alpha + d\alpha$:

$$E_1 + dE_1 = \frac{1}{2} (C_1 + \lambda \, . \, d\alpha) \, (V_1 - V_0)^2,$$

$$E_2 - dE_2 = \frac{1}{2} (C_2 - \lambda \, . \, d\alpha) \, (V_2 - V_0)^2.$$

La variation d'énergie est donc :

$$\frac{\lambda \, . \, d\alpha}{2} [(V_1 - V_0)^2 - (V_2 - V_0)^2] = \frac{\lambda \, . \, d\alpha}{2} (V_1 - V_2) (V_1 - 2V_0).$$

Si la suspension est unifilaire le couple Γ correspondant à la torsion α du fil pourra

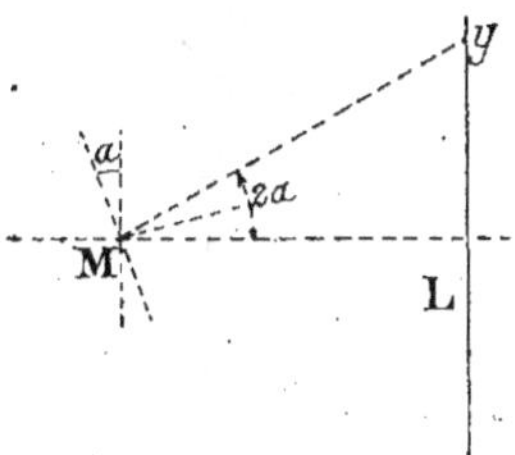

Fig. 185.

être considéré comme constant lorsque l'angle passe de α ($\alpha + d\alpha$) et le travail pour tordre le fil de la première à la deuxième position sera :

$$\Gamma d\alpha,$$

et ainsi, on a :

$$\Gamma d\alpha = \lambda d\alpha \, . \, \left(\frac{V_1 + V_2}{2} - V_0 \right) (V_1 - V_2).$$

Mais Γ est proportionnel à α d'après les travaux de Coulomb, donc :

$$\alpha = \lambda\,(V_1 - V_2)\left(V_0 - \frac{V_1 + V_2}{2}\right).$$

On peut employer l'instrument de diverses manières :

1° On peut maintenir les deux paires de quadrants à des potentiels égaux et de signes contraires en les reliant aux deux pôles d'une pile formée de petits éléments et dont le milieu est au sol, alors $V_1 = - V_2$ et on a :

$$\alpha = \lambda' V_1 V_0\,;$$

2° On peut relier l'aiguille à l'une des paires de quadrants, alors $V_1 = V_0$, l'autre paire étant de plus au sol, d'où $V_2 = 0$, et on a ainsi :

$$\alpha = \frac{1}{2}\,\lambda' V^{0^2}.$$

La figure 184 représente l'appareil exécuté par la maison Ducretet ; on voit que la partie inférieure de l'aiguille plonge dans un vase contenant de l'acide sulfurique assez concentré. Le rôle de cet acide est multiple ; il fait communiquer l'aiguille avec la borne correspondante, il tient l'air sec dans la cage de l'appareil et il amortit les oscillations de l'aiguille pendant les mesures.

Les déviations sont mesurées par la méthode classique dite des miroirs. Si un miroir

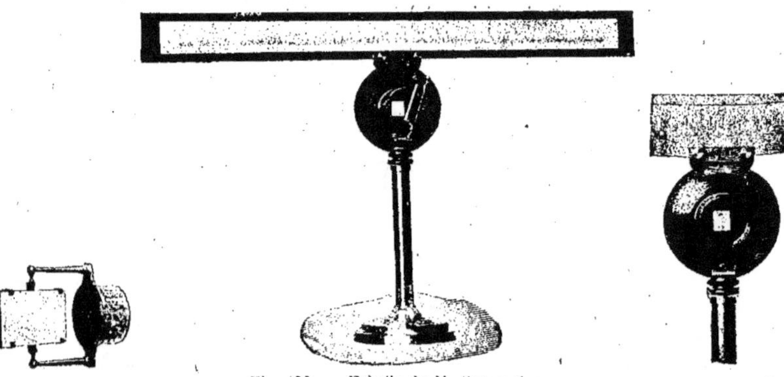

Fig. 186. — Echelle de M. Carpentier.

concave (fig. 185) est collé à la tige supportant l'aiguille, ce miroir tournera du même angle que l'aiguille.

Une fente lumineuse verticale et une échelle transparente divisée en millimètres (fig. 186) sont disposées dans le même plan P ; la droite qui joint le centre de courbure du miroir de la fente est dans le plan vertical normal à P ; la distance de ce centre, dans le plan vertical à l'échelle et à la fente, est la même. L'image de la fente vient se produire en vraie grandeur sur l'échelle. Il est facile de voir sur la figure 185 qu'on a :

$$y\mathrm{L} = \mathrm{LM}\ \mathrm{tg}\ 2\alpha$$

déviation en millimètres $= \delta . \mathrm{tg}\ 2\alpha$.

Si α est très petit on aura très approximativement :

$$\alpha = \frac{y\mathrm{L}}{2\delta}.$$

Electromètre absolu de Bichat et Blondlot. — Nous établirons d'abord la propriété suivante : considérons le système formé par deux cylindres conducteurs A et B concentriques (fig. 187), de rayon R_1 et R_2, de longueur infinie dans les deux sens.

Soit V_1 le potentiel de A et V_2 le potentiel de B, le champ est uniforme, les lignes de forces sont des rayons, les surfaces équipotentielles des cylindres, ce par raison de symétrie.

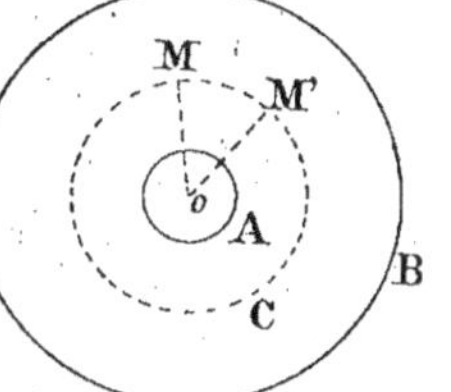

Fig. 187.

Considérons un volume limité par une surface de niveau C, deux plans M et M' passant par l'axe, et deux autres plans quelconques normaux à l'axe, distants de h, et appliquons le théorème de Gauss à ce volume, nous aurons, en appelant φ le flux sur C et r le rayon OM, σ la densité sur le petit cylindre intérieur

$$\varphi \times h \times r \times \alpha = 4\pi\alpha R h\sigma,$$

d'où :

$$\varphi = \frac{4\pi R_1 \sigma}{r}$$

Or :

$$\varphi = -\frac{d\mathrm{V}}{dr} = \frac{4\pi R_1 \sigma}{r} ;$$

et, en intégrant entre les limites R_1 et R_2, il vient :

$$V_1 - V_2 = 4\pi R_1 \sigma \ \mathrm{Log}\ \frac{R_2}{R_1}.$$

Si m est la charge du cylindre A entre deux plans perpendiculaires à l'axe et distants de h, on aura :

$$m = 2\pi R_1 h\sigma = \frac{h(V_1 - V_2)}{2\ \mathrm{Log}\ \dfrac{R_2}{R_1}}$$

et la capacité de cette partie limitée de condensateur cylindrique est donnée par la formule :

$$C = \frac{h}{2\ \mathrm{Log}\ \dfrac{R_2}{R_1}}.$$

Ceci posé, l'électromètre absolu de Bichat et Blondlot est basé sur le principe suivant (fig. 188) : Un cylindre fixe en laiton A, dont l'axe est vertical et supporté par des pieds en matière isolante, a, à son intérieur, un cylindre mobile B, ayant même axe, mais de rayon R_1, suffisamment inférieur au rayon R_2 de A. Le cylindre mobile est limité à sa partie supérieure par une calotte sphérique arrivant au milieu du cylindre fixe. Il est porté par le fléau F d'une balance, par l'intermédiaire d'une suspension à la Cardan, permettant à l'axe du cylindre mobile de rester vertical dans toutes les positions inclinées du fléau ; un contre-poids Q se déplaçant sur une tige filetée permet d'établir l'équilibre.

Nous verrons que, si on établit une différence de potentiel entre les deux cylindres, le cylindre intérieur s'élève et fait basculer le fléau pour établir l'équilibre, on met des

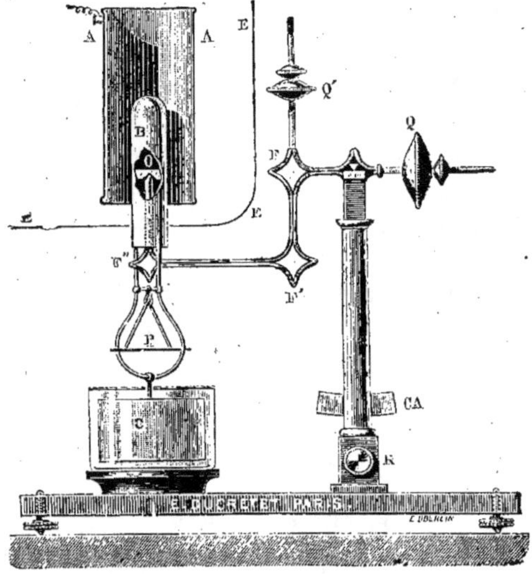

Fig. 188.

poids marqués dans le plateau P jusqu'à ce que la position primitive soit obtenue, ce que l'on constatera optiquement en disposant sur le fléau près de l'axe de rotation et parallèlement à cet axe, un petit miroir dont le déplacement angulaire est égal à celui du fléau ; les dérivations seront observées à l'aide d'une échelle divisée.

Pour amortir les oscillations, en C se trouve un amortisseur à air.

Si l'appareil étant en équilibre sous une différence de potentiel $V_1 - V_2$, nous venons à donner un léger déplacement dh au cylindre mobile B ; si f est la force nécessaire pour ce déplacement, on aura :

$$f.dh = \text{Variation d'énergie potentielle.}$$

Or, soit C la capacité du condensateur à l'état d'équilibre, $C + dC$ sa capacité après le déplacement du cylindre B, nous aurons :

$$f \times dh = \frac{1}{2}\left[(C + dC)\,(V_2 - V_1)^2 - C(V_2 - V_1)^2\right]$$
$$= \frac{1}{2}(V_2 - V_1)^2 dC,$$

ou :

$$f = \frac{1}{2}(V_2 - V_1)^2 \frac{dC}{dh}.$$

Or, on se rend compte que d'après une formule précédemment établie :

$$\frac{dC}{dh} = \frac{1}{2\,\mathrm{Log}\,\frac{R_2}{R_1}},$$

et ainsi en appelant $m.g$ le poids mis dans le plateau P, pour rétablir l'équilibre on doit avoir :

$$mg = \frac{1}{4}\frac{(V_2 - V_1)^2}{\mathrm{Log}\,\frac{R_2}{R_1}}$$

et ainsi en valeurs absolues :

$$(V_2 - V_1)^2 = 4mg\,L\,\frac{R_2}{R_1}.$$

Electromètre à décharge de Gaugain. — C'est un électroscope à feuilles d'or, muni dans le plan de divergence des feuilles d'une boule unique A, recouverte d'une légère couche d'oxyde pour éviter l'adhérence ; cette boule A est en communication avec le sol (fig. 189).

Le bouton C de cet électroscope est mis en communication avec le conducteur dont on veut mesurer la charge à l'aide d'un fil semi-conducteur, comme serait une corde légèrement mouillée ; de cette façon, l'électricité passe lentement. Quand les feuilles sont suffisamment chargées, l'une d'elles touche la boule A et l'électroscope se décharge ; autant de temps que le corps étudié est suffisamment chargé, autant on voit l'expérience se continuer ; de sorte que le nombre des contacts de feuilles d'or avec la boule A donne, assez approximativement, l'ordre de grandeur de la charge du corps étudié.

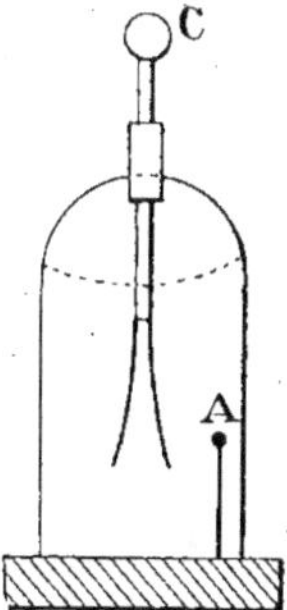

Fig. 189.

MESURE DES LONGUEURS D'ONDE

Bobine de M. Seibt. — Nous avons vu, en étudiant la propagation des ondes dans les fils conducteurs page 22, qu'il se produit des nœuds et des ventres d'oscillation, un nœud et un ventre étant séparés par une distance égale au quart de la longueur d'onde. Cette longueur d'onde dépend de la fréquence des oscillations électriques et de la vitesse de propagation de l'onde électromagnétique, ces trois grandeurs étant liées entre elles par la relation :

$$\lambda = \frac{v}{f}.$$

Or, si la vitesse v de propagation des ondes électromagnétiques dans un conducteur dépend de la capacité et de la self-induction de ce conducteur ; si l'on appelle c et l cette capacité et cette self-induction par unité de longueur, la vitesse v est inversement proportionnelle à la racine carrée du produit de ces deux grandeurs. Il en résulte que, si

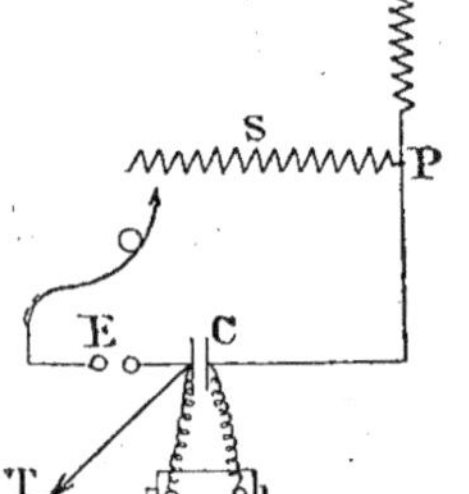

l'on réalise artificiellement un conducteur présentant une forte capacité et une forte self-induction par unité de longueur, la vitesse de propagation des ondes dans ce conducteur sera considérablement diminuée, et la longueur d'onde correspondant à une fréquence donnée sera beaucoup plus petite que dans un fil rectiligne ordinaire.

On pourra donc, avec un tel conducteur, déterminer la position des nœuds et des ventres d'oscillation sans être conduit à des dimensions d'appareils exagérées : la distance entre un nœud et un ventre étant égale au quart de la longueur d'onde, on pourra en déduire cette grandeur, et, grâce à un étalonnage préalable déterminer la valeur de la fréquence.

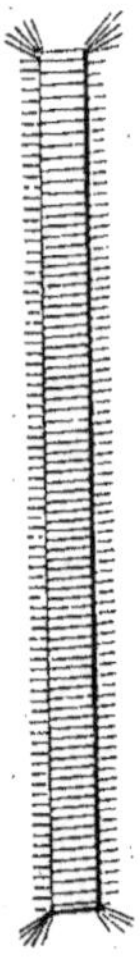

Fig. 190.

Cette méthode a été employée par M. Seibt. Un fil très fin, légèrement isolé, est enroulé, sous forme d'une hélice à tours juxtaposés, sur une tige de bois ou de verre : la bobine ainsi formée constitue le conducteur de forte self-induction et de forte capacité par unité de longueur.

Cette bobine R est reliée à sa base à un circuit oscillant et comprenant un condensateur C, un éclateur E et une bobine de self-induction réglable S. Le condensateur est relié au secondaire d'une bobine de self-induction ; une de ses armatures est connectée à la terre. En modifiant la valeur de la self-induction S, on peut produire dans le circuit oscillant des vibrations électriques de fréquence telle que la perturbation électromagnétique qui se propage dans la bobine R ait une longueur d'onde égale à 4 fois la longueur de la bobine. Il y a alors un ventre de tension au sommet de la bobine, où apparaissent de brillantes aigrettes lumineuses.

Fig. 191.

Inversement, si la fréquence des oscillations engendrées par le circuit est invariable, on peut, en modifiant la longueur active de la bobine, trouver une valeur pour laquelle un ventre de tension se manifeste à son sommet : la longueur de la bobine est alors égale au quart de la longueur d'onde de la perturbation électromagnétique qui s'y propage.

On peut placer parallèlement à la bobine et à quelques centimètres de sa surface extérieure un fil rectiligne relié à la terre : au voisinage du ventre de tension, il jaillit entre la bobine et le fil une série d'étincelles d'autant plus lumineuses et plus serrées qu'elles sont plus proches du ventre de tension. On peut encore coller à intervalles réguliers sur la bobine, au moyen d'un peu de cire, de petits fils de cuivre nu qui servent de point de départ à des aigrettes lumineuses, lorsqu'ils sont à proximité d'un ventre de tension.

La figure 191 montre la photographie des aigrettes ainsi obtenues pour une longueur de bobine égale au quart de la longueur d'onde. Cette bobine avait 2 mètres de longueur environ et était formée d'un fil de cuivre de $0^{mm},3$ isolé à la soie et enroulé sur une tige de bois de 37 millimètres de diamètre. De petits fils de cuivre nu étaient collés tous les deux centimètres sur l'isolant, pour indiquer la valeur de la tension électrique.

Ondemètres. — Sur le principe de la concentration du champ hertzien par un ou par deux fils, divers expérimentateurs ont construit des dispositifs dits ondemètres qui s'ingénient avec plus ou moins de succès à réduire l'encombrement des dispositifs de concentration à fils métalliques.

Ondemètre de M. Slaby. — M. Slaby construit un solénoïde dont l'extrémité est garnie d'une petite plaque de platinocyanure de baryum qui s'illumine par des effluves que le ventre de tension qu'on forme en cette extrémité dégage.

On fait varier la prise de terre le long des spires du solénoïde jusqu'à obtenir un maximum de luminosité en P. Le déplacement de la prise de terre fait varier la position d'un index le long d'une échelle graduée qui indique la longueur d'onde, l'appareil ayant été étalonné au moyen de circuits oscillants de longueurs d'ondes connues :

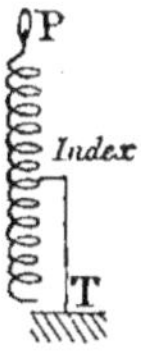

Fig. 192. — Ondemètre de M. Slaby.

Ondemètre de M. Fleming. — Le dispositif ainsi dénommé est une bobine de self, un solénoïde, le long de laquelle on fait varier la prise de communication avec le sol. C'est l'analogue de la bobine de M. Slaby, dans lequel le platinocyanure de baryum est remplacé par un tube à vide.

Ondemètre de M. Dönitz. — L'appareil de M. Dönitz comprend un circuit oscillant fermé contenant une bobine de self-induction et un condensateur de capacité progressivement variable. Le nombre de tours de la bobine de self-induction peut être modifié, par adjonction ou suppression d'une ou de plusieurs couronnes de fil.

Courants alternatifs, etc.

18

Le condensateur est formé d'une série de plaques métalliques fixes C, en forme de secteurs de cercle, entre lesquelles peut venir se placer une série de plaques mobiles, également en forme de secteurs de cercle, portées par un axe vertical. Les bornes du condensateur sont en P_1 et P_2. L'ensemble est plongé dans l'huile. Suivant

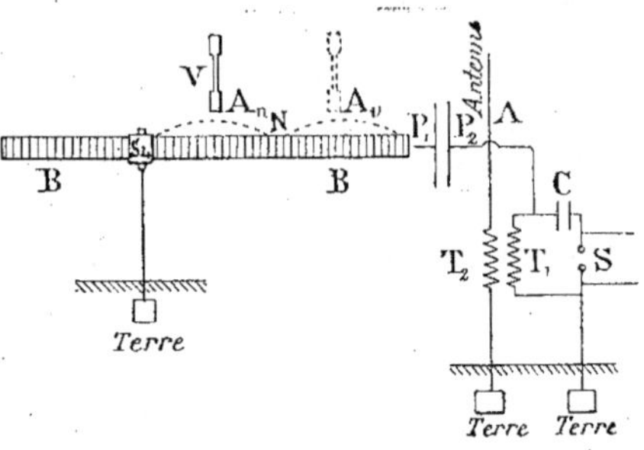

Fig. 193. — Ondemètre de M. Fleming.

qu'on tourne plus ou moins un bouton moleté B fixé à l'axe vertical, les plaques mobiles pénètrent plus ou moins entre les plaques fixes, et la capacité a une valeur plus ou moins élevée : cette valeur est indiquée par un index, fixé au bouton, qui se déplace au-dessus d'une graduation tracée sur le couvercle de l'appareil. Le circuit oscillant comprend aussi une bobine L de quelques tours de fil courbés en forme de

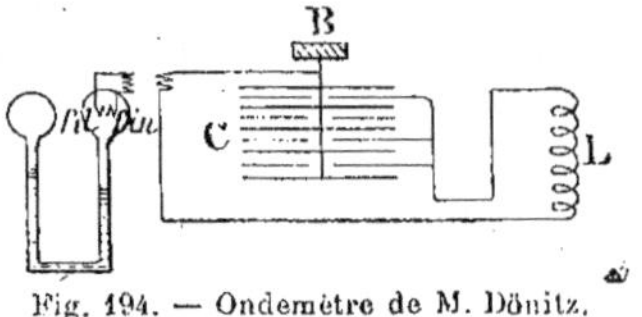

Fig. 194. — Ondemètre de M. Dönitz.

cercle et servant à l'accouplement inductif de l'ondemètre ; cette bobine est amovible et est reliée au circuit par les contacts k ; on peut ainsi, en la changeant, réaliser l'accouplement par un plus ou moins grand nombre de tours. Enfin, un tour de fil induit dans la petite bobine un courant qui circule dans un fil fin placé dans le réservoir d'un thermomètre à air : l'échauffement de ce fil produit une dilatation de l'air, rendue visible par le déplacement d'une colonne de liquide contenue dans un tube en U.

Pour employer l'ondemètre, on modifie progressivement la capacité du condensateur, en tournant le bouton moleté, jusqu'à ce que l'intensité du courant oscillant atteigne un maximum indiqué par le thermomètre à air. On détermine la fréquence d'oscillation d'après les valeurs connues de la self-induction et de la capacité.

L'ondemètre de M. Dönitz, permet de tracer la courbe de résonance en deçà et au delà de la résonance exacte, ce qui est souvent utile.

Ondemètre de M. Ferrié. — Dans le dispositif de M. Ferrié, à l'inverse de celui de Dönitz on dispose dans un circuit une capacité fixe C et l'on fait varier graduellement la self-induction qui s'y trouve associée.

A cet effet, une bobine de self, plate, et à larges spires, se trouve placée à l'intérieur d'un tube de cuivre en forme de tore représentant une coupure. On peut relier une extrémité du tube en un point quelconque du tube, de manière à constituer au voisinage de la bobine de self un circuit fermé de longueur variable. L'induction mu-

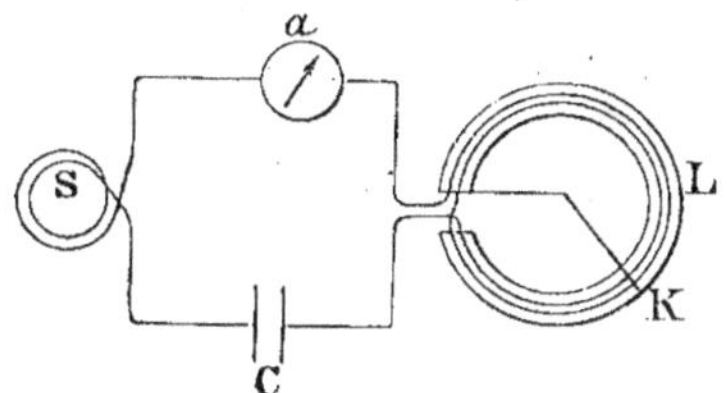

Fig. 195. — Ondemètre de M. Ferrié.

tuelle des circuits voisins ainsi réalisés varie avec la proportion du levier K, et par suite la valeur de la sef-induction des spires S varie graduellement. C'est l'effet calorifique dont on note le maximum au moyen d'un ampèremètre thermique a.

Le circuit oscillant dont on veut déterminer la longueur d'onde λ agit sur l'ondemètre au moyen duquel on l'explore en approchant les spires des spires appartenant au circuit oscillant.

Amortissement des ondes électriques. — Les ondes électriques successives qui parcourent un circuit oscillant présentent un amortissement notable. Ce phénomène consiste en ce que l'intensité maximum des courants successifs I_1, I_2, I_3, ..., qui parcou-

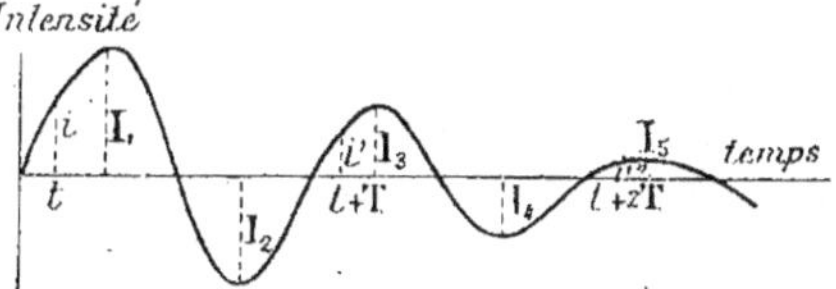

Fig. 196. — Amortissement des ondes électriques.

rent le circuit dans un sens inverse vont en diminuant progressivement en valeur absolue (fig. 196).

L'application du calcul à l'étude de la décharge oscillante montre que l'intensité i du courant est donnée à un instant quelconque t par l'expression :

$$i = Ae^{-\frac{R}{2L}t} \sin kt,$$

expression dans laquelle R et L sont la résistance et la self-induction du circuit oscillant, e la base des logarithmes népériens, A et K deux quantités qui dépendent de R, de L et de C, capacité du circuit.

On en déduit aisément que les valeurs successives i, i', i'', i''', ..., que présente l'intensité à des intervalles de temps égaux et séparés par la durée d'une période, t, $t + T$, $t + 2T$, $t + 3T$, ..., sont dans le rapport suivant :

$$\frac{i}{i'} = \frac{i'}{i''} = \frac{i''}{i'''} = \ldots\ldots e^{-\frac{R}{2L}T} = \alpha$$

ou bien encore on a :

$$\log \frac{i}{i'} = \log \frac{i'}{i''} = \log \frac{i''}{i'''} \ldots\ldots = \frac{RT}{2L} = \gamma.$$

Cette constante $\alpha = e^{-\frac{RT}{2L}}$ se nomme le *facteur d'amortissement*.

La constante $\gamma = \frac{RT}{2L}$ s'appelle le *décrément logarithmique*. L'expression du décrément γ peut encore s'écrire, si l'on tient compte de la relation simplifiée de Lord Kelvin

$$T = 2\pi \sqrt{LC},$$

$$\gamma = \pi R \sqrt{\frac{C}{L}}.$$

On voit que l'amortissement sera d'autant plus faible que la résistance R et la capacité C du circuit oscillant seront plus petites et que la self-induction sera plus grande. La valeur de γ croît proportionnellement à la résistance R, à la racine carrée de la capacité C et en raison inverse de la racine carrée de la self-induction L.

La résistance du circuit se compose, du moins à l'excitation, de celles des conducteurs du circuit et de celle de l'étincelle.

Cette dernière est éminemment variable et très difficile à fixer.

Quant à la résistance du circuit qui est toujours beaucoup plus faible que celle de l'étincelle, on sait qu'elle dépend de la fréquence f des oscillations produites.

D'après Lord Rayleigh, la résistance serait liée à la résistance ohmique $\Re$ par la relation :

$$R = \Re \pi r \sqrt{\frac{f}{\rho}}.$$

pour un fil de rayon r et de résistance spécifique ρ.

Mesure des amortissements. — (Méthode de M. Tissot par la courbe de résonance de M. Bjerkness). Au cours d'un important mémoire sur l'étude de la résonance des systèmes d'antennes, M. Tissot a présenté d'une manière très claire un résumé de la théorie de la résonance électrique de M. Bjerkness et a indiqué l'application qu'il a faite au cas qui l'intéressait de la courbe de résonance à la mesure des amortissements.

M. Bjerkness a édifié une théorie analytique de la résonance électrique dont le résultat peut être interprété physiquement comme il suit :

Lorsqu'un excitateur d'ondes électriques agit sur un résonateur, le mouvement électrique du résonateur peut être considéré comme résultant de la superposition de deux mouvements partiels :

1° Une vibration *forcée*, dont la période T_e et l'amortissement marqué par le décrément logarithmique γ_e sont la période T_e et l'amortissement γ_e de l'excitateur ;

2° Une vibration *libre*, dont la période T et l'amortissement γ sont la période propre T et l'amortissement γ du résonateur.

Si l'on produit les oscillations du résonateur au moyen d'un excitateur dont on a fait varier progressivement la période et qu'on trace la courbe des énergies captées par

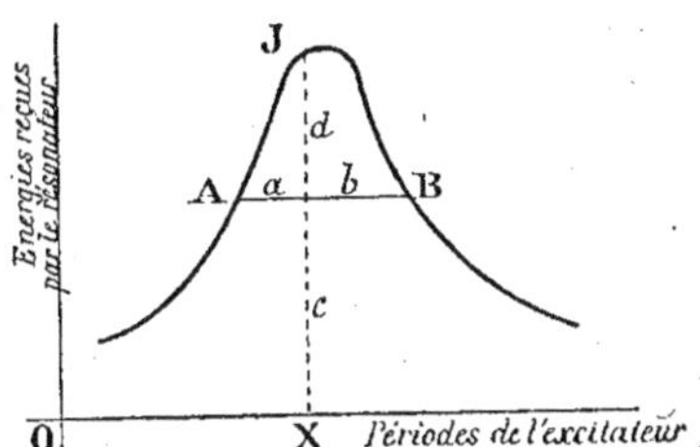

Fig. 197. — Courbe de résonance de Bjerkness.

le résonateur en fonction des périodes de l'excitateur, on obtient une courbe remarquable dont la forme générale est donnée par la figure 197, et qui a été appelée la *courbe de résonance*.

Cette courbe présente un maximum dans le voisinage d'un point J appelé *point d'isochronisme* correspondant à l'abscisse X.

Si l'on mène une série de cordes parallèles à l'axe des x, on trouve que le lieu des milieux de ces cordes est une hyperbole équilatère d'asymptotes JX et OX.

Appelons a, b, c, d, les quatre segments en lesquels se coupent une corde quelconque AB et l'ordonnée JX du point d'isochronisme.

La théorie de Bjerkness conduit à ce résultat remarquablement simple et intéressant pour la mesure de l'amortissement : La valeur moyenne ω des amortissements γ du résonateur et γ_e de l'excitateur est donnée par l'expression

$$\omega = \frac{\gamma + \gamma_e}{2} = \frac{\pi}{X} \sqrt{\frac{abc}{d}}.$$

On déduit de cette expression un procédé de mesure de l'amortissement.

On tracera :

1° La courbe de résonance ;

2° Le lieu des milieux des cordes parallèles à l'axe des x ;

3° L'asymptote JX de l'hyperbole équilatère trouvée comme lieu.

On obtient ainsi les quatre quantités a, b, c, d, et l'abscisse X ; on peut donc calculer ω.

En employant successivement deux résonateurs d'amortissements différents γ et γ' et traçant pour chacun d'eux la courbe de résonance avec un même excitateur d'amortissements γ_e, on a deux expressions :

$$(1) \qquad \omega = \frac{\gamma + \gamma_e}{2}$$

$$(2) \qquad \omega' = \frac{\gamma' + \gamma'_e}{2}$$

La théorie de M. Bjerkness indique enfin que l'ordonnée $XJ = Y$, qui correspond à la résonance, est telle qu'on a

$$Y \gamma \gamma_e \, \omega = const.$$

On aura donc comme troisième relation permettant d'exprimer γ_e

$$(3) \qquad Y \gamma \gamma_e \, \omega = Y' \gamma' \gamma'_e \, \omega'$$

De 1, 2, et 3 relations on tire :

$$Y_e = \frac{Y\omega^2 - Y'\omega'^2}{Y\omega - Y'\omega'} .$$

M. Tissot a mis en pratique cette méthode de la façon suivante :

Un circuit fermé, formant résonateur carré de $0^{m},70$ de côté, comprend un milliampèremètre thermique A (fig. 198) un condensateur à lames d'air de capacité variable C et une coupure ab qu'on peut fermer soit par un morceau de fil de cuivre de même diamètre que celui formant le résonateur, soit par un bout de fil fin de platine (25μ de diamètre et $0^{m},01$ de longueur) qui intercale ainsi une résistance non inductrice s'élevant à 2^{ω} environ.

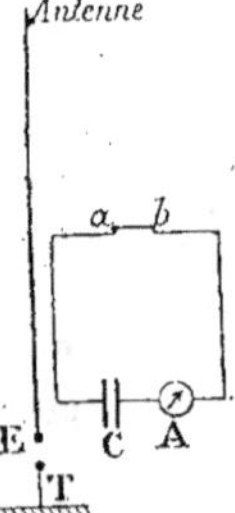

Fig. 198.

On fait agir le circuit à étudier par induction sur le résonateur.

Pour tracer la courbe de résonance, on conserve une émission rigoureusement constante, on fait progressivement varier la capacité C du résonateur et l'on note les déviations du thermique.

On porte en abscisses les racines carrées des capacités successives qui sont proportionnelles aux périodes ($T = 2\pi \sqrt{LC}$ et en ordonnées les carrés des indications du thermique qui sont proportionnelles aux énergies reçues.

On déduit de la courbe de résonance la valeur de ω.

Une seconde détermination faite avec le résonateur, dans la coupure duquel on a substitué le fil fin de platine en ab au fil ordinaire de cuivre, fournit une seconde courbe de résonance de laquelle on déduit ω'.

La lecture des deux courbes de résonance fournit également les ordonnées Y et Y', c'est-à-dire les valeurs I^2 et I'^2 des carrés des intensités du thermique correspondant à la résonance dans les deux déterminations successives.

On peut dès lors, former :

$$\gamma_e = 2 \frac{Y\omega^2 - Y'\omega'^2}{Y\omega - Y'\omega'} .$$

Mesure de l'amortissement au moyen de l'ondemètre sans tracé de la courbe de résonance. — M. Tissot indique un procédé simple qui permet la mesure de l'amortissement sans tracer la courbe de résonance de la façon qu'il exprime ainsi :

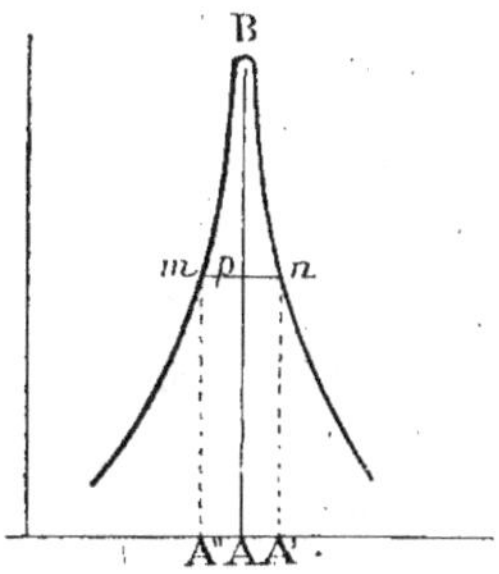

Par variation de la capacité c' de l'ondemètre on met le résonateur à l'accord et on note l'indication maximum Y_0 de l'ampèremètre thermique.

Puis on fait varier la capacité c' en deçà et au delà de l'accord, de manière à réduire la déviation à une valeur

$$Y_1 = \frac{Y_0}{\sqrt 2} .$$

Cette déviation Y_1 correspond à deux ordonnées $Y_1^2 = \frac{Y_0^2}{2}$ de la courbe de résonance, ou

$$\overline{mA''} = \overline{nA'} = \frac{AB}{2} .$$

Si la courbe de résonance est pointue l'hyberbole se confond sensiblement avec son asymptote verticale et le point p est le milieu de la corde mn. Dans la relation générale

$$\omega = \frac{\gamma + \delta}{2} = \frac{\pi}{T} \sqrt{\frac{abc}{d}} ,$$

on a ici :

$$a = b, \quad c = d,$$

c'est-à-dire :

$$\omega = \frac{\pi}{T} a .$$

Mais

$$\overline{mp} = \overline{pn} = a = \frac{\overline{mn}}{2}$$

Et si l'on désigne par T' et T'' les périodes qui correspondent aux points n et m, c'est-à-dire A' et A'', on a :

$$\overline{mn} = T' - T''.$$

Par suite

$$\omega = \frac{\pi}{2} \frac{T' - T''}{T}.$$

Si le résonateur est un ondemètre gradué en longueurs d'onde, on a également

$$\omega = \frac{\pi}{2} \frac{\lambda' - \lambda''}{\lambda}$$

ou, si c'est un ondemètre à capacité variable,

$$\omega = \frac{\pi}{2} \frac{\sqrt{c'} - \sqrt{c''}}{\sqrt{c}}$$

T, λ, C sont les valeurs respectives de la période, de la longeur d'onde ou de la capacité qui correspondent à la résonance ; T', T'', λ', λ'', c', c'', sont les valeurs respectives des périodes, longueurs d'onde ou capacités qui correspondent aux deux désaccords du résonateur pour lesquels l'indication du thermique est réduite à $\frac{1}{\sqrt{2}}$ de la valeur correspondant à la résonance.

Décrément des oscillations électriques pendant la charge d'un condensateur. — Si on tient compte de ce que les résistances d'isolement R' du condensateur et r de l'enroulement de la bobine ne sont pas infinies, l'équation de charge du condensateur est :

$$\frac{d^2V}{dt^2} + \left[\frac{R}{L} + \frac{1}{C} \left(\frac{1}{R'} + \frac{1}{r} \right) \right] \frac{dV}{dt} + \frac{V}{LC} = \frac{E}{LC}.$$

Il suffirait donc pour éliminer le défaut d'isolement de remplacer dans l'équation habituelle R par $R + \frac{L}{C} \left(\frac{1}{R'} + \frac{1}{r} \right)$.

La capacité du condensateur peut varier. L'énergie empruntée à la batterie se retrouve sous forme de chaleur de Joule dans le circuit Ri^2dt, d'énergie électromagnétique dans la bobine $d\left(\frac{1}{2} Li^2 \right)$, d'énergie électrostatique dans le condensateur $d\left(\frac{1}{2} cV^2 \right)$ et de travail mécanique du condensateur $\frac{1}{2} V^2 dc$.

L'équation différentielle à laquelle satisfait la différence de potentiel V devient :

$$\frac{d^2V}{dt^2} = \left(\frac{R}{L} + \frac{2}{c} \frac{dC}{dt} \right) \frac{dV}{dt} + \left(\frac{1}{LC} + \frac{R}{L} \frac{1}{C} \frac{dC}{dt} + \frac{1}{c} \frac{d^2C}{dt^2} \right) V = \frac{E}{LC}.$$

En particulier, si on suppose que la capacité varie suivant une fonction linéaire du temps

$$C = C_0 + ht.$$

Cette équation se réduit à :

$$\frac{d^2V}{dt^2} + \left(\frac{R}{L} + \frac{2h}{C}\right)\frac{dV}{dt} + \frac{1 + Rh}{LC}\,V = \frac{E}{LC}.$$

Les coefficients de cette équation sont des fonctions du temps, car ils dépendent de C; mais comme on n'appliquera cette équation qu'à des intervalles de temps très courts, comprenant 2 ou 3 périodes, il suffira de remplacer C par une valeur moyenne C_m. L'intégrale générale prend alors la forme :

$$V = \frac{E}{1 + Rh} + \left(e^{-\left(\frac{n}{2L} + \frac{h}{C_m}\right)t}\,B\sin.\,\beta t\right)(A\cos\beta t + 1).$$

ou :

$$\beta = \frac{2\pi}{T} = \sqrt{\frac{1 + Rh}{LC_m} - \frac{1}{4}\left(\frac{R}{L} + \frac{2h}{C_m}\right)^2} = \sqrt{\frac{1}{LC_m} - \left(\frac{R}{2L}\right)^2 - \left(\frac{h}{C_m}\right)^2}.$$

Le décrément logarithmique sera :

$$\alpha = \left(\frac{R}{L} + \frac{2h}{C_m}\right)\frac{\pi}{2\beta}.$$

Les termes $\left(\frac{R}{2L}\right)^2$ et $\left(\frac{h}{C_m}\right)^2$ peuvent être négligés dans l'expression de β vis à vis de $\frac{1}{LC_m}$. La variation de capacité du condensateur représentée par h n'aura donc pas d'influence sur la période, mais seulement sur le décrément logarithmique. Cette variation entraîne sur le décrément une variation égale en valeur absolue à :

$$\pi h\sqrt{\frac{L}{C_m}} = \frac{hT}{2C_m}.$$

Quand la capacité du condensateur ne varie que lentement, on peut regarder l'amortissement comme uniforme pendant un petit intervalle et calculer la valeur moyenne Q de la charge normale autour de laquelle la charge oscille, au moyen de trois valeurs extrêmes successives :

$$M_{n-1}, \quad M_n, \quad M_{n+1}, \text{ de cette charge.}$$

Mais ces trois observations ne suffiraient pas pour déterminer le décrément, il en faut quatre, et le décrément γ (en log. vulg.) est donné par :

$$\gamma_n + \frac{1}{2} = \frac{1}{2}\log\frac{M_{n-1} - M_n}{M_{n+1} - M_{n+2}}$$

pour la valeur de h et de C_m au moment des observations. Pour obtenir la valeur définitive de γ, c'est-à-dire la valeur qu'il aurait si h était égal à 0 et C_m égal à la capacité

complète C du condensateur, il est nécessaire de faire deux corrections. La première,
pour éliminer l'influence de l'accroissement de la capacité :

$$\Delta_1 \gamma = - M \frac{Q_{n+1} - Q_n}{\frac{1}{2}(Q_n + Q_{n+1})}$$

Q_{n+1} et Q_n étant deux valeurs successives de Q_n définies ci-dessus, la deuxième,
pour ramener la capacité à sa valeur complète

$$\Delta_2 \gamma = \frac{1}{2} \gamma \frac{\Delta Q}{\frac{1}{2}(Q_n + Q_{n+1})} = \frac{1}{2} \gamma \frac{Q_0 - (Q_n + Q_{n+1})}{\frac{1}{2}(Q_n + Q_{n+1})}$$

φ_0 étant la charge normale du condensateur.

Pour déterminer la variation de la capacité avec le temps, on trace les courbes de
charges obtenues sans bobine dans le circuit. On trouve que la capacité d'un condensateur à lame de mica, bien construit, atteint sa valeur complète au bout de deux
secondes et d'autre part que la charge, après un temps très court, ne diffère plus que
de quelques millièmes de sa valeur maxima.

D'après les expériences, il semble que la capacité partant d'une valeur initiale
connue augmente pendant la première demi-oscillation presque jusqu'à sa valeur définitive : l'amortissement subit de ce chef une augmentation considérable. Par suite, la
charge normale est un peu augmentée, l'amplitude de la première demi-oscillation est
agrandie, celle de la deuxième est diminuée.

Pendant la deuxième demi-oscillation, la capacité diminue de nouveau, l'amortissement décroît : la charge normale est encore augmentée ainsi que l'amplitude de la
troisième demi-oscillation est agrandie.

D'une manière générale, la capacité augmente pendant les demi-oscillations de rang
impair et diminue pendant les demi-oscillations de rang pair.

Les décréments calculés, en tenant compte de l'oscillation de la capacité sont un peu
supérieurs à ceux qui sont calculés en prenant une capacité non oscillante : mais les
différences ont peu d'importance.

Entre le décrément γ et la résistance R du circuit existe la relation linéaire

$$\gamma = a + bR$$

où

$$a = M \frac{\pi}{2} \sqrt{\frac{L}{C}\left(\frac{1}{R'} - \frac{1}{r}\right)} \qquad b = M \frac{\pi}{2} \sqrt{\frac{C}{L}}.$$

D'après les valeurs observées pour a, on peut calculer $\frac{1}{R} + \frac{1}{r}$ ou $\rho = \frac{Rr}{R+r}$.

Ce calcul montre que ρ reste constant dans une série de mesures effectuées avec la
même bobine, c'est-à-dire avec r constant, et avec une capacité, c'est-à-dire une résistance R variable.

Il faut donc que R soit assez grand pour que ρ n'en dépende pas et qu'on puisse prendre $\rho = r$.

Au contraire, en faisant varier la bobine, on trouve que ρ varie. La détermination de a permet donc de mesurer la résistance d'une bobine d'induction.

La correction qu'il faut ajouter à la résistance propre R du circuit

$$\frac{L}{C}\left(\frac{1}{R}+\frac{1}{r}\right)=\frac{L\rho}{C}$$

est du même ordre de grandeur que R : elle influe donc sur l'amortissement des oscillations de charge. Les valeurs théoriques du coefficient b sont d'accord avec celles que donne l'expérience. La capacité du condensateur à mica atteint un temps très court après le début de la charge, la même valeur, que la décharge soit oscillante ou non.

Méthode de M. Schmidt pour la mesure de l'amortissement en T. S. F. — Le circuit dont on veut mesurer l'amortissement est accouplé très faiblement avec le circuit résonant muni d'un condensateur variable ; en série avec celui-ci se trouve le primaire d'un transformateur à accouplement, également extrêmement lâche, dont le secondaire alimente un détecteur suffisamment sensible tel qu'un détecteur thermo-électrique placé dans le vide. Le primaire de ce deuxième transformateur doit avoir une self-induction négligeable par rapport à celle du secondaire du transformateur principal.

Dans ces conditions, en négligeant la réaction des circuits induits sur les circuits inducteurs, et en admettant que le circuit secondaire soit peu amorti par comparaison avec le primaire, l'on trouve que la quantité de chaleur Q dégagée pendant la durée de chaque onde est égale à :

$$(1) \qquad Q = Q_{\text{R}}\,\frac{\left(\dfrac{\Lambda_1}{2\pi}\right)^2 \times \left[4+\left(\dfrac{\Lambda_1}{2\pi}\right)^2\right]}{\left[\Sigma\,(\pm 2 + \Sigma)+\left(\dfrac{\Lambda_1}{2\pi}\right)^2\right]^2 + 4\left(\dfrac{\Lambda_1}{2\pi}\right)^2}\cdot\frac{P^2}{P_{\text{R}}^2}$$

dans cette formule Q_{R} est la valeur de Q qui correspond à la résonance et P (égal à P_{R} pour la résonance) désigne une certaine fonction déterminée par les relations :

$$P\cos\mu\,\frac{\partial_1 - \partial_2}{\nu_2}\cos(\chi+\psi)-\frac{\nu_1}{\nu_2}\sin(\chi+\psi)$$
$$P\sin\mu = \cos(\chi+\psi).$$

avec

$$\operatorname{tg}\chi=\frac{2\,\dfrac{\Lambda_1}{2\pi}}{\left(\dfrac{\Lambda_1}{2\pi}\right)^2-1}$$

et

$$\operatorname{tg}\psi=\frac{2\nu_1\left(\dfrac{\Lambda_2\nu_2}{2\pi}-\dfrac{\Lambda_1\nu_1}{2\pi}\right)}{(\nu_2-\nu_1)^2+\left(\dfrac{\Lambda_2\nu_2}{2\pi}-\dfrac{\Lambda_1\nu_1}{2\pi}\right)^2}.$$

Si on calcule les valeurs de $\dfrac{Q}{Q_R}$ correspondant à divers amortissements du circuit primaire en fonction de la différence Σ, on trouve une série de courbes (fig. 200) présentant une dyssimétrie très nette, comme les courbes relevées expérimentalement.

Considérons maintenant la distance $a = a_1 - a_2$ entre deux points correspondant sur une courbe donnée à la même valeur du rapport $\dfrac{Q}{Q_R}$; lorsque l'on passe d'une courbe à une autre (fig. 200), le rapport $\dfrac{Q}{Q_R}$ demeurant constant, l'on constate alors que,

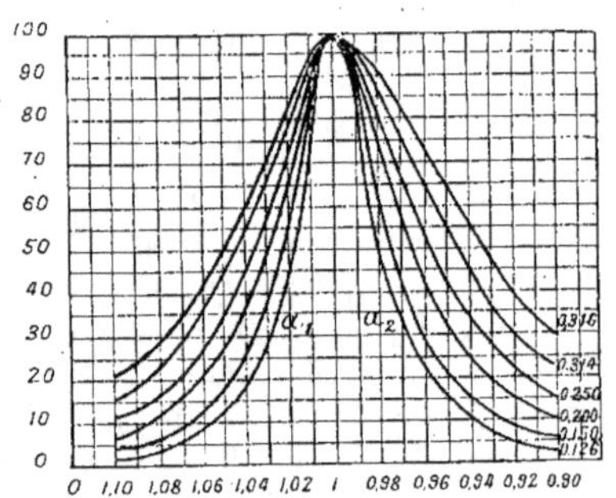

Fig. 200. — Courbes d'amortissement théoriques, on a pris comme abscisses les valeurs de $1 \pm \xi$.

malgré la complexité de la formule (1) il existe une relation très simple entre $\Lambda = \Lambda_1 + \Lambda_2$ et la distance $a_1 - a_2 = a$ (fig. 200) l'on a en effet

$$(2) \qquad\qquad \Lambda = ca.$$

c étant une constante pour chaque valeur du rapport $\dfrac{Q}{Q_R}$. En relevant expérimentalement une courbe d'amortissement, on peut donc, en définitive connaître la valeur Λ

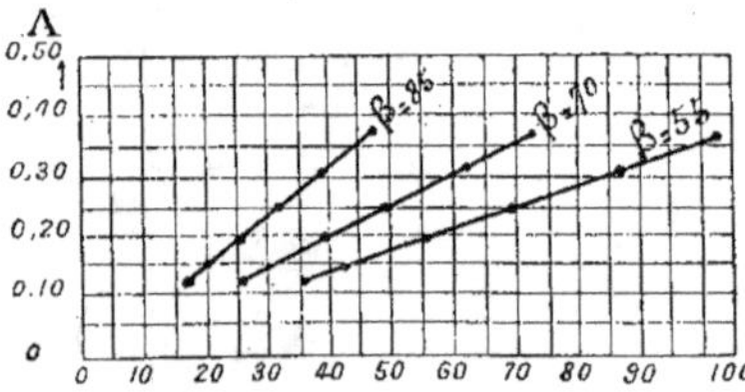

Fig. 201. — Courbes de Λ en fonction de a pour diverses valeurs du rapport $\dfrac{\beta}{100} = \dfrac{Q}{Q_R}$.

cherchée en fonction de a ; il suffit de reporter cette courbe sur la figure 200, et d'utiliser une des droites de la figure 201.

La figure 201 donne les résultats obtenus pour les valeurs 85, 70, 55 du rapport

$\beta = 100 \dfrac{Q}{Q_R}$; les points marqués correspondent respectivement à chacune des courbes de la figure 200.

Méthode de M. Eickhoff pour la mesure de l'étincelle dans un circuit oscillant. — Pour faire les mesures de la résistance de l'étincelle par la méthode de Bjerkness on trace au moyen de mesure M (fig. 202) relié à un thermo élément ou a un bolomètre, la courbe de résonance qui sert ensuite à déterminer l'amortissement du circuit primaire I et de la résistance de l'étincelle F.

Dans la méthode de Simons, le montage employé est celui de la figure 203, Soit F l'étincelle dont on veut mesurer la résistance ; la charge du condensateur se produit au travers de la résistance électrolytique de grande valeur w. Quand il jaillit en F une étincelle, les oscillations électriques de grande fréquence qui prennent naissance ne sont pas modifiées d'une façon sensible par la résistance w. On trouve la résistance de F par substitution sans rien changer au reste du montage, on remplace F par une résistance en graphite ou une résistance électrolytique dont on modifie la valeur jusqu'à ce que l'on obtienne la même déviation dans l'ampèremètre A.

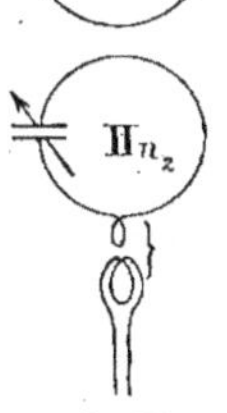
Fig. 202

La figure 204 montre comparativement les résultats obtenus avec les deux méthodes, la courbe A représente les résultats de la méthode Bejrkness ; la courbe B représente ceux de la méthode Simons. Les deux courbes se rapportent à des circuits oscillants ayant presque la même capacité 1000 ou 1100 centimètres et le même diamètre de sphères $0^{cm},75$ ou $0^{cm},85$ à l'éclateur. Non seulement les valeurs absolues de la résistance sont tout à fait différentes, mais encore la variation de la résistance d'étincelle en fonction de la longueur d'étincelle diffère complètement. Remp, (méthode A) trouve une diminution de la résistance d'étincelle de 2 jusqu'à 6 millimètres environ de longueur d'étincelle, puis un accroissement relativement lent et uniforme de la résistance quand la longueur d'étincelle croît. Au contraire d'après Slaby (méthode B) la résistance croît toujours avec la longueur d'étincelle, d'abord très lentement, puis très rapidement à partir de 4 ou 5 millimètres.

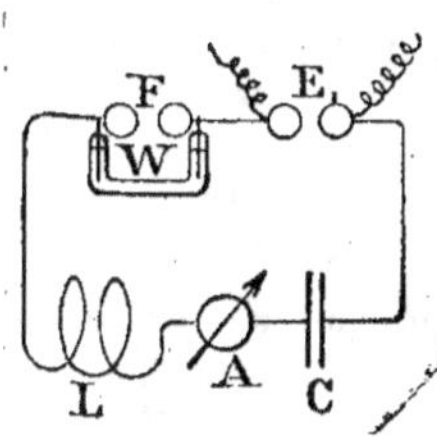
Fig. 203.

La grande différence entre les résultats trouvés avec les deux méthodes a déterminé M. Eickhoff à faire des expériences pour déterminer nettement la valeur des deux méthodes. Bien qu'il fût peu vraisemblable que des erreurs de mesure fussent la cause des écarts observés, il fit d'abord avec les deux méthodes des mesures vérificatives sur le même circuit oscillant (fig. 205) ayant à peu près les constantes suivantes : capacité 1050 centimètres ; rayon des boucles $F_1 = 1$ centimètre $F = 0^{cm},5$; longueur d'étincelle $F_1 = 1^{cm},5$. Pour la méthode A, M. Eickhoff a employé exactement le montage de Remp. Pour la méthode B, il a modifié le montage (fig. 205) de telle façon que l'ampèremètre fut retiré du circuit oscillant, à cause de son action amortissante. Un circuit

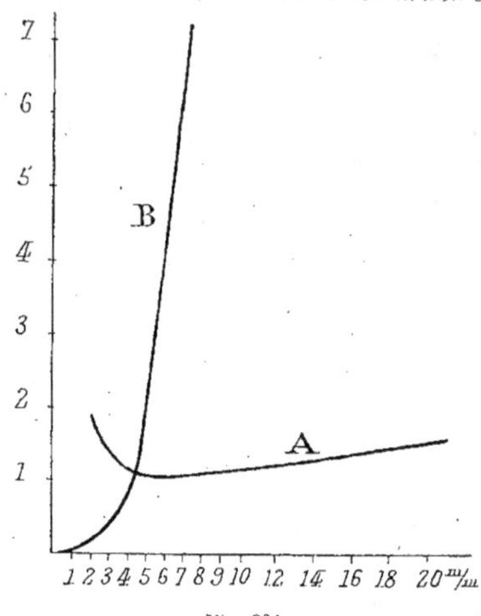

Fig. 204.

à accouplement lâche, contenant un bolomètre servait pour la mesure de l'énergie en jeu.

Les mesures faites avec la première méthode ont conduit à trouver la courbe A (fig. 206) les mesures faites avec la seconde méthode ont conduit à la courbe B (fig. 206).

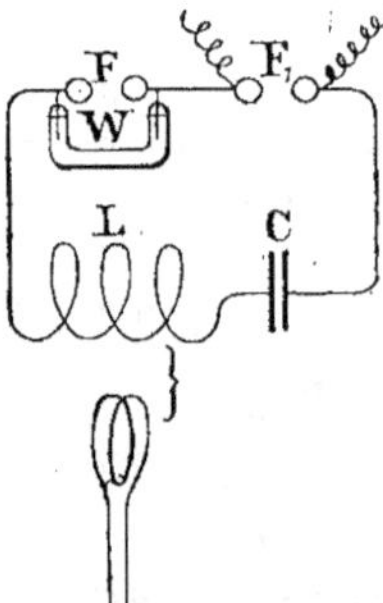

Fig. 205.

La première courbe concorde bien avec la courbe correspondante de Remp (courbe A fig. 204) la deuxième présente au moins qualitativement, un caractère analogue à celui de la courbe correspondante de Slaby (courbe B, fig. 204) bien que la valeur de la résistance de l'étincelle soit sensiblement plus faible.

La diversité des résultats obtenus avec les deux méthodes ne peut donc être due qu'à une cause de principe. On voit immédiatement cette cause en examinant dans quelles conditions se trouve dans les deux cas, l'éclateur F dont on veut déterminer la résistance.

En ce qui concerne l'emploi pratique de ces résultats, on peut dire ceci ; partout où l'on emploie dans le circuit un seul éclateur, la première méthode donne directement la valeur active de la résistance totale, la plus intéressante en général. Les valeurs obtenues avec la deuxième méthode ne sont pas employables, car la résistance de l'étincelle F ne dépend pas seulement de la longueur de cet éclateur, mais dépend beaucoup de la longueurr de l'éclateur F_1 ; elle est .d'autant plus petite que la distance explosive F, et par suite l'amplitude du courant est plus grande. La figure 207 qui résume les résultats de plusieurs séries d'expériences, indique ces conditions ; on voit que, suivant la longueur de F_1, on obtient des valeurs très différentes pour la résistance de l'étincelle F.

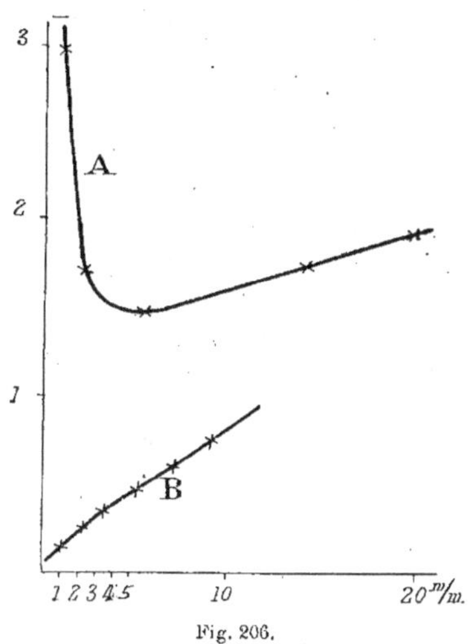

Fig. 206.

A cela s'ajoute un second point. La résistance de l'étincelle dépend de la résistance intercalée dans le circuit. En pratique, on abaisse autant que possible cette résistance de façon qu'elle soit négligeable en comparaison de la résistance de l'étincelle. C'était

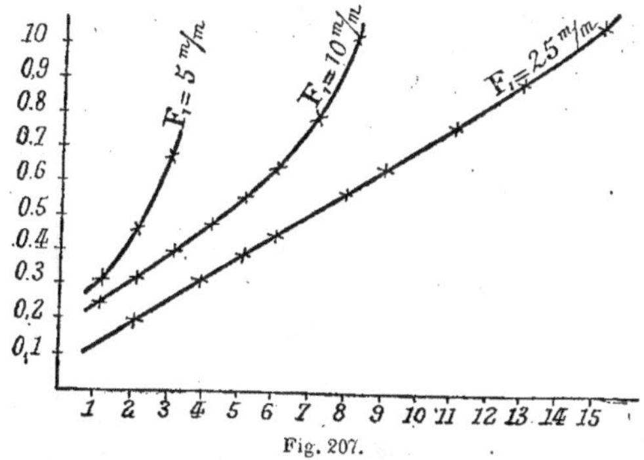

Fig. 207.

bien le cas dans les mesurés de Remp ; ses résultats sont donc utilisables à ce point de vue. Au contraire dans la seconde méthode, on ne peut pas réaliser ces conditions.

La longueur explosive de l'éclateur F_1 doit toujours être plus grande que celle de l'éclateur F (en supposant les mêmes diamètres de boules) ; la résistance de F_1 n'est donc pas plus petite en général, que celle de F. Il existe donc toujours dans le circuit oscillant une résistance qui n'est pas plus petite que la résistance à mesurer. Cette dernière résistance doit donc dépendre beaucoup de la résistance F_1 en introduisant dans le circuit oscillant une résistance supplémentaire en graphite de 0,75 ohm seulement. M. Eickhoff a pu faire monter presque au double de sa valeur la résistance de l'étincelle F. On doit en conclure que pour les dispositifs à éclateurs multiples, on ne peut utiliser directement ni les résultats de la méthode A ni ceux de la méthode B.

Sur le montage des appareils de mesure dans les circuits à haute fréquence. — Désignons par R la résistance ohmique de l'appareil thermique. Celui-ci est choisi de manière à donner une indication suffisamment nette lorsqu'il est parcouru par le courant (supposé sinusoïdal pour simplifier) d'intensité efficace I ; c'est cette condition qui détermine d'ailleurs le plus souvent la résistance R. Supposons maintenant qu'au lieu d'intercaler directement l'indicateur dans le circuit parcouru par le courant I, on l'alimente au moyen d'un transformateur ; le courant efficace i parcourant l'indicateur, c'est-à-dire le circuit secondaire du transformateur, sera, d'après une équation classique égal à :

(1)
$$i = \frac{M\omega I}{2}.$$

en désignant par :

ω, la vitesse de pulsation de courant ;

M, le coefficient d'induction mutuelle entre le primaire et le secondaire du transformateur ;

2, l'indépendance totale du circuit secondaire.

Si on veut donc obtenir la même sensibilité avec le montage par induction qu'avec le montage direct, il faut satisfaire à l'égalité,

$$i = I,$$

d'où

(2)
$$M\omega = 2$$

D'autre part, on sait qu'un transformateur chargé possède une résistance ohmique apparente supplémentaire égale à

(3)
$$\rho = \frac{M^2\omega^2}{2_2}\, r,$$

en désignant par r la résistance ohmique totale du circuit secondaire y compris celle R de l'appareil indicateur ; en tenant compte de la condition (2) l'on peut donc écrire :

(4)
$$\rho = r > R.$$

Par conséquent, même en négligeant la résistance supplémentaire introduite par l'enroulement primaire, dans le circuit oscillant, *le montage par induction est défavorable, toutes choses égales d'ailleurs, au point de vue de l'amortissement.*

Sur les méthodes et instruments de mesure dans l'application et la production des courants de haute fréquence. — Au Congrès de Reims de 1907, cette importante question a pour la première fois été mis en relief d'une façon générale par M. Gaiffe. Les courants de haute fréquence sont formés d'une succession de courants alternatifs composés chacun d'ondes dont l'amplitude va en décroissant, quoique conservant la même fréquence, chaque série d'oscillations étant séparée de la suivante par un temps plus ou moins long, mais proportionnellement très considérable pendant lequel il ne se produit rien.

Quelles sont les caractéristiques de ces courants dont la mesure nous permettrait la reconstitution intégrale du phénomène tant en lui même que dans ses rapports avec le milieu ambiant ? ce seraient :

1° La fréquence ;

2° Le potentiel d'éclatement provoquant la décharge oscillante des condensateurs.

3° L'intensité maxima de la première onde ;

4° La loi de décroissance de cette intensité, en fonction du temps, définie par le rapport d'amortissement ;

5° Le flux créant le champ ;

6° Enfin, la forme de la courbe et le nombre de trains d'ondes par unité de temps.

Voici le programme : pourrons-nous le réaliser et comment ?

1° *Fréquence.* — La détermination de la fréquence est le plus simple.

Il a été réalisé un assez grand nombre d'appareils (ondemètres, fréquencemètres etc.) tous basés, d'ailleurs, sur le même principe.

On constitue un circuit capable de résonner, c'est-à-dire composé d'une self-induction et d'une capacité réglables, l'une ou l'autre, ou toutes deux.

On modifie la période de vibrations de cet ensemble par le réglage d'une des variables pour l'amener à être identique à celle du circuit à étudier.

A cet accord correspond un maximum de courant dans l'ondemètre, constaté soit au moyen d'un ampèremètre, soit par l'apparition d'effluves, soit par l'éclairage d'un écran au platino-cyanure de baryum.

Comme le circuit de l'ondemètre est simple et connu, on peut calculer sa fréquence, qui est alors celle du circuit à étudier. En pratique, ces appareils sont gradués à l'avance et donnent, soit directement par simple lecture, soit en se reportant à une courbe, le renseignement cherché.

L'excitation de l'ondemètre s'obtient par simple rapprochement de l'appareil d'un des points du circuit à mesurer.

Les appareils sont divisés soit en fréquence, exprimant le nombre de périodes qui existeraient en une seconde si le phénomène était continu, soit en longueur d'onde. Ces deux valeurs étant reliées par la relation $\lambda = VT$ dans laquelle λ est la longueur d'onde exprimée en mètres et V la vitesse de la lumière exprimée en mètres par seconde, soit en chiffres ronds 300 000 000, et T la durée d'une oscillation complète en seconde (T étant égale à l'inverse de la fréquence).

Si la fréquence est, par exemple 500 000, la durée d'une oscillation sera en seconde de $\frac{1}{500000}$ et sa longueur d'onde

$$\lambda = \frac{300\,000\,000}{500\,000} = 600 \text{ mètres.}$$

L'ondemètre Ferrié est basé sur l'emploi des courants de Foucault pour faire varier la self-induction.

2° *Potentiel d'éclatement*. — Si la mesure de la fréquence est facile et relativement exacte, il n'en n'est pas de même de la mesure du potentiel d'éclatement.

Le moyen préconisé comme le plus commode et le plus rapide est la détermination de la longueur d'étincelle. Mais cette mesure n'est pas exacte en réalité.

En effet, la longueur de l'étincelle de l'éclateur est fonction non seulement de la différence de potentiel entre les pièces de l'éclateur mais encore :

1° De la forme des pièces : (boules, cylindres, plans, pointes) ;

2° De l'état des surfaces ;

3° De l'échauffement des surfaces ;

4° De l'ionisation de l'air qui sépare les pièces de l'éclateur.

Chacune de ces causes intervient pour fausser le résultat et dans des proportions considérables.

Ainsi, tandis que l'on obtiendra la première étincelle qu'à une longueur A, les suivantes pourront être obtenues à une longueur s'élevant jusqu'à 1,25 A. Si les surfaces sont bien polies, la longueur A sera minimum ; avec des surfaces dépolies par l'usage, elle pourra atteindre jusqu'à 1,2 ou 1,3 A.

La mesure au moyen de l'électromètre ne sera guère plus exacte, car ses indications dépendent par dessus tout de la forme de la différence de potentiel, donc pour un même potentiel d'éclatement, on peut obtenir des résultats totalement différents. On ne pourra tirer de renseignements de l'électromètre que si on se sert de courants alternatifs sinusoïdaux en opérant de la façon suivante :

L'électromètre étant relié aux deux pièces de l'éclateur, ce dernier est écarté de façon à empêcher la décharge du condensateur. On laisse le courant alternatif dans l'appareil et on mesure la différence de potentiel efficace aux boules.

On approche lentement les deux pièces de l'éclateur jusqu'au jaillissement de l'étincelle.

On travaille alors à ce moment (en supposant que le passage de l'étincelle ne se trouve pas facilité par une des raisons données ci-dessus) à une différence de potentiel d'éclatement égale à $E_{\text{eff}} \sqrt{2}$ soit 1,414 E_{eff}.

Si l'on se sert d'une bobine, l'électromètre donnera une moyenne $S'E_{eff}$ dont on ne peut rien tirer : parce que la courbe du courant est difficile à connaître et que le phénomène est discontinu.

3° *Intensité maxima.* — On pourrait avoir une idée de cette intensité si on connaissait la fréquence, la différence de potentiel d'éclatement et la capacité des condensateurs.

Les relations :

$$Q = EC \quad \text{et} \quad I = \frac{Q}{\frac{T}{2}}$$

(T étant l'inverse de la fréquence) donneraient l'intensité moyenne de la première décharge du condensateur, et si nous admettons que la fonction I soit sinusoïdale, l'intensité maxima est reliée à l'intensité moyenne par

$$J_{max} = \frac{\pi}{2} \times I_{moy.}$$

On voit immédiatement que cette mesure ne peut être déduite des indications d'un milliampèreremètre de haute fréquence, qu'il soit branché sur un circuit direct, un circuit dérivé ou un circuit voisin induit, car il ne donne que la moyenne des intensités efficaces, non seulement parce que le phénomène est discontinu, mais parce que dans chaque manifestation du phénomène, les ondes vont en décroissant, grâce à l'amortissement.

Cela conduit non au sujet du milliampèremètre, qui, comme nous le verrons plus loin peut rendre de bons services pour une même installation, mais à la non possibilité de comparer entre elles deux installations différentes dans lesquelles ni la différence de potentiel d'éclatement, ni la fréquence, ni l'amortissement ne sont les mêmes.

Cependant cette comparaison serait d'un intérêt considérable. Une même intensité moyenne peut être donnée par un grand nombre de trains d'ondes d'intensité considérable, il est presque évident que dans les deux cas les actions physiologiques seront différentes, et cela seul expliquerait bien des anomalies dans les résultats obtenus.

Nous n'avons pas à nous occuper du rayonnement dans l'espace si ce n'est que pour l'éviter autant que possible, ce qui se trouve généralement réalisé dans les appareils médicaux.

Quant à l'action du flux sur les circuits voisins, nous l'étudierons tout à l'heure.

L'amortissement est caractérisé par le logarithme népérien du rapport des différences de potentiel maxima de deux ondes de sens inverse se suivant immédiatement, ce qui s'exprime ainsi :

$$\gamma = \log. \frac{E_1}{E_2} = \log. \frac{E_2}{E_3} \text{ etc.,}$$

(γ étant le facteur d'amortissement).

Ce facteur étant connu, il est facile de l'utiliser à calculer le nombre d'oscillations (n) au bout duquel la différence de potentiel maxima tombe de $\frac{1}{10}$ par exemple.

La formule est

$$\frac{n-1}{2} \, \gamma = \log. 10.$$

Comment mesurer γ ?

Nous indiquerons à titre d'exemple une méthode basée sur l'emploi d'un ondemètre, la méthode de Bjerknes.

On modifie la période d'oscillation de l'ondemètre, par la variation de sa capacité.

On trace la courbe des puissances induites par le circuit à calculer en fonction de cette période, on porte comme ordonnée le carré de l'intensité induite (carré proportionnel à la puissance) et en abscisse la racine carrée de la capacité de l'ondemètre pour chaque point déterminé. Puis on recommence l'expérience en modifiant uniquement la résistance ohmique de l'ondemètre.

L'énergie recueillie par l'ondemètre dépend évidemment de l'énergie dépensée dans le circuit à mesurer, de l'amortissement de ce circuit et de celui de l'ondemètre. Si l'on maintient constante l'énergie dans le circuit à mesurer, les deux opérations ci-dessus permettront de trouver par le calcul les deux amortissements.

4° *Amortissement*. — Les oscillations hertziennes ne restent pas indéfiniment identiques à elles-mêmes comme elles le feraient s'il n'y avait pas de déperdition d'énergie : elles sont amorties.

Cet amortissement provient de trois causes :

1° De la résistance du circuit de haute fréquence ;

2° De l'action du flux sur les circuits voisins ;

3° Du rayonnement dans l'espace.

Ces trois causes d'amortissement sont très différentes au point de vue de leur intérêt et au point de vue de leur action : tandis que la première est une perte sèche qu'il faut éviter à tout prix, les autres au contraire la raison même des courants de haute fréquence, soit dans la télégraphie sans fil, soit dans l'autoconduction, la chaise longue condensateur etc.

On peut diviser la résistance ohmique du circuit en deux parties : une partie sur laquelle nous n'avons pas d'action sensible représentée par l'étincelle, et une autre au contraire composée, du circuit métallique que nous devons nous efforcer à faire aussi peu résistant que possible. On sait du reste que lorsque la résistance R devient $\geqslant \frac{4L}{C}$ il n'y a plus oscillation mais simple décharge du condensateur en un courant toujours de même sens.

R = Résistance,   L = Self-induction,   C = Capacité,

(ceci est la condamnation de tous les appareils à fils discontinus avec connexions multiples par ressorts etc.).

Nous citerons pour fixer les idées, une expérience de Bjerknes rapportée par J. A. Flemming : deux circuits à haute fréquence sont semblables, même capacité, même self-induction : dans l'un le conducteur est du platine, dans l'autre du cuivre.

Voici les résultats :

```
Cas du cuivre : perte par effet Joule. . . . . . . . . . . . . . . . . . .    25  º/₀
Cas du platine : perte par effet Joule. . . . . . . . . . . . . . . . . .   62 5 º/₀
```

C'est-à-dire que l'énergie disponible pour l'utilisation du circuit soit en télégraphie sans fil soit en thérapeutique, était double dans le cas du cuivre.

Malheureusement cette méthode, comme du reste les autres méthodes est délicate et en pratique courante il est difficile d'obtenir des résultats très concordants.

5° *Flux*. — Le flux de même que les autres grandeurs électriques caractérisant ces phénomènes. est une fonction périodique d'amplitude décroissante dont il est intéressant de connaître la première amplitude, les autres suivant la même loi de décroissance que l'intensité.

La détermination du flux maximum à l'intérieur d'un solénoïde, la cage d'autoconduction par exemple, serait d'un intérêt considérable pour les mêmes raisons que celles données lors de l'étude de l'intensité. On peut calculer du moins approximativement, par une formule simple si on a pu connaître la différence de potentiel d'éclatement.

$$E = N\omega\varphi.$$

E étant la différence de potentiel en unités C. G. S.

N étant le nombre de tours du solénoïde, ω la pulsation soit $2\pi n$ (n étant la fréquence), φ le flux.

Un exemple numérique donnera l'idée de l'ordre de grandeur.

Prenons une installation d'autoconduction très voisine des installations pratiques dans lesquelles on peut admettre

$$E = 40\,000^v = 40\,000 \times 10^8 \text{ unités C. G. S.}$$
$$N = 20 \quad \text{et} \quad n = 500\,000$$
$$\varphi = \frac{E}{N_2\pi n} = \frac{40\,000 \times 10^8}{20 \times 500\,000 \times 2\pi} = 63\,678 \text{ maxwells,}$$

et la surface du solénoïde étant de $\frac{1}{2}$ mètre carré. nous aurons une induction de 12,7 gauss.

(L'induction étant égale au quotient du flux par la surface en centimètres carrés).

6° *Nombre d'étincelles à l'éclateur*. — Le nombre des décharges à l'éclateur en l'unité de temps est encore un facteur fort important à connaître.

Avec cette donnée, pour une installation déterminée on peut déduire des indications du milliampèremètre, employé toujours de la même façon, le rapport entre les valeurs vraies de chaque décharge, puisque l'amortissement est sensiblement toujours le même. Ce nombre des décharges est fonction :

1° du nombre d'interruptions données par l'interrupteur ou de la fréquence du courant alternatif.

2° de la différence de potentiel maxima à l'éclateur.

Avec un interrupteur et une bobine, on aura un minimum de une décharge par interruption, quelquefois deux ou trois.

Sur un transformateur à courant alternatif sans interrupteur on a obtenu suivant le cas depuis 1 décharge pour 6 ou 8 alternances jusqu'à 20 ou 25 par alternance.

Nous pourrions donc conclure, si nous connaissions le nombre exact des décharges, que pour une même intensité efficace, l'énergie disponible par chaque décharge est 150 fois plus grande dans le cas de l'étincelle par 6 alternances que dans le cas de 25 étincelles par alternance, sans avoir des valeurs exactes on aurait une valeur relative très intéressante, qu'il est utile de connaître et qui expliquerait peut-être les différences de résultats et certainement les divers aspects de l'effluve du résonateur aux différents régimes.

Comment compter le nombre des décharges dans l'unité de temps ?

On peut photographier conjointement l'étincelle et un arc à l'aide d'une plaque passant rapidement devant l'objectif. Ou encore placer sur le circuit de l'éclateur, un éclateur supplémentaire à très faible longueur d'étincelle entre les pointes duquel on fera passer rapidement une bande de papier. Un diapason inscripteur donnera la mesure du temps, tandis que le nombre de trous renseignera sur le nombre des décharges.

Nous venons de passer en revue, au point de vue pratique quelques unes des méthodes de mesure les plus simples qu'il est possible d'appliquer en haute fréquence, pour se faire une idée de ce que sont les principes caractéristiques de ces courants.

Ces méthodes sont, hélas, le plus souvent bien indirectes et nous déplorons la multiplicité des variables qui rend si difficile et même impossible, les comparaisons.

Ce qui complique par surcroît la tâche de l'expérimentateur, c'est que les circuits de haute fréquence ne sont pas toujours simples comme dans le cas de la grande cage : dans le résonateur, dans la chaise longue nous avons à faire à des circuits multiples présentant par suite une période de vibration complexe, ce qui n'est pas fait pour simplifier le phénomène.

L'ondemètre en passant par plusieurs maxima décèle d'ailleurs cette complexité.

Un instant l'apparition de l'arc chantant comme générateur continu des courants de haute fréquence nous avait fait espérer une simplification notable dans la technique de ces courants, malheureusement le procédé ne semble pas pouvoir être mis au point, de l'avis même de M. Blondel.

Le rapport de M. Gaiffe montre que nous possédons des méthodes permettant d'analyser les caractéristiques d'un appareillage et, au besoin, de faire des comparaisons. Une fois l'analyse faite nous devons nous entourer d'instruments de contrôle particuliers à l'installation : milliampèremètres, fréquencemètres, comparateurs d'induction qui nous diront si les conditions d'applications sont restées comparables à elle-mêmes. C'est là un résultat considérable.

NOTA. — Comment peut-il y avoir des différences aussi considérables entre le nombre d'interruptions ou le nombre d'alternances et le nombre de décharges ?

Une source peut charger une capacité à une différence de potentiel déterminée. Si la distance explosive des pièces de l'éclateur est telle que cette différence de potentiel atteigne la grandeur voulue nous aurons une seule décharge par interruption ou par alternance.

Si au contraire, cette distance est plus faible, il pourra y avoir une succession de charge ou de décharge pour une seule interruption ou alternance.

Sur un courant alternatif, si la différence de potentiel aux bornes du condensateur est trop faible pour donner une décharge dès la première alternance, il peut se produire, dans certaines conditions, une oscillation entre le condensateur et le transformateur qui tend à augmenter la différence de potentiel fournie par ce dernier jusqu'à ce qu'une décharge se produise et ramène les choses à l'état où elles étaient au début.

DES DIFFÉRENTS ORGANES NÉCESSAIRES A LA PRODUCTION
DES COURANTS DE HAUTE FRÉQUENCE

Nous venons de passer en revue tous les différents appareils nécessaires à l'obtention des courants de haute tension.

Ces appareils devant en alimenter d'autres transformant ce courant de haute tension en courants de haute fréquence, nous allons examiner séparément chacun de ces appareils :

L'éclateur ;

Le condensateur ;

Le résonateur.

Puis ensuite, nous réunirons tous ces organes entre eux et avec les générateurs de haute tension, en examinant les différents modes de groupement.

Enfin nous examinerons les différentes applications des courants de haute fréquence.

CHAPITRE XIII

L'ÉCLATEUR

Le rôle d'un éclateur dans un circuit oscillant est de déterminer le déclanchement brusque de deux charges d'électricité de signe contraire lorsque la différence de potentiel aux bornes de l'appareil atteint une valeur déterminée qui dépend de la distance explosive.

L'éclateur joue donc un rôle particulièrement important dans toutes les applications des oscillations hertziennes, et il a donné lieu, dans ces dernières années, à un assez grand nombre d'étude. » Pour permettre de suivre plus facilement les résultats de ces différentes études, nous les classerons en quatre groupes :

Premier groupe. — Études sur la distance explosive ;

Deuxième groupe. — Études sur la résistance de l'éclateur en fonctionnement et sur l'amortissement qui en résulte ;

Troisième groupe. — Études relatives à l'emploi de tubes à vide comme éclateurs ;

Quatrième groupe. — Résultats de quelques expériences comparatives.

Distance explosive. — 1° *Relation générale entre le potentiel explosif et la distance explosive.* — Les études de plusieurs expérimentateurs, MM. Voege, Walter et Grob, ont permis d'établir que, d'une façon générale, la relation entre le potentiel explosif V et la distance explosive (d) est donnée par la formule :

$$V = a + bd;$$

où (a et b) sont des constantes dont la valeur varie suivant la forme des électrodes et suivant certaines conditions particulières de l'expérience. Cette formule est applicable aux étincelles dont la longueur dépasse 5 centimètres, mais pas aux étincelles de longueur plus faible. D'après M. Walter, ce fait doit être attribué à ce que le passage d'une étincelle électrique dans l'air dépend de deux facteurs : la résistance de passage aux électrodes et la couche d'air interposée ; l'existence de la première résistance étant prouvée par le fait même que la différence de potentiel produit des étincelles beaucoup plus longues entre pointes qu'entre sphères ou plaques. La résistance de passage serait alors variable pour de petites longueurs d'étincelles et conserverait, lorsque la distance explosive augmente, une valeur constante, atteinte pour une longueur de 5 centimètres.

2° *Influence de la capacité propre de l'éclateur.* — Dans les expériences faites avec des boules d'acier de 10 millimètres comme électrodes, M. Grob a constaté un phénomène singulier.

Dans les courbes, d'allure généralement régulière, il existe presque toujours à un endroit quelconque une bosse très nette. Après avoir fait, par hasard, un changement dans la disposition des conducteurs, l'expérimentateur trouva que la distance explosive avait augmenté de 40 %. Ce fait ne pouvait être attribué qu'à un phénomène de capacité, et, pour élucider ce point, on installa des disques circulaires,

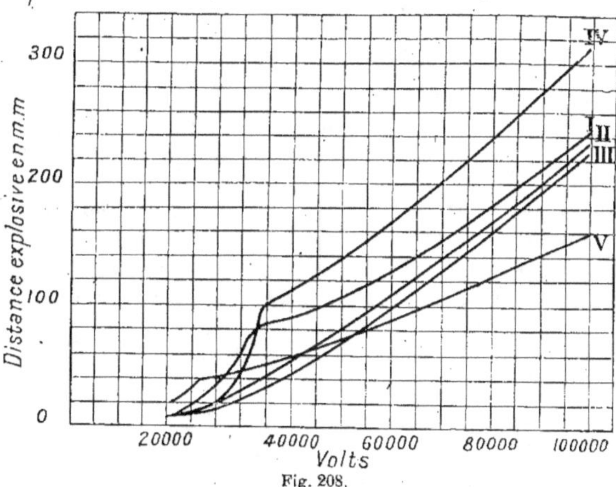

Fig. 208.

d'environ 10 centimètres de diamètre, mobiles sur les manches des électrodes. En plaçant ces disques, on provoqua le déplacement des bosses qui se modifièrent en position et en grandeur. Quand les disques étaient placés à quelques centimètres derrière les boules, les bosses disparaissaient entièrement ou presque entièrement. La courbe IV de la figure 208 a été obtenue en intercalant, en série avec l'étincelle principale, une petite étincelle auxiliaire de quelques dixièmes de millimètre : cette interruption dans le conducteur a produit, comme on le voit, une augmentation assez considérable de la distance explosive. La courbe V de la figure 208 représente les distances de décharges entre deux fils de cuivre de 12 millimètres de diamètre recourbés en forme de cornes.

3° *Influence de la forme et de la nature des électrodes.* — Tous les expérimentateurs ont constaté que la forme des électrodes exerce une influence très grande sur la distance explosive, mais que les petits rayons de courbure ne correspondent pas toujours aux plus grandes longueurs d'étincelles.

Des expériences faites par M. Thurg sur du courant alternatif et sur du courant continu, produit par trois machines de 25 000 volts montées en série, ont donné les résultats que résument les figures 209 et 210. Dans la figure 209, relative au courant continu, la courbe A indique les décharges entre sphères ; la courbe B, les décharges

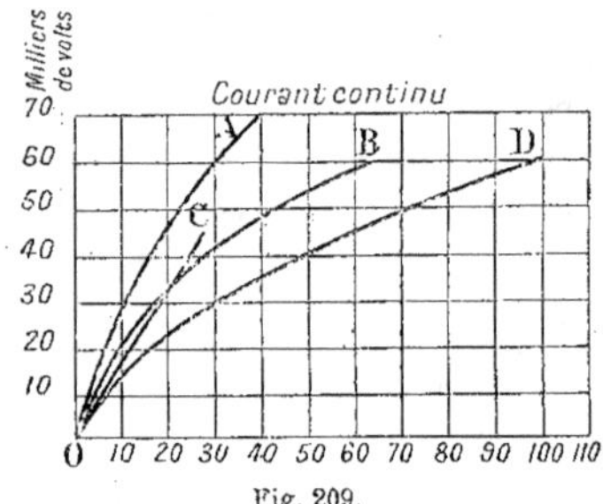

Fig. 209.

entre plaque et sphère, la polarité de l'une ou l'autre des électrodes étant indifférente ; la courbe C, les décharges entre une pointe et une plaque, la plaque servant d'électrode positive et la pointe d'électrode négative ; et la courbe D les décharges entre une pointe positive, et une plaque négative. Dans la figure 210, relative au courant alternatif à 50 périodes, la courbe (*a*) indique les décharges entre sphères, la courbe (*b*) les décharges entre une sphère et une plaque, et la courbe (*c*) les décharges entre une

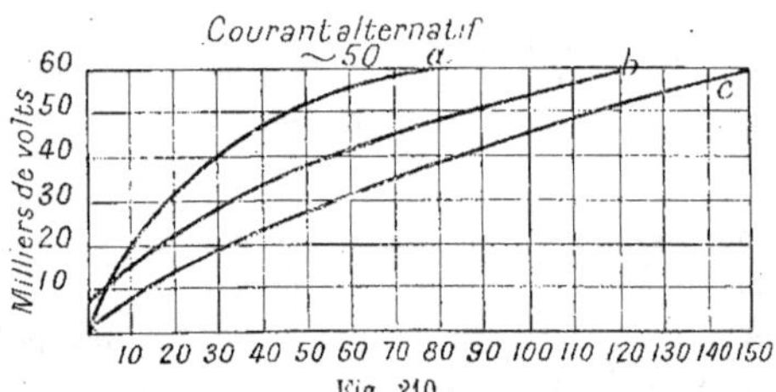

Fig. 210.

pointe et une plaque. Plusieurs expérimentateurs ont constaté que la forme des électrodes joue un rôle beaucoup plus considérable pour les petites étincelles longues.

En ce qui concerne l'influence de la nature des électrodes sur la distance explosive, MM. Lemoine et Chapeau ont trouvé que l'oxydation du métal joue un rôle important dans les phénomènes présentés par l'éclateur.

Ces expérimentateurs, employant comme électrodes de boules de laiton, ont constaté qu'il existait dans la décharge deux régimes nettement distincts. Pendant le premier régime, les étincelles éclatant entre les boules rigoureusement polies forment un faisceau cylindrique très lumineux de 4 à 5 millimètres de diamètre. Les boules s'oxydent et se couvrent de piqûres innombrables dans une étendue de quelques millimètres carrés sur laquelle se déplace les points d'attache des étincelles. Pendant le second régime, qui prend naissance après un certain temps de fonctionnement, l'étincelle est un trait lumineux rectiligne, le potentiel explosif diminue, et tombe, par exemple, de 10 000 volts à 70 000 volts. Si l'on examine les boules, on constate que, sur chacune d'elles, l'une des piqûres s'est accentuée pour devenir un trou profond $\left(\frac{1}{10}\ \text{de millimètre}\right)$ recouvert d'un monticule conique d'oxyde servant seul de point de départ à l'étincelle. Si l'on fait tomber l'oxyde, le premier régime se rétablit. Différents métaux, cuivre rouge, zinc, fer, employés comme électrodes, présentent les deux régimes, mais avec plus ou moins de difficulté, probablement à cause de la différence de formation de l'oxyde. L'aluminium présente immédiatement et indéfiniment le second régime.

M. Drude a constaté que les meilleurs résultats sont obtenus en employant des électrodes de zinc pour la construction des éclateurs fonctionnant à l'air libre. Avec le laiton, les étincelles sont moins actives.

4° *Influence du diélectrique interposé entre les deux électrodes.*

Le potentiel explosif dépend énormément de la nature, de la température et de la pression du diélectrique.

M. Voege a étudié les valeurs du potentiel explosif en fonction de la distance pour différents gaz, différents liquides et différents solides.

Les résultats ainsi obtenus avec des électrodes pointues pour l'hydrogène, le gaz d'éclairage, l'oxygène et l'acide carbonique, sous une pression de 760 millimètres à 15°, sont résumés par les courbes de la figure 211, où sont portées les tensions maxima en fonction des distances explosives.

L'allure des courbes est la même pour tous les gaz et sa loi qui lie le potentiel explosif à la distance explosive peut encore être exprimée par la formule :

$$V = a + bd.$$

La pression du gaz interposé entre les électrodes joue un rôle considérable. Quand on baisse la pression, on abaisse également la valeur du potentiel explosif, le minimum étant atteint pour une pression de 0,5 mm. de mercure environ. Quand la pression est abaissée à une valeur inférieure à ce chiffre, le potentiel de décharge croît rapidement et atteint, pour les vides que l'on sait produire actuellement, des valeurs tellement élevées que la décharge devient à peu près impossible. Nous reviendrons plus loin sur le fonctionnement des éclateurs à vide.

Quand on augmente la pression, on augmente la valeur du potentiel explosif.
MM. Guye ont étudié la rigidité électrostatique des gaz aux pressions élevées :

Les gaz essayés ont été l'air, l'azote, l'oxygène, l'hydrogène, l'anhydride carbonique, soigneusement purifiés. Les résultats trouvés sont les suivants :

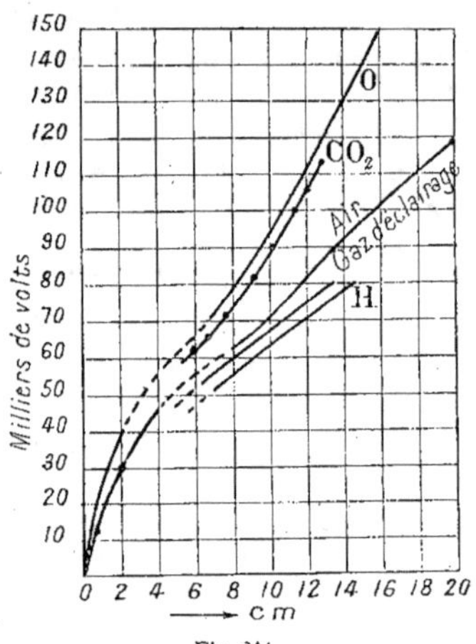

Fig. 211.

1° Jusqu'à une pression de 10 atmosphères, le potentiel explosif croît linéairement
avec la pression ;

2° Pour des pressions plus élevées, le rapport du potentiel explosif à la pression

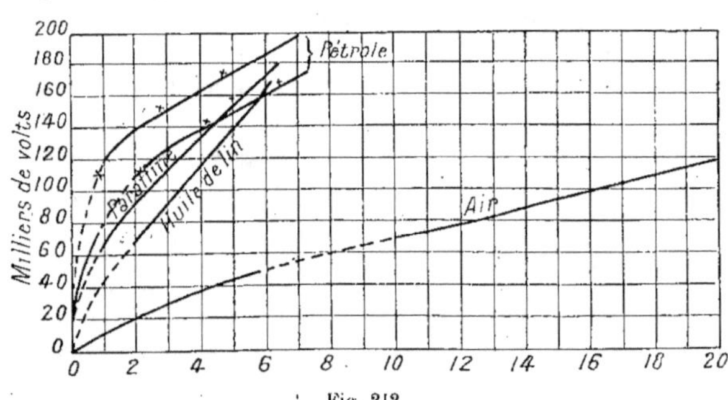

Fig. 212.

diminue ; les courbes du potentiel en fonction de la pression ont une allure parabolique ;

3° Pour l'azote, la courbe de potentiel présente un maximum au voisinage du maximum de compressibilité du gaz (pv = minimum). La courbe de l'air présente également un relèvement pour p = 65 millimètres de mercure ;

4° L'expérience effectuée en présence d'un sel de radium ou de rayon X, par exemple, n'a pas donné de résultat particulier.

Les résultats obtenus par M. Vœge sur les diélectriques liquides, huile de lin, paraffine, pétrole, entre électrodes pointues sont résumés par les courbes de la figure 212. Toutes les courbes présentent la même allure que la courbe relative à l'air qui est portée sur la figure pour permettre les comparaisons ; elles satisfont à l'équation $V = a + bd$. Comme pour l'air, il existe, dans chacune de ces courbes, une zone incertaine figurée en trait interrompu. Pour le pétrole, deux courbes ont été tracées, dont la plus basse correspond à l'emploi du pétrole frais, au cours de l'expérience, le pétrole devint de plus en plus isolant, sous l'effet du passage des étincelles, et sa couleur devint jaune clair ; la courbe supérieure indique les résultats obtenus pour cet état du diélectrique. Une modification analogue des propriétés isolantes a été observée sur les huiles de paraffine et de térébenthine. Les courbes de la figure 213 sont relatives à la décharge entre une pointe et une plaque ; on voit que, pour un même potentiel, les distances explosives entre une pointe positive et une plaque négative sont plus grandes qu'entre deux pointes.

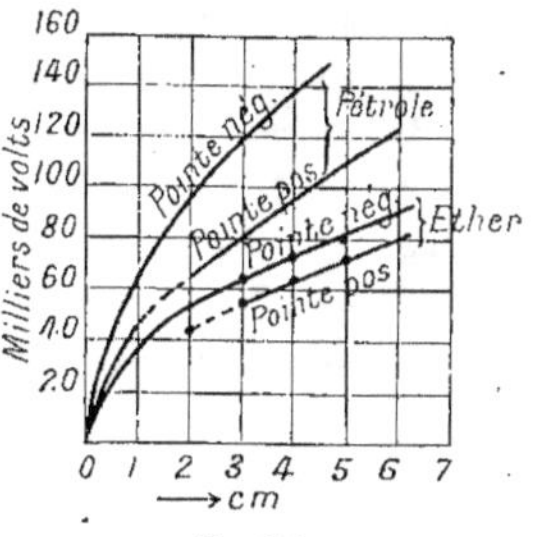

Fig. 213.

Les résultats obtenus pour les corps solides (ébonite, verres de différentes sortes) ont montré que la relation $V = a + bd$ est applicable également à ces cas. M. Vœge a remarqué que le résultat n'est pas le même si la plaque de verre à percer est placée dans le pétrole ou dans l'huile de lin. La même plaque de 9 millimètres fut traversée à 78 000 volts dans le pétrole, à 69 000 volts dans l'huile de lin et à 100 000 volts dans l'huile de paraffine très épaisse. La tension nécessaire à la disrupture d'un corps solide dépend donc du milieu dans lequel on opère, le corps solide étant percé d'autant plus facilement que le milieu environnant est mieux en état de montrer l'action électrique en un point.

5° *Explication des phénomènes observés par la théorie de l'ionisation.*

M. Vœge a publié une étude intéressante dans laquelle il relate le résultat d'un certain nombre d'expériences importantes.

D'après la théorie moderne des ions, on explique le phénomène de la décharge électrique par une ionisation du diélectrique interposé entre les électrodes (constitué par de l'air dans les expériences dont il s'agit). Par suite de la migration des ions positifs vers l'électrode négative, et des ions négatifs vers l'électrode positive, il existe à proximité de la cathode, un excédent d'ions négatifs. La courbe de potentiel présente auprès de l'anode une forte chute négative, vers le milieu de l'étincelle une chute plus faible, et à la cathode de nouveau une forte chute de potentiel. M. Vœge s'est alors proposé de déterminer le rôle que joueraient les ions étrangers libres, placés au voisinage de l'une ou l'autre électrode. Un mode d'ionisation facile à employer est donné par la flamme Bunsen, et il employa le dispositif suivant : la flamme Bunsen brûlait dans un verre de lampe ordinaire ; un trou percé dans ce verre laissait passer une électrode dont la pointe atteignait à peu près l'axe du tube ; un second trou percé dans le verre en face de la pointe permettait le passage de la décharge. Le résultat de cette expérience fut le suivant : quand l'électrode placée dans le cylindre au-dessus de la flamme est cathode, le passage de la décharge est facilité ; quand cette électrode est anode, le passage de la décharge est rendu difficile.

Pour voir s'il existait dans le gaz de la flamme un excédent d'ions positifs ou négatifs, M. Vœge a employé un électroscope d'Elster et Geitel chargé positivement ou négativement, et a constaté que dans l'un et l'autre cas la durée de la décharge était la même ; il n'y a donc aucun excédent d'ions de l'un ou l'autre signe.

M. Vœge plaça ensuite dans le cylindre de verre une lampe Nernst. D'après les recherches de Wehnelt sur les oxydes métalliques (Ca, Ba, etc.), et, d'après une expérience de vérification faite par lui avec un électroscope, le batonnet incandescent émet des ions négatifs.

Le résultat de cette expérience fut le suivant : quand l'électrode est placée dans le cylindre cathode, le passage de la décharge n'est pas modifié ; quand cette électrode est anode, le passage de la décharge est rendu difficile.

Enfin, M. Vœge employa, pour l'une des électrodes, un fil de platine porté au rouge sombre par un courant électrique, l'autre électrode étant toujours constituée par une pointe en laiton. C'est un fait connu que le fil incandescent émet des ions positifs. Le résultat de cette expérience fut le suivant : quand le fil incandescent est anode, on ne peut constater aucune influence particulière sur la décharge ; quand le fil est cathode, la décharge électrique est facilitée.

On peut résumer par le tableau suivant les résultats acquis :

Flamme Bunsen.	à la cathode	décharge facilitée
(Ions positifs et négatifs. . . .	à l'anode.	décharge rendue difficile
Lampe Nernst	à la cathode	décharge à peine facilitée
(Ions négatifs prépondérants).	à l'anode.	décharge rendue difficile
Fil de platine incandescent. .	comme cathode . . .	décharge facilitée
(Ions positifs prépondérants) .	comme anode	aucune influence sensible

La loi qui s'ensuit est la suivante :

Quand il existe, au voisinage d'une électrode, des ions étrangers de même nom que cette électrode, ceux-ci n'ont aucune influence sensible sur le passage de la décharge.

Quand il existe au voisinage de l'anode des ions négatifs, le passage de la décharge est rendu difficile ; quand il existe au voisinage de la cathode des ions positifs, le passage de la décharge est facilité.

Puisqu'en augmentant le nombre d'ions négatifs au voisinage de l'anode, on rend difficile le passage de l'étincelle, on doit bien admettre que tous les ions négatifs à proximité de l'anode présentent une résistance au passage de la décharge électrique et que cette couche d'ions négatifs à l'anode contribue, pour une part importante, à la résistance de passage que rencontre le courant électrique quand il quitte l'électrode pour pénétrer dans le gaz. Cette hypothèse explique un grand nombre de phénomènes présentés par les décharges électriques.

Par exemple, la décharge entre une pointe et une plaque est difficile, si la plaque est positive, parce qu'il se produit devant celle-ci une couche d'ions négatifs qui s'opposent au passage de l'étincelle : elle est facile, au contraire, si c'est la pointe qui est positive, parce que, dans ce cas, la couche d'ions négatifs ne peut pas jouer un rôle important et que toute l'action électrique est concentrée en un point.

La décharge entre une plaque positive et une pointe négative, placées à une distance pour laquelle l'étincelle cesse normalement de jaillir, passe aussitôt si l'on touche un point de la plaque avec un isolant solide et si l'on rompt ainsi la couche d'ions négatifs. Les étincelles partent toutes au point touché et cessent aussitôt que l'on retire l'isolant. De même la décharge entre deux pointes placées à une distance pour laquelle l'étincelle cesse normalement de jaillir, passe aussitôt que l'on place contre la pointe positive le bord d'une plaque isolante, telle que l'ébonite : les étincelles contournent le bord de la plaque et cessent aussitôt que l'on retire celle-ci.

D'autre part, une augmentation du nombre d'ions positifs à l'électrode négative facilite le passage de la décharge, tandis que la présence d'ions négatifs n'exerce aucun effet sensible.

On peut produire une augmentation du nombre des ions positifs à la cathode au moyen d'une petite étincelle jaillissant entre celle-ci et une électrode auxiliaire reliée à la terre. Quoique cette dérivation cause un abaissement du potentiel de la pointe, l'action des ions positifs produite est suffisante pour déterminer le passage de l'étincelle. Le phénomène n'est pas dû à un accroissement de la capacité, car, si l'on amène l'électrode auxiliaire en contact métallique avec la cathode, le passage des étincelles cesse.

Ces différents résultats permettent d'expliquer l'allure particulière des courbes de distances explosives. Une pointe chargée à un potentiel élevé émet des ions négatifs quand elle est cathode, et des ions positifs quand elle est anode. L'action de la cathode se produit à des distances plus grandes que l'action de l'anode, car la vitesse des ions négatifs est plus grande que celle des ions positifs.

Pour de faibles distances explosives, l'électrode positive est placée dans le rayon d'action de la cathode et sa résistance est augmentée par le fait des ions négatifs qui l'atteignent.

Plus la distance entre les électrodes est grande, et plus la réaction du pôle positif est faible. On arrive ainsi à une position limite pour laquelle, suivant les circonstances, les

ions négatifs atteignent ou n'atteignent pas l'anode : c'est la zone des observations incertaines. Au delà de cette zone, la distance explosive est proportionnelle au potentiel
explosif.

Les ions positifs émis par l'anode, qui atteignent la cathode, facilitent la décharge,
mais leur rôle semble être très secondaire. D'une part, l'influence des ions positifs sur
la cathode est beaucoup plus faible que l'influence des ions négatifs sur l'anode et,
d'autre part, le rayon d'action de l'anode est plus petit que celui de la cathode par
suite de la différence de vitesse des ions positifs et négatifs.

Résistance de l'éclateur en fonctionnement et amortissement qui en résulte. —
1° *Relation entre la distance explosive et la résistance.* — Des études très complètes
sur la résistance de l'étincelle ont été faites par M. Slaby. Pour mesurer cette résistance, il a employé le dispositif que présente schématiquement la figure 214. Dans
un circuit oscillant doué de capacité et de self-induction, il intercalait, outre l'écla-

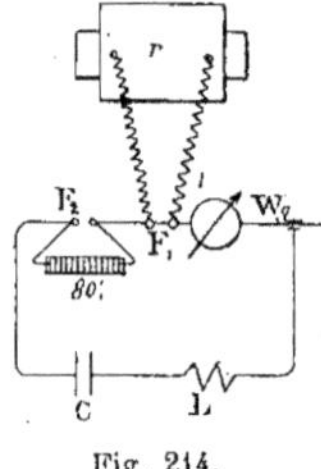

Fig. 214.

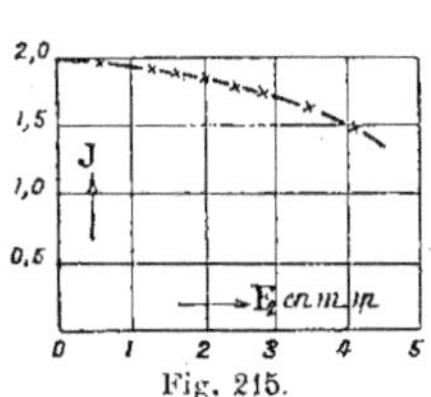

Fig. 215.

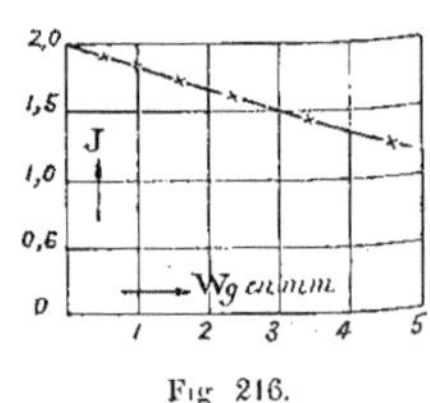

Fig 216.

teur F, une seconde coupure F_2 servant à la mesure, et une résistance réglable en graphite W_g. Pour que le potentiel de charge fût indépendant de la longueur de coupure F_2,
celle-ci était court-circuitée par une résistance électrolytique de 40 ohms formée de
tubes contenant une solution de sulfate de cuivre. Les courants à haute fréquence de la
décharge passaient sous forme d'étincelles, par la coupure, et la mesure était conduite
de la façon suivante :

La résistance de graphite et la coupure étaient d'abord court-circuitées, et le primaire du transformateur T était réglé de telle façon que l'ampèremètre thermique intercalé présentât la déviation maxima. On faisait ensuite varier la longueur de coupure F_2
et l'on traçait la courbe de F_2 en fonction du courant oscillant J, puis on faisait répéter
la même opération sur la résistance de graphite en court-circuitant la coupure, et l'on
traçait la courbe de la résistance W_g en fonction du courant oscillant J.

On avait alors :

$$J = f(F_2) \quad \text{et} \quad J = f(W_g),$$

Comme les courants égaux correspondent à des résistances égales, on pouvait déterminer la fonction qui lie F_2 et W_g, la tension de charge, la capacité et la self-induction restant constantes pendant la mesure.

Les valeurs de la résistance de graphite étaient mesurées au moyen du pont avec téléphone, et sont exprimées par les courbes de la figure 218, le calcul montrant que la

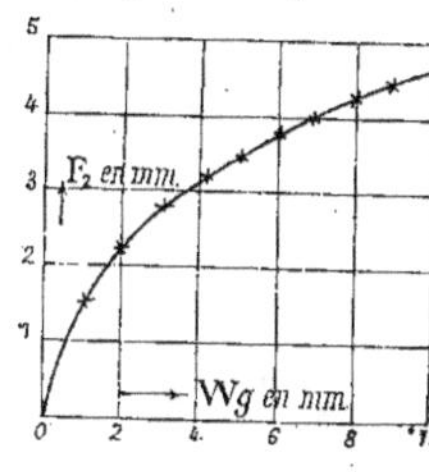

Fig. 217.

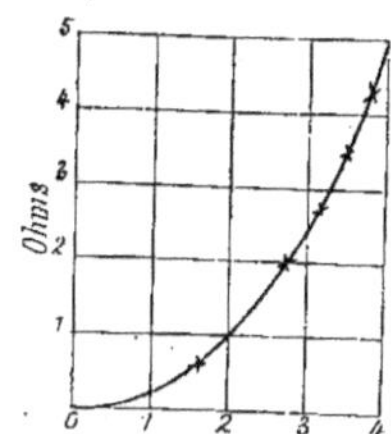

Fig. 218.

correction à faire subir à la valeur de la résistance, à cause de la valeur élevée de la fréquence est négligeable.

2° Influence de la capacité du circuit oscillant. — La résistance de l'éclateur augmente quand la capacité du circuit diminue et quand la self-induction augmente.

Ce résultat a été mis en évidence par les expériences de différents auteurs.

On peut, en particulier, citer les chiffres suivants trouvés par M. Drude.

C_1 désigne la capacité du circuit oscillant . . . . .
L_1 sa self-induction . . . .
f la distance explosive . . . . w la résistance de l'éclateur

$C_1 = 161$ centimètres. . . . .
$L_1 = 297$ centimètres. . . . .
$f = 1,5$ millimètres . . . . $w = 0,94$ ohm

$C_1 = 196$ centimètres. . . . .
$L_1 = 1545$ centimètres . . . .
$f_1 = 1,5$ millimètre . . . . $w = 1,34$ ohm

$C_1 = 2130$ centimètres . . . .
$L_1 = 293$ centimètres. . . . .
$f_1 = 1,3$ millimètre . . . . $w = 0,27$ ohm

$C_1 = 2130$ millimètres . . . .
$L_1 = 126$ centimètres. . . . .
$f_1 = 1,8$ millimètre . . . . $w = 0,21$ ohm

$C_1 = 44$ centimètres . . . .
$L_1 = 297$ centimètres. . . . .
$f = 0,25$ centimètre. . . . . $w = 2,1$ ohms

Ces chiffres montrent nettement l'influence de la capacité et de la self-induction.

M. Slaby de son côté, a fait une série de mesures pour déterminer les valeurs de la résistance en faisant varier les valeurs de la capacité intercalée dans le circuit oscillant : les résultats obtenus sont résumés par les courbes de la figure 219, sur lesquelles on voit que pour un même potentiel explosif, les résistances diminuent quand la capacité croît. Les courbes de la figure 220 indiquent les valeurs de la conductance en fonction de l'inverse de la racine carrée de la capacité.

Courants alternatifs, etc.

Ces expériences prouvent que la résistance de l'étincelle d'un circuit oscillant peut prendre des valeurs considérables et que, par suite, l'amortissement dépend presque entièrement de la résistance de l'éclateur.

On voit immédiatement, d'après les courbes de la figure 219, comment on peut diminuer d'une façon efficace la résistance d'étincelle. Pour de fortes capacités, la résis-

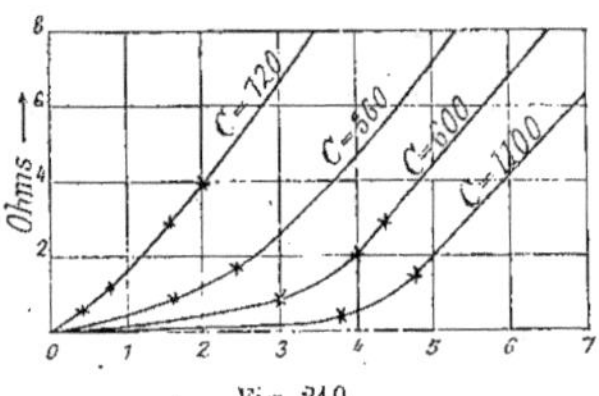

Fig. 219.

tance n'augmente que très lentement au début et croît rapidement à partir d'une certaine longueur d'étincelle. La résistance peut donc être considérablement réduite si l'on remplace une grande distance explosive par une série de petites coupures. Or, le potentiel explosif croît beaucoup plus vite pour de petites longueurs d'étincelle que pour de grandes longueurs. Par exemple, étant donné un potentiel explosif de 30 000 volts, on peut remplacer une distance explosive de 10 millimètres par 3 coupures de

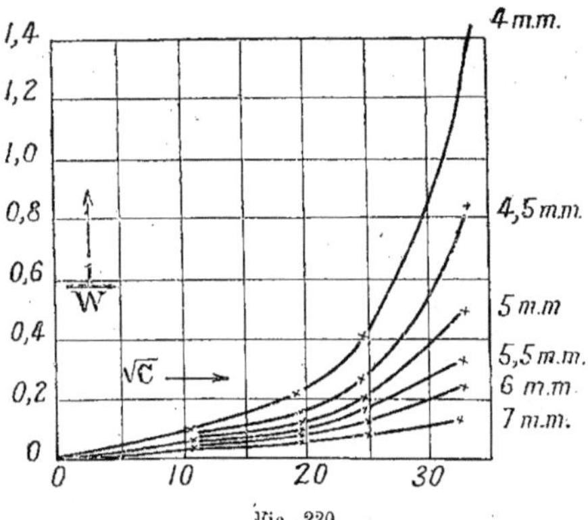

Fig. 220.

$2^{mm},5$ en série, correspondant chacune à un potentiel explosif de 10 000 volts. Pour une capacité de 1 100 centimètres, l'étincelle de 10 millimètres à une résistance d'environ 15 ohms : au contraire les trois étincelles en série représentent une résistance de $3 \times 0,2 = 0,6$ ohm. Pour des capacités plus fortes, les conditions seraient encore plus favorables. Ce dispositif présente évidemment une grande importance pratique pour la diminution de l'amortissement. Il est employé d'une façon générale en Allemagne dans les postes transmetteurs de télégraphie sans fil, système de la compagnie Telefunken.

3° *Influence de l'intensité du courant dans l'éclateur*. — D'après ce qui précède et les courbes tracées, il est facile de voir que la résistance de l'éclateur varie énormément avec l'intensité du courant qui le traverse, puisque cette intensité est proportionnelle à la racine carrée de la capacité du circuit. On peut, dans toutes les applications pour lesquelles l'amortissement doit être aussi réduit que possible, profiter de la diminution de la résistance produite par une augmentation d'intensité, en superposant au courant du circuit oscillant le courant de décharge d'un condensateur auxiliaire placé en dérivation aux bornes de l'éclateur. Évidemment ce courant superposé doit avoir même fréquence et même phase que le courant principal. Cette augmentation de courant est réalisée, en télégraphie sans fil, par l'emploi de transmetteurs multiples, en harpe ou en cône. En effet, la capacité électrostatique d'une antenne, augmente avec le nombre de fils et par suite aussi le courant qui croît comme la racine carrée, l'accrois-

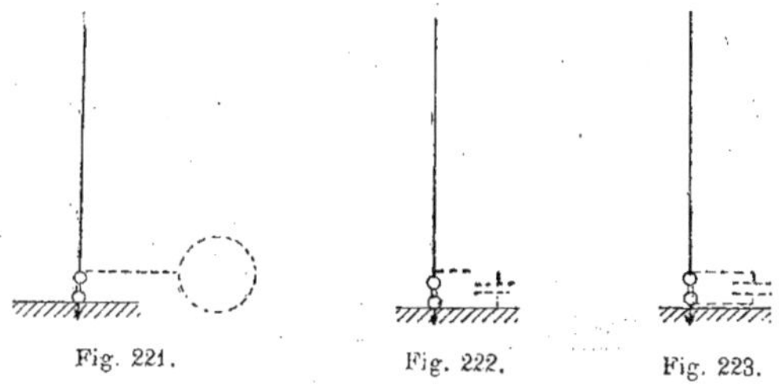

Fig. 221.   Fig. 222.   Fig. 223.

sement de la capacité. Il n'est pas nécessaire d'employer, pour cela, des antennes multiples : comme l'a vérifié M. Slaby, les dispositifs des figures 221, 222, 223, jouent le même rôle en ce qui concerne l'amortissement.

4° *Influence du diélectrique interposé entre les électrodes*. — La résistance des éclateurs placés dans l'huile, dont on a parfois préconisé l'emploi, est beaucoup plus considérable, à potentiel explosif égal, que celle des éclateurs dans l'air. La courbe de la figure 224 nous indique le rapport des écartements dans l'huile et dans l'air : pour tracer cette courbe, M. Slaby avait placé en parallèle un éclateur réglable à l'air et un éclateur réglable à l'huile (pétrole) à boules égales, dont il réglait la distance explosive de façon que l'étincelle passât aussi souvent dans un éclateur que par l'autre. On voit sur la figure 224 que, pour un même potentiel explosif donné, l'éclateur à air présente une coupure 7 fois plus grande que celle de l'éclateur à l'huile.

Les résistances des deux étincelles pour le même circuit oscillant sont indiquées par la figure 225 : les abcisses relatives à la courbe dans l'huile et les abcisses de la courbe dans l'air sont différentes de manière à correspondre au même potentiel explosif. D'après ces courbes, on voit que l'éclateur à huile présente une résistance à peu près décuple de celle de l'éclateur à air. Dans ces conditions, on peut dire que l'emploi des éclateurs dans l'huile est à rejeter d'une façon absolue pour toutes les applications pour lesquelles la valeur de l'amortissement doit être aussi faible que possible, c'est-à-dire toutes les applications basées sur les actions mécaniques, ou actions de courant. En laboratoire, les éclateurs à huile peuvent rendre des services, car leur emploi

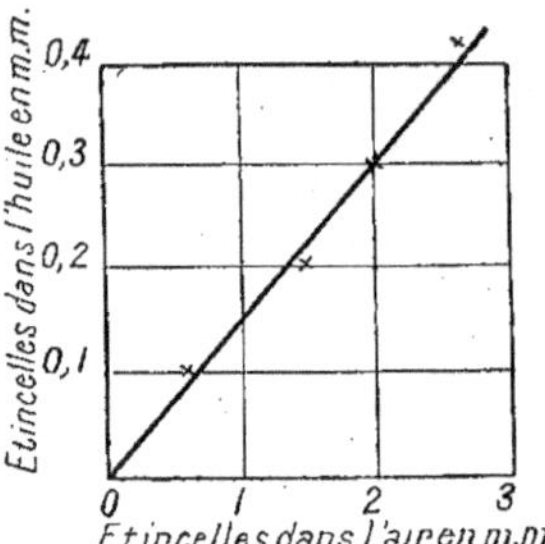

Fig. 224.

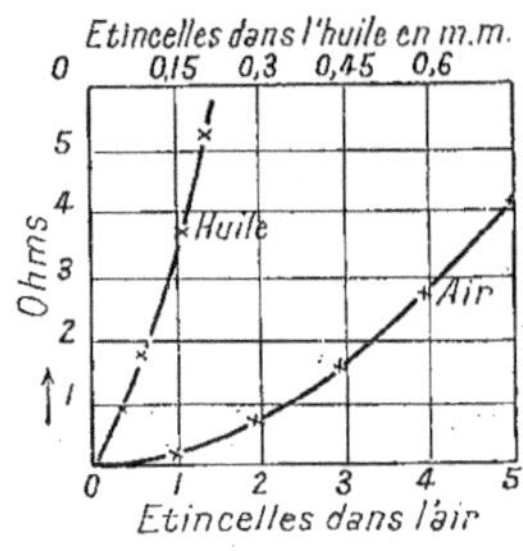

Fig. 225.

permet d'obtenir un accroissement considérable des actions électriques, ou actions de la tension.

5° *Influence de la forme et de la nature des électrodes.* — On sait que le potentiel explosif croît avec le rayon de courbure des boules. La résistance de l'étincelle croît aussi avec le rayon des boules, comme le montre une expérience faite par M. Slaby

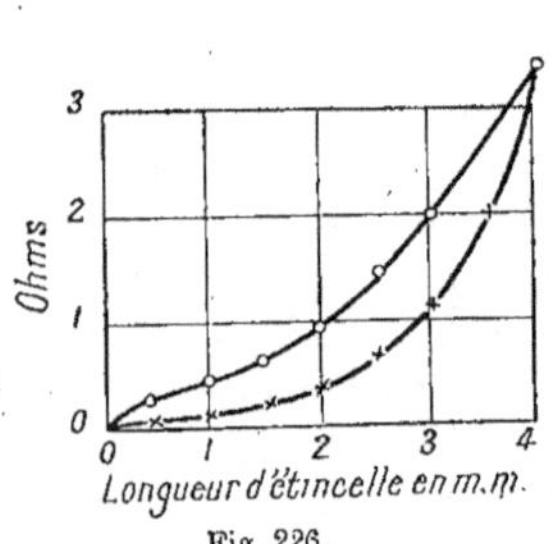

Fig. 226.

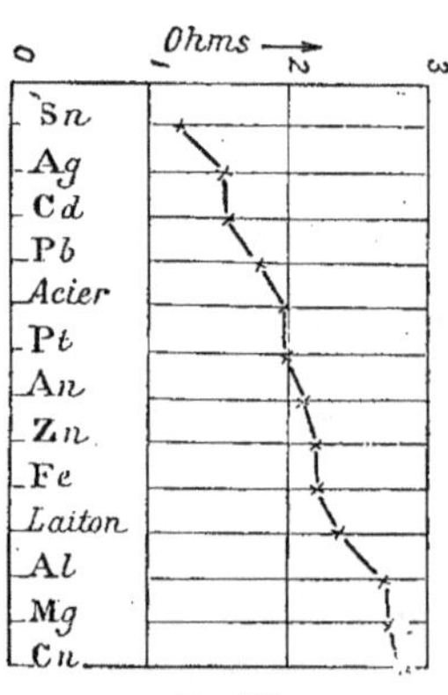

Fig. 227.

pour une même fréquence de charge et une même capacité sur les éclateurs formés de boules de laiton de 15 ou de 30 millimètres. Les deux courbes de la figure 226 indiquent les résultats de cette expérience. Enfin, le même expérimentateur a étudié l'influence de la nature des boules en comparant entre eux les éclateurs ayant pour électrodes des sphères de même diamètre en laiton, en plomb, en cuivre, en aluminium, en magnésium, en cadmium, en zinc, en étain, en fer, en acier, en argent, en or, en platine.

Les résultats trouvés sont indiqués dans le tableau suivant : en outre, la courbe de la figure 227 indique la résistance des différents éclateurs pour une distance explosive de 1 millimètre.

	Distance explosive	0,5	1	1,5	2	2,5	3
	Volts	2650	4800	6700	8370	9900	11370
Résistance en ohms équivalente à celle de l'éclateur	Laiton	0,9	2,4	4,0	5,95	8,9	12,80
	Pb	0,9	1,83	3,3	5,5	9,3	14,6
	Cu	1,3	2,85	4,4	6,4	9,3	12,6
	Al	1,3	2,8	4,6	7,1	10,6	15,5
	Mg	1,3	2,8	5,5	9,4	14,6	
	Cd	0,5	1,5	3,0	5,25	8,4	12,4
	Zu	1,0	2,2	3,5	5,6	8,4	12,2
	Su	0,5	1,2	2,5	4,55	8,2	13,3
	Fe	0,85	2,2	4,45	7,7	11,8	16,4
	Acier	0,7	3,0	4,1	6,9	10,5	15,5
	Ag	0,6	1,5	2,45	3,8	5,8	8,9
	Au	1,0	2,1	3,4	5,1	7,6	11,3
	Pt	0,9	3,0	3,4	5,2	7,6	11,5

6° *Influence de différentes circonstances accessoires.* — M. Drude, dans une étude sur les circuits oscillants, a observé l'influence de diverses circonstances accessoires.

a) Direction du courant. — Quand les étincelles ont éclaté pendant un certain temps entre les électrodes en zinc avec un sens de courant déterminé et que l'on renverse ce sens, la valeur de l'amortissement augmente beaucoup et l'effet intégral produit par les oscillations diminue.

b) Éclairement de la coupure explosive. — En allumant à 1 mètre environ de l'éclateur une lampe à arc sans globe, on rend les étincelles absolument inactives.

Cet effet de la lumière ultra-violette à déjà été observé par Hertz. La lumière du jour ne produit pas d'effet.

c) Propreté des électrodes. — Des traces de graisse ou de pétrole augmentent la valeur de l'amortissement. Quand les électrodes (en zinc) sont fraîchement nettoyées et polies, l'amortissement et surtout l'activité des étincelles, n'ont pas de valeurs aussi favorables qu'après un fonctionnement de cinq minutes. Ensuite l'activité reste à peu près la même, que l'éclateur fonctionne ou non.

d) Soufflage de l'étincelle. — On peut souffler l'étincelle au moyen d'un champ magnétique transversal, au moyen d'air raréfié ou d'air comprimé. M. Slaby n'a constaté aucune influence du soufflage sur l'amortissement en plaçant un électro-aimant perpendiculairement à l'étincelle. Il en a été de même du soufflage avec de l'air comprimé à 12 atmosphères.

Nous reviendrons tout à l'heure sur cette question et nous indiquerons également quelques résultats d'après lesquels le soufflage semble jouer un certain rôle.

Eclateurs à vapeur de mercure et éclateurs à vide. — Les éclateurs de cette catégorie doivent être mis à part, car ils semblent posséder des propriétés particulières encore mal connues.

C'est M. de Valbreuze qui a le premier préconisé leur emploi.

Le montage de M. Cooper Hewitt est indiqué par la figure 228 dans laquelle A est un alternateur, B un transformateur élevant la tension à 14000 volts, C et D les électrodes en mercure du tube vide V, E et F deux condensateurs, G le primaire et I le secondaire du transformateur relié à l'antenne.

Si comme le croit M. Hewitt, la cathode en mercure reprend sa répugnance instantanément c'est-à-dire $\frac{1}{10^5}$ seconde après le passage au courant par zéro, il est évident

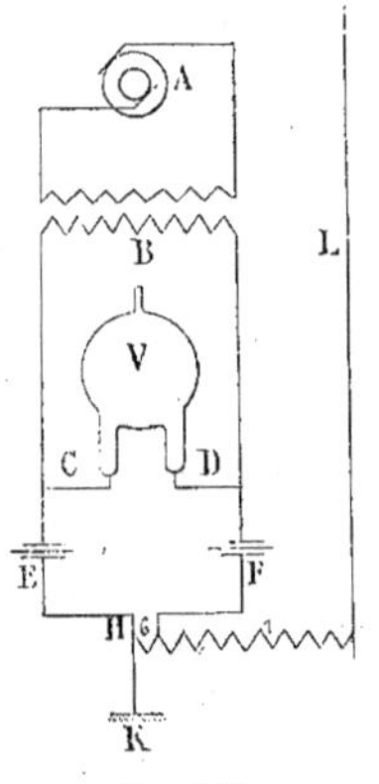

Fig. 228.

que les tubes à mercure doivent réaliser d'excellents éclateurs, puisqu'il ne laissent passer la décharge que pour une différence de potentiel élevée bien déterminée, 10000 à 20000 volts suivant le degré du vide et présentent, au passage du courant une résistance à peu près négligeable aussitôt qu'ils sont amorcés. Cette double propriété permettrait donc d'obtenir une parfaite régularité des décharges et recharges successives des capacités contenues dans le circuit oscillant et un faible amortissement des oscillations produites.

Il reste à savoir combien de temps met la cathode à recouvrer sa répugnance, c'est-à-dire quelle fréquence maxima ou peut atteindre sans que l'arc s'amorce d'une façon permanente.

M. Hewitt a, obtenu la fréquence 100000 dans ses premières expériences (1903) et ne semble pas, depuis lors, avoir fait de nouvelles études sur cet appareil : tout porte à croire qu'il n'a pas obtenu les résultats espérés.

Cependant, un autre expérimentateur, M. Pierce, a fait sur les éclateurs Hewitt une série d'études très complètes et a pu obtenir des résultats intéressants. Le dispositif employé par M. Pierce est indiqué sur la figure 229 : un poste transmetteur comprenait un transformateur à haute tension, un condensateur C à lames de verre de capacité variable, un éclateur à mercure et un transformateur Tesla I, II excitant l'antenne S ; un poste récepteur comprenait une antenne R, un transformateur III, IV, un circuit contenant un condensateur A, à air de capacité variable, formé de tubes de laiton, pénétrant plus ou moins l'un dans l'autre et un galvanomètre spécial G dont les déviations étaient proportionnelles au carré du courant dans le circuit. M. Pierce a opéré à des fréquences comprises environ entre 350000 et 900000, et a trouvé que les déviations lues au galvanomètre de la station réceptrice pouvaient être 5 et 7 fois plus considérables avec l'éclateur à mercure qu'avec un éclateur ordinaire.

Malheureusement, la boule de verre se brise fréquemment quand on soumet l'éclateur à un régime un peu dur, comme l'avait déjà indiqué M. Hewitt, qui refroidissait l'appareil par un bain d'huile pour empêcher la vapeur de mercure d'envahir le tube et de déterminer ainsi le passage permanent de l'arc. M. Pierce, dont le poste transmetteur était placé dans une cabane où la température variait entre 20° et 15° avait

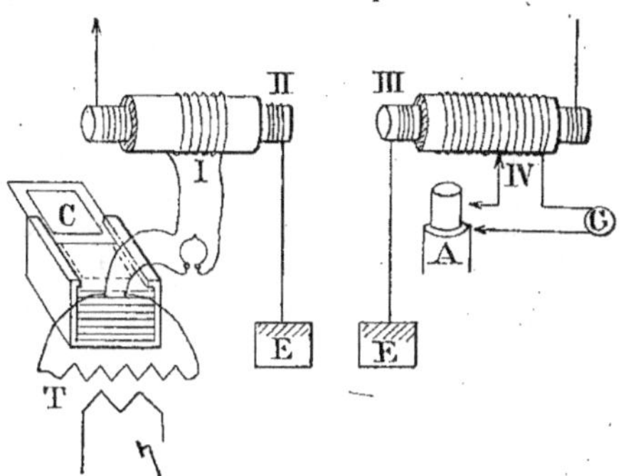

Fig. 229.

placé l'éclateur dans un bain d'huile maintenu automatiquement à une température constante par l'action d'une spirale de chauffage dans laquelle un thermomètre à contact envoyait du courant. Les observations faites par M. Pierce à ce sujet sont extrêmement intéressantes. L'effet utile obtenu avec l'éclateur à mercure dépend énor-

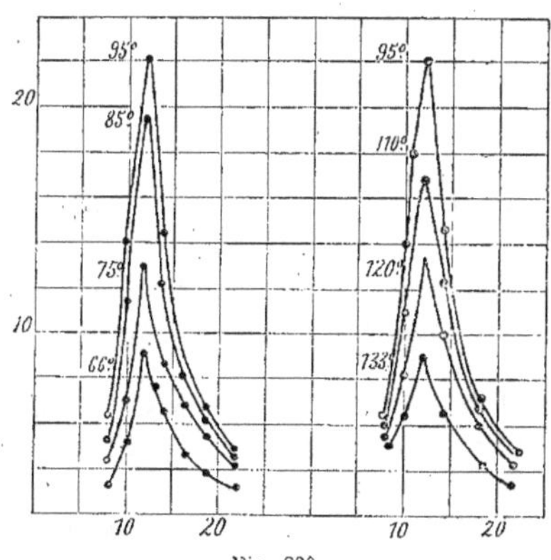

Fig. 230.

mément de la température du bain d'huile. Les courbes de la figure 230 représentent les résultats trouvés pour un grand nombre de courbes de résonance relatives à des températures différentes du bain de l'huile ; toutes les conditions des circuits restant les mêmes les abcisses sont proportionnelles à la capacité du circuit récepteur et les ordonnés à la déviation obtenue au galvanomètre.

On voit que l'effet utile atteint nettement un maximum pour $t = 950$; au dessous de cette température du bain, les déviations maxima ont une valeur beaucoup plus faible. L'allure des courbes examinée au point de vue de la valeur de la dissonance en pour cent par rapport à la diminution de déviation en pour cent, est d'ailleurs absolument uniforme.

La régularité des effets obtenus par l'éclateur à mercure, quand on maintient la température du bain à la valeur constante de 95° et quand on prend soin comme le faisait M. Pierce de secouer le tube d'une façon permanente au moyen d'un dispositif auxiliaire entraîné par un petit électromoteur, afin d'empêcher la décharge de jaillir toujours au même point de surface du verre qui est ainsi rapidement attaquée, est nettement mise en évidence par le tableau suivant, qui indique les déviations dues au galvanomètre dans un certain nombre d'observations successives, toutes les conditions de l'expérience restant les mêmes :

9,5	9,3	9,4	9,4	9,9	9,5	9,65
9,4	9,3	9,4	9,4	9,5	9,6	9,6
9,3	9,5	9,5	9,5	9,4	9,5	9,4
9,4	9,4	9,3	9,4	9,5	9,6	9,6
9,5	9,4	9,4	9,6	9,4	9,6	9,5
9,3	9,4	9,4	9,5	9,5	9,5	9,5
9,3	9,4	9,4	9,6	9,6	9,65	9,6
9,3	9,4	9,3	9,6	9,5	9,5	9,65
9.4	9,4	9,55	9,6	9,4	9,5	9.65
9,3	9,55	9,4	9,3	9,6	9,4	9,4

Résultats de quelques expériences comparatives de M. de Valbreuze. — M. de Valbreuze a fait quelques expériences comparatives sur les éclateurs ordinaires et les éclateurs à vide ; ces expériences contiennent quelques indications intéressantes.

Un transformateur à circuit magnétique ouvert et à noyau primaire mobile, tout à fait analogue à une bobine de Ruhmkorff, élevait à environ 12 000 volts la tension d'un alternateur à forte impédance commandé par une courroie qui glissait dès que la charge dépassait une certaine valeur. Ce détail a certainement une importance non négligeable. La fréquence du courant était d'environ 60 périodes par seconde. En dérivation sur le secondaire du transformateur était placé un circuit oscillant, constitué par une capacité formée de bouteilles de Leyde en nombre variable, par une self-induction de valeur réglable et par un éclateur ordinaire ou à vide. Notons en passant une observation faite par plusieurs auteurs et, en particulier, par M. Drude, que les fils de l'éclateur au secondaire de la bobine doivent être placés aussi près que possible des électrodes, nœud de potentiel du circuit oscillant, pour que les oscillations restent limitées à ce circuit seul.

Par suite de la forte dispersion du transformateur et de l'impédance de l'alternateur, le dispositif remplissait nettement les conditions que M. Wien à désignées sous le nom d'accouplement lâche ou imparfait entre les circuits.

Un miroir tournant manœuvré à la main, permettait de séparer les unes des autres, les étincelles correspondant à chaque décharge de condensateurs. Il ne faut pas confondre cette séparation des étincelles correspondant à chaque décharge, avec la décomposition de chacune des étincelles individuelles en série d'étincelles oscillantes, décomposition qui ne peut-être effectuée qu'avec un miroir tournant à grande vitesse. Par exemple, quand on alimentait le circuit oscillant avec une bobine de Ruhmkorff munie d'un interrupteur Foucault donnant environ 12 ruptures par seconde, on ne voyait dans le miroir tournant qu'un seul point : la durée d'une demi rotation de celui-ci était en effet, inférieure à $\frac{1}{12}$ de seconde, tandis que la charge et la décharge des condensateurs se produisent tous les douzièmes de seconde.

Les principaux résultats peut-être résumés de la façon suivante :

Eclateur ordinaire dans l'air : électrodes hémisphériques en aluminium

Les images observées dans le miroir étaient, d'une façon générale, composées d'une succession de points lumineux dont le nombre diminuait et dont l'éclat augmentait quand la capacité augmentait. Dans chaque image, l'éclat des points lumineux, ainsi que l'intervalle séparant deux points voisins, allaient en diminuant beaucoup des extremités vers le milieu de l'image, comme le montre la figure 231. Les images successives étaient séparées par des intervalles dont la valeur allait en croissant avec la capacité du circuit.

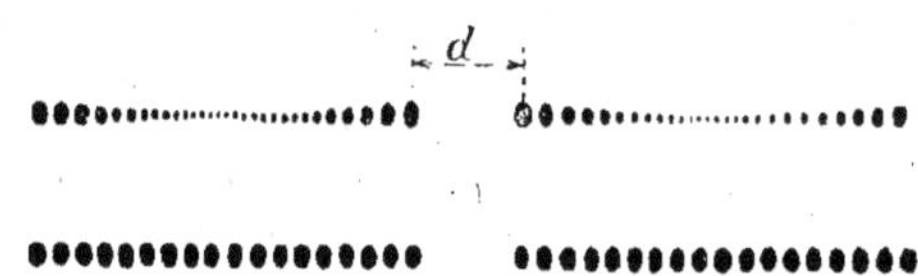

Fig. 231-232.

Quand on diminuait la self-induction, la diminution d'éclat des points lumineux vers le milieu des images ainsi que la diminution de l'intervalle entre eux étaient de moins en moins considérables. Quand le circuit oscillant ne contenait, comme self-induction, que celle des conducteurs linéaires très courts, l'apparence des images se rapprochait de celle que représente la figure 232.

Abstraction faite de l'influence de la self-induction, on peut s'expliquer en partie, de la façon suivante ; les images générales de la figure 231, dans lesquelles l'éclat des points lumineux ainsi que l'intervalle qui les sépare, vont en diminuant beaucoup des extrémités vers le milieu. La courbe de force électromotrice de l'alternateur est à peu près sinusoïdale : par conséquent, la force électromotrice qui produit, après chaque décharge, le courant de recharge des condensateurs va en croissant de l'origine au milieu d'une demi-période et en décroissant du milieu à la fin de cette demi-période. Il en est de même des valeurs du courant de recharge (i) qui croissent et décroissent comme la force électromotrice. Puisque la charge

$$Q = CV = \int i \, dt$$

est constante quand le potentiel explosif V est constant, le temps nécessaire à la recharge des condensateurs C va en diminuant, puis en augmentant, lorsque les valeurs du courant (i) vont en augmentant, puis en diminuant. Il y a donc là une première cause du resserrement des étincelles, due à l'emploi du courant alternatif.

Mais à cela, M. de Valbreuze ajoute un autre effet. On peut admettre que, plus les étincelles sont rapprochées et plus l'air qui sépare les électrodes reste conducteur, c'est-à-dire que la valeur du potentiel explosif doit diminuer. Alors les valeurs de la charge $Q = CV$ doivent diminuer pour les étincelles correspondant au milieu d'une image ; par suite le temps nécessaire à la recharge doit diminuer pour une double raison et cette décroissance doit être très rapide. Puisque V diminue, l'énergie CV^2 libérée à chaque étincelle diminue et les points lumineux sont de moins en moins brillants. Les deux phénomènes : resserrement des points lumineux et diminution de leur éclat, sont donc intimement liés l'un à l'autre, la forme de courbe du courant étant la cause déterminante et la conductibilité persistante de l'air étant la cause prépondérante.

La seconde hypothèse, concernant l'augmentation rapide de la conductibilité de l'air par suite du resserrement des étincelles est facile à vérifier. En effet, si cette hypothèse est vraie, on doit, en renouvelant par un soufflage énergique l'air compris entre les électrodes, pouvoir maintenir la constance du potentiel V et, par suite, la quantité d'énergie CV^2, libérée par chaque étincelle ; par conséquent l'éclat des points lumineux doit rester le même : d'autre part le resserrement des points, n'étant plus dû qu'à la première cause (forme de la force électromotrice), doit être peu remarqué. L'expérience est absolument concluante : quand on dirige entre les électrodes le jet d'une soufflerie, on obtient les images de la figure 232, au lieu de celles de la figure 231, toutes les conditions de l'expérience, capacité, self-induction, distance explosive, etc., étant les mêmes.

L'éclat des points lumineux reste à peu de chose près le même, et l'intervalle qui les sépare varie peu, sauf pour les quatre derniers environ, où cet intervalle se resserre assez nettement. L'intervalle étant à peu près constant vers le centre de l'image, il est vraisemblable que la courbe de force électromotrice de l'alternateur était aplatie.

Évidemment cette explication de la forme des images prête à de nombreuses objections dont la principale est l'écartement et l'éclat des derniers points lumineux devrait par suite de la conductibilité de l'air, augmenter beaucoup moins qu'on ne le constate en réalité.

M. Swyngedauw a signalé, que chaque étincelle constitutive oscillante suit cette même loi de décroissance et de recroissance ; peut-être y-a-t-il quelque relation entre les causes de ces deux phénomènes. En outre, cette explication ne permet pas d'entrevoir le rôle très net de la self-induction dont la présence accroît considérablement le resserrement et la diminution d'éclat des étincelles.

L'expérience semble montrer que le soufflage joue un rôle important au point de vue de la régularité des décharges des condensateurs quand on opère sur du courant alternatif. D'ailleurs, MM. Marconi et Fleming ont reconnu au soufflage une incontestable utilité et l'ont employé pendant un certain temps dans leurs transmetteurs. Actuellement, ils emploient ainsi d'ailleurs que M. Fessenden, des éclateurs placés dans un récipient rempli d'air comprimé.

Le rôle du soufflage est d'empêcher la formation, partielle ou complète, d'un arc alimenté par l'onde fondamentale du courant, comme le montre l'expérience suivante :

La capacité du circuit oscillant ayant été réduite à celle d'une seule bouteille de Leyde, et l'éclateur présentant une coupure explosive de 15 millimètres environ, M. de Valbreuze a regardé au miroir tournant l'allure de la décharge, d'une part quand une bobine de self-induction composée de 20 tours de fil, enroulés sur un tambour de bois de 18 centimètres de diamètre environ, était intercalée dans le circuit, et, d'autre part quand aucune bobine de self-induction n'y était intercalée. Dans les deux cas, la décharge avait l'aspect d'un arc ininterrompu. Il a renouvelé l'expérience en dirigeant sur les électrodes de l'éclateur le jet d'une soufflerie, et, dans les deux cas, avec ou sans bobine de self-induction, il a constaté dans le miroir la production d'une série de décharges oscillantes ininterrompues.

Il est probable que l'existence plus ou moins complète d'un arc alimenté par l'onde fondamentale exerce aussi un rôle important sur l'allure des décharges successives des condensateurs.

Éclateurs à vide. Tube à mercure

Dans le montage précédent, M. de Valbreuze a remplacé l'éclateur ordinaire par un tube à mercure recouvert de papier noir dans lequel était ménagée une fente qu'il observait au miroir tournant. Les images obtenues étaient parfaitement régulières, l'éclat des traits lumineux était invariable et leur écartement à peu près constant, sauf que les deux ou trois traits extrêmes où l'on constatait un léger resserrement vers le milieu. La figure 233 indique l'aspect de ces images.

Tubes ordinaires à vide

M. de Valbreuze a successivement essayé au lieu du tube à mercure des tubes de Geissler, de Crookes et des lampes à incandescence tubulaires, à électrodes aux deux bouts dont le filament avait été préalablement rompu. Il a constaté que, pour un certain degré de vide (celui des lampes à incandescence tubulaires et celui d'un tube de Crookes suffisamment vide), on obtient des résultats identiques à ceux des tubes à mercure. Mais les électrodes de ces tubes sont volatilisées en l'espace de quelques secondes. Les tubes moins vides (Geissler) ou plus vides (bons tubes de Crookes) ne donnaient pas des décharges oscillantes, les premiers parce qu'ils n'étaient pas assez résistants, et les seconds parce qu'ils étaient trop résistants pour la différence de potentiel (12 000 à 15 000 volts).

On peut dire que tout tube dans lequel le degré de vide est voisin du vide de Crookes mais sans l'atteindre peut constituer un éclateur dont les propriétés sont exactement semblables à celle d'un tube à mercure. Le seul rôle du mercure dans cet ordre de phénomènes serait de constituer des électrodes infiniment régénérables.

Après avoir fait ces expériences dans les conditions indiquées, c'est-à-dire avec un accouplement imparfait et un alternateur à forte impédance. M. de Valbreuze a essayé avec un accouplement parfait en plaçant le circuit oscillant aux bornes d'un réseau à

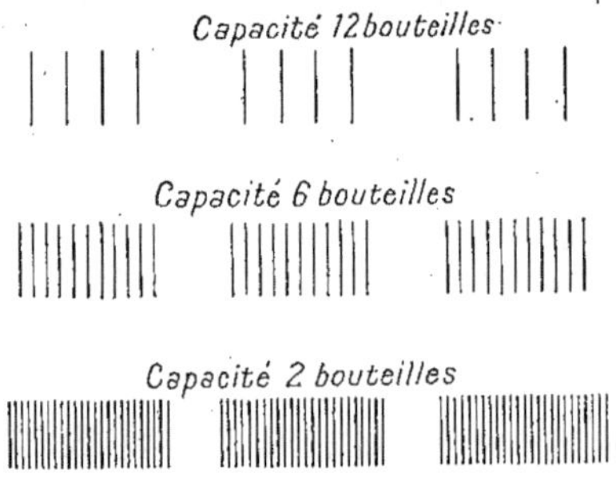

Fig. 233.

de les répéter courant alternatif à haute tension alimenté par plusieurs alternateurs de 800 kilowatts, il a constaté qu'il faut mettre devant le circuit oscillant, une très forte impédance ou une très forte résistance liquide pour que l'onde fondamentale ne produise pas, à tout coup, un court-circuit franc, aussi bien dans le cas du tube à mercure que dans le cas de l'éclateur ordinaire. Mais avec ce dispositif, l'énergie en jeu dans le circuit est forcément limitée.

1° M. de Valbreuze a étudié la possibilité de produire des oscillations entretenues de grande fréquence avec du courant continu, au moyen d'un dispositif semblable à celui de l'arc chantant de Duddell. Après avoir vérifié que l'arc chantant entre électrodes de carbone permet d'atteindre des fréquences élevées, il a constaté que, dans des conditions déterminées l'arc au mercure peut donner des résultats dans cette voie. Le manque de moyens d'action suffisante l'a empêché d'obtenir des résultats utiles en pratique il faudrait avant tout posséder pour ces recherches une source de courant continu à haute tension.

2° M. le capitaine Ferrié M. de Valbreuze ont essayé d'employer des tubes à mercure dans les postes de télégraphie sans fil. Le montage d'Hewitt, qu'ils ont essayé une seule fois, n'ont pas donné de résultat.

Au contraire en employant un tube à mercure comme éclateur avec une bobine de Ruhmkorff, ils ont eu immédiatement d'excellentes communications. En opérant avec des tubes dont le vide avait été poussé jusqu'à différents degrés, ils ont constaté que ce degré de vide joue un rôle important. Avec une bobine Carpentier 25 centimètres d'étincelle, un tube dont le vide était poussé très loin donnait de mauvais résultats, un tube dont le vide était voisin de $\frac{5}{1000}$ de millimètre donnait d'excellents résultats, et un tube dont le vide était sensiblement moins poussé ne donnait aucun résultat.

Ces messieurs ont constaté une propriété intéressante de ces éclateurs à vide. Avec un éclateur ordinaire, il existe toujours une distance explosive optima, variable avec les conditions du circuit oscillant, pour laquelle on obtient le maximum d'effet. Ce maximum est facile à reconnaître avec la méthode indiquée depuis plusieurs années par M. le capitaine Ferrié et qui consiste à placer un ampèremètre thermique au ventre d'intensité sur l'antenne elle-même, si l'on excite celle-ci par une induction (montage Tesla) ou sur un fil horizontal dérivé du pied de l'antenne, si l'on opère par excitation directe. Or, MM. de Valbreuze et Ferrié ont trouvé, en modifiant les conditions du circuit oscillant, que l'intensité indiquée par l'ampèremètre thermique, en employant un tube à mercure, était toujours égale à l'intensité maxima obtenue pour la distance explosive optima de l'éclateur ordinaire correspondant aux conditions particulières de chaque expérience. A cet avantage, l'éclateur à vide joint l'avantage fort important de ne faire aucun bruit, tandis que les éclateurs ordinaires produisent un crépitement assourdissant et intolérable au bout de quelques heures.

OSCILLATIONS ÉLECTRIQUES

Etude expérimentale des vibrations propres à l'excitateur

Si on veut étudier les vibrations propres à l'excitateur, il ne faut pas se servir d'un résonateur. Un grand nombre d'expériences ont été faites dans ce sens : nous allons les exposer sans nous astreindre à suivre l'ordre chronologique.

Expérience de M. Pérot. — M. Pérot a adopté la disposition employée par M. Blondel. Il mesurait la différence de potentiel entre deux points quelconques, D, E, du fil

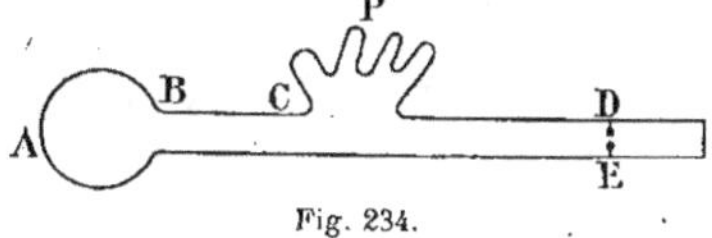

Fig. 234.

(fig. 234). Pour cela, entre ces deux points était établit un micromètre à étincelles ; à chaque distance explosive correspond une certaine différence de potentiel entre les deux boules du micromètre. Le potentiel en chacun des deux points D et E étant fonction du temps, la différence de potentiel entre ces deux points variera et aura un maximum : si la distance des deux boules du micromètre est plus grande que la distance explosive qui correspond à ce maximum, il n'y aura pas d'étincelles ; on diminuera cette distance jusqu'à obtenir des étincelles, et, lorsqu'on commencera à en obtenir, la distance correspondra au maximum de la différence de potentiel.

Les expériences auraient été compliquées par ce fait qu'il y a deux fils, d'où deux chemins pour les perturbations à partir du point A ; M. Pérot a évité cette complication en plaçant entre les points B et D un fil extrêmement long : la perturbation qui parcourt ce chemin arrive en D tellement affaiblie qu'elle n'a pas d'action sensible. On n'a donc à s'occuper que de la perturbation qui parcourt le fil inférieur.

Le potentiel en E est une fonction du temps, soit $F(t)$; le potentiel en D sera $F(t - h)$, en désignant par h le temps que la perturbation met à parcourir le chemin EMD, et en négligeant l'affaiblissement qui se produit le long de ce chemin.

Un pont mobile permet de faire varier le chemin EMD et, par suite, le temps h.

La différence de potentiel entre les deux points D et E est :

$$(1) \qquad y = F(t) - F(t - h).$$

On peut, chercher la valeur maximum de y, qui correspond à chaque valeur de h ; ces valeurs maxima satisferont à :

$$(2) \qquad \frac{dy}{dt} = F'(t) - F'(t - h) = 0.$$

En éliminant t entre les équations (1) et (2) on obtiendrait la courbe des valeurs maxima de y en fonction de h.

Étudions seulement les ordonnées maxima et les minima de cette courbe : on aura pour ces points à la fois :

$$F'(t) = 0$$
$$F'(t - h) = 0.$$

Supposons que la fonction $F(t)$ soit de la forme ;

$$F(t) = e^{-xt} \cdot \cos \beta (t + K).$$

En prenant la dérivée logarithmique des deux membres, on obtient :

$$\frac{F'}{F} = - x - \beta \cdot tg\, \beta (t + K),$$

d'où l'on déduit, puisque F' est nul pour les points considérés :

$$tg\, \beta (t + K) = - \frac{x}{\beta}.$$

La tangente reprenant la même valeur quand l'arc augmente de $n\pi$, les différents maxima de $F(t)$ sont équidistants, leur distance étant une demi-période.

Les maxima et minima de y satisfont à la fois à

$$F'(t) = 0$$

et :

$$F'(t - h) = 0 ;$$

c'est-à-dire que h est multiple de la demi-période.

Ainsi, la distance des maxima et des minima consécutifs de y est une demi-période.

Ces résultats ont bien été vérifiés par l'expérience ; la courbe des valeurs de y en fonction de h à la forme indiquée par la figure 235 et les maxima et minima, qui sont équidistants, ont bien été trouvés par l'expérience avec les valeurs calculées d'après la théorie.

Dans l'excitateur, on pourrait faire varier la distance des deux boules de l'interrupteur à étincelles ; la théorie montre que la période n'en doit pas être altérée, ce que l'expérience vérifie : mais M. Pérot a constaté de plus que l'amortissement dépend de cette distance et que, contrairement à ce qu'on

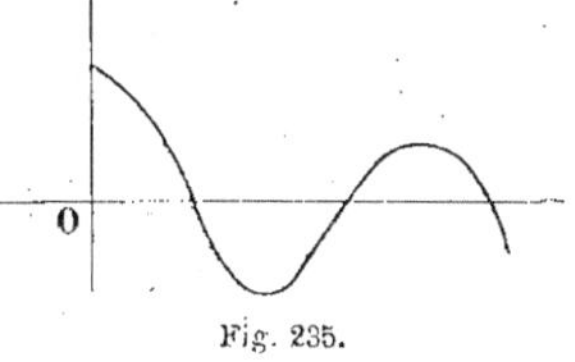

Fig. 235.

pourrait attendre, il augmente quand on rapproche les deux boules ; cet effet est dû probablement à la variation de la température de l'étincelle avec la distance explosive.

M. Pérot a étudié l'affaiblissement pendant la propagation en faisant varier la longueur et la grosseur du fil EE et en voyant comment variait la distance explosive. Il a constaté que l'amortissement est d'autant plus faible que le fil est plus fin ; ce qui montrerait que la perte d'énergie par rayonnement l'emporte sur la perte d'énergie sous forme de chaleur de Joule. D'ailleurs, cet amortissement dépend aussi de la substance qui constitue le fil conducteur. Ainsi M. Pérot a trouvé qu'il est plus grand avec le fil de cuivre de même diamètre.

Pour discuter complètement ces expériences sur l'affaiblissement, il faudrait tenir compte de la réflexion qui se produit au point où le fil fin succède au fil gros. D'autres expérimentateurs ont trouvé pour cet affaiblissement des résultats différents. Cette question semble d'ailleurs de plus en plus obscure. Des expériences toutes récentes de M. Blondlot, lui, ont permis de transporter une perturbation jusqu'à une distance de 1 800 mètres sans un affaiblissement trop sensible ; il se servait, il est vrai, d'un fil de cuivre. Au contraire, avec un fil de fer très long BD, M. Pérot est parvenu, à anéantir presque complètement celle de ces deux perturbations qui parcourt ce fil.

De nouvelles études sont nécessaires sur les lois de l'affaiblissement et le rôle de ce fil BD.

Jusqu'à présent, nous n'avons étudié expérimentalement les oscillations électriques qu'au moyen d'étincelles. On a employé aussi d'autres moyens, les uns fondés sur l'échauffement qu'éprouvent les conducteurs quand ils sont traversés par un courant alternatif, les autres sur des effets mécaniques.

Nous allons d'abord passer en revue ces différents procédés, puis nous décrirons les expériences les plus importantes auxquelles ils aient donné lieu.

Procédés thermiques. — Pour étudier l'échauffement des conducteurs, on peut employer différents moyens :

1° Mesurer l'allongement qu'il en résulte ;

2° Mesurer la variation de leur résistance ;

3° Se servir de pinces thermo-électriques.

I. La mesure de l'allongement est peu précise, malgré les dispositions ingénieuses qui ont été employées. Aussi n'y insisterons-nous pas, non plus que sur les expériences où on a mis à profit le mouvement de l'air chaud dans un tube entourant le fil conducteur.

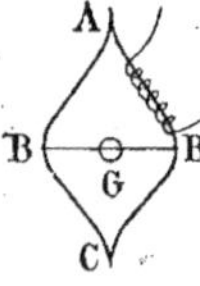

Fig. 236.

II. La mesure de variation de la résistance donne de meilleurs résultats. C'est au moyen du bolomètre qu'on opère : un pont de Wheastatone ordinaire a une de ses branches parcourue par le courant alternatif qu'on veut étudier (fig. 236). Supposons le galvanomètre G au zéro et commençons à faire passer les oscillations dans une partie de la branche AB' par exemple : l'équilibre est détruit et le galvanomètre dévié.

On a à considérer deux courants : le courant continu, qui sert à la mesure de la résistance, et le courant alternatif ; pour que ces courants ne se contrarient pas mutuellement, on emploie la disposition indiquée dans la figure 237. Sur la branche AB' du pont est un parallélogramme, dont deux sommets communiquent avec deux points A et B' entre lesquels passe le courant continu, les deux autres sommets communiquent avec deux points HH' entre lesquels passe le courant alternatif. Le sens des courants est marqué sur la figure par des flèches.

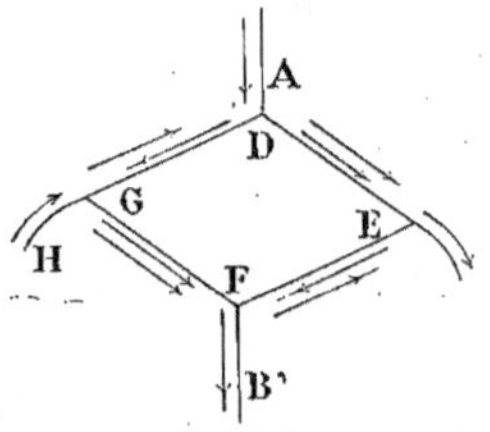

Cette disposition ne parait pas nécessaire : le courant alternatif passant dans le même fil que le courant continu s'ajouterait à un moment à ce courant, s'en retrancherait un moment après et il en résulterait une compensation suffisante.

Fig. 237.

III. On fait parcourir au courant alternatif un fil fin, dans le voisinage duquel $\left(\text{à } \frac{1}{10} \text{ de millimètre environ}\right)$ on dispose la pince thermo-électrique. Ce procédé est très sensible.

Procédés mécaniques. — Ils ont été employés pour la première fois par Hertz, qui utilisait deux dispositions différentes, l'une lui servant pour l'étude de la force électrique et l'autre pour celle de la force magnétique.

I. Pour étudier la force électrique, on ne pourrait pas se servir de l'action des oscillations périodiques sur un petit objet électrisé : les effets produits par deux demi-périodes consécutives, se seraient détruits mutuellement ; ce qu'on aurait observé en somme n'aurait pas été X, mais $\int X dt$, qui est nulle.

Mais considérons un conducteur isolé et non chargé : il s'électrisera par influence. Pour un corps chargé d'une quantité d'électricité fixe m, on mesurerait :

$$\int m\, X dt = 0 ;$$

ici, la charge par influence est proportionnelle à la force X elle-même, de sorte que ce qu'on mesure est :

$$\int X^2\, dt,$$

qui est une quantité différente de 0.

Hertz plaçait dans le champ électrique (par exemple entre les deux fils conducteurs de son appareil) un conducteur ayant la forme d'un petit cylindre de révolution creux, constitué par une feuille d'or repliée sur elle-même. L'appareil s'orientait dans le champ, et différents dispositifs, permettaient de mesurer la grandeur de la force électrique.

II. M. Bjerkness s'est servi d'une autre disposition. Il emploie un électromètre à quadrants, auquel on n'a conservé que deux quadrants opposés. Ces quadrants sont mis respectivement en communication avec les deux extrémités d'un résonateur disposé, bien entendu, de façon à ne pas donner d'étincelles. L'aiguille de l'électromètre est isolée.

A un certain moment, l'aiguille va se charger par influence d'électricité positive à une de ses extrémités, d'électricité négative à l'autre : les quadrants excercent sur elle une certaine action. Une demi-période après, le signe de la charge de l'aiguille a également changé de sens, de sorte que le sens de l'action n'a pas été changé.

III. Pour mesurer la force magnétique, Hertz n'a pas pu, pas plus que pour la force électrique, se servir de l'action sur un pôle d'aimant, car ce qu'il aurait mesuré alors aurait été, en appelant m, la masse magnétique de ce pôle :

$$\int m L \cdot dt = 0,$$

L étant la force magnétique.

Il n'a d'ailleurs pas pu se servir d'un morceau de fer doux aimanté par influence, parce que l'aimantation par influence n'aurait pas eu le temps de s'établir.

Il a employé les courants induits : un anneau conducteur est suspendu à un fil isolant et placé dans le champ : il s'y développe des courants induits qui changent de sens à chaque demi-période, comme la force magnétique elle-même et tendent toujours à orienter l'anneau dans la même direction.

Energie, durée, amortissement et résistance des étincelles oscillantes. — Des expériences faites avec de très fortes résistances dans le circuit de fermeture de condensation, ont montré qu'en première approximation, l'énergie des étincelles peut-être supposée proportionnelle à la durée de la décharge, quand la résistance en circuit est au moins à l'ordre d'un mégohm. Les expériences faites par Koch avec des résistances comprises entre 5 000 et 100 000 ohms ont confirmé ces résultats. Koch a trouvé comme conclusion de son étude, que la caractéristique de l'étincelle concorde avec celle de l'effluve pour la décharge continue et est bien représentée, comme celle-ci par l'équation :

$$v = a + \frac{b}{i};$$

v et i étant la différence de potentiel et le courant, a et b des constantes variables avec la longueur d'étincelle.

Il en résulte que l'énergie des étincelles est donnée par l'équation

$$I = \int v i \, dt = a q_1 + b t_1,$$

dans laquelle q_1 représente la quantité d'électricité déchargée et t_1 la durée de la décharge.

Quand la résistance du circuit de fermeture a une valeur élevée, q_1 est faible et t_1 est relativement grand : on peut négliger le premier membre vis-à-vis du second, ce qui concorde avec les résultats des mesures rappelées plus haut.

On peut établir alors l'équation générale de la décharge d'un condensateur en tenant compte de l'énergie des étincelles.

L'équation connue

$$(1) \qquad p \frac{dq}{dt} \frac{d^2q}{dt^2} + r \left(\frac{dq}{dt}\right)^2 + \frac{q}{c} \frac{dq}{dt} = 0,$$

dans laquelle p et r désignent la self-induction et la résistance du circuit de décharge, c la capacité du condensateur et q sa charge au temps t, prend la forme suivante :

$$(2) \qquad p \frac{dq}{dt} \frac{d^2q}{dt^2} + r \left(\frac{dq}{dt}\right)^2 + \left(\frac{q}{c} - a\right) \frac{dq}{dt} + b = 0.$$

On peut intégrer cette équation dans quelques cas importants en pratique, et il existe plusieurs méthodes pour déterminer les constantes a et b qui caractérisent les étincelles, selon M. Heydweiller.

Les 3 cas que l'on peut distinguer sont les suivants :

1° La self-induction p est négligeable ;

2° La résistance r est négligeable ;

3° Le travail bt_1 est négligeable.

Décharges des condensateurs pour de fortes résistances et de faibles self-induction

Si on intercale de fortes résistances liquides dans le circuit de fermeture, l'influence de la self-induction est limitée à une fraction relativement petite de la durée de la décharge au début et à la fin de celle-ci et peut-être généralement négligée, on peut donc poser $p = 0$ dans l'équation (2) et on obtient l'équation simplifiée

$$(3) \qquad \left(\frac{dq}{dt}\right)^2 + \frac{1}{r}\left(\frac{q}{c} - a\right)\frac{dq}{dt} = -\frac{b}{r}$$

d'où on tire

$$(4) \qquad \frac{dq}{dt} = \frac{1}{2r}\left\{ -\left(\frac{q}{c} - a\right) \pm \sqrt{\left(\frac{q}{c} - a\right)^2 - 4br} \right\}$$

Cette équation peut-être intégrée facilement si on pose

$$\left(\frac{q}{c} - a\right) = x ; \qquad x + \sqrt{x^2 - 4br} = y$$

on obtient la formule

$$(5) \quad t = rc \left\{ 2br \cdot \frac{1}{\left[v_0 - a + \sqrt{(v_0 - a)^2 - 4br}\right]^2} - \frac{1}{\left[v - a\sqrt{(v - a)^2 - 4br}\right]^2} + \log.\frac{v_0 - a + \sqrt{(v_0 - a)^2 - 4br}}{v - a + \sqrt{(v - a)^2 - 4br}} \right\}$$

dans laquelle $v = \frac{q}{c}$ et v_0 est le potentiel initial ou potentiel explosif. Les équations 4 et 5 donnent la tension et le courant en fonction du temps, on peut les représenter graphiquement par des courbes. La fin de la décharge et le potentiel final ou potentiel résiduel sont donnés par l'équation :

$$(8) \qquad v_r - a = 2\sqrt{br}.$$

En introduisant dans l'équation (5) la valeur de $v = v_r$, on trouve la durée de la décharge

$$(7) \qquad t_1 = rc\left[\log g + \frac{1}{2g^2} - \frac{1}{2}\right].$$

En posant pour abréger

$$g = \frac{v_0 - a + \sqrt{(v_0 - a)^2 - 4br}}{2\sqrt{br}},$$

il se produit des décharges intermittentes quand $t_1 = 0$, ou quand

$$2 \log g + \frac{1}{g^2} = 1,$$

c'est-à-dire

$$g = 1.$$

En désignant par $\bar{r}$ la résistance pour laquelle commence la décharge intermittente, on a

(8)
$$\bar{r} = \frac{(v_0 - a)^2}{4\,b}.$$

L'équation (7) montre que la durée de décharge atteint un maximum quand la résistance augmente. La valeur r_m de r, correspondant à ce maximum est donnée par l'équation

$$\frac{dt_1}{dr} = 0$$

ou

$$2 \log g + \frac{2}{g^2} \left(1 + \frac{1}{8} \frac{v_0 - a}{\sqrt{(v_0 - a)^2 - 4\,br_m}} \right) = 1 + \frac{v_0 - a}{\sqrt{(v_0 - a)^2 - 4\,br_m}}.$$

Une solution approchée de cette équation est la suivante :

$$r_m = 0{,}105 \frac{(v_0 - a)^2}{b}$$

ou

$$r_m = 0{,}42\,\bar{r},$$

qui correspond à peu près à

$$g = c \quad \text{ou à} \quad \log g = 1.$$

Décharges des condensateurs pour de très faibles résistances

Le circuit de fermeture est supposé constitué par un fil gros et court en cuivre, de telle façon que le second terme de l'équation (2) puisse être négligé et que celle-ci devienne ;

(9)
$$p \frac{dq}{dt} \frac{d^2q}{dt^2} + \left(\frac{q}{c} - a \right) \frac{dq}{dt} + b = 0.$$

En intégrant on trouve :

$$p \left(\frac{dq}{dt} \right)^2 + \frac{q^2}{c} - 2\,a\,q + 2\,bt = \frac{q_0^2}{c} - 2\,a\,q_0.$$

En appelant q_0 la charge initiale (pour $t = 0$ et $\frac{dq}{dt} = 0$). En introduisant l'intensité du courant $i = \frac{dq}{dt}$ et la tension $v = \frac{q}{c}$ on obtient l'équation

$$(10) \qquad i^2 = \frac{c}{p}(v_0 - v)(v_0 + v - 2a) - \frac{b}{p}t.$$

Les décharges sont oscillantes et ont la période $\tau = 2\pi\sqrt{pc}$. L'équation (10) montre que l'étincelle produit un amortissement. En effet, la première amplitude pour $i = 0$ et $t = 0$ est $v = v_0$, la deuxième amplitude v_1, donnée par l'équation

$$c(v_0 - v_1)(v_0 + v_1 - 2a) = \frac{b\tau}{2}$$

est plus petite que v_0. Pour $b = 0$ elle est $v_1 = -(v_0 - 2a)$: pour des valeurs de b différentes de zéro, on a $v_1 = -v_0 - 2a - \nu$, et ν est déterminé par l'équation

$$\nu(2v_0 - 2a - \nu) = -\frac{b\tau}{2c}$$

$$\nu = (v_0 - a)\left[1 - \sqrt{1 + \frac{b\tau}{2c(v_0 - a)^2}}\right]$$

$$(11) \qquad \nu = \frac{\pi b}{2(v_0 - a)}\sqrt{\frac{p}{c}} - \frac{\pi^2 b^2}{4(v_0 - a)^3}\frac{p}{c} + - \ldots$$

Pour les étincelles de quelques millimètres de longueur, b est de l'ordre de grandeur de 1 watt, $v_0 - a$ est de l'ordre de grandeur de 10^3 à 10^4 volts : pour une capacité pas trop faible et une self-induction pas trop élevée, on peut donc négliger l'influence de b sur la décharge oscillante pour de faibles résistances. C'est le cas dans tout ce qui suit, par exemple, pour $c = 10^{-9}$ farad, $p = 1$ quadrant et $v_0 - a = 5000$ volts, on a $\nu = 5$ volts ou $\frac{1}{1000}$ de $(v_0 - 2a)$. On pourra donc poser $b = 0$ dans l'équation (2).

Décharges des condensateurs pour des résistances et des self-induction de valeurs moyennes

Outre la condition que ν soit petit vis-à-vis de $v_0 - 2a$, on admet que l'on a

$$(12) \qquad 4p > r^2 c$$

condition pour que la charge soit oscillante. Dans l'équation (2) on peut négliger le dernier terme et écrire :

$$(13) \qquad p\frac{dq}{dt}\frac{d^2q}{dt^2} + r\left(\frac{dq}{dt}\right)^2 + \left(\frac{q}{c} - a\right)\frac{dq}{dt} = 0.$$

On trouve en intégrant cette équation

$$q = ac + \frac{1}{2}(q_0 - ac)e^{-\frac{r}{2p}t}\left(1 + \frac{1}{\sqrt{1 + \frac{4p}{r^2c}}}\right)e^{\frac{r}{2p}\sqrt{1 - \frac{4p}{r^2c}}\,t} + \left(1 - \frac{1}{\sqrt{1 + \frac{4p}{r^2c}}}\right)e^{-\frac{r}{2p}\sqrt{1 - \frac{4p}{r^2c}}\,t}$$

Cette solution se simplifie beaucoup si on néglige 1 vis-à-vis de $\frac{4p}{r^2c}$ et si on suppose r assez petit pour pouvoir négliger le terme qu'il multiplie, on trouve alors :

$$(14) \qquad q = ac + (q_0 - ac)\,e^{-\frac{r}{2p}t}\,\cos\frac{t}{\sqrt{pc}}.$$

La durée d'oscillation est alors comme dans la décharge sans étincelle

$$(15) \qquad \tau = 2\pi\sqrt{pc}.$$

En calculant les oscillations successives, on voit que le rapport d'amortissement n'est pas constant, mais augmente quand l'amplitude diminue : pour une résistance suffisamment faible la courbe des amplitudes n'est pas une courbe exponentielle, mais une droite.

En ce qui concerne le courant, on a en négligeant comme ci-dessus, 1 vis-à-vis de $\frac{4p}{r^2c}$:

$$(16) \qquad i = (v_0 - a)\sqrt{\frac{c}{p}}\,e^{-\frac{p}{2p}t}\,\sin\frac{t}{\sqrt{pc}}.$$

On peut facilement calculer les amplitudes successives et déterminer l'amortissement : l'éclateur agit, dans ce cas, simplement comme une force contre électromotrice analogue à la polarisation. En traçant la courbe du courant par le calcul et par l'expérience on trouve une concordance parfaite.

Pour $r = 0$ la charge se détermine lorsque $q_n = q_0 - 2nac$ est tombé à une valeur inférieure à $2ac$ ce qui donne, pour le nombre de demi oscillations n, les conditions.

$$q_0 > 2(n + 1)\,ac$$

ou

$$n < \frac{q_0}{2ac} - 1 ; \quad n < \frac{v}{2a} - 1.$$

Si on tient compte de l'amortissement dû à la résistance, on a

$$(17) \qquad n < \frac{\log\left(\dfrac{v_0}{a}\dfrac{1-\alpha}{1+\alpha} + 1\right)}{\log\dfrac{1}{\alpha}}$$

en posant pour abréger

$$(18) \qquad \alpha = e^{-\dfrac{\pi}{\sqrt{\dfrac{4p}{rc} - 1}}}.$$

La durée d'une charge partielle est :

$$\tau = \sqrt{pc} \qquad \text{ou} \qquad \tau = \dfrac{\pi}{\sqrt{\dfrac{1}{pc} - \dfrac{r^2}{4p^2}}}.$$

La durée totale de décharge est alors donnée par l'équation suivante

$$t_1 = n\tau = \pi \dfrac{(v_0 - vr)}{2a} \sqrt{pc} \qquad \text{ou} \qquad t_1 = \dfrac{n\pi}{\sqrt{\dfrac{1}{pc} - \dfrac{r_2}{4p}}}.$$

L'énergie des étincelles de la décharge partielle est donnée par l'équation (1) ; dans ce cas, la quantité d'électricité déchargée est $q_0 + q_1$; pour la deuxième, elle est $(q_1 + q_2)$, etc.

L'énergie totale d'étincelles de la décharge est donc :

$$f = a\,(q_0 + 2q_1 + 2q_2 + \ldots 2q_{n-1} + q_n),$$

les valeurs de q_1, q_2 étant déterminés au moyen de l'équation de q. En conservant toujours la notation α pour simplifier l'écriture, on obtient, en remplaçant q_0, q_1, q_2, par leurs valeurs l'équation :

$$(19) \quad \left\{ \begin{array}{l} f = ac(1 + \alpha)\left[v_0 \dfrac{1 - \alpha^n}{1 - \alpha} - a\left[2n - 1 + (2n - 3)\alpha + (2n - 5)\alpha^2 + \ldots + \alpha^{n-1}\right]\right] \\[2ex] f = acv_0 \dfrac{1 + \alpha}{1 - \alpha}(1 - \alpha^n)\left[1 - \dfrac{a}{v_0}\left(\dfrac{2n}{1 - \alpha^n} - \dfrac{1 + \alpha}{1 - \alpha}\right)\right]. \end{array} \right.$$

Pour des valeurs de la résistance voisines de la résistance limite $2\sqrt{\dfrac{p}{c}}$, on a $n = 1$ et

$$(19, a) \qquad f = ac\,(1 + \alpha)\,(v_0 - a),$$

expression dans laquelle α est très petit.

Pour de très petite résistance, α a une valeur voisine de l'unité, et on a comme valeur limite :

$$(19, b) \qquad f = 2nac\,(v_0 - na).$$

Détermination des constantes a et b

Dans ce qui précède, on a appris à calculer l'énergie, la durée et l'amortissement : il ne reste plus qu'à déterminer les constantes a et b. Il existe pour cela plusieurs méthodes différentes :

1° On peut s'appuyer sur l'équation (6) et observer les potentiels finaux v, pour différentes valeurs de la résistance r ;

2° on peut s'appuyer sur la caractéristique de l'effluve $v = r + \left(\dfrac{b}{i}\right)$ puisque, d'après Koch, la caractéristique des étincelles courtes est identique à celle-ci ;

3° on peut s'appuyer encore sur l'équation (8) qui donne la valeur limite pour laquelle la décharge simple se transforme en décharge intermittente, et observer expérimentalement le moment de ce passage au moyen d'un miroir tournant et négligeant, pour les étincelles suffisament longues, la valeur de a qui est petite vis-à-vis de v_0. écrire

$$b = \frac{v_0^2}{4r}.$$

4° on peut également calculer b en s'appuyant sur la valeur de r_m de la résistance correspondante à la durée maxima de l'étincelle que l'on détermine au moyen du miroir tournant ;

5° on peut déterminer a d'après la valeur du potentiel final pour la résistance $2\sqrt{\dfrac{p}{c}}$, puisque dans ce cas, la valeur de a est à peu près égale à cette valeur ;

6° on peut encore mesurer de différentes façons l'énergie des étincelles et en déduire les constantes cherchées, d'après l'équation (1) : les valeurs de a et b seraient déduites de plusieurs systèmes de valeurs de f, q_1 et t_1. Les mesures sont difficiles à effectuer.

Pour des valeurs pas trop faibles de la résistance, on peut déterminer a par des mesures d'énergie de décharges oscillantes, en s'appuyant sur l'équation (19) d'où l'on tire :

$$a = \frac{v_0}{2}\,\frac{1}{\dfrac{2^n}{1-\alpha^n} - \dfrac{1+\alpha}{1-\alpha}}\left[1 - \sqrt{1 - \frac{2f}{F}\frac{1-\alpha}{1+\alpha}\frac{1}{1-\alpha^n}\left(\frac{2^n}{2-\alpha^n} - \frac{1+\alpha}{1-\alpha}\right)}\,\right],$$

où α a la valeur déjà indiquée et où $F = \dfrac{v_0 c}{2}$. Il faut connaître la capacité, la self-induction, la résistance, le potentiel explosif v_0, l'énergie f et le nombre de décharges partielles n.

Ce dernier peut être déterminé avec une exactitude suffisante d'après les autres grandeurs, si α n'est pas trop voisin de l'unité, au moyen de la formule (17). Même sans connaître n, on peut déterminer les valeurs limites de a, car n est compris en 1 et ∞, et on a pour

$$n = 1 \qquad a = \frac{v_0}{2}\left(1 - \sqrt{1 - \frac{2}{1+\alpha}\frac{f}{F}}\,\right)$$

pour $n = \infty$

$$a > \frac{v_0}{2}\cdot\frac{f}{F}\cdot\frac{1-\alpha}{1+\alpha}.$$

On en déduit les valeurs limites suivantes pour la grandeur a :

$$(21) \qquad \frac{v_0}{2}\left(1 - \sqrt{1 - \frac{2}{1+\alpha} \cdot \text{F}}\right) > a > \frac{v_0}{2} \cdot \frac{f}{\text{F}} \cdot \frac{1-\alpha}{1+\alpha}.$$

Ces valeurs limites se rapprochent d'autant plus l'une de l'autre que la résistance a une valeur plus considérable. On peut donc obtenir une valeur de a suffisamment approchée pour ensuite, au moyen de l'équation (17) déterminer m.

7° Enfin on peut déterminer a en observant l'amortissement des décharges oscillantes pour de très faibles résistances, de façon que l'amortissement dû à la résistance soit négligeable. D'après les équations (14) et (16), la différence des amplitudes de courant et de tension successives est constante et son rapport à la première amplitude est égal à $\dfrac{2a}{v_0 - a}$ pour la courbe de courant, et à $\dfrac{2a}{q_0}$ pour la courbe de tension. La détermination de ce rapport donne donc a, et peut être faite au moyen d'un tube de Braun en employant des rayons cathodiques déviés électrostatiquement ou électromagnétiquement.

Valeurs numériques de a et b pour différentes distances explosives

En condensant dans les 7 méthodes énoncées, les chiffres trouvés par différents expérimentateurs, on peut voir les résultats sur les 2 tableaux suivants qui donnent respectivement les valeurs de a ou de b.

TABLEAU I. — *Valeurs de a.*

ε millimètres	a volts	Méthode	Observateurs	ε millimètres	a volts	Méthode	Observateurs
0,5	353	1	J. Koch	2,0	425	1	J. Koch
	357	1	»		654	1	Heydweiller
	345	2	»		472	2	J. Koch
	225	6	Lindemann		479	2	Stuchtey
1,0	377	1	J. Koch		606	6	Lindemann
	404	1	»		420	6	Leppelmann
	371	1	Heydweiller		876	1	Heydweiller
	387	2	J. Koch	3,0	594	1	»
	394	2	Stuchtey		564	2	Stuchtey
	391	6	Lindemann		530	6	Leppelmann
1,5	404	1	J. Koch	4,0	634	2	Stuchtey
	412	1	»	5,0	703	2	»
	427	2	«	6,0	740	2	»
	550	6	Lindemann				
	340	6	Leppelmann				

TABLEAU II. — *Valeurs de b.*

δ millimètres	b watts	Méthode	Observateurs	δ millimètres	b watts	Méthode	Observateurs
0,5	0,260	1	J. Koch		1,35	1	J. Koch
	0,223	1	»		1,05	1	Heydweiller
	0,321	1	»	2,0	1,20	2	J. Koch
	0,636	1	»		1,15	2	Stuchtey
	0,488	1	»		1,4	3	Heydweiller
1,0	0,727	1	Heydweiller		1,4	4	»
	0,600	2	J. Koch		1,68	1	»
	0,613	2	Stuchtey	3,0	1,26	1	»
	1,0	3	Heydweiller		1,60	2	Stuchtey
	0,910	1	J. Koch	4,0	2,15	2	»
1,5	0,925	1	»	5,0	2,72	2	»
	0,806	2	»	6,0	3,54	2	»

Durée de l'étincelle

La durée de la décharge oscillante peut être calculée d'après la valeur de n que l'on détermine au moyen de l'équation (17). La durée de la décharge simple peut être calculée au moyen de l'équation (7). Le tableau suivant indique les valeurs t_1 observées expérimentalement pour différentes résistances r et les valeurs calculées d'après l'équation (2).

TABLEAU III

$\delta = 2$ millimètres				$\delta = 3$ millimètres			
r mégohms	t_1 calc. sec.	t_1 obs. sec.	Écart	r mégohms	t_1 calc. sec.	t_1 obs. sec.	Écart
0,85	0,0166	0,0150	— 0,0016	0,59	0 0125	0,0108	— 0,0017
3,20	0,0354	0,0398	+ 0,0044	1,22	0,0221	0,0208	— 0,0013
3,90	0,0389	0,0474	+ 0,0085	3,97	0,0428	0,0314	— 0,0114
5,47	0,0485	0,0500	+ 0,0015	5,36	0,0470	0,0407	— 0,0063
7,40	0,0416	0,0397	— 0,0019	6,65	0,0500	0,0387	— 0,0013
10,1	0,0333	0,0307	— 0,0026	9,03	0,0490	0,0337	— 0,0153
11,9	0,0235	0,0320	+ 0,0085	12,6	0,0378	0,0324	— 0,0054

Énergie de l'étincelle

L'équation (1) permet de calculer l'énergie quand on connaît a et b pour la décharge simple, il faut connaître la quantité d'électricité déchargée et le potentiel v_0.

Pour les décharges oscillantes, l'équation (19) donne l'énergie de l'étincelle quand on connaît a, v_0, la capacité, la self-induction et la résistance.

Le tableau IV indique en joules les résultats obtenus par le calcul et par l'expérience, on voit qu'il y a une concordance satisfaisante.

TABLEAU IV

r méghoms	$ac(v_0 - a - 2\sqrt{br})$	bt_1	f calc.	f obs.	Écart
$\delta = 2$ millimètres, $a = 480$ volts, $b = 1,11$ watts.					
0,855	0,0355	0,0184	0,054	0,038	— 0,016
3,20	0,0250	0,0393	0,064	0,064	$\pm$
3,90	0,0228	0,0430	0,066	0,071	+ 0,005
5,47	0,0185	0,0536	0,072	0,076	+ 0,004
7,40	0,0137	0,0462	0,060	0,052	— 0,008
10,10	0,0081	0,0370	0,045	0,044	— 0,001
11,90	0,0048	0,0261	0,031	0,043	+ 0,012
$\delta = 3$ millimètres, $a = 550$ volts, $b = 1,68$ watts.					
0,586	0,0584	0,0210	0,079	0,035	— 0,044
1,22	0,0526	0,0372	0,090	0,065	— 0,025
3,97	0,0374	0,0720	0,109	0,114	+ 0,005
5,36	0,0319	0,0790	0,111	0,082	— 0,028
6,65	0,0273	0,0840	0,111	0,071	— 0,040
9,03	0,0160	0,0823	0,098	0,065	— 0,033
12,60	0,0107	0,0635	0,074	0,054	— 0,020

Amortissement de l'étincelle

Si on fait le calcul de l'amortissement d'après la méthode indiquée sur deux courbes trouvées par Zeunech, et si on compare les résultats ainsi obtenus avec les valeurs expérimentales observées, on trouve les résultats résumés au tableau 5.

TABLEAU V

n	Courbe A_1		Courbe A_2	
	i_n/i_0 calc.	i_n/i_0 obs.	i_n/i_0 calc.	i_n/i_0 obs.
2	0,935	0,935	0,892	0,889
3	0,871	0,870	0,791	0,783
4	0,809	0,806	0,693	0,683
5	0,747	0,743	0,599	0,587
6	0,687	0,686	0,509	0,499
7	0,626	0,629	0,423	0,416
8	0,568	0,570	0,339	0,335
9	0,509	0,513	0,261	0,255

Conclusion

La similitude signalée par Koch entre les caractéristiques de la décharge par l'étincelle et de la décharge par effluves, est confirmée pour des distances explosives atteignant 6 millimètres.

On peut par ces formules trouver les constantes de l'étincelle qui sont des fonctions linéaires de la distance explosive, et en déduire les valeurs des autres grandeurs intéressantes.

La décharge est à peu près indépendante de la capacité du condensateur. — Supposons, marchant avec une machine statique, que le peigne de cette machine est subitement chargé aux pointes d'une certaine quantité d'électricité Q_0 et que cette charge est répétée de temps en temps à de très petits intervalles. Soit c la capacité du peigne C_1 celle de la boule de l'excitateur et C_2 celle du condensateur ; L_1 et R_1 le coefficient de self-induction de la résistance du fil qui passe du peigne au condensateur. Si on désigne par V le potentiel du peigne. par V_1 celui de la boule de l'excitateur et par V_2 celui du condensateur ; par i_1 l'intensité du courant qui passe du peigne à l'excitateur et par i_2 l'intensité du courant au condensateur, on aura les équations suivantes :

$$(1) \quad \begin{cases} L_1 \dfrac{di_1}{dt} + R_1 i_1 = V - V_1 \qquad L_2 \dfrac{di_2}{dt} + R_2 i_2 = V - V_1 \\[2mm] i_1 = c_1 \dfrac{dV_1}{dt} \qquad i_2 = C_2 \dfrac{dV_2}{dt} \qquad i_1 + i_2 = -c \dfrac{dV}{dt} \end{cases}$$

Par ces équations, il est exprimé comment se répand la quantité d'électricité Q_0 à la surface du conducteur composé : et ce mouvement de l'électricité Q_0 ne forme qu'un élément de la charge du conducteur. Il suffit ici de regarder cette charge élémentaire.

On obtient des 3 dernières formules (1)

$$(2) \qquad CdV + C_1 dV_1 + C_2 dV_2 = 0.$$

et par conséquent :

$$(3) \qquad CV + C_1 d_1 V + C_2 V_2 = Q_0.$$

Abstraction étant faite pour l'électricité statique, qui est en repos à la surface du conducteur composé, et pour l'électricité dynamique d'une charge élémentaire précédente, qui peut être en mouvement, Or, il y a une seconde espèce des oscillations, qui proviennent de la décharge d'une étincelle entre les boules de l'excitateur. Si on veut considérer ces oscillations, il faut désigner par Q_0' la quantité d'électricité qui est transportée subitement par la décharge de l'une des boules de l'excitateur à l'autre.

Ces lois du mouvement sont les mêmes que celles comprises dans les équations (1) et (2) mais la formule (3) est remplacée par la suivante :

$$(4) \qquad CV + C_1 V_1 + C_2 V_2 = -Q_0'.$$

si on regarde le mouvement effectué par la décharge indépendamment des oscillations excitées auparavant.

Reprenons la formule (3) en éliminant V_1, i_1 i_2 des équations (1) et (3). On obtient :

$$(5) \quad \begin{cases} \dfrac{d^2 V_1}{dt^2} + \dfrac{R_1}{L_1}\dfrac{dV_1}{dt} + \dfrac{V_1}{L_1}\left(\dfrac{1}{c} + \dfrac{1}{c_1}\right) + \dfrac{C_2 V_2}{L_1\,cc_1} = \dfrac{Q_0}{L_1\,cc_1} \\[2ex] \dfrac{d^2 V_2}{dt^2} + \dfrac{R_2}{L_2}\dfrac{dV_2}{dt} + \dfrac{V_2}{L_2}\left(\dfrac{1}{c} + \dfrac{1}{c_2}\right) + \dfrac{C_1 V_1}{L_2\,cc_2} = \dfrac{Q_0}{L_2\,cc_2} \end{cases}$$

Pour simplifier le calcul il sera supposé qu'on a $\dfrac{R_1}{L_1} = \dfrac{R_2}{L_2} = 2q$, ce qui arrive en général à peu près, si les fils sont de même épaisseur. En ajoutant les équations (2), après avoir multiplié auparavant la première par x, il vient :

$$(6) \quad \dfrac{d^2}{dt^2}(XV_1 + V_2) + 2q\,\dfrac{d}{dt}(XV_1 + V_2) + V_1\left[\dfrac{X}{L_1}\left(\dfrac{1}{c} + \dfrac{1}{c_1}\right) + \dfrac{c_1}{L_2 cc_2}\right]$$
$$+ V_2\left[\dfrac{XC_2}{L_1 cc_1} + \dfrac{1}{L_2}\left(\dfrac{1}{c} + \dfrac{1}{c_2}\right)\right] = \dfrac{Q_0}{c}\left[\dfrac{X}{L_1 c_1} + \dfrac{1}{L_2 c_2}\right]$$

Imposons aux coefficients les conditions suivantes :

$$(7) \quad \begin{cases} \dfrac{X}{L_1}\left(\dfrac{1}{c} + \dfrac{1}{c_1}\right) + \dfrac{c_1}{L_2 cc_2} = kX \\[2ex] \dfrac{XC_2}{L_1 cc_1} + \dfrac{1}{L_2}\left(\dfrac{1}{c} + \dfrac{1}{c_2}\right) = k \end{cases}$$

Donc l'équation (6) sera réduite à :

$$(8) \quad \dfrac{d^2}{dt^2}(XV_1 + V_2) + 2q\,\dfrac{d}{dt}(XV_1 + V_2) + k(XV_1 + V_2) = \dfrac{Q_0}{c}\left[\dfrac{X}{L_1 c_1} + \dfrac{1}{L_2 c_2}\right]$$

Les équations (7) ont les deux paires suivantes de racines :

$$(9) \quad \left.\begin{matrix}\dfrac{X_1}{X_2}\end{matrix}\right\} = \dfrac{L_1 cc_1}{2 c_2}\left\{\dfrac{1}{L_1}\left(\dfrac{1}{c} + \dfrac{1}{c_1}\right) - \dfrac{1}{L_2}\left(\dfrac{1}{c} + \dfrac{1}{c_2}\right) \pm \sqrt{\left[\dfrac{1}{L_1}\left(\dfrac{1}{c} + \dfrac{1}{c_1}\right) - \dfrac{1}{L_2}\left(\dfrac{1}{c} + \dfrac{1}{c_2}\right)\right]^2 + \dfrac{4}{L_1 L_2 C^2}}\right\}$$

et :

$$(10) \quad \left.\begin{matrix}k_1 \\ k_2\end{matrix}\right\} = \dfrac{1}{2}\left\{\dfrac{1}{L_1}\left(\dfrac{1}{c} + \dfrac{1}{c_1}\right) + \dfrac{1}{L_2}\left(\dfrac{1}{c} + \dfrac{1}{c_2}\right) \pm \sqrt{\left[\dfrac{1}{L_1}\left(\dfrac{1}{c} + \dfrac{1}{c_1}\right) - \dfrac{1}{L_2}\left(\dfrac{1}{c} + \dfrac{1}{c_2}\right)\right] + \dfrac{4}{L_1 L_2 c^2}}\right\}$$

Ainsi la formule (8) contient deux équations différentielles, que l'on obtient en prenant k_1 et x_1, et k_2 et x_2 successivement au lieu des indéterminées k et x. Les solutions de deux équations sont déterminées par les racines des équations algébriques.

$$(11) \qquad 2^2 + 2q2 + k_1 = 0 \quad \text{et} \quad 2^2 + 2q2 + k_2 = 0.$$

Désignons ces racines par

$$- q \pm p_1 \sqrt{-1} \quad \text{et} \quad - q \pm p^2 \sqrt{-1}.$$

La première paire est toujours imaginaire, la dernière peut être soit réelle soit imaginaire, selon la valeur des k. Pour les équations différentielles comprises dans la formule (8) ont obtient les solutions suivantes :

$$(12) \quad \begin{cases} X_1 V_1 + V_2 = \dfrac{Q_0}{k_1 c} \left(\dfrac{X_1}{L_1 c_1} + \dfrac{1}{L_2 c_2} \right) + e^{-qt} (A_1 \cos p_1 t + B_1 \sin p_1') \\[2mm] X_2 V_1 + V_2 = \dfrac{Q_0}{k_2 c} \left(\dfrac{X_2}{L_2 c_2} + \dfrac{1}{L_2 c_2} \right) + e^{-qt} (A_2 \cos p_2 t + B_2 \sin p_2') \end{cases}.$$

Pour déterminer les constantes arbitraires A_1, B_1, A_2, B_2, il faut considérer l'état initial.

On a pour $t = 0$, c'est-à-dire à l'instant où la quantité d'électricité Q_0 est communiquée au peigne :

$$V_1 = 0 \quad V_2 = 0 \quad i_1 = 0 \quad i_2 = 0$$

si on fait abstraction de l'électricité statique, dont le conducteur est chargé, et aussi du mouvement oscillant qui peut rester d'une charge précédente Q_0. Or il suit des équations (1) qu'on a aussi $\dfrac{dV_1}{dt} = 0$ et $\dfrac{dV_2}{dt} = 0$ pour $t = 0$ et ainsi il vient :

$$(13) \quad \begin{cases} A_1 + \dfrac{Q_0}{k_1 c} \left(\dfrac{X_1}{L_1 c_1} + \dfrac{1}{L_2 c_2} \right) = 0 \,;\, B_1 = \dfrac{q}{p_1} A_1 \\[2mm] A_2 + \dfrac{Q_0}{k_2 c} \left(\dfrac{X_2}{L_1 c_1} + \dfrac{1}{L_2 c_2} \right) = 0 \,;\, B_1 = \dfrac{q}{p_2} A_2 \end{cases}.$$

C'est surtout V_1 qu'il faut connaître ; par les formules (12) et par soustraction on aura :

$$(14) \quad (X_1 - X_2) V_1 = A_2 - A_1 - A_1 e^{-qt} \left(\cos p_1 t + \dfrac{q}{p_1} \sin p_1 t \right) - A_2 e^{-qt} \left(\cos p_2 t + \dfrac{q}{p_2} \sin p_2 t \right).$$

En évaluant $A_2 - A_1$ on aura :

$$\frac{A_2 - A_1}{X_1 - X_2} = \frac{Q_0}{c + c_1 + c_2}.$$

Et par conséquent la formule (14) peut s'écrire :

$$(15) \quad V_1 = \frac{Q_0}{c + c_1 + c_2} + \frac{A_1}{X_1 - X_2} e^{-qt} \left(\cos p_1 t + \frac{q}{p_1} \sin p_1 t \right) - \frac{A_2}{X_1 - X_2} e^{-qt} \left(\cos p_2 t + \frac{q}{p_2} \sin p_2 t \right).$$

La relation entre V_1 et i_1 donnera :

$$(16) \qquad i_1 = - \frac{A_1 c_1}{X_1 - X_2} \cdot \frac{p_1^2 + q^2}{p_1} e^{-q} \sin p_1 t + \frac{A_2 c_1}{X_1 - X_2} \cdot \frac{p_3^2 + q^2}{p_2} e^{-qt} \sin p_2 t.$$

La transformation

$$\frac{1}{kc} \left(\frac{X}{L_1 c_1} + \frac{1}{L_2 c_2} \right) = \frac{1}{c_2} \left(1 - \frac{1}{k L_2 c_2} \right).$$

obtenu au moyen des formules (7) donnera pour A_1 la valeur suivante :

$$A_1 = - \frac{Q_o}{c_2} \left(1 - \frac{1}{k_1 L_2 c_2} \right) = - \frac{Q_o}{c_2} \frac{\frac{1}{L_1} \left(\frac{1}{c} + \frac{1}{c_1} \right) + \frac{1}{L_2} \left(\frac{1}{c} - \frac{1}{c_2} \right) + S}{\frac{1}{L_1} \left(\frac{1}{c} + \frac{1}{c_1} \right) + \frac{1}{L_2} \left(\frac{1}{c} + \frac{1}{c_2} \right) + S},$$

ou par S est désignée la racine carrée entrant dans les formules (9) et (10). Or $\frac{1}{c_2}$ est très petit auprès de $\frac{1}{c}$ et $\frac{1}{c_1}$, et, par conséquent, la fraction dans la formule ci-dessus a une valeur approchée égale à l'unité, c'est-à-dire que A_1 peut être remplacé par $\frac{Q_0}{c_2}$. Par suite, on a :

$$(17) \qquad \frac{A}{X_1 - X_2} = - \frac{Q_o}{L_1 cc_1 S}.$$

L'autre coefficient A_2 est déterminé par la relation

$$(18) \qquad \frac{A_2}{X_1 - X_2} = \frac{Q_0}{c + c_1 + c_2} + \frac{A_1}{X_1 - X_2} = \frac{Q_0}{c + c_1 + c_2} - \frac{Q_0}{L_1 cc_1 S}.$$

En général la fraction $\dfrac{Q_0}{c + c_1 + c_2}$ est négligeable auprès de $\dfrac{Q_0}{L_1 cc_1 S}$, et les amplitudes des deux oscillations comprises dans les formules (15) et (16) sont ainsi à peu près égales mais de signes contraires. Elles sont aussi indépendantes de la capacité du condensateur.

Après l'éclatement de la première étincelle le mouvement est renforcé par les oscillations provenant du changement rapide du potentiel, qui est du à cette étincelle, et il reste à calculer ce mouvement oscillant. Il faut donc remplacer Q_0 dans les formules (12) par $- Q'_0$. Ainsi on a :

$$(12\,a) \qquad \begin{cases} X_1 V_1 + V_2 = - \dfrac{Q'_0}{k_1 c} \left(\dfrac{X_1}{L_1 c_1} + \dfrac{1}{L_2 c_2} \right) + e^{-qt} (A_1 \cos p_1 t + B_1 \sin p_1 t) \\[2ex] X_2 V_1 + V_2 = - \dfrac{Q'_0}{k_2 c} \left(\dfrac{X_2}{L_1 c_1} + \dfrac{1}{L_2 c_2} \right) + e^{-qt} (A_2 \cos p_2 t + B_2 \sin p_2 t) \end{cases}.$$

Les constantes arbitraires sont dans ce cas déterminées par les conditions initiales :

$$V_1 = - \frac{Q'_0}{c_1}; \quad V_2 = 0; \quad \frac{dV_1}{dt} = 0; \quad \frac{dV_2}{dt} = 0.$$

et on a ainsi :

$$(13\,a) \quad \begin{cases} A_1 = \dfrac{Q_0^1}{k_1 c}\left(\dfrac{X_1}{L_1 c_1} + \dfrac{-1}{L_2 c_2}\right) - X_1\,\dfrac{Q_0^1}{c_1}\,; \; B_1 = \dfrac{q}{p_1}\,A_1\,; \\[2ex] A_2 = \dfrac{Q_0^1}{k_2 c}\left(\dfrac{X_2}{L_1 c_1} + \dfrac{1}{L_2 c_2}\right) - X_2\,\dfrac{Q_0^1}{c_1}\,; \; B_2 = \dfrac{q}{p_2}\,A_2\,. \end{cases}$$

Au lieu des formules (15) et (16) on obtient :

$$(15\,a) \quad V_1 = - \frac{Q_0^1}{c + c_1 + c_2} + \frac{A_1}{X_1 - X_2}\, e^{-q t}\left(\cos p_1 t + \frac{q}{p_1}\sin p_1 t\right) - \frac{A_2}{X_1 - X_2}\, e^{-q t}\left(\cos p_2 t + \frac{q}{p_2}\sin p_2 t\right)$$

et :

$$(16\,a) \quad i_1 = - \frac{A_1 c_1}{X_1 - X_2} \cdot \frac{p_1^2 + q^2}{p_1} \cdot e^{-q t}\sin p_1 t + \frac{A_2 c_1}{X_1 - X_2} \cdot \frac{p_2^2 + q_2}{p_2}\, e^{-q t}\sin p_2 t$$

où rien n'est changé sauf la signification des constantes arbitraires A_1 et A_2. En employant la transformation,

$$\frac{1}{kc}\left(\frac{X}{L_1 c_1} + \frac{1}{L_2 c_2}\right) = \frac{X}{c_1}\left(1 - \frac{1}{k_1 L_1 c_1}\right),$$

obtenue des formules (7) on peut réduire les formules (13 a) à la forme

$$A_1 = - \frac{X_1 Q_0^1}{k_1 L_1 c_1^2} \quad \text{et} \quad A_2 = - \frac{X_2 Q_0^1}{k_2 L_2 c_1^2}.$$

Par suite on aura les valeurs suivantes :

$$\frac{A_1}{X_1 - X_2} = - \frac{X_1}{X_1 - X_2} \cdot \frac{Q_0^1}{k_1 L_1 c_1}$$

et

$$\frac{A_2}{X_1 - X_2} = - \frac{X_2}{X_1 - X_2} \cdot \frac{Q_0^1}{k_2 L_1 c_1^2}.$$

Pour les amplitudes des variations du potentiel de l'excitation.

Note de M. Hemsalech. — La self-induction du circuit de décharge d'un condensateur est la cause de deux phénomèmes bien distincts appelés respectivement l'étincelle de capacité et l'étincelle de self-induction.

Dans le cas de l'étincelle de capacité, la décharge initiale constitue la première décharge du condensateur ; tandis que dans le cas de self induction, la décharge initiale est constituée par une étincelle produite par la décharge des électrodes de la capacité desquelles elle dépend et elle sert uniquement à préparer le passage aux oscillations de la décharge du condensateur.

Sur les décharges entre pointes dans l'air. — M. Tœpler a étudié les décharges entre deux pointes placées dans l'air à des pressions comprises entre 75 et 10 centimètres de mercure. Ses études ont surtout porté sur la région du passage de la forme de décharge par effluve à la forme de décharge par aigrette en outre elles ont porté sur la valeur du courant lorsque la décharge par effluve est relativement très intense.

La source de courant était une machine statique à 60 plateaux ; les mesures étaient faites au moyen d'un galvanomètre de Wiedemann et d'un électromètre de Braun. Les électrodes placées sur un même axe vis-à-vis l'une de l'autre étaient formées de pointes de platine de $0^{mm},80$ de diamètre et de 2 centimètres de longueur dépassant de 5 millimètres les tubes de verre dans lesquelles elles étaient soudées. Ces tubes de verre étaient remplis de sulfate de cuivre en solution : la pointe cathodique pouvait être déplacée au moyen d'une vis micrométrique. L'espace dans lequel se produisaient les décharges entre pointes était placé au centre d'une cloche de verre de 20 millimètres de diamètre et 30 centimètres de hauteur. Une résistance de 1 300 ohms était intercalée sur le fil allant à la cathode et une résistance de 18 000 ohms sur le fil allant à l'anode.

Dans les tableaux I à III sont indiqués les résultats d'expériences dans lesquelles la mesure de la tension était faite par la mesure d'une longueur explosive F en parallèle. Les tableaux IV, V et VI contiennent les résultats des mesures faites avec l'électromètre de Braun.

TABLEAU I

Pression de l'air, 75 centimètres Hg.

F = 0,520 centimètres (17,8 kilovolts)			F = 0,728 centimètres (24,5 kilovolts)			F = 0,931 centimètres (30,6 kilovolts)		
f en centim.	milliampère	C	f en centim.	milliampère	C	f en centim.	milliampère	C
1,68	0,126	225	2,24	0,168	223	2,80	0,207	218
1,96	0,081	229	2,52	0,111	233	3,08	0,147	227
2,24	0,060	223	2,80	0,092	229	3,36	0,123	226
			4,20	0,040	225	3,64	0,099	230
						3,92	0,087	228
						4,20	0,072	231

TABLEAU II

Pression de l'air, 64 centimètres Hg.

F = 0,512 centimètres (17,6 kilovolts)			F = 0,726 centimètres (24,5 kilovolts)			F = 0,922 centimètres (30,3 kilovolts)		
f en centim.	milliampère	C	f en centim.	milliampère	C	f en centim.	milliampère	C
1,96	0,234	159	2,52	0,276	172	3,08	0,390	163
2,22	0,123	178	2,80	0,177	184	3,36	0,249	179
2,52	0,060	206	3,08	0,126	192	3,64	0,186	184
			3,36	0,096	197	3,92	0,153	187
			3,64	0,075	202	4,20	0,120	193
			3,92	0,060	206			

TABLEAU III

Pression de l'air, 39 centimètres Hg.

F = 0,317 centim. Hg (11,1 kilovolts)			F = 0,533 centim. Hg (18,2 kilovolts)		
f en centimètres	milliampère	C	f en centimètres	milliampère	C
3,92	0,077	86,0	3,92	0,537	73,8
4,20	0,054	92,4	4,20	0,291	86,3

TABLEAU IV

Pression de l'air, 37^{cm},5 Hg.

f = 0,84 centim.		f = 1,40 centim.		f = 1,96 centim.	
milliampère	kilovolts	milliampère	kilovolts	milliampère	kilovolts
0,05	3,50	0,08	5,70	0,10	8,30
0,09	3,75	0,10	6,00	0,16	8,60
0,12	3,70	0,19	6,30	0,22	9,00
0,17	3,65	0,27	6,50	0,27	9,10
0,36	3,50	0,36	6,60	0,31	9,30
0,54	3,30	0,45	6,30	0,42	9,40
0,60	3,10	0,53	5,50	0,62	8,00
0,72	2,80	0,68	4,80	0,66	7,50
0,78	2,60	0,84	4,30	1,07	5,20
0,84	2,50	1,05	4,00		
1,02	2,30				

TABLEAU V

Pression de l'air, 24^{cm},9 Hg.

f = 1,12 centim.		f = 1,96 centim.		f = 2,52 centim.		f = 3,08 centim.	
milliampère	kilovolts	milliampère	kilovolts	milliampère	kilovolts	milliampère	kilovolts
0,08	3,5	0,12	5,4	0,15	7,1	0,13	8,2
0,27	3,6	0,21	5,8	0,23	7,6	0,21	8,9
0,39	3,3	0,36	6,25	0,33	7,9	0,26	9,2
0,48	3,1	0,45	6,1	0,45	7,8	0,36	9,6
0,75	2,7	0,66	5,5	9,69	7,3	0,45	9,8
0,87	2,5	0,99	3,7	0,96	5,5	0,60	9,6
1,08	2,3					0,72	9,2
						0,81	8,7

TABLEAU VI

Pression de l'air, 13 centimètres Hg.

$f = 5{,}32$ centim.		$f = 5{,}32$ centim.		$f = 5{,}32$ cent.	
milliampère	kilovolts	milliampère	kilovolts	milliampère	kilovolts
0,15	5,6	0,53	6,7	1,02	6,3
0,32	6,1	0,60	6,85	1,10	5,9
0,42	6,5	0,75	6,9	1,17	5,7

A la pression atmosphérique, dans le voisinage de 0,1 milliampère les tensions peuvent approximativement être représentées par la formule d'interpolation

$$V = c \sqrt[3]{i}\ \frac{f}{f + q}.$$

Dans les tableaux I à III on a porté les valeurs de C calculées d'après les valeurs observées de V, i et f; pour la pression atmosphérique, on voit que c reste constant. L'intensité du courant croît donc comme la troisième puissance de la tension, pour les courants intenses entre pointes. Pour augmenter l'intensité du courant M. Tœpler a employé à l'anode 5 pointes en parallèles. Le tableau VII résume les résultats obtenus.

TABLEAU VII

Pression de l'air 75 centimètres, 5 points anodiques.

16,7 kilovolts			24,0 kilovolts			28,7 kilovolts		
f en centim.	milliampère	C	f en centim.	milliampère	C	f en centim.	milliampère	C
1,54	0,270	173	1,96	0,587	160	2,38	0,675	156
1,68	0,209	179	2,24	0,321	176	2,52	0,480	168
1,96	0,140	180	2,52	0,222	181	2,80	0,311	179
2,24	0,095	184	2,80	0,159	186	3,36	0,174	189
			3,36	0,093	195	3,72	0,128	188
			3,92	0,071	191	4,48	0,097	188

La grandeur C du tableau VII calculée au moyen de la formule (1) diminue quand le courant augmente. L'intensité du courant croît donc plus rapidement que proportionellement à la troisième puissance de la tension, pour des courants très intenses entre pointes.

Conditions initiales d'une décharge par étincelle. — Considérons un condensateur, dont les armatures sont réunies par un fil conducteur présentant une interruption formée par le champ intrapolaire d'un excitateur I.

Si l'on charge lentement le condensateur jusqu'au potentiel explosif de I, une étincelle éclate à l'interruption et le condensateur se décharge à travers le fil.

Dans la théorie de la décharge du condensateur de Sir W. Thomson, on ne tient compte que de deux conditions initiales.

1° L'intensité initiale est nulle.

2° La charge du condensateur ou, ce qui revient au même, la différence de potentiel entre les armatures a une valeur déterminée.

Il est aisé de voir que la condition suivante est également satisfaite.

3° Entre deux sections, a, b du fil séparées par un segment conducteur continu, la différence de potentiel est nulle.

Ces trois conditions expriment qu'à l'instant où la décharge commence le système est en équilibre électrostatique.

Si l'on charge le condensateur avec une lenteur infinie par un courant infiniment petit, le système est à chaque instant infiniment voisin de l'équilibre avant l'étincelle. Si donc l'intensité initiale est nulle, l'équilibre est établi à l'instant où la décharge commence et les deux dernières conditions sont une conséquence de la première. Celle-ci est une conséquence de ce principe universellement admis : l'intensité d'un courant est une fonction continue du temps.

Dans la charge lente d'un condensateur par une machine électrostatique, les trois conditions précédentes forment encore sensiblement les conditions initiales de la décharge.

Application à l'équation de Thomson. — La théorie de la décharge d'un condensateur de W. Thomson est résumée dans la formule suivante

$$(1) \qquad i = \frac{V_0}{2aL}\, e^{-\frac{Rt}{2L}} \left(e^{at} - e^{-at} \right)$$

où

$$a = \sqrt{\frac{R^2}{4L^2} - \frac{1}{LC}}$$

i représente l'intensité du courant supposé uniforme, V_0 la différence de potentiel à laquelle on a chargé le condensateur, e la base des log-népériens; R la résistance et L le coefficient de self-induction de tout le circuit, C la capacité du condensateur, t le temps écoulé depuis l'instant où la décharge commence.

Cette équation ne satisfait pas aux trois conditions initiales du problème, elle contredit la troisième.

En effet entre deux sections de fil a et b séparées par un segment quelconque la différence de potentiel v est donnée à chaque instant par la relation

$$(2) \qquad v = ri + l\,\frac{di}{dt}$$

r désignant la résistance du segment, l le coefficient d'induction de tout le circuit sur ce segment.

Or à l'instant $t = 0$: d'après l'équation (1)

$$i = 0 \left(\frac{di}{dt}\right) = \frac{V_0}{L} \gtrless 0$$

donc d'après l'équation (2), au début de la décharge

$$v = \frac{LV_0}{L}.$$

On pourra toujours choisir les deux points a et b sur le même fil conducteur de façon que L ne soit pas nul ; on aboutit alors à cette conclusion qu'entre deux sections a et b d'un même fil conducteur la différence de potentiel est $\lessgtr 0$ à l'instant $t = 0$, ce qui contredit la troisième condition initiale.

Donc, au moins dans les premiers instants de la décharge, l'équation de Thomson ne représente pas le phénomène.

Ce désaccord provient de ce que pour établir l'équation de Thomson, on suppose que les armatures du condensateur sont réunies par un fil de résistance constante.

Cette hypothèse est évidemment loin de la réalité dans les premiers instants de la décharge.

En effet, dans la décharge d'un condensateur par étincelle, le circuit du condensateur est formé d'un fil conducteur interrompu par un milieu diélectrique à travers lequel jaillit l'étincelle : si on fait abstraction de l'existence possible d'une force électromotrice dans l'étincelle qui est peut-être négligeable, la résistance de la couche diélectrique peut être considérée comme infinie quand la décharge commence à passer.

Cette résistance diminue par suite de l'échauffement et dans certains cas devient rapidement très petite par rapport à une résistance de quelques ohms.

Les expériences de Riess montrent en effet que le dégagement de chaleur dans l'étincelle est petit par rapport à la résistance du fil thermométrique ; la résistance moyenne de l'étincelle est donc petite par rapport à la résistance du fil ; comme cette résistance de l'étincelle a été extrêmement grande au début, il faut supposer qu'elle devient rapidement négligeable par rapport à la résistance du circuit métallique.

Dans les premiers instants de la décharge la résistance n'étant pas une constante, on a trois fonctions du temps à déterminer par leurs variations. Les équations du problème ne seront plus linéaires. Sa solution générale renfermera trois constantes arbitraires qu'on ne pourra déterminer que par un nombre égal des conditions initiales.

Lorsque par suite de l'échauffement, les variations de la résistance deviennent négligeables par rapport à la résistance totale, l'équation différentielle des décharges se réduit à une équation linéaire de second ordre à coefficients constants.

La solution générale est de la forme :

$$(3) \qquad\qquad i = e^{-\frac{Rt}{2L}} (Ae^{at} + Be^{-at})$$

formule dans laquelle A et B représentent des constantes et les autres lettres ont les mêmes significations que dans la formule (1).

Formule de la décharge au début. — *a) Intensité.* — Les conditions initiales nous donnent des indications sur la loi du phénomène dans les premiers instants de la décharge.

Considérons la formule (2) qui donne la différence de potentiel entre deux sections a et b du fil de décharge : supposons que ces sections soient les extrémités d'un segment conducteur homogène et continu, prenons pour ab un sens tel que l'intensité soit positive au début.

On a

$$v = ri + L\,\frac{di}{dt}$$

à l'instant $t = 0$, $i = 0$, $v = 0$, donc

$$L\left(\frac{di}{dt}\right) = 0$$

on peut toujours choisir a, b de façon que L ne soit pas nul, donc pour $t = 0$ on a aussi

$$\left(\frac{di}{dt}\right) = 0.$$

L'intensité et sa dérivée étant toutes deux nulles quand la décharge commence, sont toutes les deux des fonctions croissantes du temps pendant les premiers instants de la décharge.

Si on porte le temps en abscises et les intensités en ordonnées, la courbe des intensités en fonction du temps est tangente à l'origine à l'axe des temps et commence par tourner sa concavité vers l'axe des intensités positives, mais comme l'intensité ne peut croître indéfiniment, il arrive un moment où la courbe tourne sa concavité vers l'axe des intensités négatives ; la courbe présente donc un point d'inflexion avant d'avoir atteint son premier maximum (courbe 1, fig. 238).

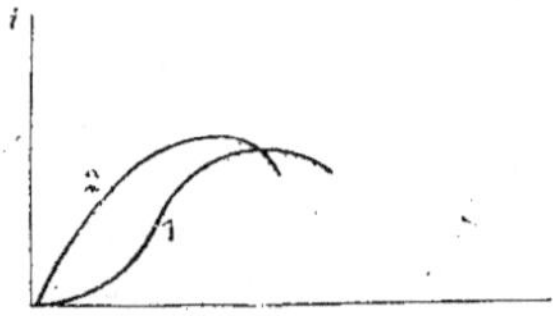

Fig. 238.

Cette courbe 1 est très différente de la courbe des intensités d'après la formule de Thomson (courbe 2) elle ne prend l'allure de cette dernière qu'au delà du point d'inflexion.

b) Différence de potentiel aux extrémités d'une bobine. — Considérons une bobine traversée par la décharge du condensateur, la différence de potentiel aux extrémités de la bobine est encore donnée par la formule (2) ; de plus le coefficient L qui y figure est nécessairement positif si l'induction mutuelle des autres parties du circuit est négligeable devant l'induction propre de la bobine, ou agit dans le même sens que cette dernière ; il est facile de voir que dans ce cas, la différence de potentiel entre les extrémités de la bobine nulle au début de la décharge est une fonction croissante du temps dans les premiers instants de la décharge.

Dans la formule (2) qui donne l'expression générale du potentiel entre deux points, r et L sont tous deux positifs dans le cas actuel et i et $\frac{di}{dt}$ sont deux fonctions croissantes, v étant la somme de deux fonctions croissantes est elle-même une fonction croissante du temps, nulle à l'instant $t = 0$, du début de la décharge puisque i et $\frac{di}{dt}$ sont nuls en cet instant. De plus, v ne pouvant croître indéfiniment, atteint un premier maximum.

Il est facile de voir que ce premier maximum du potentiel entre les extrémités de la bobine est compris entre le premier point d'inflexion et le premier maximum de la courbe des intensités ; pour cela, prenons la dérivée de l'expression (2), on obtient

$$(4) \qquad \frac{dv}{dt} = r \frac{di}{dt} + L \frac{d^2 i}{dt^2}$$

jusqu'au premier point d'inflexion inclusivement.

$$\frac{d^2 i}{dt^2} \geqq 0 \quad \frac{di}{dt} > 0 \quad \frac{dv}{dt} > 0.$$

Au premier maximum de l'intensité.

$$\frac{di}{dt} = 0 \quad \frac{d^2 i}{dt^2} < 0 \quad \frac{dv}{dt} < 0.$$

Ainsi la différence de potentiel croît jusqu'au delà du premier maximum de $\frac{di}{dt}$ et décroît au premier maximum de l'intensité.

D'une façon générale considérons la différence de potentiel maximum entre deux points a et b quelconques d'un fil conducteur, comprenant un segment de résistance r et de coefficient d'induction L.

Si la résistance tend vers 0, L restant fini, ainsi que i, v se réduit au terme L $\frac{di}{dt}$; par conséquent la différence de potentiel entre les extrémités d'un circuit très bon conducteur est maximum en même temps que $\frac{di}{dt}$ c'est-à-dire au point d'inflexion.

Si la résistance tend vers l'∞, L restant fini, ou si la résistance reste constante L tendant vers 0, v tend à se réduire au terme ri. Si le circuit ab est formé d'une colonne suffisamment longue d'un liquide électrolytique de self-induction négligeable la différence de potentiel entre les extrémités est maximum en même temps que l'intensité.

Le maximum de la différence de potentiel entre deux points a et b du circuit est d'autant plus grand que la résistance et le coefficient d'induction L du segment ab sont plus considérables ; toutefois le potentiel maximum est toujours inférieur au potentiel initial auquel on a chargé le condensateur.

En effet au potentiel maximum, les deux termes qui jouent un rôle dans la formation du potentiel, ri et $L\dfrac{di}{dt}$ agissent dans le même sens.

Le long des conducteurs qui joignent les armatures des condensateurs aux extrémités des bobines, il y a chute de potentiel, donc le potentiel maximum v_m est inférieur au potentiel V des armatures au même instant. En cet instant le condensateur s'est déjà partiellement déchargé par suite son potentiel est inférieur au potentiel initial V_0 et on a

$$v_m < V < V_0 \qquad\qquad \text{(c. q. f. d.)}$$

Résistance de l'étincelle. — Si on considère l'étincelle comme n'introduisant aucune force électromotrice et présentant une [résistance de même nature que celle d'un conducteur ; on peut écrire.

$$Vv = (R - r)i + (L - l)\frac{di}{dt}$$

V, R, L se rapportant au circuit total compris entre les deux armatures, v, r, l se rapportant à la bobine étudiée.

Si les extrémités de la bobine sont reliées aux armatures par des conducteurs sensiblement rectilignes et courts.

$R - r$ se réduit à la résistance de l'étincelle ρ ; $L - l$ sera négligeable par rapport à L.

Dans les premiers instants de la décharge $V - v$ va constamment en décroissant, puisque V décroît et v croît si on néglige le terme dû à la self-induction.

$$V - v = \rho i$$

dans les premiers instants i va en décroissant, donc la résistance de l'étincelle ρ diminue très rapidement dans les premiers instants de la décharge. Si on remarque que la température de l'étincelle va en croissant dans les premiers instants de la décharge, par suite du passage du courant on obtient cette proposition : la résistance de l'étincelle diminue quand la température croît ; cette proposition est conforme avec ce que nous savons de la résistance d'un corps mauvais conducteur avec la température.

Période d'oscillation. Fonctionnement de l'excitateur de Hertz. — 1° Considérons la courbe des intensités dans le cas d'une décharge oscillatoire ; supposons que la résistance devienne constante à partir d'un instant compris entre le premier point d'inflexion et le premier maximum de l'intensité, ce qui est très probable pour les condensateurs de grande capacité. A partir de cet instant, la courbe des intensités prend une allure conforme à l'équation de Thomson. Entre le début de la décharge et cet instant, si la résistance du circuit avait toujours eu la valeur constante qu'elle a acquise par l'échauffement de l'étincelle, la courbe des intensités aurait là forme O'ABC, différente de sa forme réelle OABC, (fig. 239).

Si donc on appelle période de la décharge oscillatoire, la durée comprise entre deux zéros de l'intensité, on arrive immédiatement à cette proposition que dans une décharge par étincelle, la première période est plus grande que les suivantes.

2° Nous avons vu que la résistance de l'étincelle dépend de sa température dont elle est fonction décroissante, elle dépend de sa longueur et de sa section et aussi de la nature du conducteur lumineux qui constitue l'étincelle. Dans la décharge du condensateur dans un circuit métallique déterminé interrompu par une étincelle pour que la résistance totale du circuit atteigne la valeur critique au-dessous de laquelle les oscil-

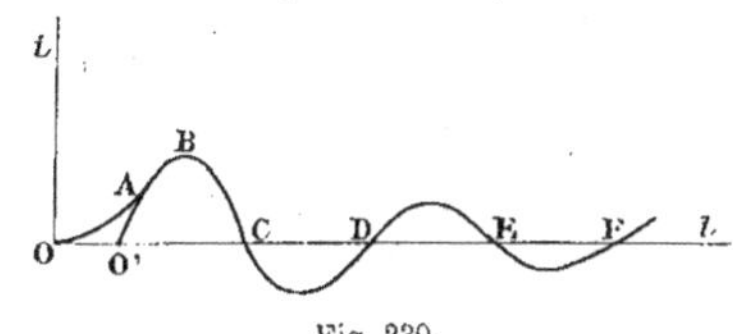

Fig. 239.

lations deviennent possibles, il faudra dépenser une quantité d'énergie w bien déterminée pour élever l'étincelle à la température correspondante à la résistance critique.

Cette quantité w peut être supérieure ou inférieure à l'énergie potentielle initiale du condensateur W.

1° Si $w < W$ les oscillations sont possibles.

2° Si $w > W$ les oscillations sont impossibles.

L'énergie potentielle d'un condensateur est donnée par la formule $W = \frac{1}{2} CV^2$; C étant la capacité du condensateur V le potentiel auquel on l'a chargé.

On conçoit que, si laissant V constant, on diminue d'une façon continue la capacité du condensateur, il arrive un moment où l'énergie totale du condensateur W sera inférieure a w; de sorte que si on considère la décharge d'un condensateur dans un circuit déterminé; cette décharge oscillatoire pour les grandes capacités deviendra continue pour les capacités suffisamment petites. C'est une conséquence contraire à celle que l'on déduit de la théorie de Thomson, où l'on suppose la résistance constante.

L'excitateur de Hertz est un condensateur de faible capacité, les considérations précédentes lui sont applicables. Une décharge isolée de l'excitateur de Hertz ne présente pas de caractère oscillatoire. Pour que les décharges de l'excitateur exercent une action sensible sur un résonateur, il faut qu'elles se succèdent avec une certaine fréquence et que l'appareil soit en activité depuis un certain temps. Ces faits se conçoivent très bien si on admet que la température de l'étincelle doit dépasser une certaine valeur θ pour que les oscillations soient possibles. Cette température θ qui n'est pas atteinte dans une décharge isolée lorsque la température initiale de l'étincelle est la température ordinaire, pourra être dépassée, si l'appareil fonctionne avec une fréquence d'étincelles en un temps suffisants pour amener le milieu traversé par l'étincelle à une température telle que par l'échauffement dû à chaque étincelle, la température de cette dernière dépasse θ.

Dans le même ordre d'idées on comprend très bien certaines expériences de M. Tœpler, dans lesquelles on constate qu'un courant d'air lancé à travers l'étincelle de l'excitateur fait cesser le caractère oscillatoire de la décharge, ou, qu'une mince couche d'eau déposée sur la surface polaire du vibrateur supprime tout effet oscillatoire sur le résonateur.

Le courant d'air a pour effet d'empêcher une même couche d'air d'être traversée plusieurs fois par la décharge ; la vaporisation de la couche d'eau exigeant une dépense supplémentaire d'énergie assez considérable, w augmente beaucoup, tandis que W reste sensiblement constant. De l'action de la couche d'eau sur le caractère oscillatoire de l'excitateur, M. Tœpler conclut que la foudre n'est pas une décharge oscillatoire, les raisonnements précédents font voir nettement que cette conclusion n'est pas fondée, l'énergie totale dépensée dans la décharge d'un nuage orageux étant très considérable par rapport à l'énergie d'une décharge hertzienne. On peut se rendre compte de la même façon de l'influence de la distance explosive du vibrateur sur le caractère oscillatoire de sa décharge.

Soit θ la température qu'il faut atteindre dans l'étincelle pour que la décharge puisse être oscillatoire, soit s la section, l la longueur de l'étincelle, d la densité absolue de l'air, γ sa chaleur spécifique sans pression constante, E l'équivalent mécanique de la chaleur.

Pour élever la température de l'air de $t°$ il faudra dépenser une quantité d'énergie

$$w = \mathrm{E} s l d \gamma t.$$

Si on admet que la résistance de l'étincelle est comparable aux résistances métalliques, la résistance est donnée par la formule $r = \rho \dfrac{l}{s}$. La résistance critique est une constante pour un excitateur ; donc si l augmente, s restant constant on voit que ρ diminue : ρ étant une fonction décroissante de la température, pour que ρ diminue il faut que θ augmente, donc θ croît avec l. Pour un excitateur donné r étant constant, et d'autre part E, d, γ, étant constants si s est invariable on peut mettre w sous la forme $w = \mathrm{F}(l)$, $\mathrm{F}(l)$ étant une fonction croissante de l s'annulant avec l et croissant plus rapidement que l.

Pour que les oscillations soient possibles il faut que $\frac{1}{2}\,\mathrm{C V}^2 - \mathrm{F}(l) > 0$ et l'énergie dépensée pendant les oscillations sera, abstraction faite des rayonnements $\frac{1}{2}\,\mathrm{C V}^2 - \mathrm{F}(l)$.

Si on maintient C et V constants on voit que l'excitateur présentera une énergie disponible dans les oscillations d'autant plus grande que la distance explosive sera plus petite c'est-à-dire que le rayon des pôles (supposés sphériques) de l'excitateur entre lesquels faiblissent les étincelles est plus considérable ; on conçoit de plus que pour les distances explosives supérieures à une certaine valeur λ les oscillations soient impossibles.

Ces considérations rendent bien compte d'une expérience de MM. Ebert et Wiedemann. Ces auteurs font éclater les étincelles au vibrateur de Hertz sous un même potentiel explosif, quand l'excitateur est éclairé ou non par les radiations ultra-violettes d'une lampe à arc ; ils constatent que la décharge de l'excitateur non éclairé ; très active sur un résonateur, cesse de l'être dès qu'on éclaire l'excitateur par la lampe à arc.

Le potentiel étant maintenu constant dans les deux parties de l'expérience

$$W = \frac{1}{2} CV^2$$

reste invariable ; sous l'action de la lumière ultra-violette, la distance explosive avait augmenté d'environ la $\frac{1}{2}$ de sa valeur primitive, par conséquent $w = F(l)$ a augmenté dans un rapport plus grand que le rapport des distances explosives et il est possible que $W - w < 0$.

Dans tous les cas l'énergie $W - w$ disponible pendant les oscillations a diminué. On explique de la même façon l'influence de la courbure des pôles constatée par Hertz,

Supposons maintenant que l'excitateur de Hertz soit placé et excité dans des conditions telles que sa décharge soit oscillatoire et qu'il exerce par conséquent une action sensible sur le résonateur.

Quelle est la nature de ce genre d'oscillations du vibrateur ?

Nous avons vu que pour une décharge par étincelle quelconque, la première période, définie comme nous l'avons fait, est toujours plus grande que la suivante, même si l'on suppose que la résistance totale devienne constante avant le premier maximum de l'intensité. Cette supposition est très vraisemblable pour les condensateurs de capacité suffisamment grande. Si la capacité est suffisamment petite on a vu que la décharge n'est oscillatoire en aucun moment de sa durée, et nous avons vu ce dernier cas réalisé dans certaines expériences de Hertz ; il est donc probable que même avec un vibrateur de Hertz fonctionnant très bien, la résistance totale du circuit du vibrateur ne tombe au-dessous de la résistance critique qui permet les oscillations qu'après la dépense d'une fraction assez notable de l'énergie de chaque décharge.

De plus si on désigne par Rc la résistance critique définie par la relation $\frac{1}{LC} - \frac{R^2}{4L^2} = 0$ où RL et C ont les significations précédemment indiquées et par Rm la résistance au-dessous de laquelle le terme $\frac{R^2}{4L^2}$ est négligeable devant $\frac{1}{LC}$.

Pendant que la résistance passe de la valeur R_c à la valeur R_n la période d'oscillation définie par la relation

$$T = \frac{n}{\sqrt{\dfrac{1}{LC} - \dfrac{R^2}{4\,L^2}}}$$

passe d'une valeur infinie à une valeur normale $T_n = \pi \sqrt{LC}$. Il est probable que pendant cette durée, la décharge exécute plusieurs oscillations, en raison même de la faible capacité de l'excitateur et de sa très petite période d'oscillation T_n. En définissant la période comme étant la durée comprise entre deux zéros consécutifs de l'intensité, on peut énoncer cette proposition. Dans chaque décharge, l'excitateur de Hertz émet successivement des vibrations de longueurs d'ondes décroissantes jusqu'à la valeur normale.

$$T_n = \pi \sqrt{LC}.$$

(Les dernières vibrations ont probablement une durée plus longue que T_n, mais leur amplitude est trop petite pour qu'elles exercent une nouvelle action perturbatrice sensible).

Cette proposition précise l'hypothèse émise par MM. Sarasin et de la Rive pour expliquer la résonance multiple. MM. Poincaré et Bjerknes ont donné de ce dernier phénomène une autre interprétation basée sur l'hypothèse que la décharge de l'excitateur a une forme pendulaire très amortie. Pour expliquer certaines contradictions de cette hypothèse avec l'expérience, M. Drude admet que l'excitateur émet une vibration complexe formée par la superposition de plusieurs vibrations pendulaires amorties de période sous-multiple de la plus grande. Les considérations précédentes montrent dans quel sens il faut modifier l'hypothèse faite sur le mouvement de l'électricité dans l'excitateur pour faire concorder la théorie avec l'expérience.

Calcul de l'amortissement dans un excitateur. — Pour calculer l'amortissement, Hertz s'est appuyé sur le théorème de Poynting : les variations de la quantité d'énergie contenue dans un volume déterminé sont les mêmes que celles d'un fluide fictif animé, d'une certaine vitesse, cette vitesse étant représentée par un vecteur que nous appelons le vecteur radiant ; on trouve que ce vecteur radiant est perpendiculaire au plan des deux autres vecteurs X, Y, Z et L, M, N, et égal au facteur constant $\dfrac{1}{4\,\pi\,A}$ multiplié par l'aire du parallélogramme construit sur ces deux derniers vecteurs.

Hertz a considéré l'énergie au début, a calculé la quantité d'énergie rayonnée au moyen du théorème que nous venons de rappeler et en a déduit l'amortissement. Il a simplifié le calcul de l'énergie rayonnée en considérant celle qui rayonne à travers une sphère de très grand rayon.

Remarque. — Remarquons à propos du théorème de Poynting que la quantité d'énergie rayonnée à travers la surface d'un conducteur est nulle ; cela résulte de ce que le vecteur radiant est perpendiculaire à la force électrique ; celle-ci étant normale au conducteur, le vecteur radiant est tangent à la surface ; sa composante suivant la normale est donc nulle et il n'y a pas, par suite, d'énergie rayonnée à travers le conducteur.

Voyons maintenant comment on peut calculer l'amortissement. L'une des quantités X, Y. Z, L, M, N est de la forme

$$Ae^{-\alpha t} \cdot \cos \beta t + Be^{-\alpha t} \cdot \sin \cdot \beta t.$$

A et B étant des fonctions de x, y, z. Le carré d'une expression de ce genre contiendra des termes du second degré en $\sin \beta t$ et $\cos \beta t$. L'énergie sera donc de la forme

$$E = e^{-2\alpha t} f (\cos \beta t, \sin \beta t)$$

la fonction f étant un polynôme homogène du deuxième degré. La période de X, Y, Z, ou L, M, N est :

$$T = \frac{2\pi}{\beta}.$$

$f (\cos \beta, \sin \beta t)$ étant du second degré aura pour période $\frac{T}{2}$. Soit E_0 la valeur de E au début de la demi-période, et E_1 sa valeur au bout de la demi-période $\frac{T}{2}$. On aura :

$$E_1 = e^{-\alpha T} \cdot E_0,$$

d'où :

$$\alpha = \frac{1}{T} \log \frac{E_0}{E_1}.$$

Cette quantité α est celle qui exprime l'amortissement.

Supposons qu'on ait pu calculer d'une façon quelconque E_0, énergie totale au début de la demi-période, et aussi $E_0 - E_1$, énergie qui a disparu ; on en déduira E_1 et par suite α.

C'est ce que Hertz a fait en prenant l'énergie à l'intérieur d'une sphère de très grand rayon : l'énergie perdue est seulement celle qui a rayonné à travers la sphère, puisque le rayonnement à travers le conducteur est nul d'après la remarque que nous avons faite tout à l'heure.

Calcul de E_0. — On peut se rendre compte de la différence de potentiel, qui existe entre les deux boules de l'excitateur quand l'étincelle éclate. Hertz admet qu'elle est d'environ 100 unités électrostatiques ; nous la désignons par V ; cette quantité disparaîtra d'ailleurs de nos calculs, comme nous allons le voir bientôt.

Les 2 sphères sont à des potentiels $+\frac{V}{2}$ et $-\frac{V}{2}$; leur capacité est d'environ 15 centimètres. Pour avoir l'énergie totale, il suffit de calculer l'énergie électrostatique par la méthode ordinaire. On a :

$$E_0 = \frac{q \cdot V}{2} = \frac{cV^2}{4}.$$

Calcul de $E_0 - E_1$ *pendant la demi-période.* — Le vecteur radiant est proportionnel à l'aire du parallélogramme construit avec les vecteurs X, Y, Z et L, M, N comme côtés ; chacun de ces vecteurs est proportionnel au potentiel V, l'intensité du courant périodique étant proportionnelle à q et par suite à V. Il en résulte que le vecteur radiant est lui-même proportionnel à V^2, et par suite $E_0 - E_1$ est proportionnelle à V^2. Il en est de même de E_0 ; donc le rapport :

$$\frac{E_0 - E_1}{E_0}$$

et par suite le rapport :

$$\frac{E_1}{E_0}$$

sont indépendants de V ; la valeur de V n'influence donc pas sur celle de α.

Appliquons maintenant les principes que nous avons exposés : le vecteur ξ, η, ζ est donné par :

$$\xi = - A \int \frac{u''. d\tau'}{r}$$

$$\eta = - A \int \frac{v''. d\tau'}{r}$$

$$\zeta = - A \int \frac{w''. d\tau'}{r}.$$

expressions dans lesquelles u'' par exemple est la valeur de u au point $x'y'z'$ et au temps $t - rA$.

Chaque élément du courant superficiel doit être regardé comme le centre d'une onde sphérique, et les valeurs correspondantes de ξ, η, ζ dépendront des valeurs des composantes u, v, w, du courant au moment où l'onde a quitté l'élément.

Il faudrait pour composer ces ondes sphériques en un point de l'espace, effectuer un calcul compliqué. Mais le calcul se simplifie lorsqu'on l'applique à une sphère de très grand rayon, car pour un point éloigné une onde sphérique peut être considérée comme une onde plane. Ceci nous conduit à étudier la propagation des ondes planes.

Étude des ondes planes. — Prenons le plan de l'onde comme plan des xy ; alors ξ, η, ζ, X, Y, Z, L, M, N seront des fonctions de $z - \frac{t}{A}$ seulement ; en effet, d'après nos formules de la forme :

$$\xi = - A \int \frac{f(x', y', z', t - rA)}{r}$$

les ondes sphériques se propagent avec la vitesse de la lumière, et il en est encore de même lorsque le rayon est très grand, c'est-à-dire lorsqu'on a à faire à une onde plane.

Ces différentes quantités étant des fonctions de $z - \dfrac{t}{A}$, il en résulte que :

$$\frac{d\xi}{dx} = \frac{d\xi}{dy} = 0$$

$$\frac{d\xi}{dz} = - A \frac{d\xi}{dt}$$

et de même :

$$\frac{d\eta}{dx} = \frac{d\eta}{dy} = 0$$

$$\frac{d\eta}{dz} = - A \frac{d\eta}{dt}.$$

Nos équations fondamentales deviennent alors :

$$\left\{ \begin{aligned} L &= - \frac{d\eta}{dz} \\ M &= - \frac{d\xi}{dz} \\ N &= 0 \, ; \end{aligned} \right.$$

$$\left\{ \begin{aligned} A \frac{dL}{dt} &= - \frac{dY}{dZ} \\ A \frac{dM}{dt} &= \frac{dX}{dZ} \\ A \frac{dN}{dt} &= 0 \, ; \end{aligned} \right.$$

$$\left\{ \begin{aligned} A \frac{dX}{dt} &= \frac{dM}{dZ} \\ A \frac{dY}{dt} &= \frac{dL}{dZ} \\ A \frac{dZ}{dt} &= 0. \end{aligned} \right.$$

De la dernière équation on tire $Z = 0$, puisqu'on part du repos. On a donc

$$Z = N = 0,$$

ce qui montre que l'onde est transversale, c'est-à-dire que les vecteurs X, Y, Z et L, M, N sont situés dans le plan de l'onde.

D'ailleurs on a :

$$A \frac{dL}{dt} = - A \frac{d^2\eta}{dZ \cdot dt}$$

et :

$$A \frac{dY}{dt} = - \frac{dL}{dZ} = \frac{d^2\eta}{dZ^2}.$$

Mais nous avons aussi :

$$\frac{d\eta}{dZ} = - A \frac{d\eta}{dt},$$

d'où l'on tire en différenciant par rapport à Z :

$$\frac{d^2\eta}{dZ^2} = - A \frac{d^2\eta}{dZ \cdot dt}.$$

On a donc :

$$A \frac{dL}{dt} = A \frac{dY}{dt},$$

d'où l'on tire :

$$L = Y = + A \frac{d\eta}{dt}.$$

On obtiendrait de même :

$$M = - X = - A \frac{d\xi}{dt}.$$

Interprétation géométrique. — Ainsi, la force électrique et la force magnétique sont situées dans le plan de l'onde ; elles sont perpendiculaires entre elles ; elles sont égales en grandeur.

Le vecteur radiant est donc normal au plan de l'onde et proportionnel au carré du vecteur X, Y, Z ou du vecteur L, M, N.

Remarquons que la force électrique et la force magnétique sont égales au vecteur :

$$A \frac{d\xi}{dt}, \quad A \frac{d\eta}{dt}, \quad 0,$$

qui est la projection sur le plan de l'onde du vecteur :

$$A \frac{d\xi}{dt}, \quad A \frac{d\eta}{dt}, \quad A \frac{d\xi}{dt}.$$

Calcul du vecteur ξ, η, ζ. — Considérons un élément quelconque du courant : il est le centre d'une onde sphérique élémentaire. Les composantes du courant sont :

$$u\,d\tau', \quad v\,d\tau', \quad w\,d\tau'.$$

La portion du vecteur ξ, η, ζ qui est due à l'élément de courant considéré a même direction que (u, v, w) ; il faut, en la calculant, tenir compte de la différence de phase provenant du chemin parcouru. On arrivera à des composantes de la forme :

$$Ae^{-ht} \cos \lambda t + Be^{-ht} \sin \lambda t.$$

D'autres éléments de courant donneront des ondes de même nature. Il peut arriver que ces ondes interfèrent et, cela pour deux raisons :

1° A cause de la différence de marche provenant de la projection sur la normale à l'onde de la distance AB de deux éléments situés en A et B en donnant naissance à deux ondes élémentaires (fig. 240) ; 2° la direction des éléments superficiels peut ne pas être la même en A et en B.

Hertz a fait le calcul comme si son excitateur était réduit à un seul élément de courant, c'est-à-dire comme si la longueur de l'excitateur était infiniment petite par rapport à la demi-longueur d'onde : il n'a eu alors à considérer qu'une seule onde, sans complications dues aux interférences. Mais le calcul ainsi conduit semble peu rigoureux, car il est difficile de considérer la longueur de l'excitateur comme infiniment petite par rapport à la demi-longueur d'onde, c'est-à-dire par rapport à 3 mètres environ.

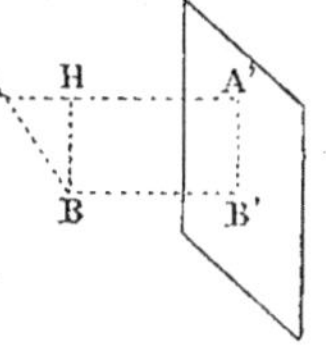

Fig. 240.

Une autre difficulté se présente dans ce calcul ; il semble qu'il soit nécessaire de connaître l'amortissement pour calculer les composantes du courant, et c'est justement l'amortissement que l'on veut calculer au moyen de ces composantes ; Hertz suppose dans une première approximation que l'amortissement est nul, ce qui ne cause pas une grande erreur, puisque le calcul s'applique seulement à la durée d'une demi-période. Cette supposition lui permet de calculer ensuite une valeur assez approchée de l'amortissement : on pourrait d'ailleurs procéder par approximations successives.

Résultats. — Hertz a trouvé pour E_0 54000 unités électrostatiques. Dans le calcul de $E_0 - E_1$, il a une commis une erreur, provenant de ce qu'il s'était trompé dans le calcul de la période ; il a trouvé 2400 au lieu de 2400×3.

Remarque. — Nous avons admis que toute l'énergie perdue était rayonnée, mais il y a, de plus, une certaine quantité d'énergie transformée en chaleur, il est difficile de l'évaluer, car la résistance de l'interrupteur à étincelles est variable ; Hertz pense qu'elle est d'environ 3 ou 400 unités électrostatiques.

Circonstances qui peuvent faire varier l'amortissement. — Ce sont les interférences des différentes ondes élémentaires qui font varier l'amortissement : si ces ondes s'ajoutent, le vecteur radiant a une valeur considérable et l'amortissement sera notable. Si au contraire, elles se détruisent, l'énergie rayonnée aura une valeur relativement petite et l'amortissement sera faible. Quand l'appareil sera constitué par un fil recourbé, on aura en deux points opposés des courants de sens contraire donnant naissance à des ondes qui interféreront, il pourra arriver que l'amortissement soit ainsi bien diminué.

C'est justement ce qui a lieu dans l'appareil de M. Blondlot. Le courant a sensiblement la même valeur en tous les points du fil ; dans une direction quelconque se trouvent sur le fil deux éléments où le courant a la même valeur, mais où le sens du courant n'est pas le même : de plus, le fil étant très court, la différence de marche due à la distance des deux éléments est faible par rapport à la demi-longueur d'onde : les effets des deux éléments de courant se détruisent donc sensiblement.

Courants alternatifs, etc.   23

Calcul complet. — Pour faire un calcul complet, voici comment on peut procéder : on cherche l'énergie rayonnée de l'instant $t = 0$ à $t = \infty$.

On égale ensuite à E_0 l'expression trouvée et de cette égalité on déduit l'amortissement. Remarquons que le vecteur radiant n'est pas pendant tout ce temps de la forme :

$$e^{-2at} f (\sin \beta t, \cos \beta t),$$

f étant un polynôme du second degré homogène ; en effet, au moment où l'excitateur entre en action, de ses différents points partent des ondes qui n'arrivent pas en même temps en un point de la surface fermée à travers laquelle on calcule le rayonnement. Une certaine onde, celle issue du point de l'excitateur le plus voisin du point considéré de la surface, arrivera d'abord en ce point ; ce n'est qu'au bout d'un certain temps, très court à la vérité, que le vecteur radiant aura la forme que nous lui avons supposée. Il faudrait donc dans un calcul complet tenir compte de cette période initiale ; mais les autres causes d'erreur, dont nous avons parlé, sont certainement bien plus importantes que celle-ci.

Détermination du potentiel explosif statique en fonction des distances explosives et du rayon des électrodes. — M. Algermissen n'a pas fait de mesures directes de différence de potentiel relatives à des étincelles longues, mais il a fait une comparaison avec de petites étincelles. Pour cela il a pris deux ou trois bouteilles de Leyde c_1, c_2 c_3, en série chargées par une machine à influence ou par une bobine d'induction et a placé en dérivation sur l'une des bouteilles un micromètre à étincelles F, et en dérivation sur les deux ou trois bouteilles, un autre micromètre F_1. On a alors entre les différences de potentiel V à l'éclateur F et V_1 à l'éclateur F_1 la relation :

$$(1) \qquad V = V_1 \left(1 + \frac{c_1}{c_2} \right)$$

ou

$$(2) \qquad V = V_1 \left(1 + \frac{c_1}{c_2} = \frac{c_1}{c_3} \right)$$

en appelant c_1, c_2, c_3 les capacités des 3 bouteilles.

A l'éclateur F_1, M. Algermissen a employé en général des sphères de 1 centimètre de rayon et a déterminé V_1 d'après les tables de Heydweiller-Paschen, réduites à la température ambiante et à la pression barométrique régnante. Il faut, avant tout, connaître le rapport des capacités c_1 c_2 c_3. Celles-ci étaient des bouteilles de Leyde en flint présentant très peu d'hystérésis diélectrique et étaient presque égales.

Les deux ou trois bouteilles dont la capacité avait été déterminée avec l'interrupteur à diapason et dont les rapports de capacité avaient été vérifiés au moyen du pont de Wheatstone avec téléphone, étaient placées sur des plaques de verre. Les deux éclateurs étaient disposés de façon à ne pas pouvoir s'éclairer mutuellement. Tous les fils de jonction étaient placés dans des tubes de verre. Toutes les pointes et tous les angles étaient garnis de cire à cacheter. Les sphères des électrodes étaient polies à nouveau après chaque mesure. Toutes les sphères étaient en laiton. Les bouteilles de Leyde étaient chargées au moyen d'une machine de Holtz ou d'une bobine d'induction. Dans ce dernier cas le circuit primaire était interrompu et rétabli au moyen d'un interrupteur à pendule. L'expérience a montré qu'il n'y avait pas de différence appréciable, entre les résultats obtenus avec une bobine d'induction et ceux obtenus avec une machine à influence.

Les courbes de la figure 241 montrent les résultats obtenus ; les abscisses de ces courbes proportionnelles à la distance explosive, et les ordonnées au potentiel explosif

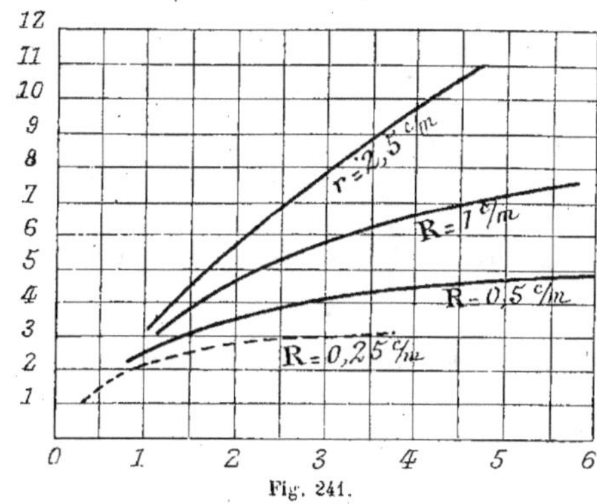

Fig. 241.

exprimé en 10^4 volts. On voit d'après le tableau que les valeurs de V trouvées pour $r = 0,1$ et $0,5$ sont un peu plus élevées que celle de Freiberg et de Heydweiller, pour $r = 2^{cm},5$ elles concordent avec celles de Voigt entre 2 et 5 centimètres, il n'y a aucune concordance :

Distance explosive	Freiberg	Heydweiller	Algermisson
		$r = 0^{cm},5.$	
$1^{cm},0$	$2,577.10^4$ volts	$2,7.10^4$ volts	$2,7.10^4$ volts
$1^{cm},5$	2,95 —	3,17 —	3,25 —
$2^{cm},0$	3,54 —	3,42 —	3,60 —
$2^{cm},4$	3,72 —	3,57 —	3,80 —
		$r = 1$ centimètre.	
$1^{cm},2$	$3,267.10^4$ volts	$3,57 \; 10^4$ volts	$4,55.10^4$ volts
$1^{cm},5$	—	4,05 —	4,05 —
$2^{cm},0$	—	4,548 —	4,85 —
$2^{cm},4$	—	4,85 —	5,30 —

Distance explosive	Voigt Heydweiller Freiberg	Algermissen	Distance explosive	Voigt Heydweiller Freiberg	Algermissen
	$r = 2^{cm},5.$			$r = 2^{cm},5.$	
$1^{cm},2$	$3,8.10^4$ volts	$3,8.10^4$ volts	$3^{cm},0$	$7,3.10^4$ volts	$8,05.10^4$ volts
$2^{cm},0$	5,77 —	5,8 —	$4^{cm},0$	8,24 —	9,8 —
$2^{cm},5$	6,7 --	7,0 —	$4^{cm},5$	8,6 —	10,1 —

Distance explosive à l'air. —C. Bam a indiqué comme « lois des distances explosives pour des substances diélectriques » la formule

(1) $$V = cd\ 2/3,$$

où V désigne la différence de potentiel explosive, d, l'épaisseur percée de la substance et c une constante. Cette formule n'est pas une loi, mais tout au plus une formule approximative.

Le but de cette étude est de faire remarquer que, spécialement pour l'air atmosphérique qui est au nombre des substances indiquées par Bam, au moins pour des électrodes pointues et des longueurs d'étincelles comprises entre 5 et 45 centimètres, il existe une loi tout autre représentée par la formule simple linéaire

(2) $$V = a + bd$$

où a et b sont deux constantes et V a la même signification que précédemment.

Pour le montrer, nous allons utiliser d'abord les données d'observation utilisées par Bam et trouvées à l'Américan Institute of Electrical Engineers.

Dans le tableau suivant sont indiquées :

Dans la première rangée. les valeurs de d en millimètres ;

Dans la deuxième, les valeurs correspondantes de V observées en volts ;

Dans la troisième (V_B) les valeurs de V calculées au moyen de la formule de Bam ;

Dans la quatrième, les différences en % Δ_W entre ces valeurs et les valeurs observées ;

Dans la cinquième, les valeurs calculées (W_w au moyen de la formule (2) qui dans ce cas, est :

$$V = 7\,000 + 350d,\text{ par exemple.}$$

Ds la sixième enfin, les différences en % Δ_W entre celles-ci et les valeurs observées.

TABLEAU I

d en millimètres	5,7	11,9	25,4	41,3	62,2	118	180	244	301	354	380
V observé. . .	5 000	10 000	20 000	30 000	40 000	60 000	80 000	100 000	120 000	140 000	150 000
V_B	7 600	12 500	20 700	28 700	38 000	58 000	77 000	94 000	107 000	120 000	126 000
Δ_B en %. . .	— 35	— 20	—3,4	+4,5	+5,2	+3,6	+4,0	+6,3	+ 12	+ 17	+ 19
V_W	—	—	—	31 460	38 770	58 300	80 010	102 600	122 600	140 900	150 000
Δ_W en %. .	—	—	—	—4,9	+3,1	+2.0	— 0,1	— 2,6	— 2,6	— 0,6	— 0,0

On voit que, abstraction faite du premier nombre calculé pour lequel intervient une autre influence la concordance entre les valeurs calculées au moyen de nos formules et les valeurs observées est très satisfaisant, et que dans l'intervalle indiqué, la plus grande différence est inférieure à la plus petite des différences de Bam. La bobine employée donnait 50 centimètres d'étincelle, elle contenait 189 000 tours de fil au secondaire. Le primaire était constitué par plusieurs couches d'un nombre variable de fils permettant de modifier dans de larges limites le rapport de transformation de l'appareil. Les rangées V_1 V_2 V_3 du tableau 2 indiquent les valeurs de V trouvées pour les 3 rapports de transformation 1 : 1853, 1 : 1243 et 1 : 1068 ; la rangée V *obs* indique les valeurs moyennes de ces trois séries de chiffres ; la rangée V *calc* indique les valeurs calculées d'après la formule ;

$$V = 16\,000 + 311d$$

et la rangée Δ donne la différence en $^0/_0$ entre V *calc* et V *obs*.

Les électrodes étaient constituées par deux pointes de laiton dont l'angle était d'environ 10° ; la différence de potentiel efficace primaire était toujours mesurée avec des instruments thermiques au moment où l'étincelle jaillissait. La différence de potentiel secondaire était calculée en multipliant la différence de potentiel primaire par le rapport de transformation. La machine génératrice était un groupe convertisseur donnant 150 volts et 50 périodes et pouvant débiter 30 ampères. Le rapport entre les tensions efficaces et maxima ne varie pas sensiblement pour les différentes longueurs d'étincelles comme l'a reconnu M. Vöge. Ce fait a été confirmé par des observations faites sur les formes du courant alternatif pour de petites et de grandes étincelles au moyen du tube de Bam et dans ce cas c'était très approximativement une sinusoïde.

Les différences Δ entre les valeurs observées et les valeurs calculées sont extrêmement faibles et la validité de la formule (2) dans ce cas n'est pas douteuse.

TABLEAU II

d en millimètres	50	100	150	200	250	300	350	400	450
V_1.	34 200	44 800	52 800	78 200	93 200	109 300	123 900	136 900	152 300
V_2.	31 100	48 500	63 600	80 000	96 700	113 100	126 800	140 000	155 300
V_3.	29 500	46 400	63 000	78 600	94 000	111 100	124 900	141 000	—
V observé. . .	31 600	46 600	63 100	78 900	94 600	111 200	125 100	139 300	153 800
V calculé. . .	31 600	47 100	62 700	78 200	93 800	109 300	124 900	140 400	156 000
Δ.	0,0	— 1,1	+ 0,6	+ 0,9	+ 0,9	+ 1,7	+ 0,2	— 0,8	— 1,4

Si d'autre part les grandeurs absolues des valeurs de V observées diffèrent de celles du tableau 1, cela tient en majeure partie à la forme différente des courants alternatifs employés dans les deux cas, puisque c'est non pas la valeur efficace, mais la valeur maxima de la tension qui intervient, et que le rapport entre ces deux grandeurs dépend

essentiellement de la forme du courant alternatif. Remarquons ce fait très étrange que
la formule 2 n'est valable que pour de grandes longueurs d'étincelles, dépassant 5 centimètres et n'est plus valable pour des longueurs plus faibles puisque, naturellement,
la valeur de V s'approche de O quand d diminue, tandis que la formule lui assignait
comme limite inférieure 16 000 ou 17 000. Cette anomalie apparente doit être attribuée,
à ce que le passage d'une étincelle électrique dans l'air dépend de deux facteurs,
« la résistance de passage » aux électrodes et la résistance de la couche d'air interposée.

L'existence de la 1ᵉ résistance est prouvée par ce fait que la même différence de potentiel produit des étincelles beaucoup plus longues entre pointes qu'entre sphères ou
plaques. Comme exemple nous rappelons que Voigt, avec une différence de potentiel continue de 9 000 volts n'a obtenu entre deux sphères de 6 centimètres de diamètre
qu'une étincelle de 4 à 4^{cm},1, alors que Töpler avec la même source de courant et la
même différence de potentiel, a obtenu, entre une pointe positive et une grande plaque
négative, une étincelle de 55 centimètres de longueur. Il est clair, que dans toutes ces
expériences, la résistance de passage joue un rôle très important. Le fait que la formule 2 n'est plus valable pour des étincelles de longueur inférieure à 5 centimètres
semble compréhensible en admettant que la résistance de passage est variable pour
de petites longueurs d'étincelles et conserve, lorsque la distance explosive augmente,
une valeur constante qu'elle atteint pour une longueur de 5 centimètres si l'on fait en
outre l'hypothèse très plausible que la résistance de la couche d'air est proportionnelle
à la longueur, il vient :

$$(3) \qquad w = \alpha + \beta \delta$$

où α et β sont deux constantes : en réunissant les équations 2 et 3 on trouve un résultat très intéressant :

$$(4) \qquad \frac{V - a}{w - \alpha} = \frac{b}{\beta} = \text{const.}$$

La grandeur $V - a$ est évidemment la différence de potentiel nécessaire pour vaincre la résistance de l'air seule — indépendamment de la résistance de passage — c'est-
à-dire représente la différence de potentiel aux extrémités de la veine gazeuse elle-
même : $w - \alpha$ représente la résistance de cette veine, le rapport $\frac{V - a}{w - \alpha}$ doit donc représenter le courant qui prend naissance au moment où l'étincelle éclate.

D'après l'équation 4, ce courant est constant pour toutes les longueurs d'étincelles,
c'est-à-dire en d'autres mots :

Dans les conditions dont il s'agit, la valeur du courant vernisant qui traverse l'air au
moment de la production de l'étincelle est la même pour toutes les longueurs d'étincelles
Ou bien encore : la production d'une étincelle exige une valeur minima du courant d'ionisation de l'air constante pour toutes les étincelles.

L'expression courant d'ionisation est employée parce que l'on a affaire à un courant qui tient le milieu entre le courant de conduction ordinaire et le courant de déplacement qui joue un si grand rôle en électrostatique.

Rigidité des Gaz. — MM. Guye ont étudié l'influence des pressions élevées des gaz sur le potentiel explosif. Les gaz en expérience, soigneusement purifiés et desséchés, ont été : l'azote, l'air, l'oxygène, l'hydrogène, et l'anhydride carbonique.

Le dispositif employé était le suivant : A l'extrémité d'un tube de Cailletet étaient soudées deux électrodes de platine (1 millimètre de diamètre) soigneusement aplanies et distantes d'environ $0^{mm},2$. Afin d'éviter les actions perturbatrices pouvant provenir de charges électriques localisées sur le verre, une capsule de platine placée à l'intérieur du tube et en communication avec l'électrode supérieure, recouvrait complètement les électrodes ; seuls, deux petits orifices disposés sur deux diamètres rectangulaires permettaient d'observer l'étincelle à l'intérieur de la capsule. La pression était mesurée à l'aide de manomètres à azote en rapport avec la pompe de compression et gradués d'après les expériences de M. Amagat. La mesure des potentiels a été effectuée au moyen d'un électromètre absolu de MM. Bichat et Blondlot par un dispositif rappelant celui de MM. Abraham et Lemoine, avec quelques modifications.

Dans toutes les expériences, la distance explosive était la même. Enfin, les précautions nécessaires ont été prises pour éviter les variations de température résultant de la compression ou de la détente des gaz. L'examen des chiffres trouvés a conduit aux conclusions suivantes :

1° Jusqu'aux environs de 10 atmosphères, le potentiel explosif croît linéairement avec la pression ; ce résultat confirme donc les expériences de M. Wolf, effectuées dans ces limites ;

2° Pour des pressions plus élevées, le rapport du potentiel explosif à la pression va en diminuant ; les courbes représentatives du potentiel explosif en fonction de la pression ont dans leur ensemble une allure parabolique ;

3° Dans toutes les expériences sur l'azote, la courbe du potentiel explosif a montré un maximum de compressibilité de ce gaz ($pv = $ minimum) ;

Les expériences sur l'air ont montré également un léger relèvement de la courbe pour $p = 65$ millimètres de mercure ;

4° Avec l'hydrogène et l'oxygène, pour lesquels le minimum de pv se trouve en dehors de la limite des expériences, on n'a rien constaté de semblable ;

5° Les quelques expériences effectuées sur la rigidité électrostatique de CO_2 au voisinage du point critique semblent indiquer une diminution de potentiel explosif en ce point ; toutefois, la décomposition partielle du gaz qui doit résulter du passage de l'étincelle rend alors le phénomène plus complexe qu'avec les gaz précédents et l'interprétation devient délicate ;

6° Des expériences effectuées en présence d'un sel de radium ou en faisant agir les rayons X n'ont pas donné de résultats sensiblement différents.

Influence des corps sur la décharge. — Les plus récentes expériences ont montré qu'il y a vraisemblablement proportionnalité entre la distance explosive et la tension à partir d'une certaine longueur d'étincelles, et qu'il existe aux électrodes une résistance de passage dont la valeur décroît quand la distance explosive croît et peut être considérée comme constante pour les étincelles de grande longueur. Les deux questions suivantes restent à trancher :

1° La loi de la distance explosive :

$$V = Ad + B$$

est-elle modifiée par des circonstances extérieures et particulièrement par la présence dans l'air de corps ionisants ?

2° Comment doit-on expliquer la résistance de passage ainsi que la zone incertaine dans les courbes de distances explosives ?

M. Voege s'est proposé de répondre à ces deux questions, ou tout au moins de réunir quelques éléments utiles pour leur solution.

On sait que le passage de l'étincelle entre des électrodes rapprochées est facilité par la présence de rayons Rœntgen, de rayons Becquerel, de lumière ultra-violette, etc. Pour de grandes distances explosives, supérieures à 10 centimètres, on n'a pas pu constater d'effet produit par ces rayons. Le passage de l'étincelle n'était pas modifié d'une façon perceptible, ce qui prouve que le retard de la décharge par étincelles, signalé par M. Warbourg, pour de petits éclateurs à électrodes sphériques et expliqué par lui par la petitesse du nombre d'ions présents au début du phénomène, n'existe pas ici. Ce retard ne semble pas entrer en ligne de compte pour les décharges entre pointes. Une flamme Bunsen, placée à faible distance de la coupure explosive, ne produisait également aucun effet. Une préparation de radium, placée sur les électrodes, devait être employée en quantité considérable pour faciliter le passage de l'étincelle. Chose étonnante, l'action était limitée à l'anode.

De ces expériences, il résulte que les valeurs des facteurs A et B de la formule :

$$V = Ad + B$$

déterminée précédemment pour les décharges entre électrodes pointues, ne sont pas modifiées d'une manière perceptible par différentes influences telles qu'éclairement intense, proximité de flammes, de corps incandescents, etc.

D'après les vues modernes de la théorie des ions, on se représente de la façon suivante la formation d'une étincelle électrique. Il existe, au début, entre les électrodes, quelques ions libres. Lorsqu'un champ électrique puissant est produit, ces ions acquièrent en peu de temps une grande vitesse, butent contre les molécules gazeuses et les désagrègent en nouveaux ions. Ceux-ci provoquent à leur tour la formation de nouveaux ions, etc. La migration des ions positifs vers l'électrode négative, et des ions négatifs vers l'électrode positive, a pour conséquence l'existence d'un excédent d'ions positifs à l'électrode négative et d'ions négatifs à l'électrode positive. La courbe de potentiel présente à l'anode une chute négative considérable, dans l'intervalle entre les électrodes une chute plus faible, et de nouveau à la cathode une chute négative considérable. On pourrait supposer que ces couches d'ions positifs et d'ions négatifs aux électrodes jouent un rôle dans la formation des étincelles, et M. Voege s'est posé cette question : Comment est modifié le phénomène du passage de l'étincelle quand on produit aux électrodes des ions étrangers de signe déterminé ?

Un moyen simple pour produire des ions libres est donné par la flamme d'un bec Bunsen. Le dispositif employé fut le suivant : La flamme Bunsen brûlait à l'intérieur d'un verre de lampe cylindrique ; un trou placé dans ce verre laissait pénétrer une électrode dont la pointe dépassait légèrement l'axe du cylindre de verre ; un trou ménagé en face de cette pointe permettait le facile passage de la décharge.

Le résultat fut suprenant : quand l'électrode, placée dans le cylindre de verre, était cathode, le passage des étincelles était facilité ; quand, au contraire, elle était anode, ce passage était rendu considérablement plus difficile.

Pour déterminer s'il existait dans les gaz de la flamme un excédent d'ions positifs ou négatifs, on observa leur action sur un électroscope d'Elster et Geitel extrêmement sensible. Cet électroscope, chargé positivement et négativement, fut déchargé avec la même rapidité par les gaz ionisés de la flamme ; il n'existe donc aucune prépondérance des ions positifs ou négatifs.

M. Wehnelt a trouvé que du platine recouvert de certains oxydes métalliques (Ca, Ba, etc.) à l'état incandescent émet des ions négatifs.

Au lieu de platine recouvert d'oxydes métalliques, l'auteur a employé, pour plus de simplicité, une lampe Nernst, et a constaté que l'air ionisé par cette lampe déchargeait plus vite un électroscope chargé positivement qu'un électroscope chargé négativement. La lampe Nernst fut placée dans le cylindre de verre, à la place de la flamme Bunsen, et les résultats furent les suivants :

Quand l'électrode, placée dans le cylindre, était cathode, le passage des étincelles n'était pas modifié d'une façon sensible ; quand, au contraire, cette électrode était anode, le passage était rendu beaucoup plus difficile. Les chiffres exacts sont indiqués sur le tableau suivant : ces chiffres représentent les distances explosives dans un éclateur de comparaison en centimètres.

Distance explosive A en centimètres	La lampe Nernst éteinte dans le cylindre du verre		La lampe Nernst allumée dans le cylindre du verre	
	Cathode	Anode	Cathode	Anode
11	12,6	11,2	»	»
13	14,3	14,5	13,6	15,8
15	»	17,2	16,5	18
17	»	19,0	18,5	20,5
19	21,8	20,5	21,3	22

Comme l'ont établi différents expérimentateurs, un fil de platine pur émet au rouge sombre des ions positifs. M. Voege a donc songé à employer directement comme électrode un fil porté à l'incandescence au moyen d'un courant électrique ; la seconde électrode était toujours constituée par une pointe de laiton.

A proximité du fil incandescent, il était impossible de charger négativement un électroscope, tandis qu'une charge positive se maintenait pendant un certain temps. Les résultats obtenus dans les expériences faites sur le passage des étincelles sont réunis dans le tableau suivant :

Distance explosive A en centimètres	Fil de filature : cathode		Fil de filature : anode	
	froid	incandescent	froid	incandescent
5	3,6	2,8	»	»
7	6,0	4,6	»	»
10	9,5	8,3	9,7	9,4
12	12	10,1	12,2	12,5
14	13,5	11,95	»	»
16	15,4	14,4	15,7	15,6
18,5	18,0	17,2	»	»
20	19,2	17,9	»	»

On voit que, quand le fil incandescent est pris comme anode, on ne peut constater aucune modification essentielle dans le passage des étincelles. Quand, au contraire, il est pris comme cathode, la décharge électrique est facilitée. Les résultats acquis par ces expériences peuvent être résumés de la façon suivante :

	Passage de l'étincelle
Flamme Bunsen { à la cathode	facilite.
Ions négatifs et positifs { à l'anode	rendu très difficile.
Lampe Nernst { à la cathode	extrêmement peu facilité
Ions négatifs prépondérants { à l'anode	rendu sensiblement plus difficile.
Fil de platine incandescent { comme cathode	facilite.
Ions positifs prépondérants { comme anode.	aucune influence sensible.

On peut donc énoncer la loi suivante :

Si les ions étrangers produits au voisinage d'une électrode sont de même signe que cette électrode, ils n'exercent aucune influence sur le passage de l'étincelle.

La présence d'ions négatifs à proximité de l'anode rendent le passage de l'étincelle difficile ; la présence d'ions positifs à proximité de la cathode facilitent le passage de l'étincelle.

D'après la théorie rappelée plus haut sur la formation de l'étincelle, il existe à l'électrode positive un excédent d'ions négatifs, et à l'électrode négative un excédent d'ions positifs.

Si le nombre d'ions négatifs, existant au voisinage de l'électrode positive, est augmenté par des ions négatifs étrangers, la décharge est rendue plus difficile ; si le nombre d'ions positifs existant à l'électrode négative est augmenté, la décharge est facilitée.

On doit donc supposer que tous les ions négatifs de l'électrode positive présentent une résistance pour les décharges électriques, et que l'on doit attribuer à cette couche d'ions négatifs de l'anode une partie essentielle de la résistance que rencontre le courant électrique à son passage de l'électrode vers le gaz. Cette hypothèse explique plusieurs phénomènes particuliers et, entre autres, la différence de la décharge entre une pointe et une plaque lorsque la pointe est positive ou négative. Comme on le sait, la décharge se produit à une tension beaucoup plus élevée quand la pointe est positive que dans le cas inverse. Quand la plaque est positive, il se forme devant elle une couche d'ions négatifs qui empêche le faisceau positif de s'échapper ; les aigrettes se produisent toutes sur les bords, et l'étincelle préfère suivre le chemin le plus long pour atteindre les bords plutôt que le milieu de la plaque. Si, au contraire, la pointe est la couche d'ions négatifs, joue naturellement un rôle beaucoup moins important ; toute l'action électrique est concentrée en un point et peut plus facilement surmonter la résistance de passage. Quand la plaque positive et la pointe négative sont suffisamment éloignées l'une de l'autre pour qu'il ne passe pas d'étincelle, celle-ci jaillit aussitôt que l'on touche la plaque en un point avec un corps isolant solide dont le contact rompt la couche d'ions. Les étincelles partent exactement du point de la plaque que l'on touche ainsi. Pour montrer qu'il ne s'agit pas d'une action de pointe ou d'angle, on peut arrondir le corps employé ou lui donner une forme sphérique. De même on peut, en recouvrant l'électrode positive d'une plaque isolante, en ébonite par exemple, faire jaillir les étincelles entre deux pointes placées à une distance trop grande pour que la décharge se produise d'elle-même ; et cessent aussitôt qu'on éloigne celle-ci de la pointe positive.

Une augmentation des ions positifs à l'électrode négative facilite le passage de l'étincelle, tandis que la présence d'ions négatifs ne produit pas d'effet.

L'augmentation du nombre d'ions peut être produite par une étincelle électrique auxiliaire. Si l'on approche, au-dessous ou sur les côtés de l'électrode négative une troisième électrode reliée à la terre, des étincelles jaillissent entre ces deux électrodes. Quoiqu'il en résulte une diminution de potentiel de la pointe, l'action des ions positifs produits est suffisante pour déterminer le passage de la décharge, qui cesse aussitôt que l'on éloigne la troisième électrode. Ce phénomène ne peut pas être attribué à une augmentation de capacité provenant de la présence de l'électrode auxiliaire et à un phénomène de résonance résultant de cette augmentation de capacité, car si l'on relie cette électrode à l'électrode négative, elle n'exerce aucune action : la décharge ne passe que quand des ions sont produits par les petites étincelles auxiliaires.

Auprès de l'anode, la troisième électrode n'exerce, la plupart du temps, aucune action. Les ions négatifs produits ne suffisent pas pour augmenter sensiblement la résistance de passage.

Pour expliquer l'allure particulière des courbes de distances explosives, on peut faire les remarques suivantes : Une pointe chargée à un potentiel élevé émet des ions négatifs quand elle est cathode, et positifs quand elle est anode. Un électroscope chargé positivement est déchargé à une certaine distance de la cathode, et un électroscope chargé négativement est déchargé à une certaine distance de l'anode. Les ions sont envoyés par la pointe dans l'espace avec une certaine vitesse ; cette vitesse est plus grande pour les ions négatifs légers que pour les ions positifs plus lourds.

A une distance suffisante, un électroscope chargé positivement est donc déchargé plus vite qu'un électroscope chargé négativement. Pour une faible distance explosive, l'électrode positive se trouve dans le rayon d'action de la cathode et sa résistance est augmentée. Les ions négatifs émis par la cathode atteignent l'anode. Plus les pointes sont écartées l'une de l'autre, plus est faible la réaction du pôle négatif sur le pôle positif. Ensuite on atteint une position limite, la zone des observations incertaines pour laquelle les ions négatifs n'atteignent plus la pointe positive que dans certains cas (par exemple une élévation brusque de tension). Enfin, au delà de cette zone, la distance explosive est proportionnelle à la tension. Les ions positifs de l'anode qui atteignent la cathode facilitent le passage de la décharge, mais semblent ne jouer qu'un rôle secondaire.

D'une part la résistance de la cathode est en elle-même sensiblement plus faible que la résistance de l'anode, et, d'autre part, la rayon d'action de l'anode est plus petit que celui de la cathode, par suite de la différence de vitesse des ions. La montée brusque de la couche des distances explosives à l'origine doit donc être attribuée à la réaction de l'électrode négative sur l'électrode positive.

Il reste à trouver si la couche d'ions négatifs forme à l'anode toute la résistance de passage, ou s'il existe une autre résistance pour le passage de l'électricité de l'air, et,

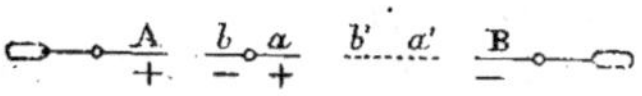

Fig. 242.

de plus, pourquoi les ions négatifs s'opposent au passage du faisceau positif. Pour apporter quelques éclaircissements à ces questions, M. Voege a fait les expériences suivantes :

1° Si l'on intercale entre les deux électrodes primitives A et B (fig. 242) une troisième électrode portant deux pointes, on a un éclateur subdivisé, et la place qu'occupe cette troisième électrode n'est pas indifférente. La résistance totale de la coupure explosive est minima quand la pointe b est placée à une faible distance de l'anode A, et la pointe a

à une distance relativement grande de la cathode B. Cette position, la plus favorable, est représentée sur la figure 242. L'anode *a* doit être hors du rayon d'action de la cathode B. D'autre part, la résistance est également accrue lorsque *b* est placé trop près de A et renforce ainsi la couche d'ions négatifs de cette électrode. Si l'on déplace *ab*, la résistance croît et est maxima lorsque l'électrode auxiliaire est placée dans la position *a'b'*. Si l'on amène cette électrode en contact métallique avec l'une des électrodes principales, la résistance de passage est la même que quand elle est placée en *ab*; il semble donc que, dans cette dernière position, la résistance de passage offerte par l'électrode *ab* soit nulle. On obtient les mêmes résultats en employant des sphères au lieu de pointes comme électrodes ;

2° Si l'on approche une pointe reliée à la terre d'une électrode reliée à la bobine d'induction, des étincelles commencent à jaillir à partir d'une certaine distance. Si la distance explosive n'est pas trop grande, on peut, pour une même tension, obtenir des étincelles plus longues quand la pointe reliée à la bobine est anode que quand elle est cathode : en effet, dans le premier cas, la réaction de la cathode sur l'anode est beaucoup plus faible que dans le second, où celle-ci est chargée par la bobine à un potentiel élevé. M. Voege a obtenu, avec une pointe positive, des étincelles de $3^{cm},5$ et, avec une pointe négative, des étincelles de $2^{cm},7$ de longueur ;

3° Le fait que les émanations du radium facilitent le passage des étincelles quand elles atteignent l'anode semble en contradiction avec ce qui précède, surtout étant donné qu'il s'agit des rayons β chargés négativement. L'action du radium sur les étincelles se manifeste, en effet, à travers une barre de plomb qui absorbe les rayons α positifs. On peut peut-être se représenter le phénomène de la façon suivante : Les rayons β sont identiques aux rayons cathodiques ; de petites particules chargées négativement sont émises avec une grande vitesse par les préparations de radium. Quand ces particules atteignent la couche d'ions négatifs de l'anode, ils écartent ceux-ci soit par action mécanique, soit par action électrostatique. Sa couche d'ions négatifs est alors rompue et les valeurs de la résistance de passage est diminuée ; le phénomène serait analogue à celui que produit le contact d'un corps isolant. M. Voege indique que les conditions sont tout à fait les mêmes dans l'arc électrique que dans l'éclateur. La plus grande résistance est présentée par l'anode, et l'on a aussi affaire à une ionisation produite par la température élevée. La relation $E = a + b L$, dans laquelle E désigne la différence de potentiel en volts, L la longueur de l'arc, a et b deux constantes, est aussi applicable à l'arc électrique.

Emission d'ions négatifs. — On sait que quelques oxydes métalliques et, en particulier, les oxydes des métaux alcalino-terreux, à l'état incandescent, émettent une quantité d'ions négatifs aussi bien à pression atmosphérique que dans le vide. Nous allons décrire quelques expériences faites sur ce point et indiquer un emploi pratique des cathodes en oxydes incandescents. Emission d'ions négatifs par les oxydes métalliques incandescents (fig. 243). Un tube de verre dans lequel existe un vide modéré, contient un cylindre de laiton C dans l'axe duquel se trouve un fil fin de platine D recouvert de $Ca\,O$. Ce fil peut être porté à une température élevée par le passage du courant de deux éléments d'accumulateurs. Quand on relie le fil D avec l'un des pôles, et le cylindre C par l'intermédiaire d'un galvanomètre avec l'autre pôle d'une source de courant B, le courant ne passe que si D est relié au pôle négatif. L'expérience prouve donc que les oxydes incandescents n'émettent que des ions négatifs.

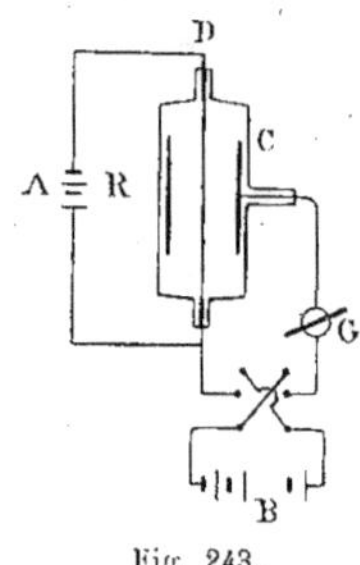

Fig. 243.

Si l'on prend un tube absolument identique, contenant un fil de platine soigneusement nettoyé et si l'on chauffe ce fil à la même température que le fil recouvert de $Ca\,O$, le courant pour une même charge négative du fil a une intensité extrêmement faible, et égale environ au 1000e de celle de l'expérience précédente.

Oxydes métalliques incandescents employés comme cathodes dans les tubes à décharge (fig. 244).

Le tube R comme cathode K; une feuille de platine P, recouverte de $Ca\,O$ que l'on peut porter à l'incandescence au moyen d'un courant électrique, et comme anode un fil de fer A. La surface de la cathode est suffisante pour permettre le passage d'intensités de courant importantes, sans qu'il y ait de chute cathodique.

Comme la chute anodique est constante et atteint environ 20 volts, et que la chute de tension le long de la colonne positive pour de forts courants et de faibles pressions n'atteint que 1 à 2 volts par centimètre, comme l'ont montré plusieurs mesures, on peut, en se branchant sur un réseau à 220 volts, faire passer dans le tube des courants d'une intensité élevée. Les cathodes à oxydes incandescents nous donnent donc un moyen d'étudier les phénomènes dans n'importe quels gaz et à n'importe quelles pressions. Les couches positives, extrêmement brillantes, peuvent être très utiles pour l'analyse

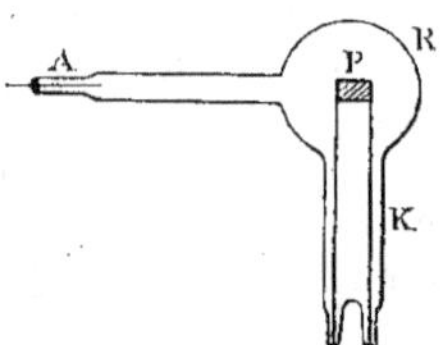

Fig. 244.

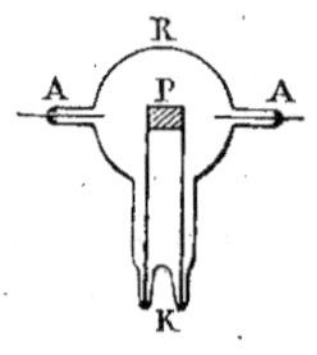

Fig. 245.

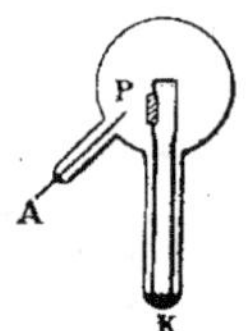

Fig. 246.

des spectres de gaz. Rayons cathodiques (fig. 245). Si l'on dépasse la densité du courant limite, soit en augmentant l'intensité du courant, soit en abaissant la température de la cathode, on peut obtenir une chute cathodique d'une valeur quelconque, c'est-à-dire produire des rayons cathodiques ayant la vitesse que l'on veut.

Le tube contient comme cathode K une petite feuille de platine P recouverte d'une pellicule d'oxyde de calcium.

Comme anode, on emploie une baguette de laiton A.

Si l'on porte la feuille P à l'incandescence et qu'on relie les électrodes A et A par l'intermédiaire d'une résistance à une source de courant à 220 volts, l'oxyde de la cathode émet un faisceau de rayons cathodiques d'un bleu intense. En modifiant la température du platine, on obtient des rayons cathodiques de différentes vitesses.

Emploi de tube à décharge avec cathodes en oxydes incandescents dans la pratique (fig. 246).

Si dans un tube vide à décharge on place une ou plusieurs électrodes A à proximité de la cathode K (feuille de platine P recouverte de C a O, la différence de potentiel de décharge est anode et K cathode.

Si l'on renverse le sens du courant, la différence de potentiel de décharge est de quelques milliers de volts car, à de basses pressions, la chute cathodique atteint, pour les métaux, des valeurs extrêmement élevées.

Si donc on relie les électrodes A et K à une source de courant alternatif, dont la différence de potentiel est inférieure à la valeur de la chute cathodique à l'électrode A, le tube agit comme soupape électrique en ne laissant passer qu'une phase du courant alternatif. Le tube de la figure 246 peut donc servir à transformer du courant alternatif en courant continu pulsatoire.

L'intensité maxima que l'on peut faire passer dans le tube dépend de la grandeur de la surface d'oxyde incandescent.

Le rendement de la soupape dépend de la différence de potentiel d'alimentation et croit avec celle-ci car le tube n'absorbe toujours que 20 volts, quelle que soit l'intensité du courant qui le traverse.

En employant le montage de Grätz, on pourrait redresser les deux phases du courant alternatif. En employant 3 électrodes métalliques on peut transformer des courants triphasés en courant continu pulsatoire comme dans les convertisseurs d'Hewitt.

Régime de l'étincelle soufflée. — Pour produire des étincelles, le circuit secondaire d'un transformateur à haut voltage a pour pôle deux sphères en laiton, de diamètre compris entre 1 centimètre et 3 centimètres, écartées à une distance $0^m,5$. Une capacité est placée en dérivation sur l'étincelle qu'un courant d'air achève de fractionner.

Quand l'appareil fonctionne pendant plusieurs heures, la décharge change de caractère par suite de l'alternation des électrodes. Il se produit principalement deux régimes nettement distincts, caractérisés surtout par le nombre des étincelles par alternance et la valeur du potentiel explosif.

Premier régime. — Les boules ayant été soigneusement polies, on met l'appareil en marche. Après une mise en train qui dure quelques minutes, les étincelles paraissent former un faisceau cylindrique très lumineux de 4 à 5 millimètres de diamètre. Il se produit un crépitement caractéristique. Les boules s'oxydent et se couvrent de piqûres innombrables dans une étendue de quelques millimètres carrés, sur laquelle se déplacent les points d'attaches des étincelles.

La photographie au miroir tournant donne des paquets qui correspondent aux alternances successives du courant. Les étincelles sont distribuées irrégulièrement dans un même paquet et chacune d'elles suit un chemin sinueux. Le nombre des étincelles de chaque paquet est à peu près invariable. On en compte 36 sur l'épreuve. L'irrégularité de la distribution des étincelles, tient à la variabilité du point d'attache. Si, en effet, on photographie une fente immobile éclairée par ces étincelles, on constate que les images de la fente deviennent équidistantes. La différence de potentiel efficace contre les électrodes, mesurée à l'électromètre plan, a une valeur fixe, 10000 par exemple.

Second régime. — Après quelques heures de marche à ce premier régime, le phénomène change d'une manière assez brusque. Le bruit devient un sifflement très différent du crépitement du premier régime. L'étincelle est un trait lumineux blanc rectiligne.

Le miroir tournant donne des paquets dans lesquels le nombre des étincelles est beaucoup plus grand que dans le premier régime, parfois le double.

Les étincelles sont presque rectilignes et distribuées régulièrement dans chaque paquet.

Le potentiel efficace est plus faible que dans le premier régime. Il tombe, par exemple, de 10 000 volts à 7 000 volts.

Il est facile de trouver la cause du phénomène. Si l'on examine les boules, on constate que, sur chacune d'elles, l'une des piqûres s'est accentuée pour devenir un trou profond $\left(\frac{1}{10}\ \text{de millimètre}\right)$ recouvert d'un monticule conique d'oxyde servant seul de départ à l'étincelle. Si l'on polit légèrement les boules ou si l'on fait simplement tomber l'oxyde, le premier régime se rétablit. Le second régime ne persiste pas toujours indéfiniment ; le petit monticule d'oxyde peut se détacher seul et il y a encore retour au premier régime.

Influence du régime du métal. — Après le laiton, si on essaye le cuivre rouge, on trouve que le zinc, le fer, l'aluminium, les deux régimes ne se produisent pas avec la même facilité pour ces différents métaux, probablement parce que l'oxydation ne se fait pas de la même façon. Le résultat le plus intéressant est obtenu avec l'aluminium : il donne immédiatement et indéfiniment le second régime.

En associant une électrode en aluminium avec une électrode polie en cuivre, on obtient les deux régimes mélangés : les alternances d'une même parité donnent le premier régime ; l'autre parité fournit le second régime.

Conclusions. — L'oxydation spontanée du laiton provoque des étincelles plus nombreuses et correspondant à un potentiel explosif plus faible qu'avec des boules polies. L'aluminium ne peut fonctionner que comme le laiton oxydé.

Dispositif de M. D'Arsonval permettant de souffler l'arc de haute fréquence. — Dans la production des courants de haute fréquence, il est nécessaire d'empêcher la production d'un arc entre les boules de l'éclateur.

M. d'Arsonval a indiqué différents procédés pour atteindre ce but.

Ces procédés consistent dans le soufflage de l'arc :

1° Par un champ magnétique ;

2° Par un courant d'air projeté sur l'éclateur ;

3° Par l'interposition d'une self ou d'un condensateur ;

4° Par un éclateur qui se déplace rapidement dans l'air, etc. Ces divers procédés ne sont pas efficaces dans tous les cas, ou ont l'inconvénient de nécessiter l'adjonction aux appareils d'utilisation d'organes mécaniques qui les compliquent et nécessitent un supplément de dépense d'énergie :

Le présent dispositif pare à tous ces inconvénients, il supprime tout organe mécanique et force le courant utilisé à souffler lui-même automatiquement l'arc qui tend à se produire à l'éclateur. Il repose sur le principe suivant (fig. 247) soient A, B les boules de l'éclateur correspondant aux armatures internes de deux condensateurs montés en tension et chargés périodiquement par une source à haut potentiel quelconque (machine statique, bobine de Ruhmkorff, transformateur, etc.).

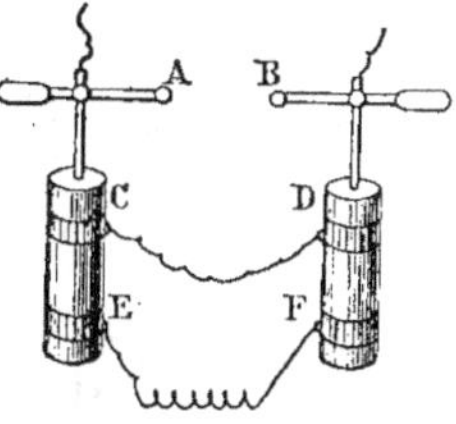

Fig. 247.

Quand les condensateurs ont une capacité et une self convenables l'arc est soufflé automatiquement. Il n'apparaît que si l'appareil d'utilisation est intercalé entre les armatures externes des condensateurs.

L'idée consiste à garder constamment en circuit un pareil condensateur appelé pour cette raison condensateur souffleur. Il est représenté en CD sur la figure. Pour actionner les appareils d'utilisation (grand solénoïde du bas de la figure par exemple) on lui adjoint une seconde paire de condensateurs ; E, F sur la figure. Ces condensateurs peuvent être absolument indépendants des premiers. Ils n'ont, avec ceux-ci, qu'un circuit commun : celui de l'éclateur A B. Il en résulte que, quel que soit l'arc que tendent à produire les condensateurs d'utilisation E, F aux boules de l'éclateur AB, cet arc est constamment soufflé par la décharge même des condensateurs C, D.

Ce dispositif très simple est très efficace dans tous les cas et réalise le soufflage automatique de l'arc quel que soit l'appareil d'utilisation.

Note de M. Vasilesco-Karpen au sujet de l'explication précédente. — Les deux circuits oscillants, circuit d'utilisation et circuit soufflant ont des périodes d'oscillation distinctes ; il arrive donc nécessairement, et cela dès la première demi-oscillation du circuit à la dernière période, que les intensités des courants traversant les deux circuits sont égales et de signes contraires dans leur partie commune, c'est-à-dire dans l'étin-celle ; à ce moment celle-ci s'éteint. A partir de cet instant les deux circuits n'en font plus qu'un, et les condensateurs se déchargent l'un dans l'autre. Comme il n'y a pas d'étincelle, l'air compris entre les deux boules de l'éclateur reste froid et l'arc ne s'amorce pas. Il résulte de cette façon d'expliquer le soufflage :

1° Pour que la décharge soit complète, il faut qu'au moment où l'étincelle s'éteint, les charges des deux condensateurs soient égales. Cette condition ne peut être remplie qu'approximativement ;

2° Les périodes d'oscillations des deux circuits ne doivent pas être très différentes, car la différence de potentiel entre les deux boules de l'éclateur pourrait redevenir dans ce cas assez grande pour que l'étincelle éclate de nouveau.

Recherches de M. Eickhoff sur la subdivision des étincelles de l'éclateur. — Le dispositif employé par M. Eickhoff consiste en un éclateur fait de plaques rondes de zinc de 35 millimètres de diamètre (fig. 248) à bords arrondis, et de comparer entre eux un, deux, et cinq éclateurs en série. Les condensateurs sont constitués par des bouteilles de Leyde en flint. Les résultats des mesures sont représentés par les figures 249, 250 et 251. Les courbes de la figure 249 sont relatives à une capacité de

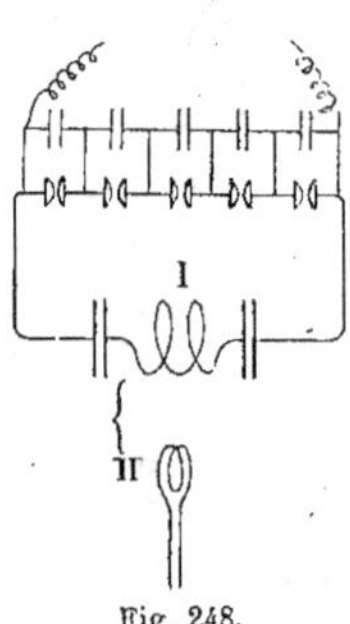

Fig. 248.

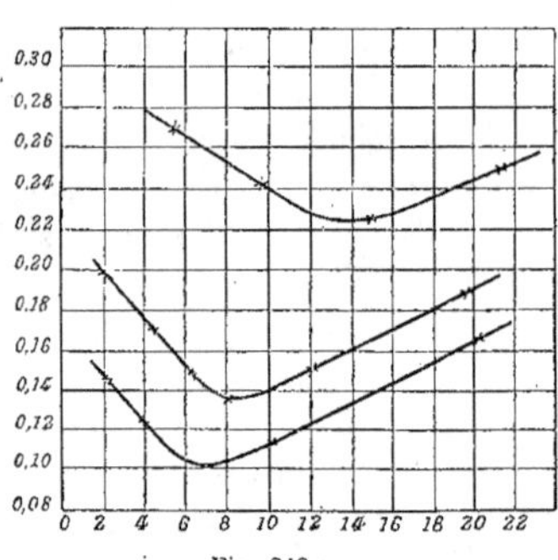

Fig. 249.

3 000 centimètres ; celles de la figure 250 à une capacité de 1150 centimètres, celles de la figure 251 a une capacité de 565 centimètres. La courbe inférieure se rapporte à un seul éclateur ; la courbe intermédiaire à deux éclateurs et la courbe supérieure à cinq éclateurs en série. Les abcisses des courbes sont proportionnelles aux distances explo-sives de l'éclateur simple en millimètres correspondant à la tension initiale employée et les ordonnées aux décréments, calculés d'après les courbes de résonance. Avec les éclateurs multiples, on détermine la distance explosive équivalente d'un éclateur simple, en plaçant en dérivation sur l'éclateur multiple un éclateur simple dont on règle la distance explosive jusqu'à ce que les étincelles jaillissent tantôt par l'un tantôt par

l'autre éclateur. Les points de même abcisse dans les trois courbes correspondent à la même tension initiale.

La forme des courbes montre que, dans l'intervalle des distances explosives employées (jusqu'à $4^{mm},5$ de distance entre les plaques de l'éclateur simple), l'éclateur

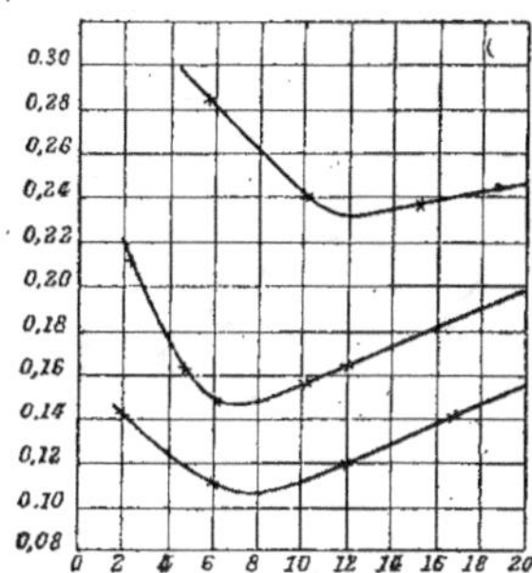
Fig. 250.

simple est préférable à l'éclateur multiple, même pour la faible capacité de 545 centimètres.

La façon dont les courbes s'élèvent pour des grandes distances explosives indique vraisemblablement que, pour de beaucoup plus grandes distances explosives, l'éclateur multiple pourrait être meilleur que l'éclateur simple avec de petites capacités.

On n'obtient pas dans cette région des résultats expérimentaux exacts car déjà pour

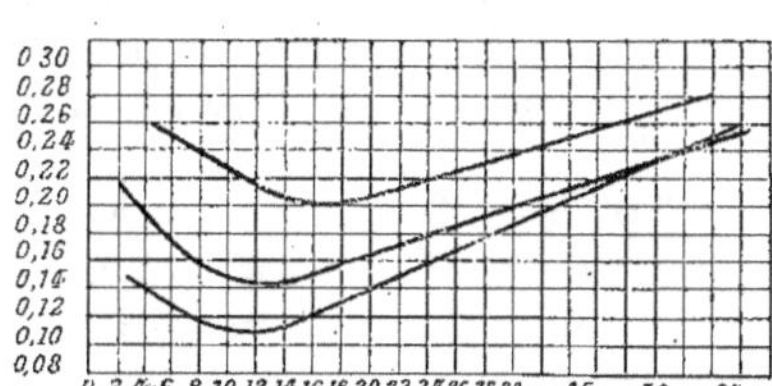
Fig. 251.

les grandes distances explosives de la figure 251, les mesures étant rendues très difficiles par les irrégularités de la décharge.

Les éclateurs multiples étant employés avec de petites capacités en parallèle, M. Eichkoff a étudié ce dispositif. Les condensateurs employés, en plaques de verre, avaient une capacité de 150 centimètres, il obtint ainsi une faible diminution de l'amortissement, mais celle-ci est si minime que les conditions relatives de l'éclateur simple et de l'éclateur multiple n'en sont pas modifiées.

Éclateur de M. Tesla. — Le premier éclateur de M. Tesla consiste dans l'emploi de deux boutons A et B (fig. 252) formés de sphères tenues dans les griffes J, J formant ressort. On peut ainsi les tourner dans diverses positions, ce qui évite les ennuis d'un repolissage trop fréquent, puis d'un fort électro-aimant NS placé de manière à produire un champ intense à angle droit avec la ligne qui joint les boutons A et B. Les pièces polaires sont mobiles et conformées de façon à pénétrer entre les sphères pour y créer

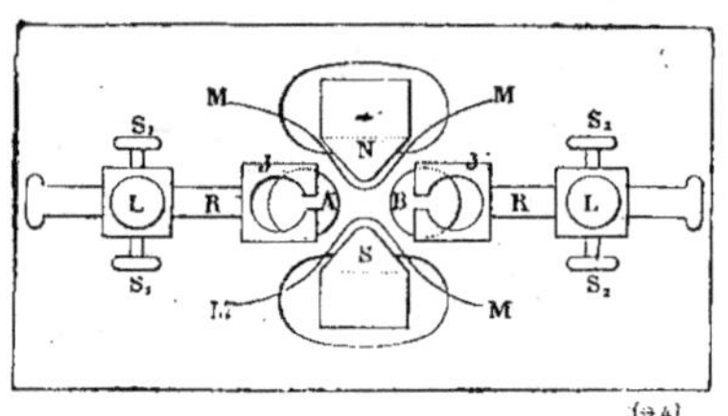

Fig. 252.

un champ aussi intense que possible ; mais pour éviter que la décharge ne se fasse sur ces pièces elles sont protégées par des feuilles de mica M, M. Les vis S_1, S_1 et S_2, S_2 servent au serrage des fils gros et petits ; L, L fixe en place les tiges R, R qui tiennent les boutons. Dans une autre disposition, l'étincelle se produit entre les pièces polaires elles-mêmes qui, dans ce cas, sont isolées et pourvues de chapes en laiton poli.

L'emploi d'un champ magnétique de grande intensité est particulièrement utile lorsque la source est à basse fréquence. L'arc se trouvant soufflé entre les boutons, la décharge fondamentale se reproduit plus fréquemment.

Au lieu de l'aimant on peut aussi employer un soufflage d'air.

Dans ce cas, l'arc est établi de préférence entre les boutons A et B (les boutons a et b étant en contact, ou même supprimés). Dans cette position, l'arc est long, instable et très sensible au soufflage.

Le second éclateur de M. Tesla (fig. 253 et 254) consiste en un certain nombre de pièces de laiton c, c (fig. 253), dont chacune comprend une portion de sphère m avec un prolon-

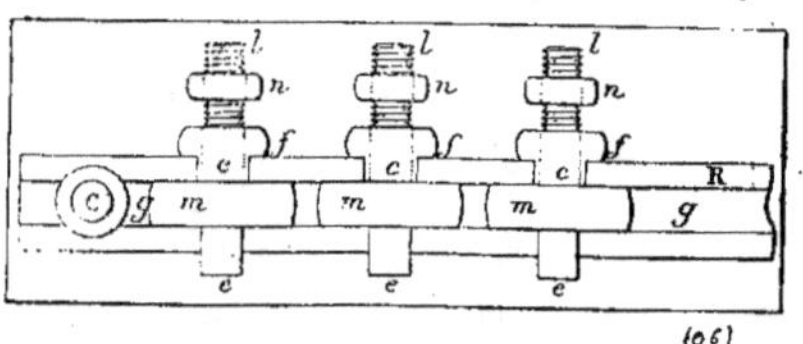

Fig. 253.

gement c en dessous (qui sert surtout à tenir les pièces sur le tour pour leur polissage), et une queue verticale comprenant une embase f, une partie filetée l et un écrou m le tout servant à attacher le fil. Deux fortes pièces de caoutchouc durci R, R munies de rainures g, g servent à tenir ces pièces par le moyen des boulons C.

M. Tesla trouve à ce déchargeur trois avantages principaux.

D'abord l'effet diélectrique d'un espace d'air donné est plus grand lorsque cet espace est subdivisé en plusieurs parties ce qui permet de travailler avec un espace moindre et diminue les pertes et la détérioration du métal ; secondement, en raison de cette subdivision, les surfaces polies durent bien plus longtemps. Enfin l'appareil permet une sorte de mesure. En général, on ajuste les pièces en interposant des cales d'épaisseurs mesurées, et qui représentent les distances explosives connues d'après les expériences de M. W. Thomson.

On doit toutefois se rappeler que ces distances sont réduites à mesure que la fréquence augmente. Ce moyen donne donc une idée approximative de la grandeur de la

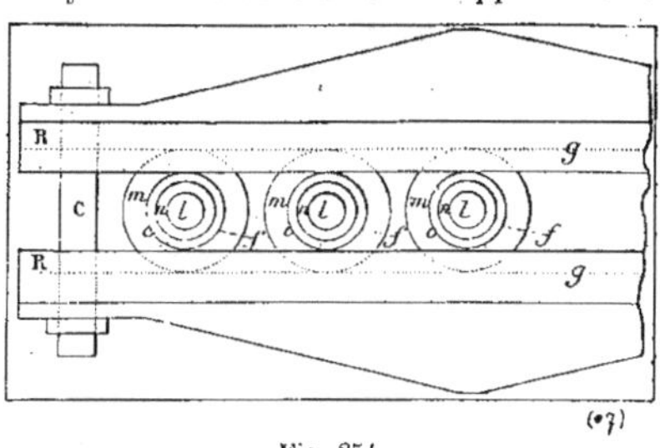

Fig. 254.

force électromotrice en jeu et donne aussi un point de repère. Avec cette forme de déchargeur M. Tesla a pu maintenir un mouvement oscillatoire sans qu'aucune étincelle ne soit visible à l'œil nu entre les pièces, et celles-ci n'offraient aucune élévation de température.

Dispositifs de M. d'Arsonval. — M. d'Arsonval a fait quelques modifications au dispositif de M. Tesla. Le montage était celui de la figure 255 composé de deux jarres j et J dont les armatures extérieures étaient réunies par un solénoïde de gros fil de cuivre nu comprenant environ 20 tours.

Un excitateur à sphères est intercalé entre les deux armatures intérieures.

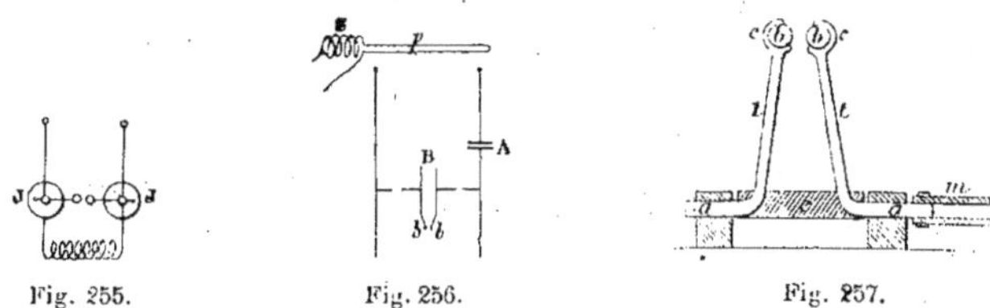

Fig. 255. Fig. 256. Fig. 257.

Un autre montage est celui de la figure 256, les deux condensateurs sont intercalés : l'un A sur le conducteur issu d'un des pôles du transformateur alors que l'autre B est

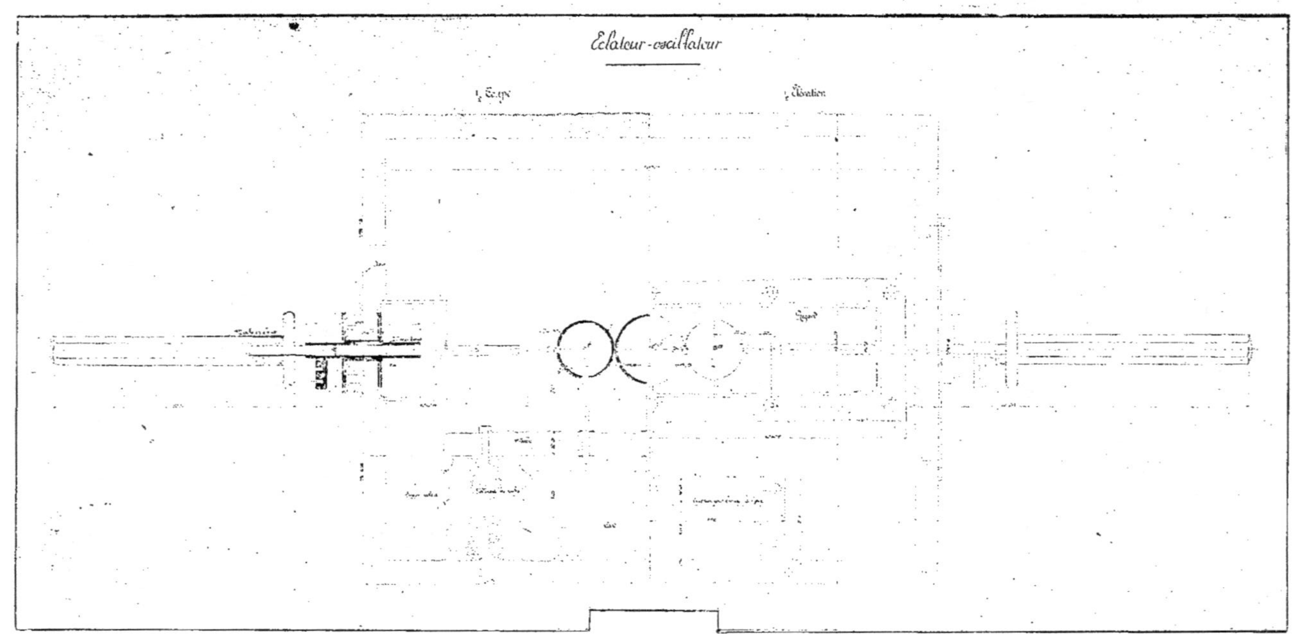

Fig. 258. — Eclateurs. Oscillateurs de M. Charbonneau.

placé en dérivation sur les fils reliant les pôles du transformateur au circuit où l'on utilise les courants de haute fréquence. Les armatures de ce dernier condensateur sont reliées à deux boules bb entre lesquelles se produit la décharge oscillante.

Soufflage de l'arc. — M. d'Arsonval ne se sert pas du champ magnétique pour souffler l'arc ; il introduit comme dans la figure 256 une bobine de self-induction S convenablement réglée dans le primaire p du transformateur.

Une autre manière consiste à déplacer l'éclateur lui-même dans l'air, de façon à ce que l'arc se trouve coupé par le courant d'air établi.

Deux tiges métalliques tt (fig. 257) portent les boules bb de l'exploseur. Ces boules sont disposées aux extrémités des tiges dans des cavités cc, qui formant genou, les retiennent. Les tiges sont reliées à un axe aa dont la partie médiane c est en ébonite.

Cet axe est rendu solidaire de celui d'un petit moteur au moyen d'un manchon d'ébonite m.

Le dispositif produit un soufflage très énergique entre les deux boules. Lorsque l'exploseur en mouvement fonctionne, on aperçoit une trainée lumineuse circulaire et les étincelles produisent un bruit très intense.

Éclateur—Oscillateur de M. Charbonneau. — M. Charbonneau a constitué un éclateur-oscillateur qui jouit des propriétés suivantes : Comme la partie oscillante est constituée par les 3 grosses sphères centrales, les deux éclateurs simples qui sont placés de chaque côté ne servent que de conducteurs à l'étincelle. Ces deux éclateurs d'extrémité portent chacun une tige réglable, sur laquelle se monte des boules de diamètre convenable suivant la source de laquelle on dispose. Comme l'ensemble est enfermé dans une boîte, afin d'éviter la production de vapeurs nitreuses qui rendraient l'air conducteur et nuiraient au bon fonctionnement de l'appareil, à l'intérieur se trouve un petit récipient rempli de chaux vive qui absorbe l'humidité de l'air. Les étincelles extrêmes pour une source de 2 kilowatts au transformateur et une capacité de 0,00275 microfarads ont une longueur de 3 centimètres chacune ; les étincelles oscillantes atteignent à peine 1 demi-millimètre. Cet éclateur est d'une marche parfaite et d'un réglage mathématique.

Éclateur de M. Austin. — M. Austin propose pour l'obtention de très haute fréquence, un éclateur constitué comme suit :

Un disque tournant (fig. 259) muni de pointes est relié à l'un des pôles du condensateur par l'intermédiaire de balais frotteurs. Le nombre de pointes est tel qu'il y en a toujours au moins une en présence du secteur formant l'autre pôle (de manière que les conditions explosives demeurent invariables), et la rotation rapide du disque assure une ventilation énergique.

L'emploi d'une fréquence élevée diminue l'énergie par étincelle, mais les avantages présentés par un tel éclateur ressortent nettement et de la rupture brusque forcément produite et d'absence complète de l'arc.

Remarque. — Il y a lieu de noter que l'idée de l'éclateur rotatif revient exclusivement à M. d'Arsonval qui en 1900 en avait installé un à l'Exposition pour l'obtention des étincelles de 2 mètres au Palais de l'Electricité.

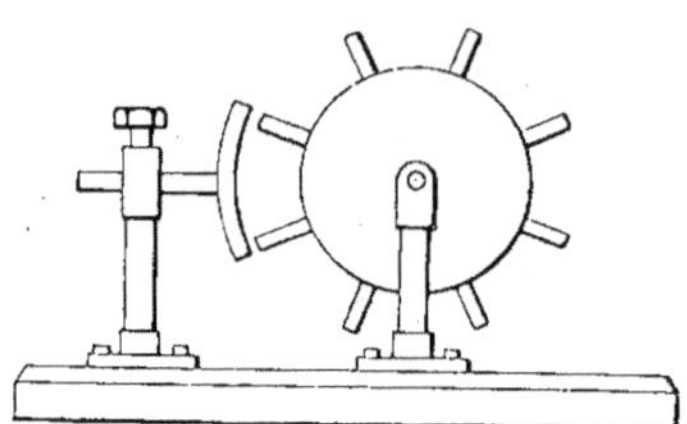

Fig. 259.

Eclateur de M. Férié. — Le circuit producteur du courant de haute fréquence est formé, comme on le sait, d'un condensateur K, de quelques spires P et d'un éclateur l, l, d. Le procédé d'alimentation du condensateur dont la charge donne naissance aux oscillations a une importance considérable non seulement sur la qualité des étincelles de décharge, mais aussi sur le nombre de ces étincelles. L'alimentation du condensateur peut être faite soit avec du courant continu interrompu, soit avec du courant alternatif. C'est ce dernier courant qui est le plus employé dans les installations à grande puissance. On limite à volonté la tension des charges des condensateurs en réglant convenablement la distance des pôles de l'éclateur ou en agissant sur des résistances ohmiques intercalées dans le circuit ou sur l'excitation de l'alternateur.

Le régime de résonance primaire obtenu en calculant le rapport de transformation et la valeur des selfs de réglage d'après la capacité en charge, n'est établi qu'après un certain nombre d'alternances du courant avec du courant alternatif de basse fréquence (40 à 50) on produit, en général, 10 à 20 étincelles par seconde ; chacune a ainsi une puissance considérable, l'énergie disponible étant répartie en un petit nombre d'étincelles. Pour diminuer les chances de formation d'arc, M. Ferié a reconnu avantageux de constituer les pôles de l'éclateur par deux cylindres parallèles des grandes dimensions de façon à éviter un échauffement rapide et à changer le point de jaillissement des étincelles successives. Pour les très grandes puissances il y a intérêt à faire tourner les cylindres autour de leurs axes.

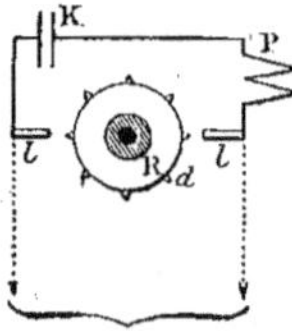

Alimentation

Fig. 260.

Pour augmenter beaucoup le nombre d'étincelles on a d'abord diminué la distance des pôles de l'éclateur en soufflant l'étincelle pour éviter la formation d'arc. Plus avantageux est l'emploi des éclateurs tournants dont l'emploi a été préconisé par M. d'Arsonval. MM. Ferié, Fracque et Breudt ont fait un grand nombre d'expériences sur ce genre d'éclateur et ont obtenu les résultats suivants :

« Pour de faibles puissances (de 1 à 2 kilowatts) il suffit d'une roue métallique R munie de dents d et tournant entre deux pôles l reliés au circuit excitateur et au transformateur. La roue est montée sur l'axe d'un petit moteur électrique. Deux étincelles jaillissent simultanément au passage de deux dents opposées quelconques en face des pôles fixes. Grâce à la ventilation produite par la rotation de la roue et de la faible puissance mise en jeu, l'échauffement des pôles fixes n'est pas trop considérable.

Si la puissance est plus grande (2 à 4 kilowatts environ) l'échauffement des pôles fixes devient considérable et il se forme souvent de l'arc. Il y a donc intérêt à déplacer régulièrement sur une assez grande longueur le point de jaillissement des étincelles sur les pôles fixes. Le modèle de la figure 261 donne des résultats satisfaisants.

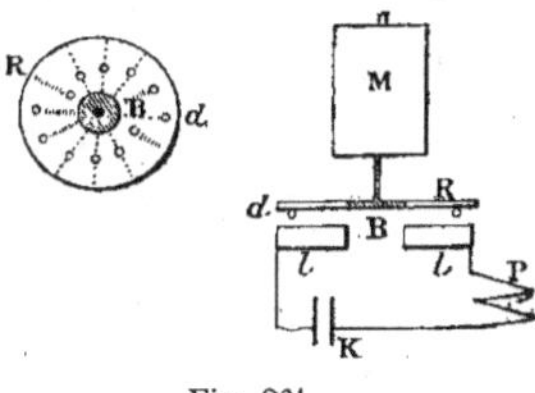

Fig. 261.

Sur une des faces d'un disque métallique R, dont le centre est remplacé par une plaque d'ébonite B, sont placées des dents métalliques d, symétriquement deux à deux par rapport au centre, et dont les distances à ce point vont en croissant régulièrement. En face d'un même diamètre sont disposées des plaques métalliques, dans le prolongement l'une de l'autre.

Deux étincelles jaillissent simultanément au passage de deux dents quelconques, situées sur un même diamètre, en face des lames fixes, mais le point de jaillissement se déplace régulièrement et périodiquement le long des arêtes des lames l, répartissant ainsi l'échauffement sur toute leur longueur. En donnant aux lames une masse assez grande, l'élévation de température des pôles fixes n'est pas considérable.

On obtient également des résultats satisfaisants dans le cas de puissances considérables de l'ordre de 6 à 10 kilowatts en disposant l'éclateur de la manière suivante :

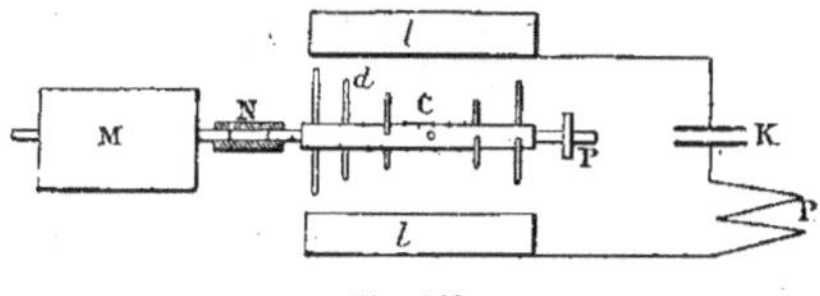

Fig. 262.

Sur un cylindre de cuivre C (fig. 262), de 25 centimètres de longueur, sont disposées des tiges de cuivre d traversant le cylindre en passant par son axe et perpendiculaire à celui-ci, leur longueur totale étant de 25 centimètres environ. Ces tiges sont équidistantes et décalées l'une par rapport à l'autre, dans un angle constant égal à $\dfrac{360}{n}$, n étant le nombre des tiges (15 à 20). Le cylindre C est relié par un joint en caoutchouc élastique à l'axe d'un petit moteur M et est supporté par un palier p. Parallèlement à son axe et dans un même plan diamétral, sont disposées deux lames métalliques l, le long desquelles se déplacent les étincelles pendant la rotation du cylindre. Il existe une vitesse optima de rotation du cylindre.

L'intensité efficace des oscillations engendrées par des éclateurs tournants est, en général, plus considérable qu'avec les éclateurs fixes à étincelles peu nombreuses, quoique les intensités maxima soient beaucoup moins grandes évidemment. De plus, les étincelles très nombreuses soufflées ou produites par les éclateurs tournants sont évidemment plus courtes que les étincelles rares données par les éclateurs fixes et les circuits à résonance ; les condensateurs des circuits excitateurs peuvent donc être construits beaucoup plus économiquement et sous un volume plus faible que dans ce dernier cas.

Eclateur de M. Roycourt. — Le réglage de ce genre d'appareils consiste généralement à faire varier la distance explosive qui sépare les pièces polaires.

Lorsque cette distance explosive atteint une assez grande longueur, les décharges deviennent irrégulières, les étincelles disruptives ne jaillissent plus du même point de chaque conducteur, affectent des formes sinueuses qui allongent considérablement leur parcours. Après un certain temps de fonctionnement, les décharges se produisent parfois le long des parois internes des récipients enveloppant les éclateurs. Ces irrégularités dans la succession des décharges oscillantes se traduisent par un mauvais rendement des appareils.

Ces inconvénients se présentent fréquemment avec les appareils de haute fréquence actionnés au moyen des machines électrostatiques dont le potentiel est très élevé. Il a

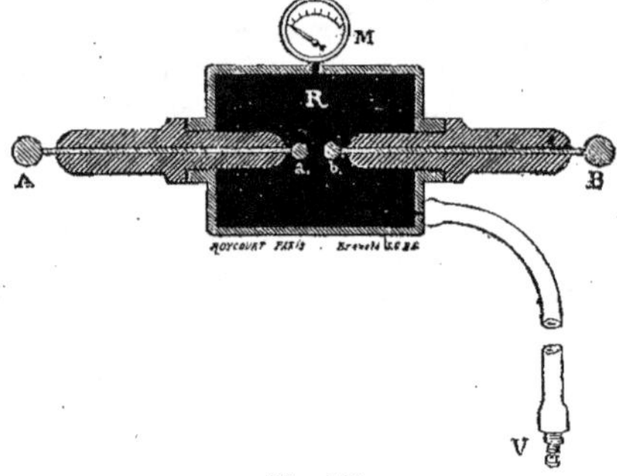

Fig. 263.

été reconnu que lorsque les décharges se produisent dans un milieu gazeux, il est possible d'en modifier le régime en comprimant la masse gazeuse à une pression supérieure à celle de l'atmosphère ambiante. Sous l'influence de cette compression et pour un écart déterminé des pièces polaires entre lesquelles se produisent ces décharges, les étincelles nécessitent pour leur jaillissement des potentiels de plus en plus élevés, et étant donné le très grand rapprochement qui peut, dans ces conditions, être donné aux pièces polaires, les étincelles deviennent plus rectilignes et leur jaillissement plus régulier.

M. Roycourt met à profit ce phénomène, ainsi que les avantages qui résultent de son application (fig. 263).

L'éclateur spécial pour appareils fonctionnant au moyen de la machine statique se compose d'un récipient hermétique R à travers les parois duquel pénètrent les conducteurs A, B parfaitement isolés.

Les extrémités de ces conducteurs, situées à l'intérieur du récipient sont terminées par les pièces polaires a, b, entre lesquelles existe une distance explosive de quelques millimètres qui demeure invariable.

Une valve V terminant un ajutage en caoutchouc fixé, d'autre part, au récipient, permet l'introduction ou l'évacuation de la masse gazeuse comprimée. Si l'on augmente la pression du milieu gazeux au moyen d'un appareil de compression, les décharges qui se produisent sous forme d'étincelles ayant toujours la même longueur, quel que soit le degré de compression, se succèdent avec une rapidité d'autant moins grande que la compression va en augmentant.

Si, au contraire, on diminue la compression en laissant échapper par la valve V un certain volume de masse gazeuse, les décharges se succèdent d'autant plus rapidement que la pression diminue. Ces deux opérations constituent le réglage ; en raison de la très faible distance explosive, les décharges oscillantes se produisent dans les meilleures conditions de régularité et de rendement. Le fonctionnement de l'appareil sera meilleur si l'on comprime un gaz ou un mélange de gaz ne donnant pas lieu à une production de vapeurs acides, mais on peut se contenter d'employer l'air atmosphérique qu'on amène à une pression de 2 et 3 kilogrammes, pression à laquelle l'appareil fonctionne très bien. Un manomètre M est adapté au récipient, afin qu'il soit possible de constater et régler selon les besoins le degré de compression de la masse gazeuse.

Absolument silencieux et ne laissant passer aucune lueur de l'étincelle, il peut aisément s'adapter à toutes les machines électrostatiques actionnant des appareils de haute fréquence dont il augmente considérablement le rendement.

Remarque de M. de Forest. — M. de Forest tire les conclusions suivantes de ses études sur les éclateurs dans l'air comprimé :

Une bonne décharge est obtenue dans l'air comprimé avec beaucoup de boules de faible courbure.

Dans l'air comprimé, la décharge est très brusque, la conductibilité élevée et l'amortissement faible.

Eclateur de MM. Radiguet et Massiot. — L'éclateur de MM. Radiguet et Massiot (fig. 264) est constitué par deux boules placées à l'extrémité de deux tiges courbées en U, dont la partie inférieure, jusqu'à deux centimètres des boules plonge dans un bain d'huile.

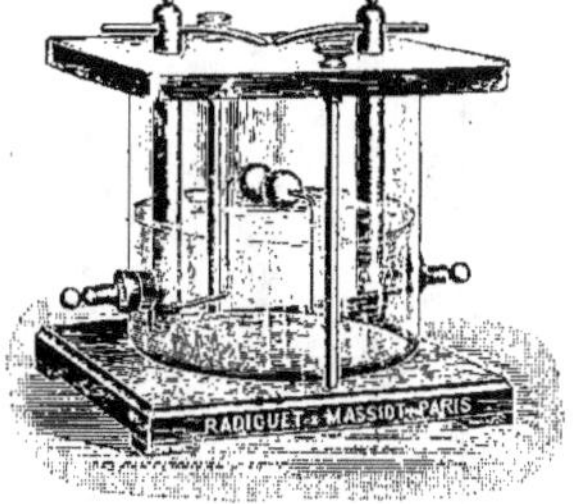

Fig. 264.

L'écartement des boules à l'intérieur du vase qui contient l'éclateur peut être fait de l'extérieur et en marche au moyen de deux tiges d'ébonite. Un système de deux

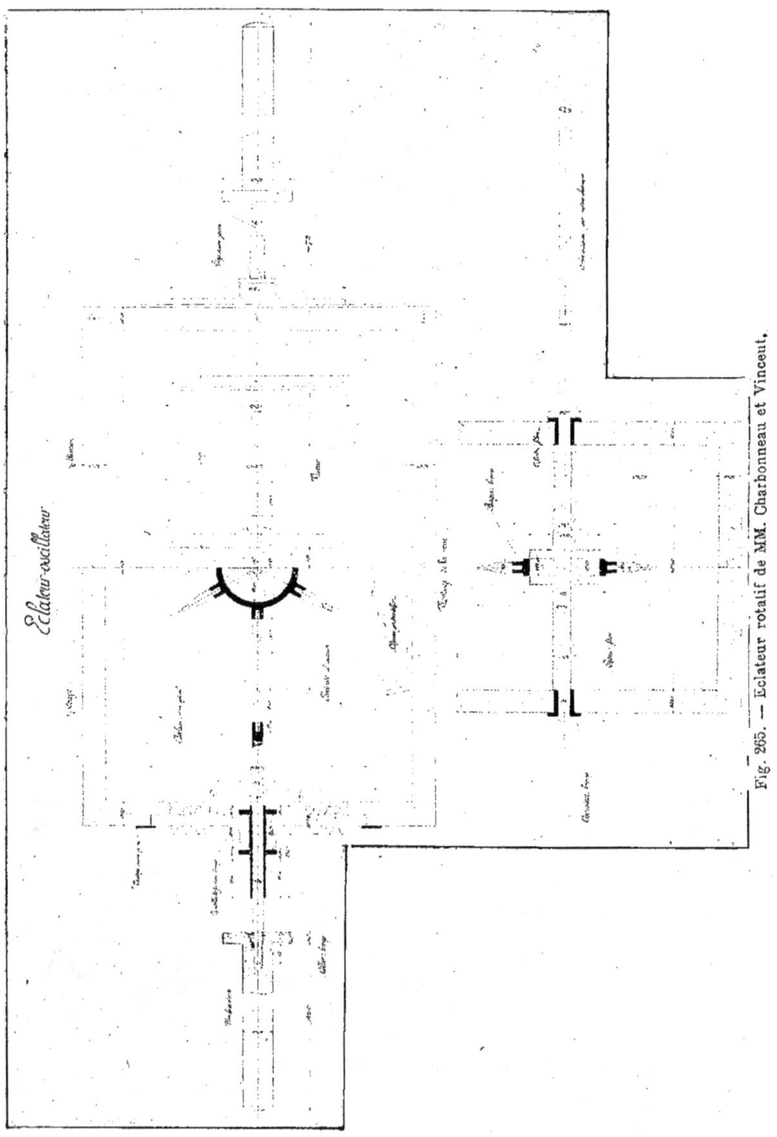

Fig. 265. — Eclateur rotatif de MM. Charbonneau et Vincent.

pointes indique à l'extérieur du vase la distance explosive des deux boules de l'excitateur. L'huile a pour effet d'absorber les pertes par effluvation ce qui a comme avantage d'utiliser à l'éclateur toute l'énergie mise en jeu.

Eclateur rotatif de MM. Charbonneau et Vincent. Comme nous l'avons vu, le fait de déplacer l'étincelle donne un résultat de beaucoup supérieur sur les éclateurs fixes. Cependant, le résultat obtenu avec le déplacement des électrodes est encore de beaucoup supérieur, comme soufflage et comme durée des électrodes.

Cet éclateur est constitué par une roue isolante montée sur un axe commandé par un moteur, et sur la périphérie de laquelle se trouve une coquille métallique armée d'un certain nombre d'embases sur chacune desquelles viennent se visser les électrodes (boules, tiges, disques, etc.). Suivant un diamètre se trouvent deux électrodes mobiles munies de manches isolants, et coulissant dans des garnitures métalliques fixées à des grands disques isolants. Le tout est placé dans une boîte dans le fond de laquelle se trouve un récipient à chaux remplissant le même but que dans l'oscillateur de M. Charbonneau précédemment décrit.

Il est à noter que toutes les électrodes sont en aluminium. La distance se règle au moyen des tiges mobiles, et la vitesse du moteur est en fonction de la capacité et de la self du circuit oscillant.

Deux regards en glace permettent de voir de l'extérieur l'aspect des étincelles.

CHAPITRE XIV

LE CONDENSATEUR

Définition du condensateur. — On appelle condensateur tout système de conducteur dont la disposition permet d'accroître notablement la capacité de l'un d'entre eux.

Condensateur sphérique. — Supposons une sphère creuse A, conductrice de rayon R', contenant à son intérieur, une sphère de rayon R concentrique et conductrice B ; la sphère extérieure sera mise en communication constante avec le sol et sera

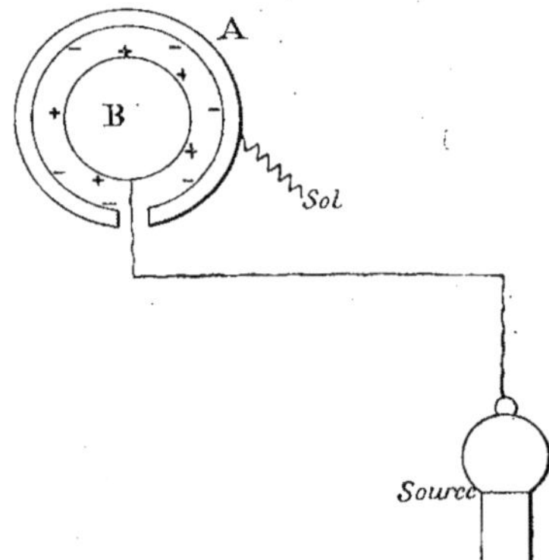

Fig. 266.

ainsi au potentiel zéro ; cette sphère extérieure servira d'écran à la sphère de telle façon qu'on ignorera, électriquement parlant, dans l'intérieur de A, tous les divers états électriques extérieurs.

On chargera B, en le mettant sur un fil long et fin, en communication avec une source ; le fil fin n'apportera pas par ses dimensions de perturbation à l'expérience. Calculons le potentiel de la sphère B pour une charge M de cette sphère en remarquant que la surface interne de A s'est chargée d'électricité de signe contraire et que sa charge est — M.

Le potentiel sera le même en tous les points de la sphère ; or au centre il a pour valeur :

$$\frac{M}{R} - \frac{M}{R} = V,$$

et ainsi

$$\frac{M}{V} = \frac{RR'}{R' - R}.$$

Le rapport de la charge au potentiel est donc constant, cette constante s'appelle la capacité de B en présence de A ; on a :

$$\frac{M}{V} = C = \frac{RR'}{R'R}.$$

Si les sphères sont très rapprochées on aura :

$$R' = R + \varepsilon,$$

et ainsi

$$C = \frac{R\,(R + \varepsilon)}{\varepsilon} = \frac{R^2}{\varepsilon} \text{ (à un infiniment petit près).}$$

En multipliant par 4π on aura, en appelant S la surface de la sphère :

$$C = \frac{S}{4\pi\varepsilon}.$$

Condensateur plan. — Supposons maintenant que nous ne considérions qu'une partie S' de cette sphère, la capacité de cette partie sera évidemment :

$$C' = \frac{S'}{4\pi\varepsilon}.$$

Sans faire varier ni S' ni ε, augmentons le rayon de la sphère en éloignant de plus en plus son centre vers l'infini ; on aura, à la limite deux parties de plans parallèles séparés par une épaisseur ε dont les aires seront égales à S' ; la capacité d'un tel condensateur sera encore :

$$C' = \frac{S'}{4\pi\varepsilon}.$$

Capacité d'une sphère dans l'espace. — Si dans l'expression

$$\frac{M}{V} = C = \frac{RR'}{R' - R'}.$$

On suppose R fixe et que R′ tend vers l'infini, on voit que :

$$\text{Limite de } C = \frac{R}{1 - \dfrac{R}{R'}} = R.$$

. **Force condensante d'un condensateur.** — On appelle force condensante d'un condensateur le quotient par la capacité du conducteur A supposé seul dans l'espace, de la capacité de ce même conducteur A, lorsqu'il est en présence d'un ou plusieurs autres conducteurs reliés au sol et formant avec ces derniers un condensateur.

Par exemple, une sphère de rayon R a pour capacité R lorsqu'elle est seule dans l'espace, mais si une sphère conductrice de rayon R′ l'enveloppe concentriquement, sa capacité devient :

$$\frac{RR'}{R' - R}.$$

La force condensante est donc, dans ce cas

$$\frac{R'}{R' - R}.$$

Si, en particulier, on suppose R′ $= 50^{cm},5$ et R $= 50$ centimètres, la capacité de ce condensateur, sera

$$\frac{50,5}{0,5} = 5100 \text{ unités C. G. S. électrostatiques.}$$

On aura donc pour force constante la valeur : $\dfrac{50,5}{0,5} = 101.$

Théorème de Riemann. — Deux conducteurs A et B sont mis en présence dans un milieu isolant ; dans leur voisinage, des corps conducteurs peuvent se trouver en nombre quelconque, mais tous sont en communication avec le sol. Le conducteur A étant porté au potentiel V_1 et B communiquant avec le sol, ce dernier prendra une charge Q_B. Si le corps B est porté au potentiel V_1, si A communique avec le sol, les conducteurs voisins n'ayant pas été modifiés, le conducteur A prendra sa charge $Q_A = Q_B$.

Ce théorème est la conséquence de la formule de Clausius au cas où on réduit le nombre des corps conducteurs influençants à deux, il suffira d'écrire l'égalité dans les deux cas, prévus dans l'énoncé du théorème de Riemann, pour que la conclusion ressorte d'elle-même.

Quelques propriétés des diélectriques. — M. Duter, en 1879, a démontré qu'un diélectrique augmente de volume quand il subit l'électrification et qu'il reprend ses dimensions primitives lorsque cette électrification a cessé ; M. Duter opérait sur une bouteille de Leyde dont les armatures extérieure et intérieure étaient des liquides et permettaient au verre de se dilater librement.

La dilatation fut trouvée proportionnelle au carré de la différence de potentiel entre armatures et à l'inverse de l'épaisseur du verre.

En 1880, MM. Pierre et J. Curie ont vérifié qu'à température constante, la compression des cristaux hémièdres, à faces inclinées, fournit aux extrémités du cristal des charges de noms contraires. Ce phénomène a reçu le nom de piézo-électricité. On voit qu'on est bien en présence d'un phénomène de polarisation produit par la déformation du cristal.

M. Bouty a pu vérifier la propriété des gaz suivante : si on les place dans un champ électrique, il sont, même lorsque leur tension est faible d'excellents isolants ; mais si l'on continue à faire croître le champ, il arrive, dans le cas des pressions faibles, un moment où le gaz devient conducteur et reste conducteur pour les champs plus intenses.

Pour des valeurs du champ inférieures à la limite dont il vient d'être parlé, la suppression où l'établissement du champ ne se révèle par aucun phénomène appréciable ; au-dessus, au contraire, on a une illuminiscence lorsqu'on vient à établir ou a supprimer le champ.

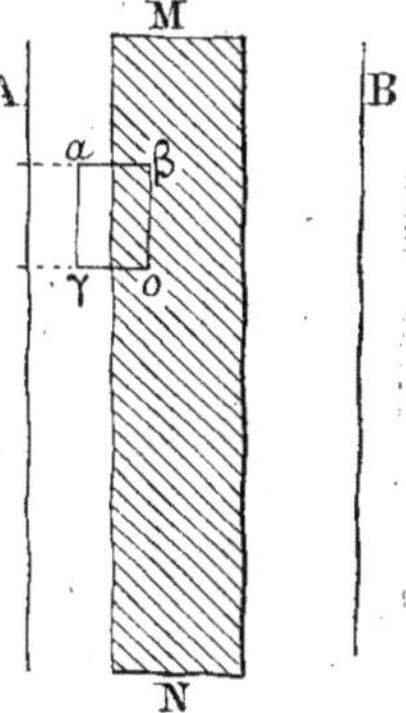

Fig. 267.

Flux d'induction. — Supposons une lame MN à faces parallèles (fig. 267), placée parallèlement à deux armatures A et B, conductrices et planes, laissant subsister une lame d'air ; en mettant à part les plages voisines des bords, on peut affirmer que les lignes de force dues à l'électrisation sont normales aux armatures et la lame ; soit : α, β, γ, δ un tube de force unité.

Si MN est une lame conductrice, l'accroissement dV dans la partie concernant l'air est donnée par la formule de Coulomb

$$-\frac{dV}{dn} = 4\pi\sigma,$$

et le flux sera $F_1 = 4\pi\sigma$, en appelant σ la densité superficielle sur les armatures ; sur la lame conductrice MN, la densité sera $-\sigma$, et le flux à son intérieur : $0 = 4\pi(\sigma - \sigma)$; si ε est l'épaisseur totale de la couche d'air diélectrique on aura :

$$\Delta V_{air} = 4\pi\sigma\varepsilon ;$$

mais si MN est une lame diélectrique, il n'en est plus ainsi ; la surface de MN n'immobilisera plus $-\sigma$ par unité de section, mais seulement $-\sigma'$, $(\sigma' < \sigma)$, de sorte qu'après le passage dans la surface du diélectrique, on aura plus $4\pi\sigma$ comme flux du tube-unité, mais :

$$F_2 = \frac{4\pi(\sigma - \sigma')}{K},$$

puisqu'on se trouve dans un diélectrique de constante K et que toutes les actions électriques se déduisent des actions dans l'air effectuées au facteur $\frac{1}{K}$ si donc e est l'épaisseur de la lame, on aura finalement :

$$\Delta\, V(di e') = \frac{4\pi\,(\sigma - \sigma')}{K}\, e.$$

La différence de potentiel entre armatures sera donc :

$$V = 4\pi\sigma z + 4\pi\,(\sigma - \sigma')\,\frac{e}{K}.$$

Si on voulait appliquer un tube de force de section unité infiniment court α, β, γ, δ, chevauchant sur la face C du diélectrique, et, ce sans précaution le théorème de Gauss démontré dans le cas d'un diélectrique unique aurait le résultat erroné :

$$- F_1 + F_2 = 4\pi\sigma',$$

alors qu'en réalité on a d'après le calcul précédent :

$$- F_1 + KF_2 = 4\pi\sigma' = 4\pi\,(-\sigma'),$$

KF_2 s'appelle l'induction B, et son flux se nomme le flux d'induction ; dans l'air (ou plutôt dans le vide), le flux de force et le flux d'induction se confondent.

Ainsi donc, avec la restriction de faire intervenir dans l'application du théorème de Gauss, le flux d'induction au lieu et place du flux de force, on aura le droit d'appliquer le théorème de Gauss, ce théorème s'énoncera alors ainsi :

Si un tube de force n'enveloppe pas de masses agissantes le flux d'induction reste invariable ; sa variation est de $4\pi m$ quand il enveloppe une masse d'électricité.

Hypothèses sur les diélectriques. — Mossotti et plus tard Faraday, adoptèrent, pour expliquer les phénomènes diélectriques, une hypothèse que Poisson, antérieurement, avait faite pour expliquer l'aimantation par influence.

Cette hypothèse consiste à assimiler le diélectrique à un agrégat de particules conductrices en nombre considérable, dispersées de façon régulière dans le milieu isolant.

Sous l'action de l'électricité, les particules conductrices s'électrisent, une couche négative, par exemple apparaîtra sur leur partie gauche, alors que sur leur partie droite se décèlera une couche positive.

Lord Kelvin admettait que, si on plaçait un diélectrique primitivement à l'état neutre dans un champ électrique, il subissait une polarisation absolument comparable à celle qu'un corps magnétique éprouve lorsqu'on l'immerge dans un champ magnétique.

Ces deux hypothèses sont, au fond, sensiblement les mêmes, et les résultats auxquels on parvient en les soumettant au calcul, sont identiques.

Dans ces deux hypothèses, le milieu diélectrique, intervenait pour transmettre les actions électriques de proche en proche ; le diélectrique a ainsi un rôle passif dans la marche du phénomène, aux conducteurs est réservé le rôle actif.

Admettons donc que sous l'action d'une différence de potentiel le milieu se polarise ; chaque élément de volume séparé par la pensée au milieu environnant se couvrira d'électricité sur deux faces opposées par rapport à la direction du champ ; ces deux couches seront de signes contraires et leur disposition relative sera invariable pour le corps.

Sur une face de l'élément, nous aurons une masse $+ m$ et sur l'autre face une masse $- m$; si on appelle 2 a la distance de ces faces infinitésimales, nous l'appellerons $\omega = 2am$ le moment électrique de l'élément.

Si $\Delta \nu$ est le volume de l'élément, le quotient $\frac{\omega}{\Delta \nu}$, ou le moment par unité de volume, pourra servir de mesure à cette propriété appelée polarisation ; ce quotient $\frac{\omega}{\Delta \nu}$ est appelé intensité de polarisation, et on a, en appelant J cette grandeur :

$$J = \frac{\omega}{\Delta \nu} = \frac{2am}{\Delta \nu}.$$

Pour simplifier, supposons que le volume soit un petit cylindre parallèle à la direction de la polarisation.

Si S est la section du cylindre, σ' la densité superficielle de ce cylindre aux bases extrêmes on aura :

$$J = \frac{2a \cdot m}{2aS} = \frac{m}{S} = \sigma'.$$

De proche en proche on a admis qu'il en était de même le long d'un parallélipipède à dimensions finies, dont les arêtes sont parallèles à la polarisation ; les deux faces des diélectriques seront donc recouvertes de couches égales et de signes contraires de densité.

En reprenant la formule sur l'induction, on tirera facilement :

$$B = H + 4\pi J.$$

Expériences et calculs sur la polarisation. — M. Pellat a mis en évidence la lenteur, que met la polarisation à disparaître après la suppression du champ. Il a pris pour diélectrique une lame d'ébonite formée de deux parties, parfaitement rodées, s'appliquant l'une sur l'autre, aussi parfaitement que les moyens mécaniques le permettent ; le plan de séparation étant normal aux lignes de force, on place ce diélectrique entre les armatures d'un condensateur, on charge ensuite le condensateur assez lentement, puis on le décharge brusquement ; ceci fait, on enlève rapidement, avec de grandes précautions d'isolement, une des parties du diélectrique en ébonite ; cet objet, placé dans le cylindre de Faraday, ne produit aucun mouvement dans l'électroscope donc, la charge électrique totale de ce plateau est nulle ; mais si on rétablit ce plateau entre deux armatures conductrices formant condensateur, on peut déceler une différence de potentiel entre ces armatures, différence qui change de signe quand on permute les faces de la lame.

En somme, l'expérience de M. Pellat indique :

1° que la polarisation a bien une réalité physique ;

2° qu'elle présente une certaine inertie pour apparaître ou disparaître ;

3° qu'en dehors de la plaque rien n'a subsisté de l'état antérieur déterminé par le champ.

Ces remarques faites, si on réunit les deux armatures d'un condensateur F pendant un temps très court pour que la densité σ' sur le diélectrique ne bouge pas, on aura pour chaque unité d'aire des armatures une charge σ_1 donnée par l'équation suivante déduite d'une équation précédente où V a été égalé à zéro :

$$\sigma_1 \left(\varepsilon + \frac{e}{K} \right) = \sigma' \frac{e}{K}.$$

Or d'après la même équation invoquée, on avait, après la charge au condensateur F :

$$\sigma = \left(V + 4\pi\sigma' \frac{e}{K} \right) \times \frac{1}{4\pi \left(\varepsilon + \frac{e}{K} \right)}$$

et ainsi :

$$\sigma - \sigma_1 = \frac{V}{4\pi \left(\varepsilon + \frac{e}{K} \right)}.$$

Le condensateur ne sera donc pas déchargé après la première mise en contact des armatures.

Théorie de Maxwell. — Maxwell fait jouer à la constante diélectrique le rôle d'un coefficient d'élasticité relatif à l'éther, dans lequel tout est noyé.

Maxwell admettait, ce, en désaccord avec Fresnel que la densité de l'éther en tous les milieux était constante, et il concluait que le rapport des coefficients d'élasticité de l'éther, dans le milieu diélectrique et dans le vide était égal au carré de l'indice de réfraction du diélectrique. Cette loi a été vérifiée dans le cas des gaz, mais a semblé être reconnue inexacte pour la majeure partie des diélectriques solides.

Pour les gaz, au moins, on a donc d'après Maxwell, en appelant v et v' les vitesses de la lumière dans l'air et dans le diélectrique D de pouvoir K ; C et C' les capacités d'un condensateur formé des mêmes armatures séparées une première fois par une épaisseur d'air et une seconde fois par une épaisseur ε de diélectrique D ; n et n' les indices de réfraction :

$$\frac{C}{C'} = \frac{K}{K'} + \frac{n^2}{n'^2} = \frac{v'^2}{v^2} ;$$

car l'indice n de réfraction dans un milieu est inversement proportionnel à la vitesse de la lumière dans ce milieu. K est, on le voit ici, une constante physique remarquable.

Nous supposerons avec Maxwell que l'énergie est localisée dans le milieu ; en calculant dans cette hypothèse, l'énergie électrique par unité de volume de diélectrique,
nous arriverons à une expression donnée par lui.

Entre les armatures d'un condensateur existe la différence de potentiel V, la distance
des armatures étant ε on aura, le champ étant uniforme loin des bords :

$$H = \frac{V}{\varepsilon} + 4\pi\sigma.$$

L'énergie emmagasinée dans un tube de force aboutissant aux deux armatures sera,
par unité de surface de l'armature :

$$W = \frac{1}{2}\sigma V = \frac{1}{2}\frac{H}{4\pi} H \times \varepsilon,$$

$$= \frac{1}{8\pi} H^2 \times \varepsilon$$

et l'énergie par unité de longueur « la section du tube étant 1 » ou par unité de
volume, sera :

$$W_1 = \frac{1}{8\pi} H^2.$$

Si le diélectrique au lieu d'être l'air, avait un pouvoir égal à K, on aurait, en
reprenant les calculs :

$$H = \frac{V}{\varepsilon} = 4\pi\sigma \ (\sigma \text{ densité avec l'air comme diélectrique}).$$

Mais la densité σ', avec le diélectrique de pouvoir K, est donnée par la formule :

$$\sigma' = K\sigma,$$

et

$$W' = \frac{1}{2}K\sigma V = \frac{K}{2}\frac{H}{4\pi} \times H \times \varepsilon$$

ainsi l'énergie électrique emmagasinée par unité de volume est :

$$W_1 = \frac{K}{8\pi} H^2.$$

On en déduira immédiatement que l'énergie nécessaire à la création d'un champ électrique dans l'espace, qu'on suppose composé de diélectriques divers dont les pouvoirs
inducteurs sont : K_1, K_2, ... K_n, sera exprimé par la formule :

$$W = \frac{K_1}{8\pi}\iiint_{R_1} H^2 \cdot dv + \frac{K_2}{8\pi}\iiint_{R_2} H_2 \cdot dv + \dots \frac{K_n}{8\pi}\iiint_{K_n} H_2 \cdot dv ;$$

dans laquelle l'intégrale de volume relative à K_p est étendue au volume R_p occupé dans
l'espace par le diélectrique de pouvoir K_p.

Unité de Capacité. — L'unité CGS. de capacité électrostatique est le centimètre C'est la capacité d'une sphère absolument isolée dans l'espace dont le rayon serait 1 centimètre.

Dans le système d'unités pratiques, on prend le coulomb pour unité de quantité et le volt pour mesurer le potentiel ; pour satisfaire aux formules simples théoriques, il est nécessaire de prendre pour unité de capacité, la capacité d'un condensateur tel qui se charge d'un coulomb lorsqu'il est porté à un volt. Cette capacité, qu'on appelle le Farad, vaut $3^2 \times 10^{20} \times 10^{-9} = 3^2 \times 10^{11}$ unités électrostatiques CGS. de capacité. La grandeur extrême du Farad fait qu'on évalue ordinairement les capacités en microfarads, le microfarad vaut $3^2 \times 10^{5}$ unités électrostatiques CGS. de capacité, ce sera la capacité d'une sphère isolée placée dans un milieu indéfiniment libre et d'un rayon égal à 900.000 centimètres.

La capacité de la terre dans l'immensité sera donc :

$$C = \frac{4\,000\,000\,000}{2 \times 3,1415926} \times \frac{1}{900\,000} \text{ microfarads,}$$

$$= \frac{2 \times 10^9}{9 \times ,14159.6 \times 10^5} = \frac{2 \times 10^4}{9 \times 3,1415926} = 707,3 \text{ microfarads.}$$

Energie d'un conducteur électrisé. — On sait que, si M était la charge de ce conducteur et V. son potentiel par rapport au sol, l'énergie de ce conducteur serait :

$$W = \frac{1}{2} M . V.$$

Si C est la capacité du conducteur supposé entouré de conducteurs de position fixe et reliés au sol, on aura :

$$W = \frac{1}{2} MV = \frac{1}{2} CV^2,$$

ou encore :

$$W = \frac{1}{2} MV = \frac{1}{2} \frac{M^2}{C}.$$

Si le condensateur est disposé comme un condensateur plan, séparé d'une épaisseur constante e, et d'un autre conducteur relié au sol, on aura, en appelant S l'aire de surfaces planes en présence :

$$W = \frac{1}{2} MV = \frac{1}{2} CV^2 = \frac{S}{8\pi e} V^2.$$

Décharges des condensateurs. — Prenons un excitateur à manches de verre formé, ainsi que la figure 268 le montre, de deux tiges métalliques C et D, à charnière autour d'un point O ; cet appareil peut être tenu à l'aide de manches de verre. Si on touche avec C une des armatures d'un condensateur et que, maintenant C au contact, on approche D de l'autre armature, un peu avant que le contact soit effectué, on voit éclater une étincelle. Si une des armatures enveloppe pratiquement l'autre d'une façon complète, on vérifie après le contact de D avec la deuxième armature, que les deux armatures du condensateur sont à l'état neutre.

On dit, quand on opère comme il vient d'être fait, qu'on a opéré une décharge brusque.

On peut opérer d'autre manière, illustrée par l'expérience de l'araignée de Franklin (fig. 269). Un petit conducteur C, ayant une forme rappelant celle d'une araignée, est

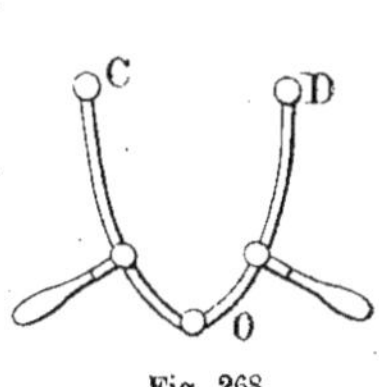

Fig. 268.

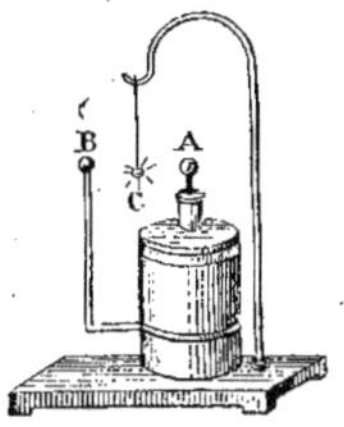

Fig. 269.

suspendu à l'aide d'un fil de soie isolant entre deux boutons A et B communiquant chacun à une des armatures de la bouteille de Leyde. Il est attiré successivement par chacune et sert de véhicule à l'électricité qui se recombine. On peut modifier l'expérience avec la bouteille de Leyde de la façon suivante : on isole les armatures de cette bouteille, puis successivement on met, à l'aide de l'excitateur, l'une, puis l'autre armature en communication avec le sol ; à chaque fois se produit une petite étincelle, dont la vivacité va en diminuant au fur et à mesure que l'expérience se prolonge.

Combinaisons des condensateurs entre eux. — On sait que l'énergie d'un condensateur à lame d'air est donnée par la formule :

$$W = \frac{S}{8\pi e} V^2 ;$$

on ne peut donc songer à emmagasiner de grandes quantités d'électricité qu'à la condition de prendre e aussi petit que possible et S aussi grand que possible,

En pratique, e ne peut être pris inférieur à une certaine valeur, car au-dessous d'une épaisseur limite, la matière isolante ne résiste plus à la tension électrostatique et une étincelle permet la recombinaison des charges en ouvrant un passage à travers la lame isolante.

Quand on a plusieurs condensateurs on peut les grouper en batterie ; on peut associer ces condensateurs suivant deux méthodes différentes :

1° *Batteries en surface.* — Les condensateurs sont dits en surface, lorsque toutes les armatures extérieures sont reliées ensemble et qu'on procède de même pour toutes les armatures.

Soient C_1, C_2 ... C_n les capacités de chaque condensateur pris isolément et C la capacité du condensateur résultant de leur association en surface, le potentiel aux bornes de chaque condensateur et du condensateur résultant est identique dans une même opération ; Si M_k est la charge du condensateur de capacité C_k (k pouvant prendre toutes les valeurs de 1 à n) et M la charge du condensateur résultant on aura :

$$M_1 = C_1 V, \ ... \ M_n = C_n V,$$
$$CV = M = M_1 + M_2 + ... M^n,$$

ou :

$$C \, . \, V = (C_1 + C_2 + ... + C_n) \, V \ \text{et} \ C = \sum_{k=1}^{k=n} C_k :$$

et ainsi la capacité C est la somme des capacités de chaque condensateur. Quand à l'énergie relative elle est :

$$W = \frac{1}{2} CV^2 = \frac{1}{2} \sum C_k \times V^2 = \frac{1}{2} (C_1 V^2 + C_2 V^2 + ... C_n V^2) ;$$

ou encore :

$$W = W_1 + W_2 + ... + W_n.$$

2° **Batteries en cascade.** — Les condensateurs étant isolés entre eux avec soin, on fait communiquer l'armature intérieure du premier avec l'armature extérieure du second et ainsi de suite.

Soient C_1, C_2, ... C_n les capacités de chaque isolateur pris isolément, C la capacité du condensateur résultant de leur groupement en cascade soient de plus V_1, la différence

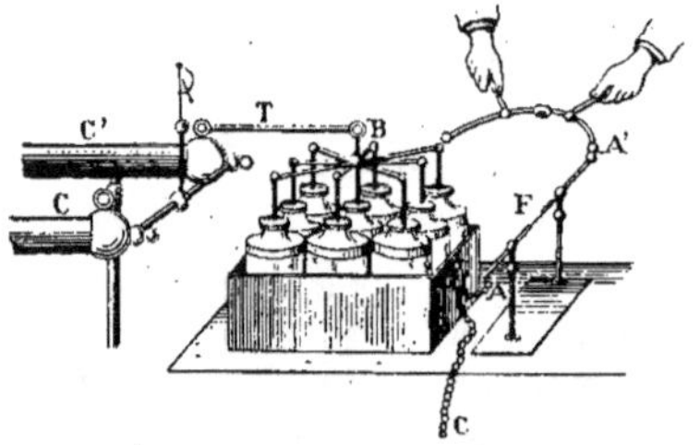

[Fig. 270.

de potentiel aux bornes du premier condensateur, $V_2 V_3$ ... V_n les différences de potentiel aux bornes des ($n - 1$) autres condensateurs, on remarquera d'abord que si M est la charge sur l'armature externe du premier condensateur la charge sera — M sur l'armature interne ; comme l'ensemble isolé formé par l'armature interne du premier condensateur et l'armature externe du second était, au début à l'état neutre, il en résulte que $+$ M est la charge de l'armature externe du second condensateur, et, d'une façon générale, de toutes les armatures externes des n condensateurs en cascade. Le condensateur résultant qui a pour armature externe précisément la première armature externe, aura une charge égale à M, mais la différence de potentiel entre les armatures du condensateur résultant est ici évidemment la somme de $V_1 + V_2 + \ldots + V_n$. Ceci remarqué, on peut écrire les deux égalités :

$$M = C_1 V_1 = C_2 V_2 = \ldots = C_n V_n,$$
$$M = C(V_1 + V_2 + \ldots + V_n);$$

d'où on tirera :

$$M = \frac{V_1}{\frac{1}{C_1}} = \frac{V_2}{\frac{1}{C_2}} = \ldots = \frac{V_n}{\frac{1}{C_n}} = \frac{V_1 + \ldots + V_2 + V_n}{\frac{1}{C_1} + \frac{1}{C_2} + \ldots + \frac{1}{C_n}}$$

mais :

$$M = \frac{V_1 + V_2 + \ldots + V_n}{\frac{1}{C}}$$

donc :

$$\frac{1}{C} = \frac{1}{C_1} + \frac{1}{C_2} + \ldots + \frac{1}{C_n}.$$

Ainsi, quand on groupe les condensateurs en cascade, l'inverse de la capacité du condensateur résultant est égale à la somme des inverses des capacités des condensateurs composants.

On aura pour énergie relative de chaque condensateur :

$$W_1 = \frac{1}{2} \frac{M^2}{C_1} \qquad W_2 = \frac{1}{2} \frac{M^2}{C_2}, \ldots W_n = \frac{1}{2} \frac{M^2}{C_n};$$

donc

$$W_1 + W_2 + \ldots + W_n = \frac{1}{2} \left(\frac{1}{C_1} + \ldots + \frac{1}{C_n} \right) M^2 = \frac{1}{2} \frac{M^2}{C},$$

et

$$W_1 + W_2 + \ldots + W_n = W.$$

PROBLÈME. — On a une batterie de n condensateurs égaux pouvant chacun supporter au maximum un potentiel V, on demande le maximum d'énergie emmagasinable dans la batterie, sans risquer de la détériorer.

Soit C la capacité des condensateurs égaux, on aura évidemment en surface :

$$W = \frac{1}{2} (n C) V^2 = \frac{1}{2} n C \cdot V^2,$$

et, en combinant en cascade :

$$W = \frac{1}{2} \frac{C}{n} (n V)^2 = \frac{1}{2} n C V^2.$$

La maximum d'emmagasinage est donc le même, qu'on charge en surface ou en cascade.

En pratique, on pourra, si on veut une décharge à haut potentiel, charger séparément chacun des condensateurs au potentiel maximum qu'il peut supporter, puis grouper ensuite en cascade. Si, au contraire, on veut une décharge à grosse quantité, on chargera directement chaque condensateur à la source fournissant une différence V, puis on groupera les éléments en surface.

Le condensateur d'Œpinus; sa théorie. — La première expérience de condensateur électrique est due, comme on le sait à Cunéus, ami et élève de Musschenbrock (1692-1761); ce physicien voulant électriser l'eau contenue dans un vase en verre qu'il tenait à la main y plongea une baguette métallique qu'il mit en rapport avec une machine à frottement. Touchant ensuite la baguette pour voir le résultat de sa tentative, il reçut une secousse telle « qu'il ne recommencerait pas pour un royaume », écrivait-il plus tard. Ce fut là l'origine de la bouteille de Leyde.

Pour étudier les phénomènes de la condensation, Œpinus (1724-1802) se servit d'un instrument encore employé aujourd'hui dans les cours et qui a conservé son nom. Il

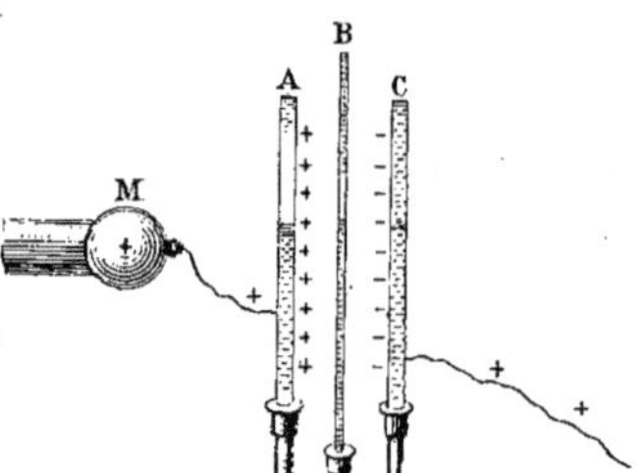

Fig. 271. — Condensateur d'Œpinus.

se compose de deux disques métalliques A et C, supportés par des pieds de verre, qui sont eux-mêmes fixés sur une glissière, de façon à pouvoir être écartés ou rapprochés d'une lame de verre ou d'ébonite B qui les sépare.

Voici l'explication que l'on donne en général du fonctionnement de ce condensateur ; les deux disques étant en contact avec la lame de verre, on fait communiquer A avec une machine M et C avec le sol.

Le disque A se charge d'une certaine quantité d'électricité positive $+e$ dépendant du potentiel de la machine. Cette quantité d'électricité positive $+e$ agissant sur le disque C, qui est à l'état neutre, attire une certaine quantité d'électricité négative $-e$, plus petit que $+e$, à cause de la distance, et repousse dans le sol l'électricité positive de C. A son tour, cette électricité négative agira sur une partie $+e'$ de $+e$ pour la neutraliser, et il n'y aura de libre sur A que $+e-e'$. Cette quantité d'électricité $+ e - e'$ ayant une tension moindre que celle de la machine, on pourra, au moyen de cette dernière, ajouter une nouvelle quantité d'électricité positive sur le disque A. On aura donc une nouvelle décomposition de fluide neutre sur le disque C et par conséquent, une nouvelle dissimulation, et il restera sur A un autre excès d'électricité positive.

En continuant ainsi, on pourra accumuler sur le disque A une quantité d'électricité positive e telle que l'électricité libre $e - e'$, ait une tension égale à celle de la machine.

Il y aura alors équilibre et l'appareil ne pourra se charger davantage.

Les attractions électriques se faisant en raison inverse du carré des distances, la charge du condensateur est d'autant plus grande que la lame de verre est plus mince ; en outre cette charge est proportionnelle à la tension de la source et à la surface des disques.

On voit par cette explication que l'emmagasinement électrique dans le condensateur est attribué à une dissimulation de l'électricité du disque A produite par celui qui est en communication avec le sol.

D'un autre côté, l'expérience montre nettement l'influence du plateau C pour produire la condensation. Supposons, par exemple, que l'on charge le plateau A seul, le disque C étant retiré. Il faudra seulement quelques tours de la machine pour que A atteigne sa charge maxima, c'est-à-dire soit chargé à refus. Approchons ensuite le disque C jusqu'au contact de B. Nous constaterons qu'il faudra un bien plus grand nombre de tours de la machine pour que la charge de A soit complète. On a donc pu admettre que, l'état de refus étant atteint dans les deux cas avec des quantités différentes l'électricité chargeant le même plateau il a fallu dans le second cas, que cette électricité fût condensée.

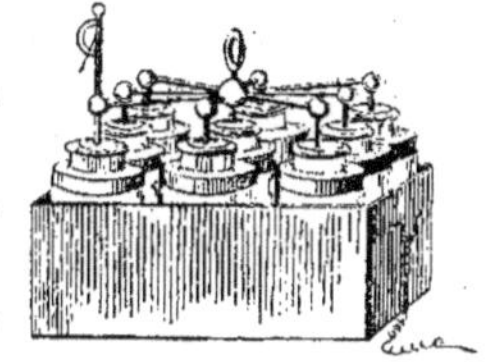

Fig. 272.
Batterie électro-statique.

M. Gariel a démontré que la condensation s'explique simplement par le jeu des forces électriques sans qu'il soit nécessaire d'imaginer des actions particulières ; toutefois l'explication du savant physicien ne vise que les actions d'influence qui ont lieu entre les disques et laisse de côté le rôle du diélectrique. Or, nous verrons tout à l'heure que c'est précisément le diélectrique interposé aux armatures du condensateur qui a la part la plus active dans l'emmagasinement de l'électricité.

La bouteille de Leyde. — La bouteille de Leyde que tout le monde connaît, consiste en un vase en verre rempli de feuilles de clinquant chiffonnées. Une tige métallique plonge au milieu du clinquant et se termine à l'extérieur par une boule métallique. La surface extérieure du verre est recouverte sur ses deux tiers inférieurs d'une feuille d'étain, que l'on tient ordinairement à la main, ou que l'on fait communiquer avec le sol au moyen d'une chaînette de métal. L'armature interne de la bouteille peut-être constituée par tout corps conducteur tel que l'eau (comme dans l'expérience de Cunéus), du poussier de charbon, des copeaux de fer ou de cuivre, etc. On a choisi de préférence le clinquant à cause de sa légèreté.

Dans les jarres, l'armature interne est formée, comme l'externe, par une feuille d'étain collée sur le verre.

Les batteries se composent d'un certain nombre de bouteilles ou de jarres dont on a fait communiquer ensemble toutes les armatures intérieures ; les armatures extérieures sont également réunies entre elles par une feuille d'étain qui tapisse l'intérieur de la caisse contenant les bocaux.

Quelle que soit la forme du condensateur employé, la théorie de son fonctionnement reste évidemment la même que celle du condensateur d'Œpinus ; mais à cause de l'augmentation des surfaces, la charge et, par suite les effets de la décharge, acquièrent une valeur beaucoup plus considérable et qui, dans certains cas, peut présenter de réels dangers pour l'expérimentateur.

Rôle du diélectrique dans les condensateurs; polarisation du verre. — Le rôle joué par le diélectrique dans les phénomènes de condensation se démontre expérimentalement au moyen de la bouteille de Leyde à armatures mobiles (fig. 273).

Cette bouteille se compose de trois parties s'emboîtant les unes dans les autres : un vase métallique B qui forme l'armature extérieure ; un vase de verre A, plus élevé,

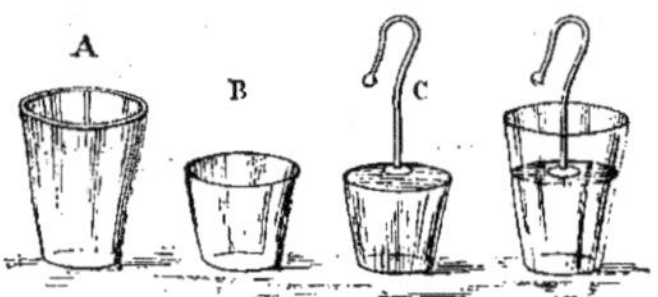

Fig. 273.

qui s'emboîte dans le premier ; un vase métallique C qui se pose dans le vase de verre, porte une tige métallique, et fait l'office d'armature intérieure.

Après l'avoir chargée comme une bouteille de Leyde ordinaire, on la place sur un plateau de verre ou de résine ; on enlève avec un crochet de verre l'armature intérieure et le vase de verre, et on touche avec la main les vases métalliques B et C de façon à les décharger complètement. On replace ensuite les diverses pièces pour reconstituer la bouteille et on en retire une étincelle presque aussi forte que si l'on n'y avait pas touché. Cette expérience suffit à prouver que c'est bien le verre qui emmagasine l'électricité introduite dans l'appareil par l'action d'influence réciproque des deux armatures métalliques.

D'ailleurs si le diélectrique interposé ne faisait que s'opposer au rétablissement direct de l'équilibre électrique entre les deux armatures, il serait indifférent de se servir de tel ou tel corps isolant ; or l'expérimentation démontre et tous les physiciens sont d'accord sur ce point, que la nature même du diélectrique employé fait varier, dans des proportions considérables, les effets de condensation.

Le verre, le mica, le souffre, l'ébonite, la gomme, la paraffine etc., ont des pouvoirs d'emmagasinement différents qui ont fait l'objet de savantes recherches de Cavendish, de Boltzmann de Gordon, et de Ayrton et Perry. On a établi la *capacité spécifique* de chacun de ces corps en la comparant à la capacité de l'air prise pour unité.

Il en résulte pour chacun d'eux une constante qui joue un rôle important dans les calculs, ainsi que nous le verrons plus loin.

La polarisation du diélectrique est le résultat d'une déformation mécanique. — Si nous cherchons maintenant, quelle peut être la nature intime des modifications qui ont lieu dans la disposition moléculaire du diélectrique au moment où il est soumis à l'influence des armatures, nous pouvons tout d'abord, éliminer les effets chimiques et calorifiques de l'électricité. Ces deux modes de l'énergie ne peuvent être invoqués ici.

Restent les effets mécaniques de transport ou de déformation moléculaires.

Nous savons que les corps mauvais conducteurs sont plus ou moins facilement pénétrés par l'électricité.

Nous savons aussi que, sous l'influence des tensions électriques, les corps isolants subissent une déformation moléculaire dont le degré et l'étendue en profondeur varient avec l'intensité de l'influence électrique.

Cette dernière théorie, la plus simple de toutes, est celle qui s'accorde le mieux avec les lois de conservation de l'énergie.

Rien n'empêche de concevoir par exemple, que pendant la charge d'une bouteille de Leyde, le verre éprouve une déformation moléculaire et que la charge n'est autre chose que le retour brusque de ces molécules à leur disposition primitive. On a ainsi le cycle complet des transformations successives : l'électricité produisant un mouvement moléculaire, et celui-ci, au moment de sa cessation, donnant naissance à une quantité d'électricité égale à celle qu'il a fallu employer pour le produire.

La polarisation des diélectriques par l'électricité de haute tension devient par conséquent un phénomène analogue à celui de la polarisation magnétique du fer doux par un courant galvanique.

Nous admettrons donc la déformation mécanique des molécules du verre comme étant le résultat direct de l'influence exercée par les deux armatures de la bouteille de Leyde. C'est sous cette interprétation qu'il faut comprendre la désignation ordinaire de pénétration et de polarisation des diélectriques.

Quant au phénomène de la décharge, son explication dérive forcément des données précédentes. En effet, lorsque les molécules du verre reviennent brusquement à leur état primitif, la somme d'énergie qui avait modifié cet état ne peut disparaître ; elle doit se retrouver intacte, sous une forme quelconque. Dans le cas actuel, c'est sous forme l'électricité qu'elle se manifeste ; la force électromotrice qui avait agi sur les molécules du verre reparaît comme force électromotrice, au moment où le diélectrique entre en repos, absolument comme la quantité d'énergie emmagasinée par un ressort bandé est de nouveau mise par lui en liberté, au moment où on lui permet de reprendre sa forme primitive.

Si les choses se passent réellement ainsi, deux faits en sont forcément la conséquence :

1° La différence de potentiel, qui représente la force électromotrice de la décharge doit égaler la force électromotrice de la charge ;

2° La décharge des condensateurs doit se faire dans un sens inverse de celui suivant lequel s'est opérée la charge comme cela a lieu pour les accumulateurs voltaïques.

La réalité de la première condition est facile à constater par l'expérience ; tous les auteurs sont unanimes à l'accepter comme une vérité prouvée ; nous n'insisterons donc pas plus longtemps.

Quant au sens de la décharge, on s'en était peu occupé. On avait bien vu que la décharge des accumulateurs ou piles secondaires se faisait dans le circuit extérieur, et, par conséquent dans l'appareil lui-même, à l'inverse du sens suivi par le courant de la pile de charge.

Logiquement on pouvait supposer que les choses se passaient de même pour les condensateurs d'électricité statique, et M. Lippmann avait en 1884, signalé ce fait comme conséquence de la théorie moderne de l'électricité. Grâce à l'emploi de nouveaux appareils, on peut démontrer expérimentalement la réalité de ce phénomène. Il en résulte de tout ce qui précède que la polarisation des diélectriques consistant en une déformation mécanique de leurs molécules, leur capacité spécifique, différente d'ailleurs pour chacun d'eux, peut être comparée à une sorte d'électricité moléculaire, dont la mise en jeu est produite par les tensions électriques ; et, de même que l'élasticité ordinaire des corps emmagasine et restitue de l'énergie mécanique, de même l'élasticité électrique des isolants leur permet d'emmagasiner et de restituer de l'énergie électrique.

Capacité spécifique des principaux diélectriques. — Ce tableau suivant emprunté à Fleeming-Jenkin indique la capacité des principaux corps isolants employés comme diélectriques.

Quelques-uns de ces chiffres ne doivent pas être considérés comme absolus. Ainsi la capacité de la paraffine varie selon que cette substance à été refroidie vite ou lentement, ce qui prouve bien que la capacité spécifique de ce corps dépend de la disposition de ses molécules. Il en est de même pour le soufre dont la capacité est différente quand on l'étudie suivant ses trois axes de cristallisation ; de même pour la cire d'abeilles, selon qu'elle est impure ou déphlegmée. De tous les isolants, le verre est celui qui offre le plus de variations, et celles-ci dépendent de sa densité, de sa nature (crown, flint, halbweiss, kalbweiss, verre à bouteilles, etc.), et de la plus ou moins grande ancienneté de la fonte ; la plus grande capacité appartient aux verres les plus denses et les plus anciennement fondus.

Quoi qu'il en soit, les chiffres indiqués dans ce tableau correspondent aux types les plus usités, et ce sont eux qui entrent dans la plupart des calculs de l'électricité.

Tableau des capacités spécifiques d'après Fleeming-Jenkin.
La capacité spécifique de l'air est prise pour unité.

Résine	1,77
Poix	1,80
Cire jaune	1,86
Verre	1,90
Soufre	1,93
Gomme laque	1,95
Paraffine	1,98
Caoutchouc pur	2,80
Composition de Hooper	3.10
Gutta-percha de W. Smith	3,40
Gutta-percha	4,20
Mica	5,00

Formules servant à évaluer la capacité et la décharge des bouteilles de Leyde. — Lorsqu'on veut évaluer la décharge d'une bouteille de Leyde, on commence par calculer en centimètres carrés, la surface active des armatures ; ce que l'on obtient au moyen de la formule suivante :

$$S = a \times b \times \pi \dots\dots \text{ centimètres carrés}$$

dans laquelle a représente la hauteur des armatures (en centimètres), b le diamètre de la bouteille (y compris l'épaisseur du verre) et π le rapport de la circonférence au diamètre.

La capacité des condensateurs est directement proportionnelle à la surface S des armatures et à la capacité spécifique K du diélectrique interposé, et inversement proportionnelle à l'épaisseur (d) de ce dernier.

On aura donc, pour la capacité C d'une bouteille de Leyde :

$$C = \frac{SK}{4\pi d} = \frac{a \times b \times K}{\Lambda d} \dots\dots$$

Nous savons que cette bouteille, chargée à refus avec une machine électrique prend un potentiel V égal à celui de la machine. Or, l'énergie de la décharge est égale à la moitié du produit de la capacité du condensateur par le carré du potentiel, c'est-à-dire :

$$W = \frac{1}{2} V^2 C \dots\dots \text{ ergs.}$$

Cette énergie sera exprimée en kilogrammètres par la formule :

$$W = \frac{1}{2}\,V^2C \times \frac{1}{98,1 \times 10^6} \ \ldots\ldots\ \text{kilogrammètres}$$

puisque un kilogrammètre = 100.000 g ergs ou $98,1 \times 10^6$ ergs.

Pour exprimer cette même énergie en calories-grammes on emploie la formule :

$$Y = \frac{1}{2}\,V^2C \times \frac{1}{41,6 \times 10^6} \ \ldots\ldots\ \text{calories-grammes,}$$

une calorie-gramme valant $0,424$ kilogrammètre.

On pourrait donc déduire l'énergie calorifique Y de la valeur de W ; en effet :

$$Y = \frac{W}{0,424} \ \ldots\ldots\ \text{calories-grammes.}$$

Dans ces formules le potentiel V et la capacité C sont naturellement exprimés en unités électro-statiques ; mais il est facile de les transformer en unités pratiques au moyen de deux nombres constants.

Ainsi, le potentiel V, exprimé en unités électro-statiques représente :

$$V \times 300 \ \ldots\ldots\ \text{volts}$$

et la capacité C, en unités électro-statiques représente :

$$\frac{C}{900\,000} \ \ldots\ldots\ \text{microfarads.}$$

Les deux nombres constants 300 et 900.000 que nous donnons ici ne sont que la simplification des formules du système unitaire adopté par le système C. G. S.

De telle sorte que, si l'énergie de la décharge du condensateur est :

$$W = \frac{1}{2}\,E^2,$$

(formule dans laquelle E représente la force électromotrice en volts et φ, la capacité en microfarads, cette énergie sera exprimée en milligrammètres par la formule :

$$W = \frac{1}{2}\,E^2\varphi \times \frac{1}{9,81} \ \text{milligrammètres,}$$

et en kilogrammètres, par :

$$W = \frac{1}{2}\,E^2\varphi \times \frac{1}{9,81 \times 10^6} \ \ldots\ldots\ \text{kilogrammètres.}$$

Nous allons prendre un exemple pour montrer l'emploi de ces formules.

Soit une bouteille de Leyde où plutôt une jarre, dont les armatures ont 40 centimètres de hauteur ($a = 40$) ; le diamètre 15 centimètres verre compris ; ($b = 15$) ; l'épaisseur du verre est de 2 millimètres ($d = 0,2$) et sa capacité spécifique $K = 1,9$.

La surface de condensation est donc :

$$S = 40 \times 15 \times 3{,}1416 = 1\,855 \text{ centimètres carrés}$$

et la capacité :

$$C = \frac{40 \times 15 \times 1{,}9}{4 \times 0{,}2} = 1\,425 \text{ unités électro-statiques}$$

ou :

$$\varphi = \frac{1\,425}{900\,000} = 0{,}001\,583 \text{ microfarad.}$$

On charge cette bouteille au moyen d'une machine Carré capable de fournir une étincelle de 20 centimètres. D'après Thomson, cette machine a donc un potentiel $V = 200$ (en unités électro-statiques) ou une force électromotrice

$$E = 200 \times 300 = 60\,000 \text{ volts.}$$

L'énergie mécanique de la décharge peut être évaluée de deux manières, par les unités électro-statiques ou par les unités pratiques.

Dans le 1er cas, on a :

Unités électro-statiques : $W = \frac{1}{2} 200^2 \times 1\,425 \times \dfrac{1}{9{,}81 \times 10^6} = 0{,}29$ kilogrammètre.

et dans le second cas :

Unités pratiques : $W = \frac{1}{2} 60\,000^2 \times 0{,}001\,583 \times \dfrac{1}{9{,}81 \times 10^6} = 0{,}29$ kilogrammètre.

Quant à l'énergie calorifique, elle est donnée par :

$$\left.\begin{array}{l} \text{Unités électro-statiques} : Y = \frac{1}{2} 200^2 \times 1\,425 \times \dfrac{1}{4{,}16 \times 10^6} \\[2em] \text{Unités pratiques} : Y = \frac{1}{2} 60\,000^2 \times 0{,}001\,583 \times \dfrac{1}{4{,}16 \times 10^6} \end{array}\right\} = 0{,}68 \text{ calorie-gramme.}$$

En effet :

$$\frac{0{,}29}{0{,}424} = 0{,}68.$$

Si nous cherchons maintenant, au moyen de la formule bien connue :

$$W = \frac{QE}{9{,}81},$$

la quantité Q d'électricité mise en mouvement dans cette décharge, nous trouvons :

$$Q = \frac{0{,}29 \times 9{,}81}{60\,000} = 0{,}000\,047 \text{ coulomb.}$$

Ces calculs sont fort intéressants, car ils nous montrent que la décharge de cette jarre possède une énergie calorifique suffisante pour fondre un fil de fer de 15 millimètres de longueur et de de 2/10° de millimètre d'épaisseur. Et l'effet mécanique de cette décharge est comparable au choc que produirait une masse pesant 1 kilogramme et tombant de 29 centimètres de hauteur.

Voici comment d'après Gordon, on peut faire cette évaluation. On suppose que la décharge a lieu à travers un fil de fer de 2/10° de millimètre de diamètre et de 1 mètre de long, dont le poids $= 0^{gr},2542$. La chaleur spécifique du fer, c'est-à-dire le nombre de calories qui élève de 1° centigrade la température de 1 gramme de fer est de $0^{cal},114$. Le fil de fer sera donc porté à une température de :

$$\frac{0,68}{0,2512 \times 0.114} = 23° \text{ centigrades.}$$

Le fer fond a 1 500° : la longueur l de fil qui sera fondue par la décharge considérée est donnée par la relation $l \times 1\,500 = 23$, d'où $l = 0^{m},045$. Cette décharge peut donc fondre un fil de fer de 15 millimètres de longueur et de 2/10° de millimètre de diamètre.

Nous voyons en outre, par ces calculs, que cette décharge si énergique ne met en jeu qu'une quantité extrêmement faible d'électricité, surtout lorsqu'on la compare à la décharge de la pile. Mais ici la force électromotrice est si élevée qu'il suffit d'une quantité presque infinitésimale pour que les effets mécaniques et calorifiques acquièrent une valeur très considérable. En revanche, les effets chimiques qui nécessitent la présence d'une grande quantité d'électricité sont à peu près nuls avec la bouteille de Leyde, comme d'ailleurs avec la machine statique.

Si, toutefois, on veut augmenter la quantité d'électricité accumulée dans les condensateurs statiques, il suffit d'augmenter les surfaces de condensation, et, pour atteindre ce but, on réunit en batterie un certain nombre de bouteilles de Leyde ou mieux de jarres en faisant communiquer entre elles leurs armatures de même nom.

Soient, par exemple, 9 jarres semblables à la précédente, montées en batterie, comme l'indique la figure 272.

La surface totale de ce condensateur est :

$$S = 16\,965 \text{ centimètres carrés,}$$

sa capacité $C = 12\,825$ unités électrostatiques ; sa décharge aura donc une énergie :

$$W = 2^{kgm},61$$

et

$$Y = 0^{cal\_gr},16.$$

La quantité d'électricité mise en jeu dans cette décharge :

$$Q = 0^{coul}000426.$$

L'énergie calorifique de cette décharge peut fondre un fil de fer de 2/10ᵉ de millimètre de diamètre et de 14 centimètres de longueur.

Quant au choc mécanique produit par elle sur le système nerveux, il équivaut à celui résultant de la chute d'une masse pesant 1 kilogramme et tombant de $2^m,61$ de hauteur.

Ces nombres suffisent à démontrer qu'il serait fort dangereux de s'exposer à une telle décharge, bien que la quantité d'électricité mise en mouvement soit seulement de quatre dix-millièmes de coulomb.

Le potentiel. Surfaces équipotentielles. — La définition théorique du potentiel donne une idée précise de sa nature : il est l'expression du travail nécessaire pour élever la charge du conducteur d'une unité.

Si on prend une sphère de 1 centimètre de rayon montée sur un manche isolant, et qu'on la mette en contact avec les différents points d'un conducteur électrisé de forme quelconque, on voit que la charge prise par la sphère est toujours la même. Si on prend cette sphère et qu'on la mette en contact avec deux sphères électrisées possédant la même charge, mais ayant des rayons différents, la charge qu'elle prendra sera différente.

Ces deux cas font voir que la charge prise sur la sphère d'épreuve n'est pas fonction de la densité ni de la charge. Elle est fonction de l'état électrique des conducteurs touchés, et c'est un mode de définition du potentiel que de dire qu'il est l'expression de l'état électrique.

On appelle surface de niveau ou surfaces équipotentielles, les surfaces qui ont le même potentiel, c'est-à-dire entre les points desquels ne se fait aucun transport d'électricité si on les réunit par un conducteur. La surface d'un conducteur est forcément une surface de niveau puisqu'elle est conductrice.

Expression du potentiel en fonction des masses électriques. — On sait que toutes les fois qu'un système de masses électriques agit sur point extérieur, les actions de ces masses peuvent être composées et remplacées par une résultante unique ayant un point d'application unique. Si on étudie l'action des masses électriques réparties à la surface d'un conducteur sur un point extérieur, on peut remplacer les masses m, m', m''... par une masse unique M ayant son siège en un point qu'on peut appeler centre d'action ou centre d'application de la résultante.

Ceci posé, soit M le centre d'action d'un système de masses réparties sur une surface et soit M' la masse électrique unité située à une grande distance x. Cherchons quel sera le travail nécessaire pour amener la masse M' de M' en A par exemple. Ce travail sera précisément l'expression de la différencce de potentiel des points M' et A (fig. 274).

Faisons avancer M' d'une très petite distance (dx) de telle sorte que la force répulsive F qui existe entre M et M' puisse être regardée comme constante au cours de ce déplacement.

Le travail correspondant à ce déplacement élémentaire sera $F\,dx$. Or F est égal, d'après la loi de Coulomb, à $\dfrac{MM'}{x^2}$ expression qui se réduit à $\dfrac{M}{x^2}$. Si nous faisons la somme de tous les travaux élémentaires correspondant au déplacement de M' jusqu'en A, opération qui est du ressort du calcul intégral, nous aurons en appelant R la distance MA :

$$\varepsilon = M\left(\frac{1}{R} - \frac{1}{\infty}\right).$$

C'est précisément à cette expression que Green a donné le nom de différence de

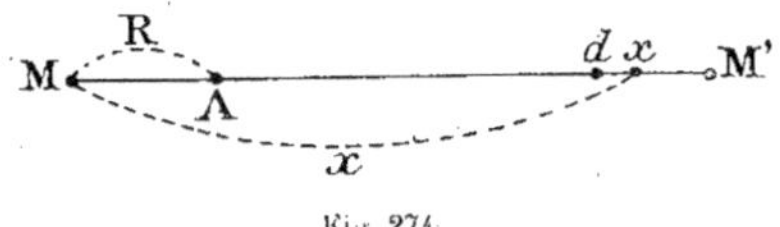

Fig. 274.

potentiel de M par rapport aux points A et M' dans les phénomènes gravifiques. Si on fait $x = \infty$ c'est-à-dire si l'on suppose que M' parte de l'infini, on a :

$$\varepsilon = \frac{M}{R}.$$

C'est l'expression du potentiel à l'infini ou du potentiel absolu en fonction des masses électriques.

Le potentiel au point A, ou travail nécessaire pour amener la masse électrique unité de l'infini à la distance R du centre d'action des masses M, est donc égal au quotient de cette masse concentrée M par la distance R.

Comme généralité : si le point A considéré faisait partie de la surface d'un conducteur quelconque ayant une charge q, le potentiel de ce conducteur ou travail nécessaire pour élever cette charge q d'une unité, aurait pour mesure le quotient de la charge q par une quantité R de dimension (L) qui sera appelée la capacité du conducteur.

Energie potentielle d'un conducteur. — Le potentiel d'un conducteur est le travail nécessaire pour élever sa charge d'une unité; si on fait la somme de tous les travaux élémentaires qui ont été nécessaires pour accumuler sur lui toutes les masses électriques dont il est chargé, on a l'énergie potentielle totale qu'il possède. Si on suppose une sphère $V = \dfrac{q}{r}$ de potentiel, le travail nécessaire pour élever sa charge d'une quantité dq infiniment petite sera $\dfrac{q\,dq}{r}$ et la charge deviendra $q + dq$; pour l'élever encore de dq, il faudra un travail égal à $\dfrac{(q + dq)\,dq}{r}$ et ainsi de suite. De sorte que pour passer de la charge q à la charge q', il faudrait un travail W égal à :

$$\frac{(q + q')^2 - q^2}{2\,r}.$$

Si la quantité initiale q était nulle, le travail total serait donc

$$W = \frac{q'^2}{2\,r}.$$

Le travail nécessaire pour charger un conducteur d'une capacité r à une charge q est donc égal au quotient du carré de sa charge par le double de sa capacité $\frac{q^2}{2r}$.

C'est là l'énergie potentielle totale qu'il a accumulée, et qu'il est capable de restituer intégralement en travail à la décharge.

Ce qui peut encore s'énoncer :

Tout conducteur chargé au potentiel $V = \frac{q}{r}$ a une énergie potentielle égale à $\frac{q^2}{2r}$ ou :

$$\left(\frac{q}{r} \times \frac{1}{2}\,q\right) \quad \text{ou} \quad \frac{1}{2}\,Vq.$$

$$W = \frac{q^2}{2\,r} = \frac{1}{2}\,Vq.$$

Energie potentielle d'un conducteur maintenu à un potentiel constant. — Supposons une sphère chargée d'une charge q. Son potentiel est, on le sait, $\frac{q}{r}$, son énergie potentielle $\frac{q^2}{2r}$. Mais supposons que par un artifice quelconque, on maintienne son potentiel constant au fur et à mesure de la décharge, on se trouvera placé dans le cas d'une source de courant continu.

Alors on peut voir facilement que l'énergie potentielle correspondant à l'exode d'une charge q est

$$q\,\frac{q}{r} \quad \text{ou} \quad W = \frac{q^2}{r},$$

puisque le potentiel reste constant.

L'énergie potentielle rendue, correspondant à l'exode d'une charge q serait donc double de ce qu'elle est lorsque le potentiel tombe de $\frac{q}{r}$ à 0.

On peut donc dire de la capacité d'un conducteur que : c'est la constante r qui exprime le rapport de la charge q au potentiel V.

Un conducteur a l'unité de capacité lorsqu'il faut lui communiquer l'unité de charge pour élever son potentiel d'une unité.

Théorie de M. Néculcéa sur la décharge oscillante d'un condensateur. — Considérons un condensateur de capacité γ dont les armatures sont chargées de quantités $+\,Q$ et $-\,Q$ d'électricité et supposons qu'on réunisse ces armatures par un fil conducteur. En prenant comme sens positif du courant un sens tel que le courant augmente les charges des deux armatures, qui donne pour la valeur de la force électromotrice :

$$(1) \qquad E = RC + \frac{Q}{\gamma} + L\,\frac{dC}{dt}$$

C étant le courant total.

En désignant par L la self-induction du circuit, l'équation de la décharge est la suivante :

$$(2) \qquad \frac{Q}{\gamma} + R\,\frac{dQ}{dt} + L\,\frac{d^2Q}{dt^2} = 0.$$

L'intégrale générale de cette équation est

$$Q = M_1 e^{x_1 t} + M_2 e^{x_2 t}$$

où, M_1, M_2 sont des constantes et x_1, x_2 les racines de l'équation algébrique

$$(3) \qquad \frac{1}{\gamma} + Rx + Lx^2 = 0.$$

Si

$$\gamma > \frac{4\,L}{R^2}$$

les racines de cette équation sont réelles : la décharge est continue.

Si

$$\gamma < \frac{4\,L}{R_2}$$

x_1 et x_2 sont imaginaires : la décharge se compose d'oscillations périodiques à amplitude décroissante.

Mais au lieu de considérer le courant total, considérons la distribution du courant dans le fil. Alors on n'a plus la relation (1). Maxwell obtient dans ce cas pour la valeur de la force électromotrice, la relation suivante :

$$E = RC + l\left(A + \frac{1}{2}\right)\frac{dC}{dt} - \frac{1}{12}\frac{l^2}{R}\frac{d^2C}{dt^2} + \frac{1}{48}\frac{l^3}{R^2}\frac{d^3C'}{dt^3} - \frac{1}{180}\frac{l^4}{R^3}\frac{d^4C}{dt^4} + \cdots$$

Lord Rayleigh en y introduisant μ obtient :

$$E = RC + L'\frac{dC}{dt} - \frac{1}{12}R\alpha^2\mu^2\frac{d^2C}{dt^2} + \frac{1}{48}R^2\alpha^3\mu^3\frac{d^3C}{dt^3} - \frac{1}{180}R^3\alpha^4\mu^4\frac{d^4C}{dt^4} + \cdots$$

L'équation (2) de la décharge doit donc être modifiée comme il suit, en exprimant C en fonction de Q.

$$(4) \qquad \frac{Q}{\gamma} + R\,\frac{dQ}{dt} + L\,\frac{d^2Q}{dt^2} - \frac{1}{12}R\alpha^2\mu^2\frac{d^3Q}{dt^3} - \frac{1}{48}R\alpha^3\mu^3\frac{d^4C}{dt^4} - \cdots = 0.$$

Nous écrirons cette équation sous la forme

$$(5) \qquad \frac{Q}{\gamma} + R\,\frac{dQ}{dt} + L\,\frac{d^2Q}{dt^2} + \Phi\left(\frac{d}{dt}\right)Q = 0.$$

Remarquons que cette équation suppose que le circuit est rectiligne car les relations précédentes ont été établies par Maxwell dans cette hypothèse. Pour un fil courbé on doit avoir probablement une équation de la même forme, seulement avec des cœfficients différents. Quel est l'effet de ces termes additionnels sur la condition $\gamma < \frac{4\,L}{R^2}$ qui nous donne une décharge oscillante?.

Remarquons d'abord que les coefficients de ces termes additionnels sont en général très petits comparativement à R. En effet, considérons un fil de fer et adoptons, avec Lord Rayleigh, pour ρ et μ les valeurs suivantes :

$$\rho = 10^4, \qquad \mu = 300$$

il vient alors :

$$\mu\alpha = \mu\,\frac{l}{R} = \mu\,\frac{S}{\rho} = \frac{\mu}{\rho}\,\pi a^2 = 300\,\frac{\pi a^2}{10^4} = \frac{3\,\pi x^2}{100}$$

et par conséquent le coefficient de $\dfrac{d^5 Q}{dt^5}$ aura pour valeur

$$\frac{1}{180}\,R\alpha^4\mu^4 < R\,10^{-5}.$$

Pour le cuivre cette valeur sera encore plus petite.

Par conséquent, en mettant e^{xt} à la place de Q dans l'équation (4) on obtiendra une équation algébrique dont les termes d'ordres supérieurs au second auront une importance minime et d'ailleurs décroissante. Ces termes auront pour effet : 1° d'introduire des racines très grandes, correspondant à des oscillations très rapides; celles-ci seront évidemment de faible amplitude et par suite n'influeront pas sur le phénomène principal de la décharge; 2° de modifier les racines de l'équation algébrique (3), Le cas de la décharge continue

$$\left(\gamma > \frac{4\,L}{R^2}\right)$$

et celui de la décharge oscillante

$$\left(\gamma < \frac{4\,L}{R^2}\right)$$

sont séparés par le cas de la capacité critique

$$\left(\gamma = \frac{4\,L}{R^2}\right)$$

Dans ce dernier cas notre équation algébrique (3) a ses racines égales, et si nous considérons la courbe

$$(6) \qquad y = \frac{1}{\gamma} + Rx + Lx^2$$

nous voyons que cette courbe a un contact avec l'axe des x au point $x = -\dfrac{R}{2L}$ et est entièrement située au-dessus de l'axe des x.

Si nous considérons maintenant la courbe

$$(7) \qquad y = -\frac{1}{12} R\alpha^2\mu^2 x^3 + \ldots$$

nous voyons qu'elle est également située au-dessus de l'axe des x, du moins pour les x négatifs.

En combinant deux graphiques on obtient le graphique parabolique déplacé vers le haut, de sorte que les racines de l'équation algébrique deviennent imaginaires. Il résulte donc, de ce qui précède, que l'effet des termes additionnels est de faire correspondre la capacité critique à une décharge oscillante. Maintenant pour trouver dans un degré quelconque d'approximation, la condition d'égalité des deux racines principales de l'équation algébrique correspondant à l'équation différentielle (5). M. Barton se sert du principe qu'une racine double de l'équation $\Phi(x) = 0$ est également une racine de l'équation $\Phi'(x) = 0$.

Reprenons donc l'équation (5) et écrivons l'équation algébrique correspondante :

$$(8) \qquad \frac{1}{\gamma} + Rx + Lx^2 + \Phi(x) = 0.$$

L'équation dérivée sera la suivante :

$$(9) \qquad R + 2Lx + \Phi'(x) = 0$$

soit

$$x = -\frac{R}{2L} + \theta.$$

La racine commune de ces deux équations (8) et (9) ; remarquons en passant que θ est très petit. En substituant cette valeur de x dans (9) et en désignant par Φ_0 la valeur de $\Phi\left(-\dfrac{R}{2L}\right)$, on obtient finalement

$$(10) \qquad \theta = -\frac{\Phi_0'}{2L} + \frac{\Phi_0'\Phi_0''}{4L^2} - \frac{\Phi_0'}{16L^3}\left(2\Phi_0''^2 + \Phi_0'\Phi_0'''\right)$$

substituons maintenant la valeur de x et de θ dans l'équation (8) il vient

$$(12) \qquad \frac{1}{\gamma} = \frac{R^2}{4L} - \Phi_0 + \frac{\Phi_0'^2}{4L} - \frac{\Phi_0'^2\Phi_0''}{8L^2} + \ldots$$

Cette relation contient des termes jusqu'en Φ_0^3 ou jusqu'en α^6, μ^6.

En y substituant les valeurs numériques et en ordonnant les puissances de $\alpha\mu$, il vient finalement,

$$(13) \qquad \frac{1}{\gamma} = \frac{R^2}{4L} - \frac{1}{96}\frac{R^4\alpha^2\mu^2}{L^3} - \frac{1}{768}\frac{R^5\alpha^3\mu^3}{L^4} + \frac{37}{46\,080}\frac{R^6\alpha^4\mu^4}{L^5}\cdots$$

Ou encore en désignant par l la longueur du fil et en tenant compte de la relation $\alpha = \dfrac{l}{R}$.

$$(14) \qquad \frac{1}{\gamma} = \frac{R^2}{4L^2}\left[1 - \frac{1}{24}\left(\frac{\mu l}{L}\right)^2 - \frac{1}{192}\left(\frac{\mu l}{L}\right)^3 + \frac{37}{11\,520}\left(\frac{\mu l}{L}\right)^4 + \cdots\right].$$

Ces deux dernières relations (13) et (14) nous montrent que la capacité critique est plus grande que la valeur qui lui est assignée par la théorie simple.

Remarque. — Nous savons qu'en considérant la distribution du courant dans le fil qui relie les deux armatures d'un condensateur, si ce condensateur a une capacité égale à la capacité critique de la théorie simple, il donne alors une décharge oscillante. Ceci semble être contredit par le fait bien connu que la résistance d'un fil est plus grande et que sa self-induction est plus petite s'il est traversé par un courant périodique que s'il était traversé par un courant continu, et que par conséquent une augmentation de résistance et une diminution de self-induction favoriserait plutôt une décharge non-oscillante. Il n'en est pourtant rien, et l'explication de ce paradoxe apparent est précisément l'effet sur la self-induction.

Nous savons, en effet, que l'amortissement des oscillations cause une augmentation de la résistance et de la self-induction. Maintenant si cet amortissement est grand et la fréquence petite, (et c'est ce qui arrive dans le voisinage de notre cas critique), ce qu'on peut appeler self-induction équivalente devient alors plus grande que la valeur qu'elle aurait si le conducteur était parcouru par un courant permanent et nous allons voir que cet accroissement de la self-induction emporte sur l'accroissement de la résistance dans son effet sur le critérium de la décharge oscillante.

Considérons en effet, un courant de la forme $e^{(i-k)pt}$ parcourant un fil. Nous savons que dans ce cas la self induction équivalente de ce fil est donnée par

$$L'' = l\left[A + \mu\left(\frac{1}{2} + \frac{kp\alpha\mu}{6} - \frac{1-3k^2}{48}\,p^2\alpha^2\mu^2 - \cdots\right)\right].$$

Pour un courant continu on aurait

$$L = l\left(A + \frac{1}{2} - \mu\right).$$

On voit donc que si l'amortissement kp est assez grand comparativement à p, alors

$$L'' > l\left(A + \frac{1}{2}\mu\right).$$

Mais pour quelle période cette conclusion serait-elle légitime ? — Remarquons pour cela que si

$$k = \frac{p\alpha\mu}{8},$$

tous les termes en $p^2 \alpha^2 \mu^2$ etc de la formule qui nous donne L″ sont positifs et si nous nous plaçons dans le cas du fer

$$\alpha\mu = \frac{3\pi a^2}{100}$$

ou si $a = 1$ millimètre carré alors

$$\alpha\mu = \frac{1}{1\,000}$$

approximativement : cela donne comme amortissement nécessaire

$$k = \frac{p}{8\,000}$$

et pour décrément logarithmique de chaque onde $\frac{2\pi p}{8\,000}$ approximativement ou, si n, est la fréquence nous aurons, comme rapport d'une amplitude à l'amplitude suivante (les amplitudes étant de même signe) $l\,\frac{n}{200}$.

Quelle conclusion peut-on tirer de là ? — C'est que la distribution du courant est axiale. Cette conclusion est contraire à celle où on arrive en considérant des courants périodiques d'amplitude constante ; car dans ce cas on est amené à considérer la distribution du courant comme superficielle.

Prenons la relation (2) de Maxwell et introduisons-y μ ; elle s'écrit alors :

$$-\pi\mu\omega = T_1 + 4T_2 r^2 + qT_3 r^4 + \ldots\ldots + n^2 F_n r^{2n-2}$$

nous avions de même

$$\alpha\frac{dT}{dt} = -c + \frac{1}{2}\mu\alpha\frac{dc}{dt} - \frac{1}{6}\mu^2\alpha^2\frac{d^2c}{dt^2} + \ldots\ldots$$

d'où

$$\pi\alpha^2 w = c - \mu\alpha\frac{dc}{dt}\left(\frac{1}{2} - \frac{r^2}{a^2}\right) + \mu^2\alpha^2\frac{d^2c}{dt^2}\left(\frac{1}{6} - \frac{1}{2}\frac{r^2}{a^2} + \frac{1}{4}\frac{r^4}{a^4}\right)\ldots\ldots$$

En appliquant cette formule aux oscillations amorties, il vient, en posant $C = e^{kpt} \cos pt$

$$\pi a^2 w = e^{kpt} \cos pt \left[1 + kp\alpha\mu\left(\frac{1}{2}\frac{r^2}{a^2}\right) + \alpha^2\mu^2\,(k^2 p^2) - p^2\left(\frac{1}{6} - \frac{1}{2}\frac{r^2}{a^2} - \frac{1}{4}\frac{r^4}{a^4}\right)\ldots\ldots\right]$$

$$+ e^{kpt} \sin pt \left[p\alpha\mu\left(\frac{1}{2} - \frac{r^2}{a^2}\right) + 2kp^3\alpha^2\mu^2\left(\frac{1}{6} - \frac{1}{2}\frac{r^2}{a^2} + \frac{1}{4}\frac{r^4}{a^4}\right)\ldots\ldots\right].$$

Ce résultat peut se mettre sous la forme

$$\mathrm{A}\, e^{-kpt} \cos (pt + \beta).$$

ou :

$$\mathrm{A} = 1 + \frac{1}{2}\, kp\alpha\mu \left(1 - \frac{2r^2}{a^2}\right) + \alpha^2\mu^2 \left[k^2p^2 \left(\frac{1}{6} - \frac{r^2}{2a^2} + \frac{r^4}{a^4}\right) + \frac{1}{4}\, p^2 \left(\frac{r^4}{a^4} - \frac{1}{6}\right)\ldots\right].$$

Discutons cette formule : Si $kp = 0$ (pas d'amortissement), alors

$$\mathrm{A} = 1 + \alpha^2\mu^2 \left[\frac{1}{4}\, p^2 \left(\frac{r^4}{a^4} - \frac{1}{6}\right)\ldots\right].$$

Ce qui explique la concentration superficielle du courant, car on voit d'après cette formule que A et par conséquent w diminue avec r. Si au contraire kp est assez grand pour que le terme k^2p^2 soit le plus important, alors

$$\mathrm{A} = 1 + \alpha^2\mu^2 k^2p^2 \left(\frac{1}{6} - \frac{r^2}{2a^2} + \frac{r^4}{a^4}\right).$$

A augmente pendant que r diminue, c'est la concentration axiale du courant.

Ainsi donc si nous considérons un fil parcouru par des perturbations rapidement amorties, et si les alternatives sont suffisamment lentes pour permettre au courant de pénétrer dans le fil, nous aurons une concentration de courant suivant l'axe du fil ; du moins pendant les derniers stages du phénomène.

ÉTUDE GÉNÉRALE SUR LES DIÉLECTRIQUES

Représentation mécanique des propriétés d'un diélectrique. — On dispose en circuit comme l'indique la figure 275, cinq tubes A B C D P. Les tubes A B C et D sont égaux et verticaux, P est horizontal. Les moitiés inférieures des tubes A B C D sont remplies de mercure, leurs moitiés supérieures et le tube horizontal P sont pleins d'eau.

Un tube à robinet Q réunit le bas de A et de B avec celui de C et de D un piston P peut glisser dans le tube horizontal.

Supposons d'abord que le niveau du mercure dans les quatre tubes soit le même en A_0, B_0, C_0, D_0, que le piston soit en P_0, et le robinet Q fermé.

Déplaçons le piston de P_0 à P_4, sur une longueur a ; puisque les sections de tous les tubes sont égales, le niveau du mercure dans A et C, montera de a ou en A_4 et C_4 et le mercure dans B et D, baissera de a, ou en B_4 et D_4.

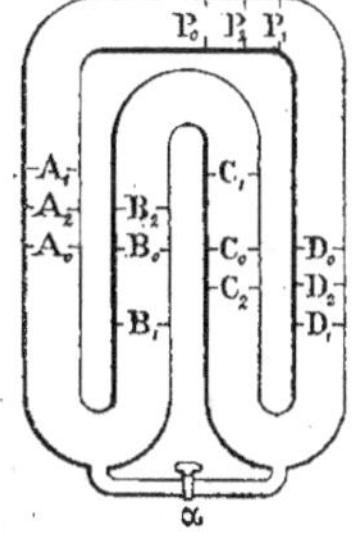

Fig. 275.

La différence de pression sur les deux côtés du piston sera donc représentée par $4a$.

Cette disposition peut servir à figurer l'état d'un diélectrique soumis à une force électromotrice $4a$. On peut considérer l'excès d'eau dans le tube D comme représentant une charge positive d'électricité sur un des côtés du diélectrique, et l'excès du mercure dans le tube A, comme la charge négative sur l'autre côté. L'excès de pression dans le tube P sur la face du piston tournée vers D, représentera alors l'excès du potentiel sur le côté positif du diélectrique.

Si le piston est libre de se mouvoir, il reviendra en P_0 et y restera en équilibre ; ce cas représente la décharge du diélectrique.

Pendant la décharge, le mouvement du liquide change de sens dans tous les tubes, ce qui représente le changement du déplacement électrique que nous avons supposé dans le diélectrique.

Nous supposons tous les tubes du système remplis de liquides incompressibles, afin de représenter la propriété de tout déplacement électrique, de n'occasionner nulle part une accumulation réelle d'électricité.

Considérons maintenant l'effet produit par l'ouverture du robinet Q quand le piston est en P_1.

Les niveaux A_1 et D_1 ne changeront pas, mais ceux de B et de C s'égaliseront et reviendront à B_0 et C_0.

L'ouverture du robinet Q correspond à l'existence, dans le diélectrique, d'une partie de faible puissance conductrice, mais ne s'étendant pas, comme un canal ouvert, à travers l'ensemble du diélectrique.

Dans ce cas, les charges sur les côtés opposés du diélectrique restent isolées, mais leur différence de potentiel diminue.

En fait, la différence des pressions sur les deux faces du piston tombe de $4a$ à $2a$ pendant le passage du fluide à travers le robinet Q.

Si nous fermons maintenant le robinet Q et si nous laissons le piston se mouvoir librement, il atteindra son équilibre en un point P_2, et la décharge ne sera apparemment égale qu'à la moitié de la charge.

Le niveau du mercure, en A et B, sera supérieur de $\frac{1}{2} a$ au niveau primitif, et le niveau dans les tubes C et D sera de $\frac{1}{2} a$ au dessous, ainsi qu'on l'a indiqué en A_2, B_2, C_2, D_2.

Si l'on immobilise alors le piston et que l'on ouvre le robinet, le mercure s'écoulera de B vers C, jusqu'à ce que le niveau dans les deux tubes soit de nouveau revenu en B_0 et C_0.

Il s'exercera maintenant une différence de pression a sur les deux faces du piston P. Si l'on ferme de nouveau le robinet et qu'on laisse le piston P libre de se mouvoir, il reviendra en équilibre en un point P_3, à mi-chemin entre P_2 et P_0. Ce phénomène correspond à la charge résiduelle que l'on observe lorsqu'un diélectrique se trouve déchargé, puis abandonné à lui-même ; il recouvre graduellement une partie de sa charge ; si l'on décharge cette partie, il se forme une troisième charge ; et ainsi de suite, les charges successives diminuant en quantité. Dans le cas de notre expérience démonstrative, chaque charge est la moitié de la précédente, et les décharges, égales successivement à la moitié, au quart de la charge primitive, forment une série dont la somme est égale à la charge initiale.

Si, au lieu d'ouvrir et de fermer le robinet, nous l'avions laissé faiblement entr'ouvert pendant toute l'expérience, nous aurions eu l'image de l'électrisation d'un diélectrique parfaitement isolant, et donnant pourtant lieu au phénomène appelé *l'absorption électrique*.

Pour représenter le cas où il existe une véritable conduction à travers le diélectrique, nous devons déterminer une fuite au piston ; on établit une communication entre le haut du tube A et celui du tube D. Nous pouvons réaliser ainsi une démonstration mécanique des propriétés d'un diélectrique quelconque, dans lequel les deux électricités sont représentées par deux fluides réels, et le potentiel électrique par une pression de fluide. La charge et la décharge sont représentées par le mouvement du piston P et la force électromotrice par la force résultante sur le piston.

Travaux de M. Righi. — M. Righi a mesuré l'allongement, par la charge, de tubes de verre armés en condensateurs cylindriques sur la plus grande partie de leur longueur.

Résumé des expériences. — Cette mesure était faite au moyen d'un système de

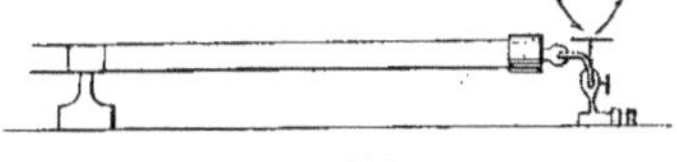

Fig. 276

leviers optiques ingénieusement disposés (fig. 276), et comme on détermine expérimentalement le rapport d'amplification, il est peu probable que ce soit à ce système qu'on puisse attribuer les erreurs que nous allons signaler ; les armatures du condensateur étaient reliées aux conducteurs d'une machine de Holtz, ainsi qu'à un électromètre à réflexion de Righi qui indique le potentiel de charge.

Résultats. — On a ainsi trouvé la loi du carré du potentiel, mais aussi, très nettement, celle de l'inverse de l'épaisseur ; une des causes principales qui ont dû fausser ces recherches sur l'influence de l'épaisseur est facile à apercevoir : M. Righi a opéré avec deux tubes de verre seulement, de 75 centimètres de longueur environ, et d'épaisseurs $1^{mm},33$ et $1^{mm},65$; or on sait qu'il est impossible de se procurer de longs tubes de verre d'épaisseur uniforme ; malgré un choix minutieux, de pareils tubes présentent, outre leurs différentes régions, des différences d'épaisseurs qui peuvent atteindre $\frac{1}{10}$ ou $\frac{2}{10}$ de millimètre ; en opérant avec deux tubes d'épaisseurs aussi voisines que $1^{mm},33$ et $1^{mm},65$ la loi a pu se trouver complètement faussée par suite des inégalités de chacun d'eux.

Résultats numériques de M. Righi. Variations de longueur de condensateurs cylindriques en verre. — M. Righi indique bien les allongements observés avec ses deux tubes, mais il ne dit pas quelles sont les différences de potentiel employées ; il donne seulement les lectures (en millimètres) faites à la lunette de l'électromètre ; ces allongements ne pourraient donc nous servir à aucune comparaison de ses résultats avec ceux des autres expériences, si heureusement il n'ajoutait plus loin ; on déduit des résultats précédents qu'un tube de verre de 1 mètre, épais de 1 millimètre, chargé à la différence de potentiel correspondant à 1 centimètre d'étincelle entre des boules de laiton de 15 millimètres de diamètre s'allongerait de 2 microns.

Mais il faut bien remarquer que cet énoncé ne peut être employé par nous tel quel, puisqu'il est déduit des résultats expérimentaux directs par l'application des lois exactes (proportionnalité à V^2 et à L), mais aussi d'une loi fausse $\left(\text{proportionnalité à } \dfrac{1}{e}\right)$; la difficulté est facile à tourner ; il suffit de revenir aux épaisseurs réelles en appliquant la loi fausse en sens inverse, ce qui donne pour les allongements

$$\frac{2\,\mu}{1,33} = 1^\mu,50 \quad \text{et} \quad \frac{2\,\mu}{1,65} = 1^\mu,21 ;$$

nous prendrons $V = 90$ (U. E. S.) comme valeur du potentiel correspondant à 1 centimètre d'étincelle ; on a ainsi :

$$\left(\frac{\Delta l}{l} \times \frac{e^2}{V^2}\right)$$

	l	e	pour $V = 90$
A	100^{cm}	$0^{cm},133$	33×10^{-13}
B	100^{cm}	$0^{cm},165$	$41.$

M. Quincke a fait sur ces phénomènes une longue série de recherches pendant plusieurs années et dont voici un rapide résumé :

1° Thermomètres condensateurs en boules (fig. 277).

Il observe des variations de capacité par la charge et la décharge des condensateurs sphériques, à armatures métalliques ou liquides, dont le diélectrique est formé par des

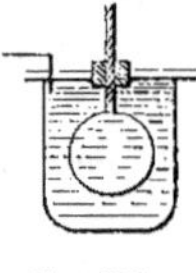

Fig. 277.

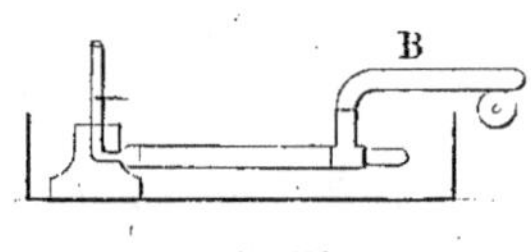

Fig. 278.

ballons de verre de différents diamètres et de différentes épaisseurs, les uns en flint, les autres en verre de Thuringe ; le thermomètre est maintenu à température constante dans la glace fondante, et les variations de niveau dans le tube capillaire sont observées au moyen d'un microscope horizontal à oculaire micrométrique qui permet d'apprécier des variations de volume de 10^{-8} du volume du ballon.

2° Thermomètres condensateurs cylindriques (fig. 278).

Le réservoir du thermomètre, au lieu d'être sphérique, est formé d'un long tube de verre cylindrique fermé à un bout, et à l'autre extrémité duquel est soudé un tube capillaire ; les armatures sont : le liquide intérieur et la glace fondante extérieure, ou une couche métallique déposée à l'extérieur du tube.

On en observe les variations de capacité par les déplacements du niveau du liquide ; on en mesure également les variations de longueur au moyen d'un levier de contact d'OErtling, appareil dans lequel les variations de longueur du cylindre produisent la rotation d'un niveau à bulle d'air, et ces variations de longueur seront appréciées par le déplacement de cette bulle d'air observé au moyen d'une lunette ; à cet effet, un bâton de verre B, rigidement fixé au cylindre, vient s'appuyer sur le levier de l'appareil d'OErtling : on peut ainsi apprécier une variation de longueur de $0^\mu,008$.

M. Quincke a aussi opéré avec des fils de verre creux étirés à la lampe, argentés intérieurement et extérieurement pour former condensateur, pour mesurer l'allongement par la charge, une extrémité du fil est fixe et l'autre attachée au levier de contact d'OErtling.

Enfin M. Quincke a réalisé une expérience très intéressante sous le nom d'électromètre à fil de verre : on étire à la lampe un fil de verre mince à cavité excentrique ; après refroidissement, il est courbé, la paroi mince du côté convexe, car la paroi épaisse s'est refroidie plus lentement et contractée plus fort que la mince ; on remplit ce fil de verre de liquide qui constitue l'armature interne, et on le plonge dans une éprouvette d'eau qui forme l'armature externe ; l'éprouvette porte une ouverture obturée par une glace plane qui permet d'observer l'extrémité du fil avec une lunette ; si on relie les deux armatures liquides de ce condensateur avec une batterie de Leyde, le fil de verre se courbe encore plus par suite de la dilatation électrique inégale des parois inégalement épaisses, et le déplacement de l'extrémité du fil peut atteindre plusieurs millimètres. (fig. 279).

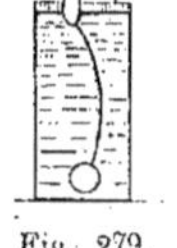

Fig. 279.

Détermination des épaisseurs de paroi des divers condensateurs. — M. Quincke prend un tube de verre épais de poids P, et s'en sert pour souffler la boule qui formera le condensateur sphérique, et dont il détermine le rayon R ; puis il pose $e = \dfrac{P}{\mu \pi R^2 d}$; d étant le poids spécifique du verre employé ; il est vraisemblable que les nombres ainsi obtenus seront trop forts car le tube n'a pas été entièrement converti en boule ; et, en effet, il cite qu'un thermomètre condensateur s'étant cassé, il en a mesuré l'épaisseur en différents points et a trouvé de $0^{mm},082$ à $0^{mm},180$, au lieu de l'épaisseur calculée $0^{mm},220$.

Pour les condensateurs cylindriques, il a déterminé l'épaisseur des tubes qui servent à les fabriquer par la formule $e = \dfrac{P}{2\pi R l d}$; P étant le poids du tube, l sa longueur, R son rayon déterminé au sphéromètre à cinq places différentes, d le poids spécifique du verre employé.

Détermination des capacités électriques des divers thermomètres condensateurs. — Les armatures du thermomètre condensateur peuvent être mises en communication par un commutateur à bascule (le temps de bascule était inférieur à une demi-seconde), soit avec les pôles d'une pile de 44 éléments au bichromate, soit avec un multiplicateur très sensible à 18000 tours de fil ; les impulsions du multiplicateur sont alors proportionnelles à la capacité du thermomètre et à la force électromotrice de la pile qui est constante.

Mode de charge des condensateurs : mesure du potentiel. — Quincke a employé pour cela plusieurs procédés :

1° *Méthode de la batterie.* — On charge une batterie de S = 3 ou S = 6 bouteilles de Leyde au moyen de 9 étincelles d'une bouteille de Lane ; puis on relie, au moyen d'un appareil à bascule, les armatures de cette batterie à celles du thermomètre condensateur et l'on observe la dénivellation du liquide.

2° *Méthodes des distances explosives.* — On relie les armatures du thermomètre condensateur avec les conducteurs d'une machine de Holtz et les boules d'un micromètre à étincelles M ; on fait fonctionner la machine jusqu'à ce que l'étincelle jaillisse en M, et on lit à ce moment la dénivellation du liquide, (la batterie B sert à rendre les étincelles moins fréquentes et plus marquées).

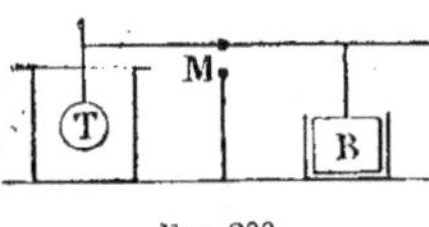

Fig. 280.

3° *Méthode de l'électromètre à vis (de Thomson).* — Le thermomètre condensateur est relié, par l'intermédiaire d'une batterie de Leyde, avec l'électromètre et avec une machine de Holtz.

Dans cette troisième méthode, le potentiel de charge est estimé directement à l'électromètre par le nombre de tours r à donner à la tête de la vis, et le potentiel se calcule ensuite par la formule suivante, dont les constantes ont été mesurées par M. Quincke :

$$V = 1,1415 \ (2,445 + r) \ \text{(U. E. S.)}.$$

Avec le même électromètre, il a aussi mesuré les potentiels correspondant aux différentes distances explosives de la deuxième méthode.

Enfin il a en outre déterminé, avec ce même électromètre que :

Cinq étincelles de la bouteille de Lane amènent la batterie de trois bouteilles à un potentiel de 20, 44 (U. E. S.) ;

Dix étincelles de la bouteille de Lane portent la batterie de six bouteilles au potentiel de 18,90 (U. E. S.).

En outre comme il a déterminé, le rapport des capacités de ces deux batteries $\dfrac{C_3}{C_6} = 0,4416$ et la valeur absolue de l'une d'entre elles

$$C_6 = 5,569 \ C_{17}.$$

il déduit de là, pour le calcul du potentiel de charge par la méthode de la batterie, les formules :

$$V_6 = \frac{5,569}{5,569 + c} \frac{9}{10} \, 18,90 \; (\text{U. E. S.}),$$

si l'on emploie la batterie de six bouteilles ;

$$V_3 = \frac{2,460}{2,460 + c} \frac{9}{5} \, 20,44 \; (\text{U. E. S.}).$$

si l'on emploie la batterie de trois bouteilles ;

q désigne le nombre des étincelles qui ont jailli à la bouteille de Lane et c la capacité électrique du thermomètre condensateur employé.

La mesure du potentiel par cette méthode de la batterie doit être assez défectueuse par suite de la déperdition de ces batteries.

Résultats. — L'ensemble de ces expériences, dont les résultats numériques sont résumés dans les tableaux ci-joints a conduit Quincke à énoncer les lois suivantes :

1° Les accroissements unitaires de capacité ou de longueur des thermomètres condensateurs sphériques ou cylindriques sont sensiblement proportionnels à V^2 et à $\frac{1}{e^3}$.

2° En outre, on a, entre les variations unitaires de volume et de longueur d'un même condensateur cylindrique, la relation $\frac{\Delta U_1}{U_1} = 3 \frac{\Delta L}{L}$.

Quincke a ensuite le tort de se laisser entraîner par l'analogie de la formule

$$(\text{II}) \qquad\qquad \frac{\Delta U_1}{U_1} = 3 \frac{\Delta l}{l}$$

avec celle de la dilatation thermique et d'en conclure que : « Le verre se dilate probablement également dans toutes les directions quand on le place dans un champ électrique ».

Nous avons vu, en effet, que cette relation est tout à fait indépendante de la déformation dans la direction du champ, comme Curie l'avait du reste déjà fait remarquer.

Résumé des formules — Enoncés des lois. — *Condensateurs infiniment minces* (*Condensateur plan*). — Les formules précédemment établies montrent que pour les condensateurs infiniment minces (de formes sphérique ou cylindrique) et pour le condensateur plan, en désignant d'une façon générale par :

L la longueur d'une ligne quelconque perpendiculaire aux lignes de force, et par :

e l'épaisseur du diélectrique dans la direction de ces lignes de force, on a

$$(\text{I}) \qquad\qquad \frac{\Delta L}{L} = (a + k_1) \frac{K}{8\pi} \, H_2.$$

Courants alternatifs, etc.

ou

$$(\text{I}') \qquad \Delta \text{L} = (a + k_1)\, \frac{\text{K}}{8\pi}\, \text{L}\, \frac{\text{V}^2}{\Theta^2},$$

$$(\text{II}) \qquad \frac{\Delta e}{e} = - [a(1 + 2\sigma) - k_2]\, \frac{\text{K}}{8\pi}\, \text{H}^2,$$

ou

$$(\text{II}') \qquad \Delta e = - [a(1 + 2\sigma) - k_2]\, \frac{\text{K}}{8\pi}\, \frac{\text{V}^2}{\Theta}.$$

Et maintenant qu'il est établi [formule (I)] que la dilatation est la même dans toutes les directions perpendiculaires aux lignes de force, et la même quelles que soient la forme et la grandeur du condensateur, il devient évident que si l'on désigne par U_1 le volume d'une cavité, et par U le volume de la matière diélectrique :

$$(\text{III}) \qquad \frac{\Delta \text{U}_1}{\text{U}_1} = 3 \left(\frac{\Delta \text{L}}{\text{L}} \right)$$

et

$$(\text{IV}) \qquad \frac{\Delta \text{U}}{\text{U}} = 2 \left(\frac{\Delta \text{L}}{\text{L}} \right) + \left(\frac{\Delta e}{e} \right)$$

ou, en tenant compte des relations vues plus haut,

$$(\text{III}') \qquad \frac{\Delta \text{U}_1}{\text{U}_1} = 3\, (a + k_1)\, \frac{\text{K}}{8\pi}\, \text{H}^2$$

ou

$$(\text{III}'') \qquad \Delta \text{U}_1 = 3\, (a + k_1)\, \frac{\text{K}}{8\pi}\, \text{U}_1\, \frac{\text{V}^2}{\Theta^2}$$

et

$$(\text{IV}') \qquad \frac{\Delta \text{U}}{\text{U}} = \left(\frac{\gamma}{3} + k \right) \frac{\text{K}}{8\pi}\, \text{H}^2$$

ou

$$(\text{IV}'') \qquad \Delta \text{U} = \left(\frac{\gamma}{3} + k \right) \frac{\text{K}}{8\pi}\, \text{S}\, \frac{\text{V}^2}{\Theta},$$

formules qui sont du reste bien celles trouvées directement.

Nous pouvons traduire les formules précédentes sous formes de lois :

Soit en les prenant sous leur forme (I), (II), (III'), (IV') : Lois des déformations unitaires ; soit en prenant les formules équivalentes (I'), (II'), (III''), (IV'') : Lois des déformations.

Lois des déformations unitaires. — Toutes les déformations unitaires que subit le diélectrique sont proportionnelles au carré de l'intensité du champ électrique, ou encore proportionnelles au carré du potentiel et à l'inverse du carré de l'épaisseur du diélectrique ; Les coefficients qui dépendent uniquement de la nature du diélectrique, étant : $(a + k_1) \dfrac{K}{8\pi}$, pour les variations de longueur perpendiculairement aux lignes de force et par suite $3(a + k_1) \dfrac{K}{8\pi}$, pour les variations de volume des cavités ;

$$- [a(1 + 2\sigma) - k_2] \frac{K}{8\pi},$$

pour les variations de longueur dans la direction des lignes de force ;

$\left(\dfrac{\gamma}{3} + k\right) \dfrac{K}{8\pi}$, pour les variations de volume de la matière diélectrique ; par conséquent, ni la forme, ni la grandeur du condensateur n'ont aucune influence.

Lois des déformations

Première loi. — Toute ligne perpendiculaire aux lignes de force éprouve une variation de longueur proportionnelle à sa longueur, au carré du potentiel et à l'inverse du carré de l'épaisseur du diélectrique.

Deuxième loi. — L'épaisseur du diélectrique (dans la direction du champ) varie proportionnellement au carré du potentiel et à l'inverse de cette épaisseur.

Troisième loi. — Les cavités éprouvent des variations de volume proportionnelles à leur volume, au carré du potentiel et à l'inverse du carré de l'épaisseur du diélectrique.

Quatrième loi. — La matière diélectrique éprouve une variation de volume proportionnelle à la surface du condensateur, au carré du potentiel et à l'inverse de l'épaisseur du diélectrique.

Remarque. — Cette dernière loi peut encore s'énoncer de la façon suivante : la matière diélectrique éprouve une variation de volume égale au produit de l'énergie électrique du condensateur par un coefficient $\left(\dfrac{\gamma}{3} + k\right)$.

2° Cas général. — Si nous passons maintenant au cas où le condensateur, au lieu d'être infiniment mince (c'est-à-dire $\dfrac{e}{R}$ négligeable), est seulement mince (les puissances de $\dfrac{e}{R}$ supérieures à la première étant négligeables) ou plus généralement est d'épaisseur quelconque, nous voyons immédiatement par l'inspection des formules que : Aucune des lois précédentes ne subsiste, sauf celle relative à la proportionnalité entre la grandeur des déformations et le carré du potentiel.

En particulier, pour une même différence de potentiel et une même épaisseur du diélectrique, les différentes lignes perpendiculaires aux lignes de force, soit appartenant à un même condensateur (exemple : lignes circulaires et génératrices du cylindre), soit à des condensateurs de même forme, mais de grandeurs différentes, soit à des condensateurs de formes différentes, subissent des dilatations unitaires inégales.

Il s'ensuit que la variation unitaire de volume des cavités est différente pour un cylindre et pour une sphère, ou pour des sphères de rayons différents, etc. ; Et aussi que la relation $\frac{\Delta U_1}{U_1} = 3\left(\frac{\Delta L}{L}\right)$ n'est plus exacte (sauf si U_1 et L se rapportent à un même condensateur de forme sphérique).

Complément à la théorie précédente. — Cas où les armatures sont indépendantes du diélectrique. Dans tout ce qui précède nous avons supposé que les armatures du condensateur subissaient les mêmes déformations que les surfaces diélectriques en contact. C'est ce qui arrive, par exemple, lorsque les armatures sont formées par la métallisation de la surface du diélectrique lui-même (argenture, feuilles d'étain collées, etc.) ou par des liquides.

Mais il est intéressant de se rendre compte de ce que deviennent les lois dans le cas moins usuel où les armatures seraient indépendantes du diélectrique, c'est-à-dire dans le cas où il existerait entre les armatures et le diélectrique solide un intervalle d'air ou le vide, la surface et la distance des armatures restant alors invariables malgré la déformation du diélectrique.

Nous nous bornerons à traiter quelques cas simples (condensateurs à lame diélectrique sphérique infiniment mince ou à lame plane) pour lesquels les résultats donneront lieu à des remarques intéressantes.

Lame diélectrique sphérique infiniment mince. — Soient R_1 et R_2 les rayons de deux armatures r et $(r + e)$ ceux de la lame diélectrique interposée (e très petit par rapport à r) ; la capacité d'un tel condensateur est :

$$C = \frac{1}{\dfrac{1}{R_1} - \dfrac{1}{R_2} - \dfrac{K-1}{K}\dfrac{e}{r'^2}} \cdot$$

En désignant par U_1 le volume de la cavité intérieure à la lame diélectrique et par p_1 une pression s'exerçant sur la face interne s_1 de cette lame, les raisonnements déjà vus conduisent à :

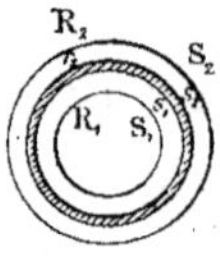

$$\Delta U_1 = \left(\frac{\partial c}{\partial p_1}\right)\frac{V^2}{2},$$

R_2 S_2 R_1 S_1

Fig. 281.

en se servant des formules de déformation élastique de la sphère mince et d'après la valeur de la capacité donnée plus haut, on arrive à :

$$(1) \qquad \frac{\Delta U_1}{U_1} = 3\frac{\Delta L}{L} = 3\left[-\,a\,(K-1)\,K\,+\,kK\right]\frac{1}{8\pi}H^2,$$

et par des calculs analogues,

$$(2) \qquad \frac{\Delta U}{U} = \left[-\,\frac{\gamma}{3}\,(K-1)\,K\,+\,kK\right]\frac{1}{8\pi}H^2,$$

$$(3) \qquad \frac{\Delta e}{e} = \left[a\,(1+2\sigma)(K-1)\,K\,+\,k_2K\right]\frac{1}{8\pi}H^2.$$

Dans ces formules H désigne l'intensité du champ électrique à l'intérieur de la lame diélectrique solide ; on a donc :

$$H = \cfrac{1}{\cfrac{1}{R_1} - \cfrac{1}{R_2} - \cfrac{K-1}{K}\cfrac{e}{r_2}} \cdot \frac{V}{Kr^2},$$

qui devient

$$H = \frac{V}{e},$$

si l'intervalle d'air compris entre les armatures et le diélectrique solide est infiniment mince.

Lame diélectrique plane. — Considérons une lame diélectrique plane rectangulaire, de dimensions ll' et d'épaisseur e placée entre deux armatures de dimensions L et L′ et distantes l'une de l'autre de E. Nous distinguerons deux cas :

Premier cas. — Le diélectrique déborde les armatures ; alors

$$C = \cfrac{LL'}{4\pi\left[E - e + \cfrac{e}{K}\right]}$$

et des calculs analogues à ceux déjà vus conduisent à :

$$(4) \qquad \frac{\Delta l}{L} = \left[-a\sigma\,(K-1)\,K + k_1 K\right]\frac{1}{8\pi}H^2,$$

$$(5) \qquad \frac{\Delta e}{e} = \left[a\,(K-1)\,K + k_2 K\right]\frac{1}{8\pi}H^2,$$

où H désigne l'intensité du champ dans la lame diélectrique ;

$$H = \frac{V}{K\,(E-e) + e},$$

expression qui devient

$$H = \frac{V}{e},$$

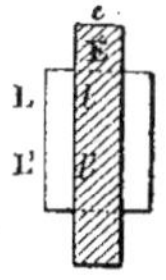

Fig. 282.

dans le cas où (E − e) est infiniment petit, c'est-à-dire lorsque les armatures ne sont séparées de la lame diélectrique que par une couche d'air infiniment mince.

Deuxième cas. — Les armatures débordent le diélectrique, alors :

$$C = \cfrac{ll'}{4\pi\left(E - e + \cfrac{e}{K}\right)} + \frac{LL' - ll'}{4\pi E},$$

on arrive dans ce cas aux formules,

$$(6) \qquad \frac{\Delta l}{l} = \left[a\,(1-\sigma)\,\frac{K\,(E-e)+e}{e} - a\sigma\,(K-1) + k_1\right]\times\frac{K}{8\pi}H^2 - \frac{E}{e}a\,(1-\sigma)\frac{H'^2}{8\pi},$$

$$(7) \qquad \frac{\Delta e}{e} = \left[-2a\sigma\,\frac{K\,(E-e)+e}{e} + a\,(K-1) + k_2\right]\times\frac{K}{8\pi}H^2 + \frac{E}{e}2a\sigma\frac{H'^2}{8\pi},$$

ou H a la même valeur $\dfrac{V}{K(E - e) + e}$ que plus haut, et où H' désigne l'intensité du champ électrique dans l'air, c'est-à-dire $H' = \dfrac{V}{E}$.

Dans le cas où $(E - e)$ est infiniment petit, ces formules deviennent :

$$(6) \qquad \frac{\Delta l}{l} = \left[a\,(I - \sigma)(K - I) - a\sigma\,(K - I)\,K + k_1 K \right] \frac{H^2}{8\pi},$$

$$(7) \qquad \frac{\Delta e}{e} = \left[- 2\,a\sigma\,(K - I) + a\,(K - I)\,K + k_2 K \right] \frac{H^2}{8\pi},$$

et en outre, $H' = H = \dfrac{V}{e}$.

Première remarque. — Les formules de déformation sont différentes pour les deux cas ; il est évident que, dans la réalité, la transition n'est pas brusque : la déformation change progressivement à mesure que les dimensions de la lame augmentent depuis les valeurs pour lesquelles cette lame est franchement comprise entre les armatures jusqu'aux valeurs pour lesquelles elle déborde nette ces armatures.

Deuxième remarque. — Nous n'avons pas tenu compte des perturbations sur les bords de la lame ou des armatures, car elles sont sans influence, comme nous l'avons déjà dit, pourvu que les dimensions du condensateur soient assez grandes pour que, dans l'expression de la capacité, le terme relatif à ces bords soit négligeable par rapport aux autres.

Fig. 283.

		Intervalle d'air quelconque	Intervalle d'air infiniment mince
Lame plane.	Lame sphérique infiniment mince.	$(1)\ \dfrac{\Delta U_1}{U_1} = 3\,\dfrac{\Delta R_1}{R_1} = 3\left[- a(K - I)K + k_1 K\right]\dfrac{H^2}{8\pi};$ $(3)\ \dfrac{\Delta e}{e} = \left[a(I + 2\sigma)(K - I)K + k_2 K\right]\dfrac{H^2}{8\pi},$ $(2)\ \dfrac{\Delta U}{U} = \left[- \dfrac{\gamma}{3}(K - I)K + hK\right]\dfrac{H^2}{8\pi},$ avec $H = \dfrac{1}{\dfrac{1}{R_1} - \dfrac{1}{R_2} - \dfrac{K - I}{K}\dfrac{e}{r^2}}\dfrac{V}{Kr^2}$	avec $H = \dfrac{V}{e}$.
	qui déborde les armatures	$(4)\ \dfrac{\Delta l}{L} = \left[- a\sigma(K - I)K + k_1 K\right]\dfrac{H^2}{8\pi},$ $(5)\ \dfrac{\Delta e}{e} = \left[a(K - I)K + k_2 K\right]\dfrac{H^2}{8\pi},$ avec $H = \dfrac{V}{K(E - e) + e}$	avec $H = \dfrac{V}{e}$.
	comprise entre les armatures	$(6)\ \dfrac{\Delta l}{l} = \left[a(I - \sigma)\dfrac{K(E - e) + e}{e} - a\sigma(K - I) + k_1\right] \times \dfrac{K}{8\pi}H^2 - \dfrac{E}{e}a(1 - \sigma)\dfrac{H'^2}{8\pi},$ $(7)\ \dfrac{\Delta e}{e} = \left[- 2a\sigma\dfrac{K(E - e) + e}{e} + a(K - I) + k_2\right] \times \dfrac{K}{8\pi}H^2 + \dfrac{E}{e}2a\sigma\dfrac{H'^2}{8\pi},$ avec $H = \dfrac{V}{K(E - e) + e}$ et $H' = \dfrac{V}{E}$	$(8)\ \dfrac{\Delta l}{l} = \left[a(I - \sigma)(K - I) - a\sigma(K - I)K + k_1 K\right]\dfrac{H^2}{8\pi},$ $(9)\ \dfrac{\Delta e}{e} = \left[- 2a\sigma(K - I) + a(K - I)K + k_2 K\right]\dfrac{H^2}{8\pi},$ avec $H = \dfrac{V}{e}$.

Conclusions. — En examinant les formules que nous venons d'obtenir (1) à (9), nous voyons que ; 1° si l'intervalle d'air est infiniment mince, les déformations unitaires sont encore proportionnelles au carré du potentiel et à l'inverse du carré de l'épaisseur (c'est-à-dire proportionnelles au carré de l'intensité du champ dans le diélectrique) ; quant aux coefficients, les termes en k, k_1, k_2, sont les mêmes, mais les termes qui dépendent des coefficients élastiques sont différents comme grandeur et même comme signe de ceux obtenus dans le cas du contact entre les armatures et le diélectrique.

La dilatation dans les directions perpendiculaires aux lignes de force est différente pour une même lame plane selon les conditions [formules (4) et (8)] et différente de celle relative à une lame sphérique infiniment mince [formule 1] ; par suite, la relation :

$$(\text{III}) \qquad \frac{\Delta U_1}{U_1} = 3 \, \frac{\Delta L}{L}$$

n'est plus générale (elle subsiste évidemment pour U_1 et L se rapportant à une même sphère).

2° Si l'intervalle d'air est quelconque : la loi de la proportionnalité de la déformation au carré du potentiel subsiste seule.

Cette différence entre les coefficients relatifs aux deux cas est due à ce que, lorsque l'armature est adhérente au diélectrique, celui-ci est soumis à la pression électrostatique $P = \dfrac{KH^2}{8\pi}$, tandis que, lorsqu'elle en est séparée par un intervalle d'air, ce diélectrique est soumis à une traction $q = K \, (K - 1) \dfrac{H^2}{8\pi}$.

Le calcul montrerait même, que la dilatation devient, dans ce cas, différente pour les diverses lignes perpendiculaires aux lignes de force d'un même condensateur cylindrique (lignes circulaires et génératrices).

Au contraire, lorsque l'armature adhère au diélectrique, la dilatation est la même pour les différentes directions perpendiculaires aux lignes de force d'un même condensateur (génératrices et lignes circulaires d'un cylindre) et, aussi la même pour des condensateurs de formes et de grandeurs différentes [formule (1)], de sorte que la relation (III) est générale, U_1 désignant la capacité d'un condensateur quelconque et L la longueur d'une ligne perpendiculaire aux lignes de force d'un autre condensateur quelconque.

Coefficients des condensateurs. — Dans la plupart des cas, la charge de chacune des armatures dépend, non seulement de la différence entre son potentiel et celui de l'autre, mais aussi, en partie, de la différence entre son potentiel et celui de quelque autre corps, tel que la terre.

On peut donc dans les cas les plus simples, déterminer les charges des deux armatures pour les équations.

$$(1) \qquad Q = K (P - p) + HP,$$

$$(2) \qquad q = K (p - P) + hp,$$

dans lesquelles P et p sont les potentiels des armatures, celui de la terre étant nul, O et q les charges des deux conducteurs, K la capacité du condensateur, en tant qu'elle dépend de la relation mutuelle des deux conducteurs ; H et h représentent les parties de la capacité de chaque conducteur qui dépendent de leur relation avec les objets extérieurs tels que la terre. Si nous relions le second conducteur à la terre, p devient égal à zéro, tandis que Q reste constant et nous trouvons, pour les nouvelles valeurs de P, de Q et q,

$$(3) \qquad P_1 = P - \frac{K}{K + H} p, \qquad Q_1 = (K + H) P_1, \qquad q_1 = - KP_1.$$

Si l'on isole maintenant le second conducteur et si nous relions le premier à la terre, nous faisons $P = 0$ et

$$(4) \qquad p_2 = - \frac{K}{K + h} p_1, \qquad Q_2 = - Kp_2, \qquad q_2 = (K + h)p_2.$$

Si nous isolons de nouveau le premier conducteur, et si nous relions le second à la terre, nous avons

$$(5) \qquad P_3 = \frac{- K}{K + h} p_2, \qquad Q_3 = (K + H) P_3, \qquad q_3 = KP_3.$$

Il en résulte que, si nous relions successivement chacun des deux conducteurs à la terre, les valeurs des potentiels et des charges seront diminuées dans le rapport.

$$(6) \qquad \frac{K}{(K + H)(K + h)}.$$

Comparaison de deux condensateurs. — Supposons que les deux condensateurs soient des bouteilles de Leyde munies d'une enveloppe métallique.

Relions l'enveloppe intérieure de la première bouteille et l'enveloppe extérieure de la seconde à une source d'électricité au potentiel P tandis que les autres enveloppes sont reliées à la terre.

Si l'on désigne par Q_1 et Q_2 les charges des enveloppes intérieures des deux bouteilles, on a

$$(7) \qquad Q_1 = (K_1 + H_1) P_1, \qquad Q_2 = - K_2 P.$$

Relions maintenant à la terre les deux enveloppes extérieures, et entre elles les enveloppes intérieures ; nous avons

$$p'_1 = p'_2 = 0.$$

$$(8) \qquad Q_1 + Q_2 = Q'_1 + Q'_2$$

$$(9) \qquad P'_1 + P'_2 = P' ;$$

d'où l'on peut déduire le potentiel P' des enveloppes intérieures.

L'équation (8) devient, en vertu de (9),

$$(K + H - K_2) P = (K_1 + H_1 + K'_2 + H'_2)P.$$

Si $K_1 + H'_1 = K'_2$, la décharge est complète.

Sir W. Thomson a adopté la méthode suivante, qui permet de vérifier l'existence d'une relation déterminée entre les capacités de quatre condensateurs ; elle correspond, en électrostatique, au pont de Wheatstone en électromagnétisme.

Sur la figure 284, on a représenté les condensateurs par des bouteilles de Leyde. Deux d'entre elles, P et Q, ont leurs armatures extérieures au contact d'un support isolé β ; les deux autres, R et S, ont leurs armatures extérieures reliées à la terre. Les armatures intérieures de P et de R sont toujours reliées entre elles, ainsi que celles de

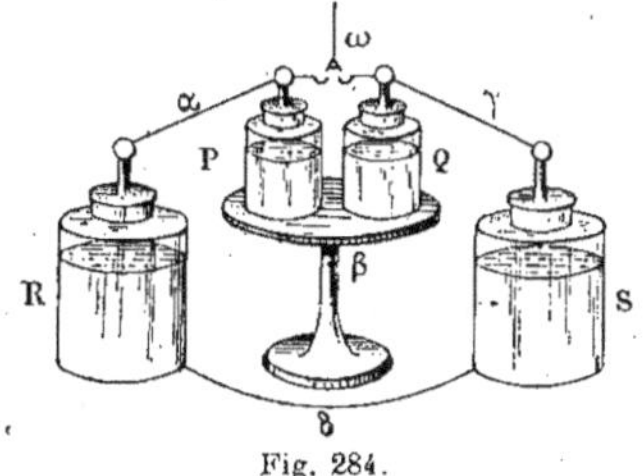

Fig. 284.

Q et de S. Pour exécuter l'expérience, on charge d'abord les armatures intérieures de P et de R à un potentiel A, et celles de Q et de S à un potentiel différent C ; pendant cette opération, le support β est relié à la terre.

On sépare ensuite le support β de la terre, et on le relie à l'une des électrodes d'un électromètre, dont l'autre est reliée à la terre.

Puisque β est déjà ramené au potentiel zéro par sa liaison avec la terre, il n'y aura aucune perturbation de l'électromètre à moins de fuites dans l'une des bouteilles ; nous pouvons supposer qu'il n'y a pas de fuites et que l'électromètre reste au zéro. Relions entre elles les armatures intérieures des quatre bouteilles, en faisant toucher au fil isolé ω, les deux crochets des fils x et y.

Puisque les potentiels des x et y sont différents, il y aura décharge, et le potentiel de β sera, en général, changé, ainsi que l'indiquera l'électromètre. Néanmoins, s'il existe un certain rapport entre les capacités des bouteilles, le potentiel de β restera nul.

Cherchons quelle doit être cette relation. On a représenté, dans la figure 285, la même disposition électrique, sous une forme plus simple, dans laquelle les condensateurs sont formés chacun par une paire de disques ; sous cette forme, l'analogie avec le pont de Wheatstone devient frappante.

Nous avons à considérer les potentiels et les charges de quatre conducteurs ; le premier est formé par les armatures intérieures de P et de R et le fil qui les réunit ; nous le désignerons par α, sa charge par a, et son potentiel par A.

Le second conducteur est formé par les armatures extérieures P et Q et le support isolant B ; nous le désignerons par β, sa charge par b, et son potentiel par B.

Le troisième conducteur, γ, est formé par les armatures intérieures de Q et de S et par le fil qui les réunit ; sa charge est e, son potentiel l.

Le quatrième conducteur est constitué par les armatures extérieures de R et de S et par la terre, à laquelle elles sont reliées. Nous pourrions caractériser ce conducteur par les lettres δ, d et D ; mais, comme son potentiel est toujours nul et sa charge

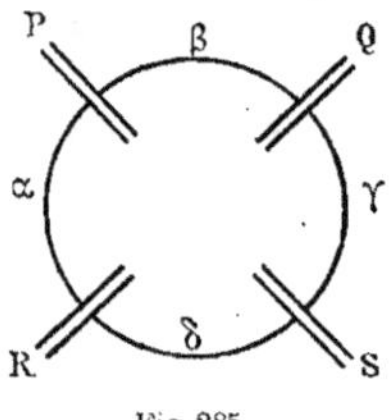

Fig. 285.

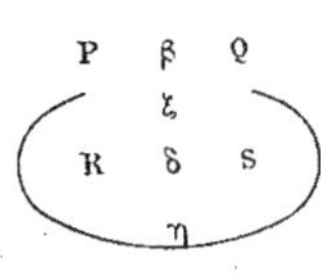

Fig. 286.

toujours égale et opposée à celle des autres conducteurs, nous n'aurons pas à le considérer.

La charge de l'un quelconque des conducteurs dépend de son propre potentiel, de celui des deux conducteurs adjacents, et aussi, mais à un bien moindre degré, de celui du conducteur opposé.

Supposons que les coefficients d'induction, entre les différentes paires des quatre conducteurs, soient représentés par le schéma de la figure 286 dans laquelle ξ et η sont très petits par rapport à P, Q et S. Le coefficient de capacité de l'un quelconque des conducteurs excédra la somme de ces trois coefficients d'induction d'une quantité qui sera petite, si la capacité des boules, des bouteilles et des fils qui les réunissent est faible par rapport à la capacité totale des bouteilles ; désignons cet excès par les symboles α, β, γ, δ des conducteurs ; les capacités seront

$$P + R + \alpha + \eta,$$
$$P + Q + \beta + \xi,$$
$$Q + S + \gamma + \eta,$$
$$R + S + \delta + \xi,$$

et les charges seront :

Pour

$$\alpha \dots a = (P + R + \alpha + \eta)\,A — PB — RD — \eta C,$$
$$\beta \dots b = (P + Q + \beta + \xi)\,B — PA — QC — \xi D,$$
$$\gamma \dots c = (Q + S + \gamma + \eta)\,C — QB — SD — \eta A,$$
$$\delta \dots d = (R + S + \delta + \xi)\,D — RA — SC — \xi C.$$

Pendant la première partie de l'expérience, les potentiels de α et de γ sont respectivement A et C, tandis que ceux de β et de δ sont nuls ; on a donc d'abord

$$a = (P + R + \alpha + \eta)\, A - \eta C,$$
$$b = -\, PA - QC,$$
$$c = (Q + S + \gamma + \eta)\, C - \eta A.$$

Nous n'avons pas à déterminer la charge de δ.

Faisons maintenant communiquer α et γ, et désignons les charges et les potentiels des conducteurs, après la décharge, par leurs lettres. Les potentiels de α et γ seront devenus égaux ; désignons par γ leur valeur commune ; on a

$$A' = C' = \gamma.$$

La somme de leurs charges reste la même,

$$a' + c' = a + c.$$

La charge de β reste la même qu'auparavent

$$b = b',$$

mais son potentiel n'est plus nul, il possède une valeur B', que nous avons à déterminer en fonction de A et de C, en éliminant les autres quantités entrant dans les équations.

Après la décharge,

$$a' = (P + R + \alpha)\, \gamma - PB',$$
$$b' = (P + Q + \beta + \xi)\, B' - (P + Q)\, \gamma.$$

L'équation

$$a' + c' = a + c$$

devient donc

$$(P + R + Q + S + \alpha + \gamma)\, \gamma - (P + Q)\, B' = (P + R + \alpha)\, A + (Q + S + \gamma)\, C,$$

et l'équation $b' = b$

$$(P + Q + \beta + \xi)\, B' - (P + Q)\, \gamma = PA - QC.$$

Eliminant γ de ces équations, il vient

$$B'\, [(P + Q)\, (R + S) + (P + Q)\, (\alpha + \beta + \xi)$$
$$+ (R + S + \alpha + \gamma)\, (B + \xi)] = Q\, [(R + \alpha) - P\, (S + \gamma)]\, (A - C).$$

Si donc l'électromètre n'est pas troublé par la décharge, $B' = 0$, et l'on a

$$\frac{P}{Q} = \frac{R + \alpha}{S + \gamma}.$$

Système de M. Silhol pour le chargement des condensateurs électriques permettant d'augmenter leur force condensante dans une très grande proportion. Application de ce mode de chargement aux condensateurs plans. — Considérons un condensateur électrique à plateaux représenté (fig. 287) par un schéma, le plateau B communiquant avec la machine et le plateau A, avec le sol. Dans ces conditions, si l'on suppose, que les dimensions des plateaux, leur distance, ainsi que la constante diélectrique du milieu qui les sépare, conservent la même valeur, on observe alors qu'aucune quantité d'électricité ne peut plus passer de la machine sur le condensateur, lorsque le

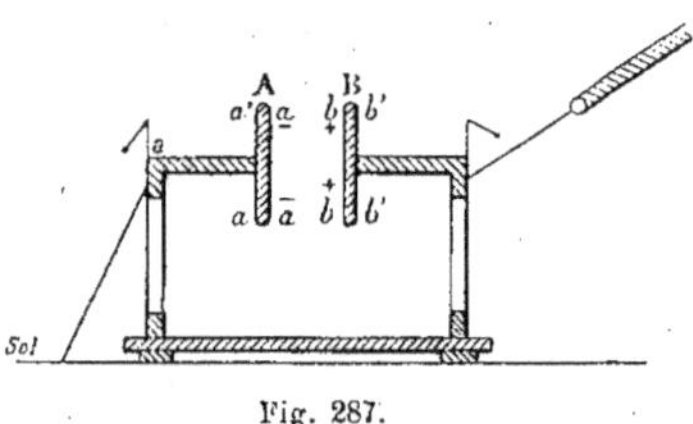

Fig. 287.

potentiel du collecteur B est devenu égal à celui de la machine. On dit, dans ce cas, que la limite de charge est atteinte. On va voir qu'il n'en est rien et que le potentiel de la source restant constant, on peut accumuler sur le même condensateur des charges bien plus considérables.

En effet supprimons la communication du plateau B avec la machine M, cette opération étant faite au moyen d'un corps isolant pour éviter de décharger le condensateur ; observons que le plateau A, qui est en communication avec le sol, a un potentiel égal à zéro : par conséquent si l'on met ce plateau A en communication avec une source d'électricité négative, c'est-à-dire de signe contraire à l'électricité du plateau B, une certaine quantité d'électricité pourra passer de la machine sur le plateau A. Cette électricité négative agissant par influence sur l'électricité libre, répandue à la surface du

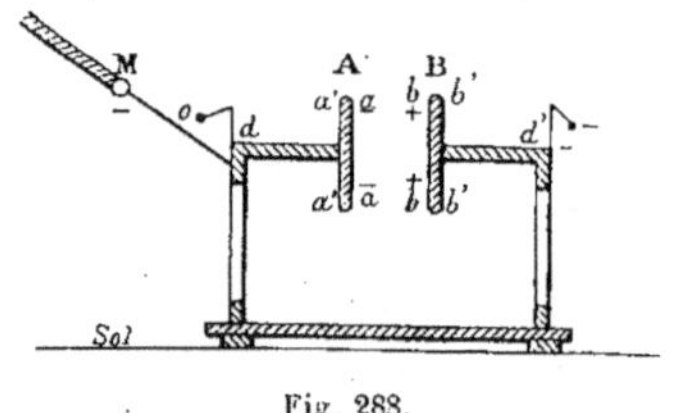

Fig. 288.

plateau B, cette dernière se portera en grande partie sur la face interne bb du plateau B et réagira à son tour par influence sur l'électricité libre du plateau A; celle-ci se portera alors en majeure partie sur la face interne aa du plateau A, et il ne restera sur ce dernier qu'une faible quantité d'électricité libre dont le potentiel sera bien infé-

rieur à celui de la machine. Par conséquent, une nouvelle quantité d'électricité négative passera de la machine sur le plateau A. Cette charge agissant de même par
influence sur le plateau B, attire sur la face bb la petite quantité d'électricité libre
qui avait échappé à l'influence précédente, décompose, en outre, une certaine quantité
d'électricité neutre de ce plateau, attire sur la face interne bb l'électricité positive et
repousse l'électricité négative, laquelle fait diverger le pendule d' (fig. 288). Si maintenant nous mettons ce plateau B en communication avec la terre (fig. 289) l'électricité
négative, qui fait diverger le pendule d', s'écoulera dans le sol, et une nouvelle
décomposition d'électricité neutre se produira ; de l'électricité positive se portera sur la

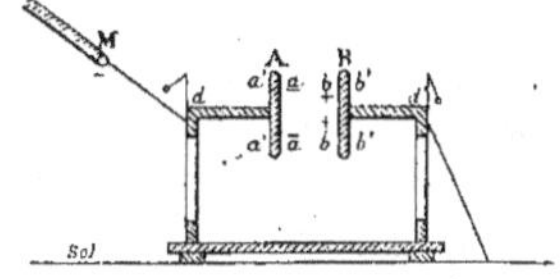

Fig. 289.

face bb, tandis que l'électricité négative correspondante sera repoussée dans le sol.
Cette décomposition d'électricité neutre se continuera jusqu'à ce que la quantité d'électricité libre, qui va sans cesse en augmentant sur le plateau A, ait atteint un potentiel
égal à celui de la machine ; alors cette dernière ne pourra plus céder de l'électricité au
plateau A, et la limite du second chargement partiel sera obtenue. Maintenant le
pendule d diverge, tandis que, au contraire, le pendule d' qui divergeait dans le
premier chargement partiel, alors que le plateau B était collecteur, retombe dans la
verticale.

De même, pour le plateau B, nous observons que ce conducteur étant en communication avec le sol (fig. 289), a un potentiel égal à zéro. Par suite, si on le met en communication avec une source d'électricité positive, une certaine quantité d'électricité
pourra passer de la machine M sur ce plateau ; cette charge agissant par influence sur
le plateau A isolé de la machine attirera sur la face aa l'électricité libre, puis décomposera une certaine quantité neutre de ce plateau ; l'électricité négative sera attirée sur
la face interne aa, l'électricité positive sera repoussée et fera diverger le pendule d ;
cette dernière s'écoulera dans le sol lorsque nous mettrons le plateau A en communication avec la terre, et tout se passera comme précédemment. La limite de ce troisième
chargement partiel sera atteinte lorsque la quantité d'électricité libre qui va sans cesse
en augmentant sur le plateau B aura pris un potentiel égal à celui de la machine ; alors
le pendule d' divergera, tandis que sur le plateau A le pendule d retombera dans la
verticale.

On pourra de même procéder à un quatrième chargement partiel, en remettant le
plateau A en communication avec le pôle négatif de la machine ; puis à un cinquième
chargement partiel en remettant également le plateau B en communication avec le pôle

positif de la machine, et ainsi de suite, indéfiniment, ou du moins jusqu'à ce que les charges électriques triomphent de la résistance du diélectrique interposé entre les armatures.

On voit qu'en résumé, ce procédé consiste à rendre successivement chaque plateau collecteur et condenseur, en ayant soin, pour effectuer chaque chargement partiel, d'isoler d'abord de la machine le plateau qui était collecteur dans le chargement précédent; puis de mettre l'autre plateau en communication avec la machine, et enfin, ceci fait, de mettre le premier plateau, c'est-à-dire celui qui est isolé, en communication avec le sol, mais seulement lorsque son potentiel est devenu égal à zéro ou de signe contraire.

Il est facile de voir, à priori, que ce mode de chargememnt est possible, car le plateau condensateur étant, à la fin de chaque chargement en communication avec le sol, a un potentiel égal à zéro; par suite, si l'on met ce plateau en relation avec une source électrique dont la différence de potentiel est V, cette dernière cédera une certaine charge à ce plateau, laquelle s'ajoutera à celle qu'il possédait déjà. On peut, en effet, considérer l'ensemble de la machine, du fil de communication et du plateau, comme ne formant qu'un seul conducteur; or, l'on sait par un théorème d'électrostatique, que la surface d'un conducteur électrisé est une surface équipotentielle : par conséquent, lorsque l'équilibre est établi, le potentiel sur le plateau est égal à celui de la machine; et comme il était auparavant égal à zéro, lorsque ce plateau était en communication avec le sol, il faut bien admettre que la charge primitive de ce dernier s'est accrue de

$$M = CV,$$

C étant la capacité apparente du plateau. Car s'il en était autrement, on devrait alors conclure, contrairement à ce qui est admis, que la théorie mathématique de l'électricité est inexacte dans certains cas et qu'elle manque ainsi de généralité. D'ailleurs, l'expérience montre nettement les mouvements sucessifs de divergence et d'abaissement des pendules sur chaque plateau.

On peut, pour résumer, exposer ce nouveau mode de chargement sous une forme analytique :

Supposons les deux plateaux identiques et ayant même capacité apparente C; désignons par A_1, A_2, ... A_n, les charges que possède le plateau A, au bout du 1er, 2me, ... n^{me} chargement; désignons de même par B_1, B_2, ... B_n, les charges que possède le plateau B, dans les mêmes conditions; et par m, l'accroissement de charge du plateau condenseur, dans le premier chargement, par m' dans les suivants, V étant la différence de potentiel, on a

1er Chargement

$$V = V \qquad V = 0$$
$$A_1 = CV \qquad B_1 = -m.$$

$$2^\circ \; \textit{Chargement}$$

$$V = 0 \qquad\qquad V = -V$$
$$A_2 = CV + m' \qquad B_2 = -CV - m$$

$$3^\circ \; \textit{Chargement}$$

$$V = V \qquad\qquad V = 0$$
$$A_3 = 2CV = m' \qquad B_3 = -CV - m' - m.$$

$$4^\circ \; \textit{Chargement}$$

$$V = 0 \qquad\qquad V = -V$$
$$A_4 = 2CV + 2m' \qquad B_4 = -2CV - m' - m.$$

$$5^\circ \; \textit{Chargement}$$

$$V = V \qquad\qquad V = 0$$
$$A_5 = 3CV + 2m' \qquad B_5 = -2CV - 2m' - m.$$

$$n^{me} \; \textit{Chargement, } n \text{ étant pair :}$$

$$V = 0 \qquad\qquad V = -V$$
$$A_n = \left(\frac{n}{2} CV + \frac{n}{2} m'\right) \qquad B_n = -\left(\frac{n}{2} CV + \frac{n-2}{2}\right) m' + m.$$

$$n^{me} \; \textit{Chargement, } n \text{ étant impair :}$$

$$V = V \qquad\qquad V = 0$$
$$A_n = \left(\frac{n+1}{2} CV + \frac{n-1}{2} m'\right) \qquad B_n = -\left(\frac{n-1}{2} CV + \frac{n-1}{2} m' + m\right)$$

en observant que :

$$m' = m - C'V$$

C', étant la capacité réelle de chaque plateau, on peut encore écrire ces formules :

$$V = 0 \qquad\qquad V = -V$$
$$A_n = \left(\frac{n}{2} CV + \frac{n}{2}(m - C'V)\right) \qquad B_n = -\left(\frac{n}{2}(CV - C'V + m) + C'V\right)$$

$$V = V \qquad\qquad V = 0$$
$$A_n = \left(\frac{n+1}{2} CV + \frac{n-1}{2}(m - C'V')\right) \qquad B_n = -\left(\frac{n-1}{2}(CV - C'V) + \frac{n+1}{2} m\right).$$

De ce qui précède, il résulte plusieurs conséquences : au point de vue théorique, si l'on suppose un condensateur muni d'une lame isolante présentant une résistance infinie sous une épaisseur finie, ce condensateur aura, avec le mode de chargement ordinaire, une force condensante finie, tandis qu'avec ce nouveau mode de chargement, il aura une force condensante infinie ; en second lieu, si l'on suppose deux lames isolantes D et D' de même épaisseur, ayant même constance diélectrique, mais dont l'une D'a, par exemple, une résistance à la rupture n fois plus grande que D, ces deux condensateurs de mêmes dimensions prendront une même charge si l'on se borne à les charger par le procédé habituel, c'est-à-dire par celui qui correspond au premier chargement partiel ; au contraire, si l'on emploie le chargement précédent, le condensateur muni de la lame D' aura une force condensante n fois plus grande. D'où l'on voit qu'avec ce mode de chargement, la quantité totale d'électricité accumulée par un condensateur de dimensions données est proportionnelle à la résistance du milieu isolant interposé entre les armatures et ne dépend pas de son pouvoir inducteur spécifique.

Puisque la force condensante ne dépend, avec ce mode de chargement, que de la résistance du diélectrique, il y a avantage à augmenter autant que possible l'intervalle qui sépare les armatures ; mais il est facile de voir qu'il y a une limite. En effet, pour que ce mode de chargement puisse s'effectuer dans son intégralité, c'est-à-dire n'ait d'autre limite que celle de la résistance de la lame isolante, il faut que la distance qui sépare les armatures soit telle qu'à chaque chargement partiel la quantité d'électricité, accumulée sur la face interne du plateau condenseur, soit au moins égale à la quantité d'électricité libre répandue sur ce plateau. En d'autres termes, la distance limite que l'on peut donner aux armatures est obtenue lorsque la quantité d'électricité qui, à chaque chargement partiel, s'écoule de la machine sur le plateau collecteur est uniquement employée à réduire à zéro le potentiel du plateau condenseur sans faire varier la charge de ce dernier. Cette condition est suffisante, car lorsqu'elle est remplie le plateau condenseur ayant un potentiel égal à zéro peut servir de collecteur dans le chargement partiel suivant. On peut déterminer expérimentalement la distance limite que l'on peut donner aux armatures, il suffit pour cela de charger l'un des plateaux, A par exemple, loin de toute influence extérieure ; ce dernier prend alors, dans ces conditions, une charge négative égale au produit de sa capacité propre par le potentiel de la machine, c'est-à-dire qu'il prend une charge égale à la quantité d'électricité libre qui recouvre sa surface lorsqu'il joue le rôle de collecteur. Si maintenant, après avoir isolé de la machine ce premier plateau, toujours chargé négativement, on l'approche graduellement du second plateau B, mis en communication avec le pôle positif de la machine, on observe que le pendule d s'abaisse graduellement ; et, pour une certaine distance des deux plateaux, sa divergence est nulle. Cette distance qui correspond à une divergence nulle du pendule est la distance limite cherchée ; en effet, dans ces conditions, le potentiel du plateau est égal à zéro et c'est, comme on a vu ci-dessus, la condition nécessaire et suffisante pour que ce mode de chargement puisse se faire intégralement.

Lorsque les deux plateaux d'un condensateur sont séparés par un intervalle égal à la distance limite, on peut calculer la force condensante f que possède ce condensateur au bout du premier chargement, à la condition de supposer les deux plateaux identiques et infiniment minces. En effet, les deux plateaux étant à la distance limite, la charge m, retenue sur la face interne du condensateur, est égale à la charge d'électricité libre répartie à la surface du collecteur. D'où il résulte que la charge totale de ce dernier est :

$$km + m$$

k, étant un coefficient inférieur à l'unité.

Cette charge retenant à son tour une quantité d'électricité égale à m, sur la face interne du condensateur ; on a la relation :

ou :
$$(km + m)\, k = m$$
$$k^2 + k - 1 = 0,$$
$$k = 0,618,$$

La valeur de la force condensante f, au bout du premier chargement, est donc :

$$f = \frac{km + m}{m} = k + 1 = 1,618.$$

Si la résistance du diélectrique permet de faire N chargements, il est facile de voir que lorsque N est impair, la charge du plateau, qui est collecteur dans le dernier chargement, a pour expression :

$$\frac{N + 1}{2}\,(km + m).$$

La force condensante F est, dans ce cas :

$$F = \frac{N + 1}{2}\left(\frac{km + m}{m}\right) = \frac{N + 1}{2}\,(k + 1)$$
$$F = \frac{N + 1}{2}\,f = 1,618\,\frac{N + 1}{2}.$$

On voit, par ce qui précède, que la charge totale du condensateur est indépendante de la différence de potentiel de la source. Quelle que soit donc la valeur de cette dernière, on peut toujours communiquer à un condensateur une charge donnée, pourvu que celle-ci soit inférieure à la charge limite que comporte la résistance de la lame isolante ; dans ce cas, le nombre seul des chargements partiels varie.

Pour mesurer, en valeur relative, la quantité d'électricité que possède un condensateur ainsi chargé, on peut employer la bouteille électrométrique de Lane ; mais ici la méthode ordinaire, c'est-à-dire la méthode employée par Riess dans ses mesures sur l'énergie électrique des décharges, ne saurait être employée.

D'ailleurs, cette méthode présente un inconvénient. Elle ne permet, en effet, de mesurer la charge d'un condensateur, qu'au moment où s'effectue le chargement de ce dernier et il n'est pas possible, avec ce procédé, de mesurer la charge d'un condensateur déjà chargé.

Le dispositif suivant permet, au contraire, de mesurer, en valeur relative, la quantité d'électricité que possède un condensateur déjà chargé. Il consiste à mettre une armature B, par exemple (fig. 290), en communication intérieure avec une bouteille électrométrique de Lane, tandis que l'autre armature A se trouve en contact, ou à une très petite distance, d'un conducteur D, en forme d'ovoïde, supporté par une colonne isolante. L'extrémité de l'ovoïde, en contact avec le condensateur, est arrondie, tandis que l'autre extrémité est terminée en pointe plus ou moins aiguë, pour permettre l'écoulement lent de l'électricité qui devient libre sur l'armature A, à mesure que

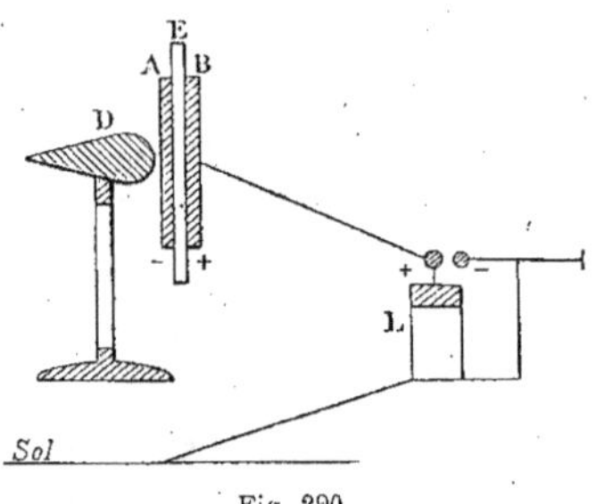

Fig 290.

l'électricité de l'armature B s'écoule dans la bouteille électrométrique L. Le conducteur D permet, selon que son extrémité est plus ou moins aiguë, d'obtenir un écoulement plus ou moins lent de l'électricité située sur l'armature A, à mesure qu'elle devient libre. Cet écoulement lent est nécessaire, car si l'on mettait directement le plateau A en communication avec le sol, le condensateur se déchargerait instantanément au moment où l'étincelle se produirait entre les deux boules de la bouteille de Lane, les deux armatures se trouvant alors en communication avec le sol.

Lorsqu'on applique ce mode de chargement à un condensateur ordinaire d'Œpinus, on constate que la charge que l'on peut ainsi accumuler est inférieure à la charge limite compatible avec la résistance à la rupture du diélectrique. Car, pour une certaine valeur des charges électriques, l'étincelle contourne la lame isolante et les deux élec-

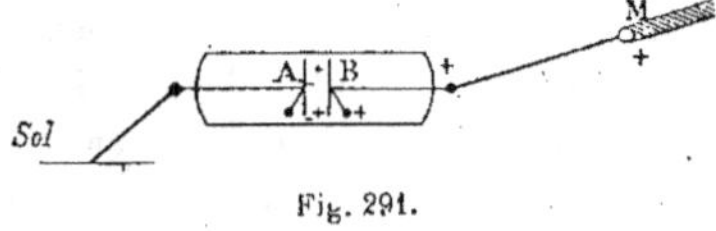

Fig. 291.

tricités contraires se recombinent. On pourrait, pour éviter cet inconvénient, enfermer les deux plateaux A et B dans un récipient en verre (fig. 291) où l'on aurait fait un vide aussi parfait que possible. On sait, en effet, par les expériences réalisées au moyen de l'appareil d'Alvergnat, que la décharge refuse de passer à travers un tel milieu. Ce diélectrique, outre son énorme résistance, présenterait encore l'avantage de ne pas

donner de décharges résiduelles et, par conséqnent, permettrait d'obtenir une décharge unique d'une grande puissance.

ÉTUDE ET CONSTRUCTION DES CONDENSATEURS INDUSTRIELS
DE M. MOSCICKI

M. Moscicki s'est rendu compte des difficultés que présente la fabrication des condensateurs, ainsi que des côtés faibles du condensateur plan en général. Il est nécessaire tout d'abord que la lame isolante forme avec les armatures un ensemble parfait,
afin d'éviter des décharges superficielles. On obtient ce résultat en immergeant le condensateur dans une substance isolante liquide susceptible de pénétrer entre les lamelles du diélectrique, qui doit remplir deux conditions essentielles : résister à la fusion aux températures relativement élevées et conserver son homogénéité, sans se désa-
gréger, même quand il est soumis à un refroidissement. Il est évident que la substance isolante doit aussi jouir de ces deux propriétés.

Or, les condensateurs plans présentent presque toujours deux inconvénients : la
résistance diminue vers les bords du diélectrique et le refroidissement reste insuffisant :
de là un échauffement, puis une désagrégation de la masse isolante mal refroidie, ce
qui occasionne des pertes assez considérables. M. Moscicki s'est cependant servi, au
début de ses recherches, d'un condensateur plan dont le diélectrique était en verre,
car le pouvoir inducteur spécifique de cette substance est relativement élevé. Mais,
d'après Lombardi, les pertes diélectriques s'élèvent à 7 % pour le verre ; cette consta-
tation l'a déterminé à poursuivre des recherches avec d'autres corps, en particulier
avec la cire fossile. Ces diverses substances n'ayant pas donné de résultats satisfaisants M. Moscicki a fait de nouvelles expériences avec le verre qui n'a pas donné
de pertes supérieures à 1,5 % ; il a employé à cet effet un tube de verre dont l'armature intérieure était constituée par du mercure et l'armature extérieure par une feuille
d'étain. Ce tube était noyé dans une masse isolante dont le volume était assez considérable. Il a déterminé ces pertes par l'élévation de température du mercure produite par
la chaleur dégagée, dont la masse isolante empêchait toute déperdition. Après avoir
taré le tube, on obtenait facilement par le calcul l'énergie correspondant à la chaleur
développée et l'on en déduisait la valeur approximative des pertes du condensateur.

M. Moscicki a employé pour la fabrication de ses premiers condensateurs du verre à
vitre ordinaire de 2 millimètres d'épaisseur. La lame diélectrique bien séchée était recouverte sur une face d'une feuille d'étain, collée avec de la térébenthine, dans cette
opération, on prenait toutes les précautions nécessaires pour éviter la formation de
bulles d'air. L'ensemble formé par le diélectrique et les armatures était placé ensuite
dans un four électrique où l'on maintenait pendant quelque temps une température dépassant + 100° C. A leur sortie du four et avant de les laisser se refroidir, les lames

de verre étaient placées dans une caisse en fer blanc contenant une substance isolante, chauffée électriquement à l'aide d'une résistance disposée sous la caisse ; on les tenait verticalement pour les immerger, puis on les retournait lentement dans la position horizontale afin d'éviter l'interposition de bulles d'air entre deux plaques consécutives. Quant aux bulles se dégageant à la surface de la masse isolante, on les faisait disparaître par un jet d'oxyde de carbone, ce gaz ne permettant pas la formation de l'eau inévitable avec du gaz d'éclairage. Une fois toutes les plaques placées, on cessait de chauffer la caisse que l'on entourait d'une enveloppe afin d'obtenir un refroidissement aussi lent que possible.

On a éprouvé de grandes difficultés à composer une substance isolante convenable, adhérant parfaitement au verre et ne se désagrégeant pas sous l'action d'une basse température. A cet effet, on a fait de nombreux essais avec divers mélanges de cire fossile, de colophane, de vaseline, etc., exposés au froid, après avoir été versés à l'état liquide dans une éprouvette. On a trouvé ainsi un mélange paraissant insensible aux variations de température et adhérant parfaitement au verre ; il est composé de quatre parties de colophane, une partie de cire fossile de Boryslaw et une partie de vaseline.

A l'aide de ce procédé on a construit 72 caisses de condensateurs qui, montés 6 par 6 en série, constituaient des batteries dont la puissance atteignait 3 kilovolt-ampères sous l'action d'un courant d'une fréquence de 50 périodes par seconde. Chaque caisse a $9^{cm},5$ de hauteur et une surface de 23×35 centimètres, elle pèse 15 kilogrammes et contient 24 plaques de verre de $20 \times 28^{cm},5$ de surface, tandis que les feuilles d'étain appliquées n'ont que $22,5 \times 16^{cm},5$.

On a constaté, dans les conditions d'utilisation normale, qu'un groupe de 6 condensateurs pouvait supporter une tension de 50 000 volts ; mais à ce régime il ne pouvait rester en service pendant plus de huit heures consécutives, car il se produisait au bout de ce temps une élévation de température telle qu'on pouvait craindre la fusion de la masse isolante. Soumis à une tension de 5 000 volts, ces condensateurs pouvaient rester en service sans interruption et pendant un temps illimité ; ils n'ont jamais donné lieu à un court-circuit, mais l'échauffement résultant d'un fonctionnement prolongé a produit une augmentation de pertes qui atteignaient 3 %. M. Moscicki a, dès lors, renoncé au condensateur plan pour adopter un type de condensateur cylindrique en verre, qui lui a permis d'obtenir des résultats fort remarquables.

La forme tubulaire présente d'abord l'avantage d'utiliser du verre mince. En effet des expériences postérieures ont prouvé que du verre de $0^{mm},5$ d'épaisseur peut supporter des tensions allant jusqu'à 67 100 volts.

Néanmoins les parties avoisinant le bord des armatures sont perforées assez rapidement ; dans cette zone le même verre de $0^{mm},5$ d'épaisseur ne supporte guère que 14 700 volts ; donc la résistance y est moins considérable que vers l'intérieur des armatures. Des expériences minutieuses, destinées à déterminer la tension de perforation des différentes zones du condensateur, ont amené à renforcer la paroi du diélectrique vers les bords des armatures. La forme tubulaire se prête mieux que toute autre à cette exigence.

L'emploi de tubes présente, en outre, le grand avantage de permettre un refroidissement aussi facile que celui que l'on obtient dans les transformateurs par leur immersion dans l'huile. Enfin, à l'aide d'un isolant convenable, on peut supprimer complètement les pertes par contenance superficielle ainsi que les décharges silencieuses : d'où une augmentation considérable de rendement. Ainsi, avec du courant alternatif à haute tension et à la fréquence de 50 périodes par seconde, les pertes n'ont pas dépassé 1 %.

Un condensateur d'une puissance de 0,5 kilovolts-ampères (fig. 292) comprend cinq tubes, dont les parois ont $0^{mm},5$ d'épaisseur et dont le diamètre est de 3 centimètres ; ces tubes sont logés dans un récipient cylindrique en verre de 9 centimètres de diamètre et 47 centimètres de hauteur. Le poids de l'ensemble varie entre 3 et $3^{kg},5$.

L'adoption de ce nouveau système a contraint M. Moscicki à soumettre les diélectriques à de nombreuses expériences portant spécialement sur les deux points suivants : résistance à la perforation et pertes. Les résultats obtenus font supposer de nouvelles applications industrielles des condensateurs : c'est pourquoi nous allons entrer dans tous les détails de leur fabrication.

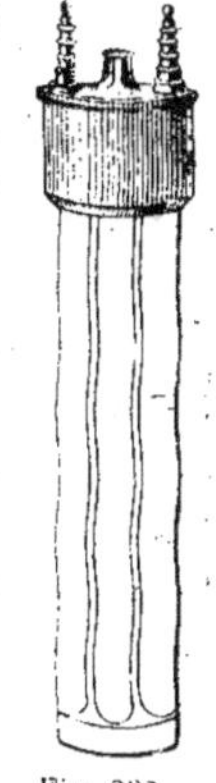

Fig. 292.

On a choisi pour premières expériences des lames de verre à vitre ordinaire de 2 millimètres d'épaisseur, recouvertes sur chaque face d'une feuille d'étain qui s'arrêtait à 5 centimètres des bords du diélectrique. Tous les essais faits en immergeant ces lames dans un bain d'huile donnaient le même résultat : le verre était perforé vers les bords des armatures. Cette expérience présente le plus haut intérêt, surtout si on la compare à celle qui va suivre. Un tube de verre de $0^{mm},3$ d'épaisseur, fermé à l'une de ses extrémités et rempli de mercure, était recouvert extérieurement d'une feuille d'étain laissant le col à découvert sur une hauteur de 20 centimètres ; il supportait à l'air libre une tension de 24 000 volts, tandis que les lames de verre de 2 millimètres d'épaisseur étaient perforées même sous l'action de courants à basse tension. Il se produisait vers le bord supérieur de l'armature extérieure des étincelles visibles surtout dans l'obscurité : leur longueur augmentait avec la tension du courant alternatif employé.

La contradiction, plus apparente que réelle, qui semble résulter de ces deux observations s'explique sans difficulté. Dans le premier cas, l'excellent isolant constitué par l'huile, dans laquelle sont immergées les feuilles d'étain, délimite exactement l'armature et provoque sur ses bords un accroissement de densité des lignes de force, ce qui entraîne la perforation du diélectrique. Les circonstances sont différentes dans le cas du tube essayé à l'air libre ; la vapeur d'eau de l'atmosphère se condense vers le col non recouvert d'étain, et l'armature extérieure ne présente plus par suite un bord délimité électriquement. Une condensation des lignes de force devient évidemment impossible. La résistance ohmique, très élevée dans la zone d'humidité, entraîne forcément une chute de tension considérable et par suite une diminution de la densité des lignes de force.

Pour éviter l'influence de la vapeur d'eau sur la perforation, des tubes identiques à ceux dont nous avons parlé furent immergés dans l'huile, puis soumis à l'action du courant. Cette expérience a démontré que la perforation se produisait déjà à 8 000 volts, vers le bord de l'armature comme précédemment. Après avoir continué ces essais avec des condensateurs tubulaires en verre dont l'armature intérieure était constituée par du mercure et l'armature extérieure par une feuille d'étain, de minces feuilles de mica étaient enroulées en spirale sur les tubes, de telle sorte qu'elles se trouvaient en triple ou quadruple épaisseur vers le bord de la feuille d'étain et un peu au delà ; la distance de l'extrémité supérieure du tube au bord de l'armature extérieure comportait 6 centimètres.

Quelques tubes ne furent pas recouverts de mica afin de déterminer plus exactement l'influence de ce diélectrique ; mais tous les condensateurs étaient immergés dans l'huile. Les tubes ordinaires sans mica de $0^{mm},3$ d'épaisseur ont été perforés à 8 000 volts au bord de l'armature, tandis que les mêmes tubes munis d'une garniture de mica ont supporté jusqu'à 17 000 volts. Dans les deux types la perforation s'est cependant produite à la même place. Après un certain nombre d'expériences, l'huile perdait de sa pureté et ne constituait plus un isolant parfait. Les circonstances étaient alors différentes : le diélectrique était perforé dans ce cas à l'extrémité de la garniture de mica où la résistance était moindre qu'au bord de la feuille d'étain.

L'expérience a démontré que le diélectrique auxiliaire ne doit pas avoir un pouvoir inducteur spécifique trop inférieur à celui du verre, sinon l'influence des bords devient de nouveau prépondérante et il y a perforation du mica vers la limite de l'armature ; on peut donc conclure que c'est dans cette zone que les diélectriques sont soumis à l'action la plus énergique. Il reste maintenant à examiner quel mode de renforcement des bords il convient d'adopter pour provoquer la perforation vers l'intérieur des armatures.

M. Moscicki a choisi à cet effet des tubes cylindriques à parois minces, renforcés vers le col dont le diamètre était quelque peu réduit ; l'armature s'arrêtait sur la paroi épaisse. L'expérience a pleinement confirmé l'hypothèse précédemment admise, car il fallait une épaisseur de verre sensiblement plus forte vers les bords que vers l'intérieur du condensateur pour que cette dernière zone fut perforée. Les expériences ont montré aussi que la tension critique atteignait des valeurs fort différentes pour un même condensateur, si l'on considère le bord ou la zone intérieure du diélectrique ; par suite il y a lieu d'étudier les rapports existant entre la tension d'une part, la nature et l'épaisseur de la lame isolante, d'autre part. Nous examinerons, en outre, l'importance que peut avoir la zone considérée dans le condensateur et la fréquence du courant employé.

Installations électriques destinées aux expériences. — Avec du courant alternatif à 160 volts et à la fréquence de 50 périodes à la seconde, MM. Moscicki et Kasperowicz ont pu procéder à une série d'expériences avec des tensions comprises entre 4 000 et 8 000 volts. Un transformateur de 10 kilowatts, dont les enroulements primaire et secondaire étaient sectionnés en deux groupes distincts, donnait les rapports 110-220 à 4 000-8 000 volts, suivant que les groupes étaient associés en série ou en quantité. Les tensions voisines de 8 000 volts étaient fournies par un transformateur à huile de 3,5 kw. : son rapport était de 70 à 50 000 volts ; bien qu'il ne fût construit que pour cette dernière tension, il supportait parfaitement 80 000 volts. Un point essentiel pour les essais était d'arriver à un réglage exact de la tension dont la valeur ne devait osciller qu'entre des limites très rapprochées, sans être soumise à de brusques variations. L'emploi d'une résistance électrolytique, groupée en tension avec un rhéostat métallique et placée dans le circuit primaire, a permis de satisfaire entièrement à cette condition.

Cette résistance électrolytique (fig. 293) se composait d'un tuyau de grès de 120 centimètres de hauteur et de 20 centimètres de diamètre ; le fond, fermé à joint étanche,

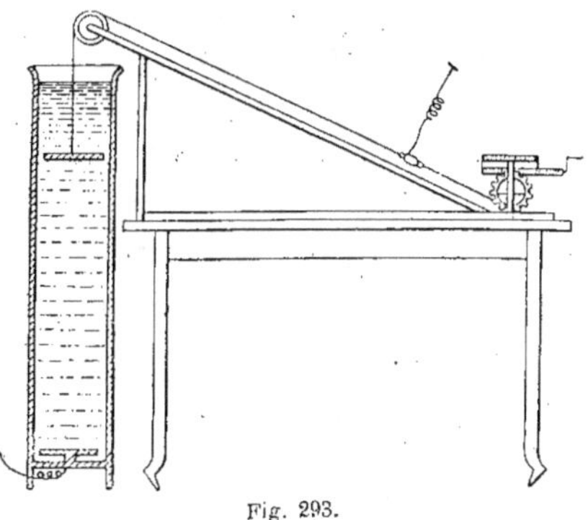

Fig. 293.

portait une plaque de fonte de 18 centimètres de diamètre reliée à l'une des bornes du transformateur et soigneusement isolée par des supports en porcelaine. Quant à la seconde électrode, elle était aussi constituée par un disque de fonte, qui, grâce à un système de poulies, pouvait se mouvoir verticalement dans le sens de l'axe du tuyau : on pouvait ainsi faire varier sa distance à la plaque de fond. L'électrolyte se composait d'une solution de sel de cuisine. Un interrupteur bipolaire, placé dans le circuit primaire, permettait d'interrompre le courant à chaque instant, même pendant les lectures sur les instruments. On mesurait la tension sur le circuit primaire à l'aide des appareils suivants : jusqu'à 30 volts avec un milli-ampèremètre gradué jusqu'à 30 milli-ampères par 1/5 de milli-ampère. Au-delà de 30 volts, on se servait d'une voltmètre à fil de résistance, dont la graduation, comprenant 130 divisions, permettait des lectures de 65, 170 et 260 volts par l'emploi de résistances additionnelles.

Le tube soumis à l'essai était placé sur une couche de matière isolante, puis introduit dans le circuit à haute tension du transformateur dont l'enroulement primaire était relié en série avec une résistance assez forte pour éviter la perforation du diélectrique. Le circuit restait fermé pendant le temps nécessaire à la mesure de la tension primaire ; on l'ouvrait ensuite et l'on diminuait la résistance électrolytique afin d'augmenter le voltage : on fermait alors le circuit puis on faisait une nouvelle lecture au voltmètre. Cette opération était répétée jusqu'à la perforation du diélectrique. Afin d'obtenir la tension critique avec toute l'exactitude désirable, on diminuait la résistance du rhéostat électrolytique à mesure que l'on s'en approchait, et, l'on enregistrait seulement la tension qui la précédait immédiatement, la lecture au voltmètre étant impossible au moment de la perforation. Le circuit restait fermé pendant le temps strictement nécessaire à l'observation, afin que l'élévation de température ne puisse diminuer la résistance du tube. Après l'expérience on mesurait l'épaisseur du diélectrique à l'aide d'un micromètre donnant le 1/100 de millimètre, chaque division ayant environ 2 millimètres de champ ; cette épaisseur était déterminée en divers points de la zone perforée et la valeur minima ainsi obtenue correspondait à la tension critique.

Résultats des expériences. — Le but des premières expériences était de déterminer la tension critique vers les bords des armatures. A cet effet, M. Moscicki choisit des tubes de verre fermés à une extrémité et des tubes obtenus par le forage partiel de baguettes d'ébonite. L'armature extérieure, formée par un dépôt d'argent précipité recouvrait le tiers de la hauteur du tube dont l'intérieur contenait du mercure. Le tube, équipé pour les essais (fig. 294), est renfermé dans un cylindre en verre de 30 centimètres de hauteur porté par un support en ébonite et rempli d'huile ; le bas de ce cylindre est fermé par un bouchon de caoutchouc traversé par le fil amenant le courant à l'armature extérieure. Ce fil est relié à une bague de cuivre, large de 2-3 centimètres, fixée au tube par l'intermédiaire d'une mince feuille d'étain. Le cylindre est fermé au col par un couvercle d'ébonite laissant passer le tube d'épreuve qui est immergé dans l'huile aux 2/3 de sa hauteur ; un fil de cuivre plonge dans le mercure constitue l'armature intérieure et la relie à la source d'électricité. Les essais ont porté sur trois qualités de verre, puis sur l'ébonite.

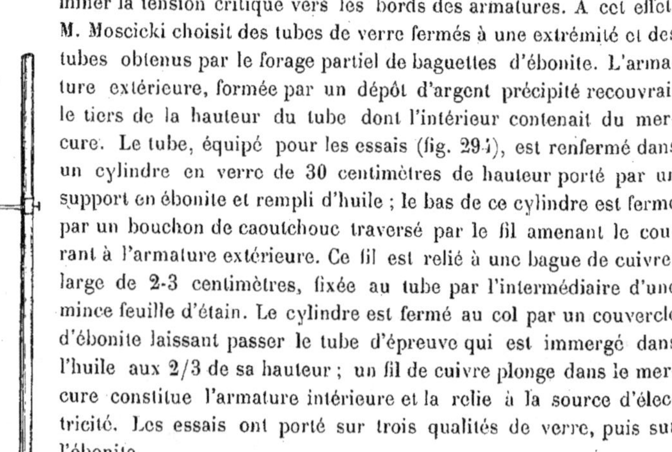

Fig. 294.

1° Verre alcalin ordinaire de Bohême servant à la confection des éprouvettes ;

2° Verre non alcalin de la maison Schott et Cie à Iéna, n° 477, III ;

3° Verre de thermomètre au silicate de bore provenant de la même fabrique, n° 59, III.

Les tables qui vont suivre donnent les résultats des expériences effectuées ; le diagramme de la figure 295 en facilite la lecture.

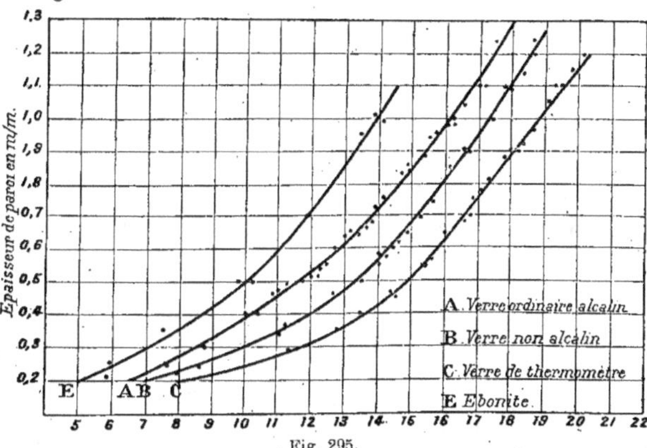

Fig. 295.

Le diagramme 296, établi d'après la table 1, colonne 4, montre que l'épaisseur du diélectrique varie avec le carré de la tension critique.

On a procédé ensuite à de nouvelles expériences dans le but de provoquer la perforation vers l'intérieur des armatures. A cet effet, on a choisi un tube à parois

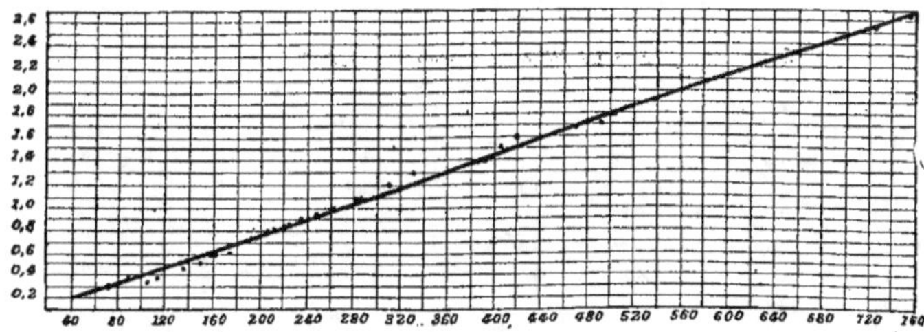

Fig. 296.

épaisses soigneusement fermé à l'une de ses extrémités. En l'étirant à la flamme, on obtenait une ampoule sphérique à parois relativement minces, que l'on faisait coïncider avec la zone médiane de la couche d'argent constituant l'armature extérieure, afin d'éviter qu'elle soit perforée par l'étincelle électrique. Ce tube était argenté jusque vers le col où la paroi était assez forte. Néanmoins aux hautes tensions, la paroi n'a jamais atteint une épaisseur suffisante pour empêcher la perforation des

TABLE I

Verre ordinaire alcalin

Épaisseur de paroi en millimètres	Diamètre ext. du tube en millimètres	Tension critique de perforation au bord, en volts	Carré de la tension critique	Épaisseur de paroi en millimètres	Diamètre ext. du tube en millimètres	Tension critique de perforation au bord, en volts	Carré de la tension critique μf
$10\,\varepsilon$	d	V	V^2	$10\,\varepsilon$	d	V	V^2
0,20	14,5	6.400	$410,10^5$	0,80	8,4	14 600	$2.131,10^5$
0,25	14,1	7.600	$578,10^5$	0,80	8,4	14.650	$2.146,10^5$
0,30	15,2	8.750	$766,10^5$	0,81	8,6	14.650	$2.146,10^5$
0,30	15,1	8.740	$764,10^5$	0,81	8,8	14.700	$2.160,10^5$
0,40	11,2	10.250	$1.050,10^5$	0,84	7,8	14 800	$2.190,10^5$
0,41	11,3	10.500	$1.102,10^5$	0,84	7,7	14.750	$2.175,10^5$
0,41	11,4	10.450	$1.092,10^5$	0,84	7,8	14.850	$2.205,10^5$
0,45	11,4	10.920	$1.192,10^5$	0,85	10,3	14.900	$2 220,10^5$
0,45	11,4	10.930	$1.194,10^5$	0,85	10,2	15 000	$2.250,10^5$
0,47	11,0	11.320	$1.281,10^5$	0,85	10,3	14.950	$2.235,10^5$
0,50	24,5	11.650	$1.357,10^5$	0,88	24,5	15 320	$2.347,10^5$
0,50	24,9	11.650	$1.357,10^5$	0,90	7,8	15 460	$2.390,10^5$
0,50	17,7	11.720	$1.373,10^5$	0,90	7,5	15 400	$2.391,10^5$
0,50	20,2	11.650	$1.357,10^5$	0,91	7,9	15 460	$2.390,10^5$
0,51	10,8	12.000	$1 440,10^5$	0,95	7,4	15.800	$2.496,10^5$
0,51	14,5	11.860	$1.406,10^5$	0,95	7,4	15.800	$2.496,10^5$
0,51	15,5	12.000	$1.440,10^5$	0,95	7,5	15.750	$2.480,10^5$
0,52	10,8	12.175	$1.482,10^5$	0,96	7,5	15.860	$2.512,10^5$
0,53	15,3	12.170	$1.481,10^5$	0,99	7,8	16.290	$2.653,10^5$
0,53	15,2	12.200	$1.488,10^5$	0,99	7,8	16 200	$2.624,10^5$
0,53	17,5	12.100	$1.464,10^5$	1,00	8,2	16.250	$2.640,10^5$
0,55	12,2	12.400	$1 537,10^5$	1,00	8,3	16.250	$2.640,10^5$
0,55	14,8	12.360	$1.527,10^5$	1,05	12,5	16.600	$2 755,10^5$
0,55	14,6	12.380	$1.532,10^5$	1,05	12,6	16.000	$2.755\ 10^5$
0,55	13,6	12.300	$1.512,10^5$	1,10	12,8	17.000	$2.890,10^5$
0,60	14,5	12.730	$1.623,10^5$	1,10	12,7	17.100	$2.924,10^5$
0,60	14,7	12.780	$1.633,10^5$	1,20	16,8	17.600	$3.097,10^5$
0,60	17,6	12.750	$1.625,10^5$	1,20	16,5	17 600	$3.097,10^5$
0,60	15,2	12.800	$1.638,10^5$	1,25	9,2	17 680	$3 125,10^5$
0,61	14,7	12.900	$1 664,10^5$	1,26	9,3	17.700	$3.132,10^5$
0,61	14,5	12.850	$1.651,10^5$	1,30	12,4	18.250	$3.330,10^5$
0,64	18,2	13.000	$1.690,10^5$	1,33	12,4	18.300	$3.348,10^5$
0,65	16,8	13.300	$1.768,10^5$	1,50	14,2	20.240	$4.096,10^5$
0,65	17,0	13 250	$1.755,10^5$	1,50	14,8	20.400	$4.161,10^5$
0,65	16,5	13.280	$1.763,10^5$	1,55	12,8	21.000	$4.410,10^5$
0,65	16,2	13.400	$1.795,10^5$	1,55	18,2	20.980	$4.401,10^5$
0,67	16,8	13.600	$1 849,10^5$	1,65	19,5	21.750	$4.730,10^5$
0,68	15,4	13.750	$1.890,10^5$	1,72	14,4	22.300	$4.972,10^5$
0,68	15,3	13.680	$1 871,10^5$	1,73	14,5	22.300	$4.972,10^5$
0,70	30,5	13.700	$1.876,10^5$	1,75	14,5	22.450	$5 040,10^5$
0,70	24,3	13.750	$1.890,10^5$	2,45	18,2	24 000	$5.760,10^5$
0,74	20,4	13.870	$1.923,10^5$	2,50	18,2	27.000	$7.260,10^5$
0,75	20,2	14.150	$2.002,10^5$	2,60	17,3	27 100	$7 344,10^5$
0,75	20,4	14.200	$2 016,10^5$	2,70	17,5	27.150	$7.371,10^5$
0,80	8,5	14.640	$2.128,10^5$	»	»	»	»

TABLEAU II

Verre non alcalin de l'usine Schott et Cie, à Iéna, N° 477 III

Epaisseur de paroi en millimètres	Diamètre ext. du tube en millimètres	Tension critique de perforation au bord en volts	Epaisseur de paroi en millimètres	Diamètre ext. du tube en millimètres	Tension critique de perforation au bord en volts	Epaisseur de paroi en millimètres	Diamètre ext. du tube en millimètres	Tension critique de perforation au bord en volts
10 δ	d	V	10 δ	d	V	10 δ	d	V
0,20	10,2	6.950	0,50	6,2	13.400	0,80	7,7	15.980
0,20	10,2	7.000	0,50	6,3	13.480	0,85	15,2	16.250
0,23	10,5	7.910	0,55	8,2	13.900	0,85	14,8	16.300
0,24	10,4	8.400	0,57	8,0	14 000	0,90	9,6	16.650
0,25	10,4	8.500	0,57	8,2	14.120	0,90	9,6	16.680
0,30	12,4	9 750	0,60	9,5	14.400	0,90	10,0	16.700
0,35	12,2	10.900	0,60	9,6	14.420	0,95	8,4	17.000
0,35	12,4	10.950	0,62	8,9	14.480	0,95	8,4	17 000
0,35	12,5	10.900	0,63	9,9	14.600	0,97	8,3	17.150
0,36	14,0	11.000	0,65	10,0	14.850	1,00	9,1	17.330
0,37	12,8	11.200	0,65	9,8	14.900	1,00	9,5	17.400
0,40	8,2	12.000	0,70	10,3	15.250	1,10	7,8	18.000
0,40	8,2	12.100	0,70	15,4	15.250	1,10	7,8	17.950
0,40	8,3	11.900	0,75	9,4	15 560	1,15	7,9	18 300
0,40	8,2	12.000	0,75	9,4	15.600	1,20	12,4	18.650
0,45	9,4	12.750	0,77	9,5	15.760	1,20	12,4	18.650
0,45	9,5	12.800	0,80	7,8	15.950	1,24	12,6	18.750

TABLEAU III

Verre de thermomètre N° 59 III

10 δ	d	V	10 δ	d	V	10 δ	d	V
0,19	14,5	7.540	0,65	10,4	16.200	0,92	7,8	18.350
0,20	14,5	7.850	0,70	9,4	16.620	0,95	7,1	18.500
0,25	12,3	9.500	0,71	9,4	16.700	0,95	7,0	18 500
0,30	12,8	11.200	0,75	9,2	16 950	0,97	8,0	18.650
0,35	13,0	12.700	0,75	9,6	17.000	0,97	8,1	18.700
0,40	9,7	13.800	0,78	11,0	17.200	1,00	10,5	18.870
0,45	9,8	14.500	0,78	11,2	17.260	1,00	10,4	18.850
0,45	9,8	14.450	0,80	7,2	17 400	1,00	10,4	18 850
0,48	4,9	14.750	0,82	7,2	17.800	1,05	9,5	19.200
0,50	4,8	15.000	0,83	7,3	17.680	1,10	9,8	19.560
0,50	4,9	14.950	0,85	6,4	17.800	1,10	9,8	19 500
0,55	5,6	15.400	0,88	6,2	17.960	1,15	10,1	19.900
0,60	10,0	15.800	0,90	7,4	18.200	1,20	15,0	20.340
0,60	10,1	15.800	0,90	7,5	18.200	1,10	15,1	20.340
0,65	10,5	16.150	0,90	7,4	18.175	»	»	»

TABLEAU IV

Ebonite

10 δ	10 d	V	10 δ	10 d	V	10 δ	10 d	V
0,20	14,8	4 800	0,35	14,9	7 500	0,95	16,0	13.550
0,20	14,7	5.000	0,50	15,0	9.640	1,00	16,1	14.100
0,25	13.5	5.860	0,50	15,1	10.100	1,00	16,1	13 850
0,25	13,6	5.900	0,70	15,4	11.850	1,10	18,2	14.600

bords. Pour obtenir ce résultat, on a dû avoir recours à un revêtement supplémentaire confectionné avec la matière isolante dont nous avons parlé (cire fossile, colophane et vaseline). Ce revêtement, pour répondre à son but exigeait beaucoup de soins, car il était indispensable que l'épaisseur du diélectrique varie insensiblement. Autour de ce revêtement, on enroulait une feuille d'étain et le courant était amené sur une bague de cuivre, analogue à celle de l'expérience précédente, fixée sur la partie épaisse

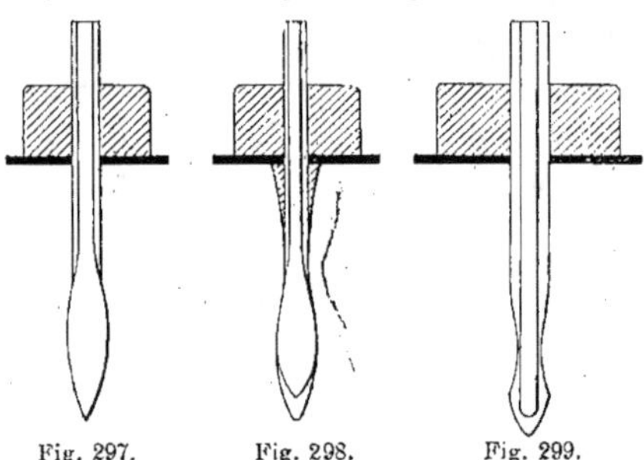

Fig. 297.   Fig. 298.   Fig. 299.

du tube que l'on engageait dans un disque d'isolite coupant le bord de l'armature extérieure. On coulait alors sur ce disque une masse de substance isolante qui entourait l'extrémité libre du tube, afin d'éviter des décharges entre les armatures.

Les figures 297 et 298 représentent le tube d'épreuve dépourvu et muni de son re-

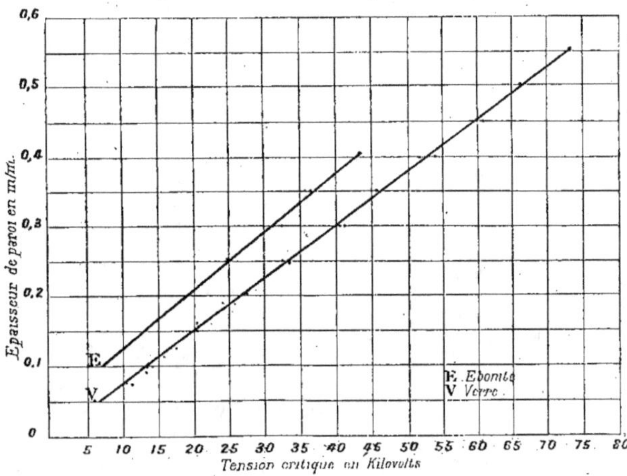

Fig. 300.

vêtement ; elles complètent la description que nous venons de donner ; quant à la figure 299, elle montre un tube d'ébonite obtenu par forage dans une barre pleine que l'on tourne extérieurement afin de réduire l'épaisseur de la paroi dans la zone médiane. Ce dernier tube, rempli de mercure, était plongé dans un bain du même métal qui constituait ainsi les deux armatures. Les expériences relatives aux tubes de verre furent effectuées à l'air libre et non dans un bain d'huile comme précédemment.

TABLE V
Verre alcalin ordinaire. Perforation au milieu de l'armature

Épaisseur minima de la paroi prise sur l'ampoule en millimètres	Épaisseur normale δ' de la paroi munie éventuellement d'un revêtement δ² en matière isolante, en millimètres	Tension critique en volts	Différence de potentiel en volts par centimètres d'épaisseur de paroi	Épaisseur minima de la paroi prise sur l'ampoule en millimètres	Épaisseur normale δ' de la paroi munie éventuellement d'un revêtement δ² en matière isolante en millimètres	Tension critique en volts	Différence de potentiel en volts par centimètres d'épaisseur de paroi
$10\,\delta$	$10\,\delta^2 + 10\,\delta^2$	v	$\dfrac{v}{\delta}$	$10\,\delta$	$10\,\delta^2 + 10\,\delta^2$	v	$\dfrac{v}{\delta}$
0,05	2,0	6.850	$1.370,10^3$	0,20	3,0	27.460	$1.373,10^3$
0,05	2,0	7.100	$1.420,10^3$	0,20	3,0	27.700	$1.385,10^3$
0,08	2,1	11.050	$1.381,10^5$	0,20	3,0	27.500	$1.375,10^3$
0,08	2,1	11.850	$1.480,10^3$	0,25	$3,4 + 4$	33.600	$1.344,10^3$
0,09	2,1	13.200	$1.467,10^3$	0,25	$3,4 + 4$	32 745	$1.309,10^3$
0,09	2,2	13.800	$1.481,10^3$	0,30	$3,2 + 3$	41 055	$1,368,10^3$
0,10	2,2	13.670	$1.367,10^3$	0,30	$3,3 + 3$	40.340	$1.343,10^3$
0,10	2,2	14.000	$1\,400,10^3$	0,35	$3,3 + 4$	46 800	$1\,331,10^3$
0,10	2,2	14.450	$1.445,10^3$	0,35	$3,5 + 4$	46.053	$1.315,10^3$
0,12	2,2	16 500	$1\,375,10^3$	0,40	$3,4 + 4$	54 300	$1.356,10^3$
0,13	2,3	18.000	$1.384,10^3$	0,40	$3,2 + 4$	55.000	$1.374,10^3$
0,13	2,5	18 560	$1.427,10^3$	0,40	$3,3 + 4$	53.500	$1.338,10^3$
0,15	2,5	20.130	$1.342,10^3$	0,43	$3,5 + 4$	58 190	$1.353,10^3$
0,15	2,5	20.300	$1.355,10^3$	0,45	$3,5 + 4$	60.960	$1.348,10^3$
0,16	2,3	21.000	$1.312,10^3$	0,45	$3,5 + 4$	61.404	$1.364,10^3$
0,16	2,3	20 470	$1.279,10^3$	0,50	$3,4 + 5$	67.116	$1.342,10^3$
0,18	2,5	26 600	$1.477,10^3$	0,55	$3,5 + 5$	74.960	$1.363,10^3$
0,18	2,5	24.700	$1.372,10^3$	»	»	»	»

TABLE VI
Ebonite

$10\,\delta$	$10\,\delta^2$	v	$\dfrac{v}{\delta}$	$10\,\delta$	$10\,\delta^2$	v	$\dfrac{v}{\delta}$
0,10	1,80	7.864	$786,10^2$	0,30	2,60	32.986	$1.099,10^2$
0,20	1,95	18.207	$910,10^2$	0,30	2,50	32.160	$1.071,10^2$
0,20	1,94	18.564	$923,10^2$	0,35	3,10	36.414	$1.040,10^2$
0,25	2,00	24.990	$999,10^2$	0,35	3,50	37.128	$1.060,10^2$
0,25	2,10	25.022	$1\,000,10^2$	0,41	3,65	44.625	$1.088,10^2$
0,30	2,20	33.915	$1\,130,10^2$	»	»	»	»

Après avoir essayé d'obtenir un résultat satisfaisant en réunissant deux éprouvettes l'une à paroi mince, l'autre à paroi épaisse ; sur la seconde se trouvait le bord de l'armature, on put voir qu'il se formait des fentes microscopiques, ayant l'aspect de stries, ainsi qu'on le constate toujours pour les tubes étirés ; au contraire, en amincissant les parois par soufflure, ces fentes étaient évitées et les résultats obtenus suivaient une loi plus uniforme. Les tables ci-dessous donnent les valeurs obtenues avec des tubes appareillés comme l'indiquent les figures 297, 298 et 299. Les diélectriques employés étaient les mêmes que ceux dont on s'est servi pour établir les tables I et IV, relatives à la perforation vers les bords de l'armature.

Le diagramme de la figure 300 est la représentation graphique des tables V et VI.

Expériences avec le courant alternatif à haute fréquence. — Les remarquables résultats, dûs aux deux séries d'expériences qui viennent d'être décrites, demandaient cependant à être complétées ; il restait en effet à étudier l'influence exercée sur la tension critique par la fréquence du courant employé.

On se servit pour ces recherches d'une génératrice unipolaire Thury à courants alternatifs donnant à raison de 3 000 tours par minute, 10 000 périodes par seconde et reliée directement à un moteur unipolaire à courant continu du même système. L'enroulement induit de l'alternateur comportait deux circuits à bornes indépendantes qui donnaient, suivant qu'on les associait en série ou en quantité 8 ampères à 200 volts, ou 16 ampères à 100 volts ; l'excitation exigeait au plus 2 ampères sous 110 volts. Les tensions fournies par la génératrice étaient loin de répondre au but proposé ; comme on ne possédait qu'un transformateur triphasé de 2 kilowatts, on modifia ses enroulements de façon à convertir en monophasés, les courants triphasés. Les rapports obtenus par la transformation étaient : 180 : 1 200, 180 : 3 600 et 180 : 10 800. La fréquence se déterminait à chaque expérience par la mesure au tachymètre du nombre de tours de la génératrice ; le réglage en était effectué par le courant fourni au moteur, et, dans une certaine mesure, par le courant d'excitation de l'inducteur de la génératrice par l'intermédiaire de rhéostats métalliques.

A l'aide du voltmètre à fil de résistance, on mesurait la tension dans le circuit primaire du transformateur et on la réglait au moyen du rhéostat à manettes de 7 ampères et 8 ohms.

Ces expériences avaient pour but de déterminer la tension critique vers le bord de l'armature et, comme dans les études analogues relatives à la fréquence ordinaire, les tubes d'épreuve étaient reliés au circuit à haute tension du transformateur.

Il s'agissait d'abord de faire tourner la génératrice à la vitesse demandée en maintenant constant son nombre de tours par un réglage convenable du courant fourni au moteur. Cette mesure était contrôlée au tachymètre. Après avoir introduit dans le circuit primaire toutes les résistances de réglage, on établissait le courant ; on procédait ensuite à la mesure de la tension et à la vérification du nombre de tours, puis le circuit était de nouveau ouvert. On diminuait insensiblement la valeur des résistances de réglage en répétant les mêmes opérations jusqu'à ce que le diélectrique soit perforé.

Les lectures à effectuer pour cette série d'expériences étaient fort compliquées en raison de la nécessité de contrôler simultanément la tension et le nombre de tours qui devaient rester constants. Quatre essais seulement ont été faits avec le courant à haute fréquence, car on pouvait craindre de troubler le fonctionnement du transformateur réglé pour la fréquence ordinaire de 50 périodes par seconde. Cet inconvénient est dû à la puissance de perforation des courants alternatifs.

Essais avec le courant alternatif à haute fréquence. — Pour être complet nous mentionnerons encore les trois expériences suivantes :

a) Un tube du type de la figure 301 était argenté extérieurement avec un grand soin, puis on rayait légèrement l'armature de façon à mettre le verre à nu. On plongeait ensuite ce tube dans une substance isolante en fusion formant une gaîne quand on l'en retirait. Sous l'action d'un courant d'une fréquence de 50 périodes par seconde, la tension critique atteignait seulement 8 743 volts et l'on constatait la perforation dans les rayures où l'épaisseur du verre était de $0^{mm},3$.

b) Un tube identique dont l'armature d'argent n'avait pas été rayée ne fut perforée que sous la tension de 24 270 volts dans la zone médiane où la paroi n'avait que $0^{mm},175$ d'épaisseur.

c) Sur l'ampoule d'un tube non argenté, analogue à celui de la figure 301 était fixée une gouttelette de substance isolante. Ce tube était immergé pendant l'expérience dans un électrolyte constituant l'armature extérieure. Il fut perforé sur le bord de la gouttelette, où le verre mesurait $0^{mm},25$, sous 7 000 volts.

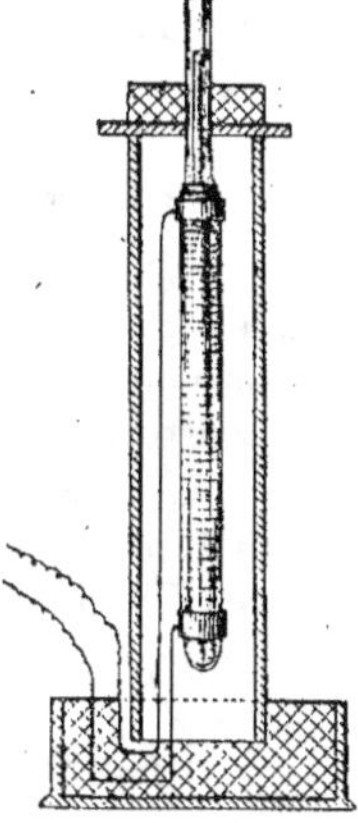

Fig. 301.

TABLEAU VII

Numéro de l'essai	Épaisseur de paroi en millimètres	Tension critique au bord du diélectrique en millimètres	Fréquence $\dfrac{200\,n}{60}$
N°	$10\,\delta$	v	f
1	0,2	2 520	8 000
2	0,53	3 600	9 000
3	0,55	4 800	8 600
4	0,57	5 520	8 600

TABLEAU VIII

Épaisseur du verre	Tension critique	
$10\,\delta$ millimètres	v à la fréquence ordinaire de 50 périodes par seconde	v à la fréquence de 8 000-9 000 périodes par seconde
0,2	6 400	2 520
0,53	12 150	3 600
0,55	12 380	4 800
0,57	13 600	5 520

Conclusions. — On peut tirer les conclusions suivantes des expériences que nous venons de décrire :

1° La perforation doit être étudiée soit sur les bords, soit dans la zone médiane des armatures. On peut examiner ces deux cas indépendamment l'un de l'autre.

2° L'expérience a prouvé que la perforation se produit aussi bien pour le verre que pour l'ébonite, à une tension beaucoup moins élevée sur les bords qu'au milieu des armatures, l'épaisseur de la lame isolante restant la même ; mais pour que cette conclusion soit vérifiée il faut que certaines conditions spéciales, telles que la conductance superficielle du diélectrique qui prolonge la surface conductrice au delà du bord de l'armature, soient soigneusement évitées. Le cas exceptionnel que nous venons de rappeler est celui de tube exposé à l'air ambiant. En comparant d'une part les tables I et V relatives au verre, d'autre part les tables IV et VI concernant l'ébonite, on constate des résultats très différents suivant la zone où l'on étudie la perforation. Ainsi :

$$
\begin{aligned}
&\text{Le verre de } 0^{mm},5 \text{ supporte} \begin{cases} \text{au bord} \dots\dots\dots\dots\dots & 11\,700 \text{ volts} \\ \text{à l'intérieur} \dots\dots\dots\dots & 67\,100 \quad » \end{cases} \\
&\text{L'ébonite sous une épaisseur de } 0^{mm},5 \text{ supporte au bord} \dots\dots & 9\,940 \quad » \\
&\qquad\qquad »\qquad\qquad »\qquad\quad 0^{mm},41 \quad »\quad \text{à l'intérieur} \dots\dots & 44\,600 \quad »
\end{aligned}
$$

3° Les chiffres fournis par les tables V et VI établies pour la perforation dans la zone médiane des armatures, prouvent qu'il y a toujours proportionnalité entre la tension et l'épaisseur du diélectrique.

4° Quand la perforation se produit vers les bords, l'épaisseur de la lame isolante croît suivant une progression beaucoup plus rapide que celle de la tension critique ; il y a toujours proportionnalité entre le carré de cette tension et l'épaisseur du diélectrique ainsi que l'on peut s'en convaincre par l'examen du diagramme représenté par la figure 300.

5° La tension critique est beaucoup moins élevée, aux hautes fréquences de 8 000-9 000 périodes par seconde (tables VII et VIII) qu'à la fréquence ordinaire de 50 périodes par seconde (table I), la qualité du verre restant la même Les résultats donnés sous les chiffres 1 et 2 s'expliquent par une condensation des lignes de force vers les bords, ce qui hâte la perforation. Les expériences spéciales mentionnées sous les lettres a, e, t, c confirment l'importance qu'il y a à bien délimiter l'armature. Il a été démontré en outre que l'on peut renforcer un diélectrique, sans augmenter beaucoup le risque de la perforation dans la zone où commence le revêtement pourvu que l'on évite toutefois les arêtes vives qu'il est susceptible de produire si son épaisseur ne varie pas insensiblement le long du tube. Cette dernière condition exige une précision d'autant moins grande que l'épaisseur du diélectrique principal est plus forte dans la zone considérée et que le rapport des pouvoirs inducteurs spécifiques des deux diélectriques employés est plus faible.

Ces déductions découlent des expériences faites sur un tube de $0^{mm},3$ d'épaisseur recouvert de feuilles de mica enroulées en spirales : le même tube, renforcé d'un revêtement en matière isolante de pouvoir inducteur spécifique plus faible que celui du mica n'obéissait pas à la loi énoncée plus haut. Pour empêcher la perforation des bords du diélectrique, inévitable aux tensions très hautes même avec des tubes de 3 millimètres d'épaisseur, il suffisait d'adapter aux parois de verre un vêtement confectionné avec la substance isolante dont nous avons donné la composition (fig. 302).

Ces conclusions confirment celles de A. de Waltenhofen, Mach et Doubrana, qui avaient établi qu'un diélectrique peut être perforé plus facilement si l'on coule sur sa surface un disque en matière isolante et que la perforation se produit toujours au bord intérieur de ce disque, bien qu'il soit traversé en son milieu par des électrodes effilées au préalable.

L'explication de ce phénomène est aisée : la conductance superficielle des diélectriques de l'air ambiant forme par elle-même une sorte d'armature nettement délimitée par le disque isolant. Hisshing et Walter ont procédé à une expérience analogue, mais le

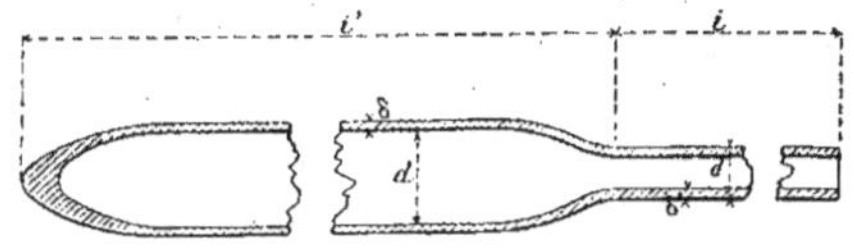

Fig. 302.

disque est remplacé par une gouttelette isolante au milieu de laquelle on a fait un petit trou à l'aide d'une aiguille, ce qui constitue un disque de dimension très réduite.

On a démontré d'autre part que les diélectriques solides sont perforés plus facilement quand ils sont immergés dans un bain d'huile ; cet inconvénient tient sans doute à ce que cet isolant délimite très nettement le bord de l'armature.

La troisième conclusion permet de déterminer le coefficient d'un diélectrique, indépendamment de son épaisseur, dans des conditions exactement définies : en effet la perforation se produit dans un champ électrique uniforme où l'on peut supposer les lignes de forces parallèles. Les résultats ne sont modifiés qu'avec la fréquence du courant et avec la forme qu'affecte la courbe de tension. La table V, colonne 4, montre que pour le verre ordinaire, il y a perforation sous l'influence d'un courant alternatif presque sinusoïdal d'une fréquence de 50 périodes par seconde pour une différence de potentiel approximative de $130\cdot10^{-4}$.

La quatrième conclusion, à savoir que l'épaisseur du diélectrique croît en proportion plus forte que la tension critique corresponde au bord de l'armature, peut s'expliquer par le raisonnement suivant. Dans cette zone, le champ électrique n'est plus uniforme et les lignes de force peuvent être considérées comme infléchies, de sorte que les surfaces équipotentielles cessent d'être parallèles aux surfaces des armatures et tendent à se rapprocher des bords en augmentant de densité. En conséquence, si l'on admet un champ électrique uniforme vers le milieu de l'armature, quand on fait croître l'épaisseur du diélectrique et la tension dans la même proportion, on obtient des canaux de force identiques pour un courant de même puissance, ce qui n'est pas le cas pour les bords de l'armature où les surfaces de niveau se trouvent refoulées, parce que la différence de potentiel augmente dans cette zone. Enfin la cinquième conclusion prouve que la perforation ne dépend pas uniquement de la différence de potentiel mais aussi de la rapidité avec laquelle se produit la polarisation diélectrique.

Des pertes diélectriques des condensateurs. — Les méthodes employées pour la mesure des pertes des condensateurs donnaient des résultats très peu concordants, soit parce que les relations de ces pertes avec la tension et la fréquence du courant étaient peu connues, soit parce que leurs valeurs en % pour un même diélectrique n'étaient pas déterminées assez exactement. Ces contradictions tiennent non seulement aux méthodes employées, mais aussi aux systèmes de condensateurs dont on disposait.

En mesurant directement les pertes dues à la chaleur dégagée, à l'aide de piles thermo-électriques, on obtenait en se servant du courant continu (méthode indiquée par Klairer et Düggelin) des différences de température relativement faibles, ce qui nuisait à la précision. De plus les feuilles d'étain, constituant l'armature extérieure des condensateurs employés, n'empêchaient pas l'interposition de bulles d'air entre cette armature et le diélectrique. Enfin l'on n'obtenait que des résultats comparatifs qui ne permettaient pas de déduire la valeur absolue des pertes.

Les mesures directes, effectuées à l'aide d'un wattmètre avec du courant alternatif, offrent des difficultés de lecture de la graduation surtout quand un voltage considérable nécessite l'emploi de résistances additionnelles, ce qui diminue la sensibilité de l'instrument. Un perfectionnement essentiel fut apporté à cette méthode par Hemke, puis par Rosa et Smith qui montèrent une bobine d'induction en série avec le condensateur dans le but de provoquer une résonance dans le circuit ; par ce procédé, on obtint de grandes différences de potentiel aux bornes du condensateur, tandis que la génératrice ne livrait que du courant à basse tension. Cette dernière méthode présente toutefois l'inconvénient de déterminer les pertes du condensateur en les déduisant de celles que l'on constate dans la bobine et le condensateur réunis, puis dans la bobine seule ; or la différence des deux valeurs ainsi obtenues étant peu appréciable, l'exactitude du résultat en est forcément diminuée. Steinmetz a opéré d'une façon à peu près analogue, mais il a monté en parallèle la bobine et le condensateur ce qui ne diminue pas les causes d'erreur.

Un défaut inhérent à toutes les méthodes basées sur la résonance consistait en ce que la capacité des condensateurs employés étant parfois considérable, il était presque impossible d'éliminer les pertes dues à la conductance superficielle des armatures, bien que les diélectriques choisis, en forme de plaques fussent d'excellente qualité. Les procédés suivant qui reposent sur l'étude du mouvement de rotation des diélectriques cylindriques, ellipsoïdaux, etc. placés dans des champs tournants électro-statiques, ou encore sur l'observation de l'amortissement dans ce mouvement, donnent plutôt des pertes par conductance, superficielle. C'est ainsi que l'on peut s'expliquer les résultats

peu probants obtenus par Schaufelberger (pertes pour la paraffine 2,1 % au delà de
60 % pour l'ébonite).

Les expériences relatives à la perforation des diélectriques ont permis à M. Moscicki
de construire un système de condensateur avec lequel il a pu non seulement parer aux
défectuosités des méthodes de mesures usitées, mais encore en créer une nouvelle dont
la précision est plus grande, puisqu'elle permet d'utiliser des différences de potentiel
plus élevées et supprime certains effets accessoires qui ont une fâcheuse influence sur
les mesures effectuées.

Si les chiffres obtenus n'ont pas toute l'exactitude désirable, les erreurs que l'on
pourrait constater ne sauraient pour autant en être imputées à la méthode, dont la précision serait mise en évidence par une étude spéciale. Il s'agit simplement ici de fixer
la valeur des pertes des condensateurs tubulaires en verre, afin de déterminer d'une
manière générale leur importance en fonction de la tension et de la fréquence.

Nous signalerons en passant que cette méthode n'est pas applicable à toutes les substances isolantes, en raison de difficultés spéciales. Les observations que nous allons
décrire se rapportent exclusivement au verre de Bohème qui sert à la fabrication des
éprouvettes.

**Description du système de condensateur de M. Moscicki et de sa méthode de me-
sure.** — Le condensateur employé pour l'évaluation des pertes diélectriques était constitué par un tube de verre mince, dont le col rétréci était à parois plus épaisses et dont
le fond était fermé. Une couche d'argent déposée par le procédé chimique de Bottger
formait l'armature extérieure s'étendant jusque sur le prolongement à fortes parois et ne
présentant qu'une résistance insignifiante après qu'elle avait été surchauffée. Quant à
l'armature intérieure elle était constituée par du mercure dans lequel plongeait un
thermomètre destiné à mesurer l'élévation de température.

Le courant était amené à l'armature extérieure par un fil de cuivre isolé soudé à une
bague de même métal fixée sur une feuille d'étain, afin d'empêcher que l'armature fut en-
dommagée. Un fil conducteur plongeant dans le mercure reliait l'armature intérieure à la
source d'électricité. Pour rendre possibles les mesures faites avec le courant continu sur
l'armature extérieure considéré comme résistance, on adaptait à l'extrémité inférieure du
tube une seconde prise de courant absolument semblable à celle décrite précédemment.
La partie rétrécie du tube traversait vers son renflement, au bord de la couche d'argent
un disque d'isolite sur lequel on coulait un revêtement composé de la masse isolante
dont nous avons parlé, soit un mélange de cire fossile, de colophane et de vaseline,
On introduisait le condensateur dans un récipient cylindrique de 50 millimètres de
diamètre et de 400 millimètres de hauteur, dont le bord supérieur supportait le disque
d'isolite et le tube qui y était suspendu, et dont le fond livrait passage aux deux prises
de courant continu ; le tout était placé ensuite dans un vase en verre ordinaire
contenant une substance isolante en fusion.

Les essais portèrent sur trois condensateurs que nous désignerons simplement par les N^{os} I, II, III, et dont les dimensions principales, exprimées en millimètres, étaient les suivantes.

	l	l'	d	d'	δ	δ'
	millimètres	millimètres	millimètres	millimètres	millimètres	millimètres
I	300	100	15	10	0,29	1,5
II	»	»	14,1	»	0,32	»
III	»	»	17	»	0,48	»

L'épaisseur d est la moyenne obtenue en effectuant des mesures en diverses régions du tube. L'échauffement du condensateur, après le passage du courant alternatif, se déterminait par deux lectures faites au thermomètre immergé dans le mercure; l'une était obtenue quand les températures du mercure et du bocal étaient sensiblement les mêmes, l'autre était faite quand le circuit avait été fermé durant trois à cinq minutes, suivant la chaleur dégagée, car le thermomètre était gradué jusqu'à 22° C. On peut admettre sans erreur appréciable que la chaleur produite était absorbée en totalité par le mercure, surtout si l'on tient compte de la courte durée de l'opération et de la faible élévation de température observée. Pour observer l'énergie équivalente à la chaleur dégagée, on introduisait l'armature extérieure, considérée comme résistance, dans un circuit parcouru par un courant continu dont l'intensité et la chute de tension étaient connues. Deux lectures analogues, effectuées au même thermomètre donnèrent avec une précision plus grande encore l'énergie correspondant à l'échauffement constaté, par suite les pertes cherchées elles-mêmes.

Les deux mesures dont nous venons de parler présentent entre elles la différence essentielle suivante : dans le premier cas, la chaleur émanée de l'intérieur du verre se communique au mercure par rayonnement, ce qui permet de conclure que la source calorifique se trouve dans le diélectrique ; dans le second cas, au contraire, la chaleur prend naissance sur la surface extérieure du verre d'où elle doit rayonner vers l'intérieur.

En admettant qu'il y ait dans les deux cas production d'une même quantité de chaleur pour des temps égaux, l'élévation de température sur l'armature extérieure comporte chaque fois des valeurs différentes, ce qui porte à croire que le rayonnement de la chaleur dans l'air ambiant dépend de l'expérience considérée. On en conclut que l'énergie consommée par la couche d'argent est plus considérable pour le courant continu que pour le courant alternatif.

Il suffit de calculer la chaleur transmise au mercure à travers la demi-épaisseur du verre pour évaluer la température dans les deux cas.

Supposons que le mercure reçoive 0,24 petite calorie par seconde : pour une demi-épaisseur de verre de 0^{cm},015, une section conductrice de 120 centimètres, une conductibilité de 0,0007 petite calorie, section conductrice 1 centimètre, épaisseur de paroi

1 centimètre, différence de température de 1° C, l'écart des deux différences de température du mercure et de la surface extérieure du tube sera :

$$\lambda = \frac{0,240.0,15}{0,0007.120} = 0,043° \, C.$$

Si la durée de l'expérience est de cinq minutes la température ne s'élève que de 2°. 2 C dans le mercure : les erreurs de mesure n'ont donc pas une influence appréciable.

Pour les observations faites avec le courant continu, le circuit était disposé comme le montre la figure 303. Un courant de 110 volts, fourni par une batterie d'accumulateurs, traversait un rhéostat à lampes L, un galvanomètre universel G, puis était amené à un interrupteur bipolaire 1 réuni à l'armature extérieure du condensateur C et à un voltmètre de Weston V. La figure 304 indique la disposition adoptée pour le courant alternatif ordinaire de 50 périodes par secondes ; un courant de 160 volts passe successivement par un interrupteur bipolaire, un rhéostat de 6 Ω à 6 touches, une série de résistances additionnelles comprenant des unités de 8 Ω et de 16 Ω, enfin un rhéostat à l'interrupteur

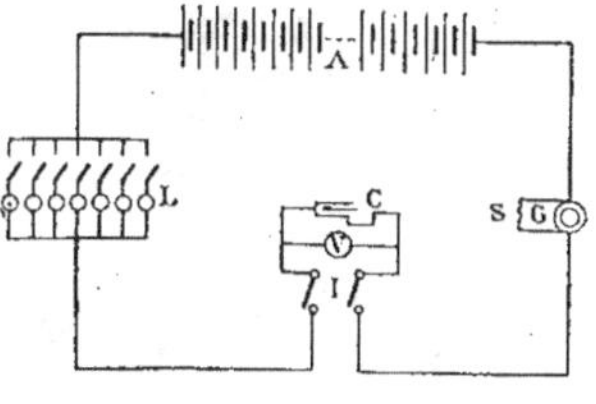

Fig. 303.

de réglage de 8 Ω permettant de régler la résistance de telle sorte que la tension conserve une valeur constante. Le courant était ramené de ce dernier rhéostat à l'interrupteur par l'intermédiaire de l'enroulement primaire du transformateur relié en dérivation avec un voltmètre.

L'enroulement à haute tension de transformateur était groupé en série avec un milli-ampèremètre et le condensateur mis à l'épreuve. Deux opérateurs faisaient simultanément

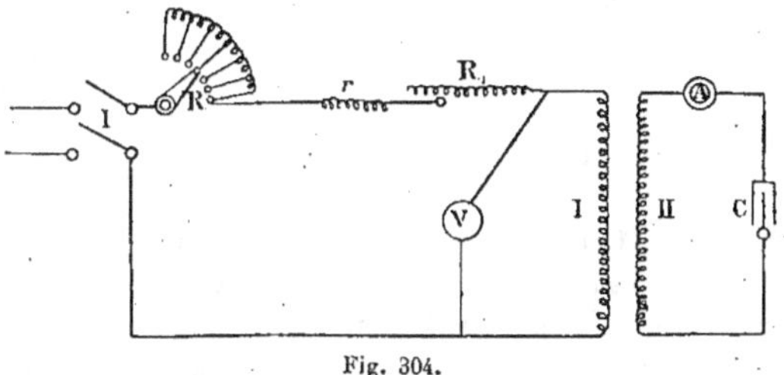

Fig. 304.

multanément les lectures : l'un notait la tension qu'il maintenait constante à l'aide d'un rhéostat à résistance variable, l'autre relevait les indications du thermomètre et du milli-ampèremètre.

Pendant les expériences effectuées soit avec le courant continu, soit avec le courant alternatif, le condensateur était placé dans un vase en grès de 1 mètre de diamètre et de 0ᵐ60 de hauteur tant pour l'isoler de la terre que pour le protéger des vibrations de l'air ambiant. Ceci dit, nous pouvons établir la supériorité de cette méthode sur les précédentes ; elles permet d'abord d'obtenir des différences de potentiel considérables entre les armatures. En effet on a atteint avec le condensateur N° 1 une différence de potentiel de $\frac{v}{\delta} = 380.000$, ($v$ étant la tension, δ l'épaisseur du diélectrique exprimée en centimètres) ; en renforçant convenablement les bords de la lame isolante elle devenait : $\frac{v}{\delta} = 1\,300\,000$. Or la valeur maxima observée jusqu'ici avec du courant continu comportait selon Hoor : $\frac{v}{\delta} = 100000$.

Un avantage très réel de la méthode de M. Moscicki est sa précision car les différences de température observées sont assez considérables pour être appréciées non seulement avec la plus grande commodité, mais aussi avec toute l'exactitude désirable, Il en est de même du courant continu qui provoque dans le mercure une élévation de température identique à celle que l'on observe pour le courant alternatif. On évite ainsi les causes d'erreur qui résultent de la comparaison de grandeurs dont les différences sont peu appréciables.

Enfin la forme du conducteur permet d'éliminer presque entièrement l'influence de la conductance superficielle entre les armatures ; cet inconvénient a donné bien souvent lieu aux erreurs des méthodes antérieures. Dans le condensateur tubulaire le bord de la lame isolante se réduit à de très faibles dimensions, ce qui permet d'obtenir une isolation parfaite entres les extrémités des armatures en adoptant un revêtement supplémentaire en matière non conductrice.

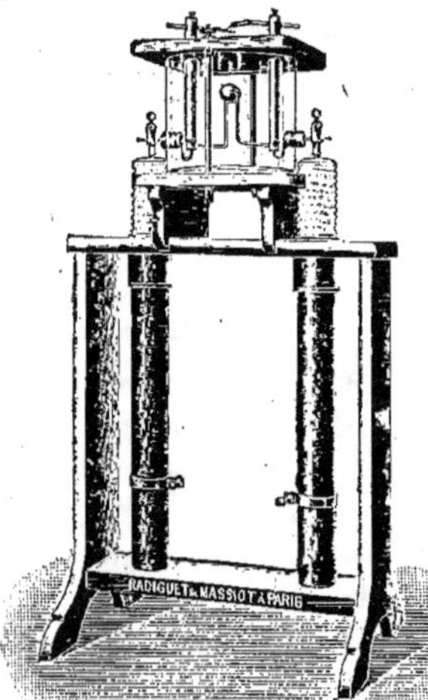

Fig. 305. — Condensateur et éclateur Moscicki de MM. Radiguet et Massiot.

Condensateur de MM. d'Arsonval et Gaiffe. — MM. d'Arsonval et Gaiffe ont adopté les condensateurs à lames planes noyées dans le pétrole. Un perfectionnement important dans la construction de ces condensateurs a été réalisé.

Une usure progressive de verre se produisait sur les bords des armatures métalliques où la pression électrostatique est à son maximum.

Il a suffi pour les éviter, d'interposer entre le verre et l'armature métallique une mince épaisseur de pétrole par un dispositif simple.

La pression électrique qui apparaît à la tranche de l'armature provoque dès qu'elle devient dangereuse, un mouvement de circulation du pétrole qui refroidit le verre et amortit en même temps les chocs produits par cette pression. Toute usure du verre est ainsi rendue impossible et le condensateur fonctionne sans échauffement dangereux et sans altération du diélectrique solide.

Fig. 306. — Condensateur à pétrole de MM. d'Arsonval et Gaiffe.

Condensateur de M. Charbonneau. — Afin d'éviter le collage des armatures sur le verre, M. d'Arsonval remplit ses jarres d'eau légèrement acide, dans laquelle plonge une tige métallique servant de conducteur. M. Charbonneau ayant remarqué que dans la pratique industrielle ces condensateurs qui possèdent à l'extérieur une armature collée au suif selon la méthode de M. d'Arsouval, se trouvaient altérées par le collier extérieur qui sert de conducteur à cette armature a réalisé les condensateurs dont une batterie est représentée sur la figure 307.

Les jarres C sont argentées à l'intérieur par le procédé d'argenture optique sur laquelle on passe une couche de vernis ; au fond de la jarre, du mercure sert de conducteur à une masselotte MP qui est reliée électriquement par une tige métallique T.

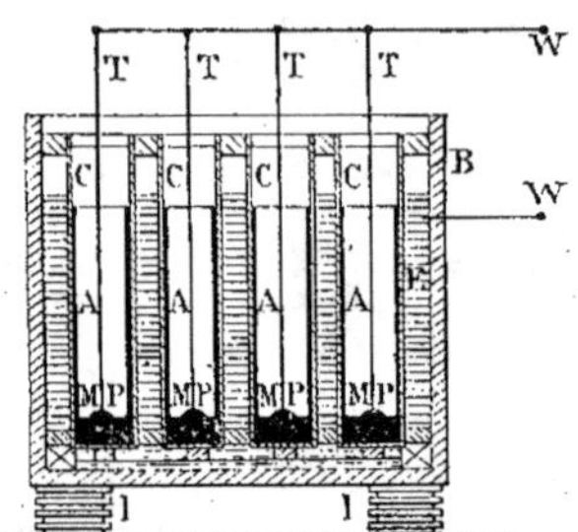

Fig. 307. — Condensateur de M. Charbonneau.

Toutes les jarres sont reliées en quantité et sont placées dans un bac isolant ou métallique isolé du sol. L'armature extérieure de la batterie est constituée par de l'eau légèrement acidulée remplissant le bac jusqu'à la hauteur convenable.

L'avantage de ce dispositif est de supprimer l'armature extérieure et d'éviter aussi l'échauffement qui peut se produire par une marche de longue durée échauffement qui modifie le rendement du condensateur.

CHAPITRE XV

LE RÉSONATEUR

Résonance mécanique. — Considérons un pendule composé d'une petite sphère très pesante, fixée à une tige qui peut osciller autour d'un point de suspension. Écartons le pendule de la position verticale et abandonnons-le à lui-même.

Il s'effectue un certain nombre d'oscillations, la sphère dépassant la position d'équilibre, remontant au delà, s'arrêtant, redescendant pour dépasser à nouveau sa position d'équilibre, etc. Ces oscillations sont amorties, chacune d'elles étant plus petite que la précédente, à cause du frottement de l'air sur le pendule et du frottement du point de suspension autour de son axe. Le mouvement du pendule oscillant en liberté présente une certaine fréquence naturelle ou fréquence propre d'oscillation f, égale à l'inverse de la période p, ou durée d'une oscillation complète.

Faisons agir maintenant, sur ce pendule qui oscille librement, une force périodique de fréquence f'.

Cette force périodique peut être obtenue par l'action intermittente d'un électro-aimant ; supposons, pour simplifier, qu'elle consiste en chocs réguliers ou impulsions que l'on imprime avec la main au pendule, à des intervalles de temps égaux ; la fréquence f' d'une telle force périodique est égale au nombre d'impulsions par seconde. Deux cas peuvent se présenter, ou bien la fréquence f' de la force périodique agissante, est différente de la fréquence f des oscillations propre du pendule ; ou bien elle lui est égale. Si elle est différente, on se rend compte assez facilement que, après une période transitoire, où la fréquence du mouvement a une valeur mal déterminée, le pendule se met à osciller avec la fréquence de la force périodique qui agit sur lui ; on dit qu'il s'effectue des oscillations forcées.

Les oscillations forcées sont d'autant plus petites que la fréquence de la force agissante diffère plus de la fréquence propre d'oscillation du pendule. Si la fréquence de la force périodique agissante est égale à la fréquence propre d'oscillation, chacune des impulsions agit pour augmenter l'effet de la précédente, et les oscillations du pendule deviennent extrêmement grandes, même pour une valeur très faible de la force périodique agissante. On dit qu'il y a résonance entre les oscillations naturelles du pendule libre et la force périodique agissante.

A cet exemple mécanique correspond à peu près celui de la balançoire sur laquelle on fait agir une impulsion périodique provenant du mouvement des jarrets : le système comprenant la balançoire sur laquelle on fait agir une impulsion périodique : le système comprenant la balançoire et l'opérateur possède une fréquence propre d'oscillation, et l'on sait fort bien que, pour atteindre une grande hauteur, il faut faire concorder la fréquence des impulsions périodiques avec la fréquence propre d'oscillation.

Un autre exemple est celui d'une troupe d'infanterie traversant au pas cadencé un pont métallique qui possède une certaine élasticité. Si la fréquence de la force périodique agissante (ici la cadence du pas) est différente de la fréquence propre d'oscillation du pont, ce dernier effectue des oscillations forcées qui sont d'autant plus petites que les fréquences sont plus différentes. Si, par hasard, la fréquence de la force périodique agissante est égale à la fréquence propre du pont, ou en est très voisine, il y a résonance, et les oscillations deviennent tellement grandes que le pont peut se rompre. Dans ce dernier cas, un pont établi, par exemple, pour résister à une charge normale de 5 tonnes peut être rompu par l'action périodique d'une charge de 1 tonne, dont la fréquence concorde avec la fréquence propre d'oscillations.

Enfin un dernier exemple de résonance mécanique, qui illustre bien ce phénomène, est le suivant :

Dans des essais faits par une compagnie de chemins de fer on constata que certains wagons dont la suspension était excellente aux vitesses inférieures à 85 kilomètres à l'heure, et supérieures à 95 kilomètres à l'heure, présentaient des oscillations intolérables pour les vitesses voisines de 90 kilomètres à l'heure. Cela provenait d'un phénomène de résonance, la fréquence des chocs des roues sur les joints des rails étant égale pour ces vitesses à la fréquence propre d'oscillations des wagons.

Une application très intéressante du phénomène de résonance a été réalisée dans certains appareils servant à mesurer la fréquence des courants alternatifs. Si l'on fait agir sur une lame élastique en acier le champ magnétique d'un électro-aimant dont la bobine est parcourue par un courant alternatif, cette lame effectue des vibrations dont l'amplitude est d'autant plus grande que la fréquence du courant agissant, se rapproche plus de la fréquence propre d'oscillations de la lame.

Quand les deux fréquences sont égales, c'est-à-dire, quand il y a résonance, l'amplitude des vibrations atteint un maximum très nettement accentué,

Par exemple, en faisant agir sur une lame vibrante, dont la fréquence propre d'oscillations était de 90 périodes par seconde, un électro-aimant dont la bobine était parcourue par un courant alternatif de fréquence variable, on a obtenu photographiquement la courbe de la figure 308, dans laquelle les longueurs horizontales sont proportionnelles aux valeurs de la fréquence du courant alternatif, et les longueurs verticales aux valeurs de l'amplitude des oscillations correspondantes.

Pour réaliser une fréquence mètre basé sur les phénomènes de résonance, on dispose, en face de l'un des pôles d'un électro-aimant, un certain nombre de lames vi-

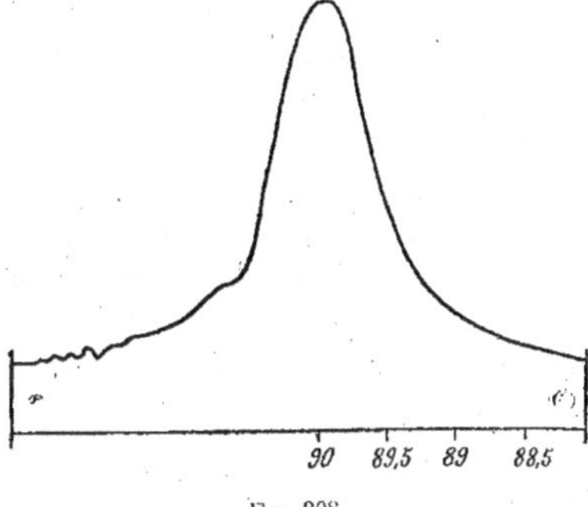

Fig. 308.

brantes présentant des fréquences propres d'oscillations graduellement différentes. Lorsqu'un courant alternatif parcourt la bobine de l'électro-aimant, la lame dont la fréquence propre d'oscillations correspond à la fréquence du courant alternatif, ou les deux lames qui possèdent les fréquences propres les plus voisines de la fréquence du courant alternatif, effectuent des vibrations dont l'amplitude est maxima. Par exemple, on voit sur la figure 309, d'après les amplitudes de vibration des lames, que la bobine de l'électro-aimant est parcourue par un courant alternatif dont la fréquence est comprise entre 100 et 101 périodes par seconde et se rapproche plus de 101 que de 100.

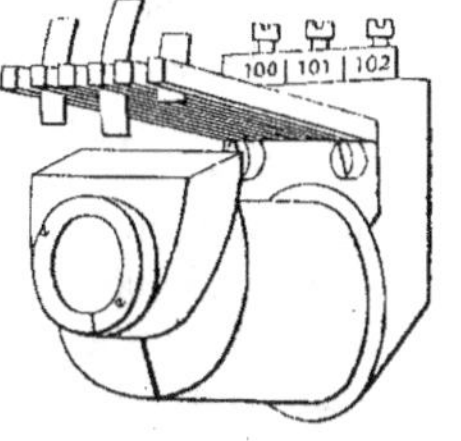

Fig. 309.

Les différents exemples qui précèdent, montrent nettement les phénomènes de résonance mécanique qui peuvent se produire. D'une façon générale, on peut dire que tout système susceptible d'osciller, peut être amené à présenter de très grandes oscillations, sous l'effet de très petites forces périodiques agissant avec une fréquence égale à la fréquence propre d'oscillations du système.

Résonance électrique. — Dans le domaine des oscillations électriques, les phénomènes de résonance jouent un rôle très important et conduisent à des amplifications considérables des oscillations.

Considérons deux circuits oscillants 1 et 2 contenant chacun un condensateur C_1 ou C_2 et une bobine de self-induction L_1 ou L_2. Ces deux circuits peuvent être accouplés inductivement ensemble, la bobine L_2 étant placée à proximité de la bobine L_1 de façon à embrasser une ou moins grande partie des lignes de force émanant de celle-ci. Le circuit I « primaire » contient un éclateur E relié au secondaire d'une bobine de Ruhmkorff; le circuit 2 « secondaire » contient un appareil de mesure G, servant à déterminer l'intensité du courant oscillant qui passe dans le circuit; le condensateur C_2 est réglable, c'est-à-dire qu'on peut modifier à volonté la valeur de sa capacité. Nous supposons que l'amortissement est très faible dans chacun des circuits oscillants c'est-à-dire que la résistance électrique de ceux-ci est très minime. Les oscillations électriques qui prennent naissance dans le circuit primaire, sont alors des oscillations persistantes.

Les circuits 1 et 2 possèdent chacun une fréquence propre d'oscillations : c'est la fréquence des oscillations qui prennent naissance lorsque l'un ou l'autre des circuits, n'étant pas accouplé avec le second est mis en vibration au moyen d'un éclateur alimenté par une bobine de Ruhmkorff. Nous appellerons f_1 la fréquence propre du circuit primaire, et f_2 la fréquence propre du circuit secondaire : cette dernière peut être modifiée à volonté par variation de la capacité du condensateur réglable, puisque la fréquence propre d'oscillations d'un circuit dépend de sa capacité et de sa self-induction. Nous supposerons d'abord que la fréquence f_2 est plus grande que la fréquence f_1.

Accouplons inductivement ensemble les deux circuits, et mettons en fonctionnement la bobine de Ruhmkorff pour engendrer dans le circuit primaire des oscillations électriques. La déviation de l'appareil de mesure G indique que le circuit secondaire est le siège d'un courant oscillant : on dit qu'il s'effectue des *oscillations forcées*. Quand les fréquences propres f_1 et f_2 sont sensiblement différentes le courant secondaire a une faible intensité.

Augmentons peu à peu la valeur de la capacité secondaire pour diminuer la fréquence propre f_2 : nous constatons que l'intensité du courant oscillant secondaire, indiquée par l'appareil de mesure, augmente, mais très lentement au début quand la valeur de la fréquence propre f_2 se rapproche de la fréquence propre f_1. A partir d'un certain moment, lorsque les deux fréquences propres sont assez voisines, l'intensité du courant croît très rapidement quand on augmente la capacité secondaire pour diminuer la fréquence propre f_2. *Quand la fréquence propre f_2 du circuit secondaire est égale à la fréquence f_1 du circuit primaire, c'est-à-dire quand les deux circuits sont en résonance, l'intensité du courant oscillant secondaire atteint une valeur maxima*, très élevée par rapport à la valeur qu'elle présentait auparavant : les deux circuits en résonance sont dits *accordés* ou *syntonisés*. Si nous continuons à diminuer la valeur de la fréquence propre f_2 « inférieure maintenant à f_1 », l'intensité du courant oscillant retombe, d'abord rapidement, puis de plus en plus lentement.

Si l'on porte sur une horizontale les valeurs de la capacité du circuit secondaire (en unités arbitraires), et sur les verticales correspondantes les intensités du courant oscillant, mesurées par l'appareil G (également en unités arbitraires), on obtient une courbe dont la forme générale est analogue à celle de la figure 310 : une telle courbe est appelée *courbe de résonance*. On voit que, au voisinage de la résonance, une faible variation de la fréquence propre du circuit secondaire produit une très grande variation de l'intensité du courant oscillant secondaire ; au contraire, une modification de même grandeur relative de la capacité, quand les fréquences f et f diffèrent sensiblement, produit une très faible variation du courant oscillatoire secondaire.

Si l'on introduit dans le circuit primaire une résistance de valeur relativement élevée, de manière à augmenter l'amortissement, on constate que la résonance est beaucoup moins aiguë, c'est-à-dire que la courbe de la figure 310 s'aplatit et s'élargit : cela montre l'intérêt qu'il y a à réduire autant que possible l'amortissement dans les systèmes en résonance.

En examinant la courbe de la figure 310, on voit tout l'intérêt que présente le phénomène de résonance, puisqu'il permet d'obtenir dans un circuit secondaire accordé, des oscillations dont l'amplitude est infiniment plus grande que dans un circuit secondaire non accordé.

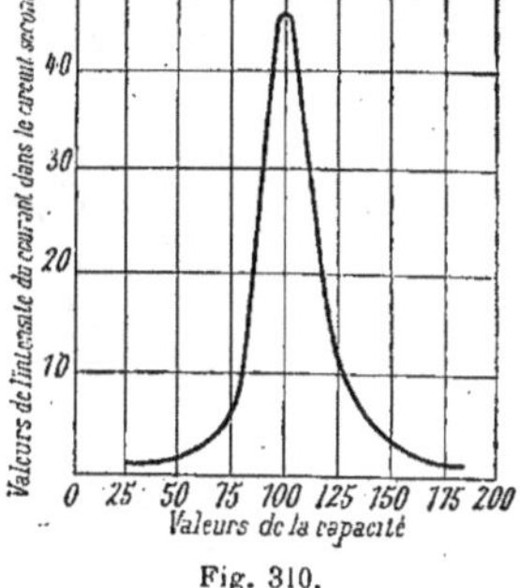

Fig. 310.

Circuits accouplés inductivement. — Étudions de plus près les phénomènes en jeu dans deux circuits accouplés. Nous savons que l'accouplement inductif entre deux circuits est lâche imparfait ou rigide parfait suivant qu'une faible partie ou la majeure partie des lignes de force émanant d'un des circuits est embrassée par l'autre circuit. La valeur de l'accouplement est indiquée par le coefficient d'accouplement, égal au quotient du coefficient d'induction mutuelle par le produit des deux coefficients de self-induction.

Dans le premier cas, accouplement lâche, le circuit secondaire a une certaine indépendance par rapport au circuit primaire et réagit très peu sur celui-ci. Dans le second cas (accouplement rigide), le circuit secondaire est intimement lié au circuit primaire et réagit fortement sur lui :

1° Supposons d'abord que l'amortissement des deux circuits soit négligeable.

On démontre mathématiquement que, dans le système constitué par deux circuits accouplés, il se produit en général deux groupes simultanés d'oscillations, ayant chacun une fréquence particulière ; les deux fréquences diffèrent des fréquences propres d'oscillations de l'un et de l'autre circuit.

Si les circuits sont en résonance, c'est-à-dire s'ils étaient accordés sur la même fréquence avant d'être accouplés ensemble, les fréquences des deux groupes d'oscillations qui prennent naissance, sont l'une supérieure et l'autre inférieure à la valeur de la fréquence propre des deux circuits. Les oscillations complexes, résultant de la superposition de ces deux groupes d'oscillations de fréquence différente, présentent des battements et répondent à peu près à la courbe de la figure 311. Si l'accouplement entre les circuits est rigide, les fréquences des deux groupes d'oscillations diffèrent beaucoup de la fréquence propre des circuits.

Si l'accouplement est lâche, ces deux fréquences ont des valeurs voisines de la fréquence propre commune des circuits et tendent à se confondre pour un accouplement extrêmement lâche.

Si les circuits accouplés ne sont pas en résonance c'est-à-dire s'ils possédaient avant leur accouplement, des fréquences propres différentes, et si l'accouplement est rigide,

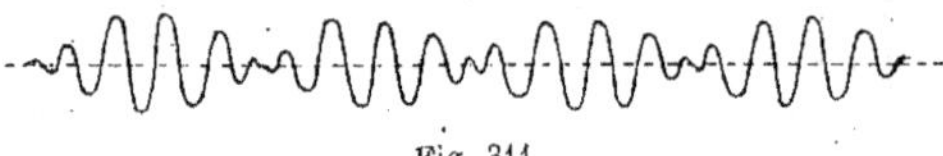

Fig. 311.

les oscillations primaire et secondaire ont une seule fréquence commune, qui est intermédiaire entre les fréquences propres des circuits ;

2° Supposons maintenant que les circuits présentent chacun un amortissement non négligeable.

Dans ce cas, le calcul montre que le circuit secondaire est le siège de deux groupes d'oscillations : les unes, oscillations forcées, ont une même fréquence et même amortissement que celles du circuit primaire ; les autres, les oscillations libres, ont même fréquence et même amortissement que celles du circuit secondaire. Le courant oscillant dans le circuit secondaire résulte de la combinaison de ces dix groupes d'oscillations de fréquences différentes et d'amortissements différents. Plusieurs cas particuliers peuvent se présenter.

a) Les deux circuits sont complètement accordés, c'est-à-dire qu'ils ont même fré-

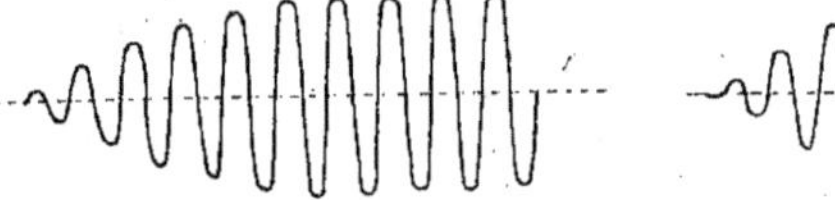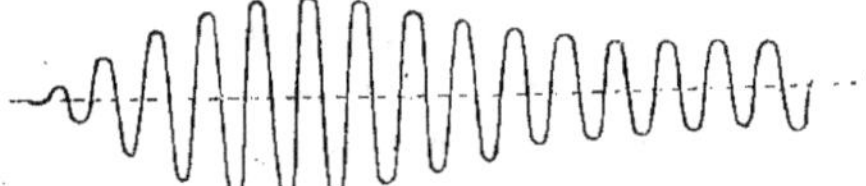

Fig. 312.   Fig. 313.

quence propre et même amortissement. Dans ce cas, les oscillations du circuit secondaire, vont en croissant jusqu'à une certaine valeur qu'elles conservent (fig. 312).

b) Les deux circuits ont une même fréquence propre, mais n'ont pas le même amortissement.

Dans ce cas, les oscillations du circuit secondaire croissent d'abord jusqu'à une certaine valeur sensiblement plus faible que dans le cas précédent, puis décroissent peu à peu (fig. 313).

c) Les deux circuits ont des fréquences propres différentes et des amortissements égaux ou différents. Les oscillations résultantes du circuit secondaire vont en croissant jusqu'à une valeur maxima, puis décroissent jusqu'à zéro pour croître à nouveau et présentent des battements analogues à ceux qu'indique la figure 311 : à cause de l'amortissement, l'amplitude des oscillations maxima dans chaque battement va en diminuant. Ce dernier cas n'a pas d'intérêt en pratique, puisqu'on place toujours les circuits dans les conditions de résonance, ou tout au moins très près de ces conditions, pour obtenir le maxima d'effet.

Transformateurs pour oscillations électriques. — On appelle souvent ces appareils transformateurs Tesla, du nom de M. Nicolas Tesla qui, le premier, en a fait usage pour la production d'oscillations électriques.

Les actions réciproques qu'exercent l'un sur l'autre les deux enroulements parcourus par les oscillations électriques sont différentes de celles qui se manifestent dans les transformateurs ordinaires pour courants de basse fréquence, car, ici les circuits sont généralement accordés ou syntonisés, c'est-à-dire qu'ils sont en résonance. *Si le transformateur a un accouplement lâche et si les deux circuits, présentant un amortissement négligeable, sont en résonance,* le rapport de transformation *ne dépend pas du rapport des nombres de tours des bobines L_1 et L_2 : il dépend seulement* du rapport des capacités *des deux circuits. Si au contraire l'accouplement est rigide, et si les deux circuits ne sont pas accordés, le rapport de transformation dépend, comme pour les transformateurs ordinaires à basse fréquence, du rapport des nombres de tours* secondaires et primaires.

PHÉNOMÈNES DE RÉSONANCE

Propagation le long d'un fil. — La mesure directe de la période d'un excitateur est impossible ; si donc nous voulons étudier expérimentalement cette période, il nous faudra employer des méthodes indirectes. Nous allons examiner successivement deux phénomènes dont l'étude nous permettra de découvrir les lois suivant lesquelles varie cette période, les phénomènes de résonance et la propagation des perturbations électromagnétiques le long de fils conducteurs.

Résonance. — Considérons un excitateur fixe et un résonateur dont on peut faire varier les dimensions ou la capacité ; l'étincelle qui se produit à l'interrupteur du résonateur a une intensité variable. A un certain moment, cette intensité de l'étincelle passe par un maximum, On dit alors qu'il y a résonance : les périodes de l'excitateur et du résonateur sont alors les mêmes.

On peut utiliser ce fait pour comparer la période de deux excitateurs ou de deux résonateurs, pour trouver le rapport des périodes.

En effet, doublons les dimensions d'un excitateur ou d'un résonateur : sa période sera par là même doublée. Il n'y a même pas besoin pour le démontrer de s'appuyer sur la formule de Thomson, car c'est une conséquence de l'homogénéité des formules.

Si dans nos équations fondamentales, on change x, y, z et t en λx, λy, λz, λt, sans changer les valeurs de X, Y, Z, L, M, N en A, les équations ne changeront pas. Mais changer x, y, z en λx, λy, λz, c'est multiplier par λ les dimensions du résonateur et changer t en λt, c'est multiplier par λ sa période propre. Partant de là, si nous voulons trouver le rapport des périodes de deux excitateurs, nous construirons une série de résonateurs semblables, mais de dimensions différentes et nous chercherons deux de ces résonateurs qui soient respectivement en accord avec les deux excitateurs considérés ; le rapport des périodes est égal au rapport de leurs dimensions linéaires.

Différence avec la résonance acoustique. — Lorsqu'on étudie la résonance en acoustique, on trouve un maximum très net dans l'intensité de la résonance.

Causes de cette différence. — Différentes explications ont été proposées pour rendre compte de cette différence.

Explications de MM. Sarasin et de la Rive. — I. D'après MM. Sarasin et de la Rive, un excitateur produit non pas une vibration simple, mais une vibration complète ; il y aurait là quelque chose d'analogue à une source de lumière, qui, au lieu de donner dans un spectre une raie fine, donnerait une bande estompée.

Un excitateur pourrait, à la vérité, produire différents harmoniques, du moins la théorie permet de le prévoir ; mais cette théorie n'est pas assez bien établie pour que l'on puisse connaître la loi de ces vibrations harmoniques ; cette loi serait, en tout cas, moins simple que celle des harmoniques en acoustique, harmoniques qui sont nettement séparés.

II. Une deuxième explication peut-être proposée et paraît plus près de la vérité. Pour l'exposer, nous allons donner une théorie de la résonance, qui s'appliquera aussi bien à un phénomène électrique qu'à un phénomène d'optique ou d'acoustique.

Théorie générale de la résonance de M. Poincaré. — Supposons un appareil qui puisse être le siège de mouvements périodiques ; ces mouvements seront naturellement troublés quand interviendront des causes perturbatrices extérieures ; si celles-ci sont elles-mêmes périodiques et de période voisine de la période précédente, le corps considéré, partant du repos, pourra acquérir un mouvement intense ; c'est ce qu'on appelle un phénomène de résonance.

Une quantité variera en fonction du temps : supposons que la loi périodique soit une loi pendulaire ; cette quantité, que nous désignerons par y, aura pour expression :

$$y = A \cos \beta t + B \sin \beta t$$

et satisfera l'équation :

$$\frac{d^2y}{dt^2} + \beta^2 y = 0.$$

Supposons maintenant une cause excitatrice : pour en tenir compte, il nous faudra donner un second membre à l'équation précédente et l'écrire :

$$\frac{d^2y}{dt^2} + \beta^2 y = f(t).$$

Nous allons supposer que $f(t)$ est une fonction périodique avec amortissement, ce qui a lieu dans l'excitateur de Hertz et, en somme, dans presque tous les cas. Nous aurons, par exemple, pour $f(t)$ une fonction de la forme :

$$f(t) = Ae^{-\alpha t} \cos \gamma t + Be^{-\alpha t} \sin \gamma t.$$

Cette expression est la partie réelle de :

$$(A - iB)\, e^{(-\alpha + i\gamma)t}.$$

Nous allons poser :

$$A - iB = c$$
$$-\alpha + i\gamma = \xi$$

et nous allons intégrer l'équation :

$$\frac{d^2y}{dt^2} + \beta^2 y = ce^{\xi t}.$$

Nous trouverons une intégrale imaginaire dont nous ne conserverons que la partie réelle.

L'intégrale générale de cette équation est de la forme :

$$Y = A \cos \beta t + B \sin \beta t + \frac{c}{\beta^2 + \xi^2} e^{\xi t}.$$

Pour déterminer A et B, nous allons nous reporter aux conditions initiales ; nous supposons qu'on part du repos.

Pour $t = 0$, on devra donc avoir :

$$Y = \frac{dY}{dt} = 0$$

ces deux conditions nous donnent :

$$A = -\frac{c}{\beta^2 + \xi^2}$$

$$B = -\frac{\xi}{\beta}\, \frac{c}{\beta^2 + \xi^2}.$$

Comme ξ a sa partie réelle négative, dans le calcul de l'amplitude de la vibration résultante on pourra négliger le dernier terme et considérer seulement les deux autres. Si A_i et B_i sont les parties réelles de A et de B, l'amplitude sera alors proportionnelle à :

$$\sqrt{A_i^2 + B_i^2}.$$

Nous ne voulons pas faire le calcul complet, mais seulement nous rendre compte du sens des phénomènes ; nous sommes donc conduits à étudier les variations de l'amplitude seulement dans le voisinage de son maximum, c'est-à-dire quand $\beta^2 + \xi^2$ est voisin de 0.

Faisons varier β d'une manière continue, en ne lui donnant que des valeurs voisines de celle qui correspond au maximum ; un seul terme variera d'une façon sensible, c'est le terme en $\frac{1}{\beta^2 + \xi^2}$; l'expression $\beta^2 + \xi^2$ varie lentement elle-même au voisinage de 0, mais son inverse varie rapidement. On pourra donc regarder les termes autres que $\frac{1}{\beta^2 + \xi^2}$ comme constants.

Lorsque $\xi^2 + \beta^2$ sera voisin de 0, le rapport $\frac{\xi}{\beta}$ sera voisin de $- i$.

On aura donc sensiblement :

$$B = iA,$$

et B_i sera le coefficient de i dans A_i changé de signe.

L'amplitude :

$$\sqrt{A_i^2 + B_i^2}$$

se réduira donc au module de A, c'est-à-dire au module de :

$$\frac{c}{\beta^2 + \xi^2}.$$

Il nous faut donc chercher comment varie le module de $\beta^2 + \xi^2$, qui est :

$$\sqrt{(\beta^2 + \alpha^2 - \gamma^2)^2 + 4\alpha^2\gamma^2}.$$

Si nous supposons $\alpha = 0$, cette expression se réduit à :

$$\sqrt{(\beta^2 - \gamma^2)^2},$$

c'est-à-dire que l'amplitude est inversement proportionnelle à $\beta^2 - \gamma^2$. L'amplitude de la résonance devient donc infinie quand β tend vers γ, ce qui revient à dire que la résonance a un maximum bien marqué quand les deux périodes sont égales.

Si au contraire α n'est pas nul, la quantité placée sous le radical ne peut s'annuler : il y aura un maximum, mais d'autant moins marqué que α sera plus grand ; il aura lieu pour :

$$\beta^2 = \gamma^2 - x^2.$$

Ce résultat nous conduit à penser que, si la résonance est moins marquée, dans le cas que nous étudions, qu'en acoustique, cela tient à ce que l'amortissement a une valeur plus considérable.

M. Bjerknes, en s'appuyant sur les considérations qui précèdent, a cherché à calculer, pour l'excitateur de Hertz, l'amortissement, qu'il a trouvé plus considérable que ne l'indique la théorie.

Remarques. — I. Nous avons supposé que le résonateur n'avait pas d'amortissement ; la théorie montre, en effet, que cet amortissement est faible, et M. Bjerknes l'a vérifié expérimentalement.

Supposons cependant que cet amortissement ne soit pas nul et voyons comment le résultat précédent serait modifié.

L'équation différentielle représentant un mouvement périodique amorti est :

$$\frac{d^2y}{dt^2} + \delta \cdot \frac{dy}{dt} + \beta^2 y = 0$$

et notre équation de tout à l'heure devient :

$$\frac{d^2y}{dt^2} + \delta \frac{dy}{dt} + \beta^2 y = f(t).$$

Le calcul se conduisant absolument comme lorsque $\delta = 0$: au lieu de $\beta^2 + \varepsilon^2$, on aurait à considérer l'expression :

$$\varepsilon^2 + \delta\varepsilon + \beta^2,$$

dont dépendrait l'amplitude des vibrations ; on trouverait qu'il n'y a résonance parfaite que quand les périodes sont égales et que, de plus, les amortissements sont les mêmes.

II. Nous avons, en somme, cherché ce qui se passe lorsque le terme $e^{\varepsilon t}$ était très affaibli, puisque nous avons négligé l'influence de ce terme. Or ce n'est pas tout à fait ce qu'on mesure : on n'observe qu'un fait, la production de l'étincelle au micromètre du résonateur. Nous mesurons donc, non pas l'amplitude des variations de y, quand elles sont devenues régulières, mais le maximum de y. Le calcul est plus compliqué que dans le cas précédent ; mais le maximum de y reste de la forme :

$$\frac{\text{fonction de } (\varepsilon,\ \beta,\ \gamma)}{\mid \beta^2 + \varepsilon^2 \mid}.$$

Le dénominateur est toujours le module de $\beta^2 + \varepsilon^2$, et le numérateur pourra comme précédemment, être supposé constant : on arrivera aux mêmes résultats.

En somme, les phénomènes de résonance sont compliqués par l'amortissement; nous allons étudier un autre procédé de vérification de la théorie de Hertz.

Il n'y a pas toutefois, entre l'explication de MM. Sarasin et de la Rive et celle de M. Poincaré une opposition aussi tranchée qu'on pourrait le croire au premier abord.

Les deux physiciens genevois supposent la coexistence de plusieurs harmoniques, de sorte que la perturbation pourrait être exprimée par la formule :

$$y = \sum (A_\alpha \cos \alpha t + B_\alpha \sin \alpha t),$$

les α, les A_α, les B_α étant des constantes, ou mieux (puisqu'ils ont constaté, non une série d'harmoniques discrètes, mais une sorte de spectre continu) par la formule suivante, où les sommes sont remplacées par des intégrales :

$$(\alpha) \qquad y = \int_{-\infty}^{+\infty} [\varphi(q) \cos qt + \psi(q) \sin qt]\, dq.$$

M. Poincaré a proposé au contraire la formule :

$$(\beta) \qquad y = e^{-\alpha t}(A \cos \gamma t + B \sin \gamma t).$$

Or, une fonction quelconque peut être représentée par l'intégrale de Fourier, c'est-à-dire par l'intégrale (α). La formule (β) peut donc se ramener à la forme (α), en faisant un choix particulier des fonctions $\varphi(q)$ et $\psi(q)$. Cette explication rentre donc, comme cas particulier, dans celle de M. Sarasin.

Théorie de la propagation d'après Hertz. — Nous allons étudier la propagation des ondulations électromagnétiques dans un fil indéfini, rectiligne, de section constante, que nous prendrons pour axe des z.

Nous avons étudié plus haut les équations de la forme :

$$L = \frac{d\xi}{dy} - \frac{d\eta}{dz};$$

nous en avons trouvé une première solution remarquable ; dans le cas particulier où le champ est de révolution, nous en avons trouvé une autre, que nous avons appelée ξ', η', ζ', et dans laquelle les composantes ξ' et η' étaient constamment nulles.

Ici, ces deux solutions se confondent ; en effet, les composantes u et v du courant sont nulles, et la fonction ξ, par exemple, est nulle puisque c'est le potentiel d'une matière attirante fictive dans l'expression de la densité de laquelle entre u ; il en est de même pour η. Dans le diélectrique, ζ satisfait à l'équation :

$$A^2 \frac{d^2\zeta}{dt^2} = \Delta\zeta = \frac{d^2\zeta}{dx^2} + \frac{d^2\zeta}{dy^2} + \frac{d^2\zeta}{dz^2}.$$

Nous allons supposer que la perturbation se propage avec une vitesse constante V qu'il s'agit de déterminer, ζ sera de la forme :

$$\zeta = f(x, y, z - Vt),$$

en sorte qu'on aura :

$$\frac{d^2\zeta}{dz^2} = \frac{1}{V^2}\frac{d^2\zeta}{dt^2}.$$

En remplaçant $\frac{d^2\zeta}{dz^2}$ par cette valeur dans l'équation précédente, celle-ci devient :

$$(1) \qquad \frac{d^2\zeta}{dt^2}\left(A^2 - \frac{1}{V^2}\right) = \frac{d^2\zeta}{dx^2} + \frac{d^2\zeta}{dy^2}.$$

Pour déterminer V, nous allons nous servir des conditions aux limites : les lignes de force électrique doivent aboutir normalement à la surface du fil, c'est-à-dire normalement à Oz. A la surface on aura donc :

$$Z = 0$$

d'où l'on déduit :

$$\frac{dZ}{dt} = 0.$$

Appliquons nos formules :

$$L = \frac{d\zeta}{dy}$$

$$M = -\frac{d\zeta}{dx}$$

$$A\frac{dZ}{dt} = \frac{dL}{dy} - \frac{dM}{dx}.$$

Dans cette dernière équation, on a supposé $\varepsilon = 1$ et $w = 0$, puisqu'on l'applique à un point du diélectrique.

Des deux premières de ces équations on déduit :

$$\frac{dL}{dy} = +\frac{d^2\zeta}{dy^2}$$

$$\frac{dM}{dx} = -\frac{d^2\zeta}{dx^2}.$$

En remplaçant dans la troisième $\frac{dL}{dy}$ et $\frac{dM}{dx}$ par leurs valeurs, elle devient :

$$0 = A\frac{dZ}{dt} = \frac{d^2\zeta}{dx^2} + \frac{d^2\zeta}{dy^2}$$

et cette relation portée dans l'équation (1) donne :

$$\frac{d^2\zeta}{dt^2}\left(A^2 - \frac{1}{V^2}\right) = 0.$$

De là on déduit, en supposant $\frac{d^2\zeta}{dt^2}$ différent de 0, que la vitesse de propagation est égale à l'inverse de Λ, c'est-à-dire à la vitesse de la lumière.

Ne pourrait-on supposer que $\frac{d^2\zeta}{dt^2}$ est nul à la surface, ce qui ne laisserait pas subsister le résultat précédent ? Cela est impossible, parce que, comme on part du repos, on déduirait de là que :

$$\zeta = 0$$

à la surface ; or, ζ est le potentiel d'une matière attirante de densité proportionnelle à w, et ce potentiel croît au contraire d'une façon rapide quand on s'approche de la surface du fil.

Il résulte de là que la seule solution est celle que nous avons indiquée, l'égalité de la vitesse de propagation et de la vitesse de lumière.

Théorie de M. Poincaré sur le résonateur. — Voici comment on peut poser dans toute sa généralité le problème : Un champ électromagnétique est produit par un excitateur ; on y introduit un conducteur métallique ; comment cela modifiera-t-il le champ et quels seront les courants qui naîtront dans le conducteur ?

Commençons par comparer ce problème d'électrostatique : Un conducteur C, au potentiel V_0, porte une charge électrique ; cette charge est disposée d'une certaine façon et produit un potentiel V qui est défini par $\Delta V = 0$ en dehors de la surface C, et par $V = V_0$ à la surface de ce conducteur.

Dans le champ ainsi constitué on introduit un deuxième conducteur C_1 ; il va se charger et, par suite de l'existence de cette charge, le champ sera modifié : la distribution électrique à la surface de C changera ; le potentiel, qui était V, devient V' ; on a toujours :

$$\Delta V' = 0$$

en un point situé en dehors de la surface des conducteurs, et V' a une valeur constante à la surface de chacun d'eux.

Il peut arriver que le conducteur C_1 soit très petit ; alors on pourra négliger son influence sur C et poser le problème de la façon suivante : Soit V_1 le potentiel qui existait lorsque le conducteur C était seul ; potentiel qui est supposé connu, et V la nouvelle valeur du potentiel.

Posons :

$$V = V_1 + V_2.$$

On aura :

$$\Delta V_2 = 0$$

puisque l'on a :

$$\Delta V = 0$$

et

$$\Delta V_1 = 0.$$

Le potentiel V_2 devient négligeable à une certaine distance de C_1 ; à la surface de C, on doit avoir :

$$V = C^{te},$$

c'est-à-dire :

$$V_2 = C^{te} - V_1.$$

Dans le problème que nous avons à traiter, nous allons rencontrer quelque chose d'analogue ; l'excitateur correspond au conducteur C, le résonateur à C_1. Si le résonateur est assez petit, lorsqu'on l'introduira dans le champ, celui-ci ne sera modifié que dans la région avoisinante ; le résonateur n'influera pas sur l'excitateur ni sur le champ dans le voisinage de l'excitateur.

Nous appellerons X, Y, Z, L, M, N les composantes des forces électrique et magnétique après l'introduction du résonateur, X_1, Y_1, Z_1, L_1, M_1, N_1, étant les valeurs de ces composantes lorsque l'excitateur était seul. Nous poserons :

$$\begin{aligned}
X &= X_1 + X_2 & L &= L_1 + L_2 \\
Y &= Y_1 + Y_2 & M &= M_1 + M_2 \\
Z &= Z_1 + Z_2 & N &= N_1 + N_2.
\end{aligned}$$

Pour un point situé dans le diélectrique où sont supposés placés le résonateur et l'excitateur, on a les équations :

$$(1) \qquad \left\{ \begin{aligned}
A \frac{dL}{dt} &= \frac{dZ}{dy} - \frac{dY}{dz} \\
A \frac{dX}{dt} &= \frac{dM}{dz} - \frac{dN}{dy}
\end{aligned} \right.$$

et quatre autres qu'on déduirait facilement des précédentes par permutation.

Il faut de plus satisfaire à la condition que la force électrique soit normale à la surface de l'excitateur et du résonateur.

Les courants de conduction u, v, w, n'existent que dans la couche superficielle de l'excitateur et du résonateur ; à l'intérieur de ces conducteurs il y a repos et les forces électrique et magnétique sont nulles.

D'ailleurs, lorsque l'excitateur est seul, on a de même :

$$(2) \qquad \left\{ \begin{aligned}
A \frac{dL_1}{dt} &= \frac{dZ_1}{dy} - \frac{dY_1}{dz} \\
A \frac{dX_1}{dt} &= \frac{dM_1}{dz} - \frac{dN_1}{dy}
\end{aligned} \right.$$

dans tout le diélectrique ; la force électrique X_1, Y_1, Z_1 doit être normale à la surface de l'excitateur et nulle à l'intérieur, ainsi que la force magnétique L_1, M_1, N_1.

En retranchant membre à membre les équations (1) et (2), on obtient pour les quantités X_2, Y_2, Z_2, L_2, M_2, N_2 des équations analogues :

$$\begin{aligned}
A \frac{dL_2}{dt} &= \frac{dZ_2}{dy} - \frac{dY_2}{dz} \\
A \frac{dX_2}{dt} &= \frac{dM_2}{dz} - \frac{dN_2}{dy}.
\end{aligned}$$

D'ailleurs, à l'intérieur du résonateur, les forces électrique et magnétique totales devant être nulles, on a :

$$X_2 = -X_1 \qquad L_2 = -L_1$$
$$Y_2 = -Y_1 \qquad M_2 = -M_1$$
$$Z_2 = -Z_1 \qquad N_2 = -N_1.$$

Désignons par u, v, w les composantes du courant de conduction et posons :

$$u = u_1 + u_2$$
$$v = v_1 + v_2$$
$$w = w_1 + w_2$$

les indices ayant la même signification que précédemment, et introduisons le potentiel vecteur de Maxwell F, G, H, qui est défini par les équations :

$$L = \frac{dH}{dy} - \frac{dG}{dz}$$
$$M = \frac{dF}{dy} - \frac{dH}{dx}$$
$$N = \frac{dG}{dx} - \frac{dF}{dy} \qquad \frac{dF}{dx} + \frac{dG}{dy} + \frac{dH}{dz} = 0.$$

Maxwell démontre que l'on a :

$$F = \text{pot} \left(Au + \frac{A}{4\pi} \frac{dX}{dt} \right)$$
$$G = \text{pot} \left(Av + \frac{A}{4\pi} \frac{dY}{dt} \right)$$
$$H = \text{pot} \left(Aw + \frac{A}{4\pi} \frac{dZ}{dt} \right)$$

c'est-à-dire que F, par exemple, est le potentiel dû à une matière attirante fictive dont la densité en un point est égale à la somme des composantes parallèles à ox du courant de conduction qui est Au avec les notions et unités de Hertz, et du courant de déplacement $\frac{A}{4\pi} \frac{dX}{dt}$.

Nous poserons :

$$F_1 = \text{pot} \left(Au_1 + \frac{A}{4\pi} \frac{dX_1}{dt} \right)$$

et

$$F = F_1 + F_2,$$

ce qui donne :

$$F_2 = \text{pot} \left(Au_2 + \frac{A}{4\pi} \frac{dX_2}{dt} \right),$$

de même pour G et H.

En appelant V le potentiel électrostatique dû à l'électricité libre qui existe à la surface de l'excitateur et du résonateur, on a :

$$X = A \frac{dF}{dt} + \frac{dV}{dx}.$$

On posera encore :

$$V = V_1 + V_2,$$

et l'on aura :

$$X_1 = A \frac{dF_1}{dt} + \frac{dV_1}{dx}$$

$$X_2 = A \frac{dF_2}{dt} + \frac{dV_2}{dx}.$$

Nous désignerons pour abréger, par E l'excitateur et par R le résonateur.

Nous avons supposé que la présence de R ne modifie pas le champ près de E, mais seulement près de R. Alors X_2, Y_2, Z_2 sont nulles à partir d'une certaine distance de R.

Comme l'introduction de R ne modifie pas les courants de conduction à la surface de E ; u_1, v_1, w_1 représentent seules les composantes du courant de conduction à la surface de E ; u_2, v_2, w_2 représenteront les courants de conduction à la surface de R.

De même, la distribution de l'électricité à la surface de E n'étant pas modifiée par R, V_1 est le potentiel dû à l'électricité qui existe à la surface de E, et V_2 le potentiel dû à celle qui existe à la surface de R.

Enoncé du problème. — Il s'agit, étant données les valeurs de X_1, Y_1, Z_1, L_1, M_1, N_1, et la forme du résonateur, de calculer X_2, Y_2, Z_2, L_2, M_2, N_2.

On doit pour cela satisfaire aux équations :

$$A \frac{dL_2}{dt} = \frac{dZ_2}{dy} - \frac{dY_2}{dz},$$

$$A \frac{dX_2}{dt} = \frac{dM_2}{dz} - \frac{dN_2}{dy}.$$

Ces quantités doivent être nulles à partir d'une certaine distance du résonateur.

D'ailleurs, la force électrique totale doit être normale en tout point de la surface de E ou de R, ce qu'on exprimera en écrivant que la composante tangentielle est nulle. Comme on connaît en tous points les valeurs de X_1, Y_1, Z_1, on voit que cette condition donne la valeur de la composante tangentielle de X_2, Y_2, Z_2, en tous points de l'une des deux surfaces.

On démontre que, dans ces conditions, et en supposant qu'on part du repos, le problème est complètement déterminé.

Etablissement de l'équation qui exprime que la force électrique est nulle à l'intérieur du résonateur. — Nous ne traiterons le problème qu'en tenant compte de la forme particulière de R, que nous supposerons être constitué par un fil conducteur de petit diamètre ; il aura d'ailleurs une forme quelconque, par exemple celle d'un cercle ou d'un rectangle.

Soient l la longueur du fil et ρ_0 son rayon : nous supposerons ρ_0 assez petit, pour qu'on puisse la négliger devant l'unité et négliger l'unité devant $\log \frac{l}{\rho_0}$.

Nous appellerons axe du fil le lieu des centres de ses sections droites.

Considérons un point M du fil et choisissons l'axe des x parallèle à la tangente au point M ; M étant un point intérieur à R la force électrique y est nulle, c'est-à-dire qu'on a :

$$X_1 + X_2 = 0$$

ou :

$$X_1 + A \frac{dF_2}{dt} + \frac{dV_2}{dx} = 0.$$

Posons :

$$F_2 = F'_2 + F''_2.$$

F'_2 étant le potentiel dû à la composante $A u_2$ du courant de conduction et F''_2 à la composante $\frac{A}{4\pi} \frac{dX_2}{dt}$ du courant de déplacement.

L'équation devient :

$$(3) \qquad X_1 + A \frac{dF'_2}{dt} + A \frac{dF''_2}{dt} + \frac{dV_2}{dx} = 0.$$

TRANSFORMATEUR DE M. TESLA

Si on prend une bobine actionnée par des courants vibrant avec une extrême rapidité obtenus par la décharge disruptive d'une bouteille de Leyde, le secondaire de cette bobine comprenant un petit nombre de tours de fil relativement gros, est capable de produire une différence de potentiel qui n'est limitée que par la résistance de son isolation.

La décharge nous intéresse particulièrement, elle a la forme ordinairement d'une simple bande ou ligne lumineuse. Mais ici, grâce à la fréquence de quelques centaines de mille périodes par seconde, la décharge prend l'aspect de rayons lumineux divergents, s'élançant de tous les points de deux fils droits reliés au secondaire.

En actionnant la bobine d'induction qui charge le condensateur à l'aide du courant d'un alternateur de très basse fréquence, et en ajustant le circuit de préférence de manière à y éviter les oscillations, on obtient dans le secondaire, si les boules de l'excitateur sont convenablement agencées et de dimensions convenables, une succession plus ou moins rapide d'étincelles, qui donnent le même éclat et sont accompagnées du même bruit sec que les étincelles des machines à influence.

Afin de reproduire l'étincelle de la machine statique, M. Tesla a établi entre les bornes du circuit de la bobine qui charge le condensateur un arc long et peu stable. Le courant d'air auquel il donne lieu l'éteint périodiquement ; puis M. Tesla accroît encore ce courant d'air en disposant de chaque côté de l'arc une grande plaque de mica.

Le condensateur ainsi chargé se décharge dans le circuit primaire d'une seconde bobine en franchissant un court intervalle d'air, condition nécessaire pour produire une soudaine variation du courant dans le primaire. Le schéma de cette disposition est représenté (fig. 315).

G est un alternateur ordinaire alimentant le primaire P d'une bobine d'induction. Le secondaire S charge les jarres C, C, dont les armatures extérieures sont reliées au pri-

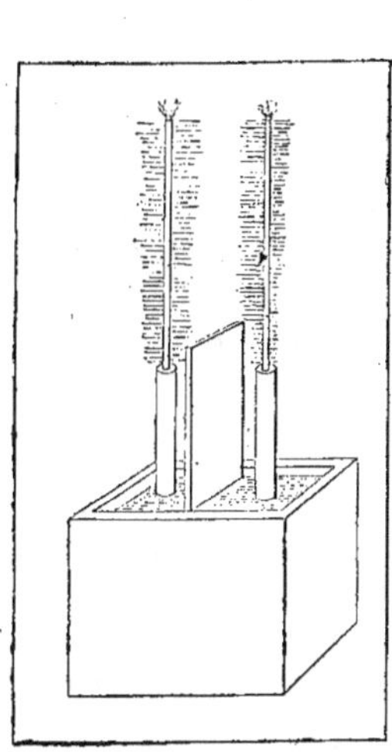

Fig. 314.

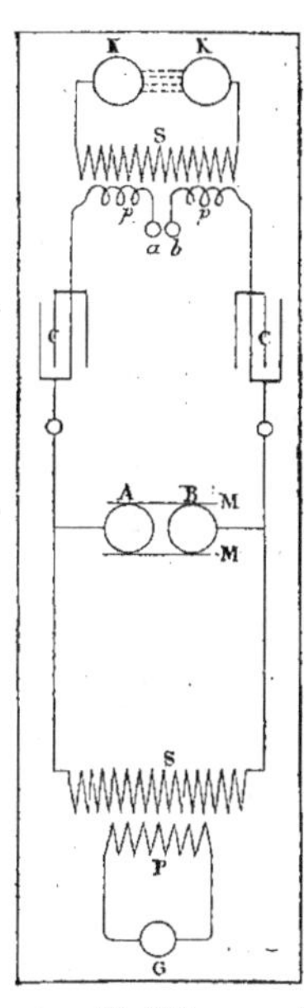

Fig. 315.

maire pp de la seconde bobine d'induction. L'intervalle d'air ab, devant ce circuit est petit.

Le secondaire s est pourvu de boutons ou sphères K, K, de dimensions convenables, et placées à la distance qui convient pour l'expérience.

Un arc long est établi entre A et B, les jarres sont rapidement chargées et déchargées à travers le primaire pp, et produisent une étincelle claquante entre les boules K, K.

Pendant que l'arc persiste entre A et B, le potentiel s'abaisse, et les jarres ne peuvent atteindre un potentiel assez élevé pour que le courant franchisse l'intervalle *ab* que lorsque l'arc est de nouveau rompu par le courant d'air.

De cette façon, des impulsions soudaines, produites à de longs intervalles dans le primaire *pp*, donnent naissance, dans le secondaire *s*, à un nombre correspondant d'impulsions de grande intensité; et si la dimension des boutons ou sphères K, K est convenable, la ressemblance de l'étincelle avec celle de la machine Holtz est complète.

Il suffit maintenant, de changer les conditions de l'expérience pour obtenir d'autres effets également dignes d'intérêt.

Lorsque au lieu du mode d'excitation de la bobine décrit ci-dessus on emploie un alternateur de grande fréquence, une étude systématique des phénomènes est rendue beaucoup plus aisée. Dans ce cas, en variant l'intensité et la fréquence du courant primaire on peut observer cinq formes de décharge.

La décharge en forme de brosse ou pinceau, est intéressante à plus d'un point de vue.

Vue de près, elle ressemble beaucoup à un jet de gaz s'échappant sous une forte pression. Nous savons que ce phénomène est dû à l'agitation des molécules au voisinage de la borne, et nous prévoyons qu'il doit se développer quelque chaleur provenant du choc de ces molécules, soit entre elles, soit contre la borne. En effet, la décharge est chaude, et un peu de réflexion suffit à comprendre que, si nous pouvions atteindre des fréquences suffisantes, nous pourrions produire ainsi une puissante source de chaleur et de lumière, en tout semblable à une flamme ordinaire, sauf peut-être, que les phénomènes peuvent n'être pas du même agent; sauf, peut-être, que l'affinité chimique peut ne pas être de nature *électrique*.

Comme la production de chaleur et de lumière est due au choc des molécules, ou des atomes de l'air, ou de quelque chose d'autre en plus, et comme nous pouvons augmenter l'énergie simplement en augmentant le potentiel, nous pourrions même avec les fréquences obtenues d'une dynamo augmenter l'action au point de porter la borne terminale à la température de fusion; mais avec ces basses fréquences, nous aurions toujours affaire avec quelque chose de la nature d'un courant électrique. Si on approche un objet conducteur du pinceau lumineux, une étincelle petite et mince se produit; et même avec les fréquences élevées, la tendance à l'étincelle n'est pas très grande. Ainsi si on tient une sphère à quelque distance au-dessus de la borne, on voit tout l'espace intermédiaire rempli d'effluves, mais sans qu'une étincelle éclate; et, avec les décharges d'une fréquence bien plus élevée que permet d'obtenir la décharge d'un condensateur, il n'y aurait pas d'étincelle, même aux petites distances, sauf celles dues aux impulsions soudaines, qui sont comparativement en petit nombre. Avec des fréquences incomparablement plus élevées, que nous ne pourrons trouver le moyen de produire efficacement, et pourvu qu'il soit possible de les canaliser par un conducteur, le caractère électrique de la décharge en pinceau s'évanouirait complètement ; aucune étincelle ne passerait, aucun choc ne serait ressenti ; mais nous aurions encore affaire à un phénomène *électrique*, mais dans le sens large, le sens moderne qu'il convient de donner à ce terme.

Lorsqu'une bobine est actionnée par un courant de très grande fréquence, on peut obtenir de très belles décharges en pinceau, même avec une bobine de dimensions très modérées. Ce qui ajoute à l'intérêt est qu'on peut les obtenir avec un pôle aussi bien qu'avec les deux, et en fait, souvent mieux avec un seul.

De tous les phénomènes observés, les plus beaux et les plus instructifs sont ceux qu'on obtient à l'aide de la décharge disruptive des condensateurs. La puissance des pinceaux et l'abondance des étincelles, lorsque les conditions du phénomène ont été patiemment établies, sont souvent un sujet d'étonnement. Même avec une très petite bobine, si son isolement peut supporter des différences de potentiel de quelques milliers de volts par spire, on peut obtenir des étincelles si abondantes que la bobine entière paraît n'être qu'une masse de feu.

Il est assez curieux que, lorsque les bouts du secondaire sont très éloignés l'un de l'autre, les étincelles semblent s'élancer dans toutes les directions possibles, comme si les bouts étaient indépendants l'un de l'autre.

Comme les étincelles pourraient endommager l'isolation, il faut prendre quelques mesures en conséquence.

La meilleure est de plonger la bobine entière dans un bon isolant liquide, tel que l'huile bouillie.

Cette immersion peut être considérée comme une condition essentielle au succès dans l'emploi de ces bobines.

Il est bon de donner quelques détails descriptifs sur la bobine et les autres appareils employés aux expériences avec la décharge disruptive, qui représentent les premières expériences de Haute fréquence.

La bobine est contenue dans une boîte B à parois très épaisses en bois dur, entourée extérieurement d'une boîte en zinc Z soudée tout autour.

Quelques circonstances spéciales pourraient faire désirer la suppression de cette boîte, en raison de son action complexe sur la bobine, tant comme condensateur de petite capacité que comme écran électrostatique et électromagnétique. Mais pour ce que M. Tesla se proposait de faire, elle offre quelques avantages.

La bobine doit être placée symétriquement par rapport à la boîte métallique, et l'espace entre elles doit être assez grand, de 5 centimètres au moins, si c'est possible. Notamment les deux côtés qui sont à angle droit avec la bobine doivent être assez écartés ; autrement, ils contrarieraient son action et seraient une cause de pertes.

La bobine comprend d'abord deux carcasses d'ébonite R, R, écartées de 10 centimètres à l'aide de boulons C de même matière. Chaque carcasse comprend un tube T de 8 centimètres de diamètre intérieur et 3 millimètres d'épaisseur, sur lequel sont vissées les joues carrées F, F, de 24 centimètres de côté ; leur écartement est d'environ 3 centimètres.

Le secondaire SS, formé du meilleur fil isolé à la gutta-percha, y est enroulé en 26 couches de 10 spires chacune, formant 260 spires pour chaque moitié. Celles-ci sont réunies en série par une connexion extérieure.

Cette disposition, outre sa commodité offre cet avantage que, lorsque la bobine est bien équilibrée, c'est-à-dire que ses deux bouts T_1, T_1 sont reliés à des capacités égales,

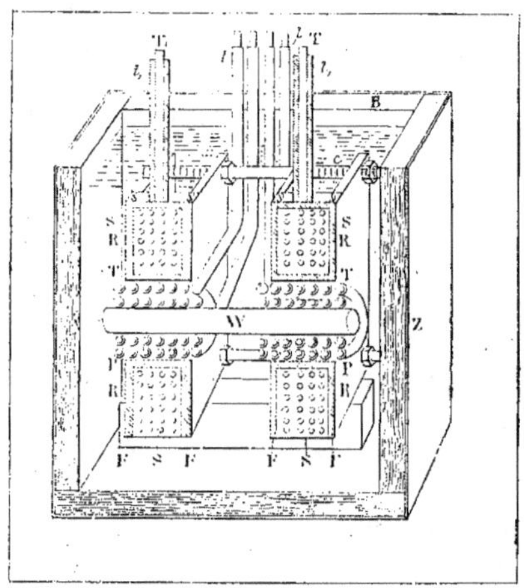

Fig. 316.

il n'y a pas grande tendance à rupture vers le primaire, ce qui permet une isolation plus mince entre celui-ci et le secondaire. On peut encore, dans le même but, relier au primaire le point milieu du secondaire ; mais ceci n'est pas toujours praticable.

Le primaire PP est enroulé en deux parties, aussi opposées, sur une bobine de bois W, et les quatre bouts sont conduits hors de l'huile, protégés par des tubes de caoutchouc durci t, t. Les bouts T_1 T_1 du secondaire sont protégés de même que les tubes plus épais.

Les couches primaires et secondaires sont isolées par des doubles épaisseurs d'étoffe de coton, dont l'épaisseur est naturellement en proportion avec les différences de potentiel qui s'exercent entre ces couches. Chaque moitié du primaire comprend 4 couches de 24 spires chacune, ensemble 96 spires.

Lorsque ces moitiés sont en série, le rapport de transformation est de 1 à 2,7 environ, et devient de 1 à 5,4 lorsqu'on le met en arc multiple ; mais lorsqu'on opère avec des fréquences aussi grandes, ces chiffres ne peuvent donner aucune idée, même approximative, du rapport réel des forces électromotrices dans les circuits primaire et secondaire.

La bobine est sur des supports de bois qui maintiennent une épaisseur d'huile de 5 centimètres tout autour.

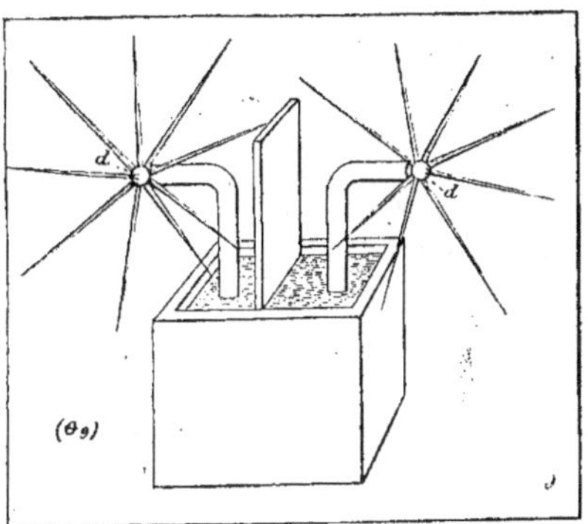

Fig. 317.

Cette construction n'est sans doute pas théoriquement la meilleure, mais elle est très convenable pour la production de tous les effets où un courant très faible et un potentiel excessif sont nécessaires.

Période d'oscillation et coefficient d'induction propre des bobines du transformateur de M. Tesla. — Pour construire d'une manière rationnelle un transformateur Tesla, il faut pouvoir calculer *a priori* la période d'oscillation de la bobine secondaire et le coefficient d'induction propre de la bobine primaire. Sinon on est réduit à des tâtonnements qui peuvent être fort longs.

Dans ce qui suit il s'agira seulement des bobines dont tout le fil est enroulé dans un même sens.

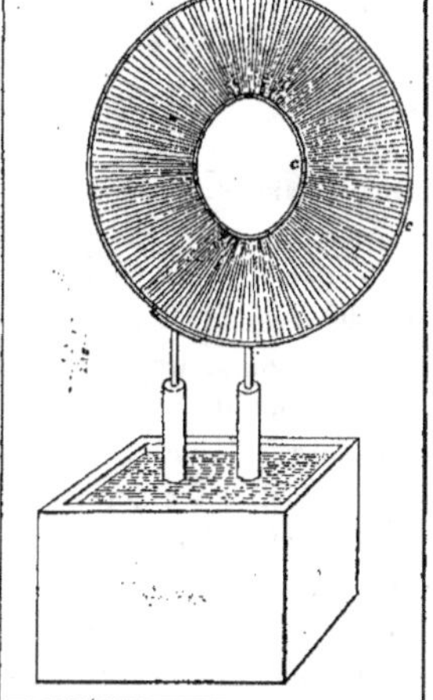

Fig. 318

Détermination expérimentale de la période d'oscillation d'une bobine. — Pour cette détermination, on utilise les phénomènes de résonance électrique.

La bobine étudiée S est placée dans le champ des oscillations d'un excitateur Blondlot E (fig. 319), formé de deux demi-circonférences de 24 centimètres de diamètre en fil de cuivre de 3 millimètres. A l'une de leurs extrémités, les fils sont recourbés vers le bas et viennent plonger dans un cristallisoir rempli de pétrole. Ils sont terminés par des boules de 1/2 centimètre de diamètre écartées d'environ 1/4 de millimètre, cet écartement peut être réglé par le déplacement de l'une des colonnes d'ébonite qui portent les cercles. Ces boules sont reliées aux extrémités du secondaire d'un transformateur Tesla.

Les autres extrémités de l'excitateur sont reliées par les fils fins aa aux armatures d'un condensateur. Ce condensateur est constitué par deux armatures circulaires plongées dans un bain de pétrole. Le pétrole permet de réduire l'écartement des armatures à 1 millimètre sans craindre ni les étincelles ni les effluves (fig. 320).

La bobine étudiée est dressée sur des blocs de bois au centre de l'excitation, à une hauteur de 5 à 30 centimètres suivant les cas, au-dessus du plan des cercles et un tube

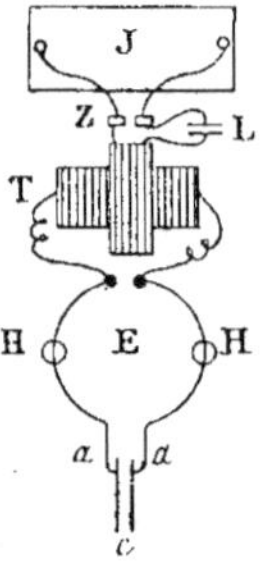

Fig. 319.

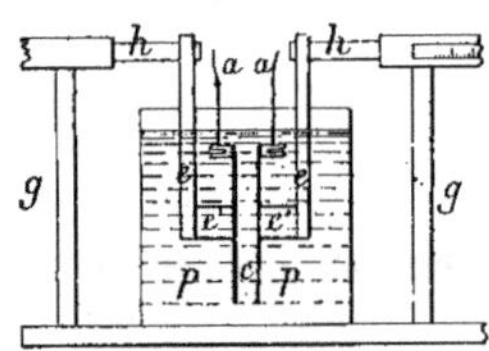

Fig. 320.

à gaz raréfié est placé sur l'une de ses extrémités. Ce tube s'illumine seulement pour un écartement déterminé des armatures du condensateur. Cet écartement est d'autant mieux défini que la liaison magnétique entre l'excitation et la bobine est plus lâche. Il en résulte qu'il faut éloigner autant que possible la bobine de l'excitateur, pour cette raison et pour deux autres encore. On diminue ainsi la réaction sur l'excitation des oscillations induites dans la bobine et aussi l'augmentation de capacité du tube à gaz raréfié qui résulterait d'une luminescence intense. L'influence de cette capacité est d'autant plus faible d'ailleurs que la période propre de la bobine est plus longue.

Pour déterminer la période qui correspond à chaque écartement des armatures du condensateur, on procède comme il suit :

La bobine étant enlevée, on tend au-dessus de l'excitateur deux fils de cuivre nus de 1 millimètre de diamètre, longs de 7 mètres, maintenus parallèles avec un écartement de 2^{cm},7. A leur extrémité A, du côté de l'étincelle de l'excitateur, ils sont reliés ensemble. Vers l'autre extrémité, ils sont réunis par un pont mobile B. On déplace ce pont jusqu'à ce que le tube à gaz raréfié placé sur les fils, à peu près à égale distance de A et de B, présente son maximum de luminescence. A chaque écartement des armatures du condensateur répond une position bien déterminée du pont B, pour laquelle il y a résonance entre les deux systèmes. La demi-longueur d'onde est égale à la distance AB augmentée de la demi-longueur du pont et d'une petite correction nécessitée par la capacité du tube luminescent.

Lorsqu'on déplace les armatures du condensateur, on met, en la touchant avec la main, l'une des armatures en communication avec le sol, il peut en résulter une augmentation de capacité.

La méthode indiquée permet de vérifier que cette augmentation n'a d'importance que si les armatures du condensateur sont fort écartées, c'est-à-dire sa capacité très petite.

Règle de similitude. — D'après la forme des équations différentielles de champ magnétique, les périodes propres de deux bobines géométriquement semblables sont proportionnelles à leurs dimensions homologues. Cette règle permet d'étendre aux bobines de grandes dimensions, les résultats obtenus par les expériences effectuées sur les bobines plus petites.

Influence de la nature du noyau d'une bobine et du milieu ambiant sur la période d'oscillation. — La période d'oscillation de bobines de dimensions identiques, mais enroulées sur des noyaux de substance différente, croît avec le pouvoir inducteur du noyau. Elle croît plus lentement que la racine carrée de ce pouvoir inducteur. Les bobines enroulées sur des noyaux de substances isolantes ont une période plus courte quand le noyau est creux que si le noyau est plein ; cette période est d'autant plus courte que les parois du cylindre sont plus minces.

Si la bobine est plongée dans un bain de pétrole au lieu d'être dans l'air, sa période d'oscillation augmente encore.

Ces variations se déduisent aisément de la répartition des lignes de force électrique.

Dans la construction des transformateurs Tesla, il faut écarter les bobines à noyaux de bois et employer de préférence les bobines sur noyau d'ébonite ou sur tube de verre, ou encore mieux sans noyau.

En introduisant dans l'intérieur de la bobine un conducteur, on diminue beaucoup l'intensité de l'excitation en même temps que la longueur d'onde des oscillations propres. C'est l'effet des courants induits dans ce conducteur.

L'influence du noyau sur la période propre de la bobine est d'autant plus accusée que le diamètre de la bobine est plus grand par rapport à sa longueur.

Influence de la couverture isolante du fil. — Un guipage en soie ne modifie pas la période ; mais un guipage épais, en coton ciré, augmente de quelques centièmes la longueur d'onde. Par exemple, une couverture isolante de coton, dont l'épaisseur est égale au diamètre même du fil augmente la période de 1 1/2 %. Si la bobine a une hauteur au moins égale à son diamètre : dans les bobines plus courtes, cette augmentation atteint 4 %.

Bobines dont le pas est irrégulier. — Pour une même hauteur d'enroulement et une même longueur de fil, une bobine dont les spires médianes sont plus resserrées, a une période plus longue que celle d'une bobine à pas uniforme ; une bobine dont les spires terminales sont plus resserrées a une période plus courte.

Paramètre dont dépend la période d'une bobine à pas uniforme. — La période d'une bobine à pas uniforme, placée dans l'air, dépend des éléments suivants :

n, nombre de spires ;

g, pas des spires ;

h, hauteur de la bobine ;

$2r$, diamètre de la bobine ;

l, longueur du fil ;

δ, diamètre du fil ;

ε, épaisseur et nature de l'isolement ;

Pouvoir inducteur du noyau ;

Epaisseur de ce noyau s'il est creux.

Ces paramètres ne sont pas d'ailleurs tous indépendants entre eux.

On a :

$$h = (n - 1)\, g \, . \qquad l = 2n\pi r.$$

D'après la règle de similitude, λ doit croître proportionnellement à la longueur du fil l, quand n reste constant et que h, r, l, g, δ croissent dans le même rapport. Donc :

$$1/2\, \lambda = lf\left(n, \frac{h}{2r}, \frac{g}{\delta}, \varepsilon\right)$$

la fonction f dépend encore de la nature et de l'épaisseur de la couverture isolante du fil. Le paramètre dont l'influence est prépondérante est $\frac{h}{2r}$. L'expérience montre que λ est indépendant de n.

Quand $\frac{g}{\delta}$ reste constant, la fonction f décroît quand $\frac{h}{2r}$ croît et d'autre part quand $\frac{h}{2r}$ reste constant, f augmente à mesure que $\frac{g}{\delta}$ diminue et d'autant plus que $\frac{h}{2r}$ est plus petit.

Bobines à noyau de bois. — L'espèce du bois influe sur la valeur de f. M. Drude a comparé des noyaux de frêne, de hêtre blanc et rouge, de chêne, tous très secs et ayant leur axe parallèle aux fibres.

La variation n'est pas la même pour les diverses espèces de bois parce que leur pouvoir inducteur n'est pas le même. Des mesures, il semble résulter que le frêne et le hêtre rouge ont à peu près le même pouvoir inducteur ; celui du hêtre blanc est plus grand et celui du chêne le plus grand de tous. De plus, dans les noyaux faits de ces deux dernières essences, p diminue moins vite quand $\frac{h}{2r}$ augmente, cela tient sans doute à ce que la différence du pouvoir inducteur entre la direction des fibres et la direction perpendiculaire y est plus accusée.

Bobines sur noyau creux (tubulaires). — Il faut tenir compte en plus, si le noyau est creux, de l'épaisseur des parois e. La variation relative p est indépendante de $\frac{g}{e}$ mais dépend de $\frac{h}{2r}$ et de $\frac{e}{2r}$.

Si $\frac{e}{2r}$ est petit, la longueur d'onde est diminuée.

Lorsque $\frac{e}{r}$ reste constant, la période d'une bobine enroulée sur tube se rapproche d'autant plus de la période d'une bobine identique sans noyau, que $\frac{h}{2r}$ devient plus grand. Les deux périodes deviennent égales d'autant plus tôt que $\frac{e}{r}$ et le pouvoir inducteur de la matière du tube est plus petit.

Bobines sans noyau. — Toutes choses égales d'ailleurs, ce sont ces bobines qui ont la période la plus courte. Comme, d'autre part, elles ne donnent lieu à aucune absorption électrique, ce sont celles qui conviennent le mieux aux transformateurs Tesla.

Théorie des oscillations dans une bobine longue et étroite. — L'intensité du courant dans la bobine est maximum au milieu et nulle aux extrémités. Le coefficient d'induction propre de la bobine est :

$$L = \frac{2}{\pi} \frac{l^2}{h}.$$

$l =$ longueur du fil.

$h =$ longueur de la bobine avec une approximation d'autant plus grande que $\frac{h}{2r}$ est plus grand.

La capacité est :

$$C = r\varphi \left(\frac{r}{h} \right).$$

En supposant la charge répartie sur les deux circonférences, coïncidant avec les spires extrêmes de la bobine, la capacité s'exprime par les fonctions sphériques.

Quand $\frac{h}{r} > \frac{3}{2}$, on peut arrêter le développement au deuxième terme ; en tenant compte de ce que les charges se trouvent non sur une spire, mais sur un certain nombre, il y a lieu d'introduire un facteur de correction α et la capacité s'exprime par :

$$c = 2\,\alpha r \; \frac{2 + \dfrac{h^2}{r^2} + \dfrac{r^2}{h^2}}{10 + 4\dfrac{h^2}{r^2} + 3\dfrac{r^2}{h^2}}.$$

La longueur d'onde des oscillations propres est

$$\lambda = 2\pi\sqrt{LC} = 4\sqrt{\alpha\pi\frac{r}{h}\;\frac{2 + \dfrac{h^2}{r^2} + \dfrac{r^2}{h^2}}{10 + 4\dfrac{h^2}{r^2} + 3\dfrac{r^2}{h^2}}}$$

et par conséquent

$$f = \frac{\lambda}{2l} = 2\sqrt{\alpha\pi\frac{r}{h}\;\frac{2 + \dfrac{h^2}{r^2} + \dfrac{r^2}{h^2}}{10 + 4\dfrac{h^2}{r^2} + 3\dfrac{r^2}{h^2}}}.$$

Les résultats des mesures sont d'accord avec ces déductions théoriques.

Quand $\dfrac{h}{2r}$ c'est-à-dire le nombre des spires diminue, f croît et passe par un maximum pour une certaine valeur de $\dfrac{h}{2r}$ (entre 0,08 et 0,05) et décroît ensuite.

La demi-longueur d'onde d'un fil mince courbé en forme de circonférence est 1,065 fois sa longueur, environ.

Induction propre des bobines de fil. — Le coefficient d'induction propre L d'une bobine ayant au plus 10 spires est, pour les décharges d'un condensateur, donné par la formule

$$\frac{L}{2l} = n\left[\left(1 + \frac{h^2}{32\,r^2}\right)\log\,\mathrm{nep}\,\frac{8r}{\sqrt{h^2 + \delta^2}} - y_1 + \frac{h^2}{16\,r^2}y_2\right] + \log\,\mathrm{nep}\,\frac{g}{\delta} - \Delta.$$

y_1 et y_2 sont des fonctions de $\dfrac{\delta}{h}$ dont les valeurs ont été calculées par Stefan ; Δ une fonction de $\dfrac{g}{\delta}$ et de n, dont les valeurs sont comprises entre 1,26 et 2.

Ces formules permettent de calculer pour chaque transformateur Tesla la capacité qu'il convient d'associer au primaire.

Les condensateurs à bain de pétrole sont préférables aux bouteilles de Leyde, sans doute parce qu'il ne s'y produit pas d'aigrettes.

Construction du transformateur de M. Tesla. — M. Drude a indiqué pour la valeur du potentiel V_2 à l'extrémité d'une bobine de Tesla, la formule suivante :

$$(1) \qquad V_2 = \frac{1}{4}\, \rho F \sqrt{\frac{C_1}{C_2}\frac{L_{21}}{L_{12}}}.$$

Dans cette formule, ρ représente un facteur qui dépend du décrément logarithmique moyen $\frac{1}{2}(\gamma_1 + \gamma_2)$ des deux circuits oscillants et de leur accouplement magnétique k^2. F est la différence de potentiel initiale de l'étincelle primaire (potentiel explosif), c_1 est la capacité dans le circuit primaire et c_2 la capacité dans le circuit secondaire (bobine Tesla), $\frac{L_{21}}{L_{12}}$ est un coefficient qui dépend de l'accouplement k_2 et des dimensions de la bobine Tesla : ce coefficient est un peu plus grand que l'unité.

Examinons comment on doit dimensionner la bobine Tesla pour que le potentiel V_2 soit aussi grand que possible. Les expériences faites sur l'amortissement dans le circuit oscillant ont montré que le décrément γ_1 du circuit primaire est indépendant de la capacité c_1 et de la self-induction L_1 de ce circuit, quand la construction du condensateur c_1 et la longueur de l'étincelle répondent à certaines conditions. Le décrément γ_2 de la bobine Tesla est pratiquement nul quand il ne se produit pas de décharges par aigrettes et quand la bobine n'est pas reliée à une antenne car, dans ce cas, les lignes de force magnétiques sont dans les mêmes plans que les lignes de force électrique (plans méridiens contenant l'axe de la bobine) et, d'après le théorème de Poynting, la bobine n'émet aucune radiation hertzienne. Il ne peut y avoir radiation d'énergie que quand la bobine est reliée à des antennes prolongeant son axe et assez longues pour être le siège de courants d'une certaine intensité ; dans ce cas, il existe des lignes de force magnétiques dans des plans perpendiculaires à l'axe de la bobine.

Lorsqu'il se produit des décharges en aigrettes, le décrément γ_2 peut évidemment avoir une valeur importante, susceptible de modifier les résultats trouvés en supposant ce déviement nul mais, dans ce cas, on peut facilement se servir des conclusions trouvées en faisant l'hypothèse $\gamma_2 = 0$.

Le terme $\gamma_1 + \gamma_2$ étant constant, la valeur de ρ dans la formule (1) ne dépend que de l'accouplement k_2. Or celui-ci ne dépend que des proportions entre la hauteur de la bobine h, le diamètre de celle-ci $2r$, le diamètre du circuit primaire $2r_1$ et l'épaisseur $2\rho_1$ du fil primaire. De même le rapport $\frac{L_{21}}{L_{12}}$ dépend des proportions de ces quatre grandeurs h, r, r_1, ρ_1.

La capacité c_2 de la bobine Tesla sans antenne peut être exprimée par la formule

$$(2) \qquad c_2 = r\psi\left(\frac{h}{2r}\right)$$

ou ψ représente une fonction qui dépend de l'argument $\frac{h}{r}$.

L'équation (1) prend alors la forme

$$(3)\qquad V_2 = F\sqrt{\frac{c_i}{r}} \times \left(\frac{h}{2r}, \frac{r}{r_i}, \frac{r_i}{\rho_i}\right).$$

Il est clair que l'on peut obtenir des potentiels V_2 d'autant plus grands que l'énergie primaire $\frac{1}{2}F^2 c_2$ est plus considérable. Mais on ne possède que des sources de courant à haute tension (par exemple des bobines d'induction) d'une puissance limitée : d'autre part, si cette source de courant à haute tension était trop puissante, il serait impossible de former avec la capacité c_i un circuit oscillant avec des étincelles vraiment actives : on est donc amené pratiquement, pour le cas qui nous occupe, à la condition auxiliaire que la capacité c_i doit être regardée comme donnée. Le problème revient alors à ceci : pour quel rapport $\frac{h}{2r}$ de la hauteur dans la bobine à son diamètre, obtient-on pour les valeurs déterminées de (F, c_i), r, r_i, ρ_i, le maximum du potentiel V_2 ou, pour quelle valeur de $\frac{2}{2r}$ la fonction ψ de la formule (3) est-elle maxima, les valeurs de $\frac{r}{r_i}$ et $\frac{r_i}{\rho_i}$ étant données ?

Il est facile de résoudre expérimentalement cette question en étudiant l'action d'un circuit primaire invariable sur différentes bobines Tesla ayant toutes le même rayon r et la même longueur d'ondes λ, mais des hauteurs h différentes. Il est facile d'accorder sur la même longueur d'ondes λ des bobines de hauteurs différentes en modifiant le pas d'enroulement des fils.

Les expériences ont porté sur 5 bobines enroulées sur des cylindres d'ébonite. Leurs constantes sont indiquées dans le tableau ci-dessous :

Bobine	$2r$	h	$\frac{h}{2r}$	n	g	δ	$\frac{1}{2}\lambda$
	centimètres	centimètres			millimètres	millimètres	centimètres
A	6,15	2,8	0,46	18	1,65	0,8	710
B	6,15	6,0	0,98	25	2,50	1,0	710
C	6,15	11,6	1,89	33	3,63	1,5	698
D	6,15	15,5	2,52	39	4,08	0,8	705
E	6,15	21,7	3.54	44	5,07	0,8	706

Comme circuit primaire, on a employé 3 circuits de différentes dimensions :

1. $2r_i = 12^{cm},5,$ $2\rho_i = 3$ millimètres
2.   » $8^{cm},3,$ » 2 »
3.   » $7^{cm},2,$ » 2 »

Ces circuits (fig. 324) étaient fermés chacun par deux demi-cercles, l'une des extrémités de chaque cercle portait une électrode de zinc et l'autre extrémité une pièce en laiton vissée dans la plaque du condensateur. Celui-ci était constitué par des plaques carrées en aluminium de 18 centimètres de coté placées dans un bain de pétrole et dont l'écartement était réglé jusqu'à la position de résonance par une vis micrométrique. Tout près de l'extrémité des électrodes en zinc, étaient connectés des fils aboutissant aux bornes secondaires d'une petite bobine d'induction actionnée par un interrupteur Desprez ou par un interrupteur à turbine.

La longueur de l'étincelle (environ $\frac{1}{2}$ millimètre) était réglée pour obtenir le minimum d'amortissement dans le circuit primaire.

Le circuit primaire était d'abord accordé sur l'une des bobines A et E : l'accord était déterminé par le maximum d'éclat d'un tube de Warburg placé près de l'extrémité de la bobine (tube contenant du sodium et une seule électrode). Ensuite on déterminait

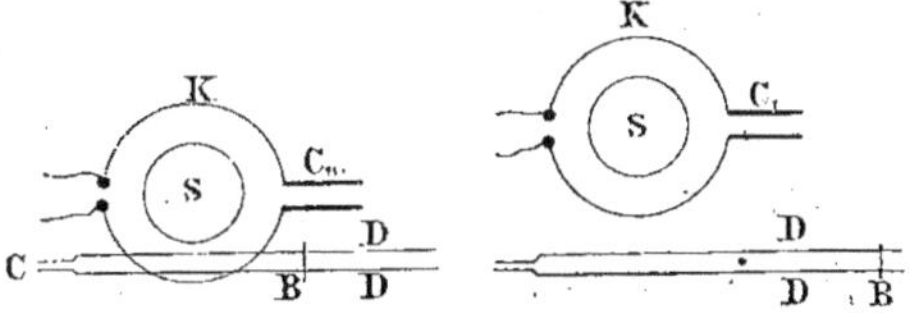

Fig. 321-322. — Détermination de l'accouplement magnétique K² et mesure des longueurs d'onde.

le potentiel maximum V_2 à l'extrémité de la bobine, soit en rapprochant de celle-ci un fil de cuivre isolé de 2 centimètres de longueur et 1 millimètre de diamètre et en déterminant la distance maxima A entre le fil et l'extrémité de la bobine, pour laquelle des étincelles se produisent encore, soit en approchant un tube à air raréfié et en déterminant la distance maxima A pour laquelle la paroi du tube était encore fluorescente. On obtient des résultats plus exacts avec cette seconde méthode. Evidemment ces mesures n'ont aucun caractère de précision, mais elles suffisent pour étudier l'effet produit par la variation du rapport $\frac{h}{2r}$.

On pourrait faire une mesure absolue du potentiel V_2 en étudiant la déviation des rayons cathodiques dans un tube de Braun.

On déterminait aussi l'accouplement magnétique k^2 en plaçant à proximité du système : excitateur K — bobine S, un circuit formé de deux fils parallèles fermés à une extrémité par un condensateur c et à l'autre extrémité par un pont mobile R (fig. 321); un tube de Warburg était placé contre le condensateur C, et le pont B était déplacé jusqu'à ce que l'éclat du tube soit maximum. Le circuit auxiliaire permet de mesurer la longueur d'onde : en retirant la bobine 3 du circuit excitateur, on obtient la longueur d'onde propre λ_1 de l'excitateur ; en plaçant la bobine dans le circuit, on trouve deux longueurs d'onde λ et λ' dont on peut déduire l'accouplement magnétique k^2 entre l'excitation K et la bobine S

$$(4) \qquad k^2 = \frac{\lambda^2 - \lambda'^2}{\lambda^2 + \lambda'^2}.$$

Il n'est pas nécessaire qu'il existe une concordance parfaite entre la longueur d'onde λ_1 de l'excitation et la longueur d'onde propre λ_2 de la bobine. En effet, quand on peut négliger vis-à-vis de $4\pi^2$ les carrés des décréments logarithmiques, ce qui est toujours le cas ici, on a :

$$(5) \quad \begin{cases} \lambda^2 + \lambda'^2 = \lambda_1^2 + \lambda_2^2 \\ \lambda^2 - \lambda'^2 = K\sqrt{(\lambda_1^2 - \lambda_2^2)^2 + 4\lambda_1^2\lambda_2^2}. \end{cases}$$

Si on pose

$$\lambda_1 = \lambda_2^2(1 + \xi)$$

ξ ayant une valeur petite vis-à-vis de l'unité, il vient, en négligeant ξ^2 :

$$(6) \quad \begin{cases} \lambda^2 + \lambda'^2 = 2\lambda_2^2\left(1 + \frac{1}{2}\xi\right) \\ \lambda^2 - \lambda'^2 = 2k^2\lambda_2^2\left(1 + \frac{1}{2}\xi\right). \end{cases}$$

Pour le calcul exact de λ_2 il faut employer la formule

$$\lambda_2 = \frac{\lambda^2 + \lambda'^2}{2\lambda_1}.$$

En général la plus grande longueur d'onde λ est plus facile à observer avec le circuit de mesure DD que la plus courte λ' : cela provient d'une part de l'amortissement plus considérable de λ' et d'autre part de ce que pour l'onde λ' les directions du courant dans l'excitateur K et la bobine Tesla S sont opposées, tandis que pour l'onde λ ces courants sont de même sens. Par suite, pour la mesure de λ on peut placer le circuit DD à une distance plus grande de l'excitation K, comme le montre la figure 322 ; au contraire pour mesurer λ', il faut placer ce circuit DD entre l'excitateur K et la bobine S (fig. 321) ou tout au moins très près l'un de l'autre. Les tableaux suivants résument les chiffres observés dans les expériences.

Premier circuit primaire

$2r_1 = 12^{cm},5$ $2\rho_1 = 3$ millimètres

$r_1 : r = 2,04$ $r_1 : \rho_1 = 41,6$

Bobine	$\dfrac{h}{2r}$	k	a (millimètres)	A (millimètres)
A	0,46	0,209	7,4	10,0
B	0,98	0,242	8,6	12,0
C	1,89	0,252	9,3	12,7
D	2,52	0,239	10,0	—
E	3,54	0,218	8,8	—

Deuxième circuit primaire

$$2\,r_1 = 8^{cm},3 \qquad\qquad 2\,\rho_1 = 2\ \text{millimètres}$$
$$r_1 : r = 1,35 \qquad\qquad r_1 : \rho_1 = 41,5$$

Bobine	$\dfrac{h}{2r}$	k	a	A
			millimètres	millimètres
A	0,46	0,435	14.7	8,5
B	0,98	0,445	16,4	9,5
C	1.89	0,392	17,3	10,0
D	2,52	0,364	16,3	—
E	3,54	0,323	13,0	—

Troisième circuit primaire

$$2\,r_1 = 7^{cm},2 \qquad\qquad 2\,\rho_1 = 2\ \text{millimètres}$$
$$r_1 : r = 1,17 \qquad\qquad r_1 : \rho_1 = 36,0$$

Bobine	$\dfrac{h}{2r}$	k	a
			millimètres
A	0,46	—	—
B	0,98	0,516	14,7
C	1,89	0,434	20,0
D	2,52	0,395	22,5
E	3,54	0,333	15,5

Les chiffres A et a sont des valeurs moyennes tirées des nombreuses observations : on voit qu'ils présentent des irrégularités puisque dans les tableaux I et III, la bobine la plus efficace est la bobine D, tandis que dans le tableau II c'est la bobine C. On doit s'attendre théoriquement à ce que, pour l'accouplement le plus parfait, c'est-à-dire pour les valeurs $\frac{r_1}{r}$ les plus faibles, la valeur la plus avantageuse de $\frac{h}{2r}$ soit plus petite que pour les valeurs $\frac{r_1}{r}$ plus considérables, mais la bobine D ne devrait pas, dans le tableau III, présenter une valeur de a supérieure à celle de la bobine C. Il est possible que l'amortissement soit plus fort dans le troisième cas que dans le deuxième. En traçant les courbes de a en fonction de $\frac{h}{2r}$ pour $\frac{r_1}{r} = 1,25$ et pour $\frac{r_1}{r} = 2$, on voit que dans le premier cas, la valeur de a atteint un maximum pour $\frac{h}{2r} = 2$ et, dans le second cas pour $\frac{h}{2r} = 2,5$. La valeur de $\frac{r_1}{\rho_1}$ est environ 40. Pour connaître approximativement les valeurs de la fonction χ pour ses valeurs voisines de $\frac{h}{2r}$, on peut remarquer que les valeurs de a observées sont petites vis-à-vis de la hauteur de la bobine h ; on peut donc admettre que l'action dans le tube à vide ne dépend que de l'un des pôles de la bobine Tesla d'où il résulte que le potentiel V_2 à la bobine de Tesla est à peu près proportionnel à a^2. L'étude de a en fonction de $\dfrac{h}{2r}$ conduit aux valeurs suivantes pour $\dfrac{V_2}{V_m}$, en désignant par V_m la valeur maxima.

$\dfrac{h}{2r}$	$r_1 : r = 2$		$r_1 : r = 1,25$	
	a	$V_2 : V_m$	a	$V_2 : V_m$
0,5	7,5	0,56	14,1	0,56
1,0	8,6	0,74	16,1	0,73
1,5	9,4	0,88	17,8	0,89
2,0	9,8	0,96	18,9	1,00
2,5	10,0	1,00	18,3	0,94
3,0	9,7	0,94	16,6	0,77
3,5	8,8	0,77	14,4	0,58

Il a été dit plus haut que l'accouplement k ne dépend que des proportions des grandeurs h, r, r_1, ρ_1, et est indépendant du nombre de tours n de la bobine. Ce fait a été vérifié expérimentalement sur les bobines A, A_1 et A_2 qui avaient toutes trois le même diamètre $2r = 6^{cm},15$, la même hauteur $h = 2^{cm},8$, mais portaient différents nombres de tours d'enroulement $n = 18$, $n = 15$ et $n = 12$. La valeur de l'accouplement avec le 2ᵉ circuit primaire fut trouvée égale à 0,435 pour la bobine A, à 0,44 pour la bobine A_1 et à 0,45 pour la bobine A_2. En outre deux bobines B_1 et B_2 donnèrent avec le deuxième circuit primaire, les résultats suivants :

Bobine	$2r$	h	$\dfrac{h}{2r}$	n	k	$\dfrac{r_1}{r}$
B_1	5,2	6,0	1,15	30	1,60	1,60
B_2	6,4	10,4	1,62	30	1,30	1,30

Enfin deux bobines ayant un diamètre de $6^{cm},5$ et une hauteur de $7^{cm},4$ (c'est-à-dire $\dfrac{h}{2r} = 1,2$) portant 30 et 24 tours, présentaient la même valeur pour k.

La valeur du facteur d'accouplement k dépend bien du rapport $\dfrac{r_1}{\rho_1}$. On a :

$$k^2 = \frac{L_{12} L_{21}}{L_1 L_2}.$$

La self-induction L_1 du circuit primaire a la valeur :

$$L_1 = 4\pi r_1 \left(\log_{\mathrm{nat}} 8\, \frac{r_1}{\rho_1} - 2\right).$$

Les valeurs de L_{12}, L_{21}, L_2, dépendent à peine du rapport $\frac{r_1}{\rho_1}$; par suite, quand ce rapport diminue, la valeur de k doit croître un peu. Lorsque, par exemple le rapport $\frac{r_1}{\rho_1}$ passe de la valeur 40 à la valeur 20, la self-induction L_1 baisse de 3,77 à 3,07 ; k augmente donc dans le rapport $\frac{1,11}{1}$ soit 11 %.

La longueur d'onde λ_1 de l'excitateur a pour valeur

$$\lambda_1 = 2\pi \sqrt{L_1 C_1}.$$

La longueur d'onde λ_2 de la bobine a pour valeur

$$\lambda_2 = 2f\, 2\pi r n,$$

où f est un facteur dépendant des valeurs de $\frac{h}{2r}$ et $\frac{g}{\delta}$ et de la nature du noyau de la bobine.

Pour

$$\begin{cases} \lambda_1 = \lambda_2 \text{ (résonance)} \\ L_1 = 4\pi r_1 \left(\log_{\text{nat}} 8\frac{r_1}{\rho} - 2\right) \\ n = \frac{h}{g}. \end{cases}$$

On obtient :

$$(7) \qquad \pi r_1 \left(\log_{\text{nat}} 8\frac{r_1}{\rho_1} - 2\right) c_1 = f^2 r^2 n^2 = \frac{f^2 r^2 h^2}{g^2}.$$

Si on pose

$$\frac{h}{r} = p.$$

$$\frac{r_1}{r} = q.$$

Il vient

$$(8) \qquad r^3 = \pi q \frac{g^2}{f^2 p^2} C_1 \left(\log_{\text{nat}} 8\frac{r_1}{\rho_1} - 2\right).$$

Au moyen de cette équation, on peut calculer le rayon et la hauteur de la bobine quand C_1, g, p, q sont connus.

Si on pose

$$(8') \qquad r^2 = \alpha \frac{r_1}{r} g^2 C_1 \left(\log_{\text{nat}} 8\frac{r_1}{\rho_1} - 2\right),$$

et si on suppose que le rapport entre le pas d'enroulement de la bobine, placée sur un cyclindre creux en ébonite même ou en papier, et l'épaisseur du fil δ ait la valeur $\frac{g}{\delta} = 2,4$. Le coefficient α a les valeurs suivantes pour différentes valeurs de $\frac{h}{r}$.

$\rho = \dfrac{h}{r}$	3	3,5	4	4,5	5	5,5	6
f	1,11	1,05	0,99	0,93	0,88	0,85	0,82
g	0,283	0,231	0,200	0,179	0,162	0,144	0,12

Si on introduit la valeur r^3 tirée de l'équation (8) dans la formule (3), il vient :

$$(9) \qquad V_2 = F \sqrt[3]{\frac{fpc_1}{g}} \cdot \frac{\times \left(\frac{h}{r}, \frac{r}{r_1}, \frac{r_1}{\rho_1} \right)}{\sqrt[6]{\pi q \left(\log_{\mathrm{nat}} 8 \frac{r_1}{\rho_1} - 2 \right)}}.$$

Donc, lorsque C, $\dfrac{r}{r_1}$, $\dfrac{r_1}{\rho_1}$ et g sont donnés, V_2 atteint un maximum pour la valeur de $p = \dfrac{h}{r}$ pour laquelle l'expression

$$\sqrt[3]{fp} \times \left(\frac{h}{r}, \frac{r}{r_1}, \frac{r_1}{\rho_1} \right) = \Psi \left(\frac{h}{r}, \frac{r}{r_1}, \frac{r_1}{\rho_1} \right)$$

atteint un maximum.

Pour déterminer la relation entre la fonction X et la valeur de $\dfrac{h}{r}$, on peut approximativement utiliser le tableau donnant $\dfrac{V_2}{V_m}$.

En supposant que la bobine est enroulée sur un tube d'ébonite mince et que $\dfrac{G}{\delta} = 2,4$ on obtient les résultats suivants pour Ψ :

$\frac{1}{2} p = \frac{h}{2r}$	f	$\sqrt[3]{fp}$	$r_1 : r = 2$		$r_1 : r = 1,25$	
			χ	ψ	χ	ψ
0,5	1,60	1,19	0,56	0,665	0,56	0,665
1,0	1,285	1,37	0,74	1,015	0,73	1,00
1,5	1,11	1,49	0,88	1,31	0,89	1,32
2,0	0,985	1,58	0,96	1,52	1,00	1,58
2,5	0,98	1,64	1,00	1,64	0,94	1,54
3,0	0,82	1,70	0,94	1,59	0,77	1,31
3,8	0,78	1,76	0,775	1,36	0,58	1,02

Le meilleur rapport $\dfrac{h}{2r}$ pour un transformateur Tesla pour lequel $\dfrac{r_1}{r} = 2$ est à peu près $\dfrac{h}{2r} = 2,6$. Pour un transformateur où $\dfrac{r_1}{r} = 1,25$, le meilleur rapport $\dfrac{h}{2r}$ est $\dfrac{h}{2r} = 2,2$.

La valeur fp étant 4,50 ou 4,13 pour ces valeurs de $\dfrac{h}{2r}$, il est facile de déterminer le rayon et la hauteur de la bobine de Tesla quand on connaît la capacité primaire C_1 et le pas d'enroulement g.

$$(10) \quad \begin{cases} r^3 = 0{,}155 \, \dfrac{r_1}{r} \, g^2 C_1 \left(\log_{\mathrm{nat}} 8 \, \dfrac{r_1}{\rho} - 2 \right) \\[1em] h = 5{,}2\, r \end{cases} \quad \text{pour } \dfrac{r_1}{2} = 2$$

$$(10') \quad \begin{cases} r^3 = 0{,}184 \, \dfrac{r_1}{r} \, g^2 C_1 \left(\log_{\mathrm{nat}} 8 \, \dfrac{r_1}{\rho} - 2 \right) \\[1em] h = 4{,}4\, r \end{cases} \quad \text{pour } \dfrac{r_1}{r} = 1{,}25$$

La formule (9) montre que le potentiel V_2 à la bobine Tesla croît proportionnellement à la racine cubique de $\dfrac{C_1}{g}$. Il faut donc, pour obtenir le maximum d'efficacité, augmenter autant que possible la capacité du circuit extérieur C_1 et diminuer autant que possible l'enroulement de la bobine g. La limite inférieure de g est déterminée par l'épaisseur minima de l'isolant employé qui est nécessaire.

Pour calculer, au moyen de la formule (1) la valeur numérique du potentiel maximum V_2 de la bobine, il faut connaître au moins approximativement la capacité C_2 de la bobine, c'est-à-dire la fonction Ψ de la formule (2) dans ce but on peut mesurer l'augmentation de longueur d'onde propre d'une bobine par la présence de deux antennes suspendues. En désignant par C la capacité de ces antennes, et en supposant que celles-ci sont assez courtes pour n'augmenter que peu la longueur d'onde propre λ_2 de la bobine qui devient λ_2', on a

$$\frac{\lambda'_2}{\lambda_2} = \sqrt{1 + \frac{C}{C_2}} = 1 + \frac{1}{2}\frac{C}{C_2}.$$

Cette formule repose sur les hypothèses que la self-induction L_2 de la bobine n'est pas modifiée par la présence des antennes et que la capacité du système est $C_2 + C$, C_2 représentant la capacité de la bobine sans antennes. Ces deux hypothèses ne sont pas rigoureusement exactes, car L_2 augmente un peu et C_2 diminue un peu.

La capacité C de deux antennes de longueur L et de rayon ρ est

$$C = \frac{l}{2 \log_{\mathrm{nat}} \dfrac{l}{\rho}}.$$

De plus pour de courtes antennes on a :

$$\frac{\lambda'_2}{\lambda_2} = 1 + \frac{4\,l}{\beta \lambda_2}.$$

où

$$\beta = \log_{\mathrm{nat}} \frac{l}{\rho} \frac{l}{n} \sqrt{\frac{h}{2r}} \cdot \varphi.$$

et où φ est un coefficient dépendant de $\dfrac{h}{2r}$.

On a

$$\lambda_2 = 2f \cdot 2\pi r n$$

d'où

$$\frac{1}{2}\frac{C}{C_2} = \frac{4l}{f^2 \varphi \sqrt{\dfrac{h}{2r}} \, \log_{\mathrm{nat}} \dfrac{l}{r} \cdot 4\pi r}$$

(11)
$$C_2 = \frac{\pi}{4} r f^2 \varphi \sqrt{\frac{h}{2r}} \, \frac{\log_{\mathrm{nat}} \dfrac{l}{\rho}}{\log_{\mathrm{nat}} \dfrac{l}{\rho}} = 0{,}342 \cdot r f^2 \varphi \sqrt{\frac{h}{2r}} \cdot$$

Les valeurs trouvées pour les capacités $\dfrac{C_2}{r}$ en fonction de $\dfrac{h}{2r}$ sont les suivantes :

$\dfrac{h}{2r}$	0,5	1	1,5	2	2,5	3	3,5	4
$0{,}342\, f^2 \varphi \sqrt{\dfrac{h}{2r}}$	1,18	1,13	1,08	1,6	1,01	1,03	1,07	1,09

Pour $\dfrac{h}{2r} = 2{,}75$, la valeur de $\dfrac{C_2}{r}$ atteint un minimum et par conséquent la valeur de V_2 d'après la formule (1), atteint un maximum si l'on fait abstraction du facteur $\dfrac{L_{21}}{L_{12}}$. Celui-ci étant plus grand que l'unité, on trouve d'après les formules 1, 7, et 11 :

(12)
$$V_2 > \frac{1}{4}\rho F_n \sqrt{\frac{r}{\pi r_1 \left(\log_{\mathrm{nat}} 8\dfrac{r_1}{\rho_1} - 2 \right) , \, 0{,}342\, \varphi \sqrt{\dfrac{h}{2r}}}}$$

Pour

$$\frac{r_1}{\rho_1} = 40, \qquad \frac{r_1}{r} = 2, \qquad \frac{h}{2r} = 2{,}5, \qquad \varphi = 43$$

on a :

$$V_2 > \frac{\rho F_n}{22{,}4} \cdot$$

Pour

$$\frac{r_1}{\rho_1} = 40, \qquad \frac{r_1}{r} = 1{,}25, \qquad \frac{h}{2r} = 2{,}0, \qquad \varphi = 2{,}25$$

on a :

$$V_2 > \frac{\rho F_n}{16{,}1}$$

ρ dépend de la somme $\gamma_1 + \gamma_2$ des décréments ainsi que de l'accouplement k.
Pour

$$k = 0{,}24 \left(\text{correspondant à } \frac{r_1}{r} = 2, \ \frac{h}{2r} = 2{,}5 \right) \text{ et } \gamma_1 + \gamma_2 = 0{,}3.$$

On a :

$$\rho = 0,81.$$

On a donc :

$$(12') \quad \begin{cases} \text{Pour } \gamma_1 + \gamma_2 = 0,3, \quad \dfrac{r_1}{r} = 2, \qquad h = 2,5 \\[2mm] \qquad\qquad\qquad\qquad\qquad\qquad V_2 > 0,033 \ F_n \\[2mm] \text{Pour } \gamma_1 + \gamma_2 = 0,3, \quad \dfrac{r_1}{r} = 1,25, \quad \dfrac{h}{2r} = 2,0 \\[2mm] \qquad\qquad\qquad\qquad\qquad\qquad V_2 > 0,050 \ F_n. \end{cases}$$

Résumé. — 1° La formule (8) permet de calculer les dimensions d'une bobine Tesla quand on connaît la capacité primaire C_1 et le pas d'enroulement g pour une valeur quelconque de $\dfrac{h}{2r}$.

2° Pour $\dfrac{r_1}{r} = 2$, le meilleur rapport $\dfrac{h}{2r}$ d'une bobine Tesla est 2,6.

Pour $\dfrac{r_1}{r} = 1,25$, le meilleur rapport $\dfrac{h}{2r}$ d'une bobine Tesla est 2,2.

Les formules (10) et (10') permettent de calculer les dimensions pour ces deux cas.

Quand il y a une forte tendance aux décharges en aigrettes, il faut choisir $\dfrac{h}{2r}$ un peu plus petit et $\dfrac{r_1}{r}$ petit (1,25 environ).

3° Le maximum de potentiel est proportionnel à la racine cubique de $\dfrac{C_1}{G}$. Il est donc avantageux de réduire g le plus possible.

4° La formule (11) permet d'évaluer approximativement la capacité des bobines.

5° Les formules (12) et (12') permettent d'évaluer approximativement le maximum de potentiel.

Dispositifs de M. Elihu Thomson. — Le dispositif employé par M. E. Thomson ne diffère pas sensiblement de celui indiqué par M. Tesla.

Deux enroulements à gros fil, l'un comprenant 12 spires, l'autre 20 spires, sont placés, le premier à l'intérieur, le second à l'extérieur d'un cylindre isolant qui leur sert de support (fig. 323).

Le tout baigne dans de l'huile. Une des extrémités de chaque en-roulement est réunie à un conducteur terminé par une sphère métal-lique A, si bien que les deux enroulements communiquent entre eux par une de leurs extrémités. L'extrémité libre du circuit intérieur au cylindre isolant est reliée à la boule médiane b d'un système de trois boules conductrices, a, b, c, disposées côte à côte à quelques milli-

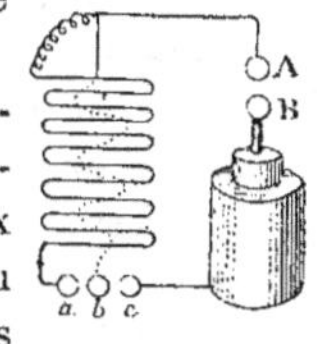

Fig. 323.

mètres les unes des autres. La boule a est réunie à l'extrémité libre du circuit exté-rieur au cylindre, alors que la boule c est en communication avec l'armature extérieure d'une bouteille de Leyde, dont l'armature intérieure est reliée à une sphère B voisine de A.

Soufflage de l'étincelle. — L'étincelle de décharge qui éclate entre les deux sphères A et B, est soufflée non plus en utilisant le champ magnétique d'un puissant électro-aimant, comme dans le dispositif de M. Tesla, mais à l'aide d'un violent courant d'air provenant d'une soufflerie et dirigé entre les deux sphères au moyen d'une tuyère.

Bobines de haute fréquence. — M. E. Thomson a également utilisé un dispositif en tout point analogue au dispositif de M. Tesla et dans lequel le soufflage magnétique de l'étincelle de décharge est remplacé par le soufflage à l'aide d'un fort courant d'air.

Dans ce dispositif, M. E. Thomson a utilisé deux bobines de haute fréquence dont la construction très simple et relativement peu coûteuse mérite d'être décrite.

Petit appareil. — Un petit modèle est contenu à l'intérieur d'une auge en bois assez étanche pour contenir de l'huile. Le circuit secondaire, qui comprend 150 spires de fil fin couvert de soie, est enroulé sur un cylindre de papier fort ou de carton qui se loge à l'intérieur d'un cylindre de verre servant de support au circuit primaire. Ce circuit repose sur le fond de l'auge, et ses deux extrémités traversent deux tubes de verre fixés au fond de l'auge et à l'intérieur desquels le fil primaire est mastiqué. Le fil primaire de gros diamètre forme des spires de 12 à 15 centimètres de

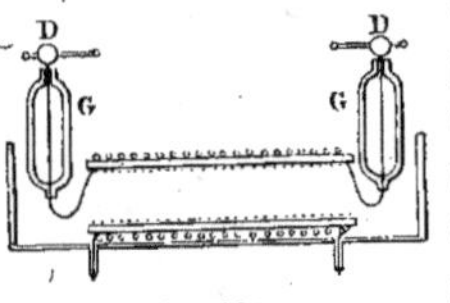

Fig. 324.

diamètre et au nombre de 15 à 20 spires. Ce fil est simplement isolé au coton (fig. 324).

Les extrémités du fil secondaire sortent de l'auge par deux vases en verre G, remplis d'huile et portant les bornes D qui servent de pôles à l'appareil. Ces vases peuvent être obtenus en accolant deux bouteilles dont le fond est enlevé. Leur présence empêche que la décharge se produise à la surface de l'huile.

Grand appareil. — Un modèle très puissant permettant d'obtenir des décharges de très hautes tensions peut également être construit d'une manière assez simple (fig. 325).

Les deux enroulements primaire et secondaire sont disposés verticalement à l'intérieur d'un tonneau B rempli d'huile lubrifiante. Chacune des bobines primaire et secondaire est enroulée sur un cylindre de carton. Les diamètres des deux cylindres diffèrent d'environ 8 centimètres, le plus petit ayant 33 centimètres de diamètre. Il est recouvert de deux couches de soie sur lesquelles sont enroulées 500 spires de fil fin ($0^{mm},45$ de diamètre) couvert de coton. Cette couche de fil occupe 50 centimètres de la longueur du cylindre..

Le circuit P consiste en 15 tours d'un conducteur composé de 5 fils assez gros dont les extrémités sortent par la bonde du tonneau en C.

L'extrémité inférieure de l'enroulement secondaire aboutit à une tringle qui traverse un vase en verre planté dans le fond du tonneau et plongeant dans un bac rempli d'huile T'. La tringle métallique se prolonge jusqu'à la boule D' qui constitue un des pôles de l'appareil. L'autre extrémité est en communication avec le second pôle par une disposition analogue. Le tube de laiton D qui porte ce pôle est équilibré par un contre-poids W qui sert à le déplacer dans la glissière G.

Ce tube de laiton de 2 à 3 centimètres de diamètre est muni à la partie supérieure d'une grosse sphère métallique polie pour empêcher les décharges latérales dans l'air.

L'étincelle de décharge que peut fournir cet appareil ne mesure pas moins de 80 centimètres (écartement maximum qu'on pouvait donner aux pôles à l'appareil). Le condensateur employé avec cet appareil était composé de 16 bouteilles de Leyde d'environ 5¹, associées en quantité.

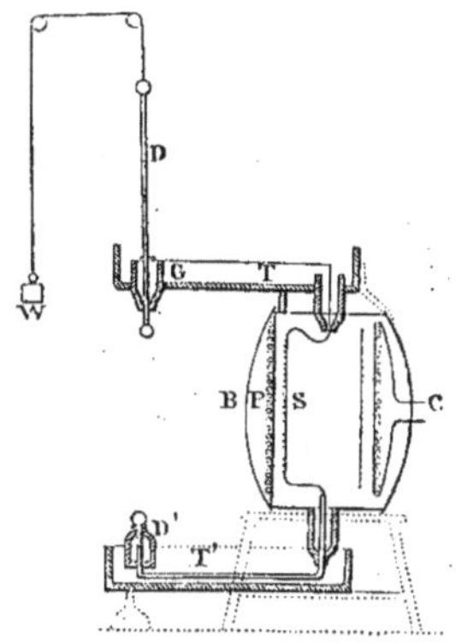

Fig. 325.

Résonateur de M. le professeur d'Arsonval. — Le résonateur de M. le professeur

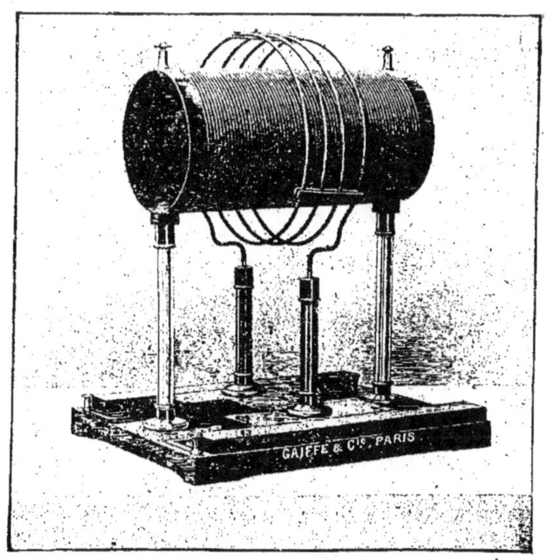

Fig. 326. — Résonateur de M. le Professeur d'Arsonval.

d'Arsonval (fig. 326) se compose d'une hélice de fil fin enroulée sur un cylindre. Cette hélice est l'induit. Autour d'elle, concentriquement placées à une distance de plusieurs centimètres, sont trois ou quatre spires de gros fil qui peuvent glisser le long de l'induit de manière à être placées à volonté à une extrémité, au milieu ou à l'autre extrémité de l'induit.

Si nous supposons les spires inductrices placées vers le milieu de l'hélice induite, (cas de la fig. 326) l'hélice induite émet par ses deux extrémités des effluves qui semblent s'attirer et qui sont d'égale puissance. C'est là ce qu'on appelle les effluves bipolaires, parce qu'il est à supposer qu'à un moment considéré, le signe des effluves est différent, ce signe changeant simultanément et restant toujours contraire plusieurs millions ou billions de fois par seconde suivant la période.

Si on déplace l'inducteur vers une extrémité, l'effluvation propre à cette extrémité diminue jusqu'à être voisine de zéro de telle sorte qu'alors la bobine fonctionne comme un résonateur Oudin unipolaire dont l'inducteur et l'induit sont séparés et sans contact.

Résonateur de M. le Dr Oudin. — Le dispositif de M. le Dr Oudin, ne diffère du premier de d'Arsonval que par les relations établies entre les armatures externes des jarres et la spire de gros fil dans laquelle circulent les courants de haute fréquence.

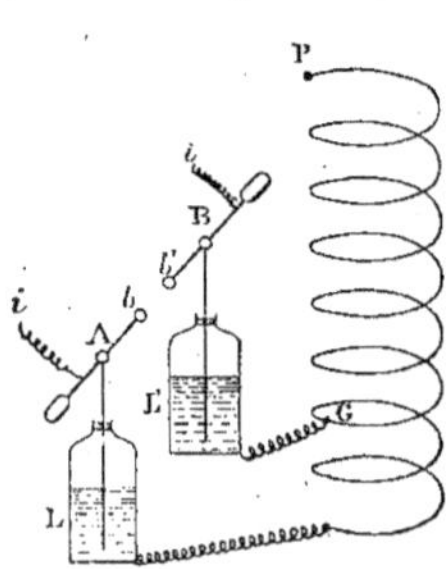

Comme dans le dispositif de M. d'Arsonval, les armatures intérieures A, B, des deux jarres de 50 centimètres carrés de surface active sont reliées aux pôles d'une bobine d'induction. Elles sont d'autre part en communication avec les deux sphères b, b' d'un excitateur disposées dans l'huile et entre lesquelles éclatent des étincelles de décharge (fig. 327).

Le fil non isolé d'environ 60 mètres de longueur, de 3 millimètres de diamètre, forme un solénoïde enroulé sur un cylindre de bois paraffiné ; l'écartement des spires est de 1 centimètre. L'axe du cylindre est vertical et l'extrémité inférieure du solénoïde qui s'y trouve enroulé, est reliée à l'armature extérieure de l'une des jarres.

Fig. 327.

Un galet G qui peut se déplacer en restant en contact avec le fil du solénoïde suit les spires inférieures ; il est réuni par un fil souple à l'armature extérieure de la seconde jarre.

Enfin l'extrémité libre du solénoïde est reliée à une boule P qui forme l'un des pôles de l'appareil, dont le galet mobile G constitue l'autre pôle.

On sépare ainsi le solénoïde en deux parties qui se font suite l'une à l'autre et dont on peut faire varier les longueurs par le jeu d'un galet G.

L'isolement complet des spires du solénoïde n'offre aucun intérêt. Quand le réglage de l'appareil est parfait, on voit de son extrémité libre et de la dernière spire seulement jaillir les effluves dus à la tension élevée que produit l'appareil.

Il n'est pas indispensable de faire jaillir les étincelles au sein de l'huile. On peut les faire éclater dans l'air. Les sphères de l'exploseur peuvent être recouvertes de platine sur les portions de surface entre lesquelles éclatent les étincelles. On assure ainsi à l'exploseur une plus longue durée.

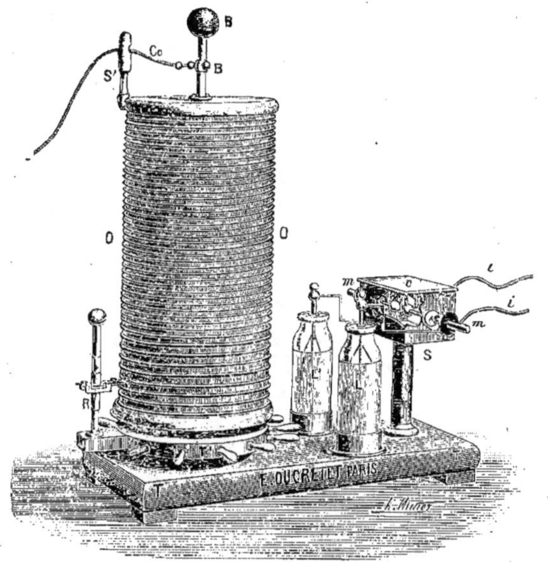

Fig. 328. — Ensemble du dispositif de M. le Dr Oudin.

La figure 328 représente l'ensemble du dispositif ; les fils i, i sont reliés aux deux pôles d'une bobine d'induction.

Appareils dits bipolaires. — M. O Rochefort a associé deux des dispositifs de M. le Dr Oudin et réalisé ainsi ce qu'il nomme un *résonateur bipolaire* (fig. 329).

Les condensateurs (bouteilles de Leyde) sont au nombre de quatre, reliés deux à deux en batterie.

Les armatures intérieures de l'un des couples C communiquent avec une des sphères b de l'exploseur, celle de l'autre couple D sont reliées avec la seconde sphère b'. Quant aux armatures externes, elles sont reliées chacune à deux solénoïdes, semblables au précédent décrit, de la manière suivante :

L'une des armatures externes du couple N est reliée, à l'extrémité inférieure E de l'un des solénoïdes. De même l'une des armatures externes du couple M est reliée à l'extrémité inférieure E' du second solénoïde.

La seconde armature externe du premier couple N est reliée au galet G' du second solénoïde, alors que la seconde armature externe du deuxième couple est reliée au galet G du premier solénoïde.

Les extrémités libres P, P' forment les deux pôles du dispositif. Ces pôles sont chacun, comme dans le cas du dispositif de M. Dr Oudin, le siège d'effluves qui deviennent très puissants lorsqu'on règle convenablement la position des galets G, G' sur les spires inférieures des solénoïdes.

Si l'on rapproche l'un de l'autre les fils reliés aux deux pôles, on constate que les deux effluves produits s'attirent et l'on obtient ainsi de très longs effluves. Les effluves se repoussent au contraire si l'on change les connexions des solénoïdes avec les armatures externes des condensateurs, si l'on met en G le fil qui était relié à G'.

On peut supprimer les deux fils NE, ME' qui réunissent les extrémités des solénoïdes

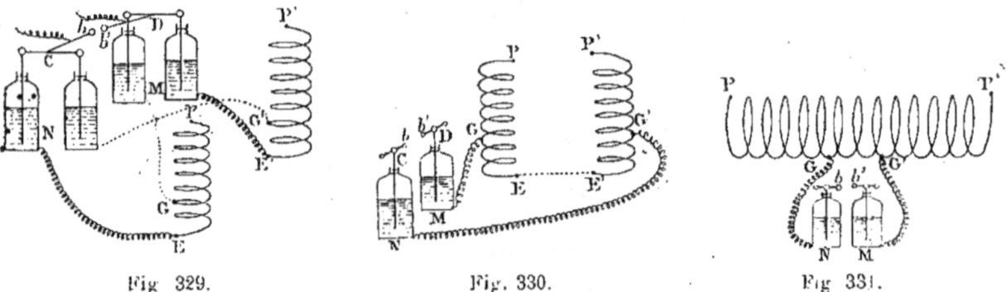

Fig. 329.   Fig. 330.   Fig 331.

aux condensateurs, et réunir entre eux les deux solénoïdes ; c'est le dispositif représenté par la figure 330.

On utilise alors deux bouteilles de Leyde au lieu de quatre.

En employant un transformateur de Wydts Rochefort pouvant donner 50 centimètres d'étincelle, M. Rochefort a obtenu avec une dépense de 144 watts (24 volts-6 ampères) des effluves de 50 centimètres de longueur entre les deux pôles de l'appareil.

M. Lebailly a réalisé également un dispositif qu'il appelle *résonateur bipolaire* en ne se servant que d'un seul solénoïde dont les extrémités P, P' sont libres et forment des pôles du positif (fig. 331). Deux galets b, b' mobiles le long des spires sont disposés près de la spire médiane et séparés l'un de l'autre par quelques spires seulement. Par un réglage convenable, on obtient aux deux pôles de l'appareil des effluves puissants qui s'attirent mutuellement.

Transformateur à haut voltage à survolteur cathodique de M. P. Willard. — M. P. Villard a indiqué en 1901 un dispositif des plus ingénieux, permettant d'éliminer une des alternances qui se produisent entre les bornes du circuit induit d'un transformateur alimenté par un courant alternatif ; nous indiquons ici ce dispositif à cause de l'intérêt qu'il présente pour l'obtention des courants de haute fréquence lorsqu'on ne dispose que d'une distribution par courants alternatifs.

Soupape cathodique. — Ce dispositif utilise les propriétés que présente un des tubes à vide, de construction si ingénieuse, que M. P. Villard a imaginé : la *soupape cathodique.* Une ampoule de 400 centimètres cubes de capacité porte deux électrodes : l'une N est formée par une spirale assez longue faite d'un fil d'aluminium, l'autre est un disque P de quelques millimètres de diamètre engagé dans un tube étroit, légèrement étranglé en avant du disque de manière à obtenir l'afflux d'alimentation cathodique. Lorsqu'on fait fonctionner un semblable tube en prenant N pour cathode, l'étincelle extérieure équivalente au tube ne mesure que 1 millimètre, alors qu'elle atteint 15 millimètres lorsque, toutes choses égales d'ailleurs, on prend P pour cathode.

On obtient donc avec ce tube, en alternant ses pôles à volonté, le phénomène de Geissler ou celui de Hittorf (fig. 332).

Pour éliminer une des alternances à l'aide de la soupape cathodique, M. P. Villard indique le moyen suivant. Les extrémités du circuit induit du transformateur sont reliées chacune à l'une des armatures d'un condensateur à micanite C, C'. Les deux autres armatures sont respectivement reliées aux boules b, b' de l'exploseur. Le tube formant soupape est disposé entre a et a'. Dans ces conditions, lorsque N est cathode,

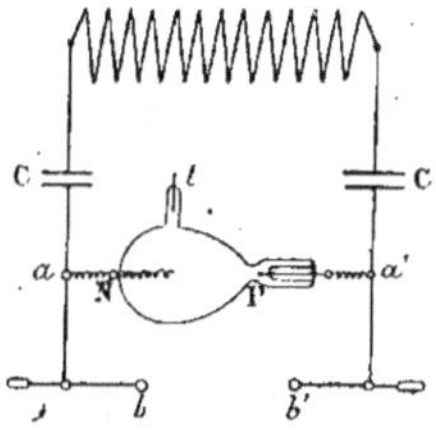

Fig. 332.

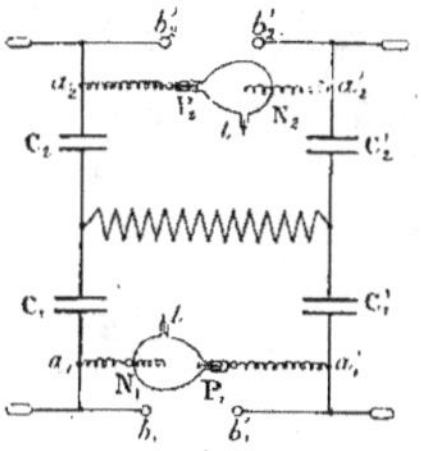

Fig. 333.

le tube offre une cohésion diélectrique insignifiante ; lorsque au contraire N devient anode, le tube se montre capable de résister à une différence de potentiel de 60 000 volts. L'une des alternances passe donc par le tube, alors que l'autre y trouve un obstacle qu'elle ne peut surmonter et passe par l'exploseur en formant étincelle entre les boules b, b'.

Si l'on ne fait pas usage de la soupape, on obtient entre les deux boules b, b' une étincelle de 9 centimètres seulement. En insérant le tube entre les conducteurs a, a', on peut produire entre b et b' une étincelle de 18 centimètres. Cette étincelle atteint 24 centimètres si on la fait éclater entre deux pointes.

Pour donner plus d'élasticité aux soupapes, il est bon d'en relier deux en série entre a et a'. L'entretien de ces soupapes est très simple. Elles sont munies sur le côté d'un tube de platine t qu'il suffit de chauffer dans une flamme pour introduire dans la soupape un peu d'hydrogène. L'utilité de cette opération se reconnaît à ce que les rayons cathodiques émanés de N, deviennent assez énergiques pour produire la fluorescence du verre de l'ampoule.

On peut, comme le montre la figure 333, disposer aux pôles du même transformateur deux exploseurs entre lesquels on obtient d'une part des étincelles dues à l'une des alternances, d'autre part des étincelles dues à l'autre alternance. On constate que ces exploseurs fonctionnent indépendamment l'un de l'autre, si bien qu'on peut obtenir une longue étincelle entre les deux boules de l'un alors qu'on produit une étincelle courte entre les pôles de l'autre.

Résonateur de M. Roycourt. — Cet appareil, créé tout spécialement pour l'obtention des courants de haute fréquence au moyen des machines électrostatiques, permet d'obtenir la bipolarité, la monopolarité, et de graduer la tension des pôles induits.

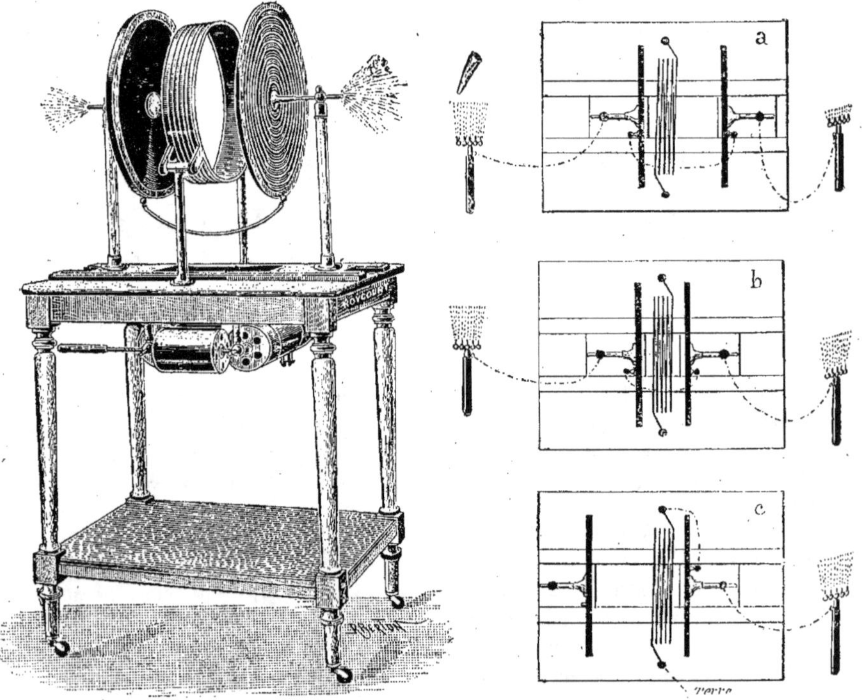

Fig. 334 et 335. — Résonateur de M. Roycourt.

Comme avantages propres, il permet la diminution simultanée des effets aux deux pôles libres lorsqu'il est employé en bipolaire, ou au pôle unique lorsqu'on s'en sert comme monopolaire ; il permet, en outre, de combiner et de graduer les effets de l'inducteur sur les induits, soit en utilisant l'induction seule, soit la résonance seule, soit la combinaison de ces deux modes d'action.

Il est caractérisé par l'action qu'exerce, d'une manière générale, un circuit inducteur en hélice sur deux circuits induits mobiles, constitués par des spirales noyées dans des disques en matière isolante ; lesquels peuvent rester indépendants l'un de l'autre ou être reliés entre eux ou bien encore être reliés au sol. Ces circuits mobiles peuvent être déplacés, éloignés ou rapprochés de l'inducteur.

Pour obtenir la monopolarité (schéma c, fig. 335)), l'un des induits reste inactif, le second relié d'une part à l'inducteur, dont l'autre extrémité est au sol, par exemple a son second pôle relié à l'excitateur. Tous ces effets s'obtiennent sans avoir à toucher au réglage du détonateur et sans faire varier le nombre des spires inductrices, mais par simple rapprochement ou éloignement des induits par rapport à l'inducteur, et par des connexions convenables entre les induits mêmes ou entre le ou les induits et l'inducteur. En outre, lorsque l'appareil est disposé en bipolaire, il est possible de le régler et de l'équilibrer de façon que les potentiels soient égaux à chaque pôle induit ; dans ce cas, le point de jonction commun aux deux induits se trouve avoir un potentiel nul, bien qu'étant parcouru par un courant d'une intensité égale à celui qui traverse tout l'appareil. On peut donc, en ce point, intercaler un patient qui est complètement traversé par le courant induit dans l'appareil, sans qu'il se trouve soumis aux effets de l'effluvation. Actionné au moyen d'une machine à douze plateaux, il permet, à une fréquence très rapide, d'obtenir des effluves très nourris de 26 centimètres de longueur lorsqu'il est disposé en monopolaire. Avec le dispositif de bipolarité, les effluves atteignent facilement 33 centimètres de long. L'inducteur peut être remplacé par un solénoïde de quelques tours de gros fil pour les applications directes, autoconduction et condensateur.

Montage bipolaire de MM. Northrupp et Woods. — MM. Northrupp et Woods, prennent comme source d'énergie du courant alternatif à 55 ou 110 volts et donnant environ 120 pulsations à la seconde. Dans le circuit de la source, on place (figure 336) une impédance variable avec le moins de résistance possible et pouvant supporter de 25 à 30 ampères. Cette impédance est constituée par un enroulement de gros fil autour d'un noyau de fils de fer de 30 centimètres de longueur et d'un diamètre de 5 à $7^{cm},5$. L'impédance est modifiée en faisant varier le nombre des spires en circuit. Dans le même circuit on insère un transformateur de 110 à 10 000 ou 15 000 volts, à circuit magnétique fermé et donnant au moins 0,2 ampère au secondaire. Le circuit à haute tension du transformateur est en série avec un condensateur et une bobine d'induction à haute fréquence. Un excitateur double est disposé comme l'indique la figure sur le circuit du condensateur. Tous ces appareils doivent être minutieusement isolés. Le rôle de l'impédance variable est, comme on s'en rend compte aisément, d'empêcher un afflux de courant intense dans le transformateur (à la basse tension), lors de la mise en court circuit du secondaire par les étincelles du détonateur. Cet afflux de courant provoquerait un arc et empêcherait les condensateurs de se recharger. La répartition en deux parties des enroulements de haute fréquence et la mise à la terre du point commun a pour but de protéger l'isolement entre les enroulements du transformateur de 15 000 volts contre une décharge à haute fréquence qui sans cette précaution tendrait à la traverser quand une des électrodes a, b, se trouve à la terre comme il arrive dans certaines expériences.

Le primaire du transformateur de 15 000 volts est également groupé en deux parties

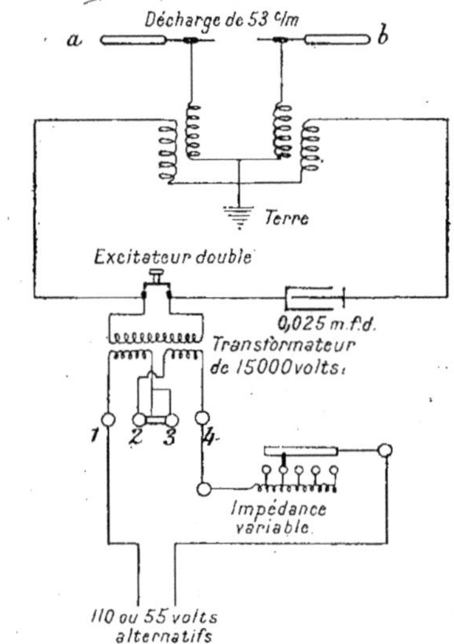

Fig. 336.

que l'on peut mettre en série ou en parallèle, et, de la sorte opérer sur 110 ou 55 volts.

Le détonateur a ses deux électrodes inférieures fixées dans une plaque de verre dont il est séparé par des rondelles et des douilles en amiante.

Le condensateur est formé par des plaques de verre recouvertes sur leurs deux faces, d'une feuille de papier et séparées par des feuilles de laiton ou d'étain. Avec 40 plaques de 3 millimètres et de 25 sur 35 centimètres, on obtient environ 0,025 microfarads. Ce condensateur est immergé dans l'huile.

Le transformateur à haute fréquence est constitué par deux vases en verre sur lesquels on enroule extérieurement 4 à 5 tours d'une bande de cuivre isolée. Les extrémités inférieures de la bande sont réunies à une borne par l'intermédiaire de fils flexibles. La borne est mise à la terre. Les vases sont remplis d'huile et reçoivent l'enroulement à fil fin.

Avec un appareil construit d'après ces indications, le transformateur prenant environ 20 ampères sous 110 volts et 120 périodes, il est possible d'amener à son plein éclat une lampe de 16 bougies traversée par la décharge. En plaçant 10 lampes en série, elles avaient leur éclat normal, et chose très curieuse, l'énergie consommée était inférieure à celle qu'absorberait les 10 lampes avec un courant ordinaire.

Résonateur de MM. Charbonneau et Vincent. — Le résonateur de MM. Charbonneau et Vincent a comme avantage principal d'occuper un minimum d'encombrement tout en jouissant des propriétés des appareils à induction c'est-à-dire qu'il peut être mono ou bipolaire.

Le primaire à gros fil C et le secondaire à fil fin S de ce résonateur, au lieu d'être enroulés comme d'habitude sur des tambours en bois, sont disposés horizontalement

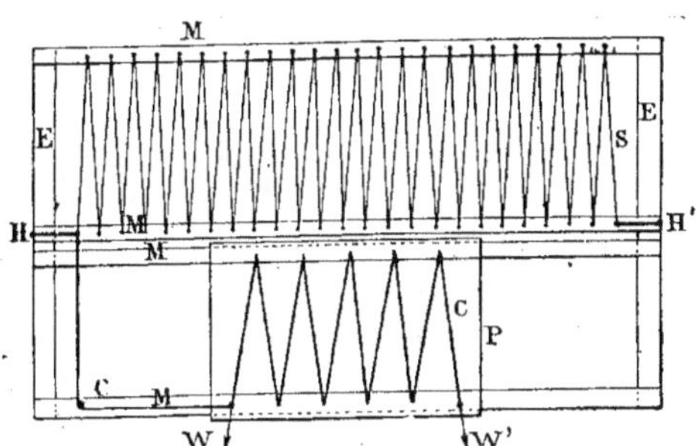

Fig. 337. — Résonateur de MM. Charbonneau e Vincent.

sur des planchettes M et P sur lesquelles ils sont montés en zigzags et maintenus au moyen de chevilles ou de tasseaux.

La planchette P qui porte le fil primaire peut coulisser le long de la planchette M grâce à ses guidages convenablement disposés et sous l'action d'une commande. Cette construction présente une grande simplicité d'exécution et permet de déplacer le primaire du résonateur en regard d'une partie quelconque du secondaire, le réglage de la position du primaire et par suite de la production des étincelles ou effluves de haute fréquence, pouvant être obtenu avec une très grande précision.

Le primaire et le secondaire du résonateur peuvent être ou non connectés entre eux à l'une de leurs extrémités.

Spirales de M. Guilleminot. — M. Guilleminot a construit un résonateur en forme de spirale plate. Pratiquement, le réglage se fait non plus en modifiant le coefficient de self de la partie inductrice qui reste fixe, mais en modifiant le coefficient de self d'une bobine à gros fil mise dans le circuit d'excitation. Les spirales sont constituées pour 18 spires de fil de $2^{cm},3$ de diamètre fixées sur des rayons de corde à boyaux ; la plus petite spire ayant un diamètre de $0^{m},33$ et la plus grande de $0^{m},83$. Les interspires augmentent progressivement du centre à la périphérie en raison de la différence de potentiel entre les spires également croissante. Le centre de la spirale reçoit les excitateurs divers.

CHAPITRE XVI

MONTAGES D'ENSEMBLE ET DISPOSITIFS DIVERS

I. — MONTAGES D'ENSEMBLE

Les différents montages du résonateur de M. le Dr Oudin

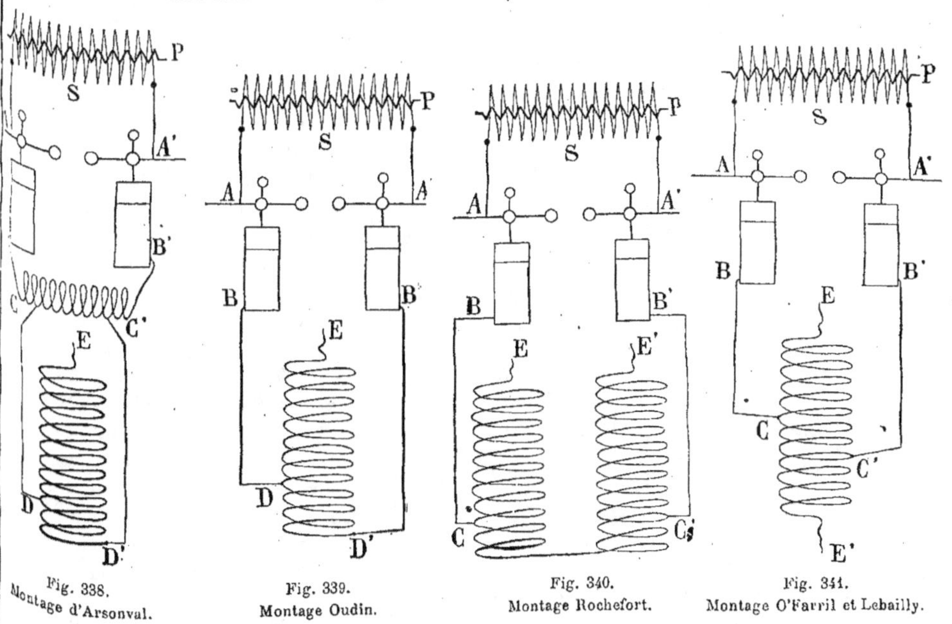

Fig. 338.
Montage d'Arsonval.

Fig. 339.
Montage Oudin.

Fig. 340.
Montage Rochefort.

Fig. 341.
Montage O'Farril et Lebailly.

Les différents montages des spirales de M. Guilleminot. — 1° *Effets obtenus avec une spirale seule* (fig. 342). — Ayant influencé la spirale par sa spire la plus excen-

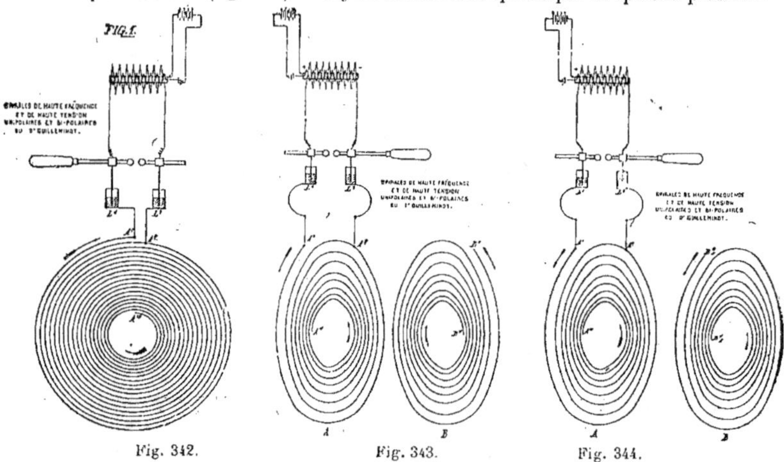

Fig. 342. Fig. 343. Fig. 344.

trique, M. Guilleminot remarqua que l'effluve central est plus doux que celui que l'on obtient extérieurement en influençant les spires centrales.

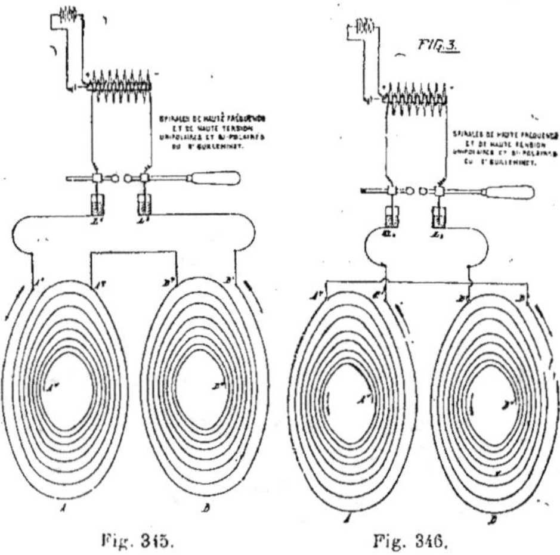

Fig. 345. Fig. 346.

M. Guilleminot a adopté les constantes suivantes pour ses spirales : Spirales de 18 spires à pas progressivement croissant de 0,0003 par interspire avec diamètre minimum 0,33 et diamètre maximum 0,83.

2° *Action d'une spirale active sur une spirale passive approchée d'elle progressivement et inversement* (fig. 343 et 344). — Si on approche parallèlement les deux spirales l'une de l'autre, les actions varient selon le sens de l'enroulement. Si les enroulements sont en sens contraire (fig. 343), des effluves très nourris s'échangent entre les spires centrales des spirales.

Si les enroulements sont de même sens (fig. 344) on a aucun effluve dans le centre des spires et l'effluve que l'on tire de la spirale active est très faible.

3° *Effets obtenus avec deux spirales actives ne s'influençant pas réciproquement* (fig. 345 et 346). — Dans ces conditions, deux spirales semblables peuvent recevoir un mode de charge différent, suivant que les spirales sont reliées en quantité ou en tension.

Appareil d'ensemble de M. Gaiffe. — M. Gaiffe a réuni sur une sellette un dispo-

Fig. 347. — Ensemble de M. Gaiffe avec résonateur Oudin.

sitif d'ensemble composé du groupe condensateur et éclateur déjà décrit et du résonateur Oudin, le réglage du circuit primaire s'obtient en déplaçant le curseur c monté sur un manche isolant. En B s'attache le conducteur reliant le résonateur à l'excitateur.

Appareil de M. Tesla, modèle de MM. Ducretet et Roger. — La figure 348 montre le dispositif de Tesla permettant d'obtenir des courants de haute fréquence avec

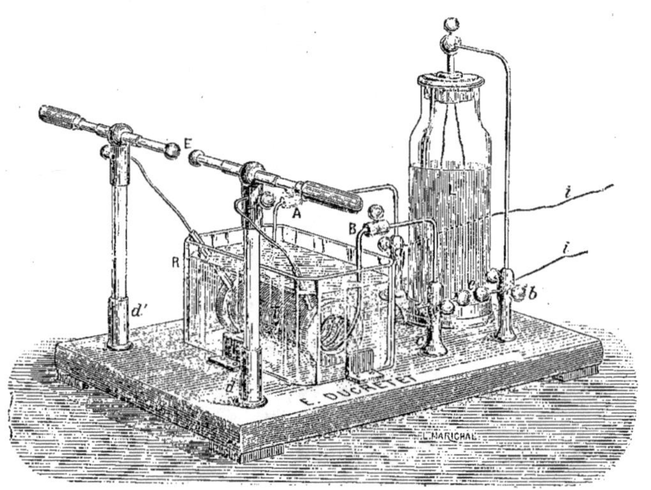

Fig. 348. — Ensemble de MM. Ducretet et Roger avec transformateur Tesla.

des tensions extrêmement élevées, le transformateur est noyé dans l'huile contenue dans la cuve R, un seul condensateur est en circuit. Le courant à haute tension arrive en ii.

Dispositif portatif de M. Roycourt. — M. Roycourt a cherché à réaliser un ensemble portatif pour l'obtention des courants à haute fréquence. La source de courant est une machine statique qui charge deux condensateurs selon le schéma de de M. d'Arsonval et alimente un résonateur Oudin.

Indépendamment de son peu d'encombrement, une caractéristique de cet appareil réside dans l'éclateur.

Comme la machine statique débitait peu, il a fallu augmenter le rendement, M. Roycourt y est arrivé en plaçant sur le trajet de l'étincelle de l'éclateur une glace

3° *Effets obtenus avec deux spirales actives ne s'influençant pas réciproquement* (fig. 345 et 346). — Dans ces conditions, deux spirales semblables peuvent recevoir un mode de charge différent, suivant que les spirales sont reliées en quantité ou en tension.

Appareil d'ensemble de M. Gaiffe. — M. Gaiffe a réuni sur une sellette un dispo-

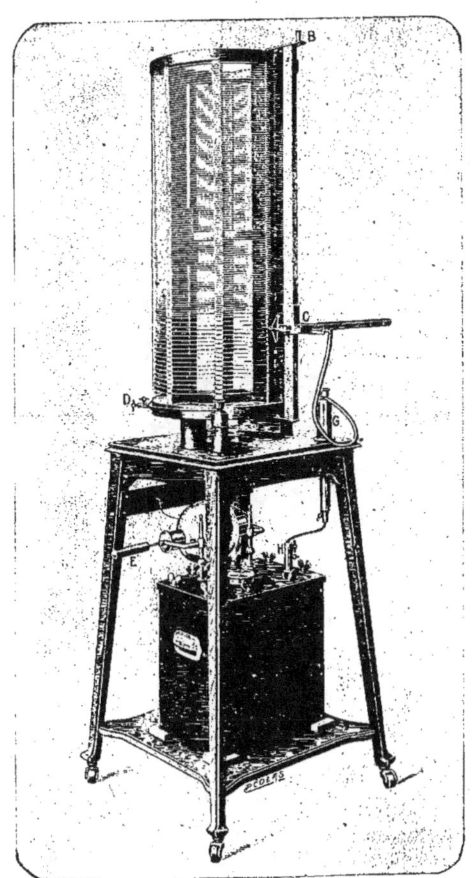

Fig. 347. — Ensemble de M. Gaiffe avec résonateur Oudin.

sitif d'ensemble composé du groupe condensateur et éclateur déjà décrit et du résonateur Oudin, le réglage du circuit primaire s'obtient en déplaçant le curseur c monté sur un manche isolant. En B s'attache le conducteur reliant le résonateur à l'excitateur.

Appareil de M. Tesla, modèle de MM. Ducretet et Roger. — La figure 348 montre le dispositif de Tesla permettant d'obtenir des courants de haute fréquence avec

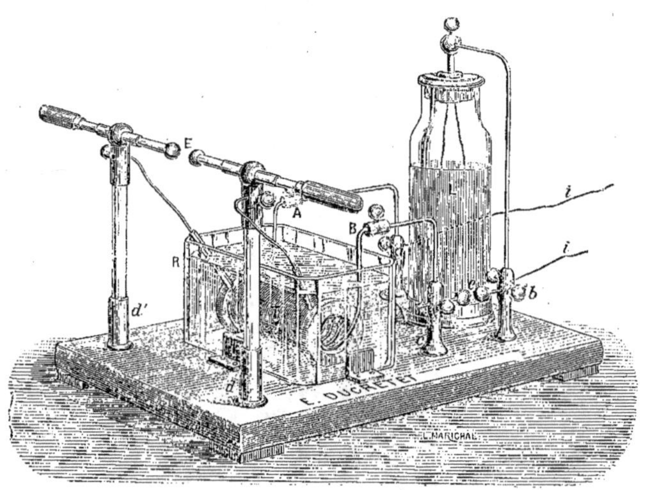

Fig. 348. — Ensemble de MM. Ducretet et Roger avec transformateur Tesla.

des tensions extrêmement élevées, le transformateur est noyé dans l'huile contenue dans la cuve R, un seul condensateur est en circuit. Le courant à haute tension arrive en ii.

Dispositif portatif de M. Roycourt. — M. Roycourt a cherché à réaliser un ensemble portatif pour l'obtention des courants à haute fréquence. La source de courant est une machine statique qui charge deux condensateurs selon le schéma de de M. d'Arsonval et alimente un résonateur Oudin.

Indépendamment de son peu d'encombrement, une caractéristique de cet appareil réside dans l'éclateur.

Comme la machine statique débitait peu, il a fallu augmenter le rendement, M. Roycourt y est arrivé en plaçant sur le trajet de l'étincelle de l'éclateur une glace

percée d'un trou. Les étincelles alors sont homogènes et le rendement au résonateur en
est augmenté dans une notable proportion.

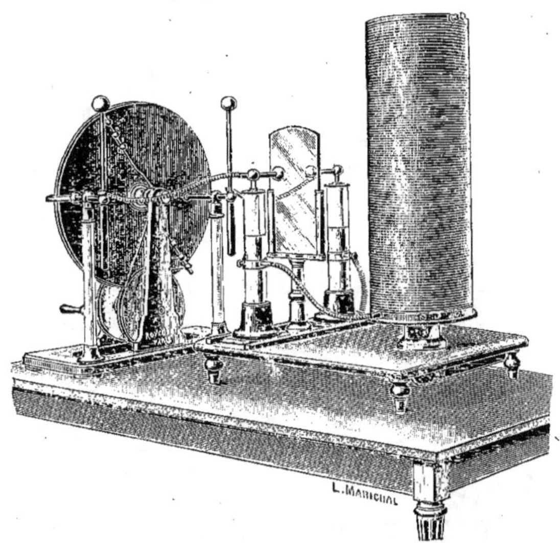

Fig. 349. — Dispositif de M. Roycourt avec statique et résonateur Oudin.

Montage de M. Tesla. — Aux deux bornes d'un alternateur, se monte un transformateur au secondaire duquel sont réunies les deux armatures d'un condensateur. Ces
deux armatures sont respectivement reliées à deux boules métalliques entre lesquelles

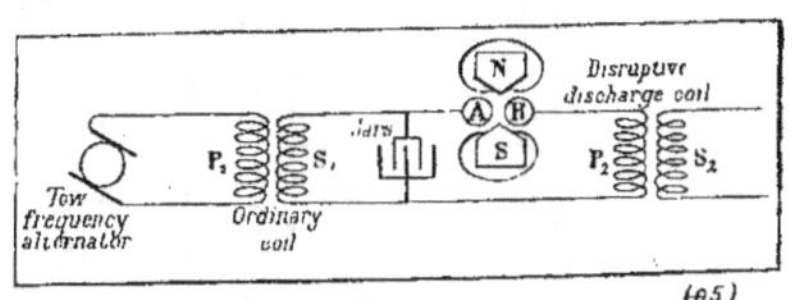

Fig. 350. — Montage d'ensemble de M. Tesla.

éclate l'étincelle de décharge. Alors que l'une des boules est directement en communication avec l'une des armatures du condensateur, l'autre boule est reliée à l'autre
armature par l'intermédiaire du circuit primaire P_2 d'un transformateur. Ces circuits
primaire et secondaire sont constitués comme il a été indiqué précédemment.

Pour souffler l'arc M. Tesla a imaginé de placer un électro-aimant NS, de façon à
créer un champ magnétique intense et perpendiculaire aux parcours de la décharge de
l'éclateur.

Les pièces polaires de cet électro peuvent être munies de feuilles protectrices de mica d'épaisseur suffisante pour empêcher la décharge d'éclater entre les boules et l'électro-aimant.

Appareil de MM. Charbonneau et Beez. — MM. Charbonneau et Beez, ont réalisé un appareil excessivement peu encombrant et d'une extrême simplicité. C'est en somme un résonateur d'Arsonval rendu monopolaire placé à l'intérieur d'un bac qui sert de condensateur. Le résonateur est constitué des deux enroulements primaire P et

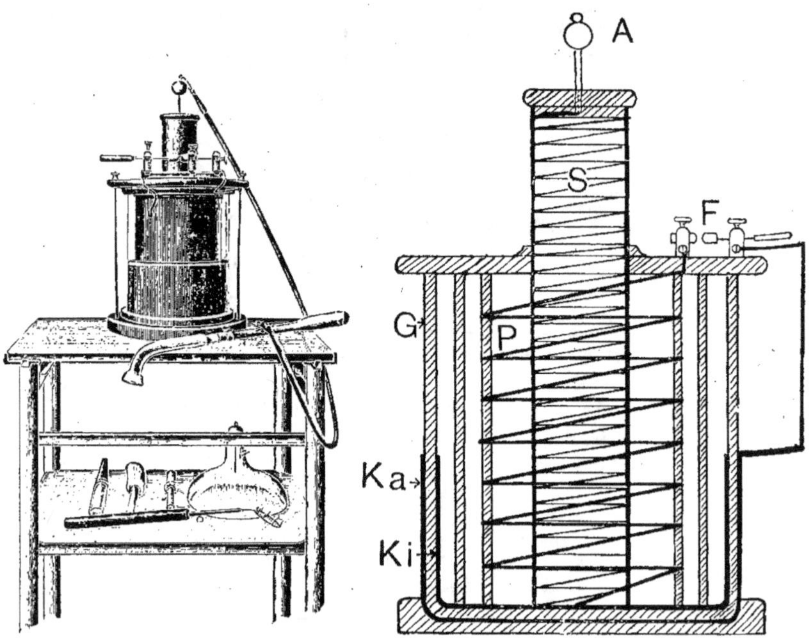

Fig. 351. — Ensemble de l'appareil
de MM. Charbonneau et Beez.

Fig. 352. — Coupe shématique de l'appareil
de MM. Charbonneau et Beez.

secondaire S placé dans un tube de verre. Une extrémité du primaire est reliée à une extrémité du secondaire. Le tout est placé dans un récipient G qui n'est qu'un condensateur possédant ses deux armatures Ka et Ki. Le tout est entretoisé par deux disques en isolant, Sur le disque supérieur est placé l'éclateur F.

A l'extrémité du secondaire se trouve une borne A à laquelle se connectent les excitateurs.

Montage de MM. d'Arsonval et Gaiffe. — MM. d'Arsonval et Gaiffe ont utilisé un transformateur à fuites magnétiques précédemment décrits, sur le secondaire duquel se trouve connectée une batterie de condensateurs dits « de garde » que nous allons décrire plus loin. Sur le trajet de fils allant à l'éclateur et aux condensateurs de haute fréquence, se trouvent deux résistances liquides ayant chacune 50 000 ohms et desti-

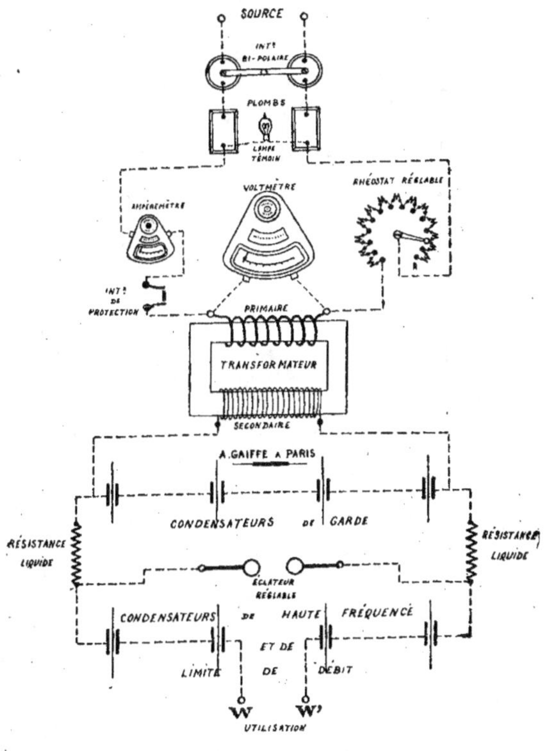

Fig. 353. — Montage d'ensemble du dispositif de MM. d'Arsonval et Gaiffe.

nées à retenir les ondes de retour, de façon à éviter qu'elles ne détériorent le secondaire du transformateur, en travaillant dans ce but avec les condensateurs de garde.

Il est bon de noter que les transformateurs dits à fuites magnétiques ont été préconisés par M. d'Arsonval dès l'année 1900, et leur usage s'est rapidement répandu à

cause de ses multiples avantages, aussi bien pour les courants de haute fréquence
médical que pour la télégraphie sans fil.

Montage de MM. Ducretet et Roger. — Dans ce montage, le courant alternatif

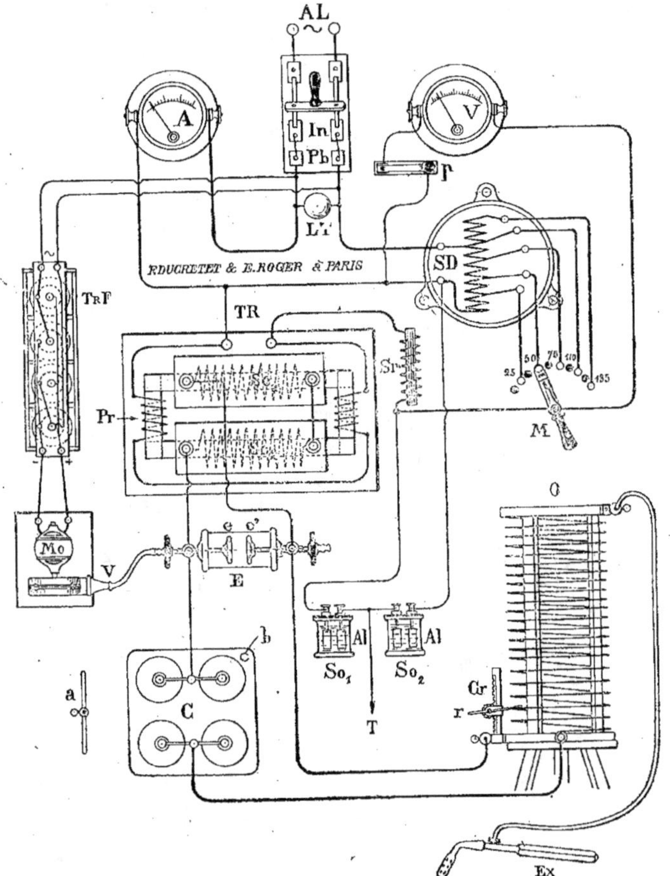

Fig. 354. — Montage d'ensemble de MM. Ducretet et Roger.

après avoir traversé les différents appareils de tableau vient alimenter un transformateur précédemment décrit, par l'intermédiaire d'une bobine de self Sr et d'un sur-
volteur-dévolteur SD. En dérivation sur le circuit primaire se trouve deux rhéotomes

SO_1 et SO_2. Sur le secondaire se trouve l'éclateur E qui alimente une batterie de condensateurs C et enfin un résonateur Oudin O à curseur Cr pour le réglage du primaire.

L'éclateur est constitué par deux disques en aluminium montés sur un tube et possédant un trou central. Sur un des côtés se trouve branchée une petite pompe V alimentée par une soupape TrF. L'air chasse les vapeurs nitreuses qui se produisent à l'intérieur de l'éclateur.

II. — DISPOSITIFS DIVERS

Dispositif de MM. d'Arsonval et Gaiffe pour la protection des sources électriques alimentant les générateurs à haute fréquence. — MM. d'Arsonval et Gaiffe ont pu empêcher le retour des ondes en intercalant entre le transformateur et l'éclateur un circuit arrêtant les ondes, soit par résistance, soit par induction ou les deux à la fois,

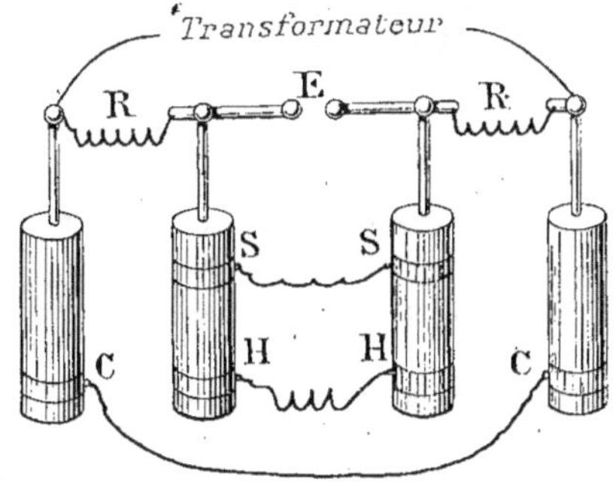

Fig. 355.

en montant les résistances RR sur d'épais tubes de cuivre isolés de la résistance. On améliore beaucoup l'efficacité du dispositif par l'adjonction d'une capacité CC branchée aux bornes de haute tension du transformateur.

La combinaison de ces moyens donne un ensemble amortissant autant qu'il est nécessaire (fig. 355). Si on intercale entre la source à haut potentiel et le dispositif de haute fréquence une galette de fil, sans l'appareil de protection, cette galette et, du reste tous les appareils reliés électriquement au transformateur jusqu'à la dynamo sont illuminés par des étincelles ; aussitôt que l'appareil de protection est mis en circuit, tous les phénomènes disparaissent.

Rhéotome liquide de MM. Ducretet et Roger. — Pour parer aux surtensions dangereuses dans le circuit primaire, MM. Ducretet et Roger mettent en dérivation sur le circuit inducteur du transformateur deux rhéotomes liquides à électrodes en aluminium (fig. 356) reliés en série. La borne centrale qui relie les deux appareils est mise à la terre.

Fig. 356

Bobines de garde. — MM. Batallé et Magri ont déterminé la résistance opposée par des fils enroulés sous forme de bobines aux courant de haute fréquence et ont trouvé que celle-ci est plus élevée que la résistance des mêmes fils rectilignes.

Ces bobines préconisées par M. Black se placent aux bornes des appareils à haute tension avant toute utilisation quelconque de haute fréquence.

Calcul des bobines de garde. — La résistance effective w par unité de longueur d'un conducteur pour des oscillations est définie par la condition suivante :

$$w \int_0^{mT} i^2 dt \quad \text{Étant la quantité de chaleur}$$

développée pendant m périodes complètes T dans l'unité de longueur du conducteur, i étant le courant total qui passe au temps t dans la section q du conducteur.

Si on intercale dans le même circuit oscillant un fil rectiligne et une bobine faite de ce même fil, les quantités de chaleur dégagées au bout d'un certain temps sont entre elles comme la résistance effective de la bobine et la résistance effective du fil rectiligne. On a donc :

$$\frac{Q_s}{Q} = \frac{\int_0^{mT} w_s l_s i^2 dt}{\int_0^{mT} w l i^2 dt} = \frac{w_s l_s}{w l}$$

Q_s désignant la quantité de chaleur dégagée dans la bobine w_s la résistance effective par unité de longueur du fil de la bobine.

l_s la longueur du fil de la bobine.

Q, w, l, les mêmes grandeurs pour les fils rectilignes.

Si on introduit la bobine et le fil rectiligne chacun dans un calorimètre, une certaine déviation α_s correspond à la même quantité de chaleur Q_s et une déviation α à la chaleur Q. On peut alors déterminer d'après ces déviations la valeur du rapport $\dfrac{Q_s}{Q}$.

La meilleure façon de procéder est la suivante. On fait passer du courant continu dans la bobine et le fil rectiligne et on règle par dérivation les courants dans ces deux branches de telle façon que l'on ait pour des mêmes temps d'opération, les mêmes déviations α_s et α et, par suite les mêmes quantités de chaleur Q_s et Q qu'auparavant, quand la bobine et le fil étaient parcourus par le même courant oscillant. On a alors :

$$\frac{Q_s}{Q} = \frac{i_s^2\, w_s}{i^2\, w}$$

en appelant i_s le courant dans la bobine

i le courant dans le fil.

w_s et w les résistances à courant continu de la bobine et du fil rectiligne. Le rapport $\dfrac{w_s}{w}$ est alors comme quand on a déterminé les courants i_s et i et les résistances à courant continu w_s et w. L'avantage de cette méthode est qu'elle n'exige aucune correction.

Ces résultats d'expériences obtenus par M. Black sont indiqués sur le tableau 1.

Les chiffres de ce tableau peuvent être garantis avec une exactitude de 3 %, ils contiennent les résultats de mesures finales répétées un grand nombre de fois. Les résultats généraux obtenus sont les suivants :

a) La résistance effective w_s de fils bobinés peut atteindre le double de la résistance w de fils rectilignes placés dans les mêmes conditions.

b) Si la fréquence et le rayon du fil sont suffisamment considérables pour que le facteur $k = rn\sqrt{\dfrac{n\sigma}{2}}$ soit grand par rapport à l'unité, r désignant le rayon du fil, n la fréquence par seconde et σ la conductibilité du fil, c'est-à-dire si, dans le cas du conducteur rectiligne, le passage du courant s'effectue uniquement par les courbes superficielles, le rapport $\dfrac{w_s}{w}$ dépend très peu de la fréquence et du diamètre de la bobine.

c) Le rapport $\dfrac{w_s}{w}$ est, pour un même pas et dans les mêmes conditions, d'autant plus grand que le rayon du fil est plus grand.

TABLEAU I

Bobine	Diamètre du fil en c/m	Pas de l'enroulement en c/m	Longueur de la bobine en c/m	Diamètre extérieur de la bobine en c/m	$\dfrac{w_s}{w}$ calculée d'après Sommerfeld	$\dfrac{w_s}{w}$ déterminée expérimentalement	Facteurs de corrections pour les valeurs calculées d'après Sommerfeld
				Fréquence des oscillations par seconde $= 1{,}10^6$			
1	0,15	0,25	20	1,7	3,35	1,89	0,56
2	0,15	0,25	20	3,2	3,35	1,88	
3	0,15	0,3	10	0,75	3,35	2,55	
4	0,15	0,3	10	1,7	3,35	1,63	
5	0,15	0,3	10	3,2	3,35	1,60	
6	0,15	0,3	10	7,2	3,35	1,52	0,50
7	0,15	0,3	20	0,75	3,35	1,55	
8	0,15	0,3	20	1,7	3,35	1,66	
9	0,15	0,3	20	3,2	3,35	1,66	
10	0,15	0,3	20	7,2	3,35	1,59	
11	0,15	0,5	20	1,7	3,35	1,25	
12	0,15	0,5	20	3,2	3,35	1,26	
13	0,15	0,5	20	7,2	3,35	1,20	0,38
14	0,15	0,5	20	1,7	3,35	1,29	
15	0,15	0,5	20	3,2	3,35	1,30	
16	0,15	0,5	20	7,2	3,35	1,25	
17	0,3	0,5	20	2,0	3,44	1,87	
18	0,3	0,5	20	3,5	3,44	1,87	0,54
19	0,3	0,5	20	7,6	3,44	1,85	
20	0,3	1,0	20	2,0	3,44	1,30	
21	0,3	1,0	20	3,5	3,44	1,30	0,38
22	0,3	1,0	20	7,6	3,44	1,28	

Il est comme on pouvait s'y attendre, d'autant plus grand que le pas est plus petit et que le rapport de la longueur de la bobine au diamètre de celle-ci est plus grand. Mais si ce rapport atteint 6 à 10, la valeur de $\dfrac{w_s}{w}$ ne croît plus que très peu. Ceci s'applique exclusivement au cas de bobines dont la longueur axiale n'est pas petite par rapport au diamètre. Mais on emploie fréquemment des bobines composées d'un petit nombre de tours de diamètre relativement très grand.

Dans ce cas, les mesures ont montré que, pour la même fréquence et pour le même diamètre des tours, le rapport $\dfrac{w_s}{w}$ croît avec le nombre de tours et avec la diminution du pas ou l'augmentation du rayon du fil : il semble que, pour une même fréquence et un même diamètre de bobine, la valeur du rapport dépende seulement du rapport du rayon du fil au pas d'enroulement. Le tableau II indique les résultats obtenus.

TABLEAU II

Bobine	Diamètre de la bobine	Diamètre du fil en c/m	Pas en c/m	Nombre de tours	$\dfrac{w_s}{w}$		
					Mesure I	Mesure II	Moyenne
1	30	0,15	0,3	10	1,39	1,39	1,39
2	30	0,15	0,3	5	1,27	1,31	1,29
3	30	0,15	0,5	10	1,12	1,12	1,12
4	30	0,3	0,5	5	1,47	1,47	1,47
5	30	0,3	1,0	5	1,14	1,12	1,13

Alternateur de 100 000 fréquences de M. Fessenden. — M. Fessenden a construit un alternatéur de 2 kilowatts du type à fer tournant, fonctionnant à la fréquence 100 000. L'induit a 600 encoches avec un conducteur radial par encoche ; l'enroulement est d'ailleurs formé d'un même fil qui contourne la denture ; la partie tournante a 300 projections, ce qui correspondrait à 600 pôles dans une machine ordinaire à pôles alternés. La vitesse est de 20 000 tours par minute.

L'entrefer a $\dfrac{23}{100}$ de millimètre ; il joue un grand rôle dans le fonctionnement de la machine dont le débit a pu être doublé en le réduisant à une valeur qui toutefois ne serait pas admissible pour une marche continue.

La vitesse de 20 000 tours n'a été reconnue possible que par l'emploi d'un arbre flexible de 32 millimètres de diamètre au milieu et de 700 millimètres de longueur entre paliers.

Deux vitesses critiques (4 700 et 9 000 tours) donnent lieu à de fortes vibrations. Au delà la machine tourne silencieusement.

La commande par courroie ayant été reconnue impraticable, on a eu recours à des engrenages d'un rapport de 10 à 1.

Le disque tournant est en acier chrome-nickel. La vitesse dans l'entrefer est de 300 mètres par seconde. Un échauffement anormal ayant été constaté par suite du frottement de l'air dans l'entrefer, l'intervalle entre les projections a été rempli d'une substance non magnétique de façon à donner une surface lisse.

L'alternateur est toujours employé avec une capacité qui peut être choisie de façon à équilibrer exactement la réactance, la machine se comportant comme si elle n'avait qu'une résistance purement ohmique.

Dispositif de M. Galetti pour produire des oscillations électriques entretenues à haute tension avec du courant continu. — M. Galetti pour obtenir ce résultat a adopté le dispositif suivant. Le courant continu était fourni par une dynamo Thury donnant une tension de 25 000 volts. Comme on peut le voir sur le schéma, le dispositif comporte 4 condensateurs identiques 1, 2, 3 et 4 chargés par la dynamo D à courant continu. En A et B se trouvent 2 éclateurs, enfin des résistances R_a, R_b, r sont disposées sur le circuit d'alimentation et en KK' des inductances.

Dans ces conditions, aussitôt que l'arc 1 s'établissant en A, par exemple, crée des oscillations dans le circuit A, une autre série d'oscillations prend naissance dans le circuit à faible amortissement 1K'23K4 dont on règle la période propre d'oscillation sur celle des oscillations du premier circuit A_1. Le même phénomène se produit par la présence d'un axe en B.

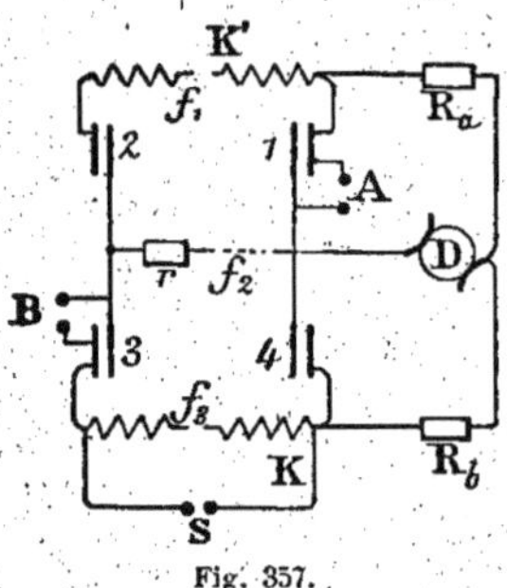

Fig. 357.

M. Galetti fait remarquer que les oscillations produites par l'un des circuits oscillants A_1 et B_3 agissent par l'intermédiaire du circuit 1K'23K4 sur l'éclateur de l'autre circuit pour en abaisser la distance explosive. Cette diminution réciproque de la distance explosive peut amener une série alternative d'étincelles en A et en B, déterminant des trains d'oscillations dans le circuit 1K'23K4.

Dispositif de M. Charbonneau pour l'obtention de courants statiques alternatifs à haute fréquence. — M. Charbonneau a pu produire un courant spécial qui jouit des propriétés des courants statiques, mais qui est à une fréquence très élevée. Un tube A à vide de Hifdorf est enfermé dans une boîte en bois, ses deux électrodes sont reliées aux deux pôles du transformateur à haute tension W et W' (fig. 358).

En observant les connexions de la figure 359, on a à l'éclateur B un souffle puissant de statique à haute fréquence. C'est une modalité nouvelle de l'énergie électrique qui a des propriétés remarquables, qui se traduisent par un frémissement complet du corps humain lorsque celui-ci est sou-

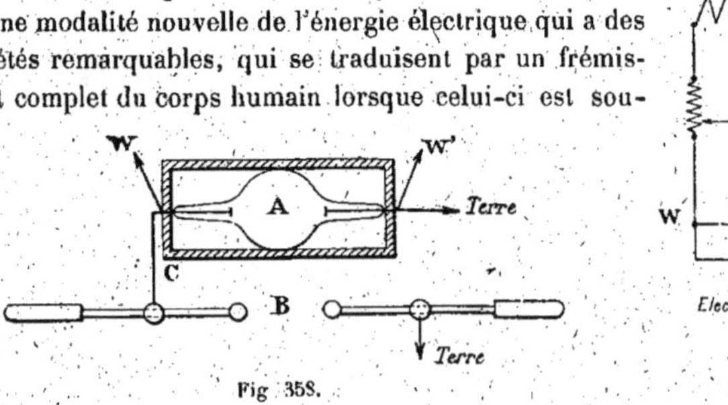

Fig. 358.   Fig. 359.

mis à une douche donnée au moyen de ce courant.

Le tube A joue le rôle de capacité et l'effluveur B d'éclateur, mais étant donné la grande résistance offerte par ces deux appareils, en même temps que leur énorme capacité qu'ils ont par leur mise directe à la terre, on a un phénomène entièrement nouveau.

Le Wave-current. — Le Wave-current constitue une phase du développement de la pratique électrostatique. Ses rapports avec les courants de haute fréquence ont été

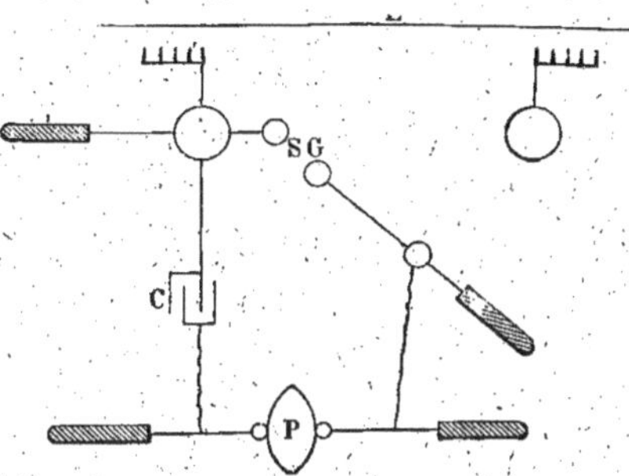

Fig. 360.

Appareil de Cavallo 1880 E, Générateur électrique; SG, Détonateur; C, Condensateur; P, Patient.

établis par M. Morton. Feddersen a démontré qu'une seule décharge d'une bouteille de Leyde était ou pouvait être oscillatoire. Le dispositif de Cavallo (fig. 360) diffère radicalement du courant à haute fréquence, car le patient reçoit directement la secousse de la décharge et tout le courant que produit l'étincelle.

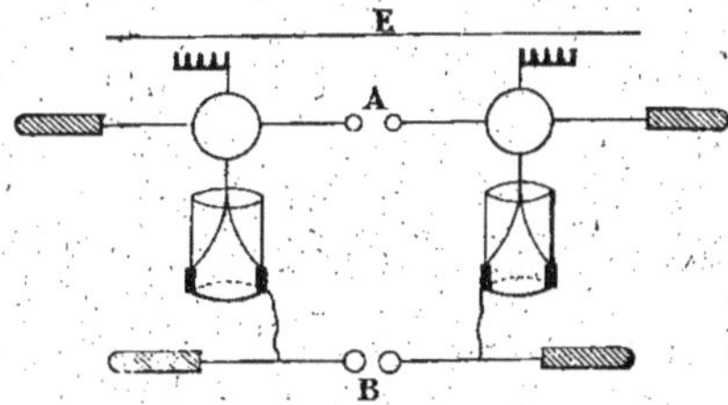

Fig. 361.

Circuit de Lodge. Courant statique induit de 1888. E, Générateur électrique; A et B, Déchargeurs.

Un des premiers dispositifs pour produire les courants à haute fréquence, celui de Lodge est donné par la figure 361.

Mais en somme, si l'on compare le schéma de Lodge avec celui qu'avait Hertz en 1887, on ne peut qu'être frappé de l'analogie (fig. 362).

Enfin en 1889 M. d'Arsonval communiquait à la Société de Biologie ses résultats sur les courants à haute fréquence au point de vue physiologique. Le schéma de M. d'Arsonval est représenté sur la figure 363.

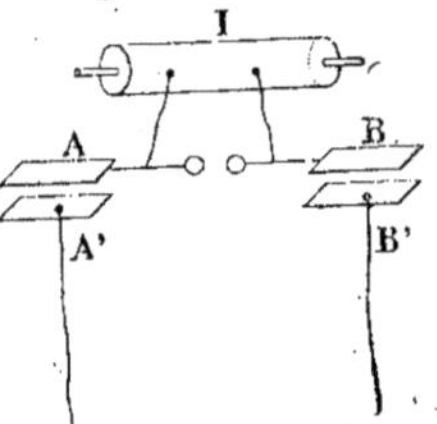

Fig. 362. — Oscillateur de Hertz 1887. I, Machine à haute tension.
Les plateaux A et B sont chargés positivement et négativement. Les plateaux A' et B' sont chargés par induction d'électricité de signes contraires et les fils deviennent le siège d'un courant oscillatoire d'une fréquence déterminée par l'oscillateur.

C'est alors que M. Tesla publia le résultat de ses travaux sur la découverte du résonateur en 1891, c'est-à-dire deux années après les travaux de M. d'Arsonval (fig. 364).

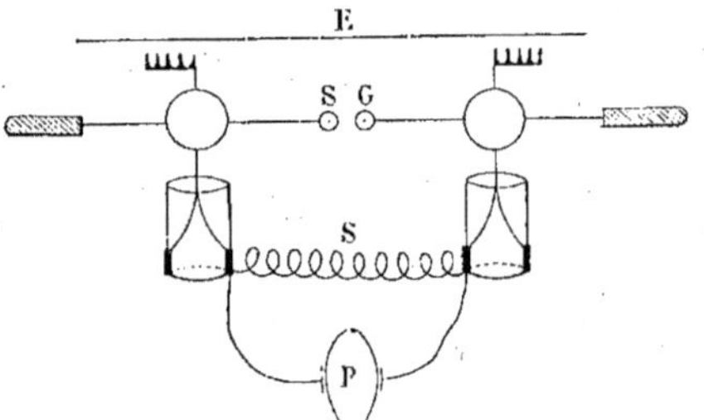

Fig. 363.
Appareil de d'Arsonval, 1889. E, Générateur électrique ; S, Solénoïde ; P, Patient ; SG, Détonateur.

Enfin en 1899, M. Morton publia son travail sur le « Wave-current ».

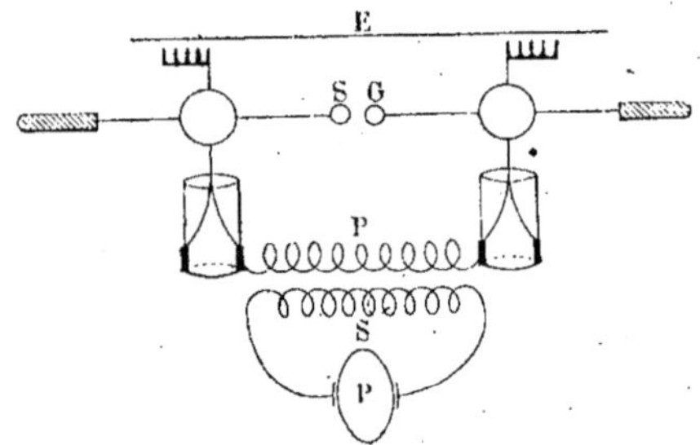

Fig. 364. — Transformateur de Tesla, 1891.
E, Générateur électrique ; P, Patient ; P, Circuit primaire ; S, Circuit secondaire.

La figure 365 donne le dispositif à employer. Ce dispositif est essentiellement celui

d'un transmetteur de télégraphie sans fil : un côté de l'oscillateur est au sol et l'autre
constitue une armature de condensateur isolée. Un tel arrangement peut être un oscil-

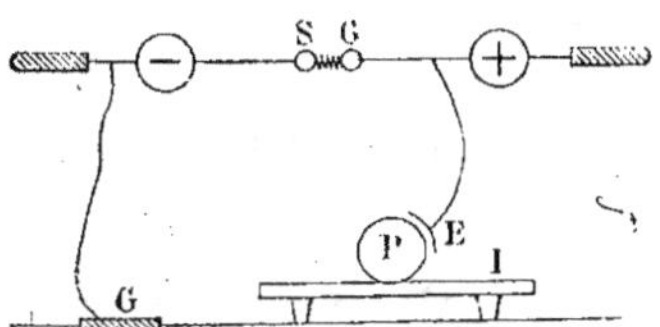

Fig. 365.— Wave-current. E, Générateur électro-statique.; G, Terre en connexion avec le côté négatif
de la machine; E, Électrode en contat avec le patient; P, Patient, lequel doit être isolé.

lateur et permet la propagation des ondes hertziennes sur le patient. La décharge est
de haute fréquence en raison de la petite capacité du condensateur et sa durée très
courte.

CHAPITRE XVII

APPLICATIONS DES COURANTS DE HAUTE FRÉQUENCE

I. — APPLICATION A LA MÉDECINE. TRAVAUX DE M. D'ARSONVAL

Généralités sur l'action physiologique des courants de haute fréquence. — Rappelons tout d'abord que les courants de haute fréquence sont constitués par les oscillations isochrones et rapidement amorties comme la figure 366.

On peut les appliquer de différentes manières à l'organisme.

1° Directement, au moyen de deux électrodes prises en dérivation sur l'hélice du dispositif de d'Arsonval, ou en général, sur un circuit doué d'une certaine self, réunissant en court circuit les armatures externes des condensateurs.

2° On peut soumettre les sujets à une application générale par auto-conduction ou encore par le procédé du lit condensateur.

3° Enfin pour obtenir des effets surtout locaux, on peut se servir du rayonnement

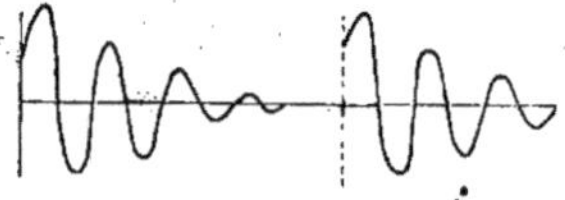

Fig. 366.

électrique, effluve, étincelle, sous leurs différentes formes. Qu'on applique le courant directement, qu'on soumette le sujet à l'autoconduction, ou même qu'on le soumette simplement au rayonnement électrique, tout son corps se trouve être (soit par action directe, soit par influence) le siège de différences de potentiels oscillants excessivement élevées. Eh bien, dans tous ces cas le premier phénomène qui frappe le physiologiste, c'est que malgré la grande intensité et la très haute tension des courants qui traversent le corps, le système neuro-musculaire et le système neuro-sensitif ne répondent pas à leur excitation : en un mot le muscle ne se contracte pas, et le sujet ne ressent rien.

Aussi formerons-nous un premier groupe de ces faits d'inexcitabilité.

Un second fait, c'est que, sous leur influence, les nerfs sensitifs subissent une action inhibitoire particulière, d'où anesthésie. A cette même catégorie se rattache le relâchement des fibres lisses de l'appareil vaso-moteur, d'où : congestion, sudation, modification de la tension artérielle.

Un troisième groupe de phénomènes comprendra les modifications physiologiques générales résultant d'une action prolongée : ce sera le groupe des actions sur la nutrition générale, sur la vie cellulaire, sur les fonctions de la cellule. A ce groupe se rattachent les actions sur les microbes, les toxines.

1° *Le système neuro-musculaire et le système neuro-sensitif ne répondent pas à l'excitation des courants de haute fréquence.* — Lorsqu'on soumet le corps à l'application directe des courants de haute fréquence, ou à l'auto-conduction, ou au rayonnement localisé sous forme d'effluves, par exemple il est le siège de courants directs ou induits d'une puissance qui peut atteindre une valeur considérable. On peut mettre en lumière ces courants par des expériences frappantes devenues classiques depuis les communications faites par le professeur d'Arsonval à plusieurs sociétés savantes. On sait qu'en plaçant un ou plusieurs sujets dans un circuit pris en dérivation sur les extrémités de l'hélice de self du dispositif d'Arsonval, ces sujets sont traversés par un courant capable d'allumer une lampe de 100 bougies 110 volts, intercalée dans le circuit par exemple entre une main de l'un d'eux et une main de l'autre.

On sait aussi que lorsqu'un sujet est placé dans un champ d'auto-conduction puissant il peut, en arrondissant les bras, allumer une lampe dont il tient les pôles par l'intermédiaire de deux bains de solution saturée de chlorhydrate d'ammoniaque légèrement alcaline dans lesquels il plonge les mains, grâce aux courants d'auto-conduction dont il est le siège.

On sait enfin que lorsqu'une partie du corps est arrosée d'effluves de haute fréquence, on peut tirer des étincelles de tous les points des téguments, ce qui prouve que tout le corps est soumis aux potentiels oscillants.

Or, dans ces différents cas où la puissance des courants qui traversent le corps est manifeste, il n'y a ni secousse musculaire, ni secousse sensitive, si toutefois on met de côté les secousses de basse fréquence dues à différentes causes et notamment à de mauvaises conditions expérimentales (détonateur mal réglé comme distance explosive ; boules déformées ou mal polies : étincelle insuffisamment soufflée, mauvais contact ou petite interruption dans les circuits ; armatures du condensateur mal appliquées sur le diélectrique ; capacité ou self trop grandes ; mauvais fonctionnement de l'interrupteur (d'Arsonval).

Tel est le fait, il faut l'expliquer.

Pourquoi les systèmes neuro-musculaire et neuro-sensitif ne répondent-ils pas aux courants de haute fréquence ? — M. d'Arsonval a, dès le début, écarté l'hypothèse qu'on a encore émise depuis, que ces courants affectaient la surface du corps sans le pénétrer. Dans les conducteurs métalliques en effet, à mesure que la fréquence augmente, le courant tend à se localiser à leur surface.

Mais cette loi n'est vraie que pour les corps à conductibilité métallique.

Au contraire, pour les corps à conductibilité électrolytique, le courant pénètre la masse même du corps, d'autant plus que sa résistivité est plus élevée. Expérimentalement M. d'Arsonval a établi cette pénétration au moyen d'un cylindre d'eau salée à 70/00.

En soumettant ce volume d'eau salée au passage d'un courant de haute fréquence, il a constaté que l'intensité dans les parties centrales et dans les parties périphériques ne diffère pas sensiblement. Une expérience de Maragliano confirme ces faits : on voit devenir incandescente une lampe électrique placée dans la cavité thoracique d'un chien, les pôles de cette lampe étant en relation avec deux petites plaques métalliques, appliquées des deux côtés opposés de la plèvre pariétale.

D'ailleurs si cette hypothèse était vraie, il serait impossible d'expliquer les actions profondes qu'exercent les courants de haute fréquence sur les fonctions de nutrition en particulier.

La deuxième explication qu'il en a donnée, explication généralement acceptée aujourd'hui, est la suivante :

De même que le nerf optique ne répond qu'aux excitations dont la période est inférieure à 728 billions par seconde (violet) et supérieure à 497 billions (rouge), de même que le nerf acoustique ne répond aussi qu'à des vibrations comprises entre 32 et 60 000 environ par seconde, de même les nerfs de la sensibilité générale et les nerfs moteurs ne répondent qu'à des excitations dont la période est inférieure à 10 000 environ par seconde. Ce serait donc simplement par suite d'un défaut d'adaption à une période donnée que la réponse des systèmes neuro-moteurs ou neuro-sensitifs n'aurait pas lieu.

Analyse de ce phénomène d'inexcitabilité par l'application de la formule de Weiss. — Les expériences de M. Weiss prouvent qu'une onde d'une certaine hauteur, ne provoque de contraction qu'à la condition d'avoir une certaine durée. Si, après la courbe ascendante de fermeture d'un courant continu, il y a un plateau d'une certaine durée, d'une durée telle qu'on arrive au seuil de l'excitation, on sera certain de tomber au-dessous du seuil de l'excitation si l'on diminue ce plateau ou si on l'accidente par des interruptions. Pour retrouver le seuil de l'excitation avec la nouvelle forme d'onde, il faudrait augmenter l'intensité. Supposons que l'accident en question ait été une chute à 0 puis une onde inverse, la perturbation survenue au moment du renversement aggravera encore la difficulté d'atteindre le seuil de l'excitation, on trouvera que l'intensité aura besoin encore d'être forcée. En multipliant encore les accidents et les inversions, il arrivera un moment où la première onde considérée si forte qu'elle soit, ne pourra plus atteindre le seuil de l'excitation, et chaque onde considérée se trouvera dans la même situation.

En prenant la formule de la quantité Q d'électricité nécessaire pour produire le seuil de l'excitation avec une onde quelconque A β C dans un nerf dont les cœfficients a et b sont déterminés, on a $Q =$ aire A β C $= (a + bt)$. Si l'on diminue le temps t indéfiniment, c'est-à-dire si on opère sur des ondes de plus en plus courtes, avec des ondes de 1/1000 et 1/10000 de seconde évidemment, à mesure que la durée de l'onde diminue, la quantité Q nécessaire pour l'excitation diminuera aussi, le terme bt devient de plus en plus petit, presque nul.

Mais la quantité fixe, égale, à a, reste toujours nécessaire, et cette quantité demande, pour être obtenue, une hauteur de l'onde progressivement croissante au fur et à mesure que l'onde devient plus rapide. A mesure que les branches A β' et β' C' de la courbe se rapprocheront, la hauteur β' h de la courbe devra s'élever pour que la quantité représentée par l'aire A β' C' reste égale au moins à a, et l'on conçoit, par ce raisonnement encore, qu'il viendra un moment où, si élevé que soit β' on pourra atteindre la quantité Q nécessaire à provoquer la réponse.

Donc, ni avec une onde isolée, ni avec une succession d'ondes, chaque onde inverse affaiblissant l'effet de la précédente dans ces temps très courts, on ne peut atteindre le seuil de l'excitation en appliquant purement la formule de M. Weiss à l'étude des phénomènes de haute fréquence.

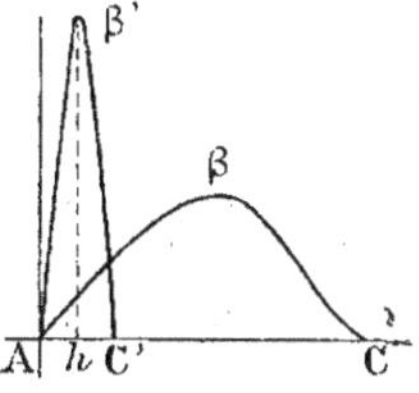

Fig. 367.

2° *Effets anesthésiques des courants de haute fréquence. — Action inhibitoire. — Action sur les fibres lisses du système vasculaire.* — Dès le début de ses travaux sur les courants de haute fréquence, M. d'Arsonval a fait remarquer l'action particulière des courants de haute fréquence sur le système neuro-musculaire, action désignée par Brown-Sequard sous le nom d'inhibition. Sous les électrodes les tissus deviennent rapidement moins excitables. Ainsi il faut augmenter l'intensité des secousses d'ouverture ou de fermeture d'un courant continu, de même que l'intensité du courant faradique, pour atteindre le seuil de l'excitation après une application des courants de haute fréquence sur une région. Cette diminution de l'excitabilité peut aller jusqu'à l'analgésie.

L'inhibition qui frappe le système vaso-moteur explique l'abaissement de la tension artérielle chez les animaux soumis à la haute fréquence. Ainsi si l'on place un manomètre à mercure dans la carotide d'un chien, on constate dès les premiers moments de l'électrisation, une diminution de pression de plusieurs centimètres de mercure. A la même cause se rattache le phénomène de la dilatation des vaisseaux de l'oreille chez le lapin en expérience, comme aussi la sudation généralisée chez les sujets soumis à l'auto-conduction.

Par contre, l'étincelle provoque une contraction spasmodique du système musculaire lisse, d'où anémie des tissus et phénomène de la chair de poule. A cette anémie spasmodique correspond une augmentation de la pression artérielle, surtout manifeste si l'on arrose d'étincelles le rachis. Moutier a vu la pression artérielle s'élever de 4 à 8 centimètres, en arrosant d'étincelles la colonne vertébrale de haut en bas.

D'ailleurs les phénomènes de vaso-dilatation signalés tout à l'heure ne persistent pas. Ils sont suivis d'une vaso-constriction énergique avec relèvement de la tension artérielle qui persiste assez longtemps après l'expérience.

Lorsqu'on soumet un point du corps à l'effluvation il se produit de même, après la fin de l'expérience, une réaction en sens inverse suivie de plusieurs oscillations en dessus et en dessous de la valeur de la pression artérielle normale.

3° *Modifications physiologiques résultant de l'action prolongée des courants de haute fréquence.* — Les actions physiologiques générales résultant de l'application prolongée des courants de haute fréquence sont multiples. Elles peuvent se répartir ainsi :

α) Actions sur les échanges respiratoires ;

β) Action sur la thermogénèse animale ;

γ) Action sur la sécrétion urinaire ;

δ) Action sur la vie cellulaire individuelle, sur les microbes, leurs fonctions, les toxines. Nous devons étudier successivement ces différents groupes qui montrent l'action profonde des courants de haute fréquence sur la nutrition et le fonctionnement des tissus et des cellules.

a) Action sur les échanges respiratoires.

Cette action se manifeste extérieurement par l'augmentation du nombre et l'amplitude des mouvements respiratoires.

Le dosage des gaz expirés indique une augmentation d'acide carbonique. M. d'Arsonval a constaté que chez lui-même la quantité de CO^2 éliminé en une heure passait de 17 à 37 litres sous l'influence de l'auto-conduction.

On observe en même temps une diminution de poids du sujet en expérience beaucoup plus grande que la perte à l'état normal (30 grammes au lieu de 6 grammes en 16 heures pour un cobaye, 48 au lieu de 23 pour un lapin), M. d'Arsonval a remarqué, en outre, qu'après la fin de l'expérience, l'animal reprenait du poids, ce qui prouve qu'il y a alors plus d'oxygène d'absorbé qu'il n'y a de CO^2 éliminé.

Cette expérience doit être rapprochée de celle de M. Bouchard, qui a constaté une augmentation du poids du corps pendant la période où le corps n'exigerait rien et semblerait à première vue devoir perdre plus qu'il n'assimile, comme aussi celles de Regnaul et Reiset sur les animaux pendant le sommeil. Ces résultats ont été contredits par Querton. Mais cet expérimentateur s'est servi d'une solénoïde de 72 spires, alors.

que celui de d'Arsonval n'en possède que quelques-uns, de telle sorte que la self énorme du dispositif de Querton a pu modifier considérablement les données de l'expérience. D'ailleurs les travaux de Querton, ont prouvé combien les moindres changements dans les conditions extérieures, renouvellement de l'air, température, heure du jour, etc., influaient sur les résultats.

M. d'Arsonval fait observer que « pour ces expériences, Querton, laissait les animaux dans une atmosphère confinée qui se saturait de plus en plus de CO_2, en raison du renouvellement insuffisant de l'air, et que, chez un animal placé dans ces conditions le taux des échanges nutritifs baissait notablement ; que par conséquent le fait d'avoir trouvé le même poids d'acide carbonique, au lieu d'une diminution, prouvait que la haute fréquence avait, dans une certaine mesure, compensé les résultats dus aux défectuosités de l'expérience. »

Enfin des expériences de Tripet et de Guillaume, il résulte que les courants de haute fréquence augmentent l'activité de réduction de l'oxyhémoglobine surtout chez les malades à nutrition ralentie, tandis qu'ils la diminueraient chez les sujets à activité de réduction exagérée.

b) Action sur la thermogenèse animale.

Des expériences de M. d'Arsonval faites au moyen de l'anémo-calorimètre, il résulte que la quantité de chaleur dégagée par le corps atteint presque le double de la valeur normale sous l'influence des courants de haute fréquence développée par auto-conduction.

Ces conclusions ont été confirmées par Bordier et Lecomte ; Bonniot est arrivé aux mêmes résultats par l'emploi du lit condensateur.

c) Action sur la sécrétion urinaire.

Les courants de haute fréquence, d'après les expériences faites sous la direction de M. d'Arsonval dans le service de M. Charrin, augmentent l'élimination des matières extractives (urée en particulier) et la toxicité urinaire. Il y a en même temps diminution du soufre neutre ou non complètement oxydé, Apostoli et Berlioz concluent d'une série d'expériences cliniques que sous l'action de la haute fréquence, le rapport de l'acide urique à l'urée tend à se rapprocher de la normale 1/40, et que l'acide phosphorique et l'acide urique conservent sensiblement le même rapport.

Le traitement par lit condensateur paraît donner des résultats plus rapides que le traitement par l'auto-conduction. Morton opérant sur les rhumatisants chroniques, constate une augmentation du taux de l'urée et une diminution du taux de l'acide urique.

L'augmentation, chez les sujets normaux de l'acide urique et de l'acide phosphorique qui conservent leur même rapport, explique, d'après Réale et de Renzi, l'action favorable des courants de haute fréquence chez les diabétiques. Cette augmentation simultanée indiquerait en effet l'action de ces courants sur la nucléine, source probable du sucre.

Dénoyès, Martre et Rouvière ont repris ces expériences et ont effectué trois séries de recherches :

α) Dosages chimiques.

β) Epreuves de toxicité.

γ) Détermination du point de congélation.

De ces expériences très importantes il résulte que :

1° Sous l'influence des courants de haute fréquence il y a augmentation de l'urine de l'urée, de l'acide urique, de l'azote total, du rapport azoturique, des phosphates, des sulfates et des chlorures éliminés.

2° Il y a augmentation du coefficient urotoxique et diminution du nombre des molécules élaborées moyennes nécessaires pour tuer un kilogramme d'animal.

Cette dernière observation a une grande importance puisqu'elle montre que l'augmentation de la toxicité est due, en partie du moins, à une augmentation de la qualité toxique de la molécule, et non à une augmentation du nombre des molécules toxiques.

Ces conclusions ont été confirmées par une série d'autres travaux de Dénoyès, basés sur l'étude cryoscopique de l'urine des sujets suivant la méthode de M. Bouchard. Les modifications se maintiennent quelques jours.

d) Action sur la vie cellulaire individuelle, sur les microbes, leurs fonctions, les toxines, etc.

Les courants de haute fréquence ont une influence aussi sur la vie cellulaire. Ils paraissent agir, par exemple, sur la germination des plantes, sur la vie des micro-organismes.

Les expériences relatives à leur action sur les microbes et les toxines convergent à peu près toutes malgré les notables différences de résultats vers cette conclusion : que certaines toxines paraissent atténuées par les courants de haute fréquence surtout sous la forme auto-conduction, la plus appropriée à agir sur les éléments infiniment petits des préparations soumises à leur action (d'Arsonval).

L'action directe sur le corps cellulaire des microbes paraît plus douteuse. Ainsi des B. pyocyaniques conservent leurs fonctions chromogène et pathogène après avoir été soumis à la haute fréquence, alors que la coloration pendant l'expérience, avait été altérée. Cependant dans certain cas le bacille semble se reproduire moins vite.

Marmier a opposé aux conclusions des précédents expérimentateurs que l'élévation thermique pouvait à elle seule expliquer les différents effets observés. Mais de nouvelles expériences faites par M. d'Arsonval en se mettant à l'abri de toute élévation de température, ont donné des résultats comparables à ceux déjà obtenus.

Effets physiologiques locaux des effluves et étincelles. — Si nous laissons de côté les effets généraux résultant de l'effluvation localisée, effets qui sont les mêmes « mais plus faibles » que ceux des autres procédés, nous avons peu de choses à dire de l'action de l'effluve et de l'étincelle sur les téguments sains. Une vaso-constriction énergique se produit à l'endroit où une étincelle ou bien une aigrette puissante frappe la peau. Si la durée de l'expérience se prolonge, on provoque des troubles se manifestant par l'apparition de phlyctèmes et le processus d'altération des téguments peut être parfois très intense et très profond.

L'effluve paraît sans action sur les toxines.

TRAVAUX DE M. D'ARSONVAL SUR L'ACTION PHYSIOLOGIQUE ET THÉRAPEUTIQUE DES COURANTS DE HAUTE FRÉQUENCE

Comme conséquence des recherches qu'il poursuivait depuis l'année 1878, sur le mécanisme de l'excitation électrique des nerfs et des muscles M. d'Arsonval a étudié l'action physiologique des courants de haute fréquence.

Il a commencé, en effet, par définir quels étaient les facteurs de l'excitation dans le cas d'une excitation unique.

Dans ce cas, il a montré l'influence capitale de la forme de l'onde électrique qu'il a appelée *caractéristique de l'excitation*. — M. d'Arsonval a poursuivi systématiquement ces recherches en se demandant ce que deviennent les phénomènes d'excitation neuro-musculaire *lorsqu'on augmente indéfiniment le nombre des excitations électriques dans l'unité de temps*. M. d'Arsonval s'est d'abord servi d'un alternateur mécanique, pouvant donner jusqu'a 10 000 alternances par seconde.

Dès 1889-1890 il a montré, dans son cours du collège de France, qu'à mesure que croît le nombre des excitations, l'action sur le système neuro-musculaire augmente également pour atteindre rapidement un maximum. Si l'on continue à augmenter la fréquence des excitations, l'action sur l'organisme va au contraire en diminuant. Mais M. d'Arsonval n'a pas pu supprimer complètement tout phénomène d'excitation sur le nerf avec l'alternateur en question. Ce n'est que plus tard qu'il a atteint ce résultat en substituant à son alternateur l'oscillateur que venait de faire connaître Hertz et qui permettait d'atteindre des fréquences inespérées.

C'est alors qu'il a pu étudier complètement l'action physiologique des hautes fréquences, et ces résultats étaient exposés au fur et à mesure dans les leçons du semestre d'hiver 1890-1891, au Collège de France.

Le problème de l'action physiologique des courants de toutes les fréquences était résolu en France par M. d'Arsonval, bien avant les communications de M. Tesla.

Ces expériences connues seulement des physiologistes, étaient ignorées de la plupart des électriciens. Cela tenait à ce que l'énergie électrique qu'on pouvait faire passer à travers le corps par le dispositif de Hertz étant très faible, l'expérience n'était pas saisissante.

Dans ses remarquables recherches sur la production de la lumière par les hautes fréquences, Tesla tout en conservant le principe de l'appareil de Hertz comme générateur, employa un dispositif plus puissant. Le professeur Elihu Thomson généralisa le procédé en le simplifiant considérablement.

Mais ces procédés ne pouvaient être employés d'une façon constante et vraiment pratique pour le but que M. d'Arsonval poursuivait, à savoir l'électrisation des êtres vivants, et en particulier de l'homme.

La double bobine noyée dans l'huile n'est pas pratique, et la possibilité de mettre en contact le patient, à un moment donné, avec un des pôles du transformateur à basse fréquence a fait écarter ces deux procédés pour les remplacer par le suivant, qui fut employé exclusivement en médecine et dont la figure 368 donne le schéma.

Les expériences de M. O Lodge sur les paratonnerres ont donné l'idée à M. d'Arsonval d'adopter ce dispositif. Soit A A' (fig. 368), les armatures internes des deux bouteilles

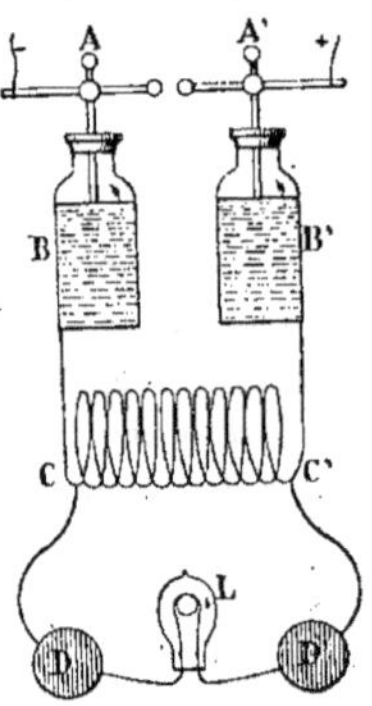

Fig. 368.

de Leyde montées en cascade. Ces armatures sont réunies à une source d'électricité à haut potentiel (machine statique, bobine Ruhmkorff ou transformateur industriel). Les armatures externes BB' sont réunies entre elles par un solénoïde cc' composé d'un gros fil de cuivre ou d'un tube faisant 15 à 20 tours et dont le diamètre varie suivant les circonstances. Chaque fois qu'une étincelle éclate en A A', un courant oscillant extrêmement énergique prend naissance dans le solénoïde à tel point qu'en prenant comme pôles ses extrémités c, c', on obtient un courant qui peut allumer au blanc 5 à 6 lampes à incandescence L, tenues entre deux personnes placées en D, D'. Ces lampes, dans l'expérience présente exigent, pour s'allumer au point où on le voit, une différence moyenne de potentiel de 900 volts et une intensité de plus d'un ampère.

Dans ces conditions, l'action sur les nerfs sensibles et sur les muscles est, comme on le voit, absolument nulle.

On varie à volonté l'intensité du courant qui traverse le corps en prenant un nombre variable des spires du solénoïde. Ce dispositif est absolument sans dangers, puisque, d'une part, l'opérateur ne peut être en rapport avec la basse fréquence qui arrive en A et A', et que d'autre part, si le condensateur venait à crever durant l'expérience, le solénoïde formerait court-circuit entre les pôles du transformateur.

On peut obtenir, entre les deux extrémités du solénoïde, des étincelles de 4 à 6 centimètres de longueur, tension plus que suffisante dans la plupart des applications médicales, ce qui évite d'avoir recours à un transformateur noyé dans l'huile. On peut augmenter la longueur des étincelles en employant, comme le fait le docteur Oudin, un deuxième solénoïde qui forme résonateur.

On peut faire fonctionner l'appareil de deux façons différentes.

Pour les installations portatives, M. d'Arsonval utilise comme source d'électricité une bobine de Ruhmkorff pouvant fournir de 100 à 200 volts dans le circuit d'utilisation.

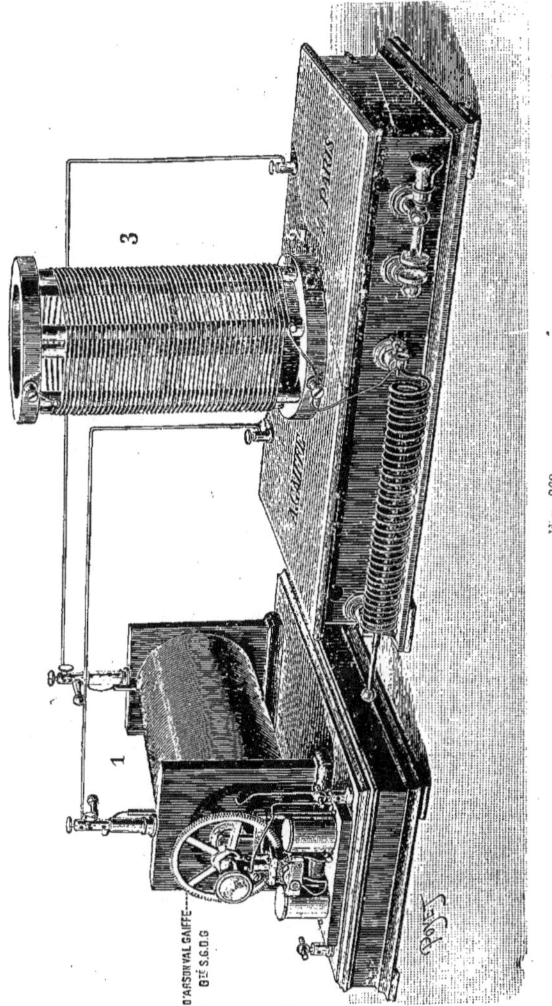

Fig. 369.

Pour éviter le collage du trembleur, M. d'Arsonval a fait établir une modification à l'appareil classique. La pointe qui correspond à l'enclume, au lieu d'être fixe, est animée d'un mouvement de rotation continue sur elle-même, grâce à un petit moteur qui fait tourner la roue dentée portant le contact de platine.

La figure 369 est suffisamment explicite.

Ce moteur est mis en mouvement par une dérivation du courant continu animant la bobine. Le collage est ainsi rendu impossible.

Quant aux condensateurs reliés en cascade, ils se composent de deux condensateurs placés dans la boîte voisine de la bobine qui porte sur le côté le solénoïde et l'exploseur ainsi que le montre la figure 369.

En employant la bobine de Ruhmkorff actionnée par des accumulateurs, il n'est pas besoin de souffler l'étincelle, mais l'énergie disponible est limitée à quelques centaines de watts. Cet appareil est néanmoins suffisant pour la plupart des applications thérapeutiques. Pour la haute fréquence, il n'est point nécessaire d'avoir de longues étincelles ; il vaut mieux des interruptions rapides et de la quantité. Quand on veut de longues étincelles, il faut interrompre le courant primaire dans un liquide comme l'avait fait Foucault.

On obtient des effets incomparablement plus puissants en employant le courant alternatif à basse fréquence provenant d'un secteur ou d'un alternateur quelconque.

M. d'Arsonval a éprouvé un certain nombre de difficultés lorsqu'il a voulu utiliser le courant du secteur de la rive gauche, à 110 volts et 42 périodes, pour marcher d'une façon continue, comme cela était nécessaire, quand il a voulu voir comment se comportaient les êtres vivants dans ces conditions.

M. d'Arsonval a pu les éliminer successivement, par l'emploi d'une installation de 3 000 watts qui donne entière satisfaction.

Cette installation est actionnée par le courant alternatif du secteur de la rive gauche à 110 volts et 42 périodes.

Ce courant arrive au primaire d'un transformateur construit spécialement pour M. d'Arsonval par M. Labour, et qui est noyé dans une caisse métallique remplie de paraffine. Le primaire peut absorber 30 ampères sous 110 volts. Le circuit secondaire donne 15 000 volts et 2 dixièmes d'ampère. Le transformateur est à circuit magnétique fermé, type Labour.

Ici s'est présenté un gros inconvénient. Les 2 boules terminant le déchargeur sont en communication avec les armatures internes des deux condensateurs et aussi avec le circuit à haute tension du transformateur.

Il en résulte qu'à chaque fois qu'éclate l'étincelle, le transformateur se trouve fermé sur lui-même. On a beau souffler l'arc avec un jet d'air ou un champ magnétique, cet arc laisse passer non seulement le courant à haute fréquence, mais aussi le courant à basse fréquence émanant directement du transformateur. Les boules du déchargeur sont rapidement détruites, le transformateur peut être brûlé, et l'on consomme inutilement du courant. Dans un premier dispositif, M. d'Arsonval avait évité ces deux inconvénients en coupant le circuit à haute tension du transformateur par un premier condensateur, de capacité variable, suivant l'énergie dont on veut disposer ; le deuxième condensateur, qui est le siège des oscillations électriques et qui porte le déchargeur, se trouve monté en série avec le premier qui constitue le *condensateur de garde*. De cette manière, jamais le transformateur n'est fermé sur lui-même. En réglant convenablement les capacités du condensateur de garde et du condensateur à haute fréquence, il n'est plus nécessaire de souffler l'étincelle constituée uniquement, dans ce cas, par des décharges à haute fréquence.

Ce dispositif quoique efficace, est un peu compliqué, un autre dispositif plus simple consiste simplement à intercaler *en série*, avec le primaire du transformateur, une bobine à self-induction variable par le déplacement d'un noyau de fer doux de dimensions appropriées, dans son intérieur. On peut voir qu'en manœuvrant ce noyau de fer doux, on limite à volonté l'énergie traversant le transformateur et que de plus, on souffle l'arc à volonté en rendant la décharge oscillante. Ce dispositif très simple est absolument efficace.

Pour pouvoir marcher indéfiniment sans crever les condensateurs, il suffit de prendre deux jarres cylindriques de Leyde, de coller les armatures d'étain *avec du suif* et de remplir ensuite la bouteille avec de l'eau que surmonte une couche d'huile de vaseline. Dans ces conditions, l'appareil peut fonctionner nuit et jour sans aucun arrêt pour les expériences de longue haleine. Actuellement M. d'Arsonval ne colle plus l'armature interne, il prend un cylindre d'étain de 0,4 d'épaisseur qui a un diamètre de quelques millimètres inférieur à la jarre, la conductibilité s'opère par la couche d'eau interposée.

En examinant la décharge dans un miroir tournant, porté par l'axe d'un moteur synchrone faisant quarante-deux tours par seconde (vitesse périodique du secteur) on a une image fixe dans l'espace.

On voit alors que le nombre de décharges données par le condensateur, durant une période, est proportionnel à l'intensité du courant qui traverse le transformateur. De telle sorte qu'on peut, *sans changer la fréquence,* augmenter à volonté l'énergie disponible par le simple déplacement du noyau de fer doux dans la bobine de self. Les effets que l'on obtient dans ces conditions sont vraiment surprenants, comme on peut en juger.

1° Si on prend un solénoïde de 80 centimètres de diamètre, présentant 7 tours d'un câble de 15 millimètres carrés qui est parcouru par la décharge oscillante provenant du condensateur, le transformateur absorbe en ce moment 10 ampères sous 110 volts soit 1.100 watts, huit lampes de 110 volts, 1 ampère placées en dérivation sur le solénoïde, sont allumées au blanc éblouissant. Le rendement en énergie lumineuse de la haute fréquence est très bon, soit dit en passant.

En mesurant, comme M. d'Arsonval l'a fait, la puissance dépensée au compteur général, d'une part, et l'intensité lumineuse des lampes allumées alternativement *au même point,* tantôt par la basse fréquence, tantôt par la haute fréquence, la consommation accusée par le compteur augmente relativement peu dans le second cas, malgré les transformations multiples du courant.

2° On approche du solénoïde une lampe de 20 volts, 1 ampère fermant le circuit d'une seule spire de gros fil, elle s'allume au blanc éblouissant à plus d'un mètre du solénoïde.

3° Un seul tour de fil placé dans le solénoïde, allume deux lampes de 110 volts placées en série, etc...

4° On environne de deux ou trois tours de gros fil, par la haute fréquence, le réservoir d'un thermomètre à mercure. En quelques secondes nous arrivons à la température d'ébullition du mercure par induction. M. d'Arsonval s'était servi de ce procédé, au début de ses recherches, pour mesurer l'intensité du champ dans le solénoïde.

M. d'Arsonval a mis le phénomène de la puissance d'un solénoïde parcouru par des courants à haute fréquence, à profit pour instituer un procédé d'électrisation du corps humain entièrement nouveau en Electrothérapie et très efficace. M. d'Arsonval a donné à ce procédé le nom *d'auto-conduction*.

Il consiste à enfermer l'être à électriser dans un solénoïde, sans aucune communication métallique avec lui (figure 370 et 371). Ce solénoïde étant parcouru par le cou-

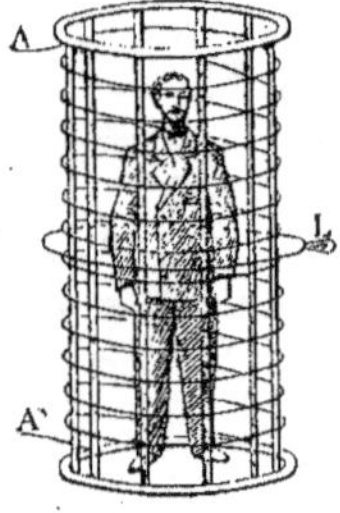

Fig. 370.

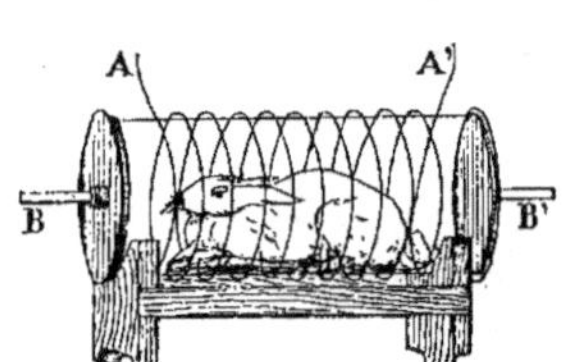

Fig. 371.

rant à haute fréquence, induit des courants énergiques non seulement à la surface, mais dans les plus petites particules du corps humain.

On peut s'en rendre compte par les expériences suivantes :

Si, étant placé dans le solénoïde, un homme arrondit les bras de façon à former un circuit circulaire complété par une petite lampe à incandescence dont les extrémités du filament correspondent aux deux mains ; cette lampe s'allume par suite du courant induit dans les bras. Pour que l'expérience réussisse bien il faut tremper chaque main dans un vase contenant une solution saturée de chlorhydrate d'ammoniaque légèrement alcaline. Cette solution fait tomber la résistance d'une main à l'autre, à moins de 600 ohms pas imbibition de l'épiderme. Comme la force électromotrice moyenne induite par le solénoïde, dans une seule boucle peut dépasser 100 volts, on voit que l'intensité du courant engendré dans les bras peut atteindre $\frac{100}{600} = 166$ milliampères environ.

On peut répéter la même expérience en formant un circuit circulaire avec plusieurs animaux placés en série ; l'anguille de rivière convient très bien pour cette expérience vu sa forme allongée. Ce procédé d'électrisation ne donne absolument aucune sensation, bien qu'il agisse sur l'organisme.

Une deuxième méthode d'électrisation avec la haute fréquence consiste à relier le segment du corps à électriser aux extrémités du solénoïde, à l'aide d'électrodes appropriées.

On gradue l'intensité du courant en prenant un nombre variable de spires. L'action sur la sensibilité est nulle, aussi dans ce cas si le circuit est continu.

Si, au contraire, on crée une interruption en un point quelconque du circuit métallique, chaque fois que l'étincelle éclate, les muscles se contractent, mais sans douleur. On peut tirer également des étincelles du corps de l'individu placé dans le solénoïde.

Une troisième méthode consiste à agir par condensation. Le sujet, dans ce cas, cons-

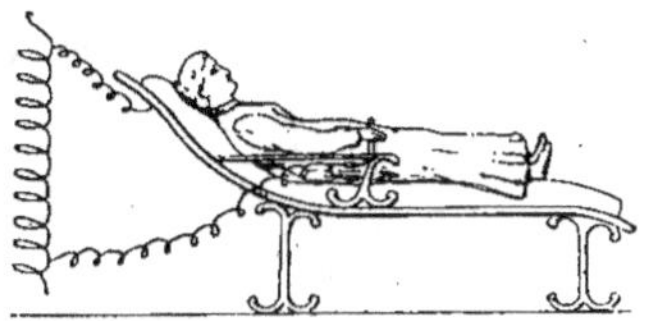

Fig 372.

titue l'armature d'un condensateur dont l'autre armature est très voisine de lui. C'est le dispositif que réalise la chaise longue.

On arrive facilement à faire traverser le système par un courant moyen de plus de 300 milliampères.

La haute fréquence permet également le passage du courant dans des circuits ouverts.

Si faible, en effet, que soit leur capacité, la charge et la décharge répétées des centaines de mille fois par seconde, sous un potentiel élevé, représentent un courant moyen notable.

C'est ce qui explique les courants unipolaires et les étincelles que l'on obtient en touchant un seul point du solénoïde. Ces applications unipolaires sous forme d'aigrettes et d'effluves donnent des résultats importants dans nombre de cas et, notamment, lorsqu'il s'agit de modifier certains états du tégument externe dans les maladies de la peau et des muqueuses.

Pour mesurer l'intensité de ces courants, M. d'Arsonval se sert d'un galvanomètre qui est une modification du Cardew (fig. 373). Il porte une double graduation en milliampères et en volts. Il sert aussi bien à la mesure des courants continus qu'à celle des courants alternatifs de toutes les fréquences puisqu'il est dénué de self-induction. C'est un instrument universel très commode en électrothérapie.

Pour les courants très intenses parcourant le solénoïde, M. d'Arsonval procède à leur mesure de la façon suivante. Le solénoïde est constitué par un tube creux très mince, plein d'air. Ce tube constitue le réservoir d'un thermomètre différentiel de Leslie qui mesure son propre échauffement. On le gradue empiriquement à l'aide d'un courant à basse fréquence dont on mesure l'intensité à l'aide d'un ampèremètre ordinaire, placé en série avec le solénoïde.

Telles sont les dispositions essentielles pour la production et l'utilisation pratique des courants à haute fréquence.

Que ces courants soient appliqués directement, par condensation ou par autoconduction, les effets généraux sont sensiblement les mêmes, à l'intensité près :

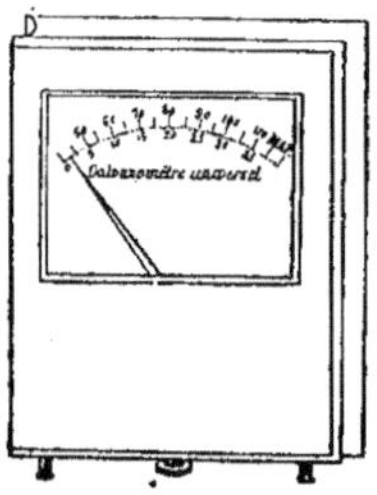

1° L'effet le plus singulier et le plus frappant des courants à haute fréquence, c'est leur absence totale d'action sur la sensibilité. Leur passage, même à intensité formidable, ne provoque à travers l'organisme ni sensation consciente ni mouvement d'aucune espèce.

M. d'Arsonval le démontre, par exemple, en faisant allumer, entre deux individus, quatre lampes à incandescence de 125 volts 1 ampère.

Fig. 373.— Galvanomètre universel de M. d'Arsonval construit par M. Gaiffe.

La sensation est nulle. On peut aller jusqu'à 3 ampères ; mais, au-dessus de cette intensité, on éprouve dans les poignets une sensation de chaleur désagréable.

Appliqué localement, à la surface de la peau ou des muqueuses, de manière à produire un effluve ou une pluie de feu, le courant de haute fréquence amène rapidement sur les parties touchées un degré d'insensibilité qui peut aller jusqu'à l'anesthésie complète. Cette insensibilité ne pénètre pas profondément et persiste seulement de quelques minutes à un quart d'heure. On constate le même phénomène sur les nerfs mis à nu. Le nerf moteur musculaire n'est pas excité par les vibrations hertziennes, mais il est anesthésié au point de ne pouvoir répondre de quelque temps aux autres genres d'excitations. Ce mode d'anesthésie superficielle est susceptible de rendre des services soit dans le cas d'opérations légères, soit pour calmer les névralgies superficielles.

L'action de l'effluve à haute fréquence a donné des résultats remarquables, surtout dans les maladies superficielles de la peau s'accompagnant de plaies et d'éruptions diverses, tels qu'ulcères superficiels, syphilides, diverses formes d'eczéma, etc...

Le Dr Oudin, à Paris, et surtout le Dr Goignet et le prof. Gailleton, de Lyon, ont donné des observations absolument remarquables de la rapidité avec laquelle disparaissent certaines dermatoses sous l'influence de l'effluve à haute fréquence.

2° L'action la plus remarquable, c'est l'activité extraordinaire qu'elle imprime aux échanges nutritifs et à la vie cellulaire.

M. d'Arsonval a démontré cette action importante de diverses manières :

A. — En analysant sur l'homme et les animaux les produits de la combustion respiratoire avant et après l'action de la haute fréquence : on voit augmenter dans des proportions considérables l'oxygène absorbé, et l'acide carbonique émis par la respiration dans l'unité de temps. Ce volume a pu passer chez M. d'Arsonval de 17 litres à 37 litres à l'heure, et il est possible d'obtenir des nombres plus élevés. Cette augmentation des combustions respiratoires se retrouve également dans l'augmentation du chiffre de l'urée, ainsi que le montrent les centaines d'analyses d'urine faites par les D⁰ˢ Apostoli, Charrin, etc...

B. — Cette suractivité se traduit également par l'augmentation de la chaleur émise par le corps, ainsi qu'il est facile de s'en assurer à l'aide de l'appareil appelé *anémocalorimètre*. Il consiste (fig. 374) en un très grand solénoïde vertical dans l'axe duquel se place le sujet.

A *l'intérieur* du solénoïde (non représenté sur la figure) se trouve un manchon athermane constitué par un drap épais.

Ce manchon se termine à la partie supérieure par un disque de bois portant une che-

Fig. 374.

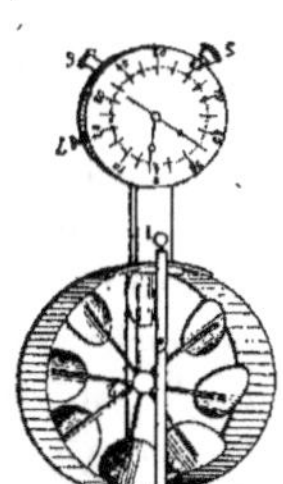

Fig. 375.

minée sur laquelle on ajuste un anémomètre Richard très sensible (fig. 375). Sous l'influence de la chaleur dégagée par l'individu, un courant d'air s'établit dans la cheminée et l'anémomètre en mesure le débit.

On gradue empiriquement l'instrument en remplaçant l'homme par une source de chaleur connue (résistance traversée par un courant). Cet appareil est extrêmement sensible ; la présence d'un homme dans l'appareil fait faire au moulinet plus de 12 000 tours à l'heure. Les indications en sont très rapides, et cinq minutes d'observation suffisent pour faire une expérience comparative. On constate que la chaleur émise par le corps humain avant et après l'électrisation peut varier, comme elle l'a d'ailleurs fait chez M. d'Arsonval de 79^{cal},6 à 127^{cal},4 par heure, à la température moyenne de 17°. Inutile de dire que l'on s'est assuré que le passage du courant dans le solénoïde dégage une quantité de chaleur négligeable, dont on a tenu compte d'ailleurs. Malgré cette augmentation des combustions respiratoires, la température centrale de l'organisme s'élève à peine, car l'excédent de chaleur est perdu par rayonnement et évaporation, par suite des modifications circulatoires importantes que provoque la haute fréquence.

C. — L'exagération des combustions organiques peut être mise en évidence également par la balance qui mesure la perte de poids subie par les animaux. M. d'Arsonval a placé le solénoïde renfermant l'animal en expérience sur le plateau d'une balance enregistrante Richard.

Voici quelques-uns des résultats obtenus : un petit cochon d'Inde placé dans le solénoïde, non parcouru par le courant, a perdu 6 grammes de son poids en seize heures. On rend le solénoïde actif ; le cochon d'Inde a perdu alors 30 grammes de son poids dans le même espace de temps (seize heures). Supprimons de nouveau le courant ; il se passe alors un phénomène assez inattendu ; l'animal *gagne en poids* pendant deux heures. Au bout de ce temps, il a augmenté de 1 gramme environ. Regnault et Reiset ont constaté un phénomène analogue chez certains de leurs animaux, qui, pendant le sommeil, fixaient plus d'oxygène qu'ils n'éliminaient d'acide carbonique et de vapeur d'eau. Après ces deux heures, la perte de poids reprend sa marche, tout en restant plus faible. Ce n'est guère qu'une demi-heure après l'établissement du courant que la perte de poids prend son régime uniforme.

Les animaux étaient placés dans un solénoïde disposé pour recevoir leurs déjections, qui tombaient dans de l'huile, de façon à éviter l'évaporation. L'échauffement de la cage, dû au courant seul, n'élevait pas sa température de 1°, élévation absolument sans influence sur l'animal. Le second cobaye perdait 6 grammes de son poids en cinq heures, à l'état normal, et 24 grammes dans le même temps, quand le courant passait. Un lapin a perdu 48 grammes en huit heures dans la haute fréquence et seulement 23 grammes durant le même temps à l'état normal.

La perte de poids semble donc être plus accentuée pour les animaux de petite taille, sous l'influence du courant.

3° On a vu que la haute fréquence était sans action consciente sur les nerfs de la sensibilité générale et du mouvement musculaire, il ne faudrait pas en conclure que tous les appareils nerveux sont dans le même cas. Le système nerveux vaso-moteur, celui qui met en jeu la contractibilité des vaisseaux artériels et veineux est, au contraire, éminemment excitable par les courants à haute fréquence. Sous leur action, on voit, par exemple chez le lapin, les vaisseaux de l'oreille se dilater très rapidement comme après la section du grand sympathique. Cet effet est suivi, un peu plus tard, d'une contraction énergique.

Le sphygmographe de Marey, le sphygmomanomètre de Potain, appliqués sur l'homme, donnent des indications identiques. On voit la pression sanguine s'abaisser d'abord, puis peu après, se relever et se maintenir à ce taux élevé; en faisant une légère incision à l'extrémité de la patte d'un lapin, on voit le sang couler plus abondamment après le passage du courant. Le manomètre à mercure, mis en rapport direct avec une artère, chez les animaux, donne les mêmes indications.

Ces faits montrent d'une façon indubitable que les courants de haute fréquence pénètrent profondément dans l'organisme au lieu de s'écouler simplement à la surface ; nous en verrons, d'ailleurs, des preuves directes. Leur innocuité ne peut donc s'expliquer par cette raison, comme l'ont montré dès le début les recherches de M. d'Arsonval.

4° Ce n'est pas par l'intermédiaire seulement du système nerveux ou des centres vaso-moteurs que la haute fréquence exagère les fonctions vitales. Cette suractivité porte sur la cellule elle-même et sur le protoplasma directement. Pour en avoir la preuve, M. d'Arsonval s'est servi d'êtres monocellulaires, comme la levure de bière et les bacilles. Les résultats ont été les mêmes. Avec son assistant M. le Dr Charrin, M. d'Arsonval a étudié l'action de la haute fréquence sur les bacilles pathogènes et, entre autres, sur la bacille du pus bleu, ou bacille pyocyanique.

Les courants à haute fréquence atténuent très nettement ce bacille au bout de quelques minutes. La fonction chromogène tout d'abord est supprimée : si l'expérience dure une demi heure, on arrive à tuer le bacille. Les cellules végétales sont également influencées par la haute fréquence, mais ce ne sont pas seulement les bacilles qui sont influencés par ces courants. Leur action modifie d'une façon non moins profonde leurs produits de sécrétion, ce qu'on appelle les *toxines* microbiennes.

« Dans une note de MM. d'Arsonval et Charrin présentée à l'Académie des Sciences le 10 février 1896, ils ont étudié l'action des diverses modalités de l'énergie électrique sur les microbes, et ont poursuivi depuis, cette étude en l'étendant aux toxines secrétées par ces microorganismes. »

Quelques essais ont été tentés dans le même sens, notamment par MM. Smirnoff et Kruger. Ces auteurs se sont bornés à employer une seule modalité électrique, le *courant continu*. Cette forme particulière de l'énergie électrique se prête très mal à une étude de la question, parce que le passage du courant continu à travers un liquide contenant des toxines bactériennes se complique forcément de phénomènes d'ordre chimique.

Indépendamment des produits *polaires* de l'électrolyse, il y a, dans l'espace interpolaire, toute une série de décompositions et de combinaisons chimiques qu'engendre le transport des ions. Il est donc impossible, avec le courant continu, de faire la part qui revient exclusivement à l'électricité dans les phénomènes observés.

Des expériences préliminaires, faites d'une part, avec le courant continu, et, d'autre part, avec le courant induit direct ou l'extra-courant d'une bobine, ont montré que les modifications imprimées aux toxines n'étaient nullement en rapport avec la *quantité* d'électricité les ayant traversées. Avec des courants induits, *toujours dirigés dans le même sens*, et s'accompagnant par conséquent d'électrolyse, le passage de 7 coulombs a produit des modifications plus profondes que celui de 78 coulombs provenant du courant continu. Cette expérience a donc clairement montré que l'ébranlement moléculaire produit par les décharges électriques provenant de la bobine était un agent modificateur infiniment plus actif que l'électrolyse.

Pour éliminer toute action d'ordre électrolytique, c'est-à-dire d'ordre chimique, MM. d'Arsonval et Charrin ont en conséquence été conduits à adopter la modalité électrique qui produit les ébranlements les plus rapides que l'on connaisse : *les courants alternatifs à haute fréquence*. Le dispositif employé est celui que M. d'Arsonval a signalé antérieurement à l'Académie le 3 juillet 1893. L'appareil se compose, en principe, d'un transformateur B, à haut potentiel et basse fréquence, dont le secondaire est relié aux armatures intérieures des deux condensateurs C₁, C₂, reliés eux-mêmes à un déchargeur à boules M (fig. 376). Les armatures extérieures de ces condensateurs sont

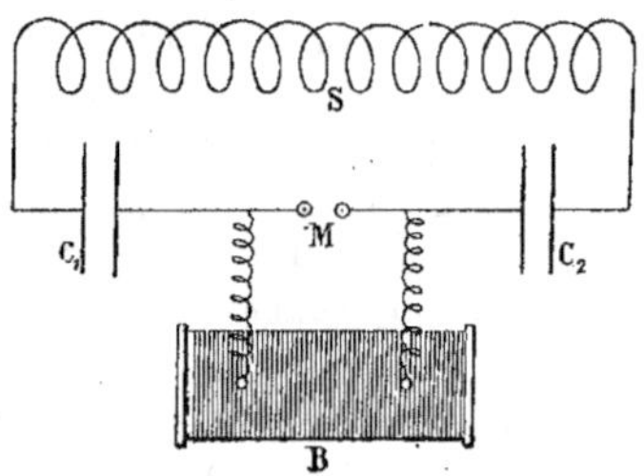

Fig. 376.

reliées en cascade par un solénoïde S. Des extrémités du solénoïde partent deux fils de platine, qui amènent le courant à haute fréquence à un tube en U en verre qui contient la toxine. Ce tube est plongé lui-même dans un vase contenant de l'eau glacée, qui empêche tout échauffement du liquide pendant le passage du courant. La haute fréquence est, comme on le sait, fonction de la capacité conjuguée des condensateurs C₁, C₂ et de la self-induction du solénoïde S.

Dans les expériences rapportées ci-dessous, la fréquence, calculée d'après la formule de Thomson est de 225.000 oscillations par seconde.

L'intensité *efficace* du courant traversant la toxine, mesurée au moyen d'un galvanomètre spécial, était de 0.75 ampère ; et la densité *moyenne* du courant du 250 milliampères par centimètre carré. Il est bon de rappeler que M. d'Arsonval faisait ces mesures au moyen d'un appareil présenté à la société de biologie le 29 juin 1895 qui n'est autre que le thermique de nos jours. Dans sa note, M. d'Arsonval disait : « Pour effectuer cette mesure je me sers d'un simple fil métallique tendu en ligne droite et fixé par ses deux extrémités. La décharge allonge le fil en le chauffant plus ou moins, et je mesure l'allongement du fil par la flèche que prend son milieu. L'artifice qui consiste à mesurer l'allongement d'un fil tendu par la flèche qu'il forme dispense de toute transmission mécanique et présente une sensibilité de beaucoup supérieure à la mesure directe de cet allongement ». Dès 1887, M. d'Arsonval faisait usage de cet appareil. Ces chiffres ne donnent que l'intensité *efficace* du courant ; quant à l'intensité *initiale*, elle est infiniment supérieure et dépasse certainement 50 ampères.

L'électricité passe donc à travers la toxine par *pulsations alternatives* extrêmement rapides et extrêmement intenses. Il est dès lors facile de comprendre de quelle puissance est ce branle-bas *totius subtantiæ* imprimé à la toxine.

Voici le résultat de quelques-unes des expériences :

Expérience I. — On a soumis au courant de haute fréquence, pendant un quart-d'heure, une toxine diphtérique très active.

On en a injecté 3^{cc},5 à trois cobayes, et la même dose, *avant l'électrisation* à trois cobayes témoins.

Le résultat a été des plus nets : les trois témoins sont morts en vingt, vingt-cinq et vingt-six heures. Des trois cobayes ayant reçu la toxine électrisée, un a survécu pendant trois jours : les deux autres étaient survivants encore 12 jours après.

Trois autres cobayes ayant reçu 2^{cc},5 de la même toxine électrisée étaient survivants 7 jours après l'injection et ont servi à l'expérience n° III.

En somme, les trois témoins sont morts rapidement et, des six animaux injectés avec la toxine électrisée, un seul est mort trois jours après l'injection seulement. L'atténuation de la toxine diphtérique par la haute fréquence est donc évidente.

Expérience II. — Mêmes expériences avec la toxine pyocyanique injectée à la dose de 3 centimètres cubes. Le témoin est mort 36 heures après l'injection. Tous les cobayes (au nombre de 4 injectés avec la même dose pyocyanique électrisée) ont survécu.

Il est donc très nettement démontré que ces toxines sont profondément atténuées par les courants à haute fréquence. Ce fait est important, en ce sens qu'on peut espérer que cette atténuation pourra être faite *directement dans l'organisme malade.* Cette possibilité résulte de ce fait, mis en évidence par M. d'Arsonval, à savoir que le corps de l'homme peut être traversé par des courants de haute fréquence extrêmement puissants sans provoquer aucun phénomène douloureux ou moteur. Mais il y a plus. Non seulement ces toxines peuvent être atténuées par la haute fréquence, mais bien mieux, *après l'électrisation, elles deviennent des substances immunisantes des vaccins,* comme le démontrent les expériences suivantes :

Expérience III. — On inocule 0^{cc},5 de culture diphtérique très active à trois cobayes ayant reçu 7 jours avant 2^{cc},5 de toxine diphtérique soumise à la haute fréquence (Expérience I). On inocule de même trois cobayes témoins. Deux jours après l'inoculation deux témoins succombent ; le troisième meurt un jour après. Le lendemain, un des trois cobayes vaccinés meurt également. Quant aux deux autres cobayes, ils sont bien portants 7 jours après l'injection.

Il est juste de remarquer que ces animaux ont été inoculés uniquement dans le but de juger de l'atténuation des toxines électrisées et non dans le but de vacciner ces animaux. Si on avait, suivant la règle adoptée en pareil cas, procédé par doses minimes d'abord, puis progressivement croissantes, on aurait sans doute réalisé une immunité plus complète.

Expérience IV. — Trois cobayes ayant reçu depuis 10 jours 3 centimètres cubes de toxine pyocyanique électrisée sont inoculés avec 2 centimètres cubes de culture pyocyanique vivante. On inocule de même deux cobayes témoins. Les témoins meurent l'un trente-six heures, l'autre quarante-huit heures après l'injection.

Quant aux trois animaux vaccinés, ils sont vivants, huit jours après l'injection.

La toxine pyocyanique s'atténue donc par la haute fréquence comme celle du bacille de Löffler. Cette atténuation varie évidemment suivant l'énergie du courant et la durée de l'électrisation. Avec le courant qui a été employé au bout d'un quart d'heure, la toxicité est diminuée de moitié environ.

Quoiqu'il en soit, on peut conclure de ces faits :

1° *Que la haute fréquence atténue les toxines bactériennes;*

2° *Que les toxines ainsi atténuées augmentent la résistance des animaux auxquels on les injecte.*

Cette action particulière des courants à haute fréquence a été confirmée de divers côtés. Les différents venins (vipère, cobra, etc.), se comportent comme les toxines et sont atténués par la haute fréquence ainsi que l'ont prouvé M. d'Arsonval et M. Phisalix pour les venins de vipère et du serpent cobra-coral. On a objecté que, pour la toxine diphtérique, l'atténuation était due à l'échauffement de la solution par le passage du courant.

Cette objection tombe, de plus, devant les deux faits suivants : la haute fréquence atténue, d'une part, les toxines congelées et détruit, d'autre part, la virulence du venin de cobra.

Or, pour détruire ce dernier venin il faut le chauffer pendant au moins trois heures à + 150°, c'est-à-dire à une température qu'on ne saurait atteindre en opérant à l'air à la pression normale.

3° Les expériences cliniques se poursuivent actuellement un peu de tous côtés et dans tous les pays; les résultats obtenus confirment pleinement les indications données par la Physiologie, à savoir la puissante action que ces courants exercent sur la nutrition.

Voici quelques résultats publiés par M. d'Arsonval à titre de document.

Les courants à haute fréquence agissent puissamment pour augmenter l'intensité des combustions organiques, ainsi qu'il a été démontré précédemment. M. d'Arsonval a pensé, dès lors, que cette modalité particulière de l'énergie électrique donnerait de bons effets dans cette classe particulière de maladies, si bien étudiées par le professeur Bouchard, sous *le nom de maladies par ralentissement* de la nutrition. Certaines formes du diabète sucré, la goutte, le rhumatisme, l'obésité, etc., sont dans ce cas.

M. d'Arsonval avait institué une série de recherches cliniques à ce sujet. Les expériences avaient lieu à l'Hôtel-Dieu, dans le service dirigé par l'assistant de M. d'Arsonval, le Dr Charrin, et sous son contrôle médical.

Les résultats obtenus ont complètement répondu à l'attente ; en voici quelques-uns à signaler dès maintenant.

Voici dans quel esprit sont instituées ces recherches, et quelle a été la marche suivie : Rejetons complètement tous les résultats mettant en jeu l'appréciation du malade pour tenir compte exclusivement des modifications physico-chimiques ou cliniques exactement et objectivement mesurables. Éliminons ainsi complètement les améliorations subjectives qui pourraient être attribuables à la suggestion. Cette cause qu'invoquent légèrement certains médecins pour expliquer des cures indéniables dues à l'électricité, n'a aucune part dans les faits qui vont être signalés. D'ailleurs, les résultats positifs obtenus précédemment chez les animaux et qui vont être retrouvés chez les malades écartent *a priori* cette objection.

Les observations ci-dessous se rapportent à deux diabétiques et un obèse.

Les variations de la température ont été prises deux fois par jour, de même que la pression artérielle, qui a été mesurée à l'aide du sphygmomanomètre du professeur Potain.

L'analyse des urines a été faite par M. Guillemonat, interne du service, qui a procédé de la façon suivante : chaque jour sur l'urine émise dans les vingt-quatre heures, on prélève un cinquième, par exemple, du volume total. Tous les cinq jours, on fait une analyse. Par ce procédé, on a une moyenne qui élimine les causes d'erreur dues aux oscillations journalières de la diurèse. Les précautions sont prises naturellement pour mettre ces urines à l'abri de la décomposition.

Le coefficient urotoxique de ces urines, coefficient dont on connaît aujourd'hui toute l'importance, grâce aux travaux de M. Bouchard, a été pris dans son laboratoire même par M. Charrin.

Enfin l'application du courant a été faite avec grands soins, sur les indications de M. d'Arsonval, par M. Bonniot, externe du service. Toutes les précautions, en un mot, ont été prises pour donner à ces observations le caractère de précision qui doit en assurer la valeur.

Dans les observations ci-dessous, c'est le procédé par électrisation directe qui a été employé.

Le courant émanant du solénoïde traverse le corps entier des pieds aux mains. Un des pôles du solénoïde est en rapport avec l'eau d'un pédiluve où le malade plonge ses deux pieds ; le second pôle est relié aux deux mains par un conducteur bifurqué terminé par des poignées métalliques. Dans ces conditions, le courant est généralisé et son intensité a varié entre 350 et 450 milliampères ; la durée des séances faites quotidienne-ment, d'abord de dix minutes, a été abaissée successivement à cinq et trois minutes, suivant l'impressionnabilité des sujets. Ce courant n'exerce aucune action consciente, soit sur la sensibilité, soit sur la motricité, ce qui fait que les malades se soumettent sans répugnance à son action.

Résumons à présent rapidement les observations :

Observation I. — Homme de 33 ans, maçon atteint de diabète grave depuis quatre ans, est mis en observation pendant une quinzaine de jours sans aucun traitement.

Dans ces conditions, il rendait une moyenne de 11^{lit},300 d'urine en vingt-quatre heures, contenant 54 grammes de sucre par litre, soit 620 grammes de sucre par jour. La pression artérielle était de 15 centimètres de mercure seulement ; le pouls à 72 et la température au-dessous de la normale. La toxicité des urines était presque nulle : 250 grammes injectés à un lapin le rendaient à peine malade.

On applique la haute fréquence par séances quotidiennes de dix minutes. Dès les premiers jours, disparition des douleurs dans les membres, sommeil meilleur, non interrompu par la soif ou le besoin d'uriner, plus de cauchemars, clarté plus grande de la vue, retour de la mémoire et lucidité d'esprit rendant la lecture possible.

Voilà pour les phénomènes subjectifs. Quant aux phénomènes objectifs : disparition d'un œdème malléolaire remontant jusqu'à mi-jambe, rétrocession d'un certain degré d'ascite et réveil de la sensibilité aux jambes, qui avait complètement disparu.

Pendant le premier septénaire, peu de modifications du côté de l'urine et de la production de sucre, à l'exception de la diurèse, qui se régularise et ne présente plus de sauts brusques, passant de 7 litres à 3 litres dans les vingt-quatre heures.

Dans le second septénaire, tout se modifie rapidement et, après quarante-deux jours de traitement, on constatait les faits suivants : moyenne de la quantité d'urine des vingt-quatre heures, 7 litres ; sucre rendu, en vingt-quatre heures, 180 grammes ; pression artérielle atteignant 25 centimètres le vingtième jour ; pouls à 104, température s'élevant jusqu'à 38° et se fixant enfin à 37°. Toxicité de l'urine considérablement accrue.

Après un mois 64 grammes tuent 1 kilogramme d'animal. Enfin, oscillations du poids, qui tombe d'abord de 57^{kg},500 à 51 kilogrammes pour remonter graduellement à 56 kilogrammes.

Observation II. — Femme de 59 ans, diabétique grasse, présence du sucre consta-tée, il y a deux mois pour la première fois, à la Pitié ; soignée à plusieurs reprises pour albuminurie. Actuellement ni albumine, ni néphrite. Rend 3^{lit},300 d'urine en vingt-quatre heures, contenant 43 grammes de sucre par litre, soit 137 grammes par jour. Polypha-gie, polydypsie, faiblesse générale, courbature et douleurs des membres. Pression ar-térielle très élevée de 27 centimètres à 30 centimètres de mercure ; pouls lent, à 64 par minute, température un peu au-dessus de la normale : oscille de 37°,3 à 37°,5. Toxicité des urines 107 par kilogramme.

Séances d'électrisation de 10 minutes, bien supportées, mais laissant après un grand sentiment de lassitude. Après quinze jours de traitement, pas de variations dans la quantité d'urine éliminée en vingt-quatre heures, mais le sucre a baissé de moitié, 24 grammes par litre au lieu de 43 grammes. La pression artérielle descend à 25 centimètres de mercure, le pouls monte à 76 ou 80, température peu influencée. Toxicité des urines monte à 87 par kilogramme.

Malgré la diminution du sucre, le bien-être ressenti n'est pas aussi grand que chez le malade précédent. On suspend le traitement pendant quelques jours et on le reprend ensuite avec des séances abaissées successivement comme durée de dix minutes à 3 minutes. Le bien-être ressenti est beaucoup plus grand, la malade se sent reposée, dort bien, n'a plus de courbatures et le chiffre du sucre tombe à 38 grammes par vingt-quatre heures.

Ce cas prouve de quelle importance est la technique en pareille matière.

Quels doivent être le nombre et la durée de séances ?

Doit-on les espacer, les suspendre ? Autant de questions que l'expérience seule pourra trancher.

Observation III. — Il s'agit d'un obèse de 36 ans, cocher pesant 130 kilogrammes et présentant une arythmie cardiaque très marquée. Séances de dix minutes quotidiennes.

Mieux pendant quelques jours. Le chiffre de l'urée excrétée s'élève de $33^{gr},72$ à $44^{gr},63$ en vingt-quatre heures. La pression monte de 18 centimètres à 20 centimètres de mercure, et le pouls passe de 72 à 108. Au bout de quinze jours, le malade avoue avoir des accès de dyspnée qu'il cachait, ayant grande confiance dans ce traitement et ne voulant pas le suspendre.

Le taux de l'urée baisse et tombe à 24 grammes par jour.

On suspend les séances pendant une quinzaine de jours et on les reprend avec une durée moindre : trois minutes au lieu de dix. Au bout de quelques jours, les mêmes phénomènes de dyspnée, d'abaissement du taux de l'urée et de la pression sanguine se montrent.

On cesse le traitement. Quant à la toxicité des urines, elle a peu varié : 84 au début, 87 à la fin du premier essai.

Cette observation montre que la haute fréquence agit, comme toujours, puissamment sur la circulation, qu'il existe des contre-indications et qu'enfin la suggestion ne suffit pas pour expliquer les bons effets de l'électricité, puisque ce malade qui n'a pas bénéficié du traitement avait la foi, contrairement aux précédents qui furent tout étonnés de se trouver mieux.

M. d'Arsonval a montré expérimentalement que la haute fréquence est un puissant modificateur de l'organisme : là se borne, pour le moment, le rôle de physiologiste de M. d'Arsonval.

De son côté, le docteur Apostoli, après une expérience qui portait à l'époque sur 2.446 applications et 267 analyses d'urine disait, en 1895, au Congrès de Londres :

1° Conformément à ce qu'a découvert M. le professeur d'Arsonval, les courants alternatifs de haute fréquence et de haute tension exercent une action puissante sur tout corps organisé vivant qui est soumis à leur influence *inductrice*;

2° Le meilleur moyen d'agir, à l'aide de ces courants, par influence, est d'enfermer le malade, qui n'a aucun contact direct avec aucune électrode, dans le circuit d'un vaste solénoïde qui est parcouru par ces courants.

Le sujet se trouve de la sorte complètement isolé de la source électrique et les courants, qui circulent par *auto-conduction* dans son organisme, prennent naissance dans ses tissus eux-mêmes, car le corps joue ici le rôle d'un circuit fermé sur lui-même;

3° C'est ainsi que se trouvent le mieux confirmées les découvertes physiologiques du professeur d'Arsonval, et l'on peut vérifier l'influence puissante de ces courants sur le système *vaso-moteur*, bien que la sensation immédiatement produite par leur passage soit nulle, et quoiqu'ils n'impressionnent ni les nerfs moteurs ni les nerfs sensitifs.

L'on peut constater, en effet, une action énergique sur tous les échanges nutritifs.

Cette action se traduit par une suractivité des combustions organiques et de la nutrition, comme en témoignent les dosages faits par M. d'Arsonval des échanges gazeux respiratoires, et comme en témoignent également les excrétas urinaires d'après les analyses faites par M. Berlioz.

4° Les applications thérapeutiques générales qui découlent de cette action physiologique se sont trouvées réalisées par la clinique.

Elles portaient en 1896 sur un total de plus de cent malades, que le Dr Apostoli a soignés pendant un an et demi, tant à sa clinique que dans son cabinet.

La plus grande partie ont bénéficié très favorablement de cette nouvelle médication qui a été appliquée isolément et uniformément à l'exclusion absolue de toute influence parallèle soit d'un régime spécial, soit de toute autre médication additionnelle.

5° Ces courants exercent sur la plupart des cas une action puissante et généralement réparatrice sur les maladies dites *par ralentissement de la nutrition*, en accélérant des échanges organiques et en activant les combustions ralenties ou perverties, comme le prouve l'examen des urines fait par M. Berlioz, dont voici le résultat synthétique.

La diurèse devient généralement plus satisfaisante et les déchets organiques sont plus facilement éliminés.

Les *combustions sont augmentées*, comme le démontre la diminution du chiffre de *l'acide urique* en même temps que le taux de l'*urée* devient généralement plus élevé. Le rapport entre ces deux substances qui, avant tout traitement, est souvent trop fort, diminue peu à peu, au point de se rapprocher du rapport moyen de $\frac{1}{40}$.

L'élimination des éléments minéraux a été elle-même influencée, mais d'une manière beaucoup moins évidente.

6° On peut généralement constater sur tout malade soumis à leur influence, par des séances quotidiennes qui durent quinze minutes chaque, les modifications suivantes de l'état général, classées par leur ordre d'apparition.

Retour du sommeil ; relèvement des forces et de l'énergie vitale.

Réapparition de la gaieté, de la résistance au travail et de la facilité pour la marche ; Amélioration de l'appétit, etc.

Au total, *restauration complète et progressive de l'état général*. Souvent dès les premières séances, et même avant toute influence locale et apparente, ou toute action marquée sur la sécrétion urinaire, on peut nettement constater une amélioration de l'état général.

7° Les troubles locaux, douloureux ou trophiques, subissent généralement d'une façon beaucoup plus tardive l'influence modificatrice de ces mêmes courants, et quelquefois même, ils restent réfractaires, pour une période plus ou moins longue, à leur action réparatrice à distance, et exigent un complément de traitement local.

8° Les maladies qui ont paru au Dr Apostoli *peu ou pas justiciables* de cette action thérapeutique, sont généralement celles qui n'ont pas de processus anatomique jusqu'ici bien défini ; en un mot, les maladies dites sans *lésions* et dont le type principal est l'*hystérie* et certaines formes de *neurasthénie*.

9°. De toutes les maladies qui ont le plus bénéficié de cette action thérapeutique générale, c'est *l'arthritisme* (goutte et rhumatisme), qui paraît le plus énergiquement influencé.

10° Quelques malades *diabétiques* ont vu assez rapidement leur sucre disparaître sous cette influence, tandis que chez d'autres l'élimination du sucre n'a pas sensiblement diminué, malgré le relèvement manifeste et constant de l'état général.

La variation de ces résultats tient-elle à une imperfection de l'outillage électrique ou à un défaut de technique opératoire ?

11° En résumé, les courants de haute fréquence et de haute tension, introduits en électrothérapie par M. d'Arsonval, viennent d'agrandir considérablement le champ d'application d'électricité médicale. — Ils constituent une acquisition nouvelle et précieuse pour la Médecine générale en mettant, entre les mains des médecins, une arme puissante capable de modifier plus ou moins profondément les phénomènes intimes de nutrition.

Les résultats que le Dr Apostoli a obtenus depuis cette époque déjà éloignée confirment ses premières conclusions ; ils sont même beaucoup plus accentués en substituant au solénoïde le procédé par condensation.

M. d'Arsonval a fait une série d'essais à la Maternité, qui confirment pleinement, chez les enfants, les résultats obtenus chez les adultes. Chez l'enfant à la mamelle, il est, en effet, on ne peut plus simple d'établir le bilan nutritif par la simple pesée, la composition de l'aliment restant invariable, et il n'y a aucune part à faire à la suggestion.

Pour résumer tous ces faits, nous pouvons dire que la haute fréquence est le plus puissant modificateur de la nutrition intime des tissus que nous connaissions.

C'est un modificateur qui atteint la vie dans ses manifestations intimes et qui touche au fonctionnement de la cellule vivante elle-même. Son action s'étend même jusqu'aux produits de secrétion de cette cellule.

Comme ces courants peuvent traverser impunément l'homme vivant, il est inutile d'insister sur les espérances que fait naître une pareille méthode.

Il n'est donc pas téméraire de dire que les courants à haute fréquence ouvrent une voie entièrement nouvelle à la Thérapeutique.

Quel est le mécanisme de l'action physiologique et thérapeutique de ces courants. On l'ignore. On a répondu à la seconde question en disant que ces courants ne pénétraient pas et s'écoulaient à la surface. C'est là une erreur qu'il est facile de réfuter. D'abord l'action sur les centres vaso-moteurs prouve la pénétration profonde de ces courants dans l'organisme.

De plus, l'écoulement superficiel n'est pas vrai pour les conducteurs métalliques.

La pénétration est d'autant plus profonde que la résistance *spécifique* du conducteur est plus grande.

Cette pénétration, d'après la formule bien connue des électriciens est en raison directe de la racine carrée de la résistance spécifique, et en raison inverse de la racine carrée de la fréquence.

Or, si l'on applique le calcul au cas d'un conducteur cylindrique ayant la résistivité et les dimensions du corps humain, on voit que la répartition est sensiblement uniforme. M. d'Arsonval a vérifié d'ailleurs directement le fait sur un cylindre d'eau salée à 7 0/0, ayant la résistivité du corps humain, le courant ne variant pas d'un centième de sa valeur pris au centre ou à la périphérie du cylindre liquide.

Si d'ailleurs le courant s'écoulait par l'épiderme, étant donné sa résistivité très élevée, sa température dépasserait un millier de degrés quand le corps est traversé par un courant de 1 ampère seulement.

L'hypothèse de l'écoulement superficiel est donc à la fois en contradiction avec l'expérience et avec la formule de Thomson.

Cette hypothèse n'est d'ailleurs plus soutenue par aucun physicien à l'heure actuelle.

La raison qui fait que les courants de haute fréquence n'impressionnent pas les terminaisons nerveuses, tient précisément à leur fréquence.

Les nerfs sensitifs et moteurs sont organisés pour répondre à des fréquences déterminées. C'est ce que nous voyons par exemple pour le nerf optique dont les terminaisons sont aveugles pour les ondulations de l'éther d'une période *inférieure* à 497 billions par seconde (rouge) et *supérieure* 728 billions (violet).

Le nerf acoustique se comporte d'une façon analogue pour les vibrations sonores.

Ces propriétés, qui étaient particulières à deux nerfs de sensibilité spéciale, comme le nerf optique et le nerf acoustique, doivent être étendues aux nerfs moteurs et aux nerfs de la sensibilité générale.

Chaque ordre des nerfs obéit à des fréquences déterminées qui ne sont pas les mêmes, par exemple, pour les nerfs musculaires que pour les nerfs vasculaires.

Quoi qu'il en soit, le fait n'en existe pas moins et la haute fréquence constitue, dès maintenant une arme puissante entre les mains du médecin qui a les connaissances voulues pour la manier.

D'ARSONVALISATION. EFFETS THERMIQUES

Recherches de MM. Zimmern et Turchini sur la pression artérielle. — En août 1907 MM. Bergonié, Broca et Ferrié mirent à profit un générateur de haute fréquence destiné à la télégraphie sans fil extrêmement puissant par conséquent, pour expérimenter avec le dispositif d'autoconduction de M. d'Arsonval les effets de ces courants sur la tension artérielle. Les résultats qu'ils obtinrent furent négatifs. MM. Zimmern et Turchini ont repris ces expériences, en étudiant sur l'animal l'action de la haute fréquence soit sous forme de lit condensateur, soit en application directe.

MM. Zimmern et Turchini ont expérimenté sur une série de chiens, immobilisés sur un lit condensateur constitué par une armature de plomb et un diélectrique en gutta-percha.

Le courant arrivait au chien par des manchettes de gaze mouillée, enveloppées de papier d'étain. Les intensités dont on a fait usage, ont varié de 100 à 500 M. A.

D'autres fois on a soumis le chien à l'application directe, c'est-à-dire qu'il a été mis en dérivation sur le solénoïde. Pour l'obtention des tracés, MM. Zimmern et Turchini

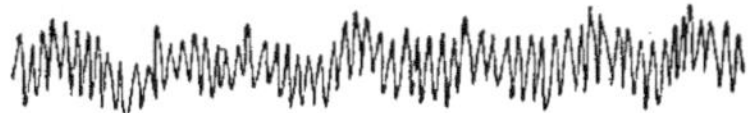

Fig. 377.

Segment de tracé de pression artérielle chez un chien pendant le passage d'un courant de 400 M.A.

se sont servis du manomètre à mercure de François Franck, relié à la fémorale par une canule de Verdin.

Chaque fois ont été inscrites les oscillations de la pression : cinq minutes avant le passage du courant, pendant le passage, et après l'électrisation.

Ils ont opéré sur des chiens non anesthésiés, sur des chiens chloralisés, sur des chiens auxquels on avait tenté d'élever la pression sanguine par la strychnine ou l'adrénaline. Or, aucun des tracés, (fig. 377) ne montre la moindre modification en plus ou en moins de la pression moyenne.

On a donc été amené à conclure que sur l'animal sain, la haute fréquence, sous forme de lit condensateur ou en application directe, ne fait pas varier la pression artérielle.

Expériences de thermométrie. — Dans le *traité de pathologie générale* de Bouchard (art. Fièvre). M. Guinon, parlant des courants de haute fréquence s'exprime ainsi : « On n'a pas trouvé d'élévation de température, mais comme les vaisseaux cutanés se dilatent et saignent abondamment quand on les incise, comme la sudation est active, et que malgré cela la température ne s'abaisse pas, on doit admettre l'existence d'une légère fièvre ».

Il était naturel de penser, d'après cela, qu'en supprimant chez l'animal les moyens de régulation, on pouvait produire des élévations de température. Aussi, guidés par cette hypothèse, MM. Zimmern et Turchini ont institué une série d'expériences de thermométrie. Les chiens sur lesquels ils ont expérimenté peuvent être groupés en trois catégories.

1° *Chiens non anesthésiés.* — Chez les chiens non anesthésiés, la haute fréquence en lit condensateur, à des intensités inférieures à 250 M. A, ne produit aucune modification thermique, aucune variation dans le rythme respiratoire. Vers 350 M. A, la température du chien s'élève de 1 ou 2 dixièmes de degré, et le nombre des mouve-

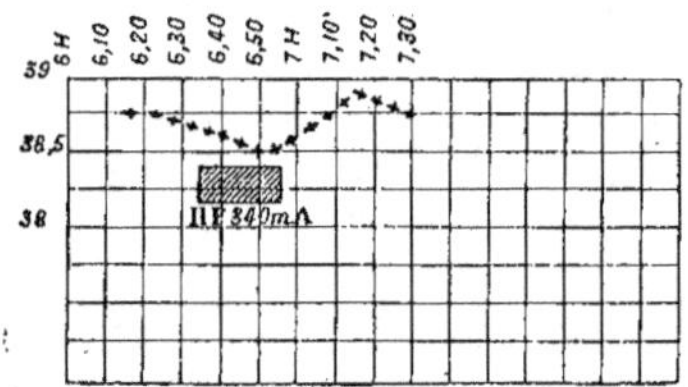

Fig. 378.

Courbe thermométrique chez un chien non anesthésié soumis 15 minutes à la haute fréquence

ments respiratoires s'accroît. C'est l'ébauche de ce qu'on observe d'une manière beaucoup plus nette, aux mêmes intensités, mais en application directe. Dans ce cas, en effet, la température croît nettement d'un dixième par cinq minutes, et la fréquence des mouvements respiratoires, passe de 12 en moyenne par minute à 40 ou 50 (fig. 378).

2° *Chien ayant reçu une injection d'adrénaline.* — Profondément intoxiqué par une assez forte injection d'adrénaline, ce chien nous montre une température régulièrement décroissante. L'application de la haute fréquence ralentit cette décroissance qui reprend sa vitesse après cessation du courant (fig. 379).

3° *Chiens chloralisés ou morphinisés.* — On a soumis plusieurs chiens à l'anesthésie par le chloral-morphine ou à l'action de la morphine seule. Les doses de chloral ont été de 4 à 5 centigrammes par kilogramme d'animal.

En général, la première fois qu'on chloralise l'animal, le sommeil apparaît assez rapidement. Les variations de la température sont notées depuis le début de l'expérience. On retrouve dans les courbes ci-dessous, l'action bien connue du chloral sur la températuré. Celle-ci baisse en raison de l'action du chloral sur les centres thermiques. Sur la plupart des courbes, la chute de température a été assez régulière (fig. 380 et 381).

Sur les chiens qui avaient été soumis à une chloralisation antérieure, l'injection de chloral, probablement du fait de l'accumulation, a dû être réduite à 3 centigrammes de

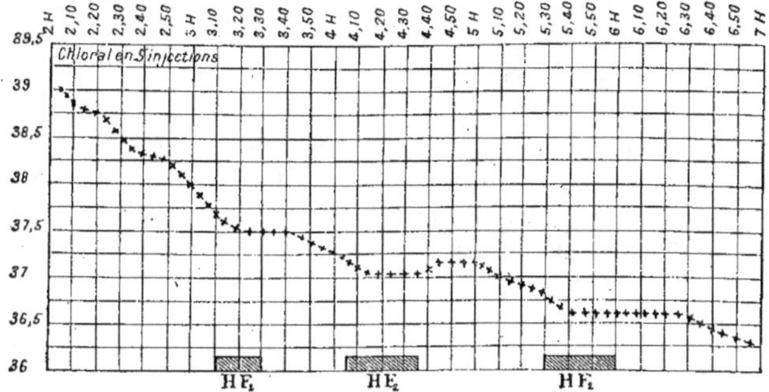

Fig. 379. — Chien ayant reçu une injection d'adrénaline.

chloral ou moins par kilogramme. Ces doses suffirent, en effet dans la suite, à produire l'abaissement thermique dans les proportions désirées.

Dans chacune des expériences, après avoir suivi la descente de température pen-

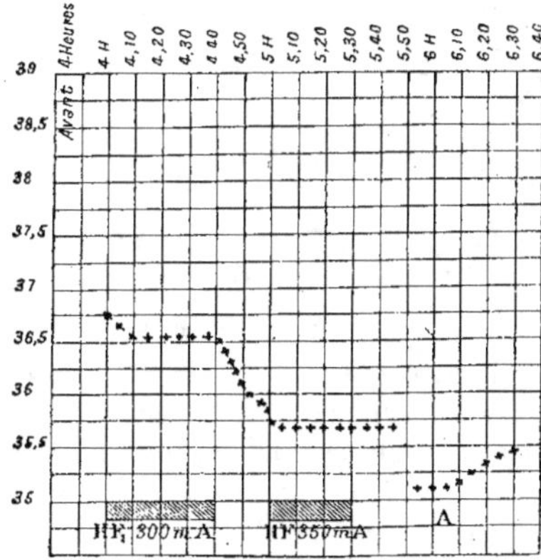

Fig. 380. — Chien chloralisé.

dant un temps suffisant pour en connaître exactement le régime, on a débité le courant de haute fréquence, soit en « lit condensateur » soit en application directe aux intensités ci-dessus indiquées.

Le résultat de l'application sur la marche de la température est le suivant : Quelques minutes, cinq à dix minutes en moyenne, après le commencement de l'application, la chute de température due au chloral est arrêtée ou ralentie.

Le thermomètre descend moins vite, ou même reste fixe pendant tout le temps que passe le courant, les cinq ou dix premières minutes exceptées.

Le régime ralenti ou stationnaire, correspondant à la haute fréquence, se poursuit encore quelques minutes après la cessation du courant, puis l'intoxication chloralique paraît reprendre le dessus et la décroissance thermique reprend son allure initiale.

En redonnant ensuite, après quelques minutes, le courant, on observe à nouveau le même ralentissement de la courbe thermique. Toutefois au bout de deux, trois ou cinq heures, l'élimination de l'anesthésique est suffisante pour que le chien se réveille sous l'influence du courant et dès lors la courbe thermométrique prend une marche graduellement ascendante, pour revenir au bout d'un certain temps à la normale.

Et même dans cette période de retour à la température normale, l'application de la haute fréquence accélère l'accroissement thermique, c'est-à-dire que si le chien pour

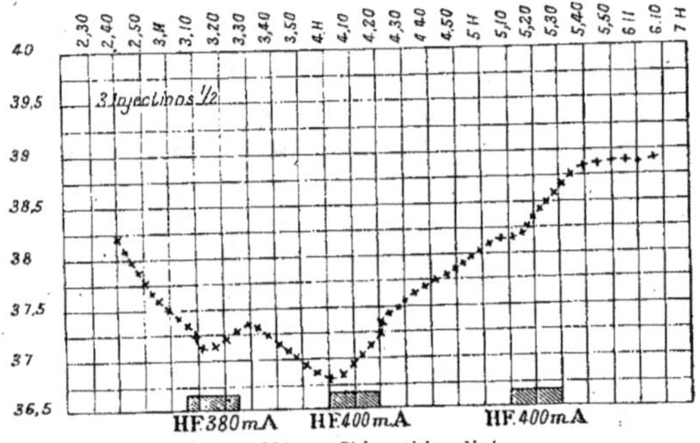

Fig. 381. — Chien chloralisé.

revenir à la température normale gagne trois dixièmes de degré en vingt minutes, il en gagnera six dans le même temps si on le soumet à l'action du courant. Cette modification de la courbe thermométrique est très nette sur le tracé (fig. 381).

Le fait en lui-même d'un échauffement de l'organisme par les courants de haute fréquence n'a rien qui puisse surprendre, étant donnée la sensation bien connue de chaleur dans les poignets et les avant-bras qu'on éprouve quand on tient entre les mains un conducteur par une intensité suffisante de ces courants. Cette sensation est due à la chaleur de Joule qu'ils développent, fait signalé pour la 1re fois par M. d'Arsonval. Ce qui est physiologiquement moins bien connu, c'est le mode de réaction de l'organisme à l'apport de chaleur interne, la manière dont l'organisme se défend contre la chaleur de Joule qui vient menacer la constance de la température.

Chez l'homme normal, le premier effet d'un accroissement thermique quelconque venu de l'extérieur ou de l'excès de ses combustions propres est un réflexe thermo-régulateur : la vaso-dilatation périphérique pour des accroissements faibles, à laquelle s'ajoute la transpiration si la lutte doit être plus active.

La quantité de chaleur développée chaque seconde dans un conducteur est donnée on le sait par la formule :

$$Q = \frac{RI^2}{4,17}$$

où R est la résistance du conducteur, et I l'intensité du courant. Cette formule est applicable au corps humain.

Si l'on admet que la résistance du corps humain est voisine de 500 ohms, chiffre pratiquement assez faible, on a pour une intensité efficace de 0,500 ampère, sensiblement 30 calories.

En une heure, la haute fréquence, à l'intensité ci-dessus, ajoute donc 108 calories.

Or l'organisme normal produit environ 100 calories à l'heure. On voit donc que la haute fréquence, aux intensités habituellement employées, double approximativement la thermogenèse. Pour produire la sudation, il faudrait que la thermogenèse fut quadruplée ou quintuplée. Le mode de régulation de l'organisme sain doit donc être recherché dans une modification de la circulation périphérique.

Si l'on prend chez l'homme sain, avant, pendant et après l'application des courants de haute fréquence, un tracé de pouls volumétrique, on trouve assez souvent (non pas

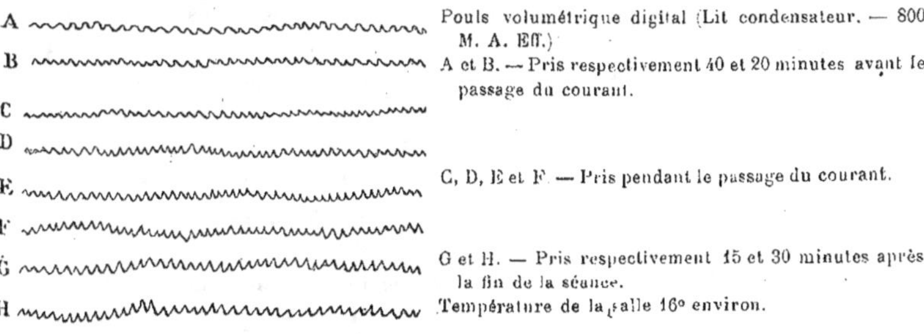

Pouls volumétrique digital (Lit condensateur. — 800 M. A. Eff.)

A et B. — Pris respectivement 40 et 20 minutes avant le passage du courant.

C, D, E et F. — Pris pendant le passage du courant.

G et H. — Pris respectivement 15 et 30 minutes après la fin de la séance.

Température de la salle 16° environ.

Fig. 382.

toujours cependant) que le pouls volumétrique se modifie dans son allure. Le plus souvent, ainsi qu'on peut le voir sur le tracé (fig. 382), la courbe change, le pouls capillaire devient plus ample ; la portion ascendante de la courbe est plus redressée, le dicrotisme plus marqué. Ces modifications ont été du reste notées par plusieurs auteurs (Delherm et Laquerrière). Elles correspondent à celles bien connues que détermine l'augmentation de température extérieure sur le pouls digital.

On remarque parfois aussi que pendant le passage de la haute fréquence, le style inscripteur s'écarte progressivement de l'horizontale.

Après le passage du courant, il tend au contraire à s'abaisser. Cela tient évidemment à la dilatation de l'air dans l'intérieur du système de transmission et à la rétraction consécutive.

L'instrument de Hallion et Comte constitue ainsi un petit appareil de calométrie locale qui témoigne de l'augmentation de chaleur dégagée pendant le passage du courant.

Ainsi chez l'homme sain, l'effet Joule produit par les courants de haute fréquence appelle la défense par vaso-dilatation périphérique. Il résulte toutefois des expériences de Sommerville sur la température buccale, de Wertheim-Salomonson, que malgré l'intervention de la circulation périphérique, il subsiste un léger excès de chaleur dont la rétention fait monter la température de quelques dixièmes pendant la séance. Quant à l'élévation de température qui parfois succède à la séance elle-même, nous ne savons si elle est due à l'accroissement des combustions, à une diminution de la radiation périphérique ou à une modification passagère du niveau de la régulation thermique. Les effets régulateurs observés chez l'homme se retrouvent identiquement chez le chien.

L'échauffement produit par les courants de haute fréquence (350 M. A.) sur un chien de 10 kilogrammes correspond environ à 1.200 calories par 24 heures.

La thermogenèse normale est aux environs de 750 calories, la haute fréquence fait donc presque doubler la thermogenèse.

Or, chez le chien, le mode essentiel de défense contre le chaud, est l'*accélération du rythme respiratoire*.

Chez les chiens normaux, c'est-à-dire non intoxiqués, et auxquels on applique des intensités relativement élevées (plus de 300 M. A.), la respiration passe de la fréquence de 10-14 avant courant à 40-50 pendant le passage. Mais comme chez l'homme, il se produit pendant l'application un accroissement thermique assez marqué, atteignant 3 dixièmes de degré en 20 minutes.

A des intensités inférieures, l'apport de chaleur n'est sans doute pas suffisant pour solliciter le réflexe polypnéique, et il est possible que la défense se fasse par *radiation cutanée* ou par *diminution de l'intensité des combustions*.

L'animal soumis à la morphine se comporte sensiblement de la même manière que l'animal sain. Sous l'influence de la morphine la température décroît, mais aussitôt que l'on fait passer la haute fréquence, la température cesse de décroître, et la fréquence de la respiration passe de 12 à 50 environ. Mais il n'en est pas de même des chiens dont on a profondément altéré le système régulateur par le chloral.

Chez le chien chloralisé, la défense contre l'apport de chaleur ne paraît plus pouvoir se faire. A noter cependant une légère accélération du rythme respiratoire, variant avec la profondeur de l'intoxication chloralique.

Il semblerait donc *a priori* que puisque le chien chloralisé ne peut se défendre de l'apport de chaleur, sa température devrait s'élever, tendre vers la normale et cela assez rapidement.

Or l'expérience, l'examen des courbes nous montrent que l'animal chloralisé s'échauffe sensiblement de la même manière que l'animal morphinisé. Le régime d'accroissement thermique, dans des conditions expérimentales identiques, est sensiblement le même, à 2 ou 3 dixièmes de degré près. Et cependant, l'animal morphinisé se défend, tandis que l'animal chloralisé utilise un autre procédé de réaction à la chaleur interne : sans doute modère-t-il ses combustions.

Peut-être cette diminution de combustions propres entre-t-elle aussi en jeu, comme facteur de la régulation chez l'homme sain et le chien sain, et participe-t-elle de la sorte au maintien de la température ? On n'a pas cherché pratiquement à vérifier cette hypothèse, étant données les difficultés expérimentales qu'aurait entraînées la mesure comparative de la quantité de vapeur d'eau exhalée par le chien avant et pendant la haute fréquence. Par exclusion, on est amené à invoquer également ce mécanisme chez les artério-scléreux, dont le système vaso-moteur a en partie perdu le pouvoir de répondre aux besoins de la régulation thermique.

Quelques tracés pris chez les artério-scléreux un peu avancés n'ont montré, en effet, que des modifications insignifiantes du pouls volumétrique. Sous l'influence de la haute fréquence, son amplitude varie à peine, et l'on ne voit pas apparaître le décrotisme. Les conditions sont donc analogues à celles de l'animal chloralisé qui ne peut régler qu'imparfaitement par l'élimination de vapeur d'eau.

Conclusions. — En résumé, il résulte des expériences de MM. Zimmern et Turchini que l'organisme se défend contre l'effet Joule des courants de haute fréquence comme contre toute action calorifique rapide. Il met en jeu ses moyens de défense proportionnellement au nombre de calories qui lui sont apportées chaque seconde.

Chez le chien comme chez l'homme, aux intensités habituellement utilisées, les courants de haute fréquence tendent à doubler la thermogenèse. Or, bien que la température centrale s'élève un peu, la vaso-dilatation périphérique et la polypnée assurent le maintient de la température normale, et il est possible, enfin, que durant le passage du courant les actes chimiques intérieurs subissent un ralentissement momentané ; sous l'influence de la haute fréquence, l'organisme économiserait donc les produits nécessaires au maintien de sa propre température.

Il y aurait peut-être là une intéressante tentative à faire chez les *anémiques*, *chlorotiques*, *cachectiques*, etc. Mais il faudrait évidemment, dans ce cas, des séances prolongées pendant plusieurs heures pour obtenir un effet utile.

Mais cela n'est vrai que pendant le passage du courant. On peut se demander si, après lui, les actes chimiques ne sont pas soumis à une réaction et n'augmentent pas d'intensité. L'augmentation de la quantité d'oxygène absorbé et de CO_2 rejeté (d'Arsonval) et l'élévation thermique que l'on observe une heure après la séance seraient en faveur de cette manière de voir. Dans ce cas la haute fréquence jouerait un rôle analogue aux moyens thermiques externes (bains chauds, bains de chaleur radiante, bains de soleil) qui excitent l'activité cellulaire, et dont on connaît les bons effets, particulièrement les *effets sédatifs*, dans le rhumatisme, les douleurs des arthritiques, les congestions locales.

Elle nous permet donc de résoudre un problème, qui jusqu'à présent n'a pas encore reçu de solution : l'apport de chaleur par la voie interne, sans dépense pour l'organisme.

Elle constitue ainsi, un procédé nouveau de thermothérapie, différant des moyens usuels par sa moindre violence et en ce qu'il agit sans excitation des nerfs cutanés.

Indirectement, par les moyens de défense qu'elle sollicite chez l'homme, la haute fréquence semble devoir être utile, toutes les fois qu'il y a lieu, d'une façon soutenue et modérée, de décongestionner les organes internes ou d'activer la circulation périphérique. Elle paraît donc à ce point de vue, un adjuvant utile dans le traitement des congestions rénales, des névralgies viscérales, etc.

Enfin il y a lieu de l'essayer systématiquement dans ces états de mauvaise circulation périphérique tels que l'*asphyxie des extrémités*, *l'angio-spasme* cutané, contre la *cryesthésie*, contre cette sensation de froid dont les brightiques et les artério-scléreux ont tant de peine à se défendre.

Appareils de haute fréquence de M. le Dr Doyen. — L'appareillage qui a servi à M. le Dr Doyen pour faire ses expériences d'électro-coagulation a été construit par M. Gaiffe et se compose :

1° D'une source à haute tension fonctionnant sur courant alternatif ;

2° D'un circuit oscillant à caractéristiques spéciales.

La source de haute tension est un transformateur d'une puissance de 3 à 4 kilowats, à fuites magnétiques, calculé tout spécialement pour que l'étincelle soit franche et dépourvue de tout arc (d'Arsonval).

L'intensité fournie par le secondaire doit être considérable de façon à pouvoir obtenir sur le circuit de haute fréquence les effets puissants nécessaires pour les applications d'électro-coagulation avec chaque électrode, ce qui permettra de faire, en un temps très court, les opérations les plus importantes.

Le circuit oscillant se compose naturellement d'une capacité, d'une self-induction et d'un éclateur comme dans tous les dispositifs utilisés en médecine.

Le montage adopté pour les capacités a été celui préconisé par M. le D^r d'Arsonval, et qui consiste à utiliser deux condensateurs branchés en tension, ce qui permet d'isoler complètement le malade de la source de haute tension.

La capacité et la self-induction du circuit ont été déterminées de telle façon que les courants obtenus ne présentent aucun effet de contraction, ce qui est fort important au point de vue des opérations chirurgicales.

Les capacités sont naturellement plongées dans le pétrole, ce qui diminue leur amor-

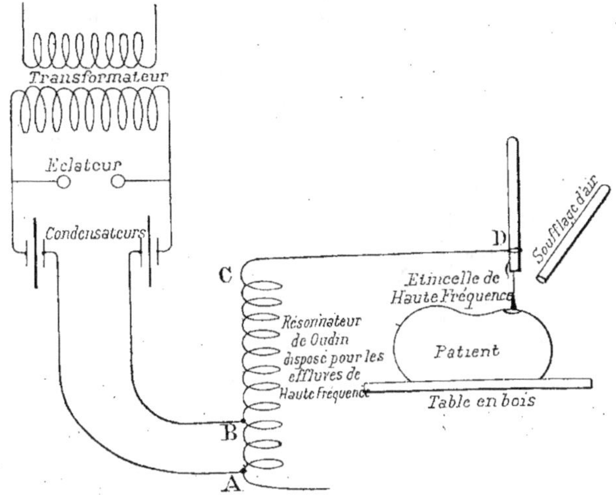

Fig. 383 — Dispositif pour les effluves et les étincelles de haute fréquence. Fulguration.

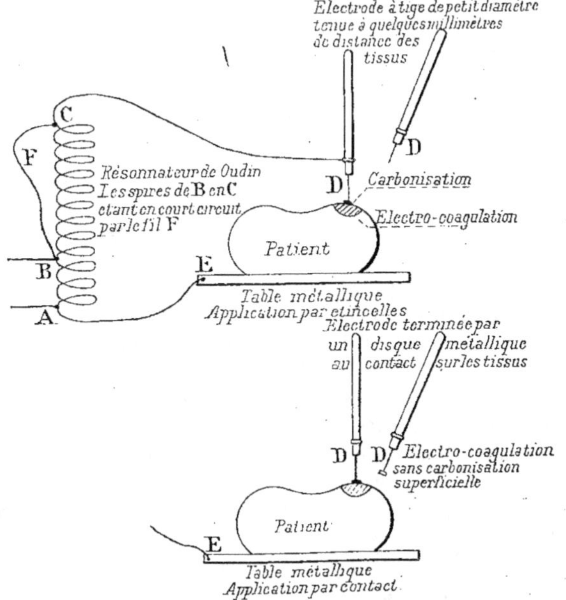

Fig. 384. — Voltaïsation bipolaire. Application par étincelles. Application par contact.
Premier dispositif de M. le D' Doyen.

tissement .et facilite, dans une très large mesure, l'obtention de courants oscillants intenses.

La self-induction se présente sous la forme d'un petit solénoïde, aux extrémités duquel on vient brancher les cordons allant aux électrodes.

On peut régler les effets dans une très large mesure en se branchant, non pas aux

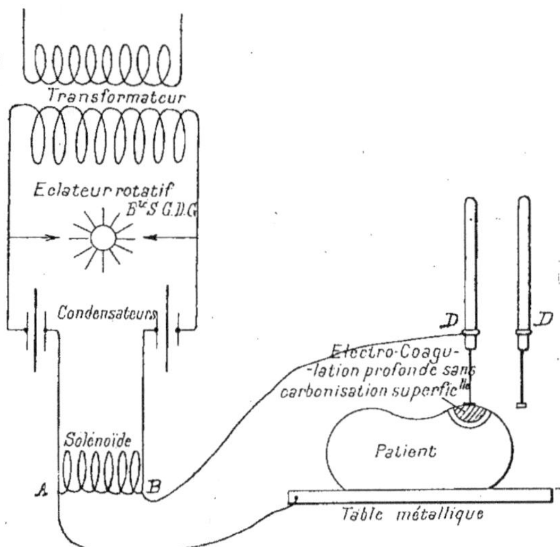

Fig. 385. — Electro-coagulation sans carbonisation superficielle. Dernier dispositif de M. le D⁺ Doyen.

extrémités du solénoïde, mais aux bornes d'un nombre variable de spires du petit
solénoïde.

Une des parties les plus intéressantes du circuit oscillant est constituée par l'éclateur
qui est une modification de l'éclateur tournant de M. d'Arsonval. Le dispositif adopté
est celui du commandant Ferrié, dans lequel une roue dentée, comme le montre la
figure, permet d'obtenir un nombre considérable d'étincelles sans être gêné par l'arc.

On peut arriver, dans ces conditions, à faire traverser le circuit oscillant par un courant d'une intensité de 16 ampères efficaces.

Le réglage des applications se fait, d'une part, en branchant aux extrémités d'un
nombre variable de spires du petit solénoïde, comme il est dit précédemment et, d'autre
part, au moyen de la manœuvre d'un rhéostat placé sur le primaire du transformateur,

Telles sont les caractéristiques du matériel employé par M. le D⁺ Doyen, pour les applications d'électro-coagulations. Sa puissance est telle qu'on a pu faire circuler des
intensités de 6 et même 8 ampères dans une épaisseur de tissus musculaires de 5 à

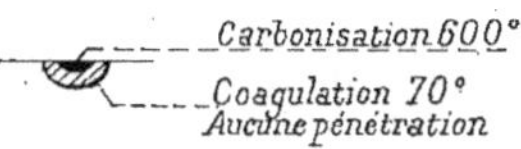

Fig. 386. — Coupe des effets produits. Morceau de viande en 1 minute par : (de haut en bas) 1° Fulguration ; 2° Aéro-cautérisation ; 3° Voltaïsation bipolaire avec étincelle ; 4° Electro-coagulation.

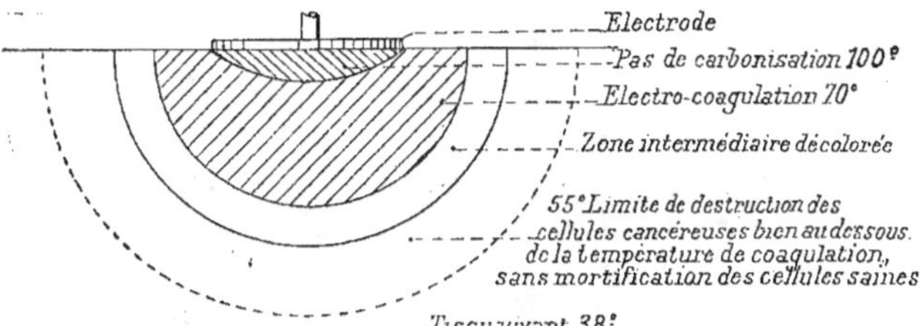

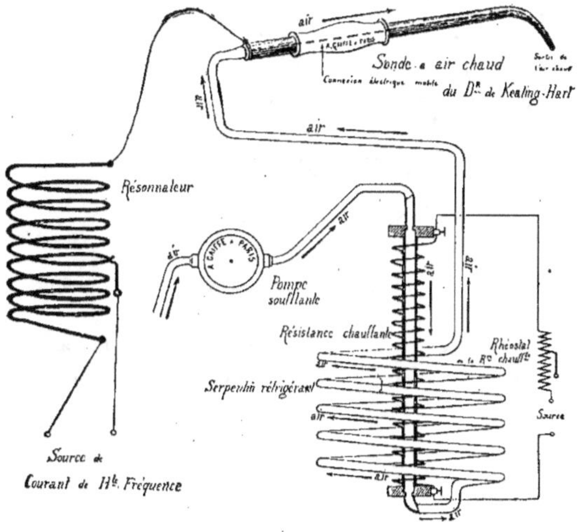

Fig. 387. — Dispositif de M. Gaiffe pour l'électro-coagulation par l'action combinée de l'air chaud avec les étincelles de haute fréquence.

Courants alternatifs, etc.

6 centimètres, en employant des électrodes ayant environ 10 centimètres carrés de surface.

Grand solénoïde pour la d'Arsonvalisation. — Pour l'auto-conduction ou d'Arsonvalisation de dimension suffisante, on fait usage d'un grand solénoïde qui peut être fixe ou mobile.

Le modèle (fig. 388) est mobile et se fixe au plafond.

Dans les deux cas, un indicateur d'induction bien visible, petite lampe ou tube de

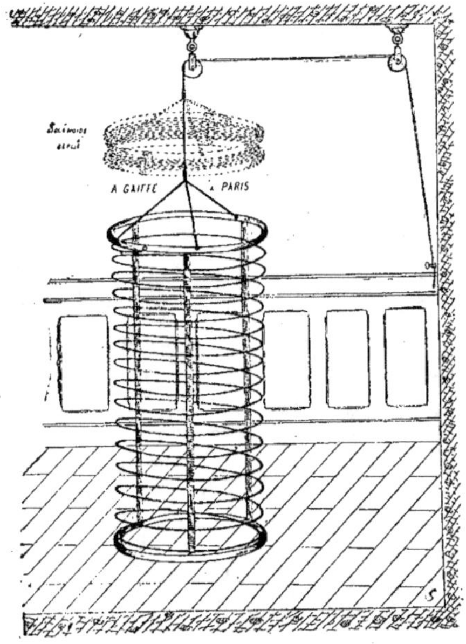

Fig. 388.

Geissler spécial, placé dans les mêmes conditions que le sujet, montre que l'appareil fonctionne bien.

On peut compléter cet appareil par des poignées métalliques reliées à un point du circuit, et qui permettent au malade de se faire en même temps des applications directes unipolaires.

Les différents excitateurs

Fig. 389. — Manche réglable du Dr Bissérié.

Fig. 390. — Electrode rectale du Dr Doumer.

Fig. 391. — Electrode-condensateur du Dr Oudin.

Fig. 392. — Electrode réglable du Dr Bissérié.

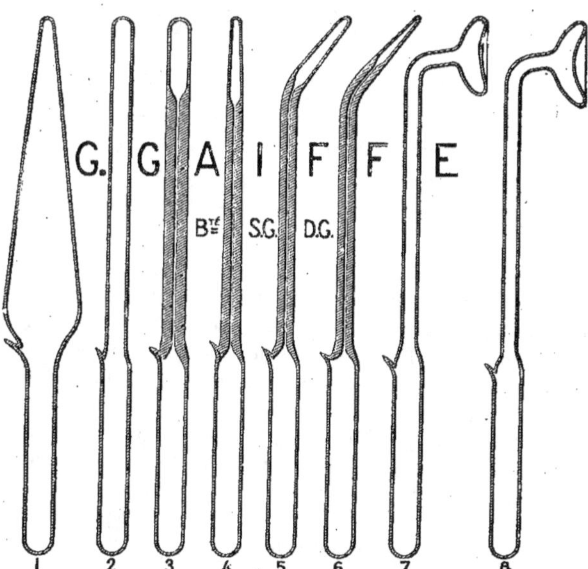

Fig. 393. — Electrodes à vide du Dr Mac Intyre.
1, Electrode rectale ; 2, 3, 4, Electrodes vaginales ; 5, 6, 7, 8, Electrodes pour dermatologie.

II. — APPLICATION A LA TÉLÉGRAPHIE SANS FIL

La télégraphie sans fil par ondes électriques.

Les précurseurs de M. Marconi. — M. Lodge a, le premier, émis l'opinion que les oscillations électriques produites par un excitateur pouvaient impressionner un tube cohéreur de M. Branly à une distance d'un demi-mille du lieu de production.

Il n'entreprit aucune expérience susceptible de confirmer cette opinion. Il se contentait d'actionner à une petite distance le trembleur d'une sonnerie placée dans le circuit d'un relais, circuit comprenant un cohéreur, que les ondes électriques rendaient conducteur. Le marteau de la sonnerie venait frapper le cohéreur, qui reprenait ainsi sa résistance primitive dès que les ondes cessaient de lui parvenir.

En 1894 et 1895, M. Turpain actionnait à distance, à travers portes et murs, son résonateur à coupure, muni ou non d'un téléphone inséré dans la coupure.

Popoff en 1895 et 1896, avec un dispositif à peu près identique à celui de M. Lodge, effectua des expériences de communication télégraphique.

Pour obtenir une trace des émissions successives d'ondes reçues par le cohéreur, on

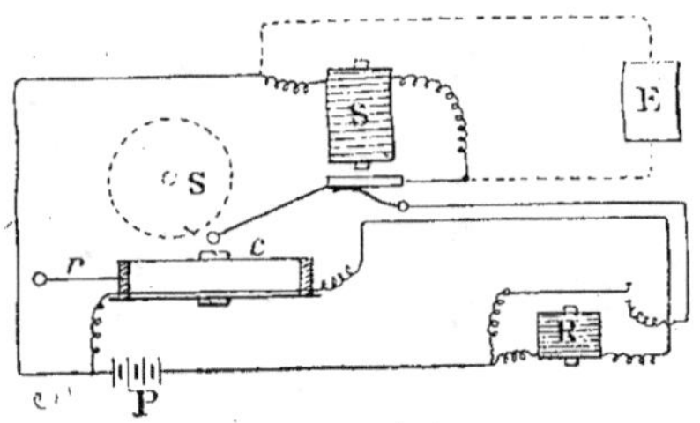

Fig. 394. — Dispositif de M. Popoff.

plaçait en dérivation sur la sonnerie un appareil inscripteur analogue au récepteur d'un télégraphe Morse. La figure 394 donne le dispositif employé par Popoff.

Un cohéreur *c* était intercalé dans un circuit comprenant une pile P et un relais R ; placé en dérivation sur ce premier circuit, aux bornes de la pile, un second circuit comprenait une sonnerie S et le contact du relais.

Le marteau de la sonnerie pouvait frapper le cohéreur. Un enregistreur Richard E monté en dérivation sur la sonnerie, permettait l'inscription des courants ayant traversé l'électro-aimant de la sonnerie.

Des essais analogues ont été faits vers la même époque, indépendamment de Popoff, par un de ses compatriotes, M. Narkévitch Jodko.

Le dispositif réalisé par Popoff paraît avoir été surtout employé par ce physicien pour étudier les décharges électriques atmosphériques.

A cet effet, l'une des extrémités du cohéreur était reliée à un fil métallique dressé verticalement le long d'un mât et formant un véritable paratonnerre. L'autre extrémité du cohéreur était reliée à la terre.

Télégraphe de M. Marconi. — *Description générale.* — M. Marconi a rendu pratique à des distances voisines de 60 kilomètres, les communications télégraphiques sans conducteur, par ondes électriques, que les précédents expérimentateurs n'avaient pu réaliser qu'a des distances bien moindres, atteignant à peine quelques centaines de mètres.

Le mérite de Marconi n'est pas d'avoir imaginé des appareils nouveaux, mais il réside plutôt dans le choix très judicieux qu'il a fait des dispositifs empruntés à ses prédécesseurs, et surtout dans le fait d'avoir porté la sensibilité et la puissance des appareils qu'il utilise à un degré inconnu jusqu'à lui.

Popoff et M. Narkévitch Jodko munissaient le dispositif récepteur des ondes d'une sorte de paratonnerre ; M. Marconi en dote également l'excitateur des ondes.

Deux fils longs, verticaux, terminés par des plaques métalliques, sont disposés l'un à la station qui envoie les ondes, l'autre à la station qui les reçoit.

Ces fils sont désignés sous le nom d'antennes.

L'antenne du poste d'émission fait partie de l'un des conducteurs d'un excitateur de Hertz ou de Lodge, dont l'autre conducteur est relié à la terre.

Cet excitateur est mis en relation avec les deux pôles d'une bobine d'induction. Le circuit inducteur de cette bobine comprend un manipulateur de Morse. Chaque fois que le levier de ce manipulateur est abaissé, la bobine d'induction fonctionne, l'excitateur est mis en activité, les oscillations électriques parcourent l'antenne. L'émission des oscillations par l'antenne a lieu durant tout le temps que le manipulateur de Morse est abaissé.

Suivons ces ondes électriques, elles se disséminent dans l'espace environnant le poste d'émission et parviennent au récepteur. Là elles rencontrent l'antenne réceptrice qui est reliée à l'une des extrémités d'un cohéreur de Branly auquel M. Marconi a su donner une extrême sensibilité. L'autre extrémité du cohéreur est mise en communication avec la terre. Placé en dérivation sur le cohéreur est un circuit comprenant une pile et l'électro-aimant d'un relais. Ce relais commande un récepteur de Morse en même temps qu'un trembleur dont le marteau sert à décohérer le tube de Branly.

Par suite, pendant tout le temps que l'antenne de réception recevra des ondes, le cohéreur, devenu conducteur, permettra au relais d'être actionné.

Le récepteur de Morse sera donc parcouru par un courant. Dès que les ondes cesseront de parvenir à l'antenne, le cohéreur redevenu résistant par les chocs du trembleur que commande le relais, cessera de permettre à la pile d'actionner le relais.

Si donc le manipulateur de Morse a été abaissé un instant seulement au poste du transmetteur, une très courte émission d'ondes a atteint l'antenne réceptrice, le cohéreur est devenu conducteur pendant un instant, un courant de courte durée a traversé le récepteur de Morse qui porte alors sur la bande de papier un point, trace de la courte émission d'ondes envoyée.

Si, au contraire, on a laissé le manipulateur de Morse abaissé pendant un certain temps, une émission d'ondes a entretenu pendant tout ce temps la conductibilité du cohéreur à la station réceptrice, et durant tout ce temps le récepteur de Morse a marqué la bande de papier.

Un trait marque donc l'émission d'ondes de longue durée.

De même dans le télégraphe ordinaire de Morse, les inflexions courtes ou prolongées du levier qui commande le circuit inducteur de la bobine d'induction placée à la station de départ se traduisent sur la bande de papier du récepteur Morse disposé à l'arrivée par une succession de points et de traits, et cela sans qu'aucun conducteur ne soit tendu entre les deux stations.

Mais, dans cette influence du mouvement du levier sur les inscriptions du récepteur, ce n'est plus l'électro-aimant qui joue le rôle essentiel. Son rôle n'est que secondaire ; il se contente de marquer les états successifs de conductibilité et de résistance que le cohéreur, véritable organe essentiel de transmission manifeste suivant qu'il est ou non frappé par les ondes électriques.

Description sommaire d'une station de télégraphie sans fil. — Chaque station

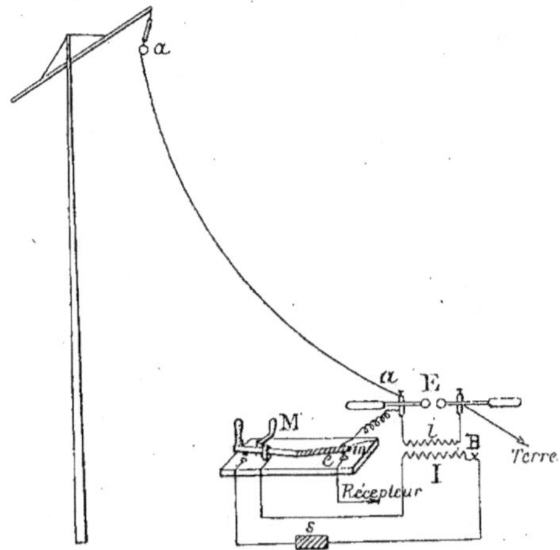

Fig. 395. — Schéma d'un poste transmetteur de télégraphie sans fil.

comporte donc deux dispositifs, l'un servant à la transmission, l'autre à la réception, qui sont tous les deux mis en communication avec l'antenne au moment voulu.

Cette communication du transmetteur et du récepteur avec l'antenne est assurée automatiquement par le jeu du manipulateur de Morse.

Poste transmetteur. — Le poste transmetteur d'une station de télégraphie sans fil est donc constitué d'appareils disposés suivant le schéma de la figure 395.

L'antenne a est isolée de son support et reliée à l'une des sphères de l'excitateur E, dont l'autre sphère est mise en communication avec la terre. L'excitateur E est relié d'autre part aux deux pôles d'une bobine d'induction B. Le courant fourni par la source s est envoyé à volonté dans le primaire I de la bobine d'induction par la manœuvre de la clef de Morse M. Chaque fois donc qu'on abaisse le levier de ce manipulateur M, des étincelles éclatent à l'excitateur et l'antenne est le siège d'ondes électriques.

Poste récepteur. — Le poste récepteur d'une station de télégraphie sans fil comprend les dispositifs représentés dans le schéma de la figure 396.

Le cohéreur C est relié d'une part à l'antenne a, d'autre part à la terre.

Placé en dérivation sur les bornes du cohéreur se trouve un circuit comprenant une

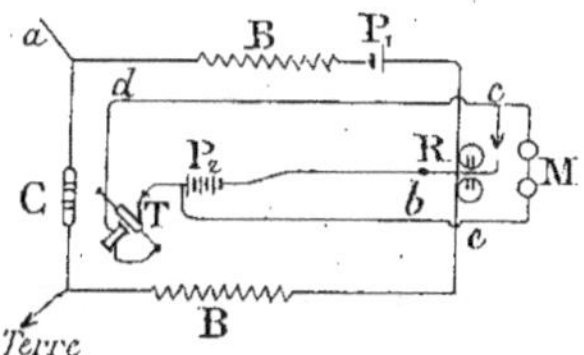

Fig. 396. — Schéma d'un poste récepteur de télégraphie sans fil.

pile P_1, et un relais polarisé R. Cette dérivation est reliée aux bornes du cohéreur par l'intermédiaire de deux bobines B_1, B de self-induction, qui sont formées d'un fil de fer fin d'une longueur de 12 mètres environ, enroulé en spires étroites, et noyées dans la paraffine. Ces bobines ont une très grande importance; en s'opposant au passage des oscillations dans le circuit du relais, elles permettent d'augmenter très notablement la distance possible de communication qui, sans leur présence, serait assez réduite.

Le levier du relais est en relation avec l'un des pôles d'une seconde pile P_2. Lorsqu'il est attiré, il ferme le circuit de cette pile, d'une part à travers le trembleur T qui sert à décohérer le tube de Branly (circuit $P_2\ b\ c\ d\ T\ P_2$), d'autre part à traverser vers l'électro-aimant de l'appareil récepteur de Morse M (circuit $P_2\ b\ c\ M\ e\ P_2$).

La figure 397 donne les détails du trembleur servant à décohérer le cohéreur G.

En réalité le dispositif récepteur n'est pas aussi simple; il comprend toute une série de shunts disposés comme l'indique la figure 398, et ayant les résistances marquées sur cette figure. Ces shunts sont constitués par des bobines à double enroulement et à large noyau pour éviter la self-induction.

Suivons les divers chemins qui sont offerts au courant de la pile P_2 quand le relais est au repos et quand il est actionné.

Considérons d'abord ceux des circuits qui comprennent le trembleur T.

La résistance qui est, pendant le repos du relais, de 2 500 ohms n'est plus que 2 000 ohms dès que le relais est actionné. Un calcul simple, basé sur l'application des

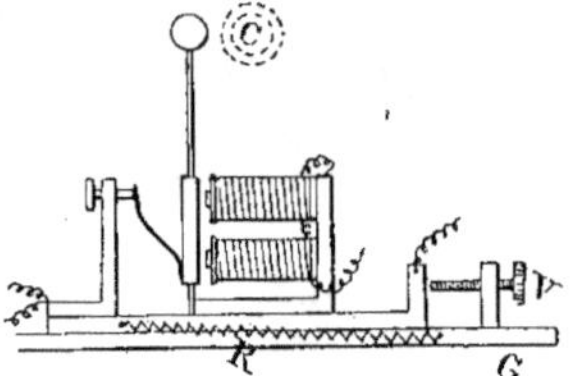

Fig. 397. — Trembleur.

lois de Kirchoff à ces divers circuits dérivés, montre que l'intensité du courant de la pile P_2 à travers la bobine du trembleur varie dans le rapport de 171 à 450 lorsque le relais passe de la position de repos à celle d'action. Le même calcul indique que la branche qui comprend en dérivation le récepteur de Morse est parcourue par un courant qui varie dans le rapport de 513 à 2 700 quand le levier de relais passe de la borne de repos à celle de travail.

Cet artifice, consistant à maintenir un courant constant dans les bobines du trembleur et dans celles du récepteur, permet de donner une plus grande sensibilité au

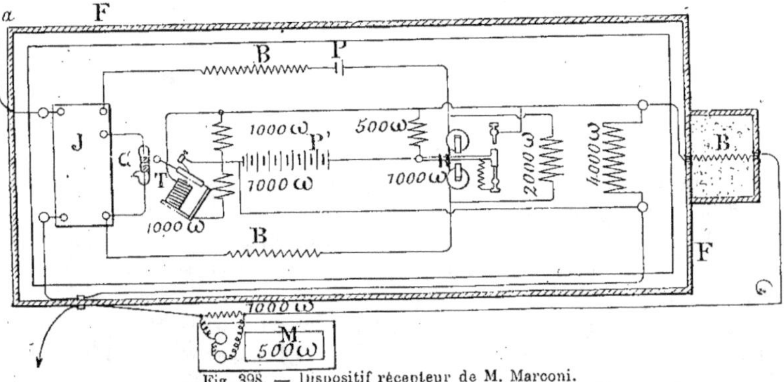

Fig. 398. — Dispositif récepteur de M. Marconi.

premier, et est indispensable pour que le second marque bien par un trait la réception d'une longue série d'ondes. Par suite de l'action incessante du trembleur qui décohère à chaque instant le cohéreur, une longue série d'ondes produirait, sur la bande de papier du récepteur Morse, une suite de points. L'aimantation permanente communiquée aux bobines du récepteur Morse par l'artifice précédent, jointe à l'inertie du levier d'inscription, l'empêche de se relever pendant l'intervalle des contacts successifs qu'une longue série d'ondes communique à la palette du relais.

Tous les appareils composant le poste récepteur, à l'exception du récepteur Morse, sont placés dans une boîte métallique reliée à la terre. On évite ainsi que les ondes produites par la station elle-même puissent impressionner le cohéreur et par suite les organes de réception de cette station.

Poste complet. — L'ensemble des appareils, tant de transmission que de réception,

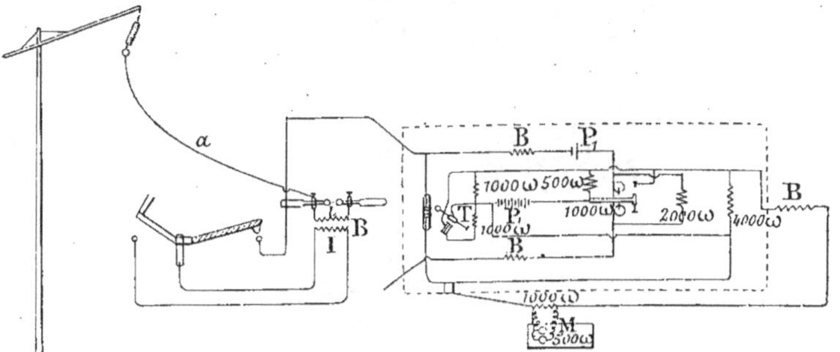

Fig. 399. — Dispositif de M. Marconi. Poste complet.

et les connexions des organes du transmetteur et du récepteur, sont indiqués dans le schéma de la figure 399.

Fig. 400. — Vue d'une station radiotélégraphique de la C. G. R.

Fig. 401. — Table de réception de la Commission de T. S. F. de la Marine et du Génie Militaire de la C. G. R.

III. — APPLICATION A LA COMMANDE A DISTANCE
PAR ONDES ÉLECTRIQUES

La manœuvre d'appareils à distance peut emprunter les dispositifs de télégraphie sans fil. Un récepteur Morse dont la palette est mise en mouvement par l'émission d'ondes électriques faite d'un poste éloigné, n'est, en définitive, qu'un exemple simple de mouvements produits à distance et sans conducteur interposé, de télémécanique sans fil. Il est aisé en partant de l'emploi d'ondes électriques, d'imaginer nombre de dispositifs se pliant avec plus ou moins de succès à la commande à distance de manœuvres plus ou moins compliquées.

On peut ranger tous les dispositifs de commande à distance employant les ondes hertziennes en deux catégories, suivant qu'on y utilise ou non un organe tournant d'un mouvement synchrone aux deux stations, station de départ ou de commande, station d'arrivée ou de manœuvre, cet organe étant mis en mouvement par un dispositif indépendant des ondes, mouvement d'horlogerie ou autre.

Dans la première catégorie, emploi d'organes tournant d'un mouvement synchrone et envoi d'ondes au moment où cet organe se trouve dans une position déterminée, on doit ranger l'appareil de télémécanique à ondes électriques de M. Hulsmeyer.

Appareil de commande à distance de M. Hulsmeyer. — Le transmetteur et le récepteur possèdent des roues distributives R, et R' qui tournent synchroniquement, entraînées qu'elles sont par un mouvement d'horlogerie ou autre. La roue R du transmetteur est munie sur son pourtour de contacts déplaçables tels que *a*, qu'on peut fixer en un point déterminé de ce pourtour. Ce contact, lorsqu'il est atteint par un le-

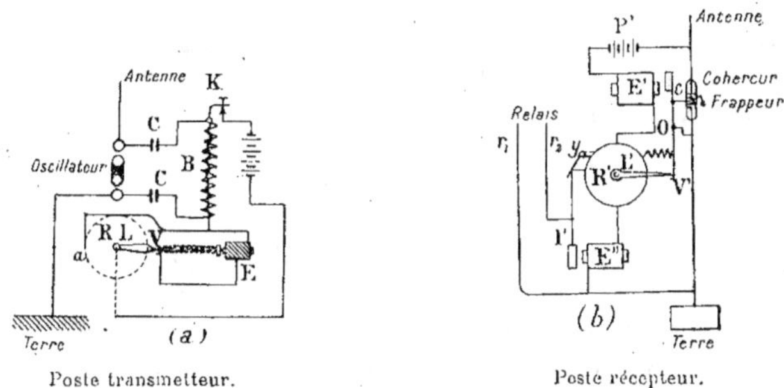

Fig. 402. — Dispositif de M. Hulsmeyer.

vier mobile L que porte la roue R, ferme le circuit primaire d'une bobine d'induction B et détermine l'émission d'ondes. Au récepteur, la réception des ondes par un cohéreur *c* détermine la fermeture d'un circuit local qui actionne un électro-aimant ou un relais destiné à effectuer la manœuvre commandée.

Au début, les deux roues distributives R et R' sont au repos, arrêtées qu'elles sont par un verrou V et V'. Dès qu'on ferme au transmetteur l'interrupteur K, le même courant qui actionne l'oscillateur O dégage le verrou V par l'effet d'attraction de l'armature de l'électro-aimant E. La roue R est libérée et tourne.

Les ondes sont reçues par un cohéreur c ou récepteur.

Le cohéreur ferme alors le circuit P' *co* V'E'P' et le verrou V' étant dégagé par l'électro E', la roue R' est libérée et tourne.

Les deux roues R et R' libérées en même temps et tournant d'un mouvement synchrone, lorsque R aura tourné de manière à ce que L vienne en contact avec a, une nouvelle émission d'ondes sera produite au transmetteur. Mais à ce moment même la roue R' aura amené le levier L' en contact avec a', le circuit de la pile P' comprenant le cohéreur cohéré se ferme alors dans le relais de la commande à effectuer, circuit P'cr_1r_2a'LE'P'.

Pour éviter que les ondes étrangères troublent la commande, comme ces ondes n'atteignent, en général, que l'antenne réceptrice au moment choisi pour effectuer la commande, elles ont, pour effet, en rendant le cohéreur conducteur, de fermer le circuit P' cE''R'L'E'P'. L'électro-aimant supplémentaire E'', en attirant le levier l, éloigne le contact a' qui n'est ramené par une came y convenablement placée qu'après que le levier L' est passé sur ledit contact a', ce qui empêche la commande intempestive d'être produite.

On peut évidemment multiplier, tant autour de R qu'autour de R', le nombre des contacts accouplés a, a' et, par suite, produire à la suite les unes des autres toute une série de commandes.

Dispositif de M. Branly pour commandes à distance avec contrôle des actions produites. — Le dispositif de M. Branly doit être rangé au nombre de ceux utilisant la mise en rotation d'un organe animé d'un mouvement non entretenu par l'action des ondes électriques.

Ce dispositif permet d'effectuer trois commandes successives différentes dans un ordre quelconque au choix de l'opérateur.

A cet effet, chaque opération est commandée par un relais intercalé dans le circuit d'un interrupteur rotatif. Chaque interrupteur rotatif est constitué par un disque isolant sur le pourtour duquel est fixé un arc conducteur de 90°. Deux balais frottent l'un sur l'axe en communication métallique avec l'arc conducteur, l'autre sur le pourtour du disque.

Le circuit compris entre les deux balais comprend un relais dont le fonctionnement est affecté à l'exécution d'une des manœuvres à effectuer.

Pour effectuer dans un ordre quelconque trois manœuvres différentes, trois disques sont montés sur un même axe commandé par un mouvement d'horlogerie.

Les trois arcs conducteurs des disques sont disposés de manière qu'un seul se trouve au même instant en contact avec le balai correspondant. Les arcs laissent alors entre eux un intervalle correspondant à un arc de 30°. Un train d'ondes atteignant l'antenne de réception ne provoquera la cohération du cohéreur qu'autant que l'un des arcs du conducteur appuie sur un balai, et c'est le relais du circuit qui se trouvera alors fermé qui déterminera la manœuvre à laquelle il est préposé. Il est donc essentiel qu'au poste transmetteur on connaisse à chaque instant la position des arcs du distributeur. A cet effet, le poste récepteur comprend un dispositif d'émission d'ondes qui est mis en fonction entre les époques durant lesquelles les arcs conducteurs se trouvent en contact avec leurs balais respectifs, c'est-à-dire pendant que sous ces balais passent les arcs intermédiaires isolants de 30°. Alors une série de trains d'ondes est envoyée au transmetteur suivant un rythme qui diffère avec chacun des arcs intermédiaires de 30°. On n'a donc au poste transmetteur qu'à examiner la bande de l'appareil Morse qui reçoit ces émissions rythmées pour savoir lequel des trois arcs conducteurs doit passer sous son balai, et, par suite, quelle commande est rendue possible par une émission d'ondes. La durée d'un tour de l'organe mobile est de 36 secondes, ce qui donne 3 secondes pour l'envoi de trains d'ondes rythmés au poste transmetteur et 9 secondes pendant lesquelles le poste transmetteur peut à son gré effectuer une commande.

Un contrôle indiquant que l'opération commandée a bien été effectuée est obtenu au moyen de nouveaux disques, un pour chaque commande, montés sur l'axe du distributeur. Chaque disque porte une dent placée dans l'un des intervalles de 30°. Tant que l'opération commandée s'effectue, c'est cette dent qui relie le producteur d'ondes avec l'antenne du poste récepteur. Il en résulte l'inscription sur la bande de l'appareil du poste transmetteur d'un signal spécial.

La seconde catégorie de dispositifs de commande à distance par ondes hertziennes charge *l'émission des ondes de produire elle-même la mise en marche de l'organe mobile* dont la position assure l'exécution de celle des commandes à faire.

A cette catégorie se rapportent les dispositifs imaginés par MM. Orling et Brannerhjelm dès 1899 et par MM. Jammeson et Trotter en 1899, également pour la manœuvre des torpilles. Mais c'est pourtant M. Torrès qui, dans le dispositif qu'il appelle *télékine*, a donné en 1903, de cette catégorie de procédés la plus complète réalisation et qui en a surtout indiqué les principes.

Le dispositif de commande à distance, imaginé en 1903, par M. Gabet, et celui réalisé par M. Devaux, en 1906, ne font que résoudre la question de manières différentes, mais en employant le même principe que celui réalisé dans le télékine.

Dispositif de MM. Jammeson et J. Trotter pour la manœuvre des torpilles par ondes hertziennes. — MM. Walter Jammeson et John Trotter se sont proposé d'appliquer les oscillations électriques à la manœuvre à distance des torpilles. A cet effet, un excitateur convenablement disposé actionne à distance un récepteur disposé sur la torpille.

Le transmetteur se compose d'un excitateur à trois sphères de Lodge une grande sphère H, est placée entre deux petites H_1 H_1, disposées latéralement. L'une des petites sphères est reliée à la terre et à l'une des bornes du circuit induit d'une bobine de Ruhmkorff (fig. 403).

La seconde petite sphère est en communication avec le conducteur h servant d'antenne au dispositif et avec le second pôle de la bobine d'induction. Le récepteur comprend un cohéreur A très sensible qui, sous l'influence des ondes, actionne un relais C. Ce relais ferme le courant d'une batterie d'accumulateurs D à travers le fil d'un électro-aimant E. L'électro-aimant en attirant son armature dégage un cliquet e. Ce cliquet per-

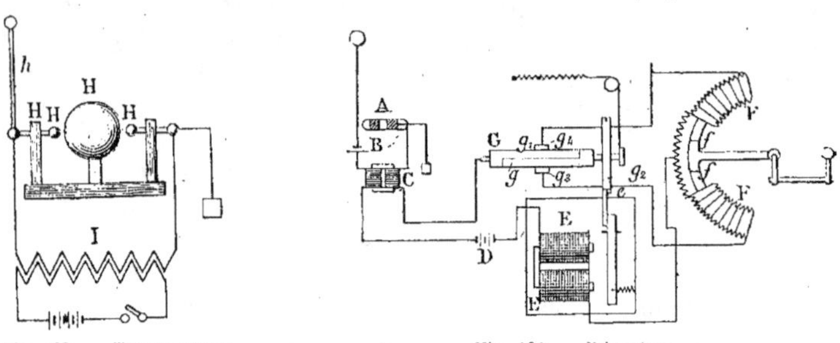

Fig. 403. — Transmetteur.   Fig. 404. — Récepteur.

met à un collecteur à deux bagues G de tourner de 180°, en envoyant ainsi le courant soit dans le solénoïde F, soit dans le solénoïde F_1 (fig. 404).

Celui des deux solénoïdes à travers lequel circule le courant, attire une armature qui agit sur la barre du gouvernail de la torpille. Cette barre est ainsi déplacée soit à droite, soit à gauche suivant l'armature actionnée.

IV. — APPLICATION DES ONDES A L'ÉTUDE DES ORAGES

Le problème de l'étude des orages peut être envisagé à deux points de vue différents.

Le premier point de vue consiste à déterminer à l'avance les conditions de formation d'un orage et à annoncer qu'elles sont réalisées, que par suite l'orage est en voie de formation et va naître. Dans l'état actuel de nos connaissances en météorologie, on ne peut énoncer relativement que des observations d'ordre très général. Nos connaissances, relativement à la formation des orages, sont encore trop vagues pour que nous soyons susceptibles de préciser dans chaque cas particulier que les conditions de cette formation sont réalisées.

Les premiers expérimentateurs furent, par ordre chronologique : Popoff 1896. — Boggio-Lera 1900. — Tommasina 1900. — Fengy 1902. — Turpain 1902.

Observation des orages. — Les dispositifs qui avaient servi en 1902, à M. Turpain à Saint-Émilion, ont été utilisés en 1903, après avoir subi plusieurs perfectionnements, à l'observation d'orages à l'observatoire du Puy-de-Dôme.

Le cohéreur, en actionnant le relais sous l'influence d'une émission d'ondes d'origine atmosphérique, mettait en mouvement, par l'intermédiaire d'un électro-aimant, une plume d'inscripteur qui, disposée parallèlement à celle d'un baromètre enregistreur Richard, permet l'inscription de chaque décharge atmosphérique sur la bande même du baromètre, au-dessous de l'indication de la pression à un instant. Quand les décharges se succèdent à intervalles très rapprochés, leurs tracés se confondent par suite de la lenteur avec laquelle tourne le cylindre enregistreur. On peut mettre alors le relais en communication avec un électro-aimant inscripteur dont la plume tracera les décharges sur la bande d'un anémomètre qui se déroule d'un mouvement bien plus rapide.

Dans le but de suivre les déplacements mêmes de l'orage, M. Turpain a songé à employer une série de cohéreurs associés et choisis de sensibilités différentes.

L'utilisation d'une telle association était légitimée par une étude préalable complète du fonctionnement de cohéreurs voisins et associés.

Ayant déterminé l'ordre de sensibilité de 6 cohéreurs associés en dérivation, on pouvait se rendre compte du nombre de ces cohéreurs, qui se trouvent cohérés après une décharge d'origine atmosphérique, d'après la valeur de l'intensité du courant qui parcourt un galvanomètre sensible, établi dans le circuit comprenant les 6 cohéreurs en dérivation. Le circuit se trouvait alors comprendre les 6 cohéreurs en dérivation, dont les 6 électrodes d'un côté se trouvaient réunies d'une part à l'antenne et, d'autre part, à un rhéostat de résistance variable ($R = 8\,000\,\omega$), à la suite duquel se place le galvanomètre sensible dont la seconde borne est reliée aux 6 électrodes restées libres des cohéreurs.

Dans ces conditions, l'intensité du courant qui circule dans le galvanomètre, lorsqu'un cohéreur est cohéré, ne diffère pas sensiblement de celle qui parcourt le galvanomètre lorsque les 6 cohéreurs sont cohérés. Cela tient à ce que la résistance d'un cohéreur cohéré est pratiquement négligeable par rapport à la résistance de réglage R de $8\,000\,\omega$.

On eût donc été astreint à établir dans chacune des 6 dérivations comprenant un cohéreur, une résistance de réglage de $8\,000\,\omega$ environ ; cela eût nécessité six rhéostats de $8\,000\,\omega$ à $10\,000\,\omega$ chacun, et eût compliqué le dispositif en le rendant assez coûteux. M. Turpain a préféré ne se servir que d'un seul rhéostat, successivement mis en circuit avec chacun des 6 cohéreurs. Les cohéreurs sont alors disposés de manière à n'être en général cohérés par la décharge atmosphérique qu'en circuit ouvert. Cela diminue beaucoup leur sensibilité, ce qui est un avantage, étant donné que les cohéreurs à limaille sont, en général, plutôt trop sensibles pour l'observation des orages que pas assez sensibles.

Un contact tournant met alors successivement en circuits les 6 cohéreurs utilisés. L'état de conduction que présentent les cohéreurs peut être connu par la valeur de l'intensité du courant qui parcourt chaque fois le galvanomètre. Cette valeur est enregistrée photographiquement par les déplacements du spoot lumineux dû au miroir du galvanomètre sur une bande de papier sensible qui se déroule d'un mouvement continu.

Lorsque chaque cohéreur a été alors interrogé par le passage du contact tournant on doit produire la décohération des cohéreurs, afin d'être assuré que la décohération relevée au cours d'une nouvelle consultation des cohéreurs est bien due à l'action d'une nouvelle décharge atmosphérique.

Non seulement on doit assurer l'efficacité de cette cohération, mais il est essentiel d'être renseigné, au moment où l'on va relever l'état électrique des cohéreurs, sur leur conduction, et d'être assuré qu'ils ont bien été décohérés, sans quoi les cohérations relevées pourraient être attribuées à l'effet des décharges antérieures. Il arrive, en effet, fréquemment, que des décharges atmosphériques cohèrent assez fortement des cohéreurs pour que la frappe même énergique, se montre impuissante à produire la décohération.

Il est essentiel d'être averti du moment où ce phénomène se produit, moment à partir duquel le dispositif cesse de fournir des indications certaines.

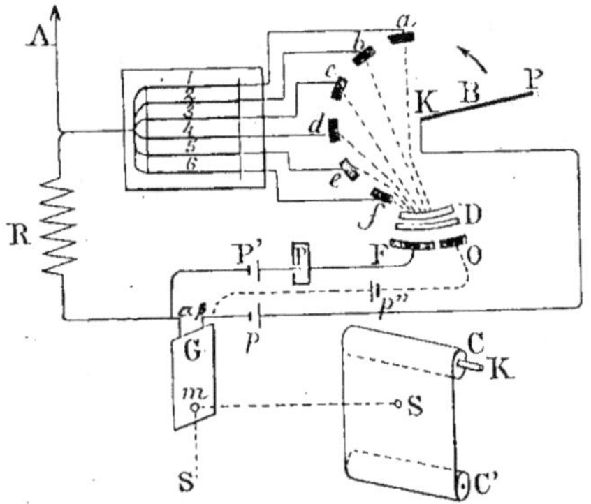

Fig. 405. — Schéma de M. Turpain pour l'étude des orages.

La figure 405 montre par quel mécanisme simple le dispositif imaginé peut fournir les divers renseignements en question.

Le galvanomètre utilisé G était du type Chauvin et Arnoux, très sensible et pouvant assez aisément donner $\frac{5}{1000}$ de microampère. Ce galvanomètre était enfermé dans une chambre noire, ainsi qu'un dévidoir à papier sensible formé de deux cylindres parallèles à axes horizontaux C, C' mus par un mouvement d'horlogerie et qui permettent de faire passer une bande de papier imprégné de bromure d'argent de l'un des cylindres sur l'autre. L'axe K de l'un des cylindres entraîne le contact tournant B qui passe sur huit contacts échelonnés sur le pourtour d'une circonférence. Six de ces contacts, *a*, *b*, *c*, *d*, *e*, *f*, correspondent à la consultation successive de 6 cohéreurs, 1, 2, 3, 4, 5, 6, associés en dérivation. La durée du contact avec les touches successives *a*, *b*... est très légèrement supérieure au temps que met l'aiguille du galvanomètre à aller du zéro de la graduation à l'extrémité de l'échelle. De cette manière, les cohéreurs sont successivement mis en circuit le moins de temps possible. Lorsque le contact B a épuisé les 6 touches de cohéreurs, il arrive en communication avec une touche D formée de six lames conductrices isolées les unes des autres par une lame d'ébonite. Ces six lames sont reliées respectivement aux six touches *a*, *b*, *c*, *d*, *e, f*. Ce n'est pas, à proprement parler, le contact B qui est en communication avec D, mais un pont conducteur P qui se trouve dans la direction même du bras mobile B, faisant corps avec lui, mais isolé de B. Ce pont mobile P établit la communication entre D et F, de telle sorte que, si l'un quelconque des cohéreurs 1, 2, 3, 4, 5, 6, se trouve cohéré, le courant de la pile *p'* qui le parcourt actionne le relais Claude *p*, lequel provoque la mise en action du frappeur de décohération qui vient heurter la planchette sur laquelle se trouvent disposés les cohéreurs. La durée de la réunion P et de F est un peu supérieure à celle nécessaire pour provoquer la décohération de cohéreurs assez fortement cohérés. Avant de revenir sur la touche *a*, le bras mobile B amène le pont P en relation avec les deux touches D et O, de manière à fermer le circuit p'' O D R $\alpha\beta p''$. Si l'un des cohéreurs se trouve alors cohéré, un courant de sens contraire aux courants précédemment admis dans le galvanomètre G parcourt ce galvanomètre dans le sens *a*B et le spot lumineux *s*, provenant de l'envoi du rayon lumineux émis par une source S, sur le miroir *m* du galvanomètre, indique ainsi que la décohération a été incomplète.

Si donc le tracé du spot lumineux *s* sur la bande sensible présente des proportions situées à gauche de la ligne de foi (les consultations des cohéreurs se traduisent par des élongations inscrites à droite de la ligne de foi), les indications données par l'appareil après cette incursion du spot à gauche doivent être rejetées, car on n'est plus sûr que les cohéreurs se soient tous complètement décohérés. Le tracé de la ligne de foi est très nettement produit sur la bande pendant tout le temps que met le bras mobile à aller de D à *a*. On peut donner à la vitesse de rotation du bras B une valeur telle que chaque tour dure de 2 minutes 30 secondes à 3 minutes ; la durée des contacts avec les touches *a*, *b*..., n'a pas besoin d'excéder 5 secondes, elle peut d'ailleurs être encore réduite.

De cette manière, les cohéreurs ne demeurent en circuit que 30 à 35 secondes par tour, c'est-à-dire pendant le $\frac{1}{5}$ du temps. On a donc cinq chances contre une pour qu'une décharge atmosphérique ne se produise pas lorsqu'un des cohéreurs est en circuit fermé. Si toutefois la chose a eu lieu, il est aisé, au dépouillé de la bande, de le reconnaître. En particulier, si l'un des cohéreurs *a*, *b*, *c*, *d*, *e, f*, se montre cohéré alors que *a* ne l'est pas, et en général si un cohéreur se trouve cohéré alors que ceux qui sont plus sensibles que lui ne le sont pas, c'est qu'il l'a été à la faveur de la coïncidence entre sa mise en circuit fermé et l'époque de la décharge qui l'a cohéré.

D'ailleurs, il est toujours facile d'interpréter les résultats trouvés au dépouillement, en ayant soin d'établir l'exacte concordance entre le temps marqué par l'appareil et celui qu'indique un enregistreur à cohéreur unique (plus sensible que le plus sensible des cohéreurs 1 à 6). Toutes les décharges étant enregistrées, quelles que soient leurs distances, par l'enregistreur à cohéreur unique (bande d'anémomètre, par exemple), on peut toujours savoir à quel point de son parcours se trouvait le bras B lors de la décharge considérée et ne tenir compte que des décharges s'étant produites alors que B était entre O et a. La comparaison des inscriptions provenant de plusieurs décharges successives produites durant cet intervalle de temps favorable permettra de savoir si le météore s'est éloigné ou approché du lieu d'observation.

Résultats. — Les expériences qui ont été faites à l'Observatoire du Puy-de-Dôme, ont nécessité deux antennes : l'une E, de 16 mètres de hauteur, disposée à l'est de la tour, la seconde O, de 15ᵐ,50, disposée à l'ouest. L'antenne O aboutit directement à une des électrodes du cohéreur, dont l'autre est mise au sol par l'intermédiaire d'un câble relié au paratonnerre de la tour ; l'antenne E arrive à la même électrode après avoir contourné une partie de la tour. De cette façon, l'une au moins des antennes se trouvait toujours directement frappée par les ondes, et l'on supprimait ainsi l'obstacle que formait la tour.

Le dispositif récepteur se composait d'un récepteur ordinaire de télégraphie sans fil, dans lequel on a remplacé le Morse par un électro-aimant, qu'on fait inscrire sur le tambour d'un baromètre enregistreur à coquille, de façon que les deux courbes se correspondent. De cette manière on pouvait observer directement les variations de la pression atmosphérique pendant les manifestations orageuses.

On a pu enregistrer un grand nombre d'orages plus ou moins éloignés. On a enregistré des orages, deux et quelquefois même trois jours avant qu'on en observe directement les décharges, et de cette façon on a pu ainsi être averti très longtemps à l'avance du début d'une période orageuse.

Malheureusement, l'enregistreur demande une surveillance constante et sa sensibilité doit être vérifiée journellement. Pour l'observation d'orages éloignés, on est, en effet, obligé de rendre le récepteur très sensible ; il suffit alors d'une onde un peu plus intense que les autres pour cohérer la limaille d'une façon telle que le frappeur est insuffisant pour la décohérer. Dans ce cas, il passe alors un courant continu dans les électro-aimants inscripteurs et les piles sont très rapidement polarisées : il faut alors leur laisser un repos assez long pour qu'elles puissent fonctionner de nouveau normalement.

On peut obvier à cet inconvénient en rendant intermittente la mise en circuit du cohéreur et en observant les orages à l'aide d'un cohéreur disposé en circuit ouvert qui ne soit fermé sur le relais que pendant un intervalle de temps suffisant à l'inscription.

Etude du potentiel de l'air. — M. Turpain a appliqué un dispositif du même genre, mais beaucoup plus simplifié à l'inscription du potentiel en un point de l'atmosphère à divers instants successifs.

On met l'antenne, convenablement isolée et qui doit être terminée par une pointe, en communication avec une sphère soigneusement isolée. Cette sphère acquiert un certain potentiel, de-sorte qu'elle se trouve chargée. De temps en temps à intervalles de temps égaux, par exemple, on décharge cette sphère dans le circuit d'un cohéreur. L'état de conduction dans lequel cette décharge met le cohéreur, état fourni par la déviation (enregistrée photographiquement) d'un galvanomètre sensible, peut fournir une indication du potentiel auquel la sphère est amenée au moment où on la décharge.

Ici, encore, on a soin, entre deux mises en communication successives de la sphère, et du cohéreur, de produire la décohération du cohéreur et de s'assurer que la décohération a bien été complète.

Les décohéreurs dont on fait usage dans cette recherche peuvent être très sensibles, alors, qu'au contraire, ceux destinés à l'observation des orages sont choisis d'une sensibilité plutôt médiocre. Il est bon de ne faire passer dans le circuit comprenant le cohéreur qu'une partie de la décharge fournie par la sphère, ce qui s'obtient aisément par un schuntage convenable.

En définitive, l'emploi d'une sphère isolée, reliée à l'antenne, constitue une réédition de l'expérience première et bien connue de Saussure. L'usage du cohéreur permet d'obtenir une graduation très étendue des états électriques différents auxquels se trouve amenée cette sphère. De plus, ce dispositif, se prêtant à la réalisation d'un isolement très complet, permet d'éviter la dissémination graduelle de l'électricité atmosphérique captée.

Dispositif d'enregistrement d'orages à bolomètre de M. Turpain. — M. Turpain a combiné un dispositif pour étude des orages qui paraît, constituer un appareil vraiment pratique et définitif. Ce dispositif emprunte le bolomètre. A l'insécurité que présente tout cohéreur qui, même fût-il constitué comme ceux à aiguille de M. Fenyi par des contacts bien définis, ne reste jamais semblable à lui-même, il substitue l'échauffement d'un fil fin de platine pur qui demeure rigoureusement semblable à lui-même au début de chaque réception.

Les indications d'un galvanomètre disposé dans le pont d'un dispositif bolométrique sont alors rigoureusement proportionnelles à la racine carrée de l'intensité des décharges atmosphériques reçues par l'antenne. On peut donc, en comparant les indications des décharges successives, avoir des renseignements sur leurs valeurs respectives et dans bien des cas en tirer des indications sur la marche de l'orage.

Le schéma du dispositif est donné par la figure 406. Les fils bolométriques identiques b_1 b_2 sont disposés côte à côte dans un vase de Dewar, vase à air liquide qui constitue une enceinte pratiquement adiabatique. Les résistances non inductives B_1 et B_2 qui s'opposent au passage des ondes électriques dans le reste du circuit et les localisent dans le fil bolométrique b_1 sont plongées côte à côte dans une cuve d'huile.

Les deux bobines de fil de maillechort B et B' destinées à compenser le pont sont également plongées côte à côte dans une cuve d'huile.

L'équilibre du pont est obtenu par la manœuvre du contact C qu'on peut mouvoir au moyen d'une vis micrométrique.

L'arrivée d'ondes dans le fil b_1 produit, par l'échauffement du fil qu'elles occasionnent, un déséquilibre du pont qui se traduit par une élongation du galvanomètre.

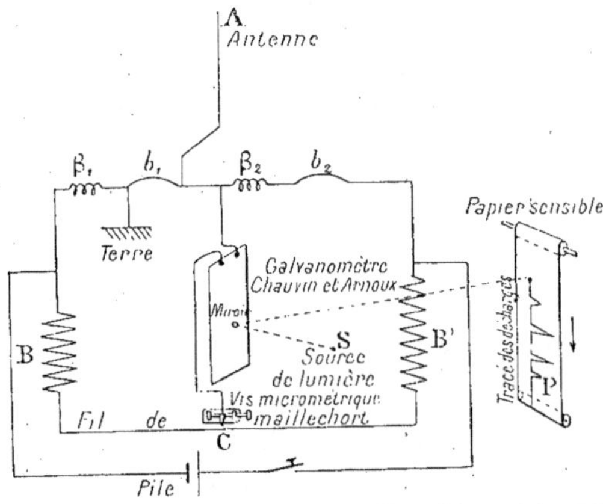

Fig. 406. — Dispositif de M. Turpain pour l'enregistrement des orages.

Cette élongation proportionnelle à l'intensité du courant est donc proportionnelle à la racine carrée de la puissance reçue par l'antenne.

C'est cette élongation qu'on enregistre, au moyen du déplacement du spot lumineux fourni par le miroir du galvanomètre, sur une bande photographique sensible animée d'un mouvement de déplacement uniforme.

V. — APPLICATION DES COURANTS DE HAUTE FRÉQUENCE A L'ÉCLAIRAGE

Expériences de M. Elihu Thomson. — M. Elihu Thomson a fait servir les dispositifs de l'entretien de l'incandescence de lampes à filaments. Les dispositions de ses expériences sont assez diverses ; elles peuvent être rapprochées à deux genres différents suivant que les circuits comprenant les lampes sont reliés ou non aux conducteurs de haute fréquence produits par la décharge électrique oscillante.

Première disposition. — Lampes placées en dérivation sur les circuits parcourus par les courants de haute fréquence. A ce genre de dispositifs doit être rapportée par l'expérience suivante dans laquelle M. E. Thomson utilise un dispositif ne différant pas beaucoup de M. Tesla.

Comme l'indique le schéma du montage représenté par la figure 407, les deux bobines à gros fils comprenant l'une 12 spires, et l'autre 20 spires communiquent par une de leurs extrémités. L'extrémité libre de la bobine intérieure est reliée à l'une des boules d'un excitateur J. Un conducteur c issu de la boule en relation avec la bobine intérieure peut être relié à l'une quelconque des spires de l'enroulement extérieur. La

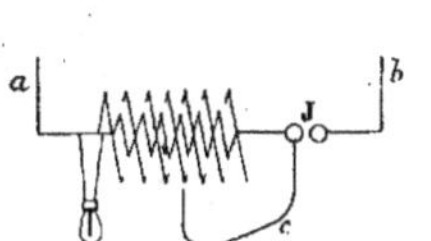

Fig. 407. — Lampe placée en dérivation
dans un circuit de haute fréquence.

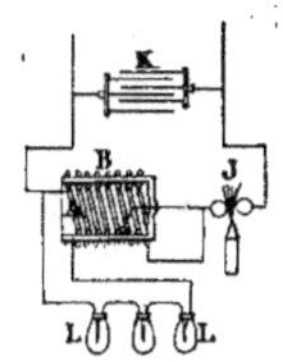

Fig. 408.
Dispositif de M. Elihu Thomson.

bobine extérieure se trouve ainsi en totalité ou en partie placée en dérivation sur le circuit comprenant la bobine intérieure. C'est sur le circuit de la bobine extérieure qu'est intercalée une lampe à incandescence. Lorsque le condensateur se décharge et qu'on fait arriver en J un jet d'air sur l'étincelle de décharge, on constate que le filament de la lampe L devient incandescent. En faisant varier le point d'attache du fil c sur l'enroulement extérieur on constate que l'éclairement de la lampe L varie et l'on

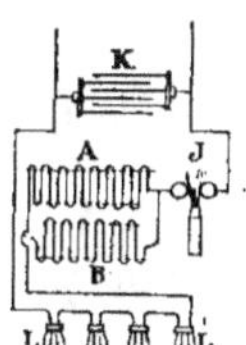

Fig. 409.
Lampes placées en dérivation
sur le circuit des courants
de haute fréquence.

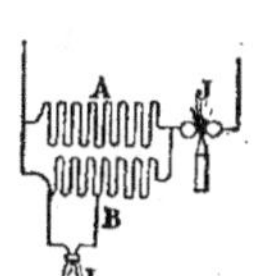

Fig. 410.
Lampe placée en dérivation sur
quelques spires d'une bobine
parcourue par des courants de
haute fréquence.

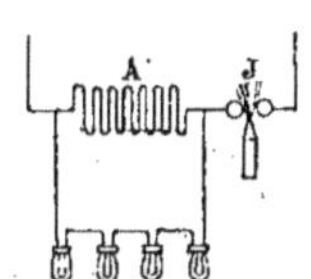

Fig. 411.
Emploi d'une seule bobine.
Lampes placées en dérivation
sur les bornes de la bobine.

peut ainsi soit exagérer l'incandescence du filament et le rendre éblouissant, soit diminuer l'éclairement produit par la lampe jusqu'à le rendre nul.

Une disposition analogue à la précédente est représentée par la figure 408. L'enroulement extérieur B comprenant 20 spires est encore placé en dérivation sur l'enroulement intérieur comme dans l'expérience précédente, les lampes L, au nombre de 3 sont placées dans le circuit de l'enroulement extérieur. Mais ici on fait varier le nombre de tours de la bobine intérieure A, au moyen du contact glissant qu'on voit sur la figure.

Les lampes sont très brillamment illuminées lorsque l'étincelle de décharge du condensateur K qui se produit en J est soufflée par un violent courant d'air. On obtient les mêmes effets en plaçant les lampes L dans le circuit de la bobine A qui contient moins de tours (12 spires) de fil que la bobine extérieure B. La figure 409 indique le montage des lampes dans ce cas.

Enfin, en utilisant les courants de haute fréquence qui parcourent les bobines A et B, M. Thomson a pu produire l'incandescence du filament d'une lampe de 100 volts placée, comme l'indique la figure 410 en dérivation sur quelques spires de la bobine B.

Il a pu également produire l'incandescence de 4 lampes en ne se servant que d'une bobine A. Comme le montre la figure 411 les lampes sont placées en dérivation sur la bobine A. Cette bobine comprend 15 à 20 tours de gros fil d'à peu près 7 millimètres de diamètre ; les spires de la bobine ont un diamètre de 16 centimètres. Dans toutes ces expériences, les effets lumineux produits sont d'autant plus brillants que le condensateur employé K a une capacité plus grande, que l'étincelle de décharge qui se produit entre les boules de l'excitateur J est plus longue et que le jet d'air qui sert à souffler cette étincelle est plus vigoureux.

Seconde disposition. Lampes disposées sur un circuit voisin du circuit de décharge. — On peut également produire l'incandescence de lampes disposées sur un circuit parallèle à celui dans lequel se produit la décharge oscillante du condensateur. Il n'y a plus alors aucune communication entre le circuit comprenant les lampes et celui dans lequel on produit les courants de haute fréquence. Le circuit des lampes joue le rôle de circuit secondaire par rapport à celui de la décharge considéré comme circuit primaire.

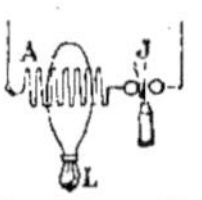

Fig. 412. — Second dispositif.

C'est ainsi qu'on peut produire l'incandescence du filament d'une lampe L (fig. 412) en reliant les deux extrémités d'une spire placée dans le voisinage de la bobine A. Dans une expérience de M. Thomson, une lampe de 25 volts ainsi disposée manifestait le même éclairement que celui que lui eut donné un courant continu de 2 ampères fourni par une source de 25 volts. La lampe s'allume dès que le jet d'air J est en action ; elle s'éteint si l'étincelle de décharge qui se produit en J n'est pas soufflée. Les mêmes phénomènes sont observés en disposant la lampe un peu différemment dans le circuit parallèle à la bobine A. Ce circuit se compose de quelques spires de fil et la petite bobine B ainsi formée est fermée sur elle-même à l'aide d'un gros fil à faible résistance W.

Fig. 413.

La lampe L (fig. 413) est établie sur un pont joignant les points d'attaches des extrémités de la bobine B avec le fil W. Dans ces conditions la lampe s'illumine si l'étincelle de décharge J est soufflée. Les effets sont pratiquement nuls si on arrête le jet d'air en J.

L'expérience suivante semble montrer qu'il serait possible d'entretenir une lampe à arc en activité, en utilisant les mêmes phénomènes par des appareils plus puissants.

Autour de la bobine A (fig. 414) comprenant 10 spires dans le circuit de laquelle se produit la décharge, est enroulée une bobine B de 20 spires dont les extrémités sont reliées à deux boules D. L'étincelle de décharge étant violemment soufflée en J, on obtient en D de grosses étincelles dont la longueur peut atteindre 2 centimètres. Dans cette expérience la distance entre les boules de l'excitateur J est de 7 millimètres.

De même que pour les expériences réalisées avec la première disposition, les effets lumineux produits sont d'autant plus marqués que le condensateur K a une plus grande capacité et que l'étincelle en J est plus longue et le jet d'air plus vigoureux. Aussi M. Thomson propose-t-il de faire en sorte que la décharge, au lieu de se produire entre deux boules, seulement, comme dans les dispositifs précédents, se produise entre

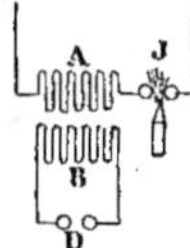

Fig. 414. — Production d'un arc par les courants de haute fréquence.

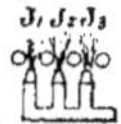

Fig. 415.
Souffleur à plusieurs tuyères.

toute une série de boules placées côte à côte (fig. 415), chaque intervalle compris entre deux boules consécutives étant muni d'une tuyère dirigeant un violent jet d'air. Dans ces conditions les appareils producteurs de courants de haute fréquence doivent être rendus plus puissants.

Illumination des tubes à gaz raréfié produite par les ondes électriques. — Si l'on approche d'une des plaques d'un excitateur de Hertz en activité un tube à gaz raréfié, tube de Geissler, radiomètre de Crookes, lampe à incandescence, l'intérieur de ces appareils s'illumine. L'illumination est d'autant plus forte que le tube est plus voisin de l'excitateur.

L'approche d'un conducteur ou même de la main de la paroi extérieure du tube à gaz raréfié augmente l'illumination produite.

Le même phénomène d'illumination des tubes à gaz raréfié s'observe quand on approche ces appareils des fils concentrant le champ hertzien produit par un excitateur en activité. M. Zehnder, puis M. Lecher, ont utilisé ce phénomène à la recherche des ventres et des nœuds successifs qui se produisent dans un champ d'oscillations concentré par deux fils conducteurs parallèles.

TRAVAUX DE M. TESLA SUR L'ÉCLAIRAGE PAR LES COURANTS DE HAUTE FRÉQUENCE

De toutes les expériences réalisables avec les courants de haute fréquence, celles qui ont rapport à la production de la lumière, sont parmi les plus importantes. On sait qu'un corps peut être porté à incandescence rien que par le voisinage d'une source d'impulsions électriques rapides : M. Tesla a tenté quelques essais dans cette voie intéressante à décrire.

L'échauffement d'un conducteur enfermé dans un globe, dépend de beaucoup de conditions. En ce qui concerne en particulier la dimension des globes, voici le résultat de l'expérience de M. Tesla.

A la pression atmosphérique, ou peu après, lorsque l'air est encore un bon isolant, les plus petits globes sont les meilleurs comme concentrant mieux la chaleur développée.

Aux pressions moindres, ou lorsque l'air est échauffé au point de devenir conducteur, les corps deviennent plus incandescents dans de grands globes, car dans ce cas il y a plus d'énergie en jeu.

A un vide plus élevé lorsque la matière du tube commence à prendre l'état radiant, les grands globes ont encore un avantage, léger cependant. Enfin, aux degrés de vide excessifs, qu'on n'obtient qu'à l'aide de moyens spéciaux, il n'y a pas d'avantage apparent à dépasser une certaine dimension, assez petite d'ampoule.

Ces points résultent de nombreuses expériences, parmi lesquelles il faut citer celle-ci : Trois ampoules sphériques, de 50, 75 et 100 millimètres de diamètre ont été pourvues en leur centre, chacune d'une égale longueur de filament de lampe incandescente d'épaisseur uniforme.

Tout était aussi semblable que possible ; sur la tige de verre qui pénétrait au centre et protégeait le fil conducteur relié au filament, on avait fixé un tube d'aluminium bien poli. Les trois ampoules furent soudées à un tube de verre qui fut relié à une pompe de Sprengel. Le vide fait on a scellé d'abord le tube, les trois ampoules, ne formant ainsi qu'une seule capacité ; puis on a scellé celles-ci pour pouvoir les essayer isolément. Les expériences faites dans ces deux conditions ont donné des résultats conformes à ce qui a été dit précédemment.

Une observation intéressante a été faite à ce propos. En suspendant les trois ampoules l'une près de l'autre sur un fil relié à l'un des pôles de la bobine, on reconnaît que, quelle que soit celle des trois que l'on place au milieu, son éclat est considérablement affaibli.

Pour obtenir des éclats normaux, il faut les écarter beaucoup ou les placer au sommet d'un triangle équilatéral, ce qui annule, ou équilibre les effets de l'action électrostatique entre les globes.

La forme de l'ampoule a aussi son importance, la meilleure est la forme sphérique, et c'est aussi celle qui convient le mieux pour le corps destiné à être porté à l'incandescence. On peut employer aussi un vase cylindrique avec un filament dans l'axe.

Avec un filament placé dans une ampoule sphérique ou à peu près, de la forme usuelle des lampes à incandescence, on observe, mais seulement avec des degrés de vide très élevés, qu'il se forme des points focaux, sur lesquels le filament est beaucoup plus brillant que partout ailleurs. M. Tesla n'a découvert la cause réelle de ce fait qu'après l'avoir longtemps attribué à un défaut du filament, mais après avoir remarqué que la rupture se produisait toujours au même point.

Pour porter à l'incandescence un corps réfractaire placé au centre d'un globe, il faut s'efforcer d'obtenir que toute l'énergie mise en jeu agisse sur ce corps et nulle part ailleurs.

Cela demande des précautions de construction. Lorsque le corps est monté au centre du globe, le fil conducteur, qui lui amène le courant, traverse une queue intérieure en verre. L'air raréfié qui entoure cette queue est mis en vibration violente par l'induction due à ce fil ; de là une cause de dissipation en pure perte de la plus grande partie de l'énergie. C'est pour parer à cette action inductive que M. Tesla a placé sur ce tube de verre intérieur, une feuille d'aluminium qui agit comme écran.

Elle doit dépasser le tube de verre d'un centimètre ou deux et s'approcher le plus possible du corps réfractaire. Cependant les coins de la feuille enroulée qui forme le tube doivent être coupés diagonalement, pour éviter la déformation qu'y produirait la chaleur du corps rayonnant, déformations qui pourraient compromettre le fonctionnement.

L'effet de cet écran d'aluminium est mis en évidence en construisant deux appareils qui ne diffèrent entre eux que par la présence de ce tube sur l'un d'eux. En les soudant à un même tube, et en faisant par conséquent, un même vide, on peut ensuite reconnaître la grande supériorité de l'appareil pourvu de l'écran.

Son action est entièrement efficace aux très hauts degrés de vide ; mais si l'on descend au point où l'air devient conducteur, il devient au contraire nuisible, attirant sur lui la plupart de l'action de bombardement moléculaire.

Comme support du corps réfractaire, ce que M. Tesla a trouvé de mieux a été d'employer un filament ordinaire de lampe incandescente.

Ce support doit en tout cas être très mince et c'est probablement le filament de charbon qui, de tous les conducteurs, est capable de supporter la température la plus élevée. C'est ce qui fait sa supériorité.

Le professeur Crookes a observé que la décharge s'établit beaucoup plus facilement dans un tube, lorsqu'il s'y trouve un corps isolant que lorsque c'est un conducteur. D'après M. Tesla le conducteur agit comme amortisseur du mouvement des atomes, en raison de la charge qu'il doit nécessairement prendre, si toutes les molécules ou atomes ne le choquent pas avec la même vitesse, charge qui a pour effet de diminuer en grande partie le nombre des chocs subséquents, ou d'atténuer tout au moins l'énergie de leur impact.

Voici (fig. 416, 417 et 418) quelques-unes des dispositions employées avec des ampoules de forme ordinaire.

La figure 416 montre en coupe l'ampoule L, la queue *s* contenant le fil conducteur *w*, lequel porte un bout de filament l, au bout duquel se trouve le bouton réfractaire m placé au centre de l'ampoule. M est une feuille mince de mica, enroulée en plusieurs spires autour de s, et a est le tube d'aluminium.

La figure 417 montre une disposition plus perfectionnée, caractérisée par l'usage d'une enveloppe métallique s, bien isolé de w.

Pour cela, l'espace entre la partie isolante P et l'ampoule doit être rempli de quelque bon isolant, tel que le mica en poudre.

La figure 418 est une disposition expérimentale dans laquelle un fil relié au tube d'aluminium vient à l'extérieur, par cette indication, on peut voir quel est l'ordre d'idées qui a dirigé ces expériences.

Du moment que le bombardement contre la partie de verre que traverse le fil est dû à l'action inductive de ce fil sur le gaz raréfié, le mieux est d'employer un fil très fin,

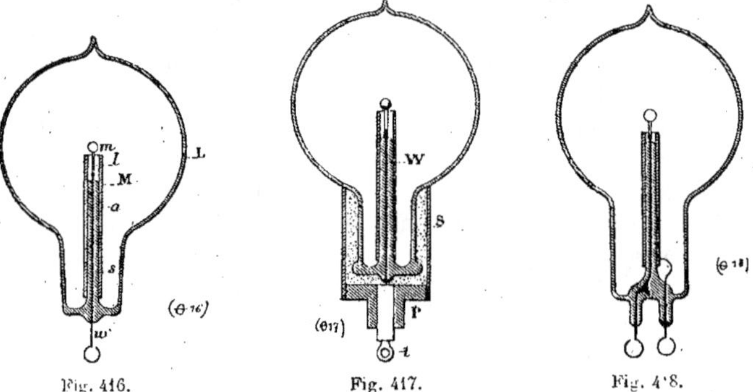

Fig. 416.　　　　Fig. 417.　　　　Fig. 418.

entouré d'un isolant épais en verre, ou autre matière, et de faire le passage auprès de l'air raréfié aussi court que possible.

C'est à cet effet que M. Tesla emploie (fig. 419) un large tube T qui pénètre quelque peu dans l'ampoule, et porte à son sommet une très courte queue de verre s où est scellé le fil w, le tube d'aluminium a et la feuille de mica existent comme précédemment. Le fil w traversant le large tube, doit être bien isolé par un tube de verre par exemple, et l'espace entre eux rempli d'une matière isolante telle que la poudre de mica qui est d'un usage excellent surtout pour cela. Faute de cette précaution, la partie supérieure du tube T serait exposée à être brisée par la décharge en pinceau qui peut se former à cet endroit, surtout avec les grands vides.

La figure 420, montre une autre disposition dans laquelle aucun fil ne traverse le verre. L'énergie est transmise au bouton m, à l'aide des armatures c, c formant condensateur.

Le joint P, doit alors être large et bien adhérent au verre, autrement la décharge passerait par là plutôt que par le fil w.

Pour produire l'incandescence d'un corps placé dans une ampoule, il n'est pas nécessaire que ce soit un conducteur, car un isolant parfait peut être à peu près aussi peu aisément échauffé. Il suffit d'entourer le conducteur de la matière isolante choisie. Au début, le bombardement se produit à travers elle par induction ; et bientôt elle s'échauffe et devient assez conductrice pour que le bombardement ordinaire se produise.

Dans la figure 421, on voit un corps non conducteur m, monté au bout d'un morceau de charbon d'arc. Le tube d'aluminium monte aussi haut que le charbon, et la matière isolante, seule, s'élève un peu au-dessus. Au bout de peu d'instants ; c'est elle qui est la plus brillante, étant la plus exposée au bombardement.

M. Tesla a construit un grand nombre de ces ampoules à une seule électrode. La figure 422, en montre une forme caractérisée par un long col n destiné à recevoir à

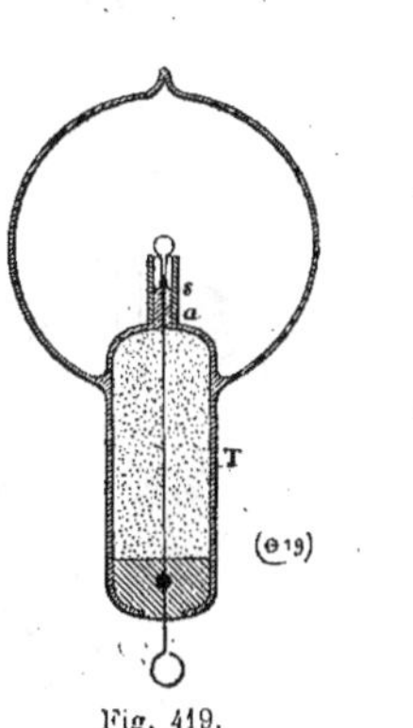

Fig. 419.

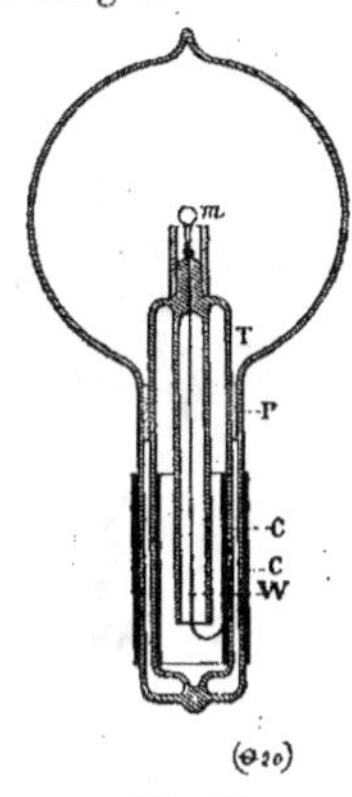

Fig. 420.

volonté une armature extérieure, et par un support S, où elle est fixée grâce au renflement b.

Une armature occupe toute la surface du globe en contact avec le support S. Un filament de carbone f, qui passe par le centre du globe, est porté à incandescence vers son milieu, point de convergence de l'action rayonnant de l'armature extérieure. Ce mode de construction est inférieur au précédent pour porter à incandescence un bouton ou un filament ; mais il est très convenable pour exciter la phosphorescence.

Dans la disposition de la figure 421, on a pu faire quelques remarques intéressantes sur les corps soumis au bombardement. Ainsi on remarque que, aussitôt qu'une température suffisante est atteinte, l'un des corps semble prendre pour son compte la plus grande part de l'action.

Cette qualité semble en rapport avec le point de fusion et la facilité d'évaporation du corps ou, plus généralement, avec la désagrégation. Les particules, ou atomes, ou molécules du corps désagrégé, semblent fonctionner comme transporteurs de charges électriques, de la même manière que celles de l'atmosphère résiduelle.

L'action se porte donc d'autant plus sur le corps qui se désagrège le plus facilement, que par l'élévation de température, la désagrégation est encore facilitée.

De là, on peut conclure que la forme du bouton préférable, est celle de la sphère dont la surface soit parfaitement polie. On pourrait en tailler une dans un diamant ou autre cristal ; mais il serait encore préférable d'obtenir par fusion, à une température extrêmement élevée, une goutte de quelque oxyde tel que la zircone.

Dans l'ampoule, on la maintiendrait un peu au-dessus de son point de fusion.

Des résultats importants doivent être atteints dans l'usage des très hautes tempéra-

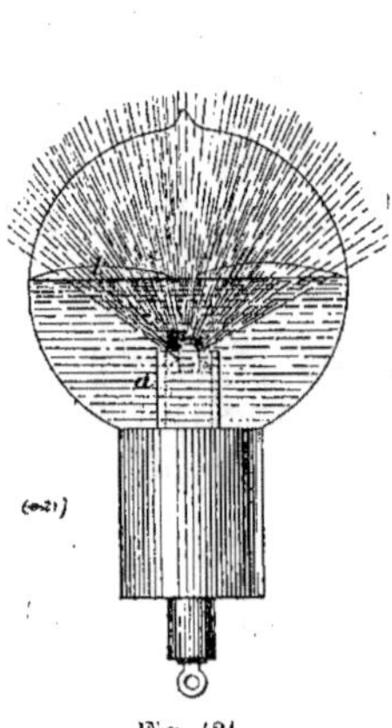
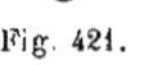

Fig. 421.

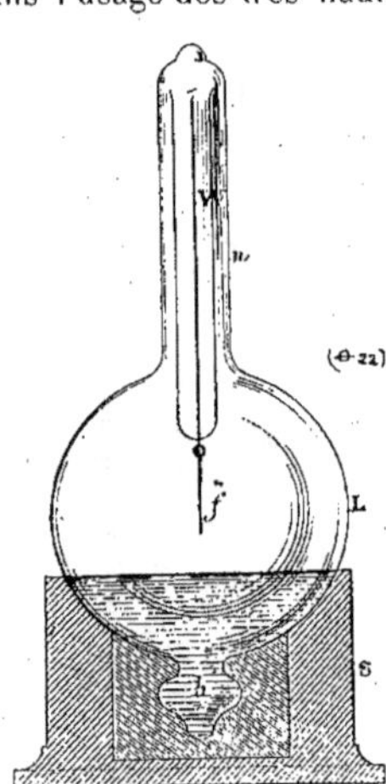

Fig. 422.

tures. Mais comment les obtenir ? Tout impact, toute collision développe de la chaleur. Dans les procédés chimiques, on est limité, car l'oxygène et l'hydrogène se combinant la hauteur de chute, est limitée.

Or, pour notre procédé, nous pouvons concentrer une quantité quelconque d'énergie sur un bouton très petit placé au centre d'une ampoule.

La difficulté est seulement d'amener le corps à la fusion avant qu'il ait disparu en particules. M. Tesla a essayé maintes fois de fondre de la zircone placée dans une cavité creusée dans un charbon d'arc, monté comme l'indique la figure 421 ; il l'a ensuite porté à un éclat lumineux considérable ; les particules qui s'en échappaient étaient d'un blanc très vif, mais toujours, qu'elle eût été comprimée ou mise en pâte avec du carbone elle a été désagrégée, avant d'atteindre la fusion.

La difficulté signalée, n'existe pas lorsque le corps monté dans la coupe en charbon, offre une grande résistance à la détérioration. Un oxyde, d'abord fondu au chalumeau et monté ensuite dans l'ampoule, peut y être aisément fondu.

Généralement, la fusion s'accompagne de magnifiques effets lumineux dont il est difficile de donner une idée exacte. La figure 421, est destinée à montrer l'effet obtenu par une goutte de rubis. Dès que la fusion commence, la phosphorescence devient intense, d'abord sous forme d'une ligne définie, *l*, qui s'élargit et envahit peu à peu tout le globe. Lorsque le rubis est fondu, on peut retourner l'ampoule sans qu'il tombe, car la masse possède une grande viscosité.

Certains essais semblent indiquer, mais sans en donner la certitude que dans le vide très élevé, on peut entretenir la fusion à une température moindre que par les procédés ordinaires. M. Tesla a cru remarquer ce fait par une grande différence d'éclat que présentait une goutte de pierre ponce fondue d'abord au feu de coke, puis au sein de l'ampoule vide.

Dans le cours de ces expériences, de très nombreux essais ont été faits avec des boutons en charbon. Les meilleurs sont ceux qui ont été soumis à une forte compression. Le carbone déposé par des procédés appliqués aux lampes incandescentes ne se comporte pas bien et amène un noircissement rapide de l'ampoule. Quelques espèces se comportent assez bien pour que la fusion ne puisse en être obtenue que sur de très petits boutons. L'observation est rendue difficile par la grande lumière produite, et l'état liquide semble très instable.

Parmi les corps essayés, deux surtout se sont bien comportés, le diamant et le carborundum.

On peut obtenir le carborundum sous deux formes, en cristaux ou en poudre. Les cristaux paraissent, à l'œil nu sombre, mais très brillants, la poudre ressemble à celle du diamant, mais elle est beaucoup plus fine. Au microscope, les cristaux ne présentant pas de formes définies, ressemblent plutôt à du charbon concassé. La plupart des morceaux sont opaques, quelques-uns seulement sont transparents et colorés. C'est une variété de carbone, contenant quelques impuretés, très dure et résistant très longtemps à la flamme du chalumeau à oxygène.

La faible quantité de résidu vitreux qu'elle laisse paraît être de l'alumine fondue. Fortement comprimés, les cristaux conduisent bien quoique moins bien que le charbon ordinaire.

La poudre, au contraire, ne conduit pas.

M. Tesla a reconnu à cette matière de précieuses propriétés.

Elle résiste très bien au bombardement moléculaire et ne noircit pas les globes. La principale difficulté que M. Tesla ait rencontrée a été de trouver une matière agglomérante qui leur soit comparable.

On obtient des lampes montées avec des boutons de carborundum en prenant un bout de filament de lampe incandescente que l'on plonge dans du goudron ou toute autre matière de carbonisation facile.

On passe ensuite dans les cristaux et on porte le tout au-dessus d'une plaque chaude. Il se forme une goutte que M. Tesla laisse refroidir lentement, en recommençant plusieurs fois l'opération il finit par obtenir un bouton de la dimension voulue. Une fois monté dans l'ampoule, on fait passer d'abord une faible, puis une forte décharge, après qu'on a atteint un bon vide.

On chasse ainsi toutes les bulles d'air et l'on termine par une forte incandescence.

Avec la poudre, on peut faire d'avance une pâte de goudron et de carborundum et opérer de la même manière.

Il n'est pas douteux que le bouton ainsi préparé, ne soit ce qu'il y a de mieux pour résister au bombardement. La difficulté réside dans la matière agglomérante, qui se désagrège. Cependant le carborundum non seulement résiste bien à une haute température mais, encore s'unit au charbon mieux que toute autre matière. Le diamant donne peu à peu le même résultat; cependant la matière agglomérante se détruit plus vite, ce que M. Tesla attribue à l'irrégularité des grains.

Il est intéressant d'étudier cette matière au point de vue de la phosphorescence. On devait s'attendre à rencontrer là deux difficultés : d'abord, les cristaux sont conducteurs, et l'on sait que les conducteurs n'ont pas de phosphorescence ; car le diamant ou le rubis, finement pulvérisés, perdent presque complètement leurs propriétés lumineuses.

En fait quelques essais ont fait croire à M. Tesla un moment que les cristaux devenaient phosphorescents ; mais il a reconnu, par la suite, que ce n'était qu'une apparence. Quant à la poudre, il n'a rien obtenu.

Mais pour trancher la question, il serait nécessaire d'obtenir le carborundum sous forme d'un morceau assez gros pour pouvoir subir le polissage.

La production d'une petite électrode capable de supporter des températures très élevées est de la plus grande importance pour la production de la lumière. Elle nous permettrait d'obtenir par le moyen des courants de très grande fréquence, certainement vingt fois plus de lumière, sinon davantage, que nous obtenons maintenant, d'une quantité déterminée d'énergie, à l'aide des lampes incandescentes.

Cette estimation peut paraître exagérée. M. Tesla d'ailleurs croit qu'il est loin d'en être ainsi.

Comme cette affirmation pourrait être mal comprise, M. Tesla a jugé nécessaire d'exposer clairement le problème tel qu'il se présente, et d'indiquer la voie dans laquelle il pense qu'une solution est possible.

En commençant cette étude, on pourrait croire que ce qu'il faut obtenir c'est une haute température de l'électrode. C'est une erreur.

La vive incandescence du bouton est un mal nécessaire ; mais ce qu'il faut réellement obtenir c'est la vive incandescence du gaz qui entoure ce bouton. En d'autres termes, le problème est de porter à la plus haute incandescence possible une masse de gaz.

Plus grande sera la fréquence, plus vive la vibration moyenne et plus économique sera la production de lumière. Mais, pour maintenir une masse de gaz à l'état incandescent, dans un vase de verre, il faut la tenir loin du verre ; c'est-à-dire, pratiquement, la confirmer au centre du globe.

Le problème est de produire dans l'ampoule une flamme, petite et puissante. L'ampoule n'est nécessaire que faute des moyens matériels nécessaires, pour pouvoir s'en passer, ce que permettrait une fréquence bien plus élevée.

Dans l'ampoule, nous pouvons, avec nos moyens, amplifier le phénomène de la décharge en pinceau, et le transformer de manière a en obtenir une forte lumière.

Les facteurs en sont surtout le potentiel, la fréquence et la densité à la surface de l'électrode. Aussi faut-il employer un bouton aussi petit que possible pour accroître la densité. Sous le choc violent des molécules du gaz qui l'environnent, le bouton est sans doute porté à une vive incandescence ; mais la masse de gaz qui l'environne, vivement incandescente, forme une flamme ou photosphère dont le volume atteint plusieurs centaines de fois celui du bouton.

On pourrait penser que, en poussant aussi loin que possible l'incandescence de l'électrode elle serait instantanément volatilisée, mais la réflexion montre que cela ne doit pas être, et l'expérience le confirme ; et c'est dans ce fait que gît principalement la valeur de ce genre de lampes. Au commencement du bombardement, l'électrode devient très chaude ; mais à mesure que le gaz s'échauffe et devient plus conducteur, il absorbe une plus grande part de l'énergie. L'électrode se trouve donc moins frappée, et plus le gaz absorbe d'énergie plus le bouton est protégé. C'est donc la formation d'une puissante photosphère qui est le vrai moyen de protection de l'électrode. Ce moyen est tout relatif, bien entendu, il ne faudrait pas en conclure, que si l'on atteint un degré d'incandescence encore plus élevé, l'électrode sera moins détériorée. Ces considérations diffèrent infiniment de celles qui concernent les lampes incandescentes ordinaires, dans lesquelles tout le travail est accompli dans le filament sans que le gaz y prenne aucune part.

Avec ces lampes à une ou deux électrodes, il est nécessaire d'employer de très hautes fréquences qui donnent deux avantages principaux : d'abord la détérioration des électrodes est moindre sous l'action d'un grand nombre de petits chocs que sous un petit nombre de chocs violents ; ensuite la formation d'une photosphère puissante en est facilitée. Le courant doit être aussi de préférence harmonique, ce qui donne une supériorité à l'emploi de l'alternateur sur celui des décharges disruptives, celles-ci donnant lieu à des décharges fondamentales brusques.

L'un des grands éléments de perte dans ces lampes est le bombardement du globe. En raison du très grand potentiel, les vitesses moléculaires sont très grandes et excitent une forte phosphorescence. Le phénomène est très joli, mais c'est une cause de perte qui faudrait atténuer. On y parvient en élevant autant que possible la fréquence et en diminuant la densité électrique à la surface de l'électrode. A ce point de vue aussi, l'emploi de lampes à deux électrodes est favorable, la seconde est reliée à la borne libre de la bobine, ou au sol, ou encore à un corps isolé de dimensions convenable tel que l'abat-jour de la lampe. Cependant, à tout prendre, M. Tesla pense préférable la forme à une seule électrode sans fil qui traverse le verre, l'ensemble étant monté conformément à la figure 420, avec des armatures formant condensateur.

Dans tous les cas on augmente l'action en augmentant la capacité à l'extrémité du conducteur relié à la borne. Cet artifice n'est nécessaire que faute de fréquences suffisamment élevées ; il est facile de disposer les appareils en conséquence.

La figure 423 représente un globe L pourvu d'un long prolongement n destiné à re-

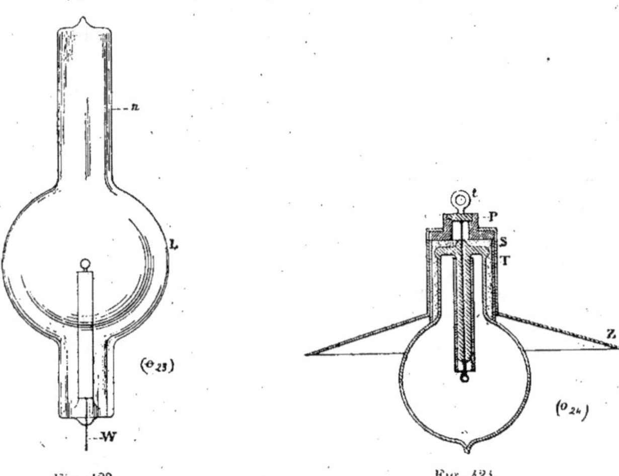

Fig. 423.   Fig. 424.

cevoir une armature de feuille d'étain qui peut elle-même être reliée à un corps d'une plus grande surface encore. On peut aussi bien relier l'armature à la bobine et le bouton par le fil w au corps isolé ; le résultat est le même.

On peut aussi glisser sur n un abat-jour métallique qui augmente l'effet.

La disposition de la figure 424 est plus parfaite ; la pièce Z avec son prolongement T augmente l'action, et Z sert de réflecteur en même temps. La lampe est suspendue en t et le bouchon isolant P isole le prolongement T du conducteur t.

Une disposition semblable, mais avec un tube phosphorescent, est représentée (fig. 425). Le tube T est formé de deux tubes concentriques soudés aux extrémités. C est une armature reliée au fil w qui remonte par l'intérieur au milieu d'une masse de matière isolante bien tassée. C_1 et le réflecteur Z sont à l'autre extrémité, et bien isolés de w.

Avec les lampes à une électrode, c'est évidemment un avantage que de diminuer la circulation du gaz dans l'ampoule pour y concentrer la chaleur.

Un très petit globe la concentrerait très bien, mais aurait trop peu de capacité ou bien deviendrait trop chaud. Il vaut mieux prendre un globe de dimension convenable et en placer un second, de diamètre plus petit, autour du bouton. La figure 426 indique une lampe de ce genre où le petit globe b entoure le charbon et est monté sur le prolongement S et le tube d'aluminium à l'aide de plusieurs couches de mica M.

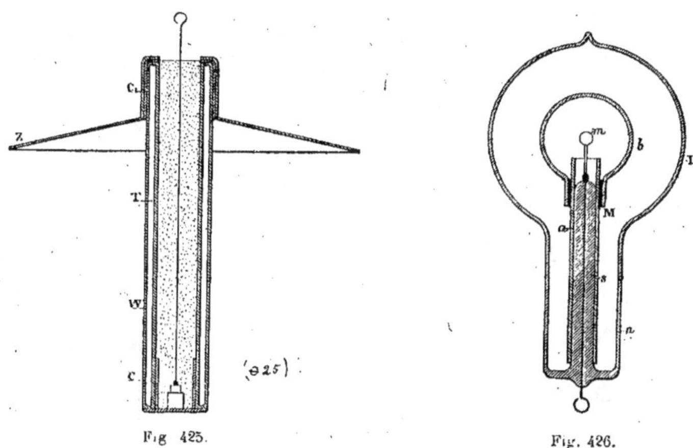

Fig 425.　　　　　　　　　　　　Fig. 426.

Lorsqu'on veut obtenir la lumière par incandescence du bouton, il faut que b soit petit.

Si au contraire on veut de la phosphorescence, il faut le faire plus grand, car un globe trop chaud ne peut devenir phosphorescent. On peut aussi bien augmenter la dimension du bouton m, ce qui revient au même. En recouvrant le petit globe d'un même enduit phosphorescent on obtient de très beaux effets.

M. Tesla a construit beaucoup d'appareils semblables à celui de la figure 427. Le petit globe b est vidé d'air aussi complètement que possible, tandis que dans L on fait un vide modéré, ce qui permet d'atteindre de très hauts vides tout en employant un grand globe.

Avec cette forme, M. Tesla a reconnu qu'il faut donner une grande épaisseur à la partie s dans le voisinage de la soudure e et prendre le fil w très fin, afin d'éviter les ruptures. Les effets varient avec le degré de vide dans l'ampoule L.

Une difficulté qui se rencontre ici, de même que toutes les fois que le bouton réfractaire est enfermé dans une petite ampoule, est que le vide y devient mauvais après un temps assez court.

Courants alternatifs, etc.　　　　　　　　　　　　　　　　38

Le meilleur de tous les moyens, d'après M. Tesla pour arriver au succès dans cette voie, serait d'employer des fréquences bien plus élevées. On pourrait atteindre un point où il n'y aurait plus d'échange de matière aux environs de l'électrode. On produirait ainsi une flamme sans transport de matière, et une flamme vraiment étrange, car elle serait rigide en raison de ce que l'inertie des particules entrerait en jeu.

En raison des déductions spéculatives auxquelles cette considération peut conduire, M. Tesla a jugé qu'il serait d'un grand intérêt de démontrer la rigidité d'une colonne gazeuse en vibration.

Les faibles fréquences de 10 000 par seconde que pouvait donner l'alternateur constituaient une difficulté quelque peu décourageante néanmoins M. Tesla a entrepris les essais. A la pression ordinaire il n'a rien pu obtenir ; mais, dans un vide modéré, il a obtenu une preuve presque évidente du phénomène.

Comme un résultat de ce genre peut conduire à des conclusions importantes, M. Tesla a fait l'expérience suivante :

On sait que dans un tube à vide très modéré, la décharge peut être obtenue sous forme d'un filet lumineux délié. A basse fréquence, ce filet est inerte un aimant l'attire ou le repousse selon la direction des lignes de forces de l'aimant. M. Tesla a pensé que si une décharge de cette forme était due à des courants de très grande fréquence, elle serait plus ou moins rigide et facile a étudier sous cette forme. M. Tesla a donc préparé un tube d'environ 2 centimètres de diamètre

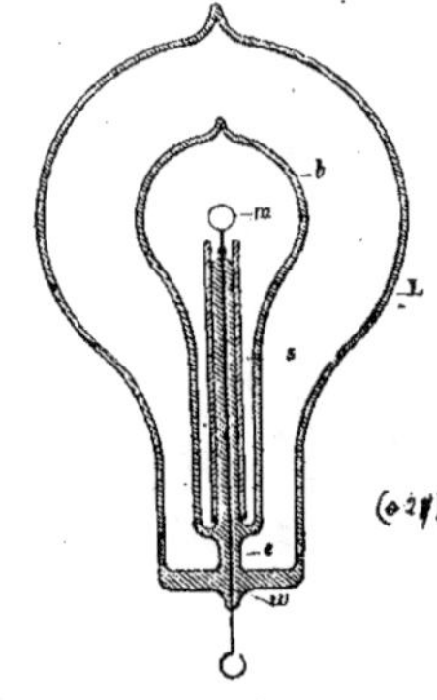

Fig. 427.

et 1 mètre de longueur, muni d'une armature extérieure à chaque extrémité. Le vide a été fait jusqu'au point où le courant de grande fréquence détermine facilement la production du filet lumineux.

Jugeant préférable de travailler avec un seul pôle, M. Tesla a suspendu le tube verticalement à un fil relié à la bobine ; et à l'armature inférieure était attachée, selon le besoin, une petite plaque isolée. Le filet s'étendait donc du haut en bas ; s'il était doué de rigidité, il devait se comporter comme une corde élastique fixée à une extrémité et chargée d'un poids léger à l'autre. Lorsque le doigt ou un aimant était approché, puis éloigné rapidement, il devait se produire un effet analogue à celui qu'on observe sur une corde frappée près de son point d'attache.

En essayant l'expérience, M. Tesla s'est rendu compte que le filet lumineux s'est mis en vibration, et forme deux nœuds de vibration bien définis et un troisième moins distinct. Le mouvement continua ainsi huit minutes et s'amortit peu à peu.

La vitesse de la vibration éprouvait des variations sensibles, et l'on pouvait remarquer que l'action électrostatique du verre influait sur le mouvement ; mais il était clair que cette action n'était pas la cause du mouvement, car le filet était généralement au repos et la vibration pouvait toujours être excitée en passant le doigt rapidement auprès de la partie supérieure du tube.

A l'aide d'un aimant, le filet pouvait être fendu en deux parties, et toutes deux mises en vibration. En approchant la main de l'armature inférieure, ou bien en y attachant une plaque isolée, la vibration était accélérée, de même, en augmentant le potentiel et la fréquence. Ces dernières actions équivalent donc à une tension supplémentaire de la corde vibrante.

M. Tesla n'a pu réussir cette expérience avec les décharges de condensateurs, sans doute parce que malgré l'excessive vitesse, la quantité de la matière mise en jeu est trop faible pour que l'inertie puisse se manifester. L'observation, dans ce cas, est aussi rendue très difficile par la vibration fondamentale.

Il est un sujet que l'on doit aborder à propos de ces expériences ; c'est celui de l'obtention des hauts degrés de vide. Dans les lampes à incandescence ordinaires, il n'y aurait aucun intérêt marqué à pousser le vide beaucoup plus loin qu'on ne le fait actuellement. Mais avec les potentiels élevés et les grandes fréquences, les résultats dépendent dans une grande mesure du degré de vide obtenu. Avec les moyens que nous possédons aujourd'hui et qui nous permettent d'obtenir des potentiels extrêmement élevés à l'aide de petites bobines, on peut dire qu'il est toujours possible de faire passer une décharge dans un globe, quel que soit son degré de vide, et sans rencontrer de « vide impénétrable », comme les moyens ordinaires le donnent.

Le champ de recherches est ainsi considérablement étendu et les grands vides semblent être la voie la plus féconde en promesses pour conduire à la réalisation d'une lumière pratique : mais, pour cela, les appareils à vide doivent être encore grandement perfectionnés, et la perfection sera sans doute obtenue lorsque nous aurons rejeté tous les moyens mécaniques et amené à bien une pompe à vide purement *électrique*.

Les molécules et les atomes de l'air peuvent être chassés d'un globe de verre sous l'action d'un énorme potentiel : ce sera là le principe des pompes à vides dans l'avenir. Pour le moment, nous devons nous en tenir aux moyens mécaniques, et nous croyons intéressant de décrire rapidement les appareils auxquels l'expérience a conduit M. Tesla.

La figure 428 les représente. S est une pompe de Sprengel un peu spéciale. Un bouchon creux *s*, venant s'adapter dans le réservoir R, remplace le robinet d'arrêt habituel. Le mercure passe par un petit trou *h* et s'écoule par l'orifice *o*, qui est proportionné au tube *t* qui est scellé au réservoir au lieu d'y être joint par la méthode habituelle.

La pompe est reliée par un tube en U renversé *t*, à un très grand réservoir R_1. Les surfaces rodées *p* et p_1 doivent être très soignées, très longues et recouvertes de mercure, sur une hauteur également grande. Le tube *t* une fois en place est chauffé afin de faire disparaître les tensions provenant d'un ajustage imparfait.

Le tube est muni d'un robinet d'arrêt c et de deux connexions g, g_1, l'une destinée à l'appareil à vider r, l'autre à une ampoule b qui renferme de la potasse caustique.

Le réservoir R_1 est relié à un autre, R_2 un peu plus grand, à l'aide d'un tube de caoutchouc, ils sont pourvus de robinets C_1 C_2. Un mécanisme convenable permet de manœuvrer R_2 de façon que le mercure puisse monter jusqu'au-dessus de C_1 ou, au contraire, évacuer complètement R_1 en montant dans l'autre réservoir jusqu'au-dessus de C_2.

La capacité de la pompe de Sprengel et de l'appareil à vider sont aussi faibles que possible comparativement à celle de R_1, le degré du vide dépendant de leur rapport.

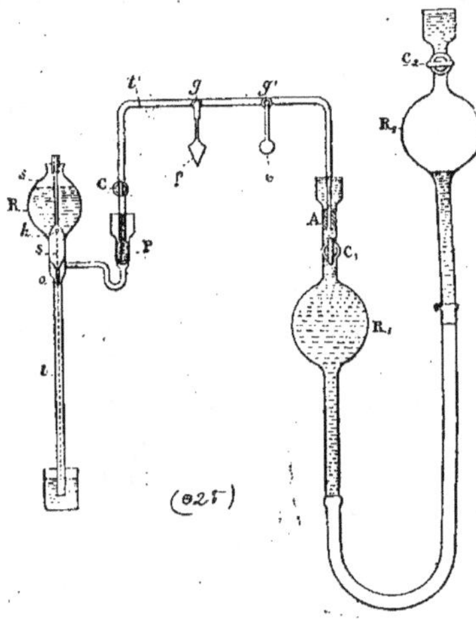

Fig. 428.

On trouvera une grande facilité et économie de temps à chauffer et à fondre la potasse caustique chaque fois que la pompe est mise au repos ; autrement, les bâtons, tels qu'on les emploie, donnent à la longue un peu d'humidité qui empêche d'atteindre des grands vides, après même des heures de marche.

On procède généralement ainsi : Ayant ouvert C et C_1 et fermé les autres connexions, on élève R_2 jusqu'à ce que le mercure arrive dans le tube de fonction. On met alors la pompe S en fonction, et l'on abaisse peu à peu R_2, pour que le mercure conserve à peu près son niveau au-dessus de C_1. Il est commode d'équilibrer R_2 par un long ressort, qui facilite les mouvements.

Quand la pompe a fini de travailler, on abaisse R_2 de manière à vider R_1, et l'on ferme R_2. On fait alors aller et venir R_2 un grand nombre de fois pour rasssembler l'air qui adhérait aux parois du tube sous le robinet R_2. On ouvre celui-ci pour l'expulser et on le referme aussitôt.

On chauffe alors la potasse caustique, et l'on recommence l'opération avec R_1 et R_2 pour chasser l'humidité. Le tout est répété un grand nombre de fois. Au moment de séparer l'ampoule, on entoure le globe b à l'aide d'une étoffe imprégnée d'éther afin de tenir la potasse à très basse température. On abaisse R_2 pour vider R_1 et l'on scelle rapidement le globe r.

On relève R_2 pour faire monter encore le mercure en R_1, au-dessus du robinet, et l'on ne vide jamais ce dernier réservoir R_1 que lorsque la pompe a atteint le plus haut degré de vide possible. Cette condition est essentielle pour faire un bon usage de l'appareil. Quand tout est en bon état, on peut achever le vide en un quart d'heure, résultat appréciable pour un simple arrangement de laboratoire. Avec des ampoules de dimension ordinaire, le rapport des capacités est de 1 à 20, ce qui permet d'obtenir des vides très élevés. Ce qui frappe le plus c'est la manière dont se comportent les gaz lorsqu'on les soumet à des efforts électrostatiques alternatifs rapides. La décharge s'y établit avec une facilité qui s'accroît continuellement avec la fréquence.

Sous ce rapport, ils se comportent donc d'une manière exactement opposée aux conducteurs métalliques, et comme le ferait une série de condensateurs. S'il en est ainsi dans un tube vide, même de grande longueur, la self-induction ne peut avoir aucun effet appréciable.

Si l'on pouvait porter la fréquence à une valeur suffisante, on pourrait réaliser un étrange système de distribution. Des tubes métalliques seraient remplis de gaz ; le métal formant l'isolant et le gaz formant le conducteur alimenteraient des globes phosphorescents ou quelque autre appareil encore à créer.

On peut certainement prendre un tore de cuivre creux, y raréfier l'air et, en lançant un courant alternatif de fréquence suffisante dans un conducteur enroulé à l'entour, exciter à l'intérieur l'incandescence du gaz.

Quant à la nature des forces en jeu, elle est tout à fait incertaine, car il est incertain si le cuivre agit comme écran électrostatique avec ces fréquences élevées. Ces paradoxes et ces apparentes impossibilités que l'on rencontre à chaque pas forment un ensemble de faits qui ont contribués à délaisser ces problèmes.

Si on prend un tube court et large, raréfié à un haut degré et recouvert d'une enveloppe de bronze, enveloppe assez épaisse pour que la lumière ne soit que difficilement visible au travers. Une prise de courant est ménagée sur cette enveloppe. Essayons d'illuminer le gaz à l'intérieur. Chose curieuse le tube s'illumine et la lumière est perceptible au travers du revêtement de bronze. Un long tube, recouvert de bronze d'aluminium et tenu à la main, s'illumine dès qu'on touche de l'autre main une borne de la bobine. On pourrait objecter que le revêtement est trop mince ; mais, même très résistant, il devrait former écran. Il le formerait parfaitement pour des actions lentes ; mais l'action n'est que très imparfaite pour des variations de charge rapides dans sa propre masse.

Voici une autre expérience de M. Tesla propre à montrer combien l'air joue un rôle important dans les décharges rapides, telles que le tonnerre. Prenons un tube court, où l'air est modérément raréfié et qui est traversé de part en part par un fil de platine. Sous l'action d'un courant continu, le fil s'échauffe uniformément et l'air ne remplit en apparence aucune fonction. Mais avec un courant de grande fréquence, le fil est encore échauffé, mais seulement aux extrémités, et l'on pourrait faire une coupure au milieu du fil sans changer en quoi que ce soit le résultat. L'air agit comme conducteur sans self-induction mis en dérivation sur un conducteur qui en aurait beaucoup, et les ex-trémités du fil sont échauffées par la résistance qu'elles opposent au passage de la dé-charge. L'expérience réussirait aussi si le gaz était assez raréfié pour n'être pas con-ducteur ; mais alors les électrodes ne pourraient plus être considérées comme électriquement reliées l'une à l'autre par l'intermédiaire du gaz.

Maintenant, ce qui arrive dans notre tube vide est-ce la même chose que ce qui arrive dans le coup de foudre éclatant dans l'air à la pression normale ?

M. Tesla montre qu'avec des fréquences très élevées à l'air la pression normale se comporte sensiblement comme à une pression moindre ; aussi reste-t-il convaincu que le meilleur moyen de détourner la décharge d'un coup de foudre serait de lui offrir un passage à travers un volume de gaz, si cela pouvait être réalisé pratiquement.

M. Tesla a fait d'autres expériences entre autres « l'état ra-diant » et « le vide impénétrable » à l'étincelle.

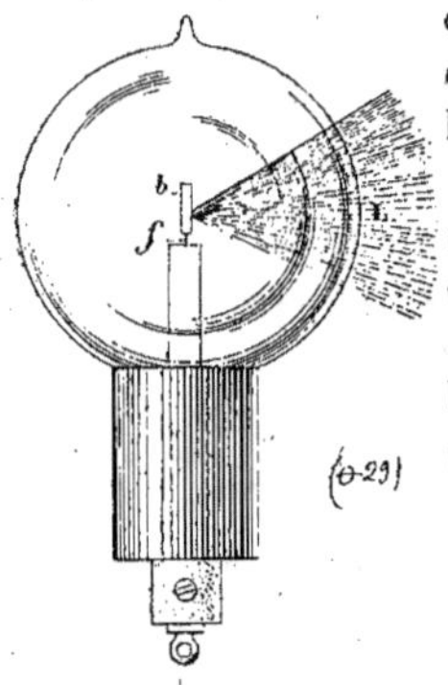

Fig. 429.

L'étude du travail de Crookes porte à croire que l'état radiant de la matière est une propriété des gaz inséparable d'un degré de raréfaction élevé. Mais il faut bien se rappeler que les phénomènes observés dans une ampoule vide sont limités au caractère et à la capacité de l'appareil employé. M. Tesla pense que dans une ampoule, une mo-lécule ou un atome se meut en ligne droite moins parce qu'il ne rencontre pas d'obstacle que parce que la vitesse est assez grande pour que le mouvement s'effectue à peu près en ligne droite. La moyenne de libre parcours est une chose ; mais la vitesse (l'énergie associée au corps mobile) en est une autre, et M. Tesla croit que, dans la plupart des cas, c'est la question prépondérante. Une bobine à décharge disruptive, lorsque le potentiel est poussé assez loin, excite la phosphorescence et projette des ombres dans une atmosphère comparativement peu raréfiée. Dans le coup de foudre, la matière se meut en ligne droite, malgré l'extrême petitesse de la moyenne de libre parcours, comme le montrent les images de fils ou autres objets métalliques produites par des particules lancées en ligne droite.

M. Tesla a préparé une ampoule pour montrer par expérience l'exactitude de ces assertions. Dans un globe L (fig. 429) est monté, sur un filament de lampe f, un morceau de chaux L. La construction générale est celle de la figure 417. L'appareil étant attaché au bout d'un fil et la bobine étant en action, la chaux et les parties apparentes du filament sont bombardées. Le degré de vide est celui qui convient pour que le potentiel de la bobine y détermine la phosphorescence ; mais celle-ci cesse pour la moindre diminution du vide. La chaux contenant un peu plus d'humidité que la chaleur en expulse, la phosphorescence ne dure que peu d'instants. La décharge continuant se porte de préférence sur un point particulier de la chaux, d'où s'élance finalement la décharge sous forme d'un flux de très fines particules de chaux. Ce flux est de la matière radiante et cependant le vide est faible. Mais les particules sont lancées en ligne droite, à cause de leur grande vitesse, et celle-ci est due à ces trois conditions que la densité électrique est grande, que le point d'émergence est très chaud, et enfin que les particules de chaux sont arrachées très facilement, bien plus que celles du charbon. Avec les fréquences que nous pouvons réaliser, il y a arrachement et transport réel de matière ; avec des fréquences bien plus élevées, ceci n'arriverait plus, et il n'y aurait qu'une tension qui s'établirait et une vibration qui se prolongerait dans l'ampoule.

En ce qui concerne le vide dit *imperméable à l'étincelle*, il faut remarquer qu'il ne l'est que pour les basses fréquences. Cela est dû à l'impossibilité de transporter une quantité suffisante d'énergie ; les quelques atomes voisins du pôle sont repoussés après être venus en contact avec lui, et tenus à distance assez grande pour un temps relativement long, de sorte qu'il ne se produit pas un travail suffisant pour produire un effet perceptible à l'œil. Si l'on force le potentiel, le diélectrique cède et se brise. Mais avec de très hautes fréquences, il n'est pas nécessaire d'aller si loin, une quantité quelconque de travail pouvant être produite par l'agitation des atomes sous une fréquence suffisante.

Une des idées qui se présentent d'elles-mêmes comme corrélatives de l'emploi des courants de grande fréquence est d'utiliser leur puissante faculté d'induction électrodynamique pour produire des effets lumineux dans des ampoules complètement scellées. Le fil de communication qui traverse le verre est un défaut des lampes incandescentes, et ce serait déjà un perfectionnement notable à défaut de mieux, que de pouvoir s'en passer. On peut mentionner ici un ou deux dispositifs nouveaux d'appareils étudiés dans ce but.

Les figures 430 et 431 indiquent des types d'appareils. Dans la figure 430 un large tube T est scellé avec un tube U en forme de M, en verre phosphorescent.

Une bobine C est en fil d'aluminium dont les bouts sont armés de petites sphères t, t_1 de même matière. Le tube T étant glissé à l'intérieur d'un primaire où circule la décharge disruptive, une forte phosphorescence est développée dans le tube. Il est nécessaire que T soit rempli de poudre isolante bien tassée pour éviter que les décharges se produisent entre les spires d'aluminium.

La figure 431 montre une autre forme. Le tube T est scellé à unglobe L. Les bouts du fil passent dans des tubes de verre t, t_1, scellés à T. Les boutons réfractaires m et m_1 sont montés sur des bouts de filaments de lampe à incandescence soudés eux-mêmes aux fils. Dans ce mode de construction, on laisse généralement communiquer L avec T par l'intermédiaire des tubes t. Toujours on remplit ce tube T de poudre isolante. Des tubes d'aluminium a sont montés sur les bouts s des tubes t et t_1. Les deux boutons peuvent être amenés à l'incandescence vive et les plus curieux effets résultent de l'ombre mutuelle qu'ils se projettent.

Une autre direction d'études que M. Tesla a suivie assidûment a été l'induction d'une décharge lumineuse ou d'un courant dans un tube vide. Cette question a été étudiée par le professeur J.-J. Thomson avec une habileté telle qu'on ne pourrait ajouter que bien peu de chose à ce qu'il a fait connaître. Mais, comme les expériences dans cette voie ont conduit graduellement M. Tesla aux idées et aux résultats qui ont été exposés il est bon d'en dire quelques mots.

On sait que, à mesure qu'on fait plus long le tube vide, la force électromotrice par unité de longueur qui est nécessaire pour y produire une décharge diminue ; de telle

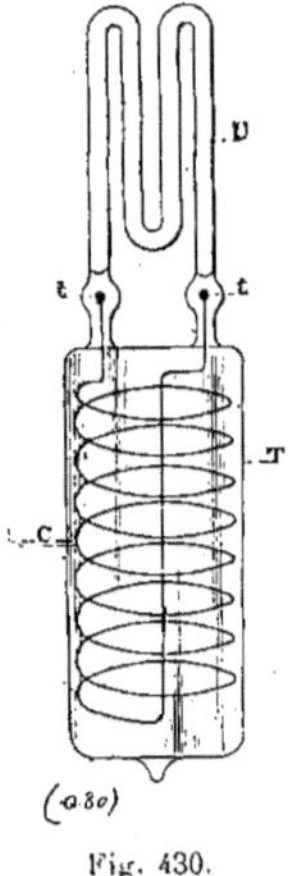

Fig. 430.

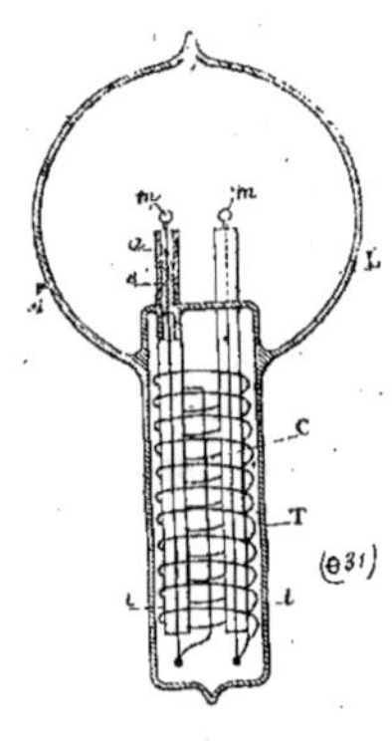

Fig. 431.

sorte qu'un tel tube, assez long et fermé sur lui-même, est capable de donner des manifestations lumineuses par induction, même avec de petites fréquences. Un tel tube pourrait être disposé à l'entour d'une salle et former par lui-même un dispositif capable de donner un bon éclairage.

Même en négligeant toutes les difficultés pratiques que cela pourrait présenter le rendement serait mauvais, en raison de la faible fréquence.

L'emploi des grandes fréquences et des décharges de condensateur, seul moyen pratique de les obtenir, capables de donner quelques milliers de volts par tour, est indispensable. On ne peut penser à obtenir les hautes tensions par la multiplication des tours de fil ; car on reconnaît bientôt que le mieux serait de n'employer qu'une spire induite. Mais on n'a pas longtemps expérimenté dans cette voie sans reconnaître l'importance des effets électrostatiques qui s'accroissent plus vite que les effets électrodynamiques à mesure que la fréquence augmente.

Ce qu'il faut c'est accroître la fréquence, et d'un autre côté, il est aisé d'exalter les actions électrostatiques aussi loin qu'on le désire en augmentant les tours secondaires ou en combinant les capacités et les self-inductions de manière à élever le potentiel. On se rappellera aussi qu'en réduisant le courant et en augmentant le potentiel, on facilite la transmission dans le conducteur.

Ces raisonnements et d'autres analogues ont conduits M. Tesla à étudier avec attention les phénomènes électrostatiques et à produire des potentiels aussi élevés que possible, alternant avec la plus grande rapidité possible. M. Tesla a ainsi trouvé qu'il était possible d'allumer des tubes vides à une grande distance du conducteur et qu'on pouvait, en transformant le courant oscillatoire de décharge d'un condensateur en un autre de potentiel plus élevé, établir des champs électrostatiques alternatifs, dans lesquels un tube pouvait s'illuminer, quelle que fût sa position dans l'espace.

C'est là un pas en avant et M. Tesla a persévéré dans cette voie, Son point de départ est exact, et on peut le voir, après l'observation des phénomènes auxquels donne lieu l'accroissement de la fréquence, ce qui pourrait bien exister et déterminer l'action entre deux circuits parcourus par des courants de quelques millions d'alternances par seconde, si ce n'est des forces électrostatiques. Avec ces fréquences extrêmes, l'énergie serait pratiquement tout potentiel et ainsi que le pense M. Tesla à quelque genre de mouvement que la lumière soit due, il est produit par des efforts électrostatiques énormes vibrant avec une excessive rapidité.

De tous les phénomènes observés avec les courants ou actions électriques de grande fréquence, les plus surprenants sont ceux qu'on peut obtenir dans un champ électrostatique agissant à grande distance. Prenons un tube à la main, que nous déplaçons et en quelque position qu'il occupe. il s'éclaire. Prenons-en un autre et il ne s'illumine pas parce que le vide y est très élevé. Mais en l'excitant avec une décharge disruptive, il brille dans le champ électro-statique. En le laissant de côté des mois et des semaines, il conservera cette excitabilité. Quel est le changement amené dans le tube par cette action excitante ? Si c'est un mouvement imprimé aux atomes, on ne peut guère s'expliquer comment il n'est pas rapidement amorti par les frottements intérieurs. Si c'est seulement aux tensions du diélectrique, sa persistance est plus aisée à comprendre, mais il est difficile de s'expliquer pourquoi cette condition aide à l'excitation lorsque nous travaillons avec des potentiels alternant rapidement.

Depuis que M. Tesla a montré pour la première fois ces phénomènes, il a obtenu quelques résultats nouveaux ; entre autre il a réussi à produire l'incandescence d'un bouton, filament ou fil enfermé dans le tube. Pour cela, il faut économiser l'énergie du champ et en diriger la plus grande partie sur le corps en expérience. Bien que cela parut difficile à première vue, l'expérience préalablement acquise a permis à M. Tesla d'y parvenir aisément. Les figure 432 et 433 montrent deux tubes préparés à cet effet.

Dans la figure 432, un tube court T_1, scellé à un autre plus long T, est pourvu d'une tige ou queue s et d'un fil w. Un filament de lampe très fin l est attaché au fil. C et C_1 sont des armatures condensantes, et le tube T_1 est rempli de poudre conductrice au droit des armatures, mais isolante ailleurs. Ces armatures sont principalement desti-

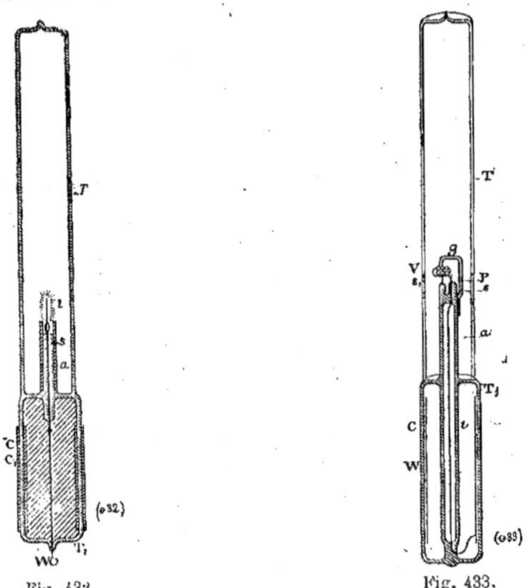

Fig. 432. Fig. 433.

nées à faire deux expériences avec ce tube, savoir : de produire l'effet destiné soit par connexion directe du corps de l'expérimentateur avec le fil w, soit par action inductive à travers le verre.

Quelque position que l'on donne au tube tenu dans le champ électrostatique, le filament est porté à l'incandescence. Un autre appareil plus intéressant est celui de la figure 433. La construction en est analogue, sauf qu'un fil fin de platine p en connexion avec une armature intérieure C par le fil w traverse la queue s et vient s'enrouler, en forme de cercle, un peu au-dessus. En s' traverse un autre fil appointi et supportant un très léger moulinet v à ailes de mica. Un fil de verre g convenablement recourbé, l'empêche de s'échapper de la pointe. En quelque point du champ que l'on présente le tube, le fil de platine devient incandescent et le moulinet tourne avec une grande vitesse.

Une phosphorescence intense peut être excitée dans une ampoule simplement reliée à une plaque métallique qui n'a pas besoin d'être plus grande que l'abat-jour de l'appareil. Cette phosphorescence est très intense et particulièrement brillante avec les sulfures de calcium ou de zinc.

Des divers essais de M. Tesla, il résulte deux façons d'envisager le problème de la construction des lampes de haute fréquence.

La première idée est d'employer un fil très fin recouvert d'un isolant très épais ; la seconde consiste à employer un écran électrostatique. On peut donc recouvrir l'isolant d'une mince armature que l'on relie au sol à travers un conducteur doué d'une très grande indépendance ou un condensateur de très faible capacité afin d'éviter que toute l'énergie soit transmise au sol. Mais ceci ne résout pas les autres difficultés.

En effet, si la longueur d'onde de l'impulsion électrique est beaucoup plus courte que la longueur du fil, des ondes de longueurs comparables prendront naissance dans l'armature et il en sera encore à peu près de même que si elle était reliée au sol. Il faut alors découper l'armature en sections beaucoup plus courtes que la longueur d'onde. Un tel arrangement ne forme pas encore un écran parfait. M. Tesla croit préférable de diviser l'armature en petites sections, même si la longueur d'onde est bien plus grande que la longueur de l'armature.

Si un fil était recouvert d'un écran parfait il se comporterait comme infiniment éloigné de tous les objets. Sa capacité serait réduite à celle du fil même, qui est très petite ; et il serait possible de lui faire transmettre des vibrations très fréquentes à des distances énormes, sans en altérer beaucoup le caractère.

VI. — APPLICATION DES COURANTS DE HAUTE FRÉQUENCE
A LA PRODUCTION DE L'OZONE

Recherches de M. Charbonneau. — M. Charbonneau depuis 1905 poursuit une série de recherches dans le but de produire industriellement de l'ozone par les courants de haute fréquence. Au début, les ozoneurs étaient constitués par un balai armé de pointes, lequel balai était placé dans une boîte métallique reliée à la terre, le sommet du résonateur étant relié au balai. Frappé du fait, qu'en mettant autour de la dernière spire d'un résonateur de Oudin un cercle métallique relié à la terre et maintenu à une certaine distance du résonateur, tout l'espace compris dans ce cercle était rempli d'effluves, M. Charbonneau imagina de prolonger le résonateur par un petit solénoïde, qui placé au centre d'un bac métallique donnerait une certaine effluvation. Le résultat fut des plus surprenants. Au lieu d'avoir la dernière spire, comme dans le résonateur qui effluve, toutes les spires effluvaient.

Seulement il arriva ceci, c'est que voulant augmenter la production d'ozone, M. Charbonneau mit un solénoïde assez long, composé de 10 à 12 spires. Dans ce cas, les deux spires terminales seules effluvaient, celle du haut et celle du bas du solénoïde, et il fut absolument impossible de faire effluver les spires centrales même avec les meilleurs réglages de la capacité et du primaire du résonateur.

De ce fait, la forme ovoïde vient donc tout naturellement et alors le résultat fut merveilleux.

Le résultat de toutes ces recherches fut la création de l'ozoneur Charbonneau et Vincent (fig. 434). Le solénoïde est enroulé sur une forme isolante de forme ovoïde, et maintenu dans le centre d'un bac métallique au moyen d'une assiette isolante au centre de laquelle il est maintenu par une tige qui la traverse en ménageant toutefois un orifice pour la circulation de l'air. Cette tige est reliée au sommet du secondaire d'un réso-

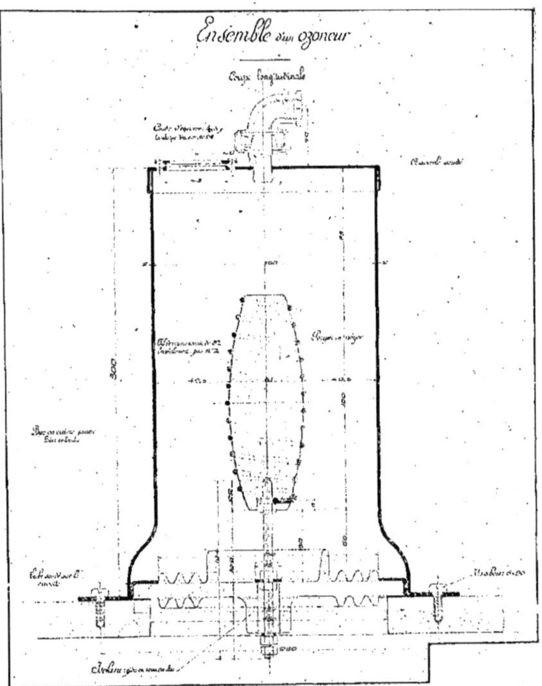

Fig 434 — Ozoneur à haute fréquence de MM. Charbonneau et Vincent.

nateur. Le bac est relié à la terre. En fonctionnement, tout l'espace compris entre le solénoïde et le bac est rempli d'effluves de haute fréquence l'air aspiré par le tuyau supérieur traverse tout l'espace effluvé et s'ozonise fortement. Avec ces ozoneurs on peut fabriquer 1 gramme d'ozone par 20 watts. Comme chaque bac ne peut supporter que 100 watts c'est donc 5 grammes par heure d'ozone que l'on peut faire.

Ces ozoneurs ont des avantages très marqués sur les ozoneurs à diélectriques.

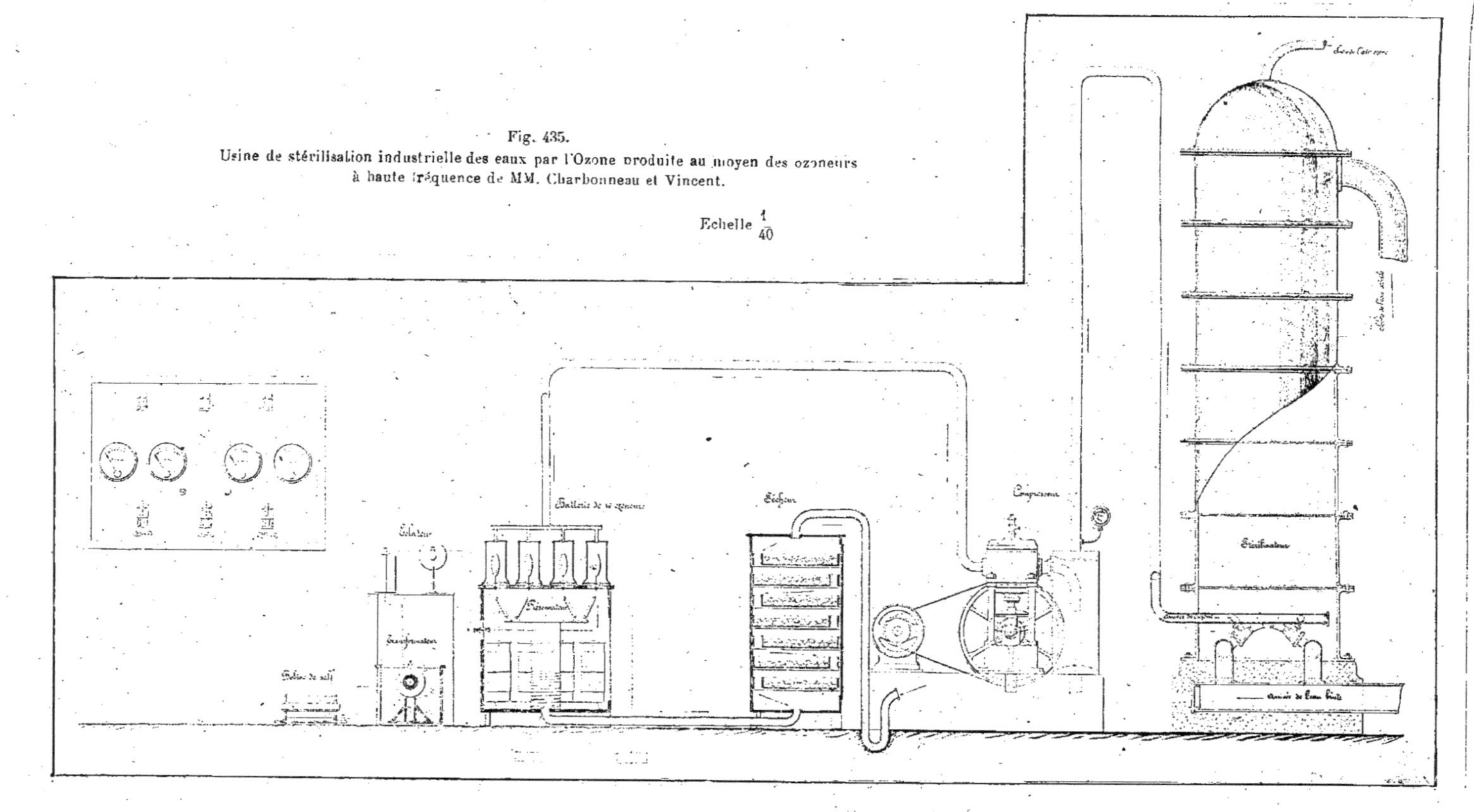

Fig. 435.

Usine de stérilisation industrielle des eaux par l'Ozone produite au moyen des ozoneurs
à haute fréquence de MM. Charbonneau et Vincent.

Echelle $\frac{1}{40}$

D'abord, l'absence même de diélectrique en fait des appareils industriels de premier ordre, pas fragiles et indéréglables. Ensuite impossibilité de formation d'arcs et de vapeurs nitreuses, à cause de la grande distance interpolaire. Puis pas de circulation d'eau pour la même raison. Enfin ces appareils jouissent des propriétés physiologiques de la haute fréquence et sont par conséquent accessibles sans danger, contrairement aux appareils à diélectriques qui sont toujours chargés à un potentiel d'au moins 15 000 volts à basse fréquence. En outre la constante de marche est absolument remarquable.

VII. — APPLICATIONS DIVERSES.
MOTEUR A HAUTE FRÉQUENCE DE M. TESLA

M. Tesla a construit un moteur qui produit le mouvement en agissant par induction d'un circuit primaire sur la masse ou sur d'autres circuits secondaires du moteur, en obtenant par ces moyens un champ magnétique tournant. Une forme simple mais grossière de ce moteur s'obtient en enroulant sur un noyau de fer un fil primaire; puis, près de celui-ci un fil secondaire fermé sur lui-même, et enfin en plaçant une plaque

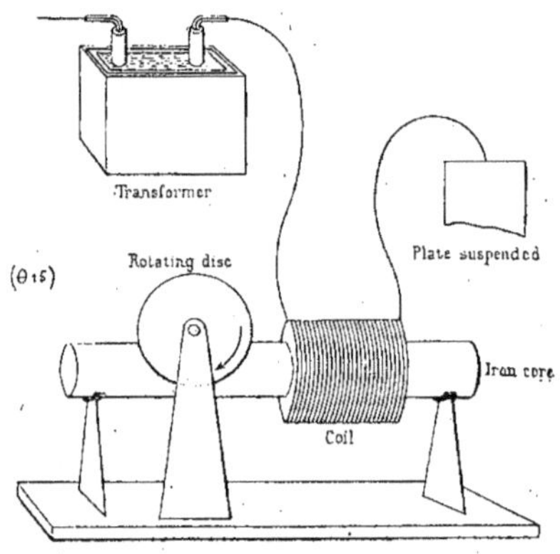

Fig. 436.

de métal très mobile dans le champ d'action de l'ensemble. Le noyau de fer n'est pas essentiel, mais son emploi est commode. La rotation est obtenue au moyen d'un seul fil.

Le moteur à un fil, (fig. 436) est composé d'une bobine sur un noyau de fer et d'un disque de cuivre librement suspendu dans le voisinage. Un fil communique au transformateur et l'autre à une plaque de métal suspendue. Cette plaque agit comme condensateur, corrige la self-induction de la bobine et permet le passage d'un courant intense.

On peut aussi ne pas relier le fil du transformateur et mettre ce fil disponible à terre, car de même qu'une plaque isolée est capable de dissiper l'énergie dans l'espace, de même elle est apte à l'y recueillir dans un champ électrostatique alternatif.

DISPOSITIF DE MM. CHARBONNEAU ET VINCENT.
POUR L'ALLUMAGE DES MOTEURS
A EXPLOSION PAR LES COURANTS DE HAUTE FRÉQUENCE

La condition principale pour l'allumage des moteurs à explosion est d'avoir une étincelle assez chaude, tout en ayant un voltage suffisant pour vaincre la compression. En désignant par ρ la résistance finie entre l'isolement des deux pôles de la bougie, $l\omega$ la self-induction du secondaire de la bobine r sa résistance chimique, la tension V obtenue sera évidemment

$$V = \frac{\rho}{\sqrt{(\rho + r)^2 + l^2\omega^2}} \times E.$$

E, étant la force électromotrice secondaire maxima développée par la bobine à circuit induit ouvert.

Avec les courants à haute fréquence, on dispose d'une énergie qui a la faculté de se régler ou en voltage ou en intensité, ou des deux facteurs à la fois, sans rien chan-

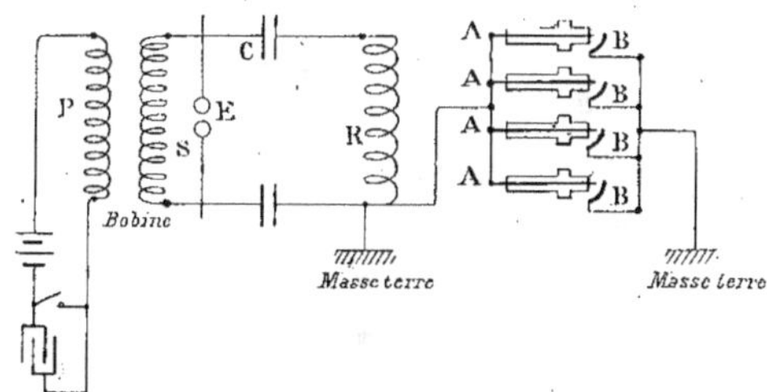

Fig 437.

Dispositif de MM. Charbonneau et Vincent pour l'allumage des moteurs à explosion
par les courants de haute fréquence.

ger à la source de courant primaire. C'est ce qui a conduit MM. Charbonneau et Vincent à adopter le schéma ci-contre pour l'allumage des moteurs (fig. 437) : un générateur à haute tension, bobine, transformateur, machine statique, alimente un circuit de haute fréquence constitué par un éclateur E, deux condensateurs CC et un solénoïde R. Au lieu d'utiliser comme l'a fait M. Lodge l'étincelle directe de résonance, un pôle seulement du solénoïde est relié à la bougie. Le même pôle est relié à la terre, ainsi que le second pôle de la bougie. Dans ces conditions l'éclateur fonctionnant d'une façon continue, chaque fois que le distributeur envoie le courant du solénoïde dans la bougie, une étincelle nourrie jaillit en B. Les avantages présentés par ce mode d'allumage sont des plus intéressants : d'abord, étant donné la haute fréquence quel que soit l'encrassage de la bougie, l'étincelle jaillit ; d'autre part, pour la même raison, on peut toucher impunément les bougies en marche. Enfin, ce mode d'allumage est tout indiqué pour l'allumage des moteurs à huile lourde.

APPLICATION DES COURANTS DE HAUTE FRÉQUENCE
POUR L'ESSAI DES PARAFOUDRES

Une des méthodes nombreuses d'essai des parafoudres, est l'essai disruptif. Pour le faire, on prend une machine statique dont chaque borne est reliée à l'une des armatures d'un ou plusieurs condensateurs statiques. Les autres armatures de ces condensateurs sont reliées à une résistance de valeur élevée, comme résistance de charge.
En dérivation aux bornes de cette résistance est placé l'éclateur de mesure. La figure 438 montre ce montage. Il se produit un courant de déplacement à travers l'intervalle G

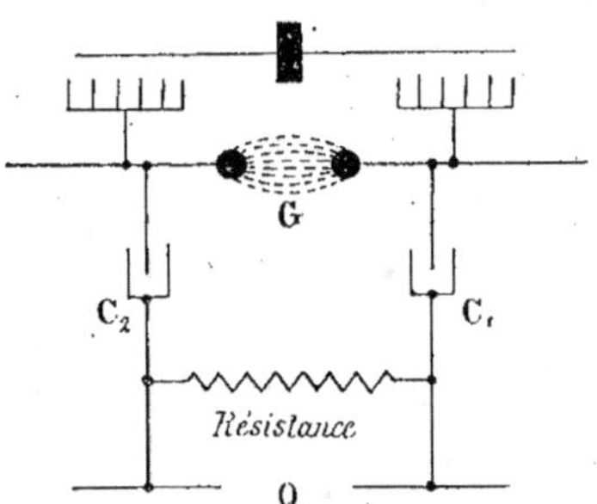

Fig. 438.

compris entre les boules de la machine et son voisinage ; ce courant représente une faible quantité d'électricité q et une faible énergie $1/2\ qV$ dissipée dans l'intervalle G comme dans un condensateur. Un autre courant de déplacement traverse le diélectrique du condensateur C_1, la résistance de charge et le diélectrique du condensateur C_2. L'énergie dans ce circuit est relativement beaucoup plus grande : elle est représentée par l'équation $1/2\ QV$ ou $1/2\ CV_2$, en appelant C la capacité des deux condensateurs C_1 et C_2 en cascade. Tant que la différence de potentiel en G croît, il passe un courant à travers la résistance de charge. Il se produit donc une chute de tension RI apparaissant à l'éclateur Q. Cette chute de tension RI peut devenir suffisante pour que l'étincelle jaillisse en Q ; pour éviter cet inconvénient, il faut faire en sorte que la charge soit lente.

Quand les condensateurs sont complètement chargés, la différence de potentiel en Q est nulle. Quand la différence de potentiel V en G atteint une valeur suffisante, il se produit une décharge disruptive en G. Les phénomènes produits à ce moment diffèrent suivant qu'une étincelle jaillit ou ne jaillit pas en Q. L'étincelle oscillante en G permet la décharge de la petite quantité q d'électricité contenue dans la faible capacité ab. Le condensateur G est ainsi en court-circuit. La totalité ou la différence de potentiel V apparaît aux bornes de la résistance de charge et de l'éclateur Q. Si celui-ci ne laisse pas passer d'étincelle, la résistance laisse passer une décharge par un courant $I = \dfrac{V}{R}$. La différence de potentiel et la quantité d'électricité dans le condensateur décroissent suivant une courbe logarithmique en fonction du temps. Les condensateurs n'ont pas le temps de se décharger entièrement avant que l'étincelle en G s'interrompe et ouvre

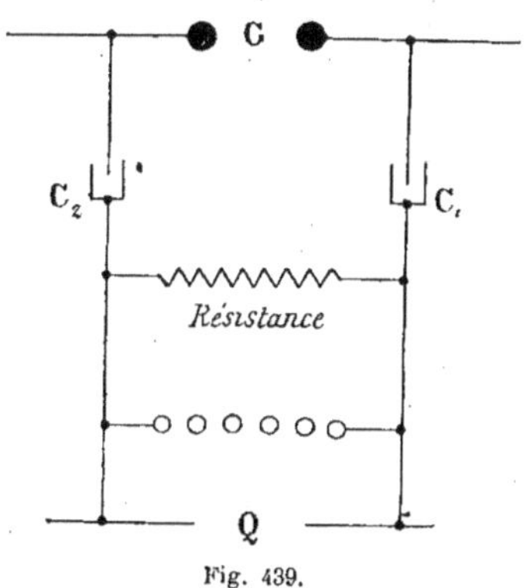

Fig. 439.

le circuit. La recharge se produit et le cycle se répète. Si, au contraire, l'étincelle jaillit en Q, il se produit une décharge oscillante. Le courant dans l'éclateur Q dépend de la fréquence de la différence de potentiel et de la capacité. La fréquence des oscillations est donnée par la formule ordinaire en fonction de la capacité des condensateurs C_1 et C_2 et de l'inductance du circuit. M. Creighton indique les chiffres suivants employés par lui : $V = 150$ kilovolts $Q = 0,4$ mégohm ; courant initial dans la résistance 0,4 ampère, courant initial de la décharge oscillante 1 000 ampères environ ; fréquence 4 millions par seconde environ. Avec ces oscillations de grande fréquence, on mesure la « distance explosive équivalente » du parafoudre étudié. Cette distance explosive équivalente dépend beaucoup de la quantité d'énergie en jeu, et, en laboratoire, on dispose de capacités et de quantités d'énergies très faibles vis-à-vis des grandeurs en jeu dans une ligne de transmission. Néanmoins l'essai du laboratoire est important, car il permet de comparer grossièrement entre elles les différentes conditions relatives de fonctionnement.

Pour ces expériences, il faut éviter la dispersion de l'électricité en G par l'effet de la lumière, de l'ionisation ou de toute autre cause. La figure 439 indique le schéma des connexions pour l'étude d'un parafoudre à étincelles multiples. Les résultats des essais faits avec différents parafoudres montrent nettement que la présence d'une résistance

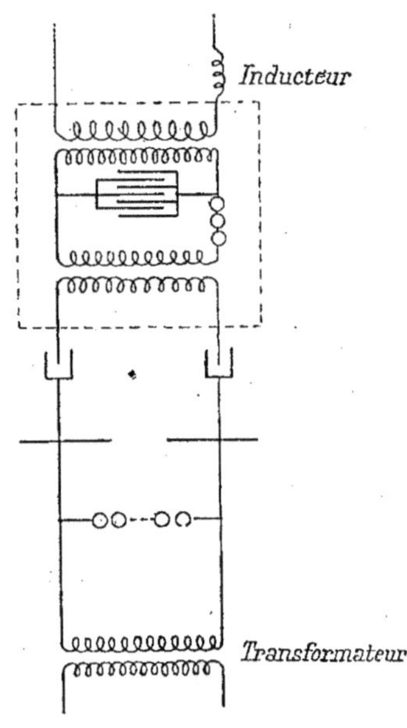

Fig. 440.

en série avec les intervalles explosifs des parafoudres diminue considérablement (jusqu'à 50 %) la « distance explosive équivalente » du parafoudre et diminue, par conséquent, l'efficacité de l'appareil.

Il est aussi possible de remplacer la machine à influence par un transformateur ou une bobine d'induction. Le schéma des connexions est donné dans la figure 440. Les enroulements compris dans le rectangle en traits pointillés représentent la bobine d'induction. Cet essai peut être fait pour reproduire les conditions d'une ligne de transmission avec une phase mise à la terre par un arc.

L'AVENIR DES COURANTS DE HAUTE FRÉQUENCE

Encore actuellement, pour beaucoup de techniciens, la haute fréquence n'est pas encore sortie du domaine du laboratoire.

Et pourtant que ne peut-on tirer de cette nouvelle modulation de l'électricité ?

Par les beaux travaux de M. le professeur d'Arsonval, la médecine a été dotée d'instruments précieux perfectionnés par M. le Dr Oudin en particulier, puisque l'ensemble de leurs appareils qui n'étaient destinés qu'à la médecine, a servi entièrement à créer les nouveaux postes les plus puissants et les plus perfectionnés de la télégraphie sans fil.

M. Tesla a jeté les bases d'un nouveau système d'éclairage plein d'avenir.

M. Charbonneau a réalisé une industrie complète de fabrication d'ozone.

Demain verra des usines génératrices de courants de haute fréquence, transmettant la lumière, la force à distance sans fils, car on aura trouvé le moyen de concentrer les ondes et alors l'industrie entrera dans une phase nouvelle, et les choses sociales seront profondément modifiées.

BIBLIOGRAPHIE

ADLER. — *L'éclairage électrique*, tome 43, 1905.

ALGERMISSEN. — *Drudes Annalen*, 1906.

AMADUZZI. — *Atti della R. Academia déi Lincei*. Vol. XVI, 1907 et Vol. XVIII, 1908.

ARMAGNAT. — *Le Radium*, n° 1, 1905.

AUSTIN. — *Bulletin of the bureau of standards*, vol. 5, 1908.

BALLOIS. — *L'éclairage électrique*, tome 48, 1906.

BARBILLON. — *Cours d'électricité industrielle*.

BARY. — *L'éclairage électrique*, tome 6, 1909.

BLACK. — *Drudes Annalen*. 1906.

CHAPEAU. — *L'éclairage électrique*, tome 41, 1904.

COOPER-HEWITT. — *Electrical Review*, (N. Y) tome XLII, 1903.

CORBINO. — *Physikalische Zeitschrift*, 1908.

DÉCOMBE. — *Archives des sciences physiques et naturelles de Genève*, tome XXI, 1889 et tome XXII, 1889.

DOYEN. — *Archives d'électricité médicale*, 1910.

DRUDE. — *Drudes Annalen*, tome IX, 1907.

    — *L'éclairage électrique*, tome XLII, 1905.

EASTHAM. — *Electrical World*, 1906.

EDDY. — *Electrical World*, 1906.

EICKHOFF. — *Physikalische Zeitschrift*, 1907.

FERRIÉ — *Archives d'électricité médicale*, n° 281, 1910.

FESSENDEN. — *The électrician*, 1907.

FLEMMING. — *L'éclairage électrique*, tome 43, 1905.

GAIFFE. — *Archives d'électricité médicale*, n° 277 1910, n° 218 1907.

GALETTI. — *L'élettricita*, 1908.

GRAU. — *Elektrotechnische Zeitschrift*, 1904.

GROB. — *L'éclairage électrique*, tome 42, 1905.

GUILLEMINOT. — *Electricité médicale*.

GUYE. — *L'éclairage électrique*, tome 43, 1905.

HEYDWEILLER. — *Drudes Annalen*. 1906.

HERTZ. — *Archives des sciences physiques et naturelles de Genève*, tome XXI, 1889 et XXII, 1889.

JIROTKA. — *Elektrotechnische Zeitschrift*, 1907.

JOHNSON. — *L'éclairage électrique*, tome 26, 1901.

LEBOIS. — *Cours d'électricité*.

LEMOINE. — *L'éclairage électrique*, tome 39, 1904.

LUDEWIG. — *Annalen der Physikalische*, tome XXV, 1908.

MAXWELL. — *Traité d'électricité*.

MORTON. — *Archives d'électricité médicale*, 1908.
MOSCICKI. — *L'éclairage électrique*, tome 41, 1904.
NÉCULCÉA. — *L'éclairage électrique*, tome 23, 1900.
NORTHRUPP. — *Electrical review*, (N-Y) tome XLIV, 1904.
PEUKERT. — *Elektrotechnische Zeitschrift*, 1905.
POINCARÉ. — *Les oscillations électriques*.
RENZ. — *Elektrotechnische Zeitschrift*, 1908.
RIGHI. — *Archives des sciences physiques et naturelles de Genève*, tome IV, 1897.
ROSSET. — *L'éclairage électrique*, tome 43, 1906.
SCHMIDT. — *Physikalische Zeitschrift*, 1908.
SLABY. — *L'éclairage électrique*, tome 42, 1905.
SWYNGEDAW. — *Archives des sciences physiques et naturelles de Genève*, tome III, 1897.
TESLA. — *Bulletin de la Société Internationale des Électriciens*, 1892.
TŒPLER. — *Drudes Annalen*, 1905.
TURCHINI. — *Archives d'électricité médicale*, n° 245, 1908.
TURPAIN. — *La télégraphie sans fil*.
VALBREUZE (de). — *Traité de télégraphie sans fil*.
VIGNERON. — *Encyclopédie électrotechnique*, tome I et II.
VILLARD. — *Archives d'électricité médicale*, n° 227, 1907.
WALTER. — *L'éclairage électrique*, tome 41, 1904.
WOODS. — *Electrical review* (N-Y) tome XLIV, 1904.
ZIMMERN. — *Archives d'électricité médicale*, p. 245, 1908.

TABLE DES MATIÈRES

CHAPITRE X

Transformateurs à haute tension

CHAPITRE XI

Les machines statiques

CHAPITRE XII

Appareils de réglage et de mesure

CHAPITRE XIII

L'éclateur

CHAPITRE XIV

Le condensateur

www.ingramcontent.com/pod-product-compliance
Lightning Source LLC
LaVergne TN
LVHW050445060726
842526LV00001B/54

9 782019 962098